AF359306

Hanc decorate Deæ, quot quot regnatis in hortis,
Floribus e vestris supráque infráque tabellam:
Hic dedit arboribus florere, & editibus herbis,
Et se mirata est tanto Pomona colono. Santolius Victorinus

INSTRUCTION
POUR
LES JARDINS
FRUITIERS
ET POTAGERS,

Avec un Traité des Orangers, suivy de quelques Refléxions sur l'Agriculture.

Par feu Mr. DE LA QUINTINYE, Directeur de tous les Jardins Fruitiers & Potagers du ROY.

TOME I.

A PARIS,
Par la COMPAGNIE DES LIBRAIRES.

M. DC. XCVII.

AVEC PRIVILEGE DE SA MAJESTE'.

JEAN GUIGNARD, }
CLAUDE BARBIN, } au Palais.

PIERRE AUBOUYN, } Quay des Auguſtins,
PIERRE EMERY, } à l'Ecu de France.
CHARLES CLOUSIER, } à la Croix d'Or.

GUILLAUME CAVELIER, au Palais,
Grand'Salle, à la Palme.

HENRY CHARPENTIER, au Palais,
Grand'Salle, au bon Charpentier.

MICHEL DAVID, Quay des Auguſtins,
à la Providence.

JEAN VILLETTE, ruë Saint Jacques,
à la Croix d'Or.

CHARLES OSMONT, au Palais,
Grand'Sale, à l'Ecu de France.

PIERRE HERISSANT, ruë Nôtre-Dame,
aux trois Vertus.

PIERRE DEBATS, ruë Saint Jacques,
à Saint François.

AU ROY.

IRE,

*LES Iardins Fruitiers & Potagers
m'ont esté trop favorables , pour cacher*

ã ij

l'extréme reconnoiſſance des biens que je leur
doù : Ie leur ſuis obligé de l'honneur que
VÔTRE MAJESTE' m'a fait , d'avoir
augmenté en ma perſonne le nombre des Officiers de ſa Maiſon. Vne telle obligation
merite bien au moins que je la publie ; Et
quoy que la condition ordinaire de ceux qui
aiment l'Agriculture , ſoit d'être heureux ,
pourveu qu'ils le ſçachent connoître : Mon
bonheur toutefois ſurpaſſe tellement celuy de
tous les autres , que je croy , SIRE , devoir faire en ſorte que perſonne ne l'ignore. L'eſperance d'un ſucsés pareil à celuy
qui m'a eſlevé dans une belle Charge , eſt
capable d'animer beaucoup de gens à l'étude du Iardinage , & par conſequent capable de faire à VÔTRE MAJESTE' des
Serviteurs plus habiles que je ne ſuis ; &
c'eſt veritablement , SIRE , la choſe du
monde que je ſouhaite avec le plus de paſſion. Mais comme mon bonheur ne vient
que parce que VÔTRE MAJESTE' eſt
aſſeZ touchée des divertiſſemens du Iardi-

O fortuna-
tos nimium,
ſua ſi bona
norint, agri-
colas.
*Virg.Georg.*2.

AU ROY.

nage, peut-estre n'est il pas hors de propos,
qu'on connoisse qu'elle sçait quelquefois descendre de ses plus grandes occupations, pour
goûter les plaisirs de nos premiers Peres,
aussi bien que surpasser la gloire des plus
illustres Monarques, en renversant tous
les jours l'ambition d'une infinite d'ennemis
par de nouvelles Victoires.

Aussi est-il vray que telle a esté de tout
temps l'inclination des Heros & des Té
tes couronnées ; & si on en croit un Ancien, les mémes vertus qui faisoient la feli-
cité de leurs Peuples, faisoient aussi la fertilité de leurs Terres. Mais pour faire voir
que Vôtre Majesté les surpasse en
cecy comme en toute autre chose, je n'au
rois qu'à representer, s'il m'étoit possible,
la penetration incroyable avec laquelle elle
a d'abord entendu mes principes de la taille
des Arbres (matiere jusqu'à present assez
vague & assez inconnuë.)

La Nature, (qui ce semble) prend
plaisir à ne rien refuser à Vôtre

Triumpha-
torum olim
manibus co-
lebantur agri,
ut fas sit cre-
dere uberio-
rem tunc fru-
ctum dedisse
gaudente ter-
râ vomere
laureato, &
triumphali
aratore.
Plin.

MAJESTE', & qui la regarde en effet,
comme le plus parfait de ses Ouvrages, a
sans doute reservé pour son auguste Regne,
ce que la terre a caché à tous les siecles
passez. Ce n'est qu'à force de sueurs que
les hommes ordinaires arrachent du sein de
cette mere commune ce qu'ils sont obligez
de luy demander tous les jours pour leur
subsistance, parce que sa plus forte inclination ne va qu'à produire des chardons
& des épines ; mais pour peu que VÔ-
TRE MAJESTE' continuë à favoriser de
ses regards ceux, qui ont l'honneur de la
cultiver dans ses Iardins, nous verrons à
la gloire de nostre Monarque, & à l'a-
vantage du Genre humain, que ce qui a
esté inconnu à toute l'Antiquité ne le sera
plus pour personne. Cette Terre qui paroit si opiniâtre à l'égard de tout le monde, cedera enfin, & méme, pour ainsi
dire, avec quelque joye aux moindres com-
mandemens d'un grand Prince, à qui tous
les autres Elemens font gloire d'obeïr ; &

Spinas, &
tribulos ger-
minabit tibi,
&c.
Gen. cap. 3.
v. 18.

Gaudente
terrâ, &c.
Plin.

Atque impe-
rat avis.
Virg. Georg.
I.

AU ROY.

quand bien méme , SIRE ; Vôtre
Majeste' *occupée avec tant de succés
à la grandeur de son Etat , & à la feli-
cité de son Peuple , & de ses Alliez, n'auroit pas le temps de prendre elle-méme quelque plaisir dans la culture de ses Iardins,
Ie pourray au moins me flater de cette esperance , que le Traité , que j'ay aujour-
d'huy l'honneur de luy presenter , contribuëra à luy former des Iardiniers. On y
trouvera ,* SIRE , *de quoy apprendre
cette partie du Jardinage , qui joignant
l'innocence au plaisir , & à l'utilité donne des moyens asseurez de faire d'agreables Potagers , & d'élever de bons Fruits
pour chaque Saison de l'année. Heureux
ceux qui s'y estudieront , & sur qui ensuite tombera le choix de* Vôtre Majeste' *, & moy le plus heureux du monde si je satisfais à l'attente qu'elle peut
avoir conçuë de mon application : Je la su-
plie tres-humblement de croire , qu'elle con-*

Omne tulit
punctum qui
miscuit utile
dulci.
*Horat. de ar-
te poët.*

tinuëra toûjours d'être auſſi grande, & auſſi
zelèe que la doit avoir,

SIRE,

DE VÔTRE MAJESTÉ,

Le plus humble, le plus obeïſſant, & le
plus fidele Serviteur & Sujet,
JEAN DE LA QUINTINYE.

PREFACE.

PREFACE.

VANT que d'entrer en matiere fur le fujet que j'entreprens, il me femble que je fuis obligé de dire, que le Jardinage n'eft pas parmy nous, comme il étoit dans les premiers fiecles; on n'y connoiffoit apparemment que les Jardins à Fruits, & à Legumes, qui font ceux que nous appellons Fruitiers, & Potagers, au lieu que de noftre tems nous en avons encore de plufieurs autres fortes; les uns en Parterres, & en Fleurs, & les autres en Pepinieres; les uns en fimples Marais, les autres en Plantes rares, & medecinales, &c.

Une telle multiplicité de Jardins faifant une grande diverfité d'occupations pour les Jardiniers en a fucceffivement introduit plufieurs claffes particulieres; les uns qu'on nomme fimplement Jardiniers; les autres qui prennent la qualité de Fleuriftes; les uns qu'on devroit nommer Botaniftes; les autres qu'on nomme Maréchais, fans parler de ceux qui s'attachent aux Pepinieres, pour lefquels il n'y a point encore de terme particulier, à moinsque de les nommer Pepinieriftes. Je ne croy pas qu'il foit hors de propos d'expliquer icy en peu de mots l'origine, & l'établiffement des uns & des autres.

Ma penſée à cet égard eſt, que le premier Homme ayant été creé dans un Jardin, & y ayant aprés ſon peché reçû ordre de cultiver la terre, pour en tirer ſa nouriture à la ſueur de ſon front, il s'enſuit qu'une de ſes fonctions principales, auſſi-bien que celle de ſes premiers deſcendans fut de s'addonner à la culture des Fruits, & des Legumes; puiſque c'étoit elle ſeule qui produiſoit au genre humain tout le neceſſaire pour la vie. N'étoit-ce pas en effet des veritables Fruitiers & Potagers que cette terre ainſi cultivée? & partant, comme dans ces premiers ſiecles on n'a point connu d'autres Jardins que ceux-là, on n'y a point auſſi connu d'autres Jardiniers que ceux qui les gouvernoient, & qu'il eſt bien juſte de regarder comme les premiers de tout l'ordre du Jardinage. Les Patriarches à parler proprement, étoient ces premiers Jardiniers de Fruitierrs, & Potagers; & ils continuërent d'en faire la fonction, juſqu'à ce qu'étans obligez de vaquer à l'invention des Arts, ils ſe firent aider dans leurs Jardins par quelque principal domeſtique, qui ne dédaigna pas de prendre le nom de ce que nous entendons par le terme de Jardinier.

Mais d'abord que dans les ſiecles ſuivans on crut avoir ſuffiſamment pourvû au neceſſaire, & que même parmy les hommes il ſe fut étably quelque diſtinction de dégrés, & de fortune, il arriva que le plaiſir de la vûë, & de l'odorat fit naître à quelques-uns la curioſité d'avoir des Fleurs: ſi bien qu'on ſe mit à raſſembler une partie de tant de belles Plantes, qui faiſoient un émail ſurprenant , & une odeur admirable dans les champs, où elles étoient confusément répanduës.

Ce fut bien à la verité les Jardiniers dont nous venons de parler, qui en commencerent la culture, puisqu'il n'y avoit qu'eux qui la pussent faire ; mais quand dans la suite on voulut avoir beaucoup de Fleurs , ainsi qu'il se pratique aujourd'huy chez les Grands , on commença d'en faire des Jardins particuliers , qu'on appella d'un nom convenable Jardins à Fleurs ; & comme il n'étoit pas possible qu'un seul Jardinier pût en même tems vacquer à la culture d'un grand nombre de Fruits , de Legumes , de Fleurs , d'Arbrisseaux , &c. il fallut en même tems établir une seconde classe de Jardiniers , pour soulager ceux de la premiere ; tels Jardiniers furent vulgairement nommez Fleuristes , à la difference des autres qu'on nommoit seulement Jardiniers.

Je pourrois dire en passant , que pour lors les Orangers,& lesCitronniers furent peut- être regardez comme des Arbres à Fleurs ny plus ny moins que les Mirthes,les Jassemins,les Lauriers-Thyms, &c. la delicatesse des hommes n'étant pas encore venuë jusqu'au point où elle est de chercher tant de ragoûts & d'assaisonnemens ; & ainsi il se peut fort bien faire , qu'en ce tems-là les Citronniers , & les Orangers se rencontrerent du partage des Fleuristes.

Neanmoins il me paroît plus vray semblable de dire ,que dans ces premiers tems on ne distingua point ces sortes d'Arbres d'avec les autres Fruitiers, puisqu'ils le sont veritablement ; & ainsi j'estime qu'ils furent cultivez par les premiers Jardiniers, sans autre vûë que celle de leurs Fruits ; & cela d'autant plus que la premiere Culture de la terre ayant été faite dans des païs chauds & temperez, la sujetion & l'embaras de ces Caiffes, & de ces Serres, dont nos climats ne fçauroient se paffer, n'y étoient de nul usage. Ce n'a donc été que la rigueur des Hyvers qui les a fait imaginer, pour pouvoir conferver ce qui n'étoit pas à l'épreuve du grand froid ; & dés lors les Jardiniers de la seconde claffe, qui d'ailleurs pour la culture de leurs Fleurs n'avoient pas de grandes occupations, ont auffi commencé d'être chargés du foin des Orangers, & des Citronniers.

De plus le plaifir de la vûë allant toûjours à perfectionner les chofes ; il eft venu premierement dans l'efprit des honnêtes gens quelques penfées de ranger ces Fleurs avec plus d'agrément & de fymmeterie, que n'avoient pas accoûtumé de faire les premiers curieux ; & c'eft ce qui parmy les Fleuriftes a fait le commencement des Parterres, dont les premiers apparemment n'étoient que des découpez, faits d'une maniere affez fimple, & affez groffiere ; mais enfuite il s'en eft fait d'une nouvelle façon, qu'on appella en broderie, & ceux-là étoient mieux entendus, & plus divertiffans que les premiers ; on s'eft contenté des uns & des autres durant plufieurs fiecles, fans que le Jardinage fut accompagné d'autres fortes de beautez que de celles là, jufqu'à ce que dans les derniers tems la curiofité, le bon goût, & même la magnificence font venuës petit-à-petit à s'y augmenter exraor-

dinairement. Nôtre siecle, qui a excellé en tout ce
que l'industrie humaine a pû s'imaginer, a particulierement donné par l'habileté du fameux Monsieur le Nostre la derniere perfection à cette partie
du Jardinage, ce qui paroît par tant de Canaux,
de Pieces d'eau, de Cascades, de Fontaines jalissan-
tes, de Labirinthes, de Boulingrains, de Terrasses, &c. ornemens en effet nouveaux, mais qui
dans la verité rehaussent merveilleusement la beauté naturelle du Jardinage.

Aprés avoir assez amplement parlé de la pre-
miere, & de la seconde classe de Jardiniers, je *Iardiniers Maréchau.*
viens à la troisiéme, qui est de ceux qui ne se mê-
lent ny de Fruits, ny de Fleurs, mais seulement
de Plantes potageres ; leur origine peut bien venir
de ce que quelqu'uns de nos premiers Jardiniers
étans dans le voisinage des Villes fort peuplées,
s'aviserent d'y établir de certains Jardins particuliers d'herbages, prevoyans bien qu'ils en pou-
roient faire un considerable debit dans les Marchez publics; & comme les terrains un peu gras
& humides leur parurent les meilleurs, & les plus
commodes tant pour la culture & l'abondance,
que pour la grosseur & la grandeur de chaque
Plante, ils choisirent des lieux bas, pour faire ces
sortes de Jardins ; peut-être que tels lieux avoient
été autrefois de veritables Marais, qu'on avoit ensuite desseichez ; si bien que dans le vulgaire ces
sortes de Jardiniers furent nommez Maréchais;
comme voulant dire Jardiniers de Marais desseichez. Le debit de ces herbages s'est trouvé par
évenement si utile à ceux qui le faisoient, que l'in-

A iij

duſtrie des hommes a depuis multiplié ces ſortes
de Jardins, juſqu'à en faire dans des lieux fort arides, & fort ſabloneux, faiſant en ſorte que de
frequens arroſemens, & d'amples engrais de fumier ſuppleaſſent en cela au deffaut du bon fonds.

Ce détail, que je viens de faire, établit nettement
trois claſſes de Jardiniers bien differens les uns des
autres, ſans parler des autres deux claſſes; ſçavoir
Pepinieriſtes. de celle de ces Jardiniers qui ne s'étudient qu'à
faire des Pepinieres, & l'autre de ceux qui s'atta-
Botaniſtes. chent aux Plantes rares & medecinales; cependan-
dant il eſt certain qu'il y a de fort habilles gens,
qui ſe font un plaiſir & une affaire de cultiver les
uns & les autres, & qui s'en acquittent avec ſuccés, & reputation.

Quant à moy mon inclination m'a tourné du
côté du Jardinage connu à la naiſſance des ſiecles,
& pratiqué par nos premiers peres; ſi bien que
depuis long tems j'ay eu une application particuliere à la Culture des Jardins Fruitiers & Potagers; & veritablement cette application, outre
les beautez qu'elle m'y a fait trouver en grand
nombre, m'y a auſſi découvert des défauts qui me
paroiſſent conſiderables. Il me ſemble, que devant
toutes choſes je dois m'étudier ſoigneuſement à
les faire connoître pour les éviter

Je trouve donc premierement que d'ordinare,
non ſeulement ces Jardins ne ſont pas fournis de
ce qu'aiſément ils devroient, & pourroient avoir
pour chaque ſaiſon de l'année, ſoit Fruits, ſoit Legumes; mais que de plus ils ſont mal entendus dans
leur diſpoſition, & dans l'arrangement de ce qu'ils
contiennent.

Je trouve en second lieu, qu'il paroît peu de capacité dans la plûpart des Jardiniers qui les cultivent, & que d'ailleurs les Maîtres, qu'ils ont à servir, n'ont pas assez d'intelligence pour les redresser; si bien que d'ordinaire c'est par la faute des uns & des autres, que ces Jardins ne produisent pas autant de plaisir & d'utilité qu'ils le pourroient faire, & qu'on se l'étoit imaginé.

Je veux, si je puis, remedier à d'aussi grands défauts tant par obeïssance aux ordres que j'ay eu l'honneur d'en recevoir, que par l'inclination à faire plaisir, que j'ose dire m'être naturelle, & sur tout en cette matiere du Jardinage, qui d'elle-même inspire cette humeur bien faisante. C'est pourquoy je me suis engagé à faire ce Traité, & à le rendre public, ayant cru en effet que ce ne seroit pas un Ouvrage inutile, si, comme je le souhaite, & que je me le suis proposé, je ponvois aider aux honnêtes gens à mieux ordonner de l'œconomie de leurs Jardins, & aider en même-tems aux Jardiniers à mieux executer les intentions de leurs Maîtres; & par consequent detrouver par le moyen de la Culture les avantges que la terre ne donne qu'au travail & à l'industrie.

trer heureusement, leur plus grande joye est de declarer à ceux, qui le veulent sçavoir, les moyens, dont ils se sont servis pour réüssir, communément l'esprit des autres Ouvriers est de faire mistere de garder pour eux seuls les lumieres qu'ils ont acquis dans leur Art.

L'Agriculture est un Art veritablement noble, & capable même de communiquer de la noblesse aux gens qui en font profession; aussi est-il vray que d'ordinaire ils font ravis que tout le monde voye eurs Ouvrages; & quand il leur arrive de rencontrer qui le veulent au lieu que tout, & de *Xenophon.*

Trois raisons principales m'ont encore particulierement obligé à écrire.

La premiere a été de voir le peu d'instruction, qu'on tire de tant de Livres qui ont été faits sur cette matiere en tous les siecles, & en toutes les Langues ; il est bien vray que nous avons beaucoup d'obligation non seulement à d'anciens Auteurs, qui ont si solidement parlé de l'Agriculture generale, mais encore à quelques modernes, qui ont fait part au public de leurs connoissances particulieres ; nous sommes sur tout redevables à quelque Personne de qualité éminente, qui sous le nom, & sur les memoires du fameux Curé d'Enonville ont si poliment écrit de la Culture des Arbres fruitiers ; ce sont eux dans la verité qui nous ont donné les premieres vûës des principaux ornemens de nos Jardins, aussi bien que celles du plaisir & du secours que nous retirons de ceux qui sont bien conduits ; mais en recompense on peut bien se récrier sur le grand nombre de tant d'autres Livres, dont nous sommes accablez ; peut-être n'aurois-je pas tort d'avancer qu'il n'en faut guéres regarder une bonne partie que comme des Traductions importunes, & comme des repetitions desagréables de plusieurs veillies maximes ; j'espere les marquer soigneusement, & faire connoître en même tems, que la plûpart sont mauvaises, ou au moins beaucoup inutiles.

La seconde raison, qui m'a obligé d'écrire, est la certitude que j'ay, qu'en beaucoup de Jardins je suis cause qu'on fait mal, quoy que ce soit de ma part le plus innocemment du monde ; & cela vient de ce que certaines gens prevenus en ma faveur, aprés avoir vû ce que je fais dans nos Potagers, & à nos Arbres fruitiers, sont quelquefois tentez d'imiter mes manieres de faire ; mais parce

qu'ils

qu'ils ne ſçavent pas mes Principes, & qu'ils croiroient faire tort à leur reputation, s'ils s'abaiſſoient
juſqu'à me les demander; ils eſſayent de les deviner eux-mêmes, croyans ſans doute que rien n'eſt
ſi aiſé à faire.

Je ne puis m'empêcher de leur dire, & je les
prie de le trouver bon, qu'il eſt aſſez rare de deviner juſte preſque en toutes ſortes de matieres : il
eſt vray que celle-cy n'eſt nullement difficile à entendre, quand on en rend de bonnes raiſons; mais
auſſi on n'eſt pas d'ordinaire trop heureux à y bien
rencontrer; dans ſes premieres imaginations on ſe
met au hazard ſouvent de faire tout le contraire
de ce que je pratique, & par conſequent le contraire de ce qu'on ſouhaite, quand on ne penſe
qu'à deviner.

Tel, par exemple, ſur le fait de la taille, pour avoir
vû dans mes Arbres quelques branches courtes,
dit auſſi-tôt qu'il voit bien que ma maniere eſt de
couper court, & s'en tient là. Tel autre, pour en
avoir vû de longues, ſoûtient de ſon côté que ma
maniere eſt de couper long, & croit la bien entendre. Tel autre enfin, pour en avoir remarqué
en même temps quelques-unes de longues, &
quelques unes de courtes; s'il en remarque une autrefois quelqu'unes qui ſoient differentes de ce qu'-
il avoit penſé, m'accuſe d'incertitude ſur mes Principes; il en vient même juſqu'à dire qu'il voit bien
du changement dans ma taille, & qu'ainſi je n'ay
rien d'aſſûré à cet égard; & là deſſus fait, ce lui ſemble, les plus belles reflexions du monde, pour prendre dorénavant une route differente de la mienne.

Le premier de ces efprits qui croyent d'abord tout penetrer fait, pour ainfi dire, de grands maffacres fur fes Arbres, quand dans la croyance qu'il a d'imiter ma maniere de tailler, il fe refout de couper court en toutes occafions.

Le fecond avec une pareille intention ruine en peu de temps la beauté des fiens, quand il laiffe longues des branches qu'il faut couper courtes.

Le dernier enfin tombe dans un embaras fi grand, qu'il ne fçait plus quel party prendre.

Ce font les abîmes où conduifent les faux raifonnemens des conjectures & des vray-femblances ; c'eft pourquoy, quand je ne ferois icy autre chofe que de rendre raifon de ma conduite, dire, par exemple, quelles fortes de branches je coupe courtes, & quelles je laiffe longues : quels Arbres je charge davantage, & quels Arbres je charge moins, &c. avec les motifs que j'ay d'en ufer de la forte ; il me femble que ce ne fera pas peu faire pour le public, afin que ceux qui en feront avertis ne fe tourmentent plus tant pour deviner, & par confequent ne fe mettent plus fi aifément au hazard de mal faire.

Cela étant, fi ma conduite eft approuvée, on l'imitera, & j'en feray ravy, par l'intereft que je prens au plaifir d'un chacun ; & fi elle ne plaît pas, on la condamnera, & peut-être aura-t-on même la charité d'en publier quelque meilleure, dont je ne feray pas moins fatisfait par la grande avidité que j'ay de me perfectionner en cette matiere.

Enfin la troifiéme & derniere raifon qui m'oblige à écrire, est l'esperance que j'ay, que la lecture de ce Livre apportera deux autres avantages dont je croy devoir faire cas.

Le premier est, que chacune de mes maximes étant bien étenduë toute entiere, comme je le prétens, & comme elle pourra l'être par le moyen de ce que j'auray écrit, elle donnera, ce me semble, quelques secours pour mieux faire en Jardinage : mais si par malice ou par ignorance on vient à n'en prendre qu'une partie & en laisser l'autre, je suis assez persuadé qu'on se trompera extrémement ; c'est pourquoy j'en veux avertir de bonne foy, afin que je ne sois pas responsable des inconveniens dans lesquels on ne manquera pas de tomber, quand on fera difficulté de me croire entierement.

Le second avantage est, que la plûpart des Jardiniers peu habiles, qui ont vû en passant ce que je fais, ou qui seulement en ont entendu parler, s'il leur arrive de mal réüssir (ce qui n'est que trop ordinaire,) ils trouvent aussi-tôt leur excuse toute prête à se décharger de leurs fautes sur moy ; ils me font l'auteur de leurs mauvaises manieres d'agir, pour autoriser par mon nom ce qu'ils ne sçauroient autrement défendre : Ils veulent que j'aye avancé quelque usage auquel je n'auray jamais pensé ; ils disent même avoir fait telle & telle chose exprés à mon imitation, pour faire voir si on a tant de raison de me vouloir imiter ; j'auray au moins par écrit une justification irreprochable : ainsi ne me pouvant faire dire que ce que j'auray effectivement dit, j'empêcheray qu'on ne

<table>
<tr><td style="width:30%; vertical-align:top">

Comme il est fort im-portant de travailler ha-billement en Agriculture, aussi est-il beaucoup plus perni-cieux d'y mal faire, que de n'y rien faire du tout.
Xenophon.

Sola res ruf-tica, quæ sine dubitatione proxima, & quasi con-sanguinea sa-pientiæ est, tam difcenti-bus eget, quam magif-tris.
Columella.

</td><td style="vertical-align:top">

m'en impute plus tant à l'avenir ; d'où il arrivera peut-être qu'on ne maltraitera plus si fort des Ar-bres innocens, qui n'auroient pas manqué de bien faire, si on les avoit sagement conduits.

Je hazarde donc de donner une instruction du Jardinage, en vûë principalement de faire plaisir aux honnêtes gens, aussi-bien ne puis je me resou-dre à souffrir plus long temps, qu'à la honte de nos jours, & même, s'il m'est permis de le dire, à la honte de toute l'application que j'ay donnée à cet-te matiere depuis plusieurs années, on puisse enco-re dire ce que Columelle reprochoit à son siecle, que la science de l'Agriculture est veritablement une des plus belles que l'homme puisse acquerir ; mais que cependant on est encore réduit à ce mal-heur, qu'il se trouve peu de Maîtres pour l'ensei-gner, & peu de Disciples pour l'apprendre.

Je sçay bien que tous les Livres de Jardinage ont commencé d'ordinaire par une Preface pleine des éloges qu'on luy donne, & qu'apparemment ce seroit par là que celuy-cy devroit commencer : mais comme je suis bien éloigné de présumer que je puisse trouver rien de nouveau à dire, pour fai-re valoir l'estime qui est dûë aux Jardins, & par conséquent à la science qui apprend à les cultiver, & qu'aussi il seroit fort inutile de vouloir exhorter personne à s'y étudier, vû que la plûpart des hom-mes se trouvent naturellement passionnez pour une si agreable & si utile occupation ; je commen-ceray simplement à poursuivre mon dessein, qui est d'instruire, si je suis en effet parvenu à m'en être rendu capable.

</td></tr>
</table>

Je regarde donc icy, comme j'ay déja dit, deux fortes de gens.

Premierement, ces Illuſtres Jardiniers, (c'eſt ainſi que faute d'autres termes plus particuliers & plus ſignificatifs, je nommeray dorénavant les fameux amateurs du Jardinage, de quelque condition qu'ils ſoient,) & je regarde enſuite les Jardiniers ordinaires; je veux dire ceux qui ſont vulgairement connus par le ſimple nom de Jardiniers, ſoit ceux qui en font déja la fonction, ſoit ceux qui veulent commencer à la faire. *Virum bonum cum antiqui laudabant, bonum agricolam, bonumque colonum pię dicabant, & ampliſſimè laudatum exiſtimabant. Cato.*

Je veux aider aux premiers, c'eſt à-dire, aux Illuſtres Jardiniers, à trouver aiſément le veritable divertiſſement des Jardins ; & à l'égard des autres, je m'efforceray de les inſtruire & de les mettre en état de bien remplir tous les devoirs de leur condition.

Mon deſſein paroît aſſez grand & aſſez beau, il eſt neceſſaire de le conduire avec quelque ordre : Voicy celuy que j'ay trouvé à propos de ſuivre.

Je diviſe cet Ouvrage en ſix Parties, dont chacune fera un Livre particulier.

Dans la premiere je commenceray par prouver, ſi je puis, qu'il ne faut point ſe mettre à avoir des Jardins Fruitiers & Potagers, ſi on ne veut s'étudier à s'y rendre au moins raiſonnablement entendu, & auſſi-tôt je montreray qu'il eſt facile d'y acquerir une connoiſſance groſſiere & ſuffiſante, n'y ayant autre choſe à faire pour cela que de lire exactement, & faire obſerver un petit abregé des maximes du Jardinage, que j'ay mis comme par aphorifmes dans le troifiéme Chapitre de ce premier Livre.

Et enfuite dans cette même premiere Partie j'apprendray, ce me femble, à fe bien connoître en choix de Jardiniers ; ce qui, à mon fens, eft une des chofes des plus importantes en cette matiere ; & enfin pour prévenir l'embaras que pourroient icy trouver les nouveaux curieux, faute d'entendre de certains termes de Jardinage, dont je me ferviray dans ce Traité, j'en ay fait un petit Dictionnaire que je joints ici, & qui en donnera l'intelligence neceffaire.

Dans la feconde Partie je feray d'abord connoître quelles font les qualitez neceffaires à chaque terrein, pour être propre à devenir un Jardin, qui foit en même-temps, & utile & agreable : J'expliqueray enfuite ce qui eft à faire pour la préparation des terres qui font affez bonnes, & pour l'amelioration de celles qui ne le font pas : de quelle maniere il faut difpofer tant pour la clôture & le treillage, que pour le terrein du milieu, quelque Fruitier & quelque Potager que ce puiffe être, grand ou petit, regulier ou irregulier, bien fitué ou mal fitué, afin que le terrein en foit fi bien employé, qu'il y ait non feulement de l'agrément & de la propreté, mais auffi de la facilité dans la culture, & fur tout une abondance raifonnable, non feulement de toutes fortes de Legumes, mais particulierement de beaux & de bons Fruits : & enfin je montreray comment il faut cultiver les Arbres tout le long de l'année, & comment leur renouveller les amandemens, quand ils en ont befoin.

Dans la troifiéme Partie je tâcheray d'apprendre quelles font à mon fens les bonnes efpeces de Fruit, non feulement afin qu'on fe détermine à n'en choifir que de celles-là, mais auffi afin qu'on les fçache proportionner dans chaque Jardin ; & comme ce n'eft pas affez de fçavoir en general quelles font les principales efpeces de Fruits, je diray en particulier quelles font les meilleures de chaque mois ; je diray combien de temps pour l'ordinaire chacune a coûtume de durer, & même quelle quantité de Fruits à peu prés chaque Arbre planté de trois, quatre, cinq & fix ans doit commencer de fournir, quand il eft bien conduit, afin que fur cela on puiffe regler pour fatisfaire fuffifamment la paffion des Fruits qu'on peut avoir. J'apprendray en même temps à donner à chaque Arbre fruitier la place qui luy eft la plus convenable pour y réüffir. En fecond lieu, à choifir chaque pied d'Arbre, en forte qu'il merite d'avoir place dans le Jardin.

En troifiéme lieu, à les preparer, tant par la tête que par les racines pour les planter : & enfin à les bien planter ; ce font toutes obfervations tres-neceffaires, fans lefquelles il fe fait fûrement de fort grandes fautes.

Dans la quatriéme Partie je parleray de la taille des Arbres, fuivant l'ufage dont je me fers, & enfuite j'expliqueray quelle eft ma maniere d'en pincer quelques-uns, de les ébourgeonner, paliffer, &c.

Dans la cinquiéme Partie je veux apprendre à éplucher les Fruits, c'eft-à-dire, à en ôter quand il faut aux endroits où il y en a trop : car enfin il ne faut pas laisser à chaque Arbre autant de fruit qu'il a fait de fleurs ; il faut même se défier de ceux qui fleurissent trop , l'excés de leur bonne volonté , s'il m'est permis de parler ainsi , doit être regardé comme un grand défaut , & même comme une impuissance certaine à bien réüssir.

Je veux aussi apprendre à découvrir à propos ceux qu'on aura conservez , pour leur donner le coloris & la bonté qui leur convient.

Apprendre à cueillir juste , soit ceux qui sont meurs sur l'Arbre , soit ceux qui n'y sçauroient achever de meurir.

Apprendre à les conserver autant qu'on peut , & pour cela expliquer toutes les conditions necessaires pour la construction , exposition & disposition des Fruiteries.

Enfin apprendre à connoître la maturité & à servir & faire manger à propos les uns & les autres , soit ceux qu'on ne peut garder , qui sont tous les fruits d'Esté , soit ceux qui viennent à la serre pour être gardez , c'est à-dire , les fruits d'Automne & les fruits d'Hyver.

Dans la même cinquiéme Partie je pretens traiter de quelques maladies d'Arbres qu'on peut guérir, & déclarer ingenuëment celles contre lesquelles je n'ay pû trouver de remedes : apprendre à remettre en vigueur les Arbres qui ont languy faute de bonne culture : apprendre enfin à connoître ceux qui ne peuvent plus être rétablis, pour empêcher qu'on n'y perde plus inutilement ni temps, ni peine , ni dépense.

Je

Je prétens encore dans la mefme Partie donner l'intelligence qu'il faut avoir aux Pepinieres de toutes fortes d'Arbres Fruitiers, tant à l'egard du Plan le plus propre à recevoir les Greffes, telles qu'elles foient, qu'à l'égard de la maniere de greffer, qui convient le plus à chaque forte de Fruit & à chaque forte de Plan. Je dis auffi mon avis fur les differentes manieres de Treillage.

Enfin dans la fixiéme Partie je prétens traiter du Potager : C'eft une matiere qui n'eft pas moins vafte dans fon étenduë, que profitable entre les mains des gens qui l'entendent & la pratiquent comme il faut : je tâcheray de le traiter affez amplement, afin d'apprendre

Premierement, ce qui doit utilement entrer dans toutes fortes de Potagers pour pouvoir dire qu'il n'y manque rien, & y ajoûteray une Defcription des Graines, & autres chofes qui fervent pour la production & multiplication de chaque Plante en particulier.

Expliquer en fecond lieu ce qu'on doit tirer d'un Potager dans chaque mois de l'année; quel doit être l'Ouvrage des Jardiniers dans chacun de ces mois; quelles font les manieres de les bien faire; & enfin ce qu'on doit trouver en tout temps dans chaque Potager, pour pouvoir dire qu'il eft en bon état.

Apprendre en troifiéme lieu quelle forte de terre eft propre à chaque Plante pour parvenir au degré de bonté qui luy peut convenir, & fur tout quelle eft la bonne maniere de les faire réüffir, tant à l'égard des Legumes qui fe fement pour

demeurer toûjours au même endroit, qu'à l'égard
de ceux qu'il faut abſolument tranſplanter , comme auſſi à l'égard de ceux qui ſe multiplient ſans
être ſemez.

Apprendre en quatriéme lieu combien chacun
occupe ſa place, ſoit devant que d'arriver à la perfection qu'il doit avoir , ſoit durant qu'il continuë
de produire. Je marqueray en même temps quelles ſont les Plantes qui ont beſoin de la Serre , pour
fournir pendant l'Hyver , & quelles ſont celles qui
par le ſecours de l'induſtrie ſont produites malgré
les gelées.

Et apprendre en cinquiéme lieu comment on
peut élever toutes ſortes de bonnes graines pour
faciliter l'entretien de ce Potager , & combien de
temps chacune ſe peut garder ſans devenir inutile :
car en cela elles n'ont pas toutes la meſme deſtinée.

Un Jardinier qui entendroit aſſez bien ce que
je viens de propoſer dans la precedente diviſion ,
ſeroit apparemment tel qu'on le peut ſouhaiter
pour un Jardin ordinaire : toutefois il ſemble que
ce Jardinier auroit encore beſoin de s'entendre un
peu à la culture des Orangers ; auſſi , comme nous
avons dit cy-deſſus, ſont-ce proprement des Arbres Fruitiers , quoy qu'aſſez ſouvent on les regarde moins de ce côté là , qu'en vûë des Fleurs
qu'ils peuvent produire. La matiere n'eſt pas à
beaucoup prés ſi difficile qu'on l'a crûë juſqu'à preſent ; & meſme ſans vouloir trop entreprendre ſur
tant d'habiles gens qui ſe mêlent de ce qui fait
le grand émail des Parterres , je pourray bien dire

un mot de la culture des Jaſſemins & de la plûpart
des Fleurs ordinaires qu'on peut avoir en chaque
mois de l'année ; & ce ſera dans les ſecours des
mois, ce qui eſt de la ſixiéme Partie : auſſi eſt-il
vray qu'on peut avoir quelque peu de Fleurs dans
la plûſpart des Jardins raiſonnablement grands, &
même les avoir de bonne heure, témoin le fameux *Primus ve-*
Jardinier d'Oebalie ; & ainſi comme chaque cu- *re roſam, at-*
rieux n'étant pas en état d'avoir pluſieurs Jardi- *que Autom-*
niers, ou peut-être ne le voulant pas, eſt ſouvent *no carpere poma. Virg.*
obligé de ſe contenter d'un ſeul pour l'entretien de *Georg. 4.*
ſa curioſité ; c'eſt ce qui fait qu'il me paroît aſſez
neceſſaire, que celuy que je veux inſtruire en faveur d'un honnête-homme, trouve icy en même
temps quelque intelligence au delà du Fruitier &
du Potager.

Peut-être que dans cette ſixiéme Partie un Jardinier ordinaire trouvera au moins de quoy ſatisfaire un Maître qui n'a qu'une mediocre paſſion pour
les Fleurs, & c'eſt ce que je me ſuis propoſé ; aprés
quoy je ne puis m'empêcher de dire, que bien-
heureux ſont ceux, qui en fait de Jardins, ſçavent
ſuivre les ſages conſeils du Prince des Poëtes, & *Cui pauca*
l'exemple du Jardinier, qu'il a rendu celebre dans *reliƈi jugera ruris extant.*
ſes vers. Il veut bien, cet Auteur illuſtre, qu'on *Virg. Georg.*
trouve beaux les Jardins qui ſont grands, & veut *2.*
même qu'on les loüe ; mais cependant il veut qu'on *Laudato in- gentia rura,*
ſe reduiſe à n'en cultiver que de petits. *exiguum co- lito. Virg.*
Il faut en effet que chacun de quelque condi- *Georg. 2.*
tion qu'il puiſſe être, ſe détermine de bonne heure, non ſeulement pour choiſir la ſorte de Jardin
qui luy plaît le mieux, mais ſur tout pour n'en

entreprendre que la quantité qui luy convient, afin que fur cela il ne fe charge que d'autant de Jardiniers qu'il en peut aifément entretenir, & qui fuy font abfolument neceffaires: Ceux qui en ufent autrement, ne font que fe preparer une matiere infaillible de beaucoup de chagrins, au lieu de s'en preparer une qui leur puiffe faire trouver tous les plaifirs qu'ils s'étoient propofez : car enfin, le Jardinage doit être utile; c'eft le premier motif de fon inftitution, & cette utilité n'arrive guéres quand on entreprend au delà de fes forces; elle n'eft que pour ceux qui fçavent fe contenter des mediocres entreprifes.

Serâque re-
vertens noc-
te domum
dapibus men-
fas onerabat
inemptis.
Virg. Georg
2.
    Fecundior
eft culta exi-
guitas, quam
neglect. ma-
gnitudo.
Palladius.

L'Agriculture en general peut bien être regardée comme une fcience d'une vafte étenduë, & propre à donner infiniment d'exercice aux Philofophes, attendu que la vegetation eft une des belles parties de la Phifique. Je fçay qu'il s'y fait beaucoup de belles queftions, pour fçavoir par exemple s'il y a dans les Plantes une circulation de feve auffi bien que dans les animaux, il y a une circulation de fang.   Pour fçavoir fi les racines attirent par une action effective le fuc qui fert de nourriture à chaque Plante, ou fi fimplement elles reçoivent ce fuc fans aucune action de leur part : comment fe fait cette difference infinie de feve, qui fait la diverfité des goûts & des figures dans les Plantes ; comment fe fait l'alongement & la groffeur, tant de la tige & des branches, que des feüilles & des fruits, &c.

Il y a une infinité de femblables curiofitez, dont je ne doute pas que la connoiffance ne donnât du plaifir aux gens d'étude, mais peut-être ne donneroit-elle pas davantage de capacité à nôtre Ouvrier, qui eft, comme j'ay dit, la principale chofe que je me fuis icy propofée ; je pourray bien examiner à mon tour quelques-unes de ces queftions ingenieufes & delicates, pour en dire fimplement mon avis à la fin de ce Traité, & ce fera fous le titre de Reflexions fur l'Agriculture.

Mais cependant je n'eftime pas qu'il foit icy fort neceffaire d'en examiner à fond aucune, à moins que vray-femblablement elle ne doive fervir à l'établiffement de quelques maximes convenables à mon deffein. Il eft particulierement quef-tion d'apprendre, ce qui tant pour l'abondance que pour l'agrément peut faire réüffir avec plus de facilité & moins de dépenfe. Par exemple, il me femble qu'il eft affez important de fçavoir à peu prés le commencement & l'ordre de la vegetation ; de fçavoir ce que la feve fait, tant dans les branches que dans les racines, felon qu'elle eft plus ou moins abondante en chacune, foit fort, foit foible ; de fçavoir quelles branches ont plus de difpofition à faire du fruit, & quelles en ont davantage à faire du bois ; de fçavoir la raifon du labour & des amandemens, & quelques autres chofes qui ne font pas moins utiles, parce que fans ces fortes de connoiffances nous ne fçaurions établir au vray la maniere de tailler, tant les racines que les branches, la maniere de faire en forte que les Arbres fleuriffent & fe mettent en état de donner de beaux Fruits, la maniere de rendre toutes fortes d'Arbres & de Plantes vigoureu-

Summa omnium in hoc fpectanda fuit, ut fructus is maximè probaretur, qui quâ minimo impendio conftiturus effet. Plinius.

ſes , &c. & voilà particulierement ce que je croy̆
être bien neceſſaire de ſçavoir.

Et en effet, c'eſt ſur la déciſion de telles difficultez que j'ay tâché de raiſonner autant que j'ay pû,
afin de mieux établir les inſtructions que je donne,
& leſquelles je fonde uniquement ſur des obſervations tres-frequentes , tres-longues & tres-exactes,
que jay faites moy-même dans toutes les parties
du Jardinage, ſans m'en être rapporté à perſonne :
ſi bien qu'enfin je communique à tout le monde
ce que je puis avoir acquis de lumieres dans cette
ſorte d'Agriculture,& par ce moyen je rends compte de ce que j'ay vû faire à la nature dans la production des Vegetaux,& rends le compte non ſeulement ſans reſerve aucune,mais ſincerement & de
bonne foy ; & de plus conformement à ma petite
portée. Je m'explique de la maniere la plus ſimple
qu'il m'a été poſſible , ſçachant ſûrement que c'eſt
icy une matiere qui ne demande rien de faſtueux
& d'empoulé, & que le plus grand ornement dont
elle ait beſoin , conſiſte particulierement à être
bien dévelopée & bien entenduë.

Ornari res ipſa negat contenta do-ceri. Hora-tius.

J'ajoûteray icy que la troiſiéme Partie de cet
Ouvrage, où je traite du choix & de la proportion des Fruits, eſt celle qui m'a fait le plus de
peine, & qui, ſi je ne me trompe, doit être une
des plus utiles. L'entrepriſe que j'y ay faite n'eſt
pas moins grande qu'elle eſt nouvelle : Ce qui me
la fait dire nouvelle eſt, que juſqu'à preſent il ne
me paroît pas que perſonne ſe ſoit jamais aviſé
d'en faire une pareille ; & ce qui me l'a fait dire
grande, eſt le grand nombre de matieres dont j'y

dois traiter, qui quoy que communes & ordinaires ne laiſſent pas d'être inconnuës, & par conſequent de faire bien de la peine à la plûpart des nouveaux curieux. Ce choix des meilleurs Fruits, cette proportion à garder pour le nombre de chaque
eſpece, eu égard à la grandeur des Jardins & à la
qualité de leurs fonds, cette regle pour les diſpoſi-
tions & les diſtances, &c. ce ſont toutes matieres
importantes en Jardinages, dont par conſequent
il eſt neceſſaire d'être inſtruit, ou autrement on
ne ſçauroit heureuſement planter.

Mais ce que je trouve de fâcheux dans cette
entrepriſe eſt, qu'il n'eſt pas poſſible de l'executer
en peu de mots, & ainſi pour la bien conduire
je me ſens abſolument obligé de faire une grande
diſcution : j'ay crû même ne pouvoir me diſpenſer de mettre icy une ſuite d'Avant-propos aſſez
long, & peut-être aſſez ennuyeux, tant pour moy
que pour ceux en faveur de qui je le fais : ſi-bien
que, quand d'ailleurs cecy ne ſeroit pas tout propre à me broüiller avec quelques curieux ſur le
jugement que je donneray à l'égard de chaque
Fruit en particulier, ſoit que j'en faſſe cas, ſoit que
je le mépriſe, le nombre des difficultez que je dois
trouver dans l'execution d'un deſſein ſi étendu,
auroit amplement de quoy me faire perdre courage; auſſi peu s'en eſt-il fallu que je ne me ſois laiſſé entierement rebuter, non ſeulement dés l'entrée, mais auſſi aprés avoir fait une bonne partie
du chemin.

Cependant comme d'un côté mon Ouvrage ſeroit, ce me ſemble, beaucoup moins utile que je

ne prétens, si cette partie luy manquoit, & que de l'autre j'ay l'intention extrémement zelée pour faire plaisir, & entierement éloignée d'offenser personne, je me suis encouragé à poursuivre mon projet, esperant qu'au moins, bon nombre de ceux qui aiment les Fruits & les Arbres fruitiers, & qui sont les seuls que je regarde dans cet endroit, me sçauront gré d'un travail qui leur abrege beaucoup de chemin ; que si par hazard il s'en trouve quelques-uns qui croyent devoir se plaindre de mon goût, en ce qu'il ne sera pas toûjours conforme au leur, je dois croire que vray-semblablement ce sera sans chagrin contre moy, & sans déchaînement contre mon dessein, puisque je ne prétens gêner ny blâmer personne à l'égard de son goût. Je sçay fort bien que par l'ordre de la nature chacun est sur cela aussi-bien que moy souverain juge de sa propre cause ; en sorte que (comme on dit vulgairement) il n'est pas permis de disputer des goûts.

Cela posé, je n'ay besoin que de bien suivre la resolution que j'ay faite d'avoir d'extrêmes precautions en toutes les Parties de ce Jardinage, pour m'y reduire autant que je pourray, agissant cependant sur ce principe, qu'il n'en doit pas être à l'égard de l'instruction dans une matiere de doctrine, comme il en est dans les Ouvrages d'éloquence : constamment il ne faut pas tout dire dans ceux-cy ; il ne faut que faire entre voir ce qu'il y a de beau dans le sujet, pour laisser aux honnêtes-gens le plaisir de penetrer eux-mêmes : Mais dans ce Traité je ne croy pas pouvoir mieux faire que de suivre

Non nulla relinquenda auditori, quæ suo Marte colligat. De-metrius, Phalereus de Elo-cut.

Qui omnia exponit auditori, vel lectori ut

le

le fage confeil d'un Seigneur auffi illuftre par fa naiffance, fa vertu & fes grands emplois, que par la grande étenduë de fon fçavoir : il m'a particu-lierement exhorté de ne fuppofer jamais qu'on fça-che en cecy ce que j'y puis fçavoir, étant perfuadé que c'eft le feul & veritable moyen que je puiffe pratiquer pour réüffir ; il faut par confequent que je faffe en forte de ne rien obmettre, & de ne laif-fer rien de douteux dans mon inftruction : ainfi étant fort ample, & peut-être fort intelligible par tout, elle fera conftamment utile en toutes fes par-ties, comme je le fouhaite.

Cette confideration m'engage neceffairement à paffer par de grands détails, c'eft pourquoy d'a-bord je demande un peu d'indulgence pour l'exa-ctitude que j'auray, ne doutant point que commu-nément elle ne paroiffe trop grande ; mais auffi j'ay lieu de croire que, fi elle l'étoit moins, elle feroit fuivie de beaucoup d'autres défauts infini-ment plus fâcheux.

Joint que fi la longueur du Traité dégoûte quel-qu'un de le vouloir lire, ce fera apparemment des gens accablez d'autres affaires plus grandes que celle-cy, & j'en fuis tout confolé, car il n'eft que pour des gens de loifir, ou pour des heures de recreation ; tout au moins ceux qui fe donneront la peine d'examiner ma conduite, verront pour ma juftification que, comme j'ay déja dit, je n'ay pretendu autre chofe que de dire fimplement mon avis fur le fujet que je traite en cette troifiéme Partie.

Que fi on veut bien s'en contenter, fans vouloir

nullâ mente
prædito fi-
milis eft ei,
qui audito-
rem, vel le-
ctorem im-
probat, atque
contemnit.

entrer en difcution des raifons dont je me fers pour l'appuyer, on pourra laiffer à part non feulement mon Avant-propos & mes confiderations particulieres, mais auffi les defcriptions que j'ay faites des Fruits ; & cela étant on n'aura qu'à aller d'abord aux endroits, où je conclus de bonne foy ce que je croy devoir être fait pour planter fagement & heureufement ; (ce qui eft marqué le long de chaque marge, & plus particulierement dans l'Abregé que j'ay mis à la fin du Traité :) Ce fera là qu'on trouvera auffi-tôt tout le fecours dont on croira avoir befoin, & dont on me voudra être obligé.

Ce qui m'a fait entreprendre une chofe que je croy fi utile & fi commode, eft de voir beaucoup de Jardins de toutes fortes de grandeur, comme il m'eft fouvent arrivé, & m'arrive encore tous les jours, & d'y voir veritablement quelques Fruits, mais d'y voir en même temps les trois plus grands inconveniens qu'on ait à craindre à cet égard.

Le premier confifte en ce qu'on n'y voit prefque point d'efpeces bien connuës (ce qui n'eft pas un trop bon figne de leur bonté) & en ce que fur tout les bonnes y font bien plus rare que les mauvaifes, c'eft-à-dire, par exemple, qu'en fait de Poires, qui eft d'ordinaire celuy de tous les Fruits qu'on plante le plus, on y trouve beaucoup plus de Catillac, d'Orange, de Befideri, de Beurré blanc, de Jargonelle, de Bon-chrétien d'Efté, &c. que de Bergamotte, de Virgoulé, de Lefchafferie, d'Ambrette, d'Efpine, de Rouffelet, &c.

Le fecond inconvenient eft que, s'il fe trouve

deux ou trois efpeces veritablement bonnes, elles y feront quafi toutes feules, & affez fouvent fous differens noms. Un Jardin fera par exemple prefque tout planté de Bon-chrétien d'Hyver, de Beurré, de Meffire-Jean, &c. ou quafi tout de Virgoulé, de Rouffelet, de Verte-longue, &c. fans qu'un heureux mélange des uns & des autres s'y rencontre.

Enfin le troifiéme inconvenient & le plus dangereux confifte, en ce que rarement voit-on en chaque Jardin une fuite de Fruit qui foit fi bien entenduë, que fans difcontinuation on puiffe efperer d'en avoir l'Efté, l'Automne & l'Hyver; quand (eu égard à la qualité de fon terrein) cela fe pourroit aifément faire, on fe peut bien vanter d'en avoir fuffifamment, ou peut-être trop, foit dans l'une des trois faifons, foit dans quelque partie de chacune : par exemple, d'avoir du Blanquet & du Rouffelet pour l'Efté, du Beurré & de la Bergamotte pour l'Automne, du Bon-chrétien & de la Virgoulé pour l'Hyver, &c. mais on a peu des autres bons Fruits, ou peut-être on n'en a point du tout, pour fournir fucceffivement chaque faifon pendant qu'elle dure, & encore moins pour fournir les trois tout de fuite.

Ce font là fans doute des defordres fâcheux, & qui proviennent du peu de lumieres qu'on a quand on fait un Jardin; car pour lors on commence d'ordinaire par expliquer fon deffein à fes amis, foit pour demander leurs avis (ce qui eft bon, fi ce font des gens entendus en Jardinage) foit fur tout pour exciter leurs liberalitez, s'ils ont des Arbres

Dimidium facti, qui bene cæpit, habet. Ovid.

à donner ; ce qui d'ordinaire fait , pour ainſi dire ,
plûtôt un hôpitıl ou un cahos d'Arbres fruitiers ,
qu'un veritable Jardin ; que ſi on n'a point d'habiles gens à conſulter , on envoye , ou peut être
on va ſoy même dans les lieux où ſe trouvent des
Pepinieres , qui d'ordinaire ſont tres mal entenduës ; on nomme quelques Fruits qu'on s'eſt propoſé de planter , & du reſte on s'y explique ſimplement & en general ſur le nombre à peu prés des
Arbres qu'on veut avoir , ſans pouvoir marquer
preciſément les eſpeces dont on auroit beſoin , &
encore moins la quantité de chacune de ces eſpeces : en effet , on ne croit pas pouvoir prendre un
meilleur party , attendu que (s'il m'eſt permis de
me ſervis de ces termes nouveaux) il n'eſt preſque
point d'habiles Frugis-Conſultes , ny de bons Livres de cette Frugis-Prudence , où l'on ait pû prendre les lumieres neceſſaires pour faire un bon Plan;
& ainſi on ſe met à la diſcretion d'un Marchand ,
qui d'un côté n'eſt pas peut-être trop éclairé , ny
trop bien fourny , quoy que d'abord il s'étudie à
perſuader qu'il a de toutes ſortes de bons Fruits ,
témoin quelque memoire embroüillé qu'il ne
manque pas de produire; & de l'autre côté ce Marchand veut ſur tout profiter de l'occaſion favorable qui ſe preſente à luy pour ſe défaire de ſa Marchandiſe , ſçachant ſûrement qu'elle n'eſt pas de
bonne garde.

Si bien qu'un nouveau curieux eſt reduit à planter , ſoit les Arbres que ſes amis luy ont donnez ,
ſoit ceux que le Marchand luy a vendus , quels
qu'ils ſoient , bons ou mauvais ; & ainſi pourvû

que le nombre qu'il vouloit soit remply, il est content & satisfait, & laisse passer bien doucement les
quatre, cinq ou six premieres années, en attendant que chaque Arbre ait fait voir ce qu'il sçait
faire ; quelqu'un par cy par là fructifie, & amuse
cependant l'esperance de son Maître ; & enfin le
temps fait voir, quoy que veritablement trop tard,
les erreurs où il étoit miserablement tombé.

Mais parce que les Arbres sont devenus grands,
quelque mécontent qu'on soit des Fruits qu'ils produisent, eu égard à ce qu'on s'étoit imaginé, on
ne se resout pas aisément à les regreffer, encore
moins à recommencer un nouveau Plan, tant on
craint de s'engager à vouloir corriger les premieres
fautes au hazard d'en faire encore d'autres aussi fâ-
cheuses ; ainsi on se trouve embourbé, & on demeure dans la bouë, affligé cependant de se voir
trompé dans l'esperance qu'on avoit euë ; ce qui
produit ce dégoût si ordinaire, qui fait que tant de
gens qu'on a vû d'abord passionnez pour leurs Jardins, cherchent peu d'années aprés à s'en défaire
à quelque prix que ce puisse être.

Voicy encore deux autres défauts fort communs : le premier, que faute de sçavoir la distance
raisonnable qu'il faut garder entre les Arbres, eu
égard à la bonté du fond, à la hauteur des murailles, à la qualité des especes, &c. on les plante souvent ou trop prés, ou trop éloignez les uns des autres. Le second, que faute pareillement de sçavoir
les situations les plus convenables à chacun, on en
place d'ordinaire assez malheureusement une bonne partie.

Ignorafque
viæ mecum
miferatus a-
greftes. *Virg.*
Georg. 1.

Avec un grand zele du Jardinage, comme je l'ay, peut-on n'être pas veritablement touché de tous ces inconveniens, n'avoir pas compaſſion de ceux qui commencent à s'engager dans la curioſité des Fruits ſans y être un peu habiles ? C'eſt pourquoy, autant qu'il me ſera poſſible, je veux tâcher de prévenir tous ces défauts, & faire en ſorte qu'à l'avenir on plante avec tant de circonſpection, que ſi on a un Jardin aſſez grand pour y pouvoir mettre un nombre d'Arbres aſſez raiſonnable, on y ait ce qu'on y peut avoir de principaux Fruits pour chaque ſaiſon de l'année.

Cette raiſon là qui regarde la ſuite des ſaiſons, pourra bien quelquefois me faire preferer dans les Plans un moins bon Fruit à un autre meilleur; & cela parce que ce meilleur vient dans un temps où j'en puis avoir ſuffiſamment de ces autres, qui ſont admirables, & que le moins bon vient dans une ſaiſon où la diſette des plus excellens étant tres-grande, on eſt trop heureux d'en avoir au moins de mediocres; ainſi par exemple n'ayant que peu de place pour des Poiriers en buiſſon, je planteray quelquefois un Martin ſec, ou un Bugy, qui ſont d'aſſez bonnes Poires d'Hyver, devant que de planter une Robine ou un Bon chrétien d'Eſté muſqué, &c. qui ſont des Fruits d'Eſté beaucoup meilleurs en ſoy que ne ſont les deux precedens. On verra cy-aprés les raiſons qui m'obligent d'en uſer de la ſorte.

Ceux qui ſans vanité n'en ſçavent pas tant que moy en cette matiere, pourront bien d'abord s'étonner d'un tel choix, qui ſans les circonſtances

particulieres qui me l'ont fait faire, paroîtroit affez
bizarre; mais j'ofe affûrer qu'il ne leur fera pas trop
aifé d'improuver ma conduite, s'ils veulent fe donner le temps d'examiner mes raifons.

Mais comme, quelque connoiffance qu'on eût
des bonnes efpeces, en n'en feroit pas plus avancé,
s'il étoit difficile, ou peut-être impoffible de les
trouver dans les Pepinieres; voicy la réponfe que
je fais à une difficulté fi importante.

J'efpere que mon exactitude fur ce choix, &
cette proportion de Fruits produira un reglement &
une efpece de réforme dans toutes les Pepinieres,
c'eft-à-dire, que non feulement elle banira la confufion, & pour ainfi dire la mal-habileté de celles
qui fe trouveront mal faites, mais en fera faire de
nouvelles avec toute l'intelligence poffible; & pour
lors il arrivera qu'au lieu de continuer à greffer
encore de ces efpeces, que je méprife nommément,
non plus que de celles dont je ne fais nulle mention, les unes & les autres pouvans par ce moyen
tomber dans le mépris, & par conféquent demeurer en perte pour les Jardiniers, il arrivera dis-je
qu'on ne greffera plus que de celles que j'eftime,
foit nouvelles, foit anciennes, & nullement des
autres: on greffera moins de celles dont il faut
planter peu, & davantage de celles dont je confeille de planter beaucoup; & ainfi d'un côté le
debit fera bon & infaillible pour les habiles Mar-
chands, & voilà dequoy les animer à faire de mieux
en mieux; & de l'autre, tous les Jardins fe mettront
infenfiblement fur le pied de devenir parfaits, &
voilà ce qu'il faut pour le plaifir de tous nos curieux.

Et en attendant que les Pepinieres soient dans ce bon état que je me propose, en sorte qu'un jour on y puisse trouver tout ce qu'il faudra de bons Arbres; comme on sçaura par mon choix les principales especes de chaque Saison, s'il arrive que parmy beaucoup de ces Fruits, qui sont reprouvez, on en trouve dans les vieilles Pepinieres au moins une partie de ceux qui sont estimez, on s'y attachera volontiers pour en prendre même plus qu'on n'auroit resolu, sans hazarder cependant d'en prendre aucun des autres, & sur cela on fera son compte de deux choses, l'une ou de ne planter que de ce peu de bonnes especes qu'on aura trouvées, & de remplir par ce moyen toutes les places qu'on avoit à remplir, ou d'attendre à une autre année, pour chercher ce qu'on n'a pû encore trouver, plûtôt que de planter des especes qui soient douteuses ou inconnuës.

Peut estre mesme, comme il est à propos, aura-t-on cette sage prévoyance de preparer au moins de quoy greffer l'année d'aprés les especes qu'on n'aura pas trouvées, & que j'auray conseillé de planter; & ce sera ou sur une partie de ces Arbres pris de trop, ou sur de bons sauvageons qu'on fera mettre en place à cet effet: car enfin en matiere de plans, du moment qu'on a résolu d'avoir des Fruits, il ne faut oublier quoy que ce soit pour suivre le precepte de Caton, c'est à-dire, pour gagner temps & avancer sa curiosité.

Ædificare, diu cogitare oportet ; conserere, facere non cogitare. Cato.

PREMIERE

PREMIERE PARTIE

DES

JARDINS FRUITIERS
ET POTAGERS.

CHAPITRE PREMIER.

*Combien il eſt neceſſaire qu'un honnête homme qui veut avoir
des Fruitiers & Potagers, ſoit au moins raiſonnablement
inſtruit de ce qui regarde ces ſortes de Jardins.*

E Jardinage, duquel je commence
icy de traiter, produit ſûrement beaucoup de plaiſir à l'honnête homme qui
s'y entend & s'y applique ; mais ce même Jardinage, s'il eſt entre les mains
d'un Jardinier qui ſoit peu habile ou
peu laborieux, a de grands inconve-
niens à craindre, & de grands chagrins à donner. Ce ſont
deux veritez que tout le monde connoît, & que perſonne

Tome I.   E

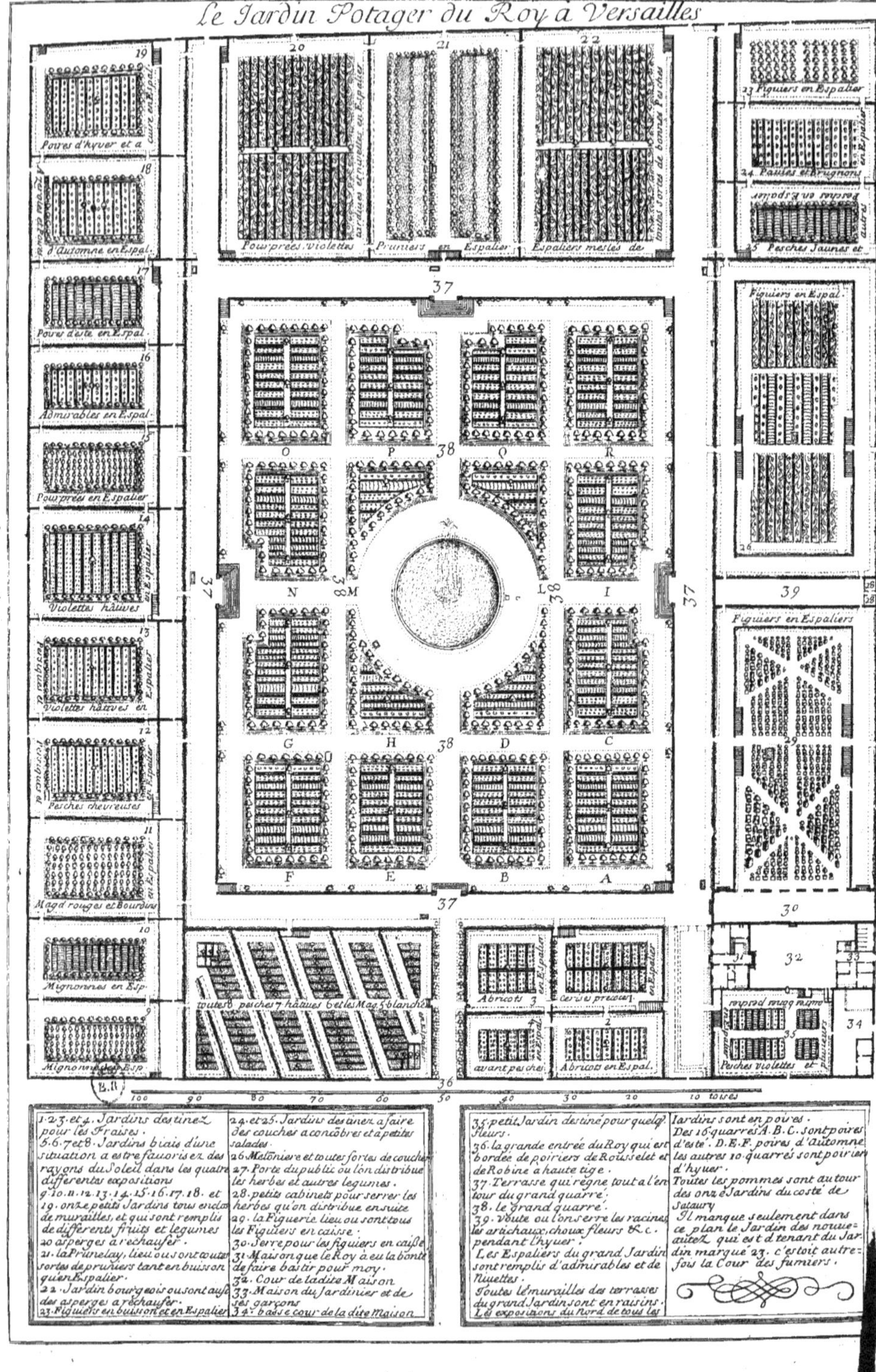

1.2.3. et 4. Jardins destinez pour les Fraises.
5.6.7 et 8. Jardins biais d'une situation a estre fauorisez des rayons du Soleil dans les quatre differentes expositions
9.10.11.12.13.14.15.16.17.18. et 19. onze petits Jardins tous enclos de murailles, et qui sont remplis de differents fruits et legumes
20 asperges a réchaufer.
21. la Prunelay, lieu ou sont toutes sortes de pruniers tant en buisson qu'en Espalier.
22. Jardin bourgeois ou sont aussi des asperges a réchaufer.
23. Figuiers en buisson et en Espalier

24. et 25. Jardins destinez a faire des couches a concobres et a petites salades.
26. Meloniere et toutes sortes de couches
27. Porte du public ou l'on distribue les herbes et autres legumes.
28. petits cabinets pour serrer les herbes qu'on distribue ensuite
29. la Figuerie lieu ou sont tous les Figuiers en caisse.
30. Serre pour les figuiers en caisse
31. Maison que le Roy à eu la bonté de faire bastir pour moy.
32. Cour de ladite Maison
33. Maison du Jardinier et de ses garçons
34. basse cour de la dite Maison

35. petit Jardin destiné pour quelq. fleurs.
36. la grande entrée du Roy qui est bordée de poiriers de Rousselet et de Robine à haute tige.
37. Terrasse qui regne tout a l'entour du grand quarré.
38. le grand quarré.
39. Voute ou l'on serre les racines les artichaux, choux fleurs &c. pendant l'hyuer.
Les Espaliers du grand Jardin sont remplis d'admirables et de Niuettes.
Toutes les murailles des terrasses du grand Jardin sont en raisins.
Les expositions du Nord de tous les Jardins sont en poires.
Des 16 quarrés A.B.C. sont poires d'esté. D.E.F. poires d'automne les autres 10 quarrés sont poiriers d'hyuer.
Toutes les pommes sont autour des onze Jardins du costé de Sataury
Il manque seulement dans ce plan le Jardin des nouueautez qui est d tenant du Jardin marqué 23. c'estoit autrefois la Cour des fumiers.

n'a jamais entrepris de contefter, étant certain que rien au monde ne demande tant de prévoyance & d'activité, que ces fortes de Jardins Fruitiers, & Potagers. Ils font, pour ainfi dire, dans un mouvement perpetuel, qui les porte à agir toûjours, ou en bien, ou en mal, felon la bonne, ou la mauvaife conduite de leur Maître ; auffi récompenfent-ils amplement les bons Ouvriers, & puniffent-ils rigoureufement les miferables.

La preuve de la premiere des deux veritez que je viens de propofer, confifte en ce que conftamment il n'y a rien de plus réjoüiffant, premierement, que d'avoir un Jardin, qui foit dans une belle & bonne fituation, qui foit d'une raifonnable grandeur, & d'une figure bien entenduë, & qu'on ait peut-être difpofé foy-même, comme il eft.

En fecond lieu, que ce Jardin foit en tout temps nonfeulement propre pour la promenade, & pour l'agrément des yeux, mais auffi abondant en bonnes chofes pour la delicateffe du goût, & la confervation de la fanté.

En troifiéme lieu, y voir tous les jours quelque petit Ouvrage nouveau à faire, femer, planter, tailler, paliffer, voir fes Plantes croître, fes Legumes embellir, fes Arbres fleurir, fes Fruits noüer, enfuite groffir, prendre couleur, meurir, venir enfin à les cueillir, les gouter, en regaler fes amis, entendre loüer leur beauté, leur bonté, leur quantité ; tout cela enfemble fait fans doute l'idée de beaucoup de chofes extrémement agreables.

Pour preuve de la feconde verité, il n'y auroit qu'à faire icy en peu de mots le dénombrement de tous les defordres, dont nôtre Jardinage eft menacé, ou plûtôt deshonoré, quand il manque de culture ; mais ils ne font que trop connus : il n'y a prefque rien de fi ordinaire, que d'entendre des plaintes fur cette matiere.

Il eft donc vray que dans le Jardinage il y a des plaifirs & des chagrins ; il n'eft pas moins vray que les plaifirs font pour les jardiniers intelligens & actifs, & que les chagrins arrivent immanquablement à ceux qui font pareffeux ou mal-habiles.

Cela étant, il faut demeurer d'accord qu'on n'eft ny à excufer, ny à plaindre, fi au lieu de tirer de fon Jar-

din tout l'avantage qu'on s'en étoit promis, on est réduit
à ce malhenr de n'y avoir que de la dépenſe, de la perte,
du dégoût, des ſujets de colere, &c. pendant que d'autres avec un peu de ſçavoir faire en ont évité tous les
deſordres, & en goûtent toutes les douceurs; d'où il s'enſuit que, ſi l'honnête homme veut s'engager à avoir un
Jardin comme une choſe qui luy convient ſi bien, il faut
abſolument qu'il ſe rende habile en Jardinage, ou bien il
n'y doit pas ſeulement penſer.

La grande queſtion eſt de ſçavoir, ſi cette habileté,
que je tiens neceſſaire, eſt facile ou difficile à acquerir,
pour prendre ſur cela un party raiſonnable.

Au premier cas, c'eſt-à-dire, s'il eſt facile de devenir
habile, je ſuis perſuadé que beaucoup d'honnêtes gens le
voudroient devenir, car naturellement tout le monde en
a envie : je ſuis auſſi perſuadé que déja il y en auroit eu
un aſſez grand nombre, ſi on avoit eu de ſuffiſantes inſtructions pour cela.

Au ſecond cas, c'eſt-à-dire, s'il eſt mal-aiſé de parvenir à une habileté ſuffiſante, il faut s'attendre qu'on trouvera peu de curieux qui veüillent bien l'entreprendre;
chacun ſera dégoûté par l'incertitude de réüſſir aprés y
avoir mis beaucoup de temps, & y avoir pris beaucoup
de peine.

L'honneur que j'ay depuis tant d'années d'avoir la di-
rection des Jardins Fruitiers & Potàgers des Maiſons
Royales, me donne, ce ſemble, quelque autorité pour
répondre à cette grande queſtion : ſi-bien que ſans vouloir
tromper perſonne, & ayant un grand deſir de contribuer
à la ſatisfaction des honnêtes gens, j'aſſûre qu'il eſt tres-
aiſé d'acquerir autant d'intelligence qu'il en faut raiſonnablement à nôtre curieux, afin qu'il ſe mette à couvert de
ce qui le peut fâcher, & qu'en même temps il ſe mette
en état de joüir de ce qu'il cherche.

Je n'auray pas de peine à prouver ce que je viens d'a-
vancer, aprés que je me ſeray plus particulierement expliqué ſur ce que je penſe de tous les plaiſirs, qui doivent
être inſeparables du Jardinage dont eſt queſtion.

Le plus conſiderable de ces plaiſirs n'eſt pas ſimplement

Ipsa ratio arandi spe magis & jucunditate, quam fructu, atque emolumento tenetur, &c. Cicero.

de pouvoir obtenir tout ce que peuvent produire, & un terrein qu'on aura bien disposé, & un fond qu'on aura bien façonné, & des Arbres qu'on aura peut-être soy-même greffez, plantez, taillez, cultivez, &c. quoy qu'en verité l'idée d'une telle joüissance ait des charmes capables d'engager à sa recherche; il consiste en beaucoup d'autres choses, tant pour celuy qui veut agir luy-même, que pour celuy qui ne peut agir que de son conseil & de ses ordres.

Et c'est en premier lieu à sçavoir sûrement comment il s'y faut prendre pour faire que chaque partie du Jardin produise heureusement & abondamment ce qu'on luy demande pour chaque mois de l'année. L'honnête Jardinier, comme j'ay déja dit, ne manque jamais icy d'être récompensé de sa peine, de ses soins, & de son habileté.

Honestis manibus omnia melius proveniunt, quoniam & curiosius fiunt. Plinius.

La terre qu'il cultive en personne luy rapporte sans doute avec plus de profusion, parce qu'en effet elle est beaucoup mieux cultivée; & comme si elle craignoit, pour ainsi dire, le malheur d'appartenir à un Maître qui ne sçait que par son Jardinier la maniere dont il faut traiter, il semble que pour engager ce Maître habile, à qui elle appartient, à continuer de la cultiver luy-même, elle s'efforce de lui produire au delà de son ordinaire.

Infœlix ager, cujus Dominus villicum audit, non docet. Columella.

Ce plaisir du Jardinage consiste en second lieu à sçavoir se défendre de beaucoup de dépenses grandes & inutiles, ausquelles souvent on se laisse engager par de miserables conseils. Y a-t-il rien de si ordinaire que de voir en je ne sçay combien d'endroits qu'on ne fait autre chose que faire, défaire & refaire; & d'ailleurs ne voit-on pas souvent mettre beaucoup de temps & d'Ouvriers à faire une chose qui pouvoit être faite & plus promptement, & par moins d'hommes? ainsi il se fait bien des dépenses qui entraînent souvent à leur suite de grands chagrins, & quelquefois aussi de grandes incommoditez.

Il consiste en troisiéme lieu à sçavoir connoître les inconveniens que j'expliqueray en son lieu, dont les uns sont invincibles, & les autres ne le sont pas: cette connoissance apprend à se preparer de bonne heure à recevoir

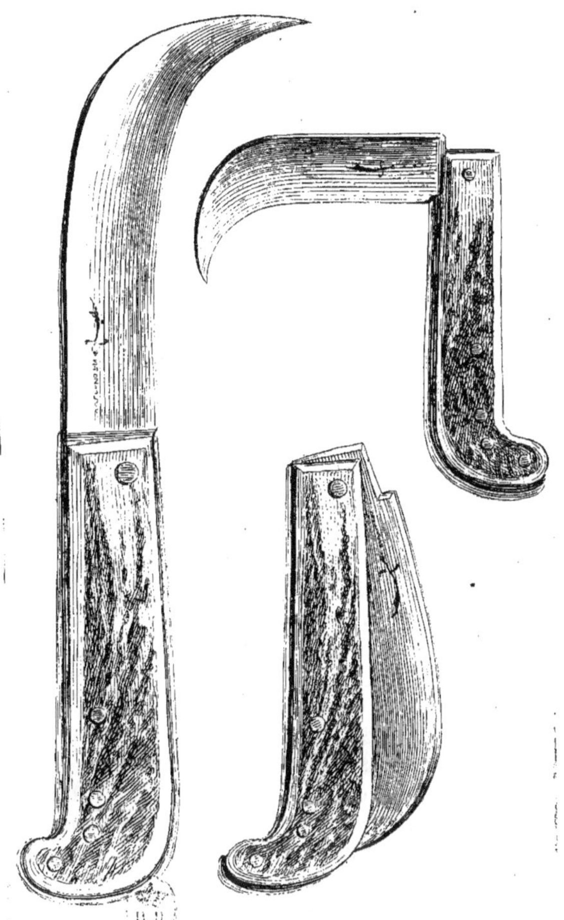

Pag. 37

patiemment les premiers s'ils arrivent, & à fe mettre en
état d'éviter fûrement les feconds, fans paffer par mille
raifons impertinentes d'un Jardinier mal foigneux, ou
mal habile, qui prétend mettre à couvert fa negligence
ou fon incapacité, en rejettant les defordres & la fterilité de fon Jardin, fur ce qui n'en eft pas la veritable
caufe.

Ce plaifir confifte en quatriéme lieu, à fçavoir condamner d'un côté à propos ce qui eft mal fait dans fes
Jardins, & de l'autre à loüer pareillement à propos ce qui
eft bien, & felon les regles. Il n'y a guéres rien de plus
naturel à tous les Maîtres qui parlent de leurs Jardins,
que d'y blâmer ou loüer quelque chofe, comme fi c'é-
toit par là qu'ils veulent en effet paroître ce qu'ils font;
conftamment il n'y a rien de plus dangereux pour le fervice du Jardin, ny de plus mal plaifant pour la perfonne
d'un Maître, que de s'expofer publiquement à la rifée ou
aux correſtions de fon Jardinier; ce qui arrive immanquablement quand le Maître n'eft pas affez intelligent
pour parler jufte dans cette matiere.

Ce plaifir confifte en cinquiéme lieu à être en reputation de fçavoir donner de bons avis, & de les donner
volontiers à ceux qui en ont befoin : Quelle fatisfaſtion
n'a-t-on point quand on redreffe un amy qui étoit ou
trompé, ou embaraffé, ou prêt à fe dégoûter de fon entre-
prife, & que dans la fuite on l'a mis en état de fe loüer
à tous momens de la bonne fortune qu'on luy a procurée
dans fon Ouvrage ?

Et enfin ce plaifir confifte principalement à fçavoir juger par foy-même, & pour foy-même de la capacité des
Jardiniers, foit afin de ne pas tomber dans la difgrace d'en
quitter quelquefois un bon fur de miferables petites raifons, & d'en prendre enfuite un mauvais, foit pour fe re-
foudre fagement & à propos de chaffer celuy qui fait mal
fon devoir, pour en choifir avec certitude quelqu'autre
qui foit capable de mieux faire.

Or s'il eft vray qu'il y ait affez de facilité à parvenir à tant de veritables plaifirs, comme je m'en vais le
faire voir clairement; n'ay-je pas raifon de conclure que

quand on entreprend des Jardins fans fe mettre en peine
de fe rendre au moins fuffifamment éclairé en Jardinage,
on en merite tous les dégoûts, qui font en grande quantité, au lieu de meriter toutes les douceurs qu'il peut
produire, dont le nombre eft infiny; & que par confequent
il faut étudier à acquerir les lumieres qui font icy neceffaires?

Peut-être me dira-t-on d'abord, que je propofe par là
un expedient infaillible pour introduire la chofe du monde la plus pernicieufe en toutes fortes d'affaires, c'eft-à-
dire, des demy-fçavans: l'objection paroît affez forte,
mais les deux réponfes que j'ay à y faire, le font ce me femble encore davantage.

La premiere eft que, quand l'honnête Jardinier fera
une fois parvenu à la connoiffance certaine de quelques
principes capables de luy donner une bonne teinture du
Jardinage, on doit être affuré qu'il ne voudra pas s'en
tenir à cette fimple connoiffance des premiers élemens,
il luy prendra infailliblement une grande avidité de fçavoir davantage une chofe qui plaît tant. On le verra bien-
tôt aprés pouffer plus avant les lumieres qu'il aura acqui-
fes; & par confequent il demeurera peu de temps dans cet
état dangereux & redoutable, de ce qu'on appelle demy-
fcience.

Mais la feconde réponfe, qui n'eft pas moins importante, eft que fûrement cette demy-fcience de l'honnête
Jardinier, s'il l'a faut nommer ainfi, vaut beaucoup mieux,
fondée comme elle eft fur de bons principes, que la fauffe
imagination de fçavoir des Jardiniers ordinaires; il n'eft
que trop vray que rarement fe trouve-t-il parmy eux
autre chofe qu'une ignorance préfomptueufe & babil-
larde, foûtenuë d'une miferable routine. N'eft-on pas
trop heureux, fi on peut aifément parvenir à voir clair là-
dedans, & fe mettre au-deffus de tant de faux raifonnemens, qu'on feroit obligé d'effuyer, & par confequent
éviter beaucoup de chagrins, & avoir beaucoup de
plaifirs?

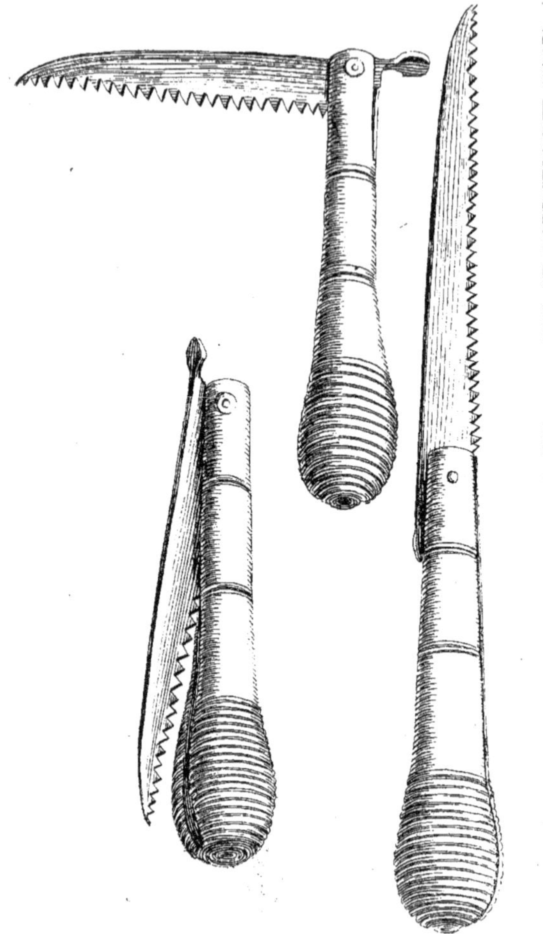

Pag. 38.

CHAPITRE II.

*Combien il est facile à un honnête homme d'acquerir au moins
une suffisante connoissance en fait de Jardinage.*

ENsuite de ce premier fondement, qui établit que
l'honnête Jardinier doit absolument s'étudier à se
rendre habile en Jardinage.

Je propose encore celuy-cy, que s'il n'a pas le temps de
s'y rendre consommé (ce qui n'est pas absolument necessaire) il peut croire avec certitude qu'il en sçaura assez
pour son usage, c'est-à-dire, pour pouvoir sûrement ordonner ce qu'il y a de principal à faire dans son Jardin,
& pour empêcher que son Jardinier ne luy en impose à
tous momens, pourvû qu'il sçache à peu prés les cinq, ou
six articles qui suivent.

Le premier est de ce qui regarde les terres pour la
qualité, pour la profondeur necessaire, pour les labours,
pour les amandemens, & pour la disposition ordinaire des
Jardins utiles.

Le second est de ce qui regarde les Arbres, pour les
choisir bien conditionnez, soit quand ils sont encore sur
pied dans les Pepinieres, soit quand ils sont arrachez;
qu'il sçache au moins les noms des principales especes de
Fruits de chaque Saison, qu'il les connoisse, & sçache à
peu prés demander le nombre de chacune selon ses besoins,
& selon l'étenduë de son Jardin; qu'il sçache preparer les
Arbres par la tête, & par les racines, devant que de les
remettre en terre; qu'ensuite il les sçache bien espacer,
& bien exposer; qu'il sçache non pas toutes les regles de
la Taille, mais au moins les principales, soit à l'égard des
Buissons, soit à l'égard des Espaliers; qu'il sçache pincer
quelques branches qui sont trop vigoureuses, palisser proprement les Arbres qui le doivent être, comme aussi
ébourgeonner ceux où il se fait de la confusion, & enfin
donner à chacun la beauté qui luy peut convenir.

Le troisiéme article regarde les Fruits, pour les faire
venir beaux, les cueillir sagement, & les faire manger à
propos.

Le quatriéme regarde les greffes en toutes sortes d'Arbres Fruitiers, soit en place, soit en Pepinieres, tant pour le temps que pour la maniere de les expliquer.

Enfin le cinquiéme article regarde la conduite generale de tous les Potagers, & sur toutes choses, pour sçavoir le plaisir & le profit qu'on en peut tirer dans chaque mois de l'année.

Il me semble que le nombre de ces articles n'est pas grand, & j'assûre nôtre curieux qu'il trouvera à s'en instruire suffisamment, & en peu de temps, dans le petit Abregé qui suit.

CHAPITRE III.

ABREGE' DES MAXIMES DU JARDINAGE.

PREMIER ARTICLE.

Sur les qualitez de la terre.

ON connoît que le fond d'un Jardin est bon, & particulierement pour les Arbres Fruitiers,

Si premierement tout ce que la terre y produit, soit d'elle-même, soit par culture est beau, vigoureux, abondant; & que par consequent on n'y voit rien de chetif, rien de menu quand il devroit être gros, rien de jaune quand il devroit être vert.

En second lieu, si cette terre, à en fleurer une poignée n'a point de mauvaise odeur.

En troisiéme lieu, si elle est facile à labourer, & qu'elle ne soit point trop pierreuse.

En quatriéme lieu, si à la manier elle est meuble sans être trop seiche, & legere comme les terres de tourbes, ou comme les terres tout-à-fait sablonneuses.

En cinquiéme lieu, si elle n'est point trop humide, comme les terres marécageuses; ou trop forte, comme

les

les terres franches, & qui approchent fort de la nature des terres glaizes.

Enfin à l'égard de la couleur, la principale eſt, qu'elle ſoit d'un gris noirâtre ; il y en a cependant des rougeâtres qui font fort bien : je n'en ay jamais vû qui fuſſent en même temps, & fort blanches & fort bonnes.

DEUXIE'ME ARTICLE.

Sur la profondeur de la terre.

IL faut qu'au deſſous de la ſuperficie, qui paroît bonne, il y ait trois pieds de terre ſemblable à celle de deſſus ; maxime tres-importante, & dont il faut être raiſonnablement aſſûré, par le moyen de quelque foüille faite, au moins en cinq ou ſix endroits differens.

On ſe trompe fort, quand on ſe contente d'une moindre profondeur ; & ſur tout pour les Arbres & pour les Plantes à longues racines ; ſçavoir, Artichaux, Betteraves, Scorſonnere, Panais, &c.

TROISIE'ME ARTICLE.

Sur les Labours.

LEs plus frequents ſont d'ordinaire les meilleurs ; tout au moins à l'égard des Arbres en faut-il quatre par an, ſçavoir, au Printemps, à la Saint Jean, à la fin d'Aouſt, & immediatement devant l'Hyver ; & generalement parlant il ne faut jamais ſouffrir que la terre ſoit en friche & pleine de méchantes herbes, ni trepignée, ni battuë des grandes ravines d'eau ; elle fait grand plaiſir à voir quand elle eſt nouvellement labourée.

Les menuës Plantes, par exemple, les Fraiſiers, les Chicorées, les Laituës, &c. demandent d'être ſouvent ſerfoüies, ou ſerfoüettées, pour mieux faire leur devoir.

Quatrie'me Article.

Pour les Amandemens.

TOutes sortes de fumiers pourris, de quelque animal que ce soit, Chevaux, Mulets, Bœufs, Vaches, &c. sont excellens pour amender les terres employées en Plantes Potageres : celuy de Mouton a plus de sel que tous les autres, & ainsi il n'en faut pas mettre en si grande quantité. Il est à peu prés la même chose pour celuy des Poules & des Pigeons, mais je ne conseille guéres d'en employer, à cause des pucerons dont ils sont toûjours pleins, & qui d'ordinaire font tort aux Plantes.

Le Fumier des feüilles bien pourries n'est guéres propre qu'à répandre sur les semences nouvellement faites, pour empêcher que les pluyes ou les arrosemens ne battent trop la superficie ; en sorte que les graines auroient peine à lever.

Tous les legumes du Potager demandent beaucoup de Fumier ; les Plans d'Arbres n'en demandent point.

Le seul bon endroit à mettre les amandemens est vers la superficie.

Le Fumier le plus mal placé pour les tranchées est celuy qui se met dans le fond.

Et à l'égard de ces tranchées, on ne peut dire qu'elles soient bonnes & bien faites, à moins qu'on ne leur ait donné approchant de six pieds de large, & de trois pieds de profondeur.

Cinquie'me Article.

POur la disposition ordinaire des Jardins Fruitiers & Potagers, j'estime que la meilleure, aussi-bien que la plus commode pour le Jardinier, est celle qui se fait, autant qu'on peut, par des quarrez bien reglez ; en sorte que, s'il est possible, la longueur soit un peu plus grande que la largeur; les allées aussi doivent être d'une largueur convenable & proportionnée, tant sur leur longueur que sur toute l'étenduë du Jardin.

Les moins larges ne doivent pas avoir moins de six à sept pieds de promenades, & les plus larges, de quelque longueur qu'elles soient, ne doivent jamais exceder trois ou quatre toises au plus ; & pour ce qui est de la grandeur des quarrez, c'est ce semble un défaut d'en faire qui ayent plus de quinze ou vingt toises d'un sens, sur un peu plus ou un peu moins de l'autre ; ils sont assez bien de dix à douze sur quatorze à quinze, & tout cela se doit regler sur la grandeur du Potager en soy.

Les sentiers ordinaires pour la commodité du service se font d'environ un pied.

Bien entendu qu'un Potager, quelque agreable qu'il soit dans sa disposition, ne réüssira jamais, si la commodité de l'eau pour les arrosemens ne s'y trouve.

Sixie'me Article.

A L'égard de cet Article, qui concerne la connoissance des Arbres fruitiers qu'on doit planter, il suffit, & il est important de sçavoir,

Qu'un Arbre pour meriter d'être choisi, quand il est encore en Pepiniere, doit avoir l'écorce nette & luisante, & les jets de l'année longs & vigoureux.

Et s'il est déja hors de terre, il faut qu'outre les conditions precedentes il ait encore les racines belles, bien saines, & qu'à proportion de la tige elles soient passablement grosses : je ne prens jamais de ces Arbres qui n'ont presque rien que du chevelu.

Les Arbres les plus droits, & qui n'ont qu'une seule tige, me paroissent les plus beaux à choisir pour planter.

En Pêchers, & même en Abricotiers, ceux qui n'ont qu'un an de greffe, pourvû que le jet soit beau, valent mieux que ceux qui en ont deux, ou davantage ; & encore faut-il être en cecy plus rigoureux pour les Pêchers que pour les Abricotiers, & même ne prendre jamais un Pêcher, qui dans le bas de la tige n'ait pas les yeux beaux, sains & entiers : la grosseur d'un bon pouce ou un peu plus pour cette tige, est celle qu'il faut particulierement estimer pour Pêchers.

Les Pêchers fur Amandiers réüffiffent mieux en terre feiche & legere, que dans celle qui eft forte & humide.

Le contraire eft de ceux qui font greffez fur Pruniers.

En toutes autres fortes d'Arbres nains, la groffeur eft celle de deux à trois pouces de tour par le bas.

Il n'y a que les Pommiers fur Paradis à qui la groffeur d'un Pouce eft tres-fuffifante.

La groffeur des Arbres de tige eft celle de cinq à fix pouces par le bas, & la hauteur de fix à fept pieds.

La greffe des petits Arbres doit être à deux ou trois doigts de terre.

Et quand elle eft couverte, c'eft une marque de vigueur au pied, auffi-bien que de foin & d'habileté au Jardinier qui l'a élevé.

Toutes fortes de Poires réüffiffent en Buiffon & en Efpalier, & réüffiffent fur franc auffi-bien que fur Cognaffiers; mais il eft bon de remarquer qu'il n'en faut que fur franc, foit dans les terres legeres, foit dans celles qui font dans une mediocre bonté.

Les Poires de Bon-chrétien d'Hyver en Buiffon ou en Efpalier, ne peuvent que difficilement acquerir fur Franc la couleur jaune & incarnatte qu'on y fouhaite; il faut de celles-cy fur Cognaffiers.

Les Virgoulé & les Robines fur franc font de la peine à les mettre à Fruit; mais enfin ce mal là n'eft pas fans remede: conftamment elles fructifient plûtôt fur Cognaffiers.

Les Poires de Bergamotte & de petit Mufcat, réüffiffent peu en Buiffon, & fur tout dans les terres humides.

Les principales efpeces de Fruits, foit Poires, foit Pommes, foit Pêches, foit Prunes, font affez connuës; mais comme il eft de tres-grande confequence de faire un plan bien entendu, je croy que nôtre nouveau curieux doit avoir recours au Traité que j'ay fait avec une grande exactitude, fur le choix & la proportion de toutes fortes de bons Fruits à planter en quelque Jardin que ce foit, tant en Buiffon & en Arbres de tige, qu'en Efpalier ou au-

trement, j'ose dire qu'il court grand risque de faire bien
des fautes dont il aura peine à se consoler : cependant il
doit sçavoir qu'en fait de Poires, les principales d'Esté sont
le petit Muscat, la Cuisse-Madame, la Poire sans peau,
les Blanquettes, la grosse, la petite, celle à longuë queuë,
la Robine, la Cassolette, le Bon-chrétien musqué, le
Rousselet, la Salviati : les principales d'Automne sont les
Beurré, Bergamotte, Vertelongue, Crasane, Muscat-
fleury, Lansac, Loüise-bonne : les principales d'Hyver
sont les Virgoulé, Leschasserie, Espine, Ambrette, saint
Germain, Bon-chrétien d'Hyver, Colmal, Bugy, saint
Augustin, & quelques Martin-secs.

En fait de Pommes, les principales sont les Calvilles, tant
la rouge que la blanche, les Reinettes, c'est-à-dire la grise
& la blanche, tous les Courpendus & les Fenoüillets.

En prunes, les principales sont la jaune hâtive, les Perdrigon blanc & violet, les Mirabelles, les Damas de plusieurs sortes, les Rochecourbon, les Imperatrices, les
Prunes d'Abricot & sainte Catherine, l'Imperiale, la
Royale, &c.

En Pêches, les principales sont l'avant-Pêche, la Pêche de Troye, les Magdelaines, la blanche & la rouge,
la Rossanne, la Mignonne, la Chevreuse, la Bourdin, les
Violettes, tant la hâtive que la tardive, les Persique,
l'Admirable, la Pourprée, la Nivet, les Jaunes-lices, la
Jaune tardive.

Et pour les Pavies, le Brugnon violet, le Pavie blanc,
le Cadillac & le Ramboüillet.

En fait de Figues, celles qui sont blanches dedans & dehors ; sçavoir, la longue & la ronde sont les meilleures
pour ce païs-cy.

En fait de Raisins, il faut particulierement faire cas du
Muscat, soit blanc, soit rouge, soit noir : le Muscat long,
quand il est bien placé & en bon fond, est admirable : le
Chasselas réüssit plus sûrement que pas un.

En Cerises, tout le monde sçait que la tardive & la
griote, & même le Bigarreau, sont de tres-bons Fruits en
Arbres de tige : la Cerise precoce n'est à considerer qu'en
Espalier.

Septie'me Article.

POur preparer un Arbre, tant par la tête que par la
racine devant que de planter,

J'estime qu'il faut ôter tout le chevelu.

C'est contre le sentiment de Theophas-te, qui dit Stultum est amittere radices quas habemus, ut acquiramus novas. Contra Xenophon.

Ne conserver que peu de grosses racines, & que ce soit
sur tout les plus jeunes, c'est-à-dire, les plus nouvelles.

Celles-cy d'ordinaire sont rougeâtres, & ont un teint
plus vif que les vieilles faites : il les faut tenir courtes à
proportion de leur grosseur.

La plus longue en Arbres nains ne doit pas exceder huit
à neuf pouces, & en Arbres de tige environ un pied : on
leur peut laisser un peu plus d'étenduë en fait de Meuriers
& de Cerisiers.

Les plus foibles racines se contenteront d'un, de deux,
de trois, & de quatre pouces au plus ; & cela selon le plus
ou le moins de grosseur.

C'est assez d'un seul étage de racines, quand il approche
d'être parfait, c'est-à-dire, quand il y a quatre ou cinq
racines tout au tour du pied, & que sur tout elles sont à
peu prés comme autant de lignes tirées d'un centre à la circonference ; & même deux toutes seules, ou trois étant
bonnes, valent mieux qu'une vingtaine de mediocres. J'ay
souvent planté des Arbres avec une seule racine, qui étoit
en effet tres-bonne, & ils ont bien réüssi. On voit ce que
c'est qu'un étage de racines dans le Traité des Plans, où
j'ay fait graver des Planches à cet effet.

Huitie'me Article.

POur bien planter il faut choisir un temps sec, afin
que la terre étant bien seiche, elle se glisse aisément
au tour des racines sans y laisser aucun vuide, & que particulierement il ne s'y fasse pas une espece de mortier, qui
venant ensuite à s'endurcir, empêche la production & la
sortie des nouvelles racines.

La saison de planter est bonne depuis le commencement de Novembre jusqu'à la fin du mois de Mars ; mais

en terres seiches, il est important de planter dés le commencement de Novembre ; & en terres humides, il vaut
mieux attendre au commencement de Mars.

La disposition des racines demande que l'extrémité de
la plus basse ne soit pas plus avant d'un bon pied dans la
terre, & que celle qui approche le plus de sa superficie,
soit couverte de huit ou neuf pouces de hauteur : on peut
même faire comme une maniere de bute sur ces racines
dans le terres seiches, pour empêcher que le Soleil ne les
gâte, & quand l'Arbre est bien repris on l'abbat.

Devant que de planter aprés avoir taillé les racines, il
faut couper chaque tige d'Arbre de la longueur qu'elle
doit demeurer, sans attendre à les rogner qu'ils soient
plantez.

Aux Arbres nains je regle cette hauteur à être de cinq
à six pouces en terre seiche, & de huit à neuf en terre
humide.

Et aux Arbres de tige une hauteur de six à sept pieds fait
une juste mesure en toutes sortes de terres.

Il faut en plantant tourner les meilleures racines du côté
où il y a plus de terre, & que pas une, autant qu'on peut,
ne panche tout-à-fait en bas ; mais plûtôt regarde l'orison.

Ceux qui aprés avoir planté secoüent ou trepignent les
petits Arbres leur font grand tort ; il n'en est pas de même
pour les grands, il est bon de les trepigner, & même de
les buter, pour les assûrer contre l'impetuosité des vents.

Les Arbres en Espalier doivent avoir la tête panchée
vers la muraille, de maniere pourtant que l'extrémité de
la tête en soit éloignée de trois à quatre pouces, & que la
playe n'en paroisse pas.

La distance entre eux doit être reglée suivant la bonté
de la terre, & particulierement suivant la hauteur des murailles ; ainsi on peut les mettre plus prés les uns des autres
aux plus hautes murailles, & moins prés aux plus basses.

En ce fait particulier de distance ordinaire des Espaliers, cela se regle depuis cinq ou six pieds jusqu'à dix,
ou onze, ou douze ; bien entendu que les murailles étant
d'une hauteur qui est de douze pieds, ou davantage, il
faut toûjours laisser monter un Arbre pour garnir le haut

entre deux qui garniront le bas ; & ainſi en tel cas on peut mettre les Arbres à cinq ou ſix pieds les uns des autres : mais pour les murailles qui n'ont que ſix à ſept pieds, il les faut eſpacer d'environ neuf pieds.

La diſtance des Buiſſons doit être depuis huit à neuf pieds juſqu'à douze, ou même un peu plus, ſi ce ſont Pruniers ou Fruits à pepin ſur franc.

Et en Arbres de tige depuis quatre toiſes juſqu'à ſept, ou huit pour les grands Plans.

Prenant garde que dans les bonnes terres il faut plus éloigner les Arbres que dans les mauvaiſes, parce que les têtes y acquerent plus d'étenduë.

Si les tranchées ſont nouvelles faites, la terre s'affaiſſera de trois ou quatre bons pouces au moins.

Obſervation neceſſaire à faire pour tenir les terres plus haute que la ſuperficie voiſine, & pour ne pas tomber dans l'inconvenient d'avoir des Arbres qui ſoient enfoncez trop avant.

Que la greffe ſoit dedans ou dehors, il n'importe guéres pour le ſuccés du fruit à pepin.

Mais pour les fruits à noyau, il eſt mieux qu'elle ne ſoit aucunement couverte de terre.

Cependant pour la beauté des uns & des autres, il eſt à ſouhaiter qu'elle paroiſſe ; mais le principal eſt que les racines ſoient bien placées, en ſorte que ni le grand chaud, ni le grand froid, ni le fer de la Bêche ne les puiſſe incommoder.

A l'égard de l'intelligence des expoſitions qui conviennent le mieux aux eſpeces, c'eſt un détail qu'il eſt bon d'étudier particulierement dans le Traité qui eſt fait exprés ; mais cependant on doit ſçavoir que generalement parlant, la meilleure de toutes dans nos climats eſt celle du Midy, & la plus mauvaiſe eſt celle du Nort ; l'expoſition du Levant n'eſt guéres moins bonne que celle du Midy, & ſur tout dans les terres chaudes : & enfin l'expoſition du couchant n'eſt point mauvaiſe pour les Pêches, les Prunes, les Poires, &c. mais elle ne vaut rien ni pour le Muſcat, ni pour le Chaſſelas, ni pour tout le Raiſin de groſſe eſpece.

Neuvie'me

NEUVIE'ME ARTICLE.

POur entendre raifonnablement la taille des Arbres, il faut au moins fçavoir le temps & la caufe, & fur tout, s'il eft poffible, en fçavoir la maniere.

A l'égard du temps, conftamment il fait bon tailler dés que les feüilles tombent, jufqu'à ce que les nouvelles commencent de revenir, & il ne faut tailler qu'une fois par an quelque Arbre que ce puiffe être.

Avec cette précaution qu'il n'eft pas mal de tailler plûtôt ceux qui font les plus foibles ; & plus tard, ceux qui font les plus vigoureux.

A l'égard de la caufe, on taille pour deux raifons : la premiere, pour difpofer les Arbres à donner de plus beaux Fruits ; & la feconde, pour les rendre en tout temps plus agreables à la vûë qu'ils ne feroient, s'ils n'étoient pas taillez.

Pour parvenir à l'effet de cette feconde condition, il faut que ce foit par le moyen de la figure qu'on donne à chaque Arbre.

Cette figure doit être differente, felon la difference des Plans, & cette difference ne s'étend qu'à des Arbres en Buiffon & à des Arbres en Efpalier ; car pour les Arbres de tige on ne s'attache pas d'ordinaire à les tailler fouvent.

Il n'y a que les groffes branches qui puiffent donner cette figure, laquelle il eft infiniment neceffaire de bien entendre ; en forte qu'on l'ait toûjours prefente devant les yeux.

Un Buiffon pour être de belle figure doit être bas de tige, ouvert dans le milieu, rond dans fa circonference, & également garny fur les côtez : de ces quatre conditions la plus importante eft celle qui prefcrit l'ouverture du milieu ; comme le plus grand défaut eft celuy de la confufion de trop de bois dans ce milieu, il le faut éviter preferablement à tous les autres.

Et un Efpalier pour avoir la perfeétion qui luy convient, doit avoir fa force & fes branches également partagées aux deux côtez oppofez, afin qu'il foit également garny par toute fon étenduë, en quelque endroit que fa tête commence, foit qu'il foit bas de tige; & en ce cas, il doit commencer environ à un demy pied de terre, foit qu'il ait la tige haute; & pour lors il commence à l'extrémité de fa tige, qui eft d'ordinaire de fix à fept pieds.

Le fecret en cecy dépend de la diftinction à faire parmy les branches, & du bon ufage qu'il y faut pratiquer; les branches font ou groffes & fortes, ou menuës & foibles, chacune ayant fa raifon, foit pour être ôtée, foit pour être confervée, foit pour demeurer longue, foit pour être taillée courte.

Parmy les unes & les autres il y en a de bonnes & de mauvaifes, foit groffes, foit menuës.

Les bonnes font celles qui font venuës dans l'ordre de la nature, & pour lors elles ont les yeux gros & affez prés les uns des autres.

Les mauvaifes tout au contraire, font venuës contre l'ordre de la nature; & pour lors elles ont les yeux plats & fort éloignez, ce qui fait qu'on les nomme branche de faux bois.

Pour entendre cet ordre de la nature, il faut fçavoir premierement, que les branches ne doivent venir que fur celles qui ont efté racourcies à la derniere taille; & ainfi toutes celles qui viennent en d'autres endroits font branches de faux bois.

En fecond lieu, il faut fçavoir que l'ordre des branches nouvelles eft que, s'il y en a plus d'une, celle de l'extrémité, foit plus groffe & plus longue que celle qui eft immediatement au deffous, & celle-cy plus groffe & plus longue que la troifiéme, & ainfi de toutes les autres; & par confequent, fi quelqu'une fe trouve groffe à l'endroit où elle devroit être menuë, elle eft branche de faux bois. Il y a fur cela quelques petites exceptions qu'il faut voir dans le grand Traité de la taille.

Les bonnes petites en Fruits à noyau & à pepin font pour le Fruit, & les bonnes groffes font pour le bois; le contraire eft pour les Figuiers & pour la Vigne.

Pour ce qui eft de la maniere de tailler, on la croit

beaucoup plus difficile qu'elle n'eſt ; dés qu'on en peut ſçavoir les principes qui ſont aiſez à entendre, on trouve une grande facilité à faire cette operation, qui eſt en effet le Chef-d'œuvre du Jardinage.

Ses principales maximes ſont premierement, que les jeunes Arbres ſont plus aiſez à tailler que les vieux, & ſur tout que ceux qui ont été ſouvent mal taillez, & n'ont pas la figure qu'ils doivent avoir. Les plus habiles Jardiniers ſont fort empêchez à corriger les vieux défauts ; je donne en ſon lieu des regles particulieres pour de tels inconveniens.

En ſecond lieu, que les branches fortes doivent être coupées courtes, & d'ordinaire reduites à la longueur de cinq, ſix, ou ſept pouces ; il y a pourtant de certains cas où on les tient un peu plus longues ; mais ils ſont rares : je les marque dans le grand Traité.

En troiſiéme lieu, que parmy les autres il y en a qu'on peut tenir plus courtes, & d'autres qu'on peut laiſſer plus longues, c'eſt-à-dire, juſqu'à huit, neuf & dix pouces, & même juſqu'à un pied, & un pied & demy, ou peut-être davantage, & ſur tout pour les Pêchers, Pruniers & Ceriſiers en Eſpalier ; cela ſe regle ſelon la force ou groſſeur dont elles ſont, pour être capables de bien nourrir & porter ſans rompre les fruits dont elles ſe trouveront chargées.

Dans les Arbres qui ſont vigoureux, & qui ſont en même temps d'une belle figure, il n'y ſçauroit guéres avoir trop de celles que nous appellons branches à fruit, pourvû qu'elles n'y faſſent point de confuſion : Mais à l'égard des groſſes, que nous appellons branches à bois, il n'en faut d'ordinaire laiſſer en toutes ſortes d'Arbres, qu'une de toutes celles qui ſont ſorties de chaque taille de l'année precedente.

A moins que les Arbres étant tres-vigoureux, les extremitez des branches nouvelles ne ſe trouvent fort éloignées les unes des autres, & qu'elles ne regardent des endroits oppoſez, & qui ſoient vuides ſur les côtez ; ſi bien qu'il eſt neceſſaire de remplir au plûtôt les côtez pour achever la perfection de la figure ; & en ce cas on en peut laiſſer deux branches, & même trois : à condition qu'elles foient toutes de differentes longueurs, & que jamais elles ne faffent une figure de fourche.

Les branches à fruit periffent aprés avoir fait leur devoir avec cette diftinction, qu'en fruit à noyau cela fe fait au bout d'un an, ou de deux, ou de trois au plus.

Et en fruit à pepin cela n'arrive qu'aprés avoir fervi pendant quatre ou cinq ans.

Et partant la prévoyance eft grandement neceffaire pour penfer à faire venir de nouvelles branches à la place de celles que nous fçavons devoir perir, ou autrement on tombera dans l'inconvenient du vuide & de la fterilité.

Ces fortes de branches à fruit font bonnes en quelque endroit que l'arbre les pouffe, foit dedans, foit dehors.

Mais une groffe eft toûjours mal quand elle entre en dedans du Buiffon, fi ce n'eft peut-être pour refferrer celuy qui s'évafe trop, comme il arrive d'ordinaire aux Beurrez.

La beauté des Arbres, & l'abondance & beauté des fruits dépendent donc principalement de bien tailler & bien conduire certaines branches, qui font en même temps groffes & bonnes, & de retrancher entierement celles qui font groffes & mauvaifes.

Et parce qu'il arrive quelquefois qu'une branche, qui l'année paffée avoit efté laiffée longue pour du fruit, vient à recevoir plus de nourriture que naturellement elle n'en devoit avoir, & que partant elle devient groffe & en pouffe d'autres groffes ; un des principaux foins de la taille confifte non feulement à traiter cette branche comme les autres branches à bois, mais fur tout à ne luy en laiffer aucune groffe venuë à fon extremité, à moins qu'on n'ait deffein de laiffer échaper tout l'Arbre, & le faire de tige.

Cette bonne conduite apprend à ravaller d'ordinaire les Arbres, c'eft-à-dire, qu'il eft mieux à la taille d'ôter tout-à-fait les plus hautes branches qui font groffes, & conferver feulement les plus baffes, que de faire le contraire.

Pourveu que les plus hautes ne fe trouvent pas mieux

placées pour contribuer à la beauté des Arbres, que ne
font pas les plus baffes, ce qui n'eft pas d'ordinaire : car en
tel cas il faut ôter les plus baffes & conferver les plus hautes. La premiere intention en cecy aboutit extrémement
à avoir de beaux Arbres, eftant affûré que l'abondance du
beau fruit ne manque jamais de fuivre une telle difpofition
de belle figure, puifqu'on n'ôte aucune des petites branches qui font ce fruit, & qu'au contraire on cherche à les
multiplier & à les délivrer enfuite de tout ce qui les pourroit nuire.

Le ravallement fait que dans la branche qui fe trouve
à l'extremité de celle qui a efté ravallée, il entre tout ce
qui feroit allé de feve dans la fuperieure, ou dans les
fuperieures qu'on a ôté ; & ainfi cette branche confervée devient beaucoup plus forte, & par confequent capable de plus grandes productions qu'elle n'auroit efté
fans cela.

Et parce que quelquefois contre l'ordre accoûtumé de
la Nature, il fe forme des branches foibles à l'extremité de
la groffe, qui avoit efté racourcie à la taille precedente :
cette conduite apprend à conferver ces branches foibles ;
& pour lors on fait fa taille fur celle des groffes, qui étant
au deffous de cette foible, ou de ces foibles, fe prefente le
mieux pour achever la belle figure.

Outre la taille dont nous venons de parler, on vient encore quelquefois à une autre operation, qu'on appelle
pincer ; & d'ordinaire cela eft plus utile aux Pêchers
qu'aux autres Arbres, fi ce n'eft à toutes fortes de greffes
faites en place fur les Arbres qui font gros & vigoureux :
l'effet de ce pincer eft d'empêcher que les branches ne deviennent trop groffes, & par confequent inutiles à fruit, &
ne deviennent auffi trop longues, & par confequent ne
faffent échaper un Arbre trop tôt, ou ne viennent à être
rompuës par les grands vents.

Son effet eft encore de faire qu'au lieu d'une branche
il s'en faffe plufieurs, parmy lefquelles il s'en rencontrera
de petites pour le fruit, & quelques groffes pour le bois ;
fon ufage, ou plûtôt le temps de s'en fervir eft au mois
de May & de Juin, & fa maniere eft de rompre pour lors

avec l'ongle la branche , qui étant de la longueur d'un
demy pied , ou un peu plus, commence à paroître groſſe.

Pour pincer à propos il faut reduire cette groſſe branche à trois ou quatre yeux ; & ſi la branche pincée s'opiniâtre à repouſſer gros , il faut pareillement s'opiniâtrer
à la repincer toûjours , & ne pincer jamais les foibles.

Je ne parleray icy ni de la taille des vieux Arbres , ni
de la taille de la Vigne & des Figuiers ; il faut voir pour
cela les Traitez particuliers que j'ay fait des uns & des
autres.

Dixie'me Article.

C'Eſt d'ordinaire à la my-May que les Eſpaliers commencent d'avoir beſoin d'être paliſſez.

La beauté de paliſſer conſiſte à ranger avec ordre à
droit & à gauche les branches qui peuvent venir à chaque côté , en ſorte qu'il n'y ait rien ni de confus , ni de
vuide, ni de croiſé.

Mais comme le défaut du vuide eſt plus grand que les
autres, il ne faut faire aucun ſcrupule de croiſer quand
on ne peut autrement éviter le vuide.

Il faut ſoigneuſement recommencer à paliſſer autant de
fois qu'il paroît des branches aſſez longues pour pouvoir
être liées , & qui coureroient riſque d'être rompuës ſi
elles reſtoient ſans lier

Sur toutes choſes, il eſt grandement expedient de conſerver toutes les belles branches que les Pêchers pouſſent
l'Eſté ; à moins qu'il n'en ſoit ſorty une ſi grande abondance , qu'elles ſe faſſent de la confuſion les unes aux autres , ce qui eſt aſſez rare dans un Arbre bien conduit.

Mais en tout cas , ſi la neceſſité y oblige , il faut avec
grande ſageſſe arracher ou couper tout prés quelques-
unes des plus furieuſes ; ce qui ſe fait pour empêcher que
celles qui ſont cachées ne s'alongent trop & deviennent
mauvaiſes ; comme auſſi il n'eſt pas mal d'ôter aux Poiriers d'Eſpalier les branches de faux bois , qui quelquefois viennent ſur le devant , & aux Buiſſons celles qui
viennent dans le milieu ; & voilà ce qui s'appelle ébourgeonner.

ONZIE'ME ARTICLE.

IL est important que le Maître, aussi-bien que le Jardinier sçache bien cuëillir toutes sortes de fruits, de quelque saison qu'ils soient, faire porter & ranger dans la Fruiterie ceux qui ne meurrissent qu'aprés être serrez, conserver les uns & les autres dans leur beauté, & les faire manger à propos, sans leur donner le temps de se gâter.

Ils auront pû acquerir cette connoissance dans les Traitez particuliers qui sont faits pour cela.

A L'E'GARD DU DOUZIE'ME ARTICLE

Qui regarde les Greffes & les Pepinieres

IL faut sçavoir que les meilleures & les plus ordinaires manieres de greffer sont ou en fente ou en écusson : cel-là-là en Fevrier ou en Mars sur des Arbres qui sont de grosseur depuis un pouce de diamettre jusqu'à dix & douze pouces de tour, & même davantage : cette sorte de greffe est bonne en toutes sortes d'Arbres fruitiers, à la reserve des Pêchers, des Amandiers, des Meuriers, des Figuiers, &c. où elle réüssit rarement.

A l'égard de la greffe en écusson pour les fruits à pepin & à noyau, si c'est à la pousse, elle se doit faire aux environs de la S. Jean ; & si c'est à œil dormant, & sur les Pruniers, Poiriers & Pommiers, elle se fait vers la my-Aoust, & sur les Pêchers & Amandiers vers la my-Septembre, c'est-à-dire, sur les uns & sur les autres qu'il ne les faut faire que sur le déclin de la seve.

Tout le monde sçait que la maniere de greffer les Chastaigniers est en flûte, & se fait à la fin d'Avril ou au commencement de May, quand l'écorce commence à se détacher aisément : les Figuiers peuvent être greffez au même temps & de la même maniere, ou bien en simple écusson.

La Vigne se greffe en fente sur le vieux bois, qu'il faut couvrir de terre, & que ce soit dans les mois de Mars & d'Avril.

Le Poirier réüssit également sur Sauvageon & sur Cognassier.

Le Pêcher sur Prunier & sur Amandier.

Le Pommier sur Sauvageon de Pommier pour faire de grands Arbres, & sur Paradis pour faire des Buissons.

Le Prunier & l'Abricotier sur rejetton de Prunier, dont les meilleurs sont de S. Julien, & du Damas noir.

Ils reüssissent quelquesfois sur amandier, & quelquesfois aussi le Poirier & le Pommier se greffent mutuellement l'un sur l'autre, mais d'ordinaire sans succés.

RESTE LE DERNIER ARTICLE.

Qui regarde premierement le profit des Potagers, & en second lieu l'ouvrage de chaque saison.

POur ce qui est du profit, il suffit de sçavoir que dans chaque mois de l'année le Potager doit rapporter quelques choses à son Maître; en sorte qu'il ne soit pas obligé d'envoyer querir hors de son Jardin ce que des Jardiniers habiles portent vendre aux Places publiques.

Par exemple, en Novembre, Decembre, Janvier, Fevrier, Mars & Avril, outre ce qui a esté conservé dans les Serres; sçavoir, les Fruits à pepin, les Racines de toutes sortes, les Cardons, les Artichaux, les Choux-fleurs & les Citroüilles, le Potager doit fournir les Herbes potageres, c'est-à-dire, Ozeille, Porrée, Choux d'Hyver, Porreau, Siboules, Persil, Champignons, Salades, & sur tout Chicorée sauvage, Celery, Persil-Macedoine, avec les fournitures de Cerfeüil, Pimprenelle, Alleluya, Baume, Estragon, Passepierre, &c.

Et en cas qu'il y ait des Fumiers chauds, on peut pendant les grands froids esperer des nouveautez; sçavoir, Asperges vertes, petites Salades de Laituës, Cerfeüil, Basilic, Cresson, Corne de Cerf, & même de l'Oseille, &c. en tout temps, & y joindre les Raves dans ceux de Fevrier & Mars, & le Pourpier en Avril, &c.

En May & Juin on aura aisément abondance d'Herbes potageres & de nouvelles Salades de toutes sortes; sçavoir, Pourpier, Laituës à lier, abondance d'Artichaux,

Poix,

Pois, Féves, Concombres, Raves, Afperges, Groifelles vertes : les rouges commencent d'ordinaire en Juin avec les Fraizes & les Framboiſes pour le reſte du mois, & toûjours des Champignons.

En Juillet & Aouſt pareille abondance à celle des mois precedens.

Et outre cela les Haricots, les nouveaux Choux pommez, & ſur tout les Melons, avec les Poires, Prunes, Pêches & Figues.

En Septembre on commence d'avoir encore de ſurplus les Muſcats, Chaſſelas & autres Raiſins de pluſieurs ſortes, comme auſſi des ſecondes Figues.

Et en Octobre les mêmes choſes, hors peut-être les Melons ; la ſaiſon en paſſe d'ordinaire quand les nuits deviennent fraîches & le temps pluvieux ; mais en recompenſe on eſt riche d'un nombre infiny de bonnes Poires que l'Automne produit, & on peut commencer d'avoir des Cardons, du Celery, des Eſpinars, &c.

Pour ce qui eſt, tant des manieres de faire produire tout le contenu en ce memoire, que des Ouvrages de chaque mois, le Jardinier doit indiſpenſablement les ſçavoir & les mettre en pratique ; & quand le Maître en ſera curieux, ſoit pour redreſſer le jardinier s'il vient à manquer, ſoit pour goûter le plaiſir de voir l'ordre & la ſuite des productions, il pourra s'en donner le divertiſſement dans le Livre où cette matiere eſt traitée à fond ; comme auſſi il pourra s'inſtruire amplement de tout le reſte du Jardinage dans les Traitez particuliers qui ſont faits ſur chacune de ces Parties.

CHAPITRE IV.

Des moyens de ſe connoître en choix de Jardiniers.

CE n'eſt pas aſſez, comme nous avons déja dit, que nôtre nouveau curieux ait acquis la connoiſſance dont nous venons de parler, il faut encore qu'il ſe mette en état de pouvoir juger par luy-même, & ſans aucun ſecours étranger, de l'habileté ou de l'ignorance de tou-

Vitio noftro agricultura male cedit, qui rem ruf-ticam peffi-mo cuique fervorum velut carnifi-ci noxæ dedi-mus, quam majorum noftrorum optimus quif-que opcimè tractavit. Columella.

tes fortes de Jardiniers, afin qu'autant qu'il eft poffible, il parvienne à ne fe pas tromper au choix qu'il en faut faire; mais il eft vray que le nombre des bonnes qualitez qui font neceffaires à ces fortes de gens eft fi grand, que quand je m'en fuis fait une maniere de portrait, j'ay commencé auf-fi-tôt de craindre qu'on ne puiffe jamais rencontrer un original qui luy reffemble.

Et toutefois fans vouloir faire la chofe prefque impoffi-ble, & fans m'arrêter au fcrupule qui me prend, que je ne pourray rien dire icy que tout le monde ne fçache auffi-bien que moy, je m'en vais traiter cette affaire peu ample-ment, comme étant perfuadé que c'eft une des plus impor-tante de tout le Jardinage; & à proprement parler, l'ame veritable des Jardins: en effet, les Jardins ne pouvans que par une culture perpetuelle être en état de donner du plai-

Pater ipfe colendi, haud facilem effe viam vo-luit. Virg. Georg. 1.

Labor om-nia vincit improbus, & duris ur-gens in re-bus egeftas. Georg. 1.

fir, il ne faut pretendre de les mettre jamais fur ce pied là, s'ils ne font entre les mains d'un Jardinier intelligent & laborieux.

Je diray donc en expofant fimplement la maniere de fai-re dont je me fers en telles occafions, que pour fe condui-re fagement dans le choix d'un Jardinier, il faut avoir égard premierement à l'exterieur de fa perfonne; en fecond lieu, aux bonnes qualitez interieures qui luy font abfolument neceffaires.

Par l'exterieur de fa perfonne j'entens l'âge, la fanté, la taille & la démarche; & par les qualitez interieures, j'entens la probité dans les mœurs, l'honnêteté dans la conduite ordinaire, & principalement la capacité dans fa profeffion.

Je commence par les bonnes qualitez du dehors, dont les yeux font les feuls & les premiers juges; parce que fou-vent à la premiere vûë on fe fent tout d'un coup difpofé à avoir de l'eftime & de l'inclination, ou du mépris & de l'averfion pour le Jardinier qui fe prefente.

In rebus agreftibus maxime of-ficia juve-num, & im-

A l'égard de la premiere confideration qui eft pour l'âge, la fanté, la taille & la démarche, je fuis d'avis qu'on prenne un Jardinier qui ne foit ni trop vieux, ni trop jeune; les deux extrémitez font également dange-reufes; la trop grande jeuneffe eft fufpecte d'ignorance

& de libertinage, & la trop grande vieilleſſe, à moins qu'elle ne ſoit ſoûtenuë de quelques enfans qui ayent un âge raiſonnable, un peu de capacité, eſt ſuſpecte de pareſſe ou d'infirmité : on peut, ce me ſemble, aſſez raiſonnablement regler cet âge depuis environ vingt-cinq ans juſqu'à cinquante & cinquante-cinq, prenant toûjours garde que ſur le viſage il y ait une grande apparence de bonne ſanté, & qu'il n'y en ait point d'eſprit évaporé, ni de ſote préſomption, prenant auſſi garde que la taille & la démarche ſentent l'homme robuſte, vigoureux & diſpos, & que parmy tout cela il n'y ait aucune affectation à être autrement vêtu & paré que la condition ordinaire d'un Jardinier ne porte ; je répons, & on le doit croire, que ce ſont toutes obſervations tres-importantes.

En cas qu'on ſoit ſatisfait de l'exterieur, il en faut venir aux preuves eſſentielles du merite, & pour cet effet il faut un peu de converſation avec le Jardinier qui ne déplaît pas.

Pour ſçavoir premierement la maiſon d'où il ſort, le temps qu'il y a demeuré, & le ſujet pourquoy il l'a quittée.

Pour ſçavoir en ſecond lieu où il a appris ſon métier, quelle partie de Jardinage il entend le mieux, du Fruitier ou du Potager, ou des Fleurs & des Orangers ; car ce ſont les deux differentes claſſes des Jardiniers, qui paroiſſent aujourd'huy les plus établies.

Pour ſçavoir en troiſiéme lieu s'il eſt marié, s'il a des enfans, & ſi ſa femme & ſes enfans travaillent au Jardin.

Et enfin s'il ſçait un peu écrire & deſſiner ; toutes queſtions qu'un homme de bon ſens doit, ce me ſemble, faire en telles rencontres.

Les réponſes que le Jardinier fera à la premiere demande, pourront donner de grandes ouvertures pour juger ſainement de ſon merite ou de ſes imperfections, parce que s'il nomme pluſieurs maiſons d'honnêtes gens chez qui en peu d'années il ait ſervy, ſans pouvoir rendre de bonnes raiſons de ſa ſortie, on ne peut guéres s'empêcher de le regarder, ou comme un ignorant, ou comme un libertin.

H ij

Si au contraire il paroît avoir eujuste sujet de se separer, on peut commencer à se resoudre de le prendre en cas qu'on en reçoive de bonnes nouvelles, lorsque, comme il est d'ordinaire important de le faire, on ira s'informer de sa conduite auprés des gens qui en peuvent bien parler, & qui sans doute en parleront bien, pourvû que le chagrin & la vengeance ne s'en mêlent pas.

C'est-à-dire, qu'on vienne à sçavoir premierement qu'il est homme sage & honnête en toutes ses maximes de vivre, qu'il n'a point une avidité insatiable de gagner, qu'il rend bon compte à son Maître de tout ce que son Jardin produit, sans en rien détourner pour quelque raison que ce puisse être ; qu'il est toûjours le premier & le dernier à son Ouvrage ; qu'il est propre & curieux dans ce qu'il fait ; que ses Arbres sont bien taillez, bien émoussez, ses Espaliers bien tenus ; qu'il n'a point de plus grand plaisir que d'être dans ses Jardins, & principalement les jours de Fêtes ; si-bien qu'au lieu d'aller ces jours-là en débauche, ou en divertissement, comme il est assez ordinaire à la plûpart des Jardiniers, on le voit se promener avec ses garçons, leur faisant remarquer en chaque endroit ce qu'il y a de bien & de mal, déterminant ce qu'il y aura à faire dans chaque jour ouvrier de la semaine, ôtant même des Insectes qui font du dégât, reliant quelques branches que les vents pourroient rompre & gâter, si on remettoit au lendemain à le faire, cueillant quelques beaux Fruits qui courent risque de se gâter en tombant, ramassant les principaux de ceux qui sont à bas, ébourgeonnant quelques faux bois qui blessent la vûë, qui font tort à l'Arbre, & qu'on n'avoit pas remarquez jusques-là, &c.

Ce sont là de petits soins autant capables de donner de l'estime & de l'amitié pour un Jardinier, que quelqu'autre témoignage qu'on en puisse rendre ; cela fait voir qu'il est bien intentionné, qu'il a de certaines qualitez qui ne s'acquierent que rarement, quand on n'en est pas naturellement pourvû, c'est-à-dire, l'affection, la curiosité, la propreté & l'esprit docile ; & dans la verité entre les mains d'un tel homme un Jardin est d'ordinaire en bon état, il est des premiers à produire quelques nouveautez ; il est

net de toutes fortes d'ordures & de mauvaifes herbes, il
a fes allées propres & bien tirées, & il eft generalement fourny de tout ce qu'on en doit attendre dans chaque faifon de l'année : heureux qui peut rencontrer de tels
fujets, & qui n'eft pas du nombre de tant d'honnêtes gens
qu'on entend tous les jours fe plaindre de leur malheur fur
ce fait là.

Il ne faut pas trop s'étonner de la rareté des bons Ouvriers de cette condition, pendant qu'à l'égard de la plûpart des autres, le nombre des gens entendus eft affez raifonnablement grand. La fource de l'ignorance des Jardiniers vient de ce qu'ils ne fçavent d'ordinaire que ce qu'ils
ont vû faire à ceux chez lefquels ils ont commencé de travailler. Ces fortes de Maîtres n'avoient jamais appris d'ailleurs, ni imaginé d'eux-mêmes la raifon de chacun de
leurs Ouvrages ; & ainfi ne le fçachans pas, & continuans
de faire la plûpart de leur befogne au hazard, ou plûtôt
par routine, ils n'ont pas été plus capables de l'apprendre
que leurs Eleves de la demander ; fi-bien qu'ôté peut-être
quelque adreffe à greffer, à coucher des branches aux Efpaliers, à labourer la terre & dreffer une planche, à femer
quelques graines & les arrofer, à tondre du Buis & des Pa-
liffades, qui font tous Ouvrages faciles à faire & à apprêdre,
& que de jeunes garçons auront pareillement appris en les
voyans faire : ôté, dis-je, ces fortes d'Ouvrages, qui ne
font pas les plus importans, on peut dire qu'ils ne fçavent
prefque rien, & fur tout à l'égard des Chefs-d'œuvres du
Jardinage ; c'eft à fçavoir, la conduite de toutes fortes
d'Arbres, la beauté & bonté finguliere de chaque Fruit,
la maturité prife à propos, les nouveautez bien fuivies de
chaque mois de l'année, &c.

Ils font veritablement parvenus à la hardieffe & à la
facilité de fe fervir de la fcie & de la ferpette ; mais
ils n'ont eu ni regle ni principes pour le faire judicieufement ; ils hazardent en particulier à couper ce que bon leur
femble, & avec cela un Arbre, qui pour ainfi dire, ne fçait
pas fe défendre de fes ennemis, fe trouve taillé, ou plûtôt eftropié, attendant à en faire fes plaintes par le peu
de temps qu'il durera, par la vilaine figure dont il fera

Primus ve-
re rofam, at-
que Autom-
no carpere
poma. *Virg.*
Georg. 4.

La Vigne
d'un mal-
habile Vi-
gneron, &
les Arbres
d'un Jardi-
nier igno-
rant ne rap-
portent

H iij

communé-
ment que
bien des
feüilles, au
lieu de l'a-
bondance de
Fruits qu'ils
auroient
rendu s'ils
étoient bien
taillez.
Xenophon.

L'habileté
du Maître
fait les bons
Eleves, com-
me rarement
voit-on des
domeſtiques
naturelle-
ment bons
dans la mai-
ſon d'un pe-
re de famille
qui eſt paref-
feux & mau-
vais ména-
ger.
Xenophon.

compoſé, & ſur tout par le peu de méchans Fruits qu'on luy verra produire.

Voilà en effet l'apprentiſſage ordinaire des Jardiniers, c'eſt-à-dire, le malheur general de tous les Jardins ; je n'ignore pas qu'il n'y ait quelques Jardiniers bien intentionnez, & qui ſans doute deviendroient habiles s'ils étoient ſuffiſamment inſtruits ; ceux-là font pitié & meritent qu'on les ſecoure, auſſi eſt-il vray que je ne manque pas de leur aider en tout ce que je puis.

Je n'ignore pas auſſi qu'il y en a, qui ſoit par eux-mêmes, ſoit pour avoir été en bonne école, ont du merite & de la capacité, & qui enſuite ſont ſoigneux de bien inſtruire leurs Apprentifs ; c'eſt pourquoy il eſt bon d'en avoir de façonnez de telles mains, & accompagnez de l'approbation de leurs Maîtres.

Cependant quoy qu'apparemment on s'en devroit tenir à de telles précautions, neanmoins devant que de s'engager plus avant, & particulierement quand il n'eſt queſtion que d'un Jardinier pour un mediocre Jardin, j'eſtime qu'il n'eſt point hors de propos de trouver adroitement quelque occaſion de faire travailler à un Ouvrage de peine ce Jardinier, au choix duquel vous avez commencé à vous déterminer ; je croy qu'il eſt bon de voir par ſoy-même de quel air il s'y prend, luy faire par exemple labourer quelque petit endroit de terre, luy faire porter deux ou trois fois les Arroſoirs, &c. il ſera facile de voir par ces petits échantillons, s'il a ces bonnes qualitez de corps qui luy ſont neceſſaires, s'il agit ſelon ſon naturel, ou s'il ſe force, s'il eſt adroit & laborieux, ou groſſier & effeminé. Tout homme qui s'éſoufle aiſément dans le travail fait plus que ſa force ne luy permet, & par conſequent n'eſt pas bon Ouvrier, c'eſt-à-dire, Ouvrier de durée ; ſi-bien que ce n'eſt pas ce qu'il nous faut, à moins que nous ayons ſimplement beſoin d'un homme pour ordonner & pour conduire, ce qui n'eſt ordinaire que dans les grands Jardins, & qui dans la verité y eſt abſolument neceſſaire.

Suppoſé que juſques à preſent nous ſoyons contens des réponſes & de l'Ouvrage penible du Jardinier qui ſe preſente, il eſt encore grandement à ſouhaiter de trouver en luy quelques autres qualitez importantes que nous avons cy-devant marquées.

Premierement, qu’il fçache un peu écrire : il eſt certain que quoy que l’écriture ne ſoit pas abſolument neceſſaire à un Jardinier, toutefois on ne peut nier que ce ne ſoit un avantage tres-conſiderable, afin que s’il eſt éloigné du Maître il puiſſe luy-même recevoir ſes ordres, luy mander des nouvelles de ſes Jardins, tenir Regiſtre de tout ce qu’il y fait, &c.

En ſecond lieu, s’il eſt marié, il eſt expedient que ſa femme, outre le ſoin de ſon ménage, prenne encore plaiſir & ſoit capable de travailler du métier de ſon mary ; c’eſt un tréſor d’un prix ineſtimable pour la perfection de tout le Jardinage, auſſi-bien que pour la bonne fortune du Jardinier. Cette femme cercle ou ſacle, comme on dit vulgairement, c’eſt-à-dire, nettoye, ratiſſe, ſerſoüit, pendant que le Maître & ſes Garçons travaillent à des Ouvrages plus penibles, plus preſſez & plus importans : ſi le mary eſt abſent ou malade, elle ſollicite chacun à bien faire ſon devoir ; c’eſt elle qui cueille tant les Legumes que les Fruits, dont ſouvent on laiſſe perir une bonne partie faute de les cueillir en leur ſaiſon ; c’eſt elle enfin qui doit ſupléer à beaucoup de deſordres que nous remarquons par tout où le Jardinier n’aime pas à travailler au Jardin. Je ſuis d’avis qu’on demande à la voir, pour juger d’abord non ſeulement ſi on peut eſperer d’elle ces ſortes de ſecours ſi importans ; mais encore ſi elle a un certain air de propreté qu’on veut, & ſi elle n’a rien en ſa perſonne qui déplaiſe ; tout cela doit faire de grandes raiſons, ou pour ou contre le Jardinier dont il eſt queſtion. Je pourrois dire icy qu’en beaucoup de Maiſons de campagne, le Jardinier devient Concierge, quand la femme paroît propre & entenduë, ce qui leur eſt toûjours de quelque utilité.

En troiſiéme lieu, il faut venir à demander le nom des Maîtres chez qui le Jardinier qui ſe preſente a appris ſon métier ; quand il cite pour un Maître celuy qui conſtamment eſt un ignorant, & que cependant il en fait ſon principal honneur, communément c’eſt une grande marque d’incapacité, quoy qu’en autre choſe il ſe puiſſe bien faire que l'Apprentif en fçache plus que le Maître.

Voicy encore certaines marques affez propres pour pouvoir juger du merite des Jardiniers; je n'eftime pas qu'il faille faire grand cas d'un babillard, c'eft-à-dire, tant de celuy qui a une demangeaifon de parler de fon habileté, que de celuy qui affecte de dire des mots extraordinaires, lefquels il croit beaux, & qui en effet ne le font pas.

Défiez-vous de ces fortes de Jardiniers qui fe vantent de fçavoir ce qu'ils ne fçavent pas.

Xenophon.

Il en eft de même à l'égard de celuy, qui fans en pouvoir rendre aucune raifon valable, fait gloire de méprifer également ce qu'il n'a pas vû comme ce qu'il a vû, qui a une préfomption fi grande de fon fçavoir faire qu'il ne croit pas pouvoir rien apprendre de nouveau, qui s'imagine qu'il y iroit de fon honneur s'il cherchoit à voir les gens de reputation, ou même s'il les écoutoit avec attention, comme fi ce miferable craignoit par là de donner matiere de dire qu'il n'étoit pas affeurément auffi habile qu'on l'avoit crû; il ne s'en trouve que trop qui fur les queftions qu'on trouve à propos de leur faire, répondent d'abord avec un fouris dédaigneux, il me feroit beau voir fi à mon âge je ne fçavois pas mon métier, & qui fur cela ne voudroient pas pour rien du monde avouër leurs fautes, ni s'inftruire à mieux faire.

Il y en a qui affectent de ruiner toûjours ce qui eft ancien dans leur Jardin, & d'y faire des nouveautez perpetuelles, & ce font ceux-là qui s'étudient à amufer le Maître de quelques efperances de l'avenir, tant afin que cependant il ne s'apperçoive pas de leur mal-habileté pour le paffé ou pour le prefent, qu'afin de trouver quelque profit dans la dépenfe qui eft à faire aux Ouvrages nouveaux.

Et tout au contraire il y en a dont la ftupidité eft fi grande, qu'ils ne s'avifent jamais de rien, & qui en quelque defordre que foient les Jardins qu'ils entreprennent, les y laiffent plûtôt que d'y apporter le moindre changement; & fi par exemple ils ont beaucoup de vilains Arbres tous ruinez, ou des quarrez de Fraifiers, d'Artichaux, d'Afperges, &c. qui ne faffent plus rien de beau ni de bon, au lieu de fe mettre en peine d'y pourvoir & d'y remedier, comme il eft tres-facile, ils fe contenteront de dire que c'eft affez pour eux d'entretenir les

lieux

lieux fur le pied qu'ils les ont trouvez.

Ces deux fortes de Jardiniers ne valent guéres mieux les uns que les autres ; ceux qui prônent particulierement leur adreſſe à greffer, donnent auſſi par là une marque in-faillible de leur peu de capacité en ce qui regarde le prin-cipal du Jardin : je ſçay bien qu'il eſt neceſſaire de ſçavoir greffer, mais je ſçay bien auſſi qu'une femme ou un enfant de huit ou dix ans le peuvent faire, comme l'homme du monde le plus conſommé ; rien n'a produit un ſi grand nombre de mal-habiles gens en fait de Jardinage que cet-te adreſſe à greffer : c'eſt la Pepiniere d'ou il ſort tant de pauvres Jardiniers, qui ont, pour ainſi dire, corrompu & in-fecté tout le Jardinage, parce qu'ils ſe croyent les premiers hommes de leur profeſſion tout auſſi-tôt qu'ils ſont parve-nus à pouvoir greffer, & ſur ce fondement entreprennent hardiment la conduite de quelque Jardin que ce puiſſeêtre.

Une autre eſpece d'ignorans ſont ceux qui ne ſçauroient dire trois paroles de leur métier ſans y mêler la pleine Lu-ne & le decours, prétendans, & n'en ſçachans pourtant au-cune raiſon, que c'eſt une obſervation abſolument neceſſai-re pour le ſuccés de tout le Jardinage ; ils croyent ces bon-nes gens nous perſuader par tels mots, qu'ils ſçavent à point nommé tous les myſteres de l'Art, ſi-bien que quand avec une fierté préſomptueuſe ils auront avancé en leur jargon que tout Vendredy porte decours, que le jour du grand Vendredy eſt infaillible, & pour les ſemences, & pour les greffes, & pour le plan, & pour la taille, &c. ils pretendent qu'on ſera trop heureux de les avoir pour Jardiniers.

J'examine amplement dans mon Traité des Reflexions ce qui regarde ces viſions, leſquelles ſur le fait du Jardina-ge je trouve en verité auſſi ridicules que vieilles ; c'eſt pourquoy j'eſtime qu'il faut ſe défier de ces gens du dé-cours, auſſi les rend-on muets à la moindre difficulté qu'on leur fait ſur telles maximes, ſans qu'ils ſoient capables de répondre autre choſe, ſi ce n'eſt qu'ils ſuivent en cela le grand uſage de tout le monde.

Je croy avoir nettement remarqué les bonnes & mau-vaiſes qualitez qui peuvent d'ordinaire ſe rencontrer par-my les Jardiniers ; il me ſemble maintenant que ſur tout pour ceux qui ne sçavent guéres, il n'est pas mal de les exhorter à s'étudier soigneusement de devenir plus habiles.

Et à l'égard de ceux qui ont de l'acquis & de la capacité, je les exhorte de tout mon cœur à continuer de se perfectionner, pour meriter de plus en plus les bonnes graces de leurs Maîtres. s'ils sont bien placez, ou pour meriter quelque chose de mieux, s'ils n'ont pas assez bien rencontré.

Je me trouve une merveilleuse disposition à faire plaisir à tous ceux qui ont de la bonne volonté, soit en les aidant de quelque instruction aux parties du Jardinage qu'ils ne sçavent peut-être pas assez bien, soit en leur procurant de l'employ dans des maisons considerables.

Comme de l'autre côté j'ay un grand panchant à mépriser, & particulierement à ne rendre aucun bon office à ceux qui n'ont pas les bonnes qualitez necessaires.

On ne peut point dire qu'on ait un bon Jardinier s'il n'est habile, l'ignorance est icy un des plus grands défauts qu'il puisse avoir. Xenophon.

Enfin pour faire que le Maître qui a besoin d'un Jardinier se mette l'esprit pleinement en repos, il me semble que s'il est luy-même instruit & entendu aux bonnes maximes du Jardinage, il ne sçauroit mieux faire que de questionner celuy qui se presente sur les points principaux de toute la Culture, & se tenir cependant pour persuadé que d'ordinaire ceux qui sont bons Ouvriers, sçavent passablement parler de leur métier; & que par consequent c'est un assez méchant signe d'habileté que de n'en pouvoir presque pas dire trois mots de suite.

Ce n'est pas qu'il n'y ait quelquefois des gens qui sçavent mieux parler que travailler, & qu'il n'y en ait aussi qui naturellement ont plus de facilité à parler les uns que les autres; mais en cecy on cherche premierement des Jardiniers, & non pas des Orateurs: & en second lieu, on ne cherche pas à la verité de l'éloquence, c'est simplement quelque marque de la capacité necessaire, soit pour s'asseurer qu'on aura toûjours un Jardin en bon état, puisqu'il est entre les mains d'un bon Jardinier, soit pour esperer d'avoir quelquefois le plaisir de s'entretenir de Jardinage, & de questionner sur les matieres qui se presentent; l'honnête-homme aura suffisamment de lumieres pour démêler ce qui peut être icy de bon ou d'indifferent pour son usage, & se contenter de ce que la raison & son service peuvent demander d'un Jardinier sans aller plus avant.

EXPLICATION

DES TERMES

DU JARDINAGE.

A

Dos se dit de la terre qu'on a élevé en talus le long de quelque mur bien exposé, afin d'y semer pendant l'Hyver & le Printemps quelque chose qu'on veut avancer plus qu'il ne feroit en pleine terre ; ainsi seme-t'on des Pois & des Féves sur un Ados, ainsi y plante-t'on des Artichaux, du Raisin, des Framboises, &c. la reflexion du Soleil échauffant ces talus comme si c'étoit de veritables murailles ; on fait aussi des élevations en dos de bahu dans les terres qui sont froides & humides, comme le sont par exemple celles du Potager de Versailles, pour en corriger le défaut, & procurer plus de bonté à tout ce qu'elles produisent.

AFFAISSEMENT se dit des terres & des sables, qui ayant esté nouvellement portez en assez grande quantité dans la place où ils sont, ou ayant esté nouvellement remuez de deux ou trois pieds de profondeur, se trouvent en quelque maniere enflez, & occupans plus de hauteur de superficie qu'ils ne devroient ; si-bien qu'ensuite ils rentrent & se raprochent, ce semble, en eux-mêmes, comme pour descendre plus prés du centre de la terre, & pour lors on dit que ces terres se sont affaissées, & en terme vulgaire & plus grossier, que ces terres se sont tassées.

Le même affaissement se dit encore des Couches de grand Fumier, qui s'affaissent notablement quelques jours aprés avoir esté dressées ; il se dit aussi des tas de Fumier qu'on antoise ou qu'on empile.

I ij

Les Jardiniers habiles en rempliſſans quelque grand trou, ont accoûtumé de le remplir d'un bon pied au moins plus haut que le reſte de la ſuperficie, en vûë que l'affaiſſement qui doit ſûrement arriver aprés les pluyes ou les néges, rendent tout le terrein égal.

A F I L E R , c'eſt-à-dire aiguiſer. *Voyez Serpette.*

A Î L E S d'Artichaux, ſont les pomme d'Artichaux qui naiſſent aux côtez de la pomme du principal montant, & ne ſont pas ſi groſſes que cette principale pomme.

A L L E' E eſt dans chaque Jardin une eſpace d'une longueur conſiderable, (cette longueur ne ſe peut regler, elle dépend de l'étenduë du Jardin) & d'une largeur mediocre depuis environ une toiſe juſqu'à deux, trois, quatre, cinq, &c. cet eſpace bordé de quelque bordure, ſablé pour l'ordinaire, un peu ferme ſous les pieds, & ſeparant comme une maniere de ruë les quarrez les uns d'avec les autres.

A L L E' E bien tirée ſe dit quand le Jardinier avec une Charuë, ou avec la Ratiſſoire, en a coupé par tout les méchantes herbes, & en a en quelque façon labouré d'un demy pouce la ſuperficie, & enſuite y a paſſé ſa Herſe ou le Rateau, & quelquefois le Rabot ; en ſorte que cette allée paroiſſe fraîche faite.

On dit auſſi pour la même choſe, allée bien repaſſée, bien retirée ; cela veut dire que le Jardinier a ratelé, uny & approprié toute la ſuperficie de cette allée, qui ayant été paſſée ou tirée avec la Charuë, a été enſuite repaſſée avec les Rateaux ou Rabots.

A L I G N E R ou prendre des alignemens ſont des termes auſſi uſitez parmy les Maçons que parmy les Jardiniers, & ſe diſent quand on veut faire des murailles ou des allées bien droites, des rangées d'Arbres, des Quinconces, &c. pour raiſon de quoy aprés avoir pris les coins de chaque largeur, ou de chaque longueur de la place où l'on veut travailler, on met à chacun de ces coins un jallon ou bâton, armé en tête d'un morceau de papier blanc, ou blanchy de chaux dans une partie de ſa longueur, & on en met encore un au milieu des deux, & pour lors le Jardinier ſe mettant à l'un des coins des extrémitez marquées,

& fermant un des yeux regarde , c'eft-à-dire a ligne , ou bornoye fi les trois jallons fe rencontrent jufte dans une même ligne comme ils doivent ; ainfi fait on peut planter des Arbres de chaque Quiconce , ou de chaque allée aprés en avoir planté un à chaque extrémité : voilà pourquoy on dit des alignemens bien ou mal pris.

A V E N ü E eft une grande allée accompagnée pour l'ordinaire de deux contre-allées , ayant chacune la moitié de la largeur de l'allée principale ; les unes & les autres bordées de grands Arbres , foit Ormes , Tilleuls , Chaînes , & quelquefois d'Arbres fruitiers.

A M A N D E R , Amandement font termes qui fe difent à l'égard des terres maigres ou ufées , quand on y mêle de bons fumiers ; ainfi l'on dit une terre qui n'eft pas amandée , quand il y a long-temps qu'elle n'a pas été fumée , & tout le contraire fe dit d'une terre qui a été nouvellement bien fumée : on dit auffi une terre qui a befoin d'amandement , c'eft-à-dire , qui a befoin d'être fumée de nouveau.

A M E U B L I R fe dit quand on laboure une terre qui s'étoit endurcie par la longueur du temps , ou qui avoit été battuë par de grandes pluyes d'orages , ou par des arrofemens , &c. en forte qu'elle avoit fait une efpece de croûte ; ce terme fe dit encore des terres qui font dans les Caiffes d'Orangers, ou dans des Pots, ou dans des Vafes à Fleurs, ou autres Plantes , lorfqu'elles fe font endurcies vers la fuperficie par les frequens arrofemens ; fi-bien qu'on eft obligé d'y faire de petits labours pour ameublir cette fuperficie , c'eft-à-dire , la rendre meuble , & par ce moyen donner entrée aux eaux qui doivent penetrer dans le fond de la mote & vers les racines.

A O U S T E'. *Voyez branches aouftées.*

A R B R E S fur franc , font ceux qui ont été greffez fur des fauvageons venus de pepins , ou venus de boutures dans le voifinage d'autres fauvageons ; ainfi on dit un Poirier fur franc, à la difference d'un Poirier greffé fur Coignaffier ; on dit un Pommier greffé fur franc , à la difference d'un Pommier greffé fur Paradis.

A R B R E S bien abboutis , fe dit de ceux qui ont beaucoup de boutons à Fruit, & qu’on dit aussi bien boutonnez ; & le contraire se dit de ceux qui en ont peu ou point.

ARBRES bien ou mal apprêtez, & Arbres bien ou mal preparez, sont termes qui signifient la même chose qu’Arbres bien ou mal abboutis.

ARBRES fatiguez se dit des Arbres qui paroissent usez, soit de vieillesse, soit faute de culture, soit aussi pour être dans un méchant fond, en sorte qu’ils ne font plus ny beaux jets nouveaux, ny de beaux boutons à Fruit, & au contraire se chargent de mousse & de gale, & ne font qu’une infinité de boutons à Fruit sur les queuës des anciens boutons, & ces nouveaux boutons ont beau fleurir, ou ils ne nouënt point, ou ils ne font que de méchans petits Fruits.

ARBRES de haut vent & de plein vent, & Arbre de tige c’est la même chose ; certains Fruits font meilleurs en plein vent qu’en buisson ou en espalier.

ARGOT est l’extremité d’une branche qui est morte, si bien qu’ôtant cette extremité morte jusques sur le vif, cela s’appelle ôter l’Argot ; il n’y a rien de plus desagreable dans un Arbre que d’y voir de ces Argots, & un Iardinier intelligent & propre prend un extréme soin de les ôter ; cela est particulierement necessaire en fait de Pepinieres pour les Arbres greffez en écusson.

ARRESTER des Melons & des Concombres, c’est les tailler quand ils ont trop de bras ou de branches, ou qu’ils les ont trop longues, ainsi on dit voilà des Melons qui ont besoin d’être arrêtez, c’est-à-dire, qui ont besoin d’être taillez, ou comme on dit assez vulgairement être châtrez.

ARROSOIR est un Outil de cuivre rouge ou jaune, & ce font les bons ; le rouge vaut mieux : il y en a de fer blanc & de terre, & ceux-là font indignes des grands Jardins ; cet Arrosoir est fait en forme de Cruche, & fert pour arroser les Plantes, il doit avoir un ventre capable de tenir au moins un feau d’eau, avoir un col, & ensuite un goulot ou ouverture assez grande, par où l’eau entre dans ce ventre, avoir une pomme percée en une infinité d’endroits, afin que l’eau forte en forme de pluye, & que

par ce moyen elle puiſſe humecter doucement la terre ſans
la rendre dure & battuë, avoir enfin une anſe ronde paſſablement groſſe, autrement une eſpece de manche par où
le Jardinier en prend un de chaque main pour les porter &
les vuider.

Les Aſperges ſont une Plante potagere qui vient au
Printemps, & eſt connuë de tout le monde; elle commence à durcir auſſi-tôt que la tête commence un peu à s'épa-
noüir; l'induſtrie du Iardinier en peut faire venir l'Hyver
par le moyen des rechauffemens de Fumier de cheval nouveau fait.

Averse d'eau, ſe dit d'une grande quantité d'eau de
pluye ſurvenuë tout d'un coup par quelque orage.

Aubier eſt la partie du bois, qui étant la plus proche
de l'écorce, eſt la plus tendre & la plus ſujete aux vers & à
la pourriture, & ainſi eſt un défaut; c'eſt pourquoy on dit
un Echalas qui a de l'Aubier ne vaut rien: on dit la même
choſe d'une Poutre, d'une Solive, &c. cet Aubier eſt d'un
blanc jaunâtre, qui devient aiſément vermoulu, c'eſt-à-
dire, tout percé de petits trous de vers.

B

Baquet eſt un vaiſſeau de bois rond, quarré, ou
oblong, dans lequel le Jardinier ſeme quelques graines particulieres; les plus ordinaires ſont ronds, & ſont
proprement la moitié d'un muid ou d'un demy-muid ſcié
en deux, ou bien on en fait faire exprés par le Tonnelier
pour être à peu prés de la même figure; & pour cet effet il
employe des Douves, du Cerceau & de l'Oſier.

Baqueter, c'eſt ſe ſervir d'une pele de bois ou d'une
écope pour ôter & jetter loin de l'eau ſurvenuë dans quelque endroit du Jardin, où elle nuit & incommode.

Bar, *Cherchez Civiere*.

Bassin ſe dit d'un endroit rond & un peu enfoncé,
où eſt d'ordinaire une Fontaine jaliſſante, & où tout au
moins on fait venir de l'eau pour le ſervice du Jardin.

Bassiner parmy les Jardiniers eſt la même choſe
qu'arroſer legerement; ainſi on dit baſſiner une couche de

Melons, pour dire l'arroser mediocrement, & y verser en petite quantité l'eau de l'Arrosoir en passant.

B A T T R E des allées se dit quand avec un morceau de bois long d'un bon pied & demy, épais d'un demy pied, large de huit à neuf pouces, & emmanché dans le milieu, on frape à plusieurs reprises une allée qui étoit raboteuse ou un peu molle, & que par ce moyen on rend ferme : ce morceau de bois s'appelle une Batte, & on l'employe d'ordinaire aux allées qui ont été faites avec de la recoupe de pierre de taille.

Terres battuës se dit quand aprés ces grands orages d'eau, qui viennent quelquefois en Esté à l'occasion des Tonnerres, la superficie de la terre au lieu de paroître fraîche remuée comme auparavant, elle paroît au contraire toute unie, & comme si en effet on avoit pris plaisir de la trepigner & de la battre.

B E S C H E est un outil de fer large à peu prés de huit à neuf pouces, & long d'environ un pied, assez mince par en bas, & un peu plus épais par en haut à l'endroit où il y a un trou, qu'on nomme une Doüille, dans lequel trou on met un manche de prés de trois pouces de tour, & de trois pieds de long : on se sert de cet outil ainsi emmanché pour bêcher, c'est-à-dire, pour remuër & labourer la terre ; ce qui se fait en enfonçant cette Bêche d'environ un pied dans cette terre, afin de la renverser çen dessus dessous, & & par ce moyen faire mourir les méchantes herbes, & la disposer en même temps à une nouvelle semence, ou à un nouveau Plan de Legumes, &c.

B E Q U I L L E R & bêchoter se dit quand on fait un fort petit labour avec une Houlette dans une Caisse d'Orangers ou d'autres Arbrisseaux, ou avec la Serfoüette : par exemple, dans une Planche de Laituës, de Pois, de Chicorées, de Fraisiers, &c. cela se fait pour mouver, c'est-à-dire, rendre meuble cette terre qui paroît battuë, en sorte que l'eau des pluyes ou arrosemens puissent penetrer dans le fond de la mote qui est dans la caisse, ou penetrer au dessous de la superficie de la terre, pour aller servir de nourriture aux racines.

B I N E R est la même chose que bequiller, & se dit quand

avec

avec un petit Outil de fer émanché & ayant deux dents renverfées, on ferfoüit ou ferfoüette les Pois, les Féves, les Laituës & Chicorées, &c. c'est-à-dire, qu'on y fait une maniere de petit labour qui ne fait qu'ameublir la terre autour de chaque pied fans l'arracher ou le bleffer.

Le B L A N C, mes Concombres ont le blanc, mes Oeillets periffent par le blanc. *Voyez Nuille ou Nielle.*

B O I S, branches à bois, branches à demy-bois. *Voyez Branches.*

B O R D E R une Allée, c'est y planter ou femer une bordure qui détache la Planche d'avec l'Allée; les bordures ordinaires font de Thym, Sauge, Lavande, Hyfope, Fraifiers, Violiers, Ofeille, &c.

B O R N E Y E R, c'est-à-dire, aligner ou vifer d'un feul œil, pour faire fur la terre une ligne droite, ou une Allée, ou un rang d'Arbres, &c.

B O T E en Jardinage fe prend pour une bonne poignée, ou pour la valeur de deux ou trois enfemble, & liées de quelque lien, foit de Paille, foit d'Ofier, &c. ainfi on dit une bote de Raves, une bote d'Afperges; ce mot de bote s'étend au Büis, à la Paille, au Foin, à l'Ofier, aux Echalas, &c.

B O U L I N G R I N est une maniere de Parterre de Gazon, dont l'origine est venuë d'Angleterre, qu'on prend foin de tondre fouvent pour entretenir toûjours l'herbe courte & fort verte.

B O U R L E T aux Arbres, fe dit de l'endroit où au bout de quelques années la greffe devient plus groffe que le pied fur laquelle elle a efté faite, & d'ordinaire c'est une marque que le Sauvageon n'est pas trop bon; la Poire de petit blanquet est fujette à faire le bourlet.

B O U T O N des Arbres est un petit endroit rond & affez gros, dans lequel est la fleur qui doit faire le Fruit; parmy les Arbres à pepin chaque bouton a plufieurs fleurs, & parmy les Arbres à noyau chaque bouton n'en a qu'une.

Certains Jardiniers appellent Bourres & Bources à Fruit, ce que la plûpart des autres appellent Boutons; & delà vient qu'on dit quelquefois que les Fruits, par exemple, des Abricotiers, Pêchers, &c. ont efté gelez en bourre.

B O U T U R E se dit tantôt de certaines branches qui n'ayant aucune racine, & étant mises en terre un peu fraîches y prennent, c'est-à-dire, y font des racines, & deviennent Arbres ou Arbustes, ainsi des branches de Figuier, de Coignassier, de Groiselles, de Giroflée jaune, d'If, &c. mises en terre y prennent racine ; cela s'appelle prendre de bouture.

B O U T U R E se dit aussi de certains rejettons enracinez qui naissent au pied de quelques Arbres, comme il en naît autour des Pruniers, des Poiriers & des Pommiers sauvages ; & ces rejettons se nomment aussi par quelques Jardiniers des Petreaux.

B R A N C H E est la partie de l'Arbre, qui sortant du tronc aide à former la tête.

B R A N C H E à bois se dit de la branche qui étant venuë sur la taille de l'année precedente, & cela dans l'ordre de la nature, est raisonnablement grosse.

B R A N C H E à Fruit se dit de celle qui est venuë mediocre dans sa grosseur & longueur sur cette même taille.

B R A N C H E à demy bois est celle qui étant trop menuë pour branche à bois, & trop grosse pour branche à fruit, est coupée à deux ou trois pouces de long, pour en faire sortir de meilleures, soit à bois, soit à fruit, & pour contribuer cependant à la beauté de la figure & amuser la grande vigueur de l'Arbre.

B R A N C H E de faux bois se dit de toutes les branches qui sont venuës d'ailleurs que des tailles de l'année precedente, ou qui étant venuës sur ces tailles se trouvent grosses à l'endroit où elles devroient être menuës.

B R A N C H E mere, ou mere branche, se dit de celle qui ayant esté racourcie à la derniere taille a produit d'autres branches nouvelles ; ainsi on dit qu'en taillant il ne faut laisser sur la mere branche, que celles qui contribuënt à la beauté de la figure de l'Arbre.

B R A N C H E aoustée se dit des branches qui sur la fin de l'Esté cessent de pousser & s'endurcissent ; on dit aussi Citroüille aoustée de celle qui a pris sa croissance, en sorte qu'elle n'augmente plus ny en grosseur, ny en longueur, & que sa peau devient dure & ferme, & qu'elle resiste à l’ongle; la bonne marque des Citroüilles aouftées eft quand le pied commence naturellement à fe faner.

BRANCHE veûle fe dit de certaines braches de Fruitiers qui font extrémement longues & menuës, fi-bien qu’elles ne font propres ny à faire du Fruit, ny à devenir branches à bois, & ainfi il les faut ôter entierement; cela s’appelle auffi branches élancées.

BRANCHE chifonne fe dit d’autres branches qui font extraordinairement menuës & courtes, foit qu’elles foient pouffées de l’année, foit qu’elle foit des années precedentes; & comme elles ne font que de la confufion de feüilles dans l’Arbre, foit Efpalier, foit Buiffon, il les faut entierement ôter.

BRAS fe dit particulierement en fait de Melons, de Concombres, Citroüilles, &c. il fignifie la même chofe que branche fignifie en fait d’Arbres fruitiers; un pied de Melon commence à faire des bras, à pouffer des bras, il a fait des bras, tout cela fignifie des branches de ces Plantes; les bons Melons viennent fur les bons bras, & il n’en vient point fur les méchans bras, par exemple, fur ceux qui font trop veûles, ou fur ceux qui venans des oreilles font trop materiels, font larges & épais; je dis ailleurs qu’il les faut entierement ôter.

BRETELLES font deux manieres de tiffu façon de fangle, chacune large de deux pouces & longue d’environ une demy aune; on les attache vers le milieu de la partie platte de la Hotte, afin que chacune faifant le tour d’une des épaules, & paffant par deffous les aiffelles, elle svienent s’accrocher à deux bouts de bâton, qui tout exprés pour cela fortent du bas de la Hotte, & ainfi la Hotte tient ferme fur le dos.

BRIN, Arbre de brin, d’un feul brin; cela fe dit proprement du bois de charpente, par exemple, ce qu’on appelle un Chaîne de brin c’eft unChaîne de belle venuë affez gros pour fa longueur, & qui s’employe en bâtimens fans avoir befoin d’être fcié pour être équary.

BRIN fe dit auffi de nos Arbres fruitiers, quand on dit choifir des Arbres d’un beau brin, c’eft-à-dire, des Arbres droits & de belle venuë, & affez gros.

K ij

B R I S E V E N T eſt une clôture en forme de petit mur épais d'environ un bon pouce, haut de ſix ou ſept pieds, fait de paille longue & ſoûtenuë par des pieux fichez en terre, & des échalas mis en travers dedans & dehors, bien liez enſemble avec de l'oſier ou avec du fil de fer : une telle clôture ſert pour empêcher que les vents froids ne donnent ſur des Couches de Melons, Salades, &c. les Jardiniers qui n'ont point de veritables murailles qui les défendent du Nort, ſe ſervent avec ſuccés de ſes Briſevents.

B R O C H E R eſt un terme aſſez barbare qui ſe trouve aſſez en uſage parmy les Jardiniers peu polis, & ſe dit des Arbres qui étant nouvellement plantez commencent à pouſſer de petites pointes, ſoit pour de nouvelles branches à la tête, ſoit pour de nouvelles racines au pied ; ainſi on dit l'Arbre broche, l'Arbre ne broche pas encore, &c.

B R O C O L I ſont des petits rejettons que font les vieux Choux aprés l'Hyver, quand ils commencent à vouloir fleurir & grainer ; ces rejettons étant cuits ſont bons à manger, & ſur tout en Salade.

B R O Ü I R ſe dit des Arbres ſur leſquels dans les mois d'Avril & de May a donné quelque mauvais vent, en ſorte que les feüilles en ſont devenuës toutes retirées, & comme on dit, recroquebillées, n'ayant plus leur étenduë à l'ordinaire, ny leur verdeur non plus, mais une couleur terne & rougeàtre ; & ces feüilles tombent pour faire place à de nouvelles qui doivent leur ſucceder ; ainſi on dit des Abricotiers broüis, des Pêchers broüis.

De broüi, vient broüiſſeure, il faut ôter toute la broüiſſeure des Arbres ; cette broüiſſeure tombera aux premieres pluyes douces.

B R O Ü I L L E, terme de Fleuriſte qui parle d'une Fleur qui n'a pas panaché net ; cette Tulippe eſt broüillée, &c.

B R O U T E R eſt un terme qui ſignifie rompre l'extrémité des branches menuës, quand elles ſont trop longues à proportion de leur foibleſſe.

B U I S S O N ſe dit des Arbres fruitiers qu'on tient bas, ne leur laiſſant que quatre, cinq ou ſix pouces de tige ; on les appelle vulgairement des Arbres nains ; & certains Pro-

vinciaux les apellent Arbres en bouquet;on leur donne de
l'ouverture dans le milieu, & de l'étenduë sur les côtez
pour en faire des Arbres d'une agreable figure par le
moyen de la taille qu'on y fait tous les ans.

B u t e r un Arbre, c'est élever au pied de l'Arbre une
maniere de motte de terre pour le soûtenir ; cela se pratique particulierement à l'égard des Arbres de tige nouveaux plantez, que les vents pourroient renverser ou arracher, s'ils n'étoient pas ou butez ou soûtenus de quelque
Perche ; on dit aussi planter des Arbres en bute, c'est à l'é-
gard des petits Arbres qu'on plante dans une terre qui est
un peu trop humide, ou qui n'est pas encore regalée pour
être de niveau avec tout le reste du terrein.

C

C a l e b a s s e se dit des Prunes, qui dans le mois de
May, au lieu de grossir & de conserver leur verd,de-
viennent larges & blanchâtres, & enfin tombent sans venir à grosseur.

C a n o l e s. *Voyez Marcotes.*

C a y e u x se dit en fait d'Oignons de Fleurs, & ce sont de
petits commencemens d'autres Oignons ronds par dehors,
& convexes par dedans, que la nature pousse & forme tout
autour de la partie basse, & enracinée de chaque Oignon,
& cela pour la multiplication de l'espece de ses Oignons,
les uns ne se multiplians que de cette façon là ; comme les
Tubereuses, Jonquilles, Narcisses, &c. (ces Cayeux ayant
été détachez de l'Oignon principal deviennent par le tems
aussi gros que luy) les autres se multiplient de graines aussi
bien que de Cayeux, commes les Tulipes, Hyacinthes,&c.

C e r i s a y e se dit d'un lieu où il y a beaucoup de Cerisiers.

C e r i s i e r de pied, se dit de ceux qui naissans de la
racine d'autres Cerisiers font de bonnes Cerises sans avoir
besoin d'être greffez, comme il arrive en fait de Cerisiers
hâtifs, & qui n'arrivent point en fait de Griotiers & Bi-
garottiers & Cerisiers Precoces, qui ne viennent que de
greffes appliquées, soit en écusson, soit en fente sur des

Cerisiers de pied , ou sur des Merisiers, &c.

CHAIR en fait de Fruit, est le terme dont on se sert faute d'autres , pour exprimer la substance du Fruit, qui est couverte d'une peau & qui se mange,& ce mot de chair reçoit plusieurs épithetes , pour marquer toutes les differences qui s'y rencontrent , par exemple.

CHAIR beurrée & fondante, est celle qui se fond en effet dans la bouche pour peu qu'on la mâche ; telle est la chair des Poires de Beurré, de Bergamotte, de Leschasserie , de Crasane , &c. & de toutes les Pêches.

CHAIR câssante se dit des Poires qui sont fermes sans être dures, & qui font une maniere de bruit sous la dent qui les mâche ; telles sont les Messire-Jean , les Bon-chrétien d'Hyver, les Amadottes, les Martin-secs & les Oranges d'Esté.

CHAIR coriasse & dure, se dit de certaines Poires qui n'ont aucune finesse ny delicatesse, & qu'on a peine à avaler ; telles sont les Catillac , les Double-fleur , les Fontarabie , les Parmein , &c.

CHAIR fine se dit des Poires excellentes, comme sont les Leschasseries , les Bergamottes , les Espines.

CHAIR gromeleuse & farineuse,se dit de certaines Poires qui sont mauvaises & desagreables au goût ; telles sont d'ordinaire les Doyennez qui ont trop meury sur l'Arbre, les Poires de Cadet , & même de certaines Poires, qui quoy que d'une excellente espece n'ont pas acquis leur bonté naturelle , comme les Espines d'Hyver qui n'ont pû jaunir,& cependant meurissent;lesBergamottes d'Automne venuës en méchante exposition, ou dans un terrein frais & humide.

CHAIR pâteuse se dit de certaines Poires qui sont en quelque façon grasses,comme les Beurrez blancs, les Lansac venuës à l'ombre.

CHAIR tendre se dit de certaines Poires qui n'étant ny fondantes ny cassantes, ne laissent pas d'être excellentes ; telles sont les inconnuë-Chêneau , les Poires de Vigne, les Pastourelles , & sur tout les Rousselets.

Il y a enfin de certains Fruits qui ont un peu la chair aigre , comme les Saint Germain ; d'autres l'ont un peu acre, comme les Crafanes, & même quelques Poires de Beurré, aufquelles un peu de fucre y corrige ces défauts.

D'autres font revêches, les Païfans l'appellent réche, comme les Poires à Cidre, & la plupart des Poires à cuire, & ce défaut ne fe peut-corriger.

A Champ, femer à champ, autrement à volée, fe dit proprement des Raves, qui au lieu d'être femées dans des trous d'une Couche, font femées indifferemment, foit fur une Couche, foit en pleine terre, tout de même qu'on feme les autres Graines en plein champ ; ainfi aprés avoir femé de l'Oignon, du Perfil, &c. on y feme par deffus un peu de Raves ou de Laituës à y demeurer pour pommer ou arracher, &c.

Chancy fe dit du Fumier, qui étant dans un tas ou dans une Couche fort feiche, a commencé de blanchir & de faire une efpece de petits filamens, qui font des commencemens de Champignons.

Chancre en fait d'Arbre fignifie une maniere de galle ou de pourriture feiche qui fe forme dans la peau & dans le bois, comme on en voit fouvent aux Poires de Robine, aux petit Mufcat, aux Bergamottes, tant fur la tige qu'aux branches.

Charüe en fait de Jardinage eft un Outil ou machine quarrée, compofée de trois morceaux de bois enchaffez l'un dans l'autre, & d'un fer tranchant d'environ trois pieds de longueur ; les trois morceaux de bois font les trois côtez du quarré, & le tranchant fait le quatriéme par en bas ; le tranchant eft un peu panché pour mordre environ un pouce dans les allées : quand le Cheval traîne cette machine, & que l'homme qui le conduit par une guide appuye affez fortement deffus, fi le Cheval va aifément on avance l'Ouvrage en peu de temps.

Chassis en fait de Jardinage eft un Ouvrage de bois de Menuiferie fait en tiers-point ou triangle, avec des feilleures dans les côtez de l'épaiffeur pour y loger, embouëtter & enchaffer des panneaux quarrez de Vitre, & couvrir par ce moyen des Plantes qu'on veut avancer l'Hyver par des réchauffemens, ainfi qu'il fera cy-aprés dit en expliquant l'ufage des Cloches de verre. Ces Chaffis font de bois de Chêne bien dur , & souvent peints de verd pour resister davantage aux injures de l'air ; ils ont environ six pieds de long pour contenir de chaque côté deux paneaux de trois pieds en tous sens , leur ouverture est d'ordinaire de quatre pieds , on en met plusieurs au bout l'un de l'autre ; & enfin ils sont terminez à leurs extremitez triangulaires par des paneaux en triangle faits juste pour boucher l'ouverture.

C H A T R E R est un terme dont les faiseurs de Melons & de Concombres se servent pour dire , tailler ou pincer , &c.

C H E V E L U se dit de certaines petites racines qui sont tres-menuës , assez longuettes , & sortent des grosses ; je recommande qu'en plantant on ôte le chevelu le plus prés qu'on peut du lieu d'où il sort : certains Jardiniers le conservent avec un extrême soin , & ont grand tort.

C L A I R E V O Y E. *Voyez Manequins.*

C L A Y E , dont se servent les Jardiniers pour passer, comme on dit , des terres à la Claye , est une maniere de tissu de plusieurs brins de bois rond garni de leur écorce , & assez menus , c'est-à-dire , de la grosseur d'un bon pouce , ces brins de bois rond separez l'un de l'autre d'environ un pouce , & liés en trois ou quatre endroits de leur hauteur d'une chaîne d'Osier qui les entre-lasse , & de plus attachez par derriere avec autant de traverses du même bois , ou un peu plus gros pour maintenir tout l'Ouvrage en état, en sorte qu'à l'user la Claye resiste à la pesanteur de la terre qu'on doit jetter contre , & qu'elle ne se défasse & ne se disloque si-tôt qu'elle feroit sans cela ; ce sont les Vaniers qui font de ces Clayes d'environ six à sept pieds de haut & d'autant de large.

C L O C H E pour les Jardiniers, ce sont des Ouvrages de verre faits à l'imitation d'une Cloche de fonte , & sont d'environ dix-huit pouces de largeur par le bas de leur ouverture , & d'autant de hauteur , avec un gros bouton de la même matiere , pour les prendre par là & les placer commodement , on en fait quelquefois de plus grandes: Ces Cloches servent l'Hyver & pendant toute la saison froide, pour mettre sur les Plantes qu'on échauffe & qu'on

fait

fait avancer par le moyen des Fumiers chauds ; par exemple, Fraizes, Ofeilles, Afperges, Melons, Concombres,
petites Salades, &c. ces Cloches les garentiffent du froid
& du vent ; on dit donner de l'air à la Cloche, c'eft les lever ou d'un côté feulement, ou par tout ; ce qui fe fait avec
de petits morceaux de bois, ou avec des fourchettes, ainfi
on dit hauffer les Cloches, baiffer les Cloches, les Melons
ne peuvent plus tenir fous les Cloches, &c.

De ce mot de Cloches on en fait un Adjectif: Cloché
pour dire j'ay cent, deux cent pieds de Melons clochez ;
cela fignifie garnis chacun de leur Cloche.

Se COFINER eft un terme de Fleurifte en fait d'Oeillets, pour dire que les feüilles au lieu de demeurer bien
étenduës deviennent comme frifées & recroquebillées.

COIGNASSIER, Coignier eft l'Arbre qui porte les Pommes de Coing, gros fruit jaune, dur, acre, & qui n'eft bon
qu'à faire des confitures, Marmelades, Pâtes, &c. Ces
Coignaffiers fervent particulierement en fait d'Arbres
fruitiers pour y greffer des Poires, foit en fente quand ils
font fort gros, foit en écuffon quand ils font à peu prés de
la groffeur du pouce ou un peu plus.

Certains jardiniers veulent dire que le Coignier eft le
mâle, & le Coignaffier la femelle ; pour moy je ne connois
point cette difference ; quand les pieds font vigoureux,
qu'ils ont l'écorce unie & noirâtre, & font de beaux jets,
ils paffent pour Coignaffiers ; & quand ils font rabougris &
chetifs, ayant l'écorce raboteufe, ils paffent pour Coigniers
& ne font pas propres à la greffe.

COLET d'Arbre eft la partie qui fepare le bas caché par
la fuperficie de la terre d'avec la tige de l'Arbre ; ainfi on
dit qu'il faut empêcher qu'il ne refte de racines au colet
d'un Arbre, parce que la chaleur les alterant l'Arbre en
fouffre.

Arbre décolé fe dit quand la tige a efté feparée du pied
où la greffe a efté colée avec ce pied.

COLET de Hotte eft la partie de la Hotte qui garentit
le col de celuy qui la porte, & empêche que le Fumier ou
la terre n'y entrent ; ainfi cette partie touche au dos & eft
plus haute que le ventre de la Hotte.

Tome I.   L

Contre-Espalier se dit des Arbres qu'on met sur le bord du carré qui est le long de l'Allée voisine des Espaliers, en sorte que contre-Espaliers c'est comme qui diroit Arbres opposez aux Espaliers, & les imitans par leur figure, car on les palisse & on les attache à un treillage fait exprés; aujourd'huy l'usage des contre-Espaliers est extrémement aboly, & il ne s'en fait plus que fort rarement; on trouve mieux son compte à mettre des Arbres en Buisson à la place des Arbres en contre-Espalier, cependant on couche quelquefois des branches de la Vigne plantée en Espalier pour les faire venir sur le bord du labour, & on les y soûtient avec des Echalas, & ainsi y font une maniere de contre-Espalier; de là vient qu'on dit que le Muscat ne mûrit pas si bien en contre-Espalier qu'en Espalier.

Cordeau est une ficele de la grosseur d'une plume à écrire, dont le Jardinier se sert pour mener bien droit, tant son labour & ses planches, que ses Allées & son Plan; ce cordeau a par ses deux bouts un bâton pointu d'environ deux pieds de long, autour desquels bâtons le cordeau se tourne ou se tortille quand l'Ouvrage est fait, & lorsqu'on veut s'en servir on fait entrer un de ces bâtons bien avant dans la terre au point que doit commencer le bord du labour, ou des Allées, ou du Plan, ou de la Planche, & ensuite en le détortillant on va planter l'autre petit bâton à l'autre point, où se doit terminer la ligne droite dont est question, & on prend soin de bander ce cordeau le plus fort qu'on peut, afin qu'étant bien roide & bien bandé, il serve d'une regle infaillible pour faire les planches ou labours bien droits: le Masson appelle ligne ce que le Jardinier appelle cordeau; bander le cordeau, tracer le long du cordeau, &c.

Cordé se dit de racines de Plantes potageres, d'où vient qu'on dit Rave cordée; c'est un mot qui signifie que la Rave est devenuë creuse, & par consequent insipide & mauvaise.

Cornichon se dit d'un petit Concombre mal bâty dans sa figure, qu'on fait confire à la fin d'Octobre.

Cosses de Pois & de Féves, c'est une envelope longuette où se forment les Pois ou les Féves ; de là vient écosser des Pois, pour dire sortir des Pois de leur cosse, j'ay des Pois en cosse, &c.

COSTIERE est une espece de terre large de six, sept à huit pieds le long des murs bien exposez, pour y semer ou planter ce qui craint le grand froid ou le grand chaud; sçavoir Laituës, Fraizes, Pois, &c. pour le Printemps, Cerfeüil au Nort pour l'Esté.

COTTY est un terme populaire & assez barbare qu'on dit en fait de Fruits, qui étans tombez sur quelque chose de dur se font meurtris ou froissez en dedans sans être écorchez ou entamez en dehors, ainsi on dit une Poire cottie, une Pomme cottie; telle cottisseure fait d'ordinaire pourrir le Fruit à l'endroit du coup, & fait ensuite pourrir le reste.

COUCHE est une certaine quantité de grand Fumier qu'on range proprement avec une fourche de fer, mettant les pointes du Fumier en dedans, & le surplus faisant une maniere de dos par le dehors, si bien que cela fait une espece de planche élevée d'un, deux ou de trois pieds hors de terre, large de quatre à cinq pieds, & de telle longueur que le Jardinier le trouve à propos ; on met du terreau ou fumier menu sur cette Couche, pour y élever en Hyver des graines que la terre ne pourroit pas produire à cause du froid : par exemple, des Salades, des Fraizes, du plan de Melons, de Concombres, &c.

Il y a aussi des Couches sourdes qui se font de la même maniere que les autres pour l'arrangement du Fumier, à la reserve qu'elles se font dans la terre, aprés y avoir fait une tranchée exprés pour cela de telle profondeur ou largeur qu'on le trouve à propos ; ainsi on fait venir des Champignons sur des Couches sourdes.

COUCOU est une espece de Fraizier qui fleurit beaucoup & ne noüe jamais, il faut extrémement faire la guerre à cette sorte de Fraiziers qui multiplie infiniment en trainasses, si bien qu'on voit beaucoup de Jardins qui en sont pleins, & qui aprés avoir donné de grandes esperances de fruit, n'ont donné que du déplaisir au Maître ; on ne les sçauroit guere connoître, que quand à la fin d'Avril & au commencement de May, ils commencent à faire leurs mon-

tans, la fleur noircit en défleurissant au lieu de faire une
Fraize; de ces Coucous les uns sont Fraiziers nouvellement
dégenerez, & ainsi ils ont leurs feüilles semblables aux
bons ; les autres sont venus de ces dégenerez, & ceux-cy
n'ont pas la feüille si blonde que les bons, mais ils l'ont
plus verte & plus veluë.

COULER se dit des Fruits, qui ayant fleury n'ont pas
noüé ; les Melons ont coulé, la Vigne a coulé, ce qui arrive quand la Vigne étant en fleur il survient des pluyes
froides, qui empêchent que le grain de Raisin ne se forme
& ne noüë.

COUPER est le terme dont on se sert le plus en parlant
de la taille des Arbres, mais il y a differentes manieres de
couper ; car quelquefois je dis qu'il faut couper à l'épaif-
seur d'un écu, ce qui fait à l'égard des branches affez
grosses qui entrent en dedans de l'Arbre, lesquelles j'ôte
pour empêcher qu'elles n'y fassent confusion, & n'y laisse
de bois que cette épaisseur d'un écu, afin que la seve venant & trouvant l'ancien passage barré ou fermé, ou arrêté par le moyen de la taille, & ne pouvant continuër à faire une grosse branche, elle soit pour ainsi dire contrainte
à se partager, & par consequent à ne faire que deux petites
branches, l'une d'un côté de cette épaisseur d'un écu, &
l'autre de l'autre côté ; ces deux petites branches sortans
en dehors de l'Arbre, & ayans par le moyen de leur petitesse une disposition prochaine à faire des boutons à Fruit,
sont d'un tres-grand secours.

D'autresfois je coupe en moignon, c'est-à-dire, que
quand une branche qui avoit esté laissée passablement longue de l'année precedente pour être branche à Fruit, à
cause qu'elle étoit assez foible & bien placée pour cela ;
quand, dis-je, cette branche laissée longue ayant reçû
plus de nourriture que naturellement elle n'en devoit recevoir, est devenuë grosse, & a fait d'autres grandes
branches à son extrémité, pour lors je fais couper toutes
ces nouvelles branches tout le plus prés qu'il est possible de
leur origine, afin qu'elles ne puissent rien pousser de nouveau, & qu'il en revienne d'autres plus basses dans la longueur de cette branche pour la garnir, ou autrement elle

demeureroit fans être garnie d'autres branches, & ainfi elle feroit un défaut fort confiderable dans l'Arbre, dans lequel il n'y doit avoir jamais de branches longues & dégarnies ; ainfi couper ou tailler en moignon ne fe pratique que fur les branches qui étans groffes fe trouvent un peu trop longues ; car quand elles font de beaucoup trop longues, par exemple, d'un pied ou au delà, je les racourcis pour les reduire à une longueur raifonnable.

Quelquefois je dis qu'il faut couper en talus & en pied de biche ; ce qui fe fait à l'égard des extrémitez de chaque branche qu'on taille, qui ayant une coupe tant foit peu longuette fe recouvre plus aifément ; mais je coupe particulierement en talus certaines branches, qui étans fur le côté de la mere branche, ont une entiere difpofition à entrer en dedans de l'Arbre, ou elles feroient de la confufion, & je les racourcis de maniere qu'abfolument il n'en refte rien en dedans, & qu'il en refte l'épaiffeur d'un bon écu en dehors ; & regulierement de cette épaiffeur de talus il en fort enfuite une branche en dehors, qui fe trouve propre à être ou branche à fruit, ou branche à bois neceffaire à la beauté de l'Arbre.

Enfin je dis qu'il faut couper quarrément en de certaines rencontres, ce qui fe fait à l'égard des Buiffons que je fais planter, afin que la taille de l'extrémité étant bien unie & bien égale, il fe forme tout autour trois ou quatre nouvelles branches bien placées & bien difpofées pour faire un Buiffon bien rond, bien ouvert, & également garny.

Coupe bourgeon, ou Lifette. *Voyez Lifette.*

Courson ou Crochet fe dit dans la branche de Vigne taillée & racourcie à trois ou quatre yeux ; ainfi on dit qu'il eft forty trois ou quatre belles branches de Courfon de l'année.

Ce mot de Courfon ou de Crochet fe dit auffi en fait d'Arbres, quand la branche de l'année precedente en ayant pouffé trois ou quatre de fort belles, on eft obligé de n'en conferver qu'une d'une longueur raifonnable, c'eft-à-dire, de cinq à fix ou fept pouces, & c'eft la branche qui fe prefente le mieux pour contribuër à la belle figure de

L iij

l'Arbre ; & à l'égard de quelques-unes des autres qui se trouvent à côté ou au dessous de celle qui a esté conservée pour la taille de l'année, on les racourcit à deux ou trois yeux, afin qu'une partie de la seve de la mere branche y entrant, forme d'autres branches qui aident à la figure de l'Arbre, & que cependant celle de l'extrémité qui est la principale, ne recevant qu'une portion mediocre de seve, ne fasse point de branches trop grosses, ny en trop grande quantité, mais qu'elle en fasse une mediocre grosseur, & semblables aux autres principales branches de tout l'Arbre ; je fais voir l'usage de ces Coursons dans le Traité de la taille.

COURTILLIERE est une espece d'Insecte qui se forme dans les Fumiers de Cheval pourris, & par consequent dans les Couches; il est long d'environ deux pouces quand il a sa grosseur naturelle, il est passablement gros, jaunâtre, marche assez vîte, & ronge les pieds des Melons, des Chicorées, Laituës, &c. ainsi les fait mourir.

CRAYON se dit de certaines terres dures, blanchâtres, & en quelque façon grasses & huileuses, qui sont tout à fait steriles, qui se trouvent au dessous des bonnes terres, & quelquefois trop prés de la superficie : ensorte que le Soleil penetre trop vîte ces bonnes terres, & que les racines des Arbres n'ayant pû pousser assez avant, y sont alterées & brûlées, c'est ce qui fait jaunir, & enfin perir les Arbres ; il y a donc un crayon blanc, il y en a aussi de noirâtre & de grisâtre.

CROCHET d'Arbres. *Voyez cy-dessus Courson.*

CROCHET à remuër du Fumier est un Outil, qui ayant deux dents de la longueur de sept à huit pouces renversées en dessous, & étant emmanché dans un manche de trois ou quatre pouces de tour, & d'environ quatre pieds de longueur, sert à arracher le fumier entassé, & si pressé dans une Couche ou dans un tas, qu'avec la fourche de fer on ne le sçauroit déprendre & separer l'un d'avec l'autre.

CROISSER se dit des branches d'Espalier qui vont passans les unes sur les autres, & y font une maniere de croix ; c'est un défaut qu'il faut éviter autant qu'on peut, mais qui

eſt quelquefois neceſſaire pour couvrir quelque vuide, &
pour lors bien loin de le compter pour un défaut, je le regarde comme une beauté.

CROSSETTE ſe dit des branches de Vigne qu'on a taillées, en ſorte qu'il y reſte un peu de vieux bois de l'année precedente : Ces Croſſettes étant miſes en terre font
aſſez aiſément des racines ; les Bourguignons les appellent
Chapons.

Croſſette ſe dit auſſi des branches de Figuier taillées,
quand il y reſte au talon un peu de vieux bois de l'année
precedente.

CRUCHE en Jardinage eſt la même choſe qu'Arroſoir,
de là vient qu'on dit une Cruche bien ou mal faite, une
Cruche de bonne grandeur, & tout cela s'entend d'un
Arroſoir.

CUBE, ce terme joint avec ces autres, toiſe, pied, pouce, &c. marque un corps ſolide, quarré en tout ſens, hauteur, largeur, longueur & profondeur ; les Arpenteurs &
Terraſſiers en meſurans chaque toiſe ſolide le reduiſent
au cube pour en regler la quantité juſte, & par conſequent
le prix, ſoit de la choſe, ſoit de l'ouvrage à y faire ; ainſi
on dit j'auray un écu, deux écus, &c. de la toiſe, cela
veut dire ou de la quantité de la choſe venduë, achetée,
échangée, ou du tranſport à faire de la choſe ; on dit
auſſi une toiſe cubique, c'eſt-à-dire, un toiſé fait par
cubes.

CUEILLETTE de Fruits eſt un mot aſſez ordinaire, pour
marquer le temps dans lequel on cueille les Fruits ; c'eſt
le temps de la cueillette des Fruits, &c.

CUEILLOIR eſt une maniere de petit Panier long d'environ un pied, large de cinq à ſix pouces, n'ayant point
d'anſes, & fait pour l'Ordinaire d'Oſier vert aſſez groſſierement rangé ; & c'eſt dans ces ſortes de Cueilloirs que
les gens de la campagne apportent au Marché leurs Prunes, Ceriſes, Groiſelles, &c.

CUREURES de Court & de Mares font comme la lie
& l'égoût qui ſe trouve au fond d'une Court qu'on nettoye, ou d'une Mare qu'on deſſeiche & qu'on nettoye
enſuite ; les Cureures ayans eſté miſes en état, & long-

temps expofées au Soleil font une maniere de terre neuva propre à être employée, foit pour des Arbres, foit pour des Legumes, &c.

D

DENTELE' fe dit de la plûpart des feüilles d'Arbres qui font en quelque façon dentelées tout autour, c'eft-à-dire, qui ont le bord coupé par petites dents, comme étoit autrefois l'ancienne dentelle.

DECAISSER fe dit des Arbres qu'on fort des Caiffes où ils étoient ; décaiffer des Figuiers, des Orangers, &c. pour les rencaiffer ; ainfi dépoter fe dit des Plantes qu'on ôte des Pots où elles étoient.

DECHAUSSER un Arbre, c'eft ôter ou découvrir à l'Automne une partie de la terre qui eft fur les racines, afin que l'eau des pluyes & des neiges de l'Hyver entre plus avant dans les racines ; cela eft bon à faire dans les terres feiches, & nullement dans celles qui font naturellement humides.

DECOMBRER & décombre fe dit des maifons qui étant abbattuës laiffent beaucoup d'ordures & de pouffieres, ainfi décombrer & ôter les décombres c'eft ôter toutes les ordures qui reftent aprés quelque démolition de bâtimens.

DEFRICHER une terre c'eft remettre en labour, c'eftà-dire, labourer une terre qui ne l'a efté de long-temps, ou ne l'a peut-être jamais efté ; & cette terre ainfi défrichée eft enfuite employée en femences, ou en plan d'Arbres.

DEMEURER, à demeurer fe dit des Plantes qu'on feme en pleines terres, pour y refter jufques à ce qu'on les confomme ; car il y en a qu'on feme pour être tranfplantées : par exemple, les Chicorées blanches, les Porreaux, &c. d'ordinaire on feme à demeurer le Perfil, le Cerfeüil, l'Oignon, les Carotes, les Panaiz, &c.

DEPLANTER, c'eft arracher de terre un Arbre ou une Plante qui étoit en place, & fur tout quand on éleve cet Arbre ou cette Plante avec un Déplantoir, pour la tranfporter ailleurs fi heureufement qu'elle n'en fouffre point,

&

& quelle y pousse & fleurisse, comme si elle y avoit été originairement plantée.

Déplantoir est l'Outil avec quoy on déplante; cet Outil est fait de feüilles de fer blanc mise on rond en forme de tuyau, & cela avec des charnieres sur les côtez qui doivent se joindre ensemble par le moyen d'un gros fil de fer, qui passant dans les charnieres, entretient la rondeur du Déplantoir, pendant qu'à force de bras on le fait entrer dans la terre jusques au dessous des racines de l'Arbre, ou de la Plante qui est à enlever; & ce fil de fer étant ôté aprés que la Plante a été enlevée, fait que les côtez du fer blanc se retirent un peu, & par ce moyen la mote de l'Arbre ou de la Plante sort en son entier, & se place commodément dans le lieu qui luy est destiné; on en fait de petits avec une demy feüille de fer blanc, on en fait d'autres plus grands avec une feüille entiere, & d'autres encore plus grands avec deux ou trois feüilles, selon les besoins qu'on en peut avoir.

Le mot de Déplantoir se dit aussi d'une Houlette, qui est un morceau de fer de la largeur de quatre pouces, de la longueur de six à sept, de l'épaisseur d'une bonne ligne, & étant de figure un peu concave, & emmanchée d'un manche d'environ cinq ou six pouces de longueur; il sert à enlever des petites Plantes qui ne sont guéres avant en terre: par exemple, des Tulipes, des Narcisses, des Fraisiers, des Anemones, &c. Cette Houlette est trop connuë parmy les Bergers pour avoir besoin d'une plus ample explication: les Jardiniers en ont qui sont tout-à-fait pointuës comme de la Sauge, qu'on appelle même feüille de Sauge; ils s'en servent dans les terres dures & pierreuses, & ils en ont d'autres qui sont coupées quarrément, & un tant soit peu en rond par en bas; & c'est pour les terres meubles & legeres.

Dépoter. *Voyez cy-dessus Décaisser.*

Dépouiller un Arbre, c'est luy ôter ou tout son fruit, ou toutes ses feüilles, ainsi un Arbre dépouillé est un Arbre à qui les vents froids ont fait tomber toutes les feüilles, ou sur lequel on a cueilly tous les fruits qui y étoient.

Detoupilloner. *Voyez Toupillon.*

Tome I.   M

DIAGONALLE , lignes diagonalles, Allée diagonalles, font Lignes ou Allées tirées en croix de coin en coin au travers d'un quarré pour en bien voir le niveau.

DOS de bahut, ou dos-d'âne, élever de terre en dos de bahut , c'eſt-à-dire , élever des terres en forme preſque ronde ſur leur longueur, pour faire égouter les eaux qui les pourroient gâter. *Voyez ados.*

DOÜILLE c'eſt le trou rond qu'on fait à chaque Outil de fer, qui ne peut ſervir ſans être emmanché , & on met le manche dans ce trou, c'eſt-à-dire dans cette doüille.

DRAGEONS c'eſt la même choſe que boutures qui ſortent aux pieds de quelques Arbres, ou la même choſe qu'-œilletons, comme on dit en fait d'Artichaux; ainſi on dit qu'un Arbre drageonne trop : par exemple un Acaſſia, les Pruniers ordinaires, &c. parce qu'ils pouſſent trop de petits ſauvageons tout autour de leurs pieds; donner des drageons d'Artichaux, c'eſt-à-dire des œilletons.

E

EBOULER ſe dit d'un tas de terre, ou de ſable, ou de pierre, ou de bois, &c. qui étans bien rangez, & ſe maintenans en bon état viennent à ſe laiſſer aller ſur les côtez, & par conſequent à perdre leur ancienne ſituation ou diſpoſition; une muraille s'eſt éboulée , la terre qui étoit ſur les bords de la tranchée eſt venuë à s'ébouler; delà vient le mot d'éboulis, pour dire la choſe éboulée.

ECALER ſe dit des Pois & des Féves qu'on écoſſe, c'eſt-à-dire, qu'on ſort de leur coſſe.

ECLIARCIR du plan, c'eſt en ôter ou arracher une bonne partie quand il eſt trop dru & trop épais, enſorte que ce qui ſe doit groſſir & ſe fortifier ne feroit que s'étioler : par exemple , des Raves, des Choux , des Porreaux , de l'Oignon, des Laituës à replanter, &c. L'Oſeille n'a que faire d'être éclaircie, elle ne ſçauroit preſque être trop druë.

ECUSSON , écuſſonner. *Voyez greffer.*

EFFONDRER ſe dit à l'égard de la terre où l'on veut planter des Arbres , leſquels ne povuans guéres réüſir ſi la terre n’eſt bonne & meuble à la profondeur d’environ trois pieds, il la faut foüiller de cette profondeur pour voir s’il y a lieu d’eſperer le ſuccés du plan, & afin d’en ôter en même-temps celle qui peut s’y trouver de mauvaiſe, auſſi-bien que les pierres & les gravois, s’il y en a; & voilà ce qu’on appelle effondrer la terre; le terme eſt aſſez groſſier & peu uſité, celuy de foüiller & faire des tranchées eſt mieux reçû.

Emmancher c’eſt donner un manche à un Outil, dont on ne peut ſe ſervir ſans cela : par exemple, à une Bêche, une Fourche, une Houë, &c. chaque Outil à ſa doüille pour recevoir ſon manche.

Emousser. *Voyez mouſſe.*

Empoter ſignifie mettre une Plante avec de la terre dans un Pot, pour l’y faire vivre comme en pleine terre.

Empailler ſe dit des Cloches de Melons, quand on met un peu de paille entre deux en les emboëtant les unes dans les autres pour les emporter, & les ſerrer juſqu’à l’année ſuivante; on dit auſſi empailler un pied de Cardons ou d’Artichaux pour les faire blanchir.

Encaisser c’eſt pareillement mettre un Arbre dans une Caiſſe, d’où vient le mot d’encaiſſement d’Orangers.

Emmanequiner c’eſt en mettre dans un manequin, & remettre enſuite le tout en pleine terre juſqu’à ce qu’on les en ôte pour les mettre ailleurs en place à demeurer.

Enter. *Voyez greffer.*

Entoiser ſe dit des choſes qui ſe vendent & s’achetent à la toiſe, ſi-bien qu’on les met dans des tas d’une figure quarrée pour pouvoir être toiſez; ainſi dit-on entoiſer du Fumier, de la Pierre, &c.

Ebourgeonner, ébourgeonnement ſont termes qui ſe diſent de la Vigne, à laquelle vers la fin de May, & au commencement de Juin on ôte le bourgeon, c’eſt-à-dire les branches inutiles & ſteriles, attendu qu’elles feroient tort aux bonnes qui ſont chargées de fruit; ces mots ſe diſent encore des Arbres fruitiers, deſquels on arrache dans le même temps, & encore dans le mois d’Aouſt de certaines branches de faux bois, qui venans en dedans du Buiſſon, ou ſur le corps de l’Eſpalier feroient de la

confufion, & nuiroient tant aux fruits qu'aux bonnes branches,

ECHALAS eft un morceau de bois long & quarré d'environ un pouce d'épais, il fe fait d'ordinaire de cœur de Chêne fendu exprés pour cela, & eft employé à faire le treillage des Efpaliers ; il s'en fait de telle longueur qu'on veut,
mais l'ordinaire eft de quatre pieds & demy, & de huit à
neuf pieds, & de douze, &c. Il s'en fait auffi de branches
de Chataignier fenduës en deux, trois, quatre, &c.

ECHAPER & s'emporter, fe font termes qui fe difent à
l'égard des Arbres qui font extrémement vigoureux, &
qu'on appelle furieux, qui ne pouffent que de fort groffes
branches, fans en faire de celles qui doivent fructifier, &
qui par ces grands jets font ou des Buiffons trop grands, ou
des Efpaliers qui excedent la hauteur des murailles, fans
rien pouffer pour garnir le pied : delà vient qu'on dit cet
Arbre s'emporte, cet Arbre s'échape, il le faut retenir ; cette branche s'eft échapée, s'eft emportée, il faut ôter de ces
branches qui s'échapent trop.

ECLATER en Jardinage fe dit d'une branche ou d'une
racine qu'on détache, foit à deffein, foit par mal-habileté de
l'endroit où elle étoit venuë ; prenez garde de trop baiffer
cette branche, de peur de l'éclater ou qu'elle ne s'éclate.

EFEÜILLER. *Voyez feüille.*

EGAYER un Arbre qui eft en Efpalier, c'eft le paliffer fi
propremét que les branches foient également partagées des
deux côtez, qu'elles ne foient point liées plufieurs enfemble,
mais chacune attachée feparement & en des intervalles
égaux de l'un à l'autre, en forte qu'il n'y ait point de confufion nulle-part, & que d'un coup d'œil on puiffe voir toutes les parties dont il eft compofé ; on dit auffi égayer un
Buiffon, égayer un Arbre de tige, c'eft-à-dire, ôter les
branches qui le rendent confus & étouffé dans le milieu.

ELAGUER & émonder fe dit des Arbres qu'on veut faire
monter pour devenir Arbres de belle tige, & pour cet effet
on leur ôte toutes les groffes branches, qui fortans dans
l'étenduë de la tige confommeroient une partie de la feve, au
lieu qu'elle doit monter à la tête pour allonger & fortifier
l'Arbre.

ENTURE. *Voyez greffer.*

ELANCE', une branche élancée signifie une branche veule, c'est-à-dire fort longue, peu grosse à proportion de sa longeur, & entierement dégarnie d'autres branches dans son étenduë; c'est un défaut à un Arbre que d'y voir des branches élancées.

ESPALIER se dit des Arbres fruitiers plantez le long des murailles, & palissé, c'est-à-dire, dont les branches sont attachées depuis le pied jusques en haut à un treillage qu'on a appliqué à ces murailles; j'ay cent, deux cens toises d'Espalier, &c. c'est à dire, cent ou deux cens toises de murailles garnies d'Arbres fruitiers, &c. L'origine de ce mot ancien peut venir du mot de palissade qu'on a connu de tout temps par les Allées des Parcs & des Jardins, qui sont ornées & accompagnées àdroit & à gauche de certains Arbres propres à être tondus & taillez, & retenus en forme de murailles; sçavoir Charmes, Charmilles, Erable, &c. à l'égard de nos Espaliers d'Arbres fruitiers, c'est par le moyen de la taille & des liens qu'on les assujettit à faire cette figure plate & étenduë qui ne leur est nullement naturelle, mais de laquelle pourtant ils s'accommodent fort bien, quand ils ont à faire à un Jardinier habile.

EPIERRER se dit d'une terre, de laquelle on ôte une quantité de petites pierres ou cailloux qui s'y trouvent; ainsi on dit il faudroit épierrer cette terre, ce qui se fait ou avec une Claye, ou simplement avec un Rateau, &c.

EPELUCHER se dit proprement des Fruits, dont il en faut ôter une bonne partie, & sur tout les plus petits quand il en a trop noüé, comme il arrive quelquefois aux Abricotiers, Pêchers, Poiriers, Pommiers, &c. Cet épeluchement se doit faire quand les Fruits commencent à être gros comme des Noisettes, en sorte qu'ils sont bien asseurez, c'est-à-dire, qu'ils tiennent bien, & qu'apparemment ils grossiront jusqu'à parfaite maturité.

Le mot d'épelucher se dit encore à l'égard du bois mort & du bois menu & chiffon, qu'il faut prendre soin d'ôter, soit aux Figuiers, soit aux autres Arbres fruitiers.

EQUERRE est un instrument de quelque matiere solide,

dont on se sert pour faire un angle droit, un carré parfait ; ainsi on dit se tourner d'équerre pour faire qu'une chose soit parfaite.

ETAGE est proprement un terme de bâtiment, d'où les Jardiniers l'ont emprunté pour marquer la conduite qu'ils doivent tenir à l'égard des Arbres sujets à la taille; ils disent donc qu'il ne faut pas laisser monter trop vîte leurs Arbres, tant les Nains que les Espaliers, mais seulement les laisser monter petit à petit chaque année; & ils appellent cela monter par étage; on dit aussi étage de racines : par exemple, il suffit qu'un Arbre ait un seul étage de bonnes racines, c'est-à-dire, qu'il ait des racines sortans tout autour du pied, de maniere qu'il n'y en ait point de beaucoup plus hautes, ny de beaucoup plus basses les unes que les autres.

ETRONÇONNER c'est couper entierement la tête à un Arbre, en sorte qu'il ne soit plus que comme un tronçon ; & cela arrive, soit quand on les veut greffer en poupée, soit quand la plupart des branches de la tête venans à mourir, on a lieu de juger que l'Arbre redeviendroit beau, s'il étoit un peu baissé ; cela se pratique fort à l'égard des Ormes, des Noyers, Chatagniers, & mêmes des Pêchers de noyau, des Abricotiers, &c.

EVASER est le terme dont le Jardinier se sert, pour dire qu'il faut ouvrir dans le milieu un Arbre qui se serre trop, ou pour dire qu'un Arbre s'ouvre trop ; ainsi disons-nous que naturellement les Poiriers de Beurré s'évasent trop, & qu'il faut prendre soin de les resserrer ou raprocher ; nous disons aussi que les Poiriers de Bourdon se serrent trop, & qu'il les faut ouvrir & évaser.

EVANTAIRE est une maniere de Panier sans anse, long d'environ trois pieds, large de deux, fait assez grossierement d'Osier vert ; les Marchandes de Fruits & d'Herbages s'en servent pour porter vendre leurs Marchandises dans les ruës, ayans attaché cette Eventaire avec deux cordes qu'elles se passent sur le col ou sous les aisselles.

EXPOSITION est le terme dont nous nous servons pour marquer l'endroit heureux ou le Soleil donne, & l'endroit malheureux ou il ne donne que peu, ou point du tout ; ainsi disons-nous l'exposition du Levant c'est la muraille qui eſt vûë des rayons du Soleil, depuis le matin juſqu’à midy ; l’expoſition du Couchant eſt celle ou le Soleil donne depuis midy juſqu’au ſoir ; l’expoſition du Midy eſt celle où il donne le plus long-temps dans toute l’étenduë de la journée ; l’expoſition du Nort eſt celle ou il donne le moins.

F

FANE & feüille c’eſt la même choſe, & on s’en ſert indifferemment à l’égard des Plantes ; la fane ou feüille de cette Plante eſt differente de celle de cette autre.

FANER & ſe faner ſe dit quand les feüilles des Plantes & des Arbres au lieu d’être droites & bien étenduës , comme ſont celles des Plantes qui ſe portent bien , ſont au contraire renverſées , ou en quelque façon pliées & flêtries ; ce qui marque que l’Arbre ſouffre & a beſoin d’arroſement , ou marque que la Plante n’a pas encore fait de racines ; ainſi les premiers jours que les Melons & Concombres ſont plantez , ils ſe fanent ſi le Soleil leur donnent ſur la tête ; ainſi les Choux , les Laituës , les Chicorées , &c. paroiſſent fanées juſqu’à ce qu’ils ayent commencé à faire de nouvelles racines à l’endroit ou l’on vient de les planter : il faut avec quelque poignée de vieux fumier couvrir la Cloche du Melon nouveau planté , pour l’empêcher de ſe faner , &c. ainſi l’Oranger qui ayant beſoin d’arroſement a ſes feüilles un peu fanées, demande de l’eau, &c.

FARINEUX ſe dit de certaines Poires qui pour l’Ordinaire ayans paſſé leur maturité, ou étans venuës en mauvais fond, n’ont pas la quantité d’eau & la fineſſe de chair qu’elles devoient avoir ; ainſi dit-on d’un Lanſac, d’un Doyenné, d’un petit-Oin, d’une Epine, &c. Cette Poire eſt farineuſe, cette Poire a la chair farineuſe.

FAUSSES-FLEURS ſe dit en fait de Melons & de Concombres , & ſe ſont des Fleurs au deſſous deſquelles il n’y a point de Fruit qui y tienne, car aux bonnes Fleurs des uns & des autres le Fruit paroît devant que la Fleur s’épanoüiſſe au bout ; & ſi le temps eſt favorable le Fruit noüé, ſi le temps eſt mauvais, ou que la Couche ne ſoit pas affez chaude, ce Fruit coule, c'eft-à-dire perit.

Faux bois eft la branche d'Arbre qui eft venuë dans un endroit où elle ne devoit pas venir, & qui a fes yeux plats & fort éloignez les uns des autres, & qui communément devient beaucoup plus groffe & plus longue que toutes les autres de l'Arbre, à qui elle vole une bonne partie de leur nourriture, tout de même qu'une faute fur un tuyau de Fontaine empêche le bel effet qui fe doit faire au principal endroit; voilà pourquoy nous difons qu'il faut faire la guerre aux branches de faux bois, à moins qu'on ait intention de rajeunir tout l'Arbre fur une telle branche, & par confequent d'ôter toutes les vieilles branches pour ne conferver que la fauffe ou les fauffes.

Se Fendre ou s'ouvrir, fe dit des Pêches, des Prunes, &c. quand elles quittent bien le noyeau; la Pêche fe fend; le Pavie ne fe fend point; la Prune de Perdrigon bien mûre ne fe fend pas bien net; la Prune de Diaprée, de Rochecourbon ne fe fend point du tout; les Damas, les Prunes d'Abricot, &c. fe fendent net.

Fente, greffer en fente. *Voyez greffer.*

Feüille de Sauge eft une efpece de Pioche pointuë par le bout, & s'élargiffant un peu en approchant du manche; il en eft d'autres qui font plates à l'endroit où la feüille de Sauge eft pointuë, & s'appellent d'un feul nom Pioche; ces feüilles de Sauge font propres à foüiller dans les fonds pierreux; & les Pioches font bonnes à foüiller dans les terroirs qui font fimplement durs fans être pierreux.

Ficher des Echalas eft un terme de Vigneron, qui fignifie faire entrer un Echalas au pied d'un cep de Vigne pour y attacher les branches nouvelles que la pefanteur du Raifin & des feüilles feroit tomber à bas, & peut-être éclater & rompre; & comme les Jardiniers ont de la Vigne dans leurs jardins: par exemple, quelques pieds fur le bord du labour, ils ont auffi befoin d'y ficher des Echalas.

Figuerie ou figuierie eft un terme nouveau qui a été introduit à l'imitation de celuy d'Orangerie, & il fe dit pour marquer un jardin particulier, dans lequel on a mis une affez grande quantité de Figuiers, foit en place, foit

en

en caiſſe ; j'ay une belle Figuerie, il faut aller dans la Figuerie, c'eſt-à-dire, dans le Jardin des Figues.

FONDRE eſt un terme de Jardinage, pour marquer qu'u-
ne Plante perit, mes pieds de Melons & de Concombres
fondent, les Laituës, les Chicorées fondent, c'eſt-à-dire,
periſſent & pourriſſent dans le pied.

FOND ſignifie la terre ou terroir où l'on fait un Jardin ;
le fond en eſt bon, comme auſſi le fond n'en eſt pas bon,
le fond eſt mauvais, & il y a du tuf ou de l'argille dans le
fond, &c. toutes ces manieres de parler ſignifient que le terroir eſt propre, ou n'eſt pas propre à nourrir, ou élever des
Plantes, ſur tout il n'eſt pas bon quand le tuf ou l'argille ſont
trop prés de la ſuperficie, n'en étant par exemple qu'à un
pied, ou un pied & demy, & deux pieds, &c.

FOULER ſe dit des Oignons, des Beteraves, des Carotes,
Panaiz, & autres racines dont on rompt les montans ou les
feüilles vers le commencement d'Aouſt, pour empêcher
que la ſeve n'y monte pas davantage, & qu'ainſi elle demeure en dedans de la terre, & ſoit employée à groſſir la racine
ou l'oignon.

FOURCHE de Jardinier eſt un Outil de fer compoſé d'une
doüille & de trois fourchons ou branches pointuës un peu
recourbées en dedans, & longues d'environ un pied ; cet
Outil étant emmanché d'un manche de trois à quatre pieds
ſert à remuër des Fumiers, ſoit pour charger la Hotte ou le
Bar, ſoit pour faire les Couches, & ſert auſſi pour herſer, ou
remuër & rompre les mottes de terre nouvellement enſe-
mencée de graines potageres, & les faire par ce moyen
entrer au deſſous de la ſuperficie où elles doivent germer.

FORMER & façonner ſignifient la même la choſe en Jardinage ; il faut prendre ſoin de bien former & bien façonner
un Arbre, & c'eſt par le moyen de la taille, &c.

FOURCHER, c'eſt-à-dire, pouſſer à l'extremité de la
branche taillée d'autres branches, l'une d'un côté & l'autre
de l'autre, comme ſi c'étoit une maniere de fourche, ces
branches étant neceſſaires pour garnir deux côtez oppoſez,
ſoit en eſpalier, ſoit en buiſſon ; il faut prendre garde de
tailler avec tant d'induſtrie, que ſi on a beſoin de deux

branches , & que la branche taillée en puiſſe faire deux , elles fourchent ſi bien que ces branches ſe trouvent placées de maniere qu'on les puiſſe conſerver l'une & l'autre ; bien entendu qu'à la taille il ne faut jamais à l'extrémité de la mere branche y en laiſſer deux nouvelles de même longueur , en ſorte qu'elles faſſent une figure de fourche, c'eſt un deſagréement que j'évite ſoigneuſement.

FOURCHON c'eſt l'endroit d'où ſortent ces deux branches ; prenez garde que le fourchon n'éclate.

FRANC ſur franc, c'eſt un Arbre greffé ſur un Sauvageon de ſon eſpece , ou même ſur un autre Arbre qui avoit été greffé d'une autre eſpece : par exemple , un Poirier ſur un Poirier ſauvage , de même auſſi un Pommier greffé ſur un ſauvageon de Pommier , &c.

FRETIN ſignifie beaucoup de branches qui ſont inutiles , parce qu'elles ſont petites , menuës, chifonnes , & quelquefois uſées de vieilleſſe ; il faut à la taille ôter tout le fretin.

FRICHE ſignifie une terre inculte ; c'eſt un friche , cette terre eſt en friche , & delà vient le mot de défricher cy-devant expliqué.

FRUIT eſt la production que fait un Arbre ou une Plante, tant pour la multiplication de ſon eſpece que pour la nourriture de l'homme ; le fruit du Poirier eſt la Poire , le fruit du Pêcher eſt la Pêche , le fruit du Fraizier eſt la Fraize.

Le FRUIT a coulé, la Vigne a coulé, *Voyez couler.*

Le FRUIT a bien noüé , n'a pas noüé , *Voyez noüer.*

Se mettre à FRUIT ſe dit d'un Arbre , qui aprés avoir été fort long-temps ſans faire de fruit commence enfin d'en avoir ; on dit de certains Arbres, par exemple, des Robine ſur franc , des Bourdon ſur franc , &c. qu'ils ſont tres-difficiles à mettre à fruit, à ſe mettre à fruit : on dit d'autres Arbres qu'ils ſe mettent aiſément à fruit: par exemple , le Beurré, les Orange d'Eſté , &c. on connoît aux fruits à noyaux qu'ils ſont noüez, quand la petite aiguille du milieu s'allonge plus que les feüilles de la fleur ; on connoît que le Melon noüé & s'arrète, quand au ſortir de la fleur il s'éclaircit un peuprés de la queuë, ainſi du Comcombre , de la Citroüille, &c. on connoît que la Poire noüé, quand au fortir de la fleur elle paroît toute formée.

Le FRUIT eſt mûr, c'eſt-à-dire bon à manger, & ſi on ne le prend en ce temps-là on dit qu'il ſe paſſe, c'eſt-à-dire il devient moû ou pourry; ainſi un Poire molle s'appelle une Poire paſſée, il devient auſſi inſipide, & c'eſt pourquoy on dit qu'une Pêche trop mûre eſt inſipide, qu'elle eſt paſ-ſée, &c.

FRUITERIE ſe dit de la Chambre ou Serre dans laquelle on le met Fruit pour le garder, & ſur tout l'Hyver contre le froid, *Voyez Serre.*

Le FUMIER eſt la paille qui ayant ſervi de litiere ſous les animaux domeſtiques, & particulierement ſous les che-vaux, & étant imbibée de leur piſſat & de leur crotin ſe trouve toute rompuë; ce Fumier devient propre pour le Jardinage; ſçavoir, à faire des Couches & des rechauffemens quand il eſt bien chaud, & qu'il eſt comme on dit, neuf, c'eſt-à-dire fraîchement ſorty de l'Ecurie, & ſur tout quand il n'a ſervy qu'une nuit ou deux de litiere, en ſorte qu'il n'eſt nullement pourry; mais quand il eſt pourry, ſoit pour avoir ſervy long-temps de litiere, ou pour avoir eté em-ployé en Couches, ou avoir été beaucoup moüillé par les pluyes & les égoûts, il ſert pour fumer, amander & en-graiſſer les terres; il en eſt de même des Fumiers de Mulet.

G

GAIGNER un Oeillet eſt un terme commun parmy les curieux d'Oeillets Flamands & Picards, pour dire que de la ſemence qu'on avoit faite il en eſt venu quelque bel Oeillet nouveau.

GALLE ou chancre en fait d'Arbres ſignifient la même choſe; ainſi le bois de Bergamotte, des Robine, des petit-Muſcats, &c. ſont ſujets à devenir galleux, à avoir de la galle, &c. les Poires de Bergamotte & de Bon-chétien en plein air dans les terroirs froids & humides ſont ſujetes à de-venir galleuſes, &c.

GAZON ſe dit d'une ſuperficie bien herbuë; gazonner, c'eſt-à-dire couvrir d'une ſuperficie bien herbuë quelqu'en-

droit, foit Allée, foit Talus, foit Parterre, &c. on coupe
pour cela dans quelque Pré ou quelque Peloufe pleine
d'herbe fine, le deffus par pieces carrées de l'épaiffeur d'environ trois pouces, de la largeur d'environ un pied, & de la
longueur d'environ un pied & demy, & avec la Bêche on
fepare ce deffus d'avec le fond, & on le va placer bien proprement à l'endroit qu'on veut gazonner, & qu'il faut foigneufement & fouvent arrofer & tondre, afin qu'il foit toûjours bien vert & bien uny.

GERME & germer fe difent de toutes les graines qu'on feme;
germe eft un petit commencement de racine blanche qui ne
fait que de fortir, foit de la graine, foit du noyau; le Melon eft germé, c'eft-à-dire que la racine commence de fe
montrer; femer de Pois tous germez, de la Laituë toute ger-
mée, cela veut dire qu'on a mis tremper ces Pois, cette graine, &c. dans l'eau, fi-bien qu'eftant attendric elle s'eft
échauffée, & a commencé de faire paroître la premiere
pointe de la racine.

GIVRE eft une maniere de gelée blanche, qui eft fi épaiffe qu'elle s'attache aux branches d'Arbres, & y fait même
quelquefois des glaçons pendans.

GLAISE eft une forte de terre verdâtre, graffe, & extremement ferrée en foy, qui fe trouve en quelques endroits
au deffous de la bonne terre, & qui eft mortelle pour tout
le Jardinage.

GLANE d'Oignon fe dit d'une quantité d'Oignons qu'on
a attaché avec leur vieille fanc, tout autour de l'extremité
d'un bâton dans la longueur d'environ un pied & demy, ou
de deux pieds, & on les porte ainfi vendre au Marché.

GOMME aux Arbres de noyau; fçavoir aux Pêchers,
Pruniers, Cerifiers, Abricotiers, &c. fignifie une efpece
de maladie, & eft comme une maniere de gangreine ou
d'apoftume, procedant de la corruption de feve de ces
Arbres, où elle s'eft extravafée, & devenuë en quelque façon folide, reffemblant à peu prés à du Cotignac; elle fe
forme d'ordinaire à quelqu'endroit écorché ou rompu, &
fait mourir toutes les parties voifines; fi-bien que pour éviter qu'elle ne s'étende davantage, il faut couper la branche
malade à deux ou trois pouces au deffous de l'endroit

affligé ; on voit aussi quelquefois l'Esté mourir des branches aux Pêchers, sans qu'il y ait rien d'écorché ; la gomme se met pareillement aux Écussons, & quelquefois à de grands Arbres à l'endroit de la greffe, ce qui fait mourir toute la tête.

GOULOT d'une Cruche ou d'un Arrosoir ; c'est, pour ainsi dire, la bouche par où l'eau entre dans le ventre de l'Arrosoir.

GRAINER c'est monter en graine, faire de la graine ; la plufpart des Plantes font en Esté de la graine, montent en graine pour se multiplier, autrement l'espece en periroit ; c'est une chose incroyable de voir toutes les differences qui se remarquent aux graines, tant pour la couleur & la grosseur, que pour la figure & l'ornement ; le Microscope y fait voir des merveilles surprenantes, j'en ay fait une description la plus exacte que j'ay pû dans le Traité du Potager ; les Plantes donc font une tige qui s'éleve, au haut de laquelle se forme la graine ; le Jardinier a souvent le déplaisir de voir que certaines Plantes montent trop tôt en graine : par exemple, les Laituës pommées, la Chicorée, &c. ce qui arrive encore plus quand le terroir n'est pas bon, ou n'est pas amplement arrosé dans les grandes chaleurs ; ainsi on peut dire que certaines Plantes grainent de pauvreté : on a aussi le déplaisir de voir que certaines Plantes ne grainent pas comme on voudroit : par exemple, les Plantes d'Oeillets, de Passetout, de Choux-fleurs ; & dans les terroirs froids & humides le Basilic, le Persic-Macedoine ne grainent point, ou plûtôt grainent si tard que leur graine ne sçauroit mûrir.

GRAINIER est le Marchand de Graines, tant potageres que de fleurs.

GRAINETIER est le Marchand des autres grosses Graines ; sçavoir, Avoine, Bled, Pois, Féves, &c.

GRAVOIS est un terme tiré des bâtimens, & signifie une grande quantité de petites pierres & de platras ; ainsi il arrive quelquefois qu'on fait un Jardin au même endroit où il y a eu une maison, ou bien dans un endroit où l'on a apporté beaucoup de gravois, de décombre & de démolitions de maison ; nous disons qu'il faut être soigneux de bien ôter tous les gravois, & même quelquefois de pasfer la terre à la claye, afin qu'étant bien épierrée, c'eſt-à-dire bien purgée & nettoyée des pierres & platras dont elle étoit pleine, elle devienne propre à nourrir tout ce qu'on y voudra ſemer & planter.

Nous diſons quelquefois égravillonner : par exemple, égravillonner une mote d'Oranger ou de Figuier, aprés qu'on en a retranché tout autour & deſſous environ les deux tiers, ce qui ſe faiſant à coup de Hache, ou de Serpe, ou de Bêche, la terre qui reſte paroît dure, & les racines n'ont pas leur extrémité aſſez découverte; pour lors avec la pointe de la Serpette ou d'autre morceau de fer pointu fait exprés, on retire d'entre les racines un peu de la terre qui y étoit, afin que ces racines ſe trouvans enſuite dans un autre endroit où la terre eſt nouvelle & meuble, en ſoient promptement revêtuës & remplies, & y puiſſent par conſequent mieux agir pour la production de nouvelles racines.

Greffer ou enter ſont deux termes ſynonymes qui ſignifient faire changer d'eſpece ou de nature à un Arbre en y faiſant quelque operation; on ſe ſert plus ordinairement du ſecond de ces termes en certaines Provinces où les curieux pour parler de leurs Arbres fruitiers diſent, j'ay dix, douze ou quinze Entes de tel Fruit, je vous donneray une Ente, &c. au lieu de dire j'ay dix, douze, quinze Arbres de telle eſpece; mais du côté de Paris nous nous ſervons plus ordinairement des mots de greffe & de greffer, ainſi nous diſons, j'ay quatre, cinq, ſix greffes, &c. le ſurplus de ce qui regarde cette matiere de greffes eſt amplement expliqué dans la cinquiéme Partie au Chapitre des greffes.

Il y a auſſi de certaines Provinces où l'on ſe ſert du terme d'Enteure pour dire greffe.

Greffoir ou Entoir eſt un petit Coûteau fait exprés pour greffer, il doit avoir le manche d'un bois dur, ou d'yvoire, & que l'extrémité en ſoit plate, mince & arrondie pour pouvoir ſervir à détacher aiſément l'écorce d'avec le bois des plus petits Arbres, & y inſerer enſuite les Ecuſſons ſans rien bleſſer ou rompre.

Grenadier eſt une eſpece d'Arbre fruitier trop con-

nu pour avoir befoin d'explication particuliere, il y en a qui
ne font que des fleurs doubles, & il y en qui font du fruit
aprés avoir fait des fleurs fimples.

Gromeleux fe dit de certaines Poires peu bonnes, & ce
mot fignifie à peu prés la même chofe que farineux ; chair
farineufe, chair gromeleufe.

Crosseur ou plutôt en groffeur ; cela fe dit pour marquer qu'un Fruit a acquis la groffeur qu'il doit avoir pour
entrer en maturité, il demeure quelque temps en cet état là
fans augmenter ; ainfi on dit mes Pêches font en groffeur,
mes Figues ne font pas encore en groffeur.

H

Hatif fe dit de tout ce qui vient dans un Jardin devant les autres chofes de la même efpece, ainfi on
dit Pois hâtifs, Cerifes hâtives, pour marquer les Pois &
les Cerifes qui viennent devant les Pois & les Cerifes ordinaires.

Et du mot hâtif dérive celuy d'hâtiveté, ainfi nous difons
que certains Fruits font eftimables pour leur hâtiveté, &
d'autres pour leur tardiveté.

Hâtif & precoce fignifient la même chofe,& pareillement
hâtiveté & precocité.

Hortolage eft un terme affez barbare & affez groffier
pour fignifier tout ce qu'il y a de Plantes, Legumes & Herbes Potageres dans un Jardin potager, il n'eft plus guéres
en ufage que parmy quelques Provinciaux.

Hotte eft une maniere de Manequin fait exprés pour
l'attacher fur le dos avec des Breteles, & par ce moyen y
porter facilement quelques fardeaux : par exemple, terre,
fable, pierre, linge, fruits, &c. le côté qui fe place contre
le dos eft plat & plus élevé que tout le refte, qui eft large
& rond par en haut, & un peu pointu par en bas, &
qu'on peut appeller le ventre ; la partie plus haute s'appelle
le colet.

Hoüe eft une maniere de Bêche renverfée comme les
Crochets à fumier, & emmanchée d'un manche d'environ
deux pieds de long, dont les Vignerons fe fervent pour la-

bourer leurs Vignes, craignans, difent-ils, de bleffer les racines avec la Bêche ordinaire ; & même quelques Jardiniers fe fervent de cet inftrument pour labourer leurs Jardins ; il en eft de fenduës en deux bras qui font un peu pointuës, pour travailler dans les terres fortes & pierreufes ; un habile Laboureur qui a accoùtumé de fe fervir de cet Outil, fait beaucoup de remuëment de terre en peu de temps, mais auffi il n'entre pas fi avant que celuy qui fe fert de la Bêche ordinaire.

Houlette, *Voyez cy-devant Déplantoir.*

I

Jalon & jalonner font des termes fort particuliers pour les alignemens qu'on veut prendre ; ce font des bâtons bien droits, d'une hauteur raifonnable, armez en tête de linge ou de papier blanc, ou fimplement blanchis de peinture pour être vûs plus diftinctement ; on les plante de diftance en diftance fur des lignes qu'on veut avoir bien droites, foit pour planter des Arbres, foit pour faire des Allées & des tranchées ; auffi on dit il faut jalonner, c'eft-à-dire planter des jalons, &c. *Voyez borneyer, aligner, &c.*

Jarret d'Arbre eft une branche d'Arbre fort longue, & dénuée d'autres branches qui l'accompagnent ny à droit ny à gauche, foit qu'il n'y en foit jamais venu, comme en effet il n'en vient guéres qu'aux extremitez, & ainfi une branche laiffée longue n'y en aura point fait, foit qu'il y en foit venu, & que le Jardinier mal-habile les ait ôtées, on donne le nom de jarret à une telle branche ; je ne trouve rien de fi vilain que de voir ces fortes de jarrets, tant dans un Buiffon que dans un Efpalier, & je leur fais autant que je puis une cruelle guerre ; fi-bien que je les ravalle fort bas pour leur faire pouffer de nouvelles branches à l'extrémité que je leur donne, avec intention de continuër à tailler d'une longueur raifonnable les plus groffes branches qui en fortiront, & garnir par ce moyen l'endroit qui étoit vilain par la rencontre du malheureux jarret qui y étoit.

Jauge & jauger parmy les Fontainiers fignifient une
mefure

meſure d'eau pour en ſçavoir la quantité de pouces ; mais parmy les Jardiniers jauge ſe prend tantôt pour une eſpace de terre qu'on laiſſe vuide en faiſant un labour profond, ou pour une fouïlle de tranchée, afin que dans cet eſpace on ait la commodité d'y jetter les terres qui ſont à labourer, faiſant toûjours ſi bien qu'il reſte une jauge pareille à la premiere juſqu'à la fin de la tranchée ; & pour lors on remplit cette derniere jauge, ſoit avec le terres qu'on a mis hors de la tranchée pour faire la premiere jauge, ſoit avec des terres priſes d'ailleurs.

Jauge ſe prend auſſi pour la meſure de la profondeur qu'on veut donner à une tranchée, & eſt un bâton d'une longueur ſemblable à celle de cette profondeur, laquelle meſure il faut toujours ſuivre pour entretenir la même profondeur & la même ſuperficie, ſans y rien changer ; ainſi on dit avoir toujours ſa jauge pour ne ſe pas tromper en faiſant la tranchée

JARDIN eſt une piece de terre qui pour l'ordinaire eſt renfermée de murailles, & eſt voiſine de la maiſon pour laquelle eſt ce jardin, cette piece de terre étant deſtinée, ſoit pour les Fruits & le Potager, ſoit pour les Fleurs & pour les Arbriſſeaux ; il y a bien des Jardins qui ne ſont fermez que de Hayes, ou de Foſſez, &c.

JARDINIER eſt l'Ouvrier qui eſt chargé du ſoin & de la culture de ce jardin.

JARDINAGE ſe prend pour la ſcience qui apprend la maniere de cultiver ce Jardin ; un tel entend bien le Jardinage.

JET d'Arbre eſt la branche qui ſort de cet Arbre, ſoit du tronc, ſoit des autres branches : cet Arbre fait de beaux jets, &c.

L

LEVER ſe dit des graines qui étant ſemées viennent à bien ſortir de terre ; ainſi on dit ma Laituë a bien levé, ma Chicorée n'a point levé, &c.

LIT de Fumier, c'eſt un étage de fourches de Fumier ſur une certaine largeur : par exemple, pour faire une Couche de cinq pieds de large, & de trois pieds de haut, il faut environ mettre quatre lits de fumier l'un sur l'autre pour la hauteur, & couvrir cependant de fumier la largeur de cinq pieds proposée.

LISETTE, autrement Coupe bourgeon est un petit animal verdâtre comme une Lentille, qui perdant les mois de May & Juin fait un grand dégât aux jeunes jets des Arbres fruitiers, en leur coupant à demy l'extrémité, si bien que cette extrémité vient à perir, & par ce moyen empêche que les jeunes jets ne s'alongent comme ils l'auroient fait sans cela.

M

MAILLE se dit en matiere de treillage, & signifie les petits carrez qui se font par la rencontre de quatre Echalas qui sont liez les uns aux autres ; ce mot est pris des Filets ou Reseaux, &c.

Maille se dit aussi en fait de Melons & de Concombres, & signifie l'œil d'où sort le fruit.

MANCHE c'est un bâton rond d'une grosseur de trois ou quatre pouces de tour, & de quatre pieds de long, avec lequel on emmanche, par exemple une Bêche, une Fourche, &c. il y a d'autres Outils ausquels il faut des manches plus courts : par exemple à des Houës, & à des Crochets pour Fumier, & d'autres à qu'il en faut de plus menus : par exemple à des Ratissoires, des Serfoüettes, des Coûteaux, des Serpettes, des Scies, &c.

MANE ou Mannequin, c'est un Ouvrage d'Osier fait par le Vanier, soit pour y mettre quelque chose à transporter, soit pour y planter des Arbres ; on nomme Mannes ceux qui sont grandes, & on nomme mannequins ceux qui sont petits ; ils sont tous ronds, mais les uns à clair-voye, & ceux-là sont de gros Osier, les autres sont pleins, & cela se fait avec de petit Osier qui remplit l'entre-deux du gros; les petits ont neuf à dix pouces de profondeur, & douze à quinze de largeur ; quelquefois les Mannes ont deux oreilles ou anses qu'on leur fait sur le bord d'en-haut, & vis à vis l'un de l'autre, pour les porter plus aisément à deux

quand elles font pleines; on y paffe quelquefois un gros bâton pour les tranfporter de cette forte.

MARQUOTE & marquoter fe difent de la Vigne, des
Figuiers, des Coignaffiers, &c. aufquels en couchant des
branches de ces Arbres cinq ou fix pouces avant dans la
terre elles y prennent racine, & cela s'appelle marquoter,
& pour lors cette branche devenuë enracinée & feparéc
de l'Arbre auquel elle tenoit, s'appelle une marquote, &
vers le Rhône une barbade, & eft propre à faire un Arbre
de l'efpece dont elle eft.

On marquote auffi des Fleurs, & fur tout des Oeillets,
en y faifant une petite entaille au deffous d'un nœud, &
rempliffant cette fente d'un peu de terre fine, & l'entou-
rant toute de deux ou trois pouces de la même terre, foit
dans un Cornet de fer blanc attaché en l'air pour les branches qui font trop hautes pour être couchées, foit dans le
Pot ou en pleine terre, dans lefquels font les pieds qui ont
leurs branches affez baffes; ainfi on dit j'ay une douzaine
de belles marquotes à vous donner, &c. voicy le temps de
marquoter.

MARCHEZ fe font de certains Jardiniers qui fe font établis autour de Paris, & de la plûpart des bonnes Villes pour
n'élever dans leurs Jardins que des herbages & des legumes qu'ils portent tous les jours vendre dans les Marchez
publics; leurs Jardins s'appellent Marais, quoy que fouvent le terrein ne foit que du fable fort fec,

MARNE eft une efpece de pierre de Chaux tendre, graffe & grisâtre qui fe trouve dans le fond de certaines terres,
& qui en étant tirée & répanduë dans les champs, tient
lieu d'un excellent Fumier pour rendre ces terres fertiles;
delà vient qu'on dit marner des terres, c'eft-à-dire, y répandre de la Marne, laquelle a cette proprieté que les terres qui en ont été marnées, font encore mieux la deuxiéme
& troifiéme année que la premiere.

MELON eft le fruit affez connu, il doit eftre d'ordinaire de la figure à peu prés d'un petit Baril, c'eft-à-dire longuet, & un peu plus gros dans le milieu qu'aux deux extré-
mitéz.

MELON arrêté, Melon noüé, c'eft-à-dire, Melon qui

au fortir de la fleur commence à groffir, car il en petit beaucoup à la fleur ; la même chofe fe dit des Citroüilles, Concombres, Potirons, &c.

MELON brodé, c'eft-à-dire, qui fur fon écorce a une maniere de broderie.

MELON liffé, c'eft celuy qui n'a point de broderie.

MELON frapé, c'eft celuy qui a quelque marque de maturité qui fe fait appercevoir, foit aux gens qui voyent quelque petit endroit jauniffant, foit à l'odorat quand on fent l'odeur de Melon mûr, en approchant du nez celuy qui eft foupçonné d'être frapé.

METTRE à fruit, fe mettre à fruit, *Voyez fruit*.

MEULE, ou plûtôt meule de Fumier eft un terme dont les Maréchaux fe fervent pour marquer un amas de Fumier chancy, qu'ils ont trouvé en défaifant leurs Couches, & qu'ils ont mis enfemble pour avoir des Champignons ; ils font les meules autant longues qu'ils peuvent, larges & hautes de quatre à cinq pieds & en dos-d'ânes ; on dit auffi mule de Fumier neuf, c'eft-à-dire, un grand amas de Fumier neuf pour s'en fervir, foit à couvrir des Plantes, foit à mêler avec du neuf en faifant des Couches.

MICÔTE, ma maifon ou mon Jardin font à micôte ; ces termes fignifient l'endroit qui marque à peu prés le milieu d'une coline aifée, c'eft-à-dire, une coline peu roide ou peu difficile, foit à monter, foit à defcendre, en forte que cet endroit pourroit paffer pour une plaine, s'il ne fe trouvoit plus haut que beaucoup de terres voifines fur lefquelles il commande, & fournit le plaifir d'une vûë belle & bien étenduë : ce font de ces fortes de fituations qu'on fouhaite le plus, quand fur tout elles ont l'avantage d'une bonne expofition.

MIRLICOTON eft une forte de groffe Pêche jaune & de Pavie jaune, qui mûrit fur la fin de l'Automne ; ce mot eft un terme de Gafcogne.

MOIGNON, couper, tailler en Moignon, *Voyez couper*.

MOLETTE fe dit d'un Melon qui eft mal fait dans fa figure, c'eft-à-dire, qui eft menu & étranglé, foit du côté de la queuë, foit de côté du l'œil, ou qui eft plat & enfoncé d’un côté au lieu d’être rond ; molette se dit aussi des Concombres mal-faits.

MONTER, les Laituës montent, c’est-à-dire font une tige ; d’ou vient qu’on dit le montant d’une Plante ou de la tige.

MORVE en fait de Laituë, de Chicorée, &c. est une pourriture qui se met à ces sortes de Plantes & les fait perir ; nos Laituës morvent, ou ont la morve, &c.

MOTE d’un Arbre signifie une certaine quantité de terre qui tient aux racines, en sorte qu’elle ne sont pas découvertes ; ainsi on dit lever un Arbre en mote, comme j’en enleve beaucoup même des Arbres de tige assez gros, ce qui ne se peut faire dans les terres meubles & legeres, &c. & quand on rencaisse des Figuiers & des Orangers, on leur retranche une partie de leur mote, &c.

MOÜILLEURE, une bonne moüilleure, cela veut dire un ample arrofement ; il faut donner une bonne moüilleure, c’est-à-dire arrofer amplement.

MOUSSE est une maniere de petite herbe frifée, crefpuë & jaunâtre, qui ne croît guéres en hauteur, & vient fur la fuperficie de certaines terres incultes, ou de certains bois ; elle vient aussi fur l’écorce de quelques Arbres fruitiers, & fur tout des Poiriers, où elle fait un grand defagrément à la vûë ; c’est pourquoy je recommande foigneufement d’émouffer les Arbres, c’est-à-dire leur ôter la mouffe, ce qui se fait en tout temps ; mais fur tout pendant les humiditez, & pour cela on se fert du dos d’un coûteau, ou bien on fait une maniere de coûteau de bois avec quoy on racle l’écorce mouffuë.

MOUVER la terre dans un Pot ou dans une Caiffe, c’est y faire une maniere de petit labour avec quelque petit Outil de fer ou bien de bois, afin que cette terre étant ainfi mouvée & renduë meuble, l’eau des arrofemens puiffe plus facilement entrer.

N

NAVRER une Perche ou un Echalas, c’est leur donner un coup de Serpe à l’endroit qui n’est pas affez

droit, ce coup de Serpe entrant un peu avant dans la Perche ou l'Echalas, fait qu'ils obeïssent au Jardinier pour les
planter de la maniere qu'il veut, soit en long, soit en ova-
le, ou en rond.

NIVEAU se prend en Jardinage ou pour l'instrument
avec lequel on cherche à mettre de niveau la superficie
d'un Jardin, ou à connoître la difference de ses hauteurs
pour les regler suivant les besoins qu'on en a; il y a differentes manieres d'instrumens pour cela, ou bien niveau se
prend pour faire entendre la disposition de la superficie;
quand on dit par exemple, qu'une Allée est de niveau,
c'est-à-dire qu'elle n'est pas plus haute à un endroit qu'à
l'autre, qu'il faut mettre une Terrasse de niveau, &c. on
dit aussi quelquefois niveau de pente; il faut dresser une
telle Allée suivant son niveau de pente, c'est-à-dire, que
la pente soit égale par tout dans toute la longueur de l'Allée, en sorte qu'elle paroisse unie d'un bout à l'autre.

NOüER, un Fruit noüé, un Melon noüé, *Voyez Fruit*.

NOUVEAUTE' se dit de toutes sortes de Fruits & de Legumes, qui par le soin & l'industrie du Jardinier viennent
dans leur perfection ou dans leur maturité devant la saison ordinaire, & sur tout en Hyver & au Printemps; ainsi
ce sont des nouveautez que d'avoir des Fraizes & des Concombres au commencement d'Avril, des Poires au commencement de May, des Asperges vertes en Novembre,
Decembre, Janvier, Février, Mars, des Cerises precoces
à la my-May, des Laituës pommées au mois de Mars, &c.
un bon Jardinier doit avoir de la passion pour les nouveautez.

NOüILLE ou nielle est une maniere de roüille jaune &
de pourriture qui se met sur le bled devant sa maturité,
& particulierement sur le pied & sur les feüilles des Melons, quand il est tombé quelques eaux froides dessus, cette
eau les roüille & les fait entierement perir; elle se met
aussi sur les Laituës, Chicorés, &c. il se met encore une
autre maniere de roüille blanche aux Concombres, &
s'appelle le blanc, nos Concombres ont le blanc, c'est-à-
dire qu'ils perissent.

O

OBLONG, *Voyez carré oblong.*
Oeil d'un Arbre eſt une maniere de petit nœud pointu auquel tiennent les feüilles des Arbres, & d'où ſortent les jets.

OEIL de Melon eſt auſſi l'endroit d'où ſortent les bras, & nomme ſe auſſimaille.

OEIL d'une Poire, c'eſt l'extrémité oppoſée à la queuë; cet œil eſt fait comme une petite couronne, qui eſt enfoncée aux unes & non aux autres; lePommes ont pareillement chacune leur œil.

OREILLES des Melons, Concombres, Laituës, &c. ſont les deux premieres feüilles qui ſortent de la graine ſemée, ou de l'amende, & ſont differentes de celles qui viennent aprés; ainſi on dit les bras qui ſortent des oreilles de Melons ne valent rien: on peut replanter en Pepiniere des petites Laituës dés qu'elles ont les oreilles un peu grandes.

P

PAILLASSON eſt une invention toute pure de Jardiniers pour faire en Hyver à peu de frais avec de la paille longue & qulѐques échalas, une couverture & des briſe-vents à leurs Couches, afin de les défendre du froid qui pourroit gâter leurs Plantes printanieres; pour faire ces Paillaſſons ils ſe ſont aviſez de mettre à plate terre trois échalas longs de ſix à ſept pieds, & de les eſpacer en parallele de deux à trois pieds l'un de l'autre, enſuite ils ont mis en travers de ces éhalas une maniere de lit de cette paille longue de l'épaiſſeur d'un bon pouce, de la hauteur de cinq à ſix pieds, & de la longueur des échalas, & aprés ils ont remis trois autres ſemblables échalas ſur ce lit de paille, en ſorte qu'ils ſe rencontrent vis à vis des trois premiers, & qu'avec de l'oſier ils ont lié ceux de deſſus avec ceux de deſſous, & enfin ils ont ajoûté encore deux autres échalas en travers, & ſur l'un des deux côtez de cet Ouvrage de paille pour tenir le tout plus ferme & plus ſolide; par ce

moyen ils ont ferré, renfermé & foûtuenu la paille entre
ces échalas, fi-bien que le tout enfemble a fait une maniere
de tableau : or cette table fe mettant debout fur un côté de
fa largeur , & étant arrêtée avec des pieux fichez en terre,
fait une efpece de petite muraille qui défend les Couches
des vents froids, & pour lors cela s'appelle brife-vent, c'eft-
à-dire abry contre le vent, parce que cela brife le vent ou
le rompt, en empêchant de donner fur les Couches, & y
fait en même-temps une reflexion des rayons du Soleil,
qui échauffent cet endroit ainfi fabriqué; ou bien mettant
ce Paillaffon à plat fur les Couches qu'on a garny de quelques autres échalas mis en travers, & foutenus de petits
pieux à la diftance de quatre à cinq pouces de hauteur, pour
empêcher que ces Paillaffons n'approchent de trop prés la
fuperficie de ces Couches ; ces Faillaffons, dis-je, ainfi
mis confervent le plan élevé fur ces Couches en empêchans
que les neiges & le froid ordinaire des nuits n'y tombent
deffus : par exemple, fur des petites Salades, fur des Raves
printanieres, &c. voilà donc l'origine, la fabrique & l'ufage des Paillaffons & des Brife-vents.

P A L I S S E R c'eft attacher au treillage appliqué contre un
mur les branches des Arbres plantez en Efpaliers, & les attacher fi proprement à droit & à gauche, que la muraille
en foit entierement & également couverte : en certains endroits on dit plier les branches au lieu de paliffer.

P A N A C H E eft un terme dont les curieux Fleuriftes fe fervent quand ils parlent de Tulipes, d'Anemones, de Rozes,
d'Oreilles d'Ours, &c. qui ont le fond de leur couleur naturelle rayée de blanc & de jaune ; une Tulipe panachée,
une Tulipe qui commence à panacher, &c.

P A R A L L E L E eft un terme emprunté des Mathematiques
pour fignifier des Allées d'Arbres avec leur contre-Allées
bien plantées, en forte que les largeurs de chacune foient
toûjours bien obfervées d'un bout à l'autre.

P A R T E R R R E eft une forte de Jardin diftribué par com-
partiment, qui pour l'ordinaire font bordez de Büis, &
pour ainfi dire dorez d'un beau fable jaune le long & dans
le milieu des figures ; cette forte de Jardins eft deftiné
pour les Fleurs & les Arbriffeaux ; il y en a qu'on appelle

Parterre

Parterres des broderies, ou en broderie, qui font ceux où
on voit de grands Rainfeaux, des Fleurons, des Fleurs-
de-Lis : en un mot, des figures faites avec du Bois ; ceux-là
n'ont guéres de Fleurs que dans les Plates-bandes du tour ;
il y en a d'autres qu'on appelle des Découpez ; ainfi on dit
ce Parterre eft un beau Découpé, &c. or ce découpé fignifie un Parterre dans lequel il y a plufieurs pieces carrés, ou carrées longues, ou ovales, ou rondes, ou autres
figures dans lefquelles on met des Fleurs ; enfin il y a d'autres Parterres qu'on appelle Boulingrins, & font de Gazon
figuré.

Un Fruit PASSE', le Fruit fe paffe, *Voyez Fruit.*

PASSER à Claye fe dit pour les terres qui étant trop
pierreufes ne poürroient faire un bon Jardin ; on a donc
une Claye qu'on tient entre droite & couchée, & qu'on
foûtient par derriere avec quelques échalas, cependant le
Jardinier prenant fa terre avec fa Paëlle la jette à force
contre cette Claye, fi-bien que la bonne paffe au travers,
& les pierres tombent en bas du côté du Jardinier, enfuite
on les ôte de là, pour continuër à paffer ainfi toute la terre
qui en a befoin.

PATEUX fe dit de certains Fruits qui communément font
trop mûrs, & ont, pour ainfi dire, une chair de pain à demy cuit ; voilà pourquoy on dit de quelques Poires d'Efpi-
né, ou de quélques Pêches mal conditionnées qu'elles ont
la chair pâteufe, c'eft-à-dire peu fondante.

PATTE dans le Jardinage ne fe dit que pour les Anemones & les Renoncules, effectivement l'oignon ou la racine
reffemble en quelque façon à la Patte d'un petit animal ;
les Pattes fe multiplient comme les cayeux des autres oignons de Fleurs, & les graines d'Anemones fimples étant
femées font de petites pattes, qui au bout d'un an, ou de
deux & de trois deviennent affez fortes pour fleurir ; tout
le monde fçait affez que les Anemones doubles & les Renoncules, non plus que les Jonquilles & les Narciffes ne
font point de graines pour fe multiplier.

PAVIE dans le voifinage de Paris s'entend de ce Fruit,
qui reffemble a une Pêche, ne quitte pas le noyau, ainfi
Brugnon à l'égard des Pêches violettes eft Pavie ; le nom

de Pavie dans la plûpart des Provinces de Guyenne eſt le terme general, qui ſignifie tant les Pavies qui ne quittent pas le noyau, que les Pêches qui quittent ; l'un & l'autre ſont connus par leur groſſeur, couleur, figure, goût, chair, eau, peau, noyau, &c. l'Arbre qui les produit ſe nomme Pêcher.

PEAU de Fruits eſt la ſuperficie qui envelope la chair de ces Fruits ; les uns l'ont plus douce, les autres l'ont plus rude ; les unes l'ont lice & raſe comme les Ceriſes, les Prunes, les Pêches violettes, les Pêches Ceriſes, les Brugnons, &c. les autres l'ont un peu veluë comme toutes les autres Pêches & les Pommes de Coing ; les unes l'ont plus moüelleuſe & douce au toucher, comme les Pêches mûres, les autres l'ont plus ferme comme les Pêches qui ne ſont pas encore mûre s & les Pavies.

PAELLE eſt un Outil de bois fait en forme de Bêche pour remüer des terres legeres & du ſable ; il eſt fait tout d'une piece, & à le culeron plus long & plus large que les Bêches de fer.

PAELLETE'E eſt la quantité de terre qui peut ſe ranger ſur une paëlle.

PERCER une Couche, ſe dit des Couches ſur leſquelles on veut ſemer des Raves dans des trous faits exprés avec un morceau de bois longuet, rond par tout, de la groſſeur d'environ deux ou trois pouces de tour, & pointu par le bout qui doit entrer dans le terreau ; ainſi on dit il faut ſe mettre à percer cette Couche pour y ſemer des Raves.

PERCHIS eſt une clôture qui ſe fait avec des Perches, les unes miſes & fichées d'un pied avant dans la terre, & eſpacées d'environ huit à neuf pouces, les autres miſes en travers à la même diſtance, en ſorte qu'elles font des mailles & empêchent que ny des hommes, ny des gros animaux puiſſent entrer dans l'endroit de terre ainſi clos de Perches.

PESCHE eſt le Fruit qui reſſemble exterieurement à un Pavie, en eſt different par dedans, en ce qu'il quitte le noyau & a la chair plus délicate.

PESCHER de noyau eſt un Pêcher venu de noyau, & qui n'a point été greffé enſuite.

Petreau eſt le Sauvageon qui repouſſe du pied de quelque Arbre que ce ſoit; ainſi on dit que les Pruniers repouſſent beaucoup de Petreaux.

Pierre'e eſt une petite conduite d'eau qu'on fait ſous
terre avec du Moilon ſec par en bas, & couvert de Mortier par en haut pour faire écouler des eaux ſous-terraines
qui rendroient la terre d'un Jardin trop humide, trop froide & pourriſſante.

Pirreux ſe dit de certaines Poires qui naturellement
ſont dures, & ont une eſpece de petites pierres ou gra-
vier, & ſur tout vers le cœur; & ainſi on dit le gros-Muſc
eſt trop pierreux : il en eſt de même de l'Amadotte, du
Bon-chrétien d'Hyver quand il eſt petit & contrefait,
&c.

Pile ou mule de Fumier eſt un tas de grand Fumier proprement rangé, ou antaſſé pendant l'Eſté pour s'en ſervir
l'Hyver à couvrir des Plantes, ou à faire des Couches étant
mêlé avec de grand Fumier neuf : delà vient qu'on dit em-
piler du Fumier, c'eſt-à-dire le mettre en pile.

Pincer eſt rompre dans les mois de May, Juin & Juillet l'extremité des gros jets de Pêchers, pour n'y laiſſer que
trois ou quatre pouces de longueur, afin qu'étant ainſi
rompus avec l'ongle, (car il n'y faut point mettre le coûteau, ces jets tendres ſe caſſans comme du verre) ils en
repouſſent trois ou quatre autres de mediocre groſſeur au
lieu d'un trop gros, & que par ce moyen on ait plus de branches à Fruit; car comme j'ay ſouvent dit, d'ordinaire les
groſſes branches n'en font point, ou en font peu; ainſi on
en a trois ou quatre au lieu d'une qui auroit été fort groſſe
& fort longue, & qui auroit dû être taillée l'année enſuite
à la longueur de ſix à ſept pouces; il ne faut point pincer
les petites branches.

Pioche eſt un Outil de fer large de trois à quatre pouces, & long de ſept à huit, renverſé en forme de Crochet à
Fumier, & emmanché d'un manche d'environ quatre pieds,
dont on ſe ſert pour foüiller des terres dures qui ſe trouvent
en faiſant les tranchées d'un Jardin.

Planches de Jardin ſont les parties d'un carré de Jardin diviſé dans ſa largeur en pluſieurs portions de la lon-

gueur dudit carré, & de la largeur chacune de quatre, cinq à six pieds, & separé par des sentiers ; c'est dans les planches bien fumées & bien labourées qu'on seme, ou qu'on plante les Legumes & Herbages des Jardins.

PANER des Echalas pour faire un treillage, c'est les polir avec une plane, en sorte qu'il n'y reste plus de ces échardes qu'ils avoient au sortir des mains de l'Ouvrier, qui les a faites de cœur de Chêne fendu.

PLANE est un Outil tranchant de la longueur d'environ deux pieds, lequel étant emmanché par les deux bouts sert à polir les Echalas que le Jardinier a couché sur un établby fait pour cela.

PLANTER se dit des Arbres & de certaines Plantes qu'on met en terre pour y acquerir la perfection qui leur convient, tant à l'égard des Arbres fruitiers pour devenir grands & donner des Fruits, qu'à l'égard des Arbrisseaux & Arbres non fruitiers pour croître, grandir & grossir, aussibien qu'à l'égard des Plantes pour arriver à l'état où elles doivent être pour être consommées par l'homme ; ainsi on plante des Laituës pour pommer ou pour blanchir, ainsi des Chicorées, des Choux, &c. on plante aussi des Fraiziers, des Melons, &c. pour donner leur Fruit.

PLANTOIR est un simple morceau de bois rond & pointu par en bas avec une maniere de manche par en haut ; il sert pour planter les Plantes d'un Potager qui n'ont que peu de racines, & pour lesquelles il ne faut que faire un trou en terre, ainsi plante-t-on les Porreaux, les Choux, les Laituës, les Chicorées, &c. il y a le Plantoir des Planteurs de Buis qui est plus grand & plus gros, & qui a la partie d'en bas l'arge d'environ trois pouces, & ferrée pour entrer plus aisément.

PLATEAU de Pois, sont les Cosses de Pois qui ne sont défleuris que depuis peu de jours, & sont longuettes & tendres, les Pois n'étant qu'à peine formez dedans ; j'ay vû des Pois en Plateau : mes Pois ne sont encore qu'en Plateau.

PLATE-BANDE se dit d'une Planche de terre de borde une Allée du côté opposé au labour de l'Espalier, ou quand même il n'y auroit point d'Espalier dans l'autre côté de l'Allée, comme il arrive d'ordinaire en fait Parterres.

PLEYON eſt la paille de Seigle longue & ferme dont on couvre les petites Salades ſur Couches, & dont on fait les Paillaſſons ; on s'en ſert auſſi pour lier la Vigne aux échalas.

PLEURER, la Vigne pleure, c'eſt-à-dire que dans le mois d'Avril le temps s'étant addoucy la ſeve monte en abondance, & ſort comme des larmes d'eau par l'endroit taillé.

POMMERAYE ſe dit d'un endroit où il y a beaucoup de Pommiers plantez par ordre.

POUDRETTE eſt de la matiere fecale fort ſeiche & reduite en poudre ; on a trouvé ce terme honnête pour enveloper le diſcours qui traite d'une matiere ſi ſale : certains Jardiniers s'en ſervent pour encaiſſer leurs Orangers, pour moy je la condamne entierement.

POUSSER, un Arbre pouſſe, c'eſt-à-dire, que dans le Printemps les Arbres commencent à produire de nouveaux jets à la tête & de nouvelles racines en terre ; d'où vient qu'on dit que les Arbres ſur franc pouſſent en pivot, c'eſt-à-dire qu'ils pivotent, & que les Arbres ſur Coignaſſier pouſſent leurs racines entre deux terres.

POUSSE d'un Arbre, c'eſt le jet de l'Arbre ; un tel Arbre fait une belle pouſſe, ou fait une vilaine pouſſe, une chetive pouſſe, c'eſt-à-dire un beau jet, un vilain jet, ou un chetif jet.

PRENDRE, ou plûtôt reprendre ſe dit d'un Arbre nouveau planté ; un Arbre eſt repris, c'eſt-à-dire qu'il a commencé à faire des bonnes racines.

PRENDRE chair. c'eſt quand le Fruit commence à groſſir ; on dit qu'il prend chair.

PREPARER les terres, c'eſt-à-dire, les diſpoſer pour les rendre propres à être plantées & enſemencées.

PRINTANIER, nouveautez printanieres, *Voyez nouveautez.*

PROVIGNER c'eſt la même choſe que marcoter, & ſe dit de la Vigne ſeulement.

PRUNELAYE eſt un endroit tout planté en Pruniers, ſoit de Buiſſon, ſoit de Tige, ſoit d'Eſpalier.

P iij

Puceron eſt une maniere de petit Moucheron qui s'attache au jets nouveaux des Pêchers, des Pruniers & des
Chevre-feüilles, &c. mais ſur les feüilles de Melons il y en
a de verts, & il y en a de noirs qui font recroquebiller les
feüilles où ils s'attachent, & par une eſpece de contagion
ils rendent malades les Arbres & les Plantes qu'ils atta-
quent.

Pur eſt un terme qui en fait de Fleurs ſignifie le contraire de panaché, & marque par conſequent une Fleur qui
dans ſa couleur naturelle n'a aucune panache, c'eſt-à-dire
aucune raye, ſoit blanche, ſoit jaune, &c. qui y faſſe une
diverſité riche & agreable;ainſi on dit mes plus belles Tulipes panachées ſont devenuës pures, c'eſt-à-dire que leurs
feüilles n'ont aucune raye, un tel Oeillet eſt devenu pur,
&c. il y en a qui deviennent la moitié purs & l'autre moitié reſte panachées, grand ſigne que tout l'Oeillet va bien-
tôt devenir tout pur.

Q

Quitter en fait de Prunes & de Pêches eſt un terme
fort ordinaire; car on dit une telle Prune ne quitte
pas le noyau, une telle le quitte; les Pêches quittent le
noyeau, les Brugnons & les Pavies ne le quittent pas, c'eſt-
à-dire que quand le noyeau ſe détache net de la chair du
Fruit, cela s'appelle quitter, & quand il ne s'en peut détacher, cela s'appelle ne pas quitter.

R

Rabougry eſt un terme bas & groſſier, dont cependant on eſt obligé de ſe ſervir en parlant d'un Arbre
fruitier qui ne pouſſe preſque point, ou ne pouſſe que des
jets fort petits, menus, courts, tortus, avec de petites feüilles recoquebillées, & d'ordinaire pleines de Pucerons &
de Fourmis ; ainſi on dit cet Arbre ne vaut rien, il rechigne, il eſt tout rabougry, il le faut arracher; il s'en trouve
en toutes ſortes d'Arbres Fruitiers, & particulierement en
fait de Pêchers & de Pruniers.

RABOT en Jardinage fignifie un Outil de bois fait avec une maniere de Douve ronde par dehors, & plate par en bas ; on y attache vers le milieu un manche long environ de quatre pieds, & on fe fert de cet Outil pour rabotter des Al-lées, c'eft-à-dire, pour les unir parfaitement & les rafer-mir, aprés que la Charruë ou le Rateau y ont paffé.

RACINE c'eft la production que l'Arbre fait en dedans de la terre pour attirer par là ce qu'il a befoin de nourritu-re, & pour attacher l'Arbre à la terre, en forte que les grands vents ne l'arrachent pas ; les bonnes racines & bien placées font celles qui viennent à la profondeur d'environ un pied, & qui coulent entre deux terres ; celles qui vien-nent au colet font inutiles, ou plûtôt pernicieufes, en ce qu'elles font caufe qu'il ne s'en produit pas de mieux pla-cées, & que cependant étant alterées par la chaleur du So-leil, & par le fer des outils, elles rendent l'Arbre malade & jaune ; celles qui pivotent, comme nous avons dit ail-leurs, ne font bonnes que pour les Arbres de tige.

RAFRAICHIR une racine c'eft couper tout de nouveau, mais fi peu que rien l'extrémité de cette racine, qui ayant été coupée quelque temps auparavant s'étoit un peu fei-chée, parce qu'on n'avoit pas planté l'Arbre affez tôt, & fans doute que cette racine s'en doit mieux porter, quand l'Arbre eft planté auffi-tôt que la racine a été taillée.

RAGRE'ER un endroit fcié eft couper avec la Serpete la fuperficie de cette partie fciée, & comme brûlée par le mouvement de la Scie ; ce qu'il eft neceffaire de faire, au-trement cette partie-là pourriroit, & ne fe recouvriroit jamais, ce qu'elle doit faire pour la beauté & la propreté de l'Arbre.

RAMEAU fe dit d'une branche d'Arbre coupée pendant l'Efté pour en tirer des écuffons à greffer ; ainfi on dit un tel m'a envoyé un ou deux Rameaux de fa belle Pêche, de bonne Prune, &c.

RAME & Ramberge eft terme ufité en fait de Melons, qui au lieu d'avoir un goût vineux ou fucré en ont un fort defagreable, qui leur vient d'ordinaire d'avoir été nourris prés d'une méchante Herbe puante, & affez ordinaire fur les Couches.

RAMER se dit des Pois, aux pied desquels on met des branches qu'on appelle autrement des rames, afin que les Pois en croissans s'y attachent & deviennent plus hauts, & que par consequent ils fassent plus de cosses ; cela fait aussi qu'il y a plus de facilité à les cueillir.

RAPPROCHER des Arbres est racourcir les branches de ceux qui s'ouvrent trop, comme les Beurrez, où les branches qui ayant été laissées trop longues & trop étenduës, soit en Espalier, soit en Buisson, font un desagrément dans l'Arbre, en y faisant un endroit vuide qui doit être garny ; ainsi les branches racourcies en produisent de nouvelles à leur extrémité, qui rendent l'Arbre plus fourny & plus plein, comme il le doit être.

RATATINE est un terme assez bas & grossier, usité cependant quand on parle de gens extrémement vieux & pauvres, & dont on se sert pour marquer que certaines Plantes viennent mal, & sortent miserablement de terre ; ainsi on dit mes racines ne sortent point bien de terre, elles ne viennent point belles, grosses & longues, elles sont toutes ratatinées ; ce terme signifie à peu prés la même chose que rabougry.

RATEAU est un Outil, soit de bois, soit de fer d'environ un pied & demy, ou deux pieds de longueur, emmanché d'un manche d'environ quatre pieds de long, & armé de dents par la partie qui doit rateler, c'est à-dire unir les Allées, les Planches, &c. on en fait quelquefois qui ne sont que de bois, qui ont jusqu'à cinq ou six pieds de long, & qu'un seul homme traîne assez aisément avec une Sangle ou une Bricole passée autour du corps, en sorte que luy seul fait au moins l'ouvrage de deux à repasser de grandes Allées.

RATISSOIRE est un petit Outil tranchant long d'environ un pied & large de quatre pouces, lequel étant emmanché d'un manche de la longueur ordinaire des autres ; mais un peu moins gros à proportion de l'Outil, sert à ratisser, c'est-à-dire, à couper les petites herbes des Allées ; il y en a de renversées comme des manieres de Houës pour ratisser en tirant à soy, & d'autres qui sont toutes droites & un peu plus larges pour ratisser en avant.

RAVALLER

RAVALLER un Arbre, c'eſt le deſcendre & le rendre plus court & plus bas qu'il n'étoit, en luy rognant ou taillant notablement ſa hauteur ; ainſi on dit d'une ſeule branche trop longue, il la faut ravaller d'un pied, d'un demipied, &c.

RAVES c'eſt une eſpece de racines bonnes à manger cruës ; ce terme ne ſe dit icy proprement que de celles qui ont le navet long d'environ un demi pied, & de la groſſeur des doigts, & qui ſont rouges, tendres & caſſantes ; les gens qui les portent vendre dans les ruës de Paris les appellent de la tendrette ; dés que les chaleurs viennent les Raves ſont un peu trop piquantes, au lieu que dans l'Hyver & le Printemps celles qui viennent ſur Couche ſont tendres & douces : le mot de Raves ſe dit dans les Provinces d'une certaine groſſe racine plate, dont le Païſan ſe nourrit, & dont on engraiſſe les Bœufs, les Cochons, &c.

RAIFORT eſt une eſpece de Rave qui eſt fort groſſe, toute jeune qu'elle puiſſe être, & qui a le goût fort piquant.

Les bonnes raves doivent groſſir de navet en même temps qu'elles changent de feüilles : il eſt tres-rare d'avoir de bonnes eſpeces de graines de Raves.

REBORDER une Planche, c'eſt avec le Rateau retirer un peu de la terre de la Planche tout autour de ſa longueur & de ſa largeur, pour retenir dans le milieu l'eau des arroſemens & de la pluye, & empêcher par ce moyen que cette eau ne devienne inutile en s'échapant dans les ſentiers.

RECEPER un Arbre, c'eſt luy couper entierement la tête, ſoit pour le greffer d'une autre eſpece, ſoit pour luy faire pouſſer de nouvelles branches, & le rajeunir par ce moyen.

RECHAUFFEMENT s'entend d'un ſentier de Couche ou de Planche qu'on remplit de Fumier neuf, en ſorte que ce Fumier venant à s'échauffer, communique ſa chaleur à la Couche, ſi elle eſt ſeule, ou aux deux Couches voiſines, s'il y en a une d'un côté & l'autre de l'autre, & fait

Q

que les Plantes qui y font pouffent malgré le froid de
l'Hyver ; ainfi on dit changer, renouveller de rechauffement, remuër le rechauffement, ce qui fe pratique beaucoup en fait d'Afperges d'Hyver.

RECHIGNER eft un terme dont on fe fert pour parler d'un
Arbre qui languit, qui pouffe peu, & ne fait que des petits
jets foibles & accompagnez de petites feüilles de couleur
jaunâtre ; ainfi dit-on d'une Plante potagere, elle rechigne quand elle ne pouffe pas vigoureufement : mon Cerfeüil, mon Oignon, mes Artichaux rechignent.

RECOUURIR fe dit des playes d'Arbres, foit dans le
corps pour y avoir été écorché, foit à l'extremité des branches taillées, quand la féve vient à étendre la peau par
deffus, en forte qu'il ne paroiffe plus de bois de cet Arbre,
ou de cette branche ; ainfi on dit les Arbres de cette pepiniere font bien recouverts, c'eft-à-dire, que l'argot du
Sauvageon étant coupé auprés de l'endroit greffé, la partie
taillée & coupée s'eft fi bien recouverte d'écorce, que la
greffe & le fauvageon ne paroiffent pas feparez & differents l'un de l'autre.

RECROCQUEBILLER une feüille recroquebillée, c'eft-
à-dire une feüille qui au lieu d'être verte & étenduë à fon
ordinaire, eft au contraire toute ramaffée en rond, frifée,
& devenuë jaunâtre & galeufe.

REPASSER une Serpette fe dit quand on l'aiguife à la
Meule & à la pierre, pour la faire mieux couper qu'elle
ne faifoit.

REPRENDRE fe dit de l'Arbre nouveau planté quand il
a fait de nouvelles racines, en forte qu'on puiffe dire qu'il
a repris ; & le contraire fe dit quand l'Arbre n'a pas repris, c'eft-à-dire, qu'il n'a fait ny nouvelles racines ny nouveaux jets.

RETOURNER une Planche de Jardin, c'eft la labourer
tout de nouveau en la renverfant ç'en-deffus-deffous pour
y femer ou planter autre chofe.

RIGOLE & tranchée en fait de Jardins font la même
chofe, & fignifient l'endroit où l'on doit planter des Arbres quand on l'a foüillé de la profondeur & largeur ne-

cessaire, & qu'on en a ôté les pierres & méchantes terres;
j'ay fait de bonnes rigoles, de bonnes tranchées de six
pieds de large & de trois de profondeur.

ROMPRE en fait de Jardins se dit à l'occasion des Arbres extraordinairement chargez de Fruits, si bien que les
branches en rompent ne pouvans porter un si pesant fardeau, à moins qu'on n'ait soin de les étayer avec des Perches.

ROQUETTE est une espece de Cresson à la noix qui se
mange en salade, mais a le goût plus fort que le Cresson.

ROSSANE est le nom qui se donne à toutes les Pêches
& Pavies qui sont de couleur jaune ; il y en a de differentes grosseurs, & il y en a de tardives, & d'autres plus hâtives ; il y en a qu'on appelle mâles, & ce sont les Pavies;
& il y en a qu'on appelle femelles, & ce sont celles qui
quittent le noyau ; les Jardiniers Gascons, & la plûpart
de leurs voisins appellent du seul nom de Rossane, les
Fruits qui sont également jaunes dedans & dehors sans
aucun rouge prés le noyau, & donnent cependant le nom
de Mirlicoton aux grosses Rossanes tardives ; ils appellent
Pavies ce qui quoy que jaune dedans & dehors a du rouge
prés le noyau ; ils appellent Pêches-Pavies ce qui a du
rouge & du jaune dedans & dehors ; ils appellent Per-
fets le Fruit qui a la chair ou toute blanche comme les
Pavies Madelaine, ou blanche & rouge comme les Pavies
Catillac de quelque maniere qu'en soit la peau, soit toute
rouge, soit rouge & blanche, & ils apellent d'un nom general Brugnons tout le Fruit qui a la peau lice ; ils appellent
Poire-coupe ce qui parmy nous a le nom de Persique & de
Pêche de peau, & donnent le nom general de Pêches sans
distinction ny difference d'épitetes à toutes les autres Pêches, au lieu que nous les appellons, l'une belle-Che-
vreuse, l'autre Bourdin ; l'une pourprée, l'autre Admirable, &c.

ROUX-VENTS ce sont d'ordinaire les vents du mois d'A-
vril qui sont froids & fort secs, & sujets à broüir les jets
tendres de Péchers ; c'est pourquoy la Lune d'Avril se
nomme assez vulgairement la Lune rousse ; le vent qui re-

gne le plus pendant ce mois là vient du Nord ou de la bife, c'eſt-à dire du Nord-eſt.

S

SACLER eſt un vray terme de Jardinage, pour dire ôter les méchantes herbes qui naiſſent parmy les bonnes, & les offuſquent ; il y a des païs où on appelle cela éherber.

SALADE eſt un compoſé de differentes Plantes potageres, qu'on mange pour l'ordinaire cruës étant aſſaiſonnées de ſel & de vinaigre avec de l'huile, ainſi fait-on un mélange de Laituës, ſoit pommées, ſoit non pommées, avec des fournitures : par exemple, de Beaume, d'Eſtragon, Cerfeüil, Pimprenelle, Pourpier, &c. il y a même des Salades cuites : par exemple, des Beteraves ; il y en a de confites dans du ſel & du vinaigre : par exemple, des petits Concombres, autrement dits des Cornichons, des Capucines, des Capres, des Cotons de Pourpier, &c.

S'AVACHIR en Jardinage ſe dit de certaines branches d'Arbres, qui au lieu de ſe ſoûtenir droites ont leur extrêmité penchante, comme il arrive à beaucoup d'Orangers, aux Poiriers de fondante de Breſt, &c.

SAUPOUDRER eſt un terme emprunté du langage des Cuiſiniers, & on s'en ſert pour dire couvrir legerement : par exemple, ſaupoudrer de Fumier ſec les Chicorées qui commençans à blanchir, & par conſequent à s'attendrir peuvent eſtre gâtées par une premiere petite gelée ; ce peu de Fumier ainſi jetté legerement, & en petite quantité ſur cette Chicorée, ſur ces Laituës pommées, &c. les garentit du tort que leur pourroit faire une premiere gelée ; bien entendu qu'il faudra doubler telle couverture pour garentir de plus fortes gelées.

SCIE eſt un Outil à dents que tout le monde connoît aſſez ; quand elle eſt bonne, & qu'elle a bien de la voye, c'eſt-à-dire les dents bien écartées, on dit qu'elle paſſe bien.

S'EFFRITER ſe dit d'une terre qui à force d'être trop

souvent enfemencée fans aucun fecours d'amendement
devient fterile , à moins qu'on ne la laiffe repofer pendant quelques années ; de là vient qu'on dit une terre
effritée.

SEL de terre eft l'efprit qui rend cette terre fertile ; on
dit une telle terre a beaucoup de fel , elle produit toûjours
fans fe laffer ; une autre telle terre n'a point de fel , c'eft-à-
dire qu'elle devient incapable de produire de long-temps
pour peu qu'elle ait produit.

SENTIER eft une petite efpace vuide qui fe laiffe entre les planches d'un carré , pour y pouvoir paffer & re-
paffer en allant arrofer , & cüeillir ce que les Planches
produifent.

SE REPOSER fe dit des terres qu'on laiffe quelque temps
en friche aprés avoir beaucoup porté , afin que dans cet intervalle de repos elles deviennent bonnes & fertiles.

SERFOÜETTE eft un petit Outil de fer renverfé , qui a
deux branches pointuës d'un côté , & n'en a point de l'autre , duquel étant emmanché d'un manche d'environ quatre pieds de long , on fe fert pour mouver la terre , c'eft-
à-dire donner un petit labour autour des petites Plantes :
par exemple Laituës , Chicorées , Pois , &c. & cela s'appelle ferfoüir.

SERPETE eft un petit Coûteau courbé , dont on fe fert
pour tailler les Arbres & la Vigne ; il y en a qui fe ferment
dans leur manche , & celles-là font fort portatives , & d'autres qui ne fe plient pas , lefquelles font beaucoup incommodes , il leur faut une Guaine , ou autrement elles blef-
feroient dans la poche ; quand la Serpette eft bonne , on
dit qu'elle paffe bien , qu'elle eft bien afilée.

SETIOLER fe dit des Plantes , qui pour être trop ferrées
& preffées dans leur Planche , montent plus haut qu'elles ne
devroient , & ainfi au lieu d'être groffes & fortes , elles font
foibles & menuës ; on dit la même chofe des branches qui
font dans le milieu des Arbres trop confus & trop ferrez.

SERRE c'eft le lieu d'une maifon où l'on ferre les Plantes en hyver : par exemple , les Artichaux , les Cardons ,
les Choux-fleurs.

Q iij

Serre se dit aussi du lieu où l'on serre les Fruits, les Orangers, les Figuiers en caisse, &c. celle Fruits, les comme nous avons dit cy-devant, prend le nom de Fruiterie.

Seve est une liqueur succulente ou un suc liquide, qui n'ayant été originairement que de l'eau toute pure dans la terre, mais de l'eau accompagnée des qualitez naturelles, je veux dire du sel de cette terre, a depuis passé dans les racines, soit par la voye de l'attrection, comme je croy, soit par la voye de l'impulsion, comme croyent quelques Philosophes; & cette eau étant ainsi dans les racines y a été aussi-tôt par l'action de ces racines convertie en Seve, c'est-à-dire en une liqueur conforme à la nature de l'Arbre ou de la Plante qu'elle doit nourrir, grossir, faire croître & multiplier; car chaque Seve est differente selon la difference des Vegetaux; dans les uns elle est visqueuse & gluante, comme dans les fruits à noyau; dans les autres elle est acqueuse & douce, comme dans les Fruits à pepin, & encore plus dans la Vigne, dans les autres elle est blanche & semblable à du lait, comme dans les Figuiers, dans les Titimales, &c. la nature de cette Seve a deux proprietez, de monter d'abord à l'extremité de la tête & des branches par les canaux que la nature luy a formez tout exprés entre le bois & l'écorce, & de se convertir partie en bois & en écorce, partie en feüilles & en boutons, & en fruits, &c. l'autre proprieté est d'alonger, grossir & multiplier les racines nouvelles, en leur communiquant aussi-tôt le don qu'avoient leurs meres, c'est-à-dire d'attirer de quoy fabriquer incessamment de nouvelle seve, &c. c'est une matiere que j'ay traitée plus amplement dans le Traité des Reflexions sur l'Agriculture.

Sevrer un Arbre greffé en approche, sevrer une marcote, &c. c'est separer cet Arbre ou cette marcote d'avec l'Arbre auquel ils tenoient, & dont à proprement parler ils sont les enfans; cette separation se fait en les coupant quand cela se peut faire avec le Coûteau, ou en les sçiant quand la Scie y est necessaire à cause de la grosseur & de la dureté du bois, &c. ainsi on dit sevrer une marcote de

Vigne, de Figuier, d'Oeillets., &c.

Souche est le tronc d'un vieux Arbre coupé à un ou deux pieds de terre ; arracher une souche.

Superficie est proprement le dessus de quelque chose ; on dit la superficie de la terre, la surface de la terre.

S'user en fait de terre est la même chose que s'effriter, & est un terme plus usité pour marquer la sterilité survenuë à une terre qui a trop long-temps porté sans avoir eu d'amendement ou de repos.

T

Tailler est ôter sagement à vn Arbre avec la Serpette ou la Scie, les branches qui luy nuisent ou luy sont inutiles, & racourcir sagement celles qu'on y laisse, pour faire un Arbre qui soit beau, & qui fasse de beaux & de bons Fruits.

La Taille est un terme qui se dit de l'operation de ce chef-d'œuvre du Jardinage, (voilà pourquoy on dit un tel entend bien la tàille, un tel n'entend pas la taille) ou se dit de la branche taillée ; ainsi on dit les branches venuës sur la taille de l'année precedente, doivent être forties en cet ordre, &c.

Talon d'une branche est la partie basse, c'est-à-dire, la plus grosse d'une branche coupée ; ainsi on dit qu'on prend le talon de la branche pour greffer ; quand l'extremité est trop foible.

Talon d'un Artichaux est l'endroit où tiennent les racines, & d'où sortent les feüilles de l'œilleton détaché du principal pied ; ainsi on dit l'œilleton est bon, pourvû que le talon soit jeune & un peu enraciné.

Tardif se dit du Fruit qui ne vient qu'aprés d'autres d'une même espece, ou qui se garde bien avant dans l'Hyver : par exemple, on a des Ceriles tardives, des Pêches tardives, des Prunes tardives, des Poires tardives, &c.

Tardivete' est un terme dont on peut & dont on doit même se servir, quoy que jusqu'à present inusité, pour dire par éxemple, un tel Fruit eſt à conſiderer à cauſe de ſa tardiveté.

TAVELE', marqueté, & ticté ſont trois termes ſynonimes dont on ſe ſert, ſur tout en parlant de la peau des Fruits, & de la feüille de quelques Fleurs ; c'eſt pour faire entendre que cette peau eſt ſemée de petits points differents du fond de la peau ſur laquelle ils ſont ; ainſi on dit la Poire de Bugy, la Paſtourelle, &c. ont la peau ticté, tavelée, marquetée, &c.

TENIR à l'Arbre c'eſt être attaché à l'Arbre ; ainſi diſons-nous qu'il ne faut pas avoir en Arbres de tige les Fruits qui n'y tiennent guére, comme les Virgoulées, &c. mais qu'on y peut avoir ceux qui tiennent bien, comme les Martin-ſec, les Franc-real, &c.

TENDRETE' eſt un terme qui ſeroit à ſouhaiter de voir en uſage, auſſi-bien que le ſont acreté, dureté, maturité, inſipidité, &c. le mot de tendreté ſeroit neceſſaire & propre à exprimer la chair tendre de certains Fruits, comme ceux d'acreté, dureté, inſipidité, &c. le ſont pour marquer la chair acre, dure & inſipide de quelques autres, ainſi ce ſeroit une bonne maniere de parler que de dire, un tel Fruit eſt à eſtimer à cauſe de ſa tendreté, comme l'on dit, un tel eſt à mépriſer à cauſe de ſon acreté & de ſa dureté ; un tel à cauſe de ſon inſipidité, &c. le mot de tendreſſe qui eſt ſi bien employé quand on parle des ſentimens du cœur, eſt trop relevé pour deſcendre juſqu'à la matiere du merite des Fruits.

TERRASSE ſe dit d'une quantité conſiderable de terre qui eſt plus haute que le terrein voiſin ſur lequel elle commande, ſoit que cette terre ait été ainſi élevée ex-prés, comme c'eſt l'ordinaire, pour ſervir d'Allée revê-tuë de bonnes murailles de pierre, ou dreſſée en talus pour ſe bien ſoûtenir, ſoit que cette terre ſe trouve ainſi naturellement élevée ; c'eſt pourquoy on dit une Allée en terraſſe, un Jardin en terraſſe, c'eſt-à-dire une Allée ou un Jardin plus haut que le terrein voiſin, auquel il tient.

TERRASSIER ſe dit de l'entrepreneur qui doit remuër, ôter,

ôter, ou porter une quantité de terre ; ainfi on dit j'ay
fait marché avec un Terraffier pour foüiller mes Caves,
pour applanir mon Jardin, pour faire mes Allées en terraffe, &c.

TERRE parmy les Jardiniers fe prend pour le fond dans
lequel on doit planter des Arbres & des Legumes, ou femer quelques graines ; & ce fond ou cette terre reçoit
beaucoup de differentes dénotations, par exemple,

La terre fe nomme aigre, amere & puante, quand à
la flairer, ou à goûter de l'eau dans laquelle elle a trempé, on y fent de l'aigreur, de l'amertume, & de la
puanteur.

Elle fe nomme terre argilleufe quand elle approche de
la nature de l'argille, ou glaife, en ce qu'elle eft graffe, lourde, materielle, froide, & fe coupant comme du
Beurre, & même fujete à fe fendre pendant les chaleurs
de l'Efté.

Quelques-uns même la nomment terre morte.

Elle fe nomme bonne quand on y fait aifément venir
tout ce qu'on veut, & mauvaife quand ny Arbres, ny femences n'y reüffiffent point.

Elle fe nomme terre chaude & brûlante quand elle eft
fi legere, & fi feiche, qu'aux moindres chaleurs tous les
Plants qui y font, feichent & periffent.

Elle fe nomme terre grovette quand elle eft mêlée d'un
affez grand nombre de petites pierres.

Elle fe nomme terre coriace, & par quelques-uns aca-
riâtre, & cafte, quand avec la Bêche elle fe coupe à peu
prés comme la glaize, & celle-là eft tres-difficile à cultiver, parce que les eaux la délayent comme du mortier
frais fait, & la chaleur furvenante la rend dure comme
des pierres, & la fait fendre.

Elle fe nomme terre forte, & terre franche quand fans
être argilleufe elle eft comme le fond des bonnes Prairies,
en forte que la maniant elle tient aux doigts comme de
la pâte, & fe met aifément en telle figure qu'on veut foit
ronde, foit longue, &c.

Elle fe nomme terre froide, humide, & tardive, quand
au Printems elle à peine à s'échauffer pour faire fes pre-

mieres productions, en sorte que tout y vient naturellement plus tard qu'en d'autres endroits voisins.

Elle s'appelle hâtive quand les Fruits y mûrissent de bonne heure, comme à Saint Germain, à Paris, à Saint Maur, & tardive par un effet contraire.

Elle s'appelle terre meuble & legere, quand elle n'a point de corps, & qu'au contraire elle approche du sa-blonneux.

Elle s'appelle terre neuve quand elle n'a jamais servy à la production & nourriture d'aucune Plante, telle est celle qui se trouve à trois ou quatre pieds de la superficie, ou même plus avant.

Elle s'appelle terre portée quand sur tout on l'a prise en quelque endroit de dehors, pour la porter dans le Jardin.

Elle s'appelle terre reposée quand elle a été un an ou deux, ou plus long-temps sans être cultivée.

Elle s'appelle terre travaillée & terre usée quand elle a été long-temps à produire sans cesse, & sans secours d'amandemens.

Enfin elle s'appelle terre veule quand les Plantes n'y peuvent faire des racines par sa trop grande legereté.

TERREAU, ou Terrau est du Fumier tellement vieux & consommé, qu'il paroît plûtôt approcher de la nature d'une terre noire meuble, que d'avoir rien qui sente la Paille & le Fumier ; on l'appelle aussi Fumier menu, ou fient menu.

TOISE est une mesure de six pieds de long marquée avec de petits clous par pieds, par pouces, par lignes, &c. avec laquelle on mesure les longueurs & les hauteurs des Jardins & de leurs murailles, des tas de Fumier, & des terres enlevées, ou transportées, &c. elle est communément de bois ; il s'en fait aussi avec de petites chaînes de fer, ou de cuivre ; le pied est de douze pouces, & le pouce est de douze lignes.

TOISER est mesurer avec la toise pour voir combien une Allée, ou une muraille ont de longueur, de largeur & d'hauteur, combien un tas de quelque chose, soit Fumier, soit terre, soit pierre, contient de toises cubes.

Toise cube eſt la quantité de deux cens ſeize pieds de la même choſe meſurée, ou toiſée, &c.

Touffe par exemple de Violiers, d'Alleluya, de Marguerite, de Baume, &c. ſe dit d'un gros pied compoſé de pluſieurs petits, qui peuvent être ſeparez l'un de l'autre, & par conſequent plantez ſeparément pour ſe mettre en état de venir touffe à leur tour.

Toupillon ſe dit proprement en fait d'Orangers, & veut dire une confuſion de pluſieurs branches fort petites en groſſeur & longueur, chargées de petites feüilles, & venuës fort prés les unes des autres ; c'eſt ainſi que d'ordinaire du nombril de chaque feüille des branches d'Orangers de l'année precedente, il en ſort beaucoup de petites ; le Jardinier habile doit être ſoigneux de détoupillonner, c'eſt-à-dire d'ôter une grande partie de ce fretin de branches, pour n'en conſerver qu'une ou deux qui doivent être les mieux placées pour la figure de l'Arbre, & celles-là étant ſeules reçoivent toute la nourriture qui alloit au grand nombre, & ainſi deviennent plus belles, plus groſſes & plus longues, & font de plus belles feüilles, de plus belles Fleurs, & de plus beaux Fruits ; ces toupillons ſont l'endroit ou il s'amaſſe le plus d'ordure, & ſur tout de Punaiſes.

Tourner ſe prend quelquefois pour la premiere marque de maturité ; ainſi on dit le fruit commence à tourner, le fruit eſt tourné ; il mange du Raiſin qui n'eſt pas ſeulement tourné ; la verité eſt que le commencement de maturité ſe connoît en ce que la couleur de la plupart des Fruits change pour prendre un teint jaune, au lieu de verdâtre que ce Fruit avoit, ce qui ſe voit aux Poires, aux Pêches, &c. & aux autres il noircit, ou rougit, ou s'éclaircit, comme au Raiſin, aux Prunes, aux Ceriſes, &c.

D'autres fois tourner ſe prend pour un commencement de corruption & de pourriture ; ainſi on dit ces Ceriſes ne valent plus rien, elles ſont toutes tournées.

Trappe, un pied de Melon trappe, cela veut dire un pied ramaſſé, un pied fort & nullement étiolé, ou trop élevé, & trop alongé.

Tracer c'eſt marquer avec le traçoir les traits d'un

Parterre foit découpé, foit en broderie pour y planter le buis.

Tracer fe dit auffi des racines qui coulent entre deux terres, c'eft-à-dire peu avant dans la terre, & un peu au deffous de la fuperficie.

T R A Ç O I R eft un Outil de fer pointu emmanché d'un manche de quatre à cinq pieds de long , dont on fe fert pour tracer, &c.

T R E I L L A G E eft un Ouvrage en bois deftiné pour paliffer, c'eft-à-dire pour attacher les Arbres d'Efpalier ; il eft fait d'échalas liez carrément les uns fur les autres avec du fil de fer, & cela en diftances égales, en forte que les mailles en font à peu prés carrées ; les plus ordinaires font de fix à fept pouces, ou de huit à neuf, elles ne font pas bien fi on les fait plus grandes ; j'ay dit ailleurs de quelle maniere on s'y prend pour faire ce treillage.

On en fait en quelques endroits avec du feul fil de fer affez gros en vûë d'éviter la dépenfe, & en effet il coûte moins que le treillage de bois, mais outre qu'il ne fait pas tant d'ornement pour le Jardin, il n'eft pas auffi fi commode pour y attacher les branches, & fouvent il fe lâche & obéït ; de plus il fait tort, & fur tout aux branches de Pê-chers, en ce qu'il les écorche & les coupe, & par ce moyen y caufe la gomme qui les fait perir.

Il s'en fait auffi d'une autre maniere qui coûte fort peu, & c'eft avec des lates de deux pouces de large cloüées les unes fur les autres, pour faire les mailles de la même fi-gure de celles des échalas ; j'ay auffi expliqné ailleurs com-ment on s'y prend pour faire cette forte de treillage, qui quoy qu'elle ne foit pas mauvaife pour le fervice , & que même elle dure affez long-temps, elle fent pourtant trop fa gueuferie pour l'employer dans le Jardin d'un honnête homme ; il la faut laiffer aux pauvres gens qui fe font un mé-tier d'élever des fruits pour vendre.

T R E I L L I S S A G E eft un mauvais mot pour dire treil-lage, il ne s'en faut point fervir.

T R A N C H E' E , *Voyez rigole.*

T R O C H E , trochets, à troche, à trochets, ce font ter-mes dont on fe fert pour dire un bouquet de fept ou huit fruits d’une même efpece tenans encore à la queuë,& tous fortis du même bouton ; cela fe dit particulierement du petit Mufcat,du Mufcat à troche, du Mufcat à trochets, &c.

Trousser les menuës branches qui font trop baffes, c’eft-à-dire les relever en les attachant à quelque chofe qui les foûtienne.

Tuf eft un fond pierreux & dur qui fe trouve un peu au deffous de la fuperficie de la bonne terre ; c’eft ce qui fait dire qu’étant neceffaire qu’il y ait trois pieds de profondeur de bonne terre en toutes fortes de Jardins, il faut rompre le tuf, & l’ôter devant que de planter des Arbres dans l’endroit où étoit ce tuf, ou autrement rien ne réüffira;en de certains endroits on dit pipan,& non pas tuf.

V

Vegetaux fe dit de toutes fortes de Plantes, Racines, Herbes & Arbres qui vivent dans la terre,où ils prennent de la groffeur, de la longueur & de l’étenduë ; de là viennent les termes de vegetation & d’ame vegetative.

Veine de terre fe dit de certains cantons d’un Jardin qui produifent mieux , ou plus mal que le refte du terrein ; ainfi on dit une bonne veine de terre , une méchante veine de terre , &c.

Verdures c’eft un terme general pour fignifier toutes les Plantes,dont la bonté & l’ufage confiftent à leurs feüilles par exemple l’Ofeille ; le Perfil, le Cerfeüil , la Porrée,&c.

Verger fignifie proprement un enclos d’Arbres fruitiers de tige, & fe dit à cet égard de toutes fortes d’efpeces de Fruits qui font à haut vent, foit Poiriers, foit Pommiers, ou Pruniers, ou Cerifiers , &c.

Vermoulu fe dit d’un bois tout piqué, ou percé de vers ; ce qui arrive fur tout à l’Aubier.

Veule, *Voyez terre veule, branche veule & bois veule.*

Virgoule’e eft le nom d’une Poire d’Hyver tres-excellente ; elle porte le nom du lieu où elle a été premierement tirée pour venir dans le grand monde de la curiofité; ce lieu eft un Village de Limofin prés d’une petite Ville nommée Saint Leonard ; beaucoup de gens difent Poire de

Virgouleufe, au lieu de dire Virgoulée ; chacun dira comme il luy plaira, mais à parler franchement je n'aime pas ce terme de Virgouleufe.

VOYE en fait de Scie eft une diftance raifonnable entre les dents d'une Scie, qui doivent être difpofées de maniere qu'étant bien pointuës l'une forte en dehors d'un côté, & l'autre en dehors de l'autre côté ; ces dents ainfi écartées font que la Scie paffe aifément, & par confequent qu'elle a autant de voye qu'il luy en faut pour avancer de couper.

VRILLES font certains petits liens que la nature a donné aux branches de Vigne comme une efpece de mains pour s'agraffer ou s'acrocher à tout ce qui fe trouve dans fon voifinage, en forte que par le moyen de ce fecours chaque branche puiffe aifément porter le fardeau de fon Raifin ; faute de quoy elle fe détacheroit aifément du Courfon d'où elle eft fortie, & auquel effectivement elle tient fort peu.

Fin de la premiere Partie.

SECONDE PARTIE.

DES

JARDINS FRUITIERS

ET POTAGERS.

’A Y particulierement à traiter icy de quatre chofes ; la premiere de ce qui re- garde les avantages à fouhaiter pour des Jardins à faire ; la feconde de ce qui re- garde les terres eu égard à ces Jardins ; la troifiéme de ce qui eft à faire pour corri- ger les défauts qui fe trouvent dans des Jardins faits ; & la quatriéme de la maniere de cultiver les Jardins, & du temperamment de terre qui convient à cha- que efpece de Fruit.

Je parleray de ce qui regarde le premier article, aprés avoir premierement dit que je n’ay icy à traiter que des Fruitiers & Potagers, foit qu’ils foient Jardins de Ville, qui d’ordinaire ne font que de mediocre grandeur , le ter- rein des bonnes Villes étant trop precieux pour occuper beaucoup en Jardinage, soit qu'ils soient Jardins de Campagne qui sont regulierement assez grands, tout au moins le sont-ils plus que ceux de Ville, & cela à proportion des commoditez du Maître, & de l'importance ou merite de chaque maison.

Je sçay bien que regulierement parlant les uns & les autres de ces Jardins & de Ville & de Campagne sont faits pour le service des Maisons, & que par consequent ils les doivent accompagner de prés; mais en ce qui regarde ceux de Campagne qui ont besoin d'être d'une étenduë & d'un rapport considerable, attendu qu'ils sont necessaires pour la nourriture & pour le plaisir, je sçay bien que peut-être seroit-il à souhaiter que les Maisons fussent faites pour les Jardins, & non pas les Jardins pour les Maisons, c'est-à-dire qu'une des principales considerations à faire quand on choisit des situations de Maisons, fût de souhaiter particulierement d'y pouvoir aisément faire de beaux & de bons Jardins, ce qui pourtant ne se fait guéres; on a beaucoup d'autres égards qui touchent davantage, & qui font absolument qu'on se determine; ce sera par exemple la beauté de la vûë & la proximité d'une Riviere, ou d'un Bois; ce sera la commodité & le plaisir de la Chasse, ce sera la facilité d'y faire des Fontaines & des Canaux, l'utilité du revenu, ou quelque consideration d'un voisinage d'amis, &c. si bien que les Jardins dont est question, sont presque la derniere chose à laquelle on vient à penser, & ainsi ils sont bien plûtôt des Ouvrages de necessité, & d'aprés coup, que des Ouvrages de chois & de prévoyance.

Aussi est-il bien plus ordinaire de se trouver Maître d'une maison toute bâtie, soit par achapt, soit par succession, que d'en choisir la situation, & d'en commencer les fondemens; ainsi d'ordinaire on est entierement assujetty à faire des Jardins tels que les dépendances de la maison les peuvent permettre, voila pourquoy ils ne sont pas d'ordinaire aussi bons qu'ils le devroient être.

Mais supposé qu'on fut en état de choisir, je prendray la liberté d'expliquer icy ce qu'il me semble qu'on auroit à faire pour bien réüssir dans le chois du Jardin d'une maison, comme volontiers aussi je m'expliquerois sur le

choi

chois à faire de la situation de cette maison , mais il ne
s'agit pas icy de cela.

CHAPITRE PREMIER.

Des conditions necessaires pour un bon Jardin Fruitier
& Potager,

JE trouve en cecy sept considerations particulieres à
avoir, & toutes à mon avis tres-importantes.

Premierement je voudrois que le fond de ce Jardin fût
bon, c'est-à-dire la terre bonne, qu'elle qu'en puisse être
la couleur.

En second lieu que la situation, & l'exposition en fussent favorables.

En troisiéme lieu qu'il y eut au moins facilement de
l'eau pour les arrosemens.

En quatriéme lieu qu'il y eût peu de pante dans son
assiete.

En cinquiéme lieu que la figure en fust agreable, &
l'entrée bien placée.

En sixiéme lieu qu'il y eût une clôture de murailles, qui
fussent même assez hautes.

Et enfin que si ce Jardin n'est pas en vûë de la maison,
ce qui n'est pas toûjours à souhaiter, qu'au moins non seulement il n'en fut guéres éloigné, mais que sur tout l'a-
bord en fut aisé & commode; expliquons separément chacun de ces sept articles pour faire voir si mon souhait est
fondé sur d'assez bonnes raisons, & s'il seroit important
qu'il fût executé.

CHAPITRE II.

De la terre en general.

POur pouvoir expliquer premierement ce que c'est
que la terre, non pas à la prendre philosophiquement,
ou chrétiennement, c'est-à-dire en gros & toute ensemble,
car ce n'est pas une question à traiter icy ; on est assez con-

tent de fçavoir que la terre à la confiderer dans ce fens-là
eft une grande maffe ronde, qui faifant une partie du monde creé eft située au milieu de la Sphere celefte, où par les
ordres du Createur elle fe foûtient pour ainfi dire de fon
propre poids.

Mais à prendre la terre en bon Laboureur, ou en Jardinier pour pouvoir expliquer ce que ceft eu égard à toutes les petites parties dont elle eft compofée, & à la culture qu'elle reçoit de la main de l'homme.

Dans ce fens là il me femble pouvoir dire que la terre
eft une quantité d'une certaine efpece de fable tres-menu,
qui par le moyen d'un certain fel, dont la nature a pourvû
chaque grain de ce fable, eft propre à la production des
Vegetaux, & pour cela il faut qu'il y ait plufieurs grains
enfemble, qui venans à recevoir une humidité temperée
font un corps un peu lié, & venans enfuite à recevoir
certains degrez de chaleur moderée font ce femble un
corps animé, fi bien que fans ces deux fecours d'humidité & de chaleur cette terre demeure inutile, & pour
ainfi dire morte; c'eft ainfi à peu prés que la farine, qui
eft un tout compofé d'un nombre infiny de petites parties toutes bien feparées l'une de l'autre, cette farine,
dis-je, venant à être moüillée jufqu'à un certain point
fait tantôt de la pâte, & tantôt de la boüillie, fi bien que
l'une & l'autre étant affaifonnées d'un peu de fel, & enfuite échauffées jufqu'à un certain point, deviennent propres pour la nourriture de l'homme; au lieu que cette farine demeureroit inutile, & pour ainfi dire morte, fi l'eau,
le fel & le feu ne venoient en quelque façon à l'animer;
fur quoy cependant il y a cette grande difference entre la
terre & la farine, que celle-cy une fois moüillée change
tellement de nature, qu'elle ne fçauroit plus revenir à fon
premier état quoy que l'humidité en foit entierement fortie, & qu'au contraire la terre ayant une fois perdu l'humidité qui luy étoit venuë, fe trouve au même état qu'elle
étoit auparavant, quand il luy revient une feconde humidité; mais cette difference ne doit point détruire nôtre
comparaifon.

Ce qui me fait dire que la terre eft une efpece de fable

est qu'à la toucher elle paroît veritablement quelque chose
de sablonneux ; je n'iray point jusqu'à vouloir expliquer
ce que c'est que sable, car je n'en sçaurois rien dire ny de
singulier, ny de nouveau, mais je diray seulement que generalement parlant il est de plusieurs especes de sable, les
uns entierement arides & steriles comme sont ceux de la
mer, des rivieres, des sablieres, &c. les autres gras & fertiles, & de ceux-cy les uns le sont plus, & c'est ce qui fait
les bonnes terres, les autres le sont moins, ou ne le sont
point du tout, & c'est ce qui fait les terres mediocrement
bonnes, ou les terres mauvaises, & sur tout les terres legeres, arides & sablonneuses : de plus les uns sont plus doux,
& ceux-là font ce qu'on appelle terre douce & meuble ;
les autres sont plus grossiers, & ceux-cy font ce qu'on appelle une terre rude & difficile à gouverner ; enfin il en est
d'onctueux & d'adherans les uns aux autres, dont ceux
qui le sont mediocrement font les terres fortes, ceux qui le
sont un peu plus font les terres franches, & ceux qui le
sont extrêmement font les terres argilleuses, & les glaises
terres incapables de culture.

Outre les differences de sable fondées sur la fecondité
& la sterilité, il y en a encore d'autres fondées sur les couleurs ; car parmy les sables les uns sont noirâtres, les autres sont rougeâtres, il y en a de blancs, il y en a de gris,
il y en a de jaunes, &c. & voila ce qui fait qu'on appelle
des terres noires, des terres blanches, des terres rouges,
& des terres grises, &c. ces sortes de couleurs ne sont pas
grandement essentielles pour la bonté de la terre, comme
nous dirons cy-aprés.

Or il est vray de dire que ces sables fertiles ont effectivement en soy de certaines qualitez, ou si vous voulez un
certain sel de fecondité qu'ils communiquent à l'eau qui les
humecte, & qui étant assaisonnée de ces qualitez doit servir pour la production des Plantes, tout de même que le
Sené, la Rubarbe, & la plûpart des Plantes ont en soy des
vertus & proprietez medecinales, qui pour servir à la santé
de l'homme se communiquent à l'eau dans laquelle on les
met infuser, &c. c'est une verité dont personne ne sçauroit douter.

Je pourrois bien avancer icy premierement que la terre (à la confiderer en foy comme un des quatre élemens) n'a veritablement aucune difpofition premiere & naturelle pour la vegetation, car fes principales qualitez font d'être froide & feiche, au lieu que la vegetation demande du chaud & de l'humide ; mais comme par l'ordre & le commandement exprés de la divine Providence elle fe trouve doüée du fel neceffaire à la fecondité, & qu'enfuite elle eft fecouruë tant des rayons du Soleil, & des feux foûterrains qui l'échauffent, que de quelques eaux qui l'humectent, elle change pour ainfi dire de nature; fi bien que pour obéïr à un commandement fi abfolu du fouverain Maître, elle paroît ce femble un être vivant & animé, un être qui a fon action particuliere, c'eft à fçavoir de produire, comme fi en effet les Plantes n'étoient à fon égard que comme les dents de l'animal font à l'égard de cet animal, c'eft-à-dire que comme c'eft l'animal qui vit, & non pas les dents qui vivent, ainfi ce feroit la terre qu'on devroit dire vivante, & non pas les vegetaux ; cette terre, dis-je, pour obéïr à ce commandement fait ce grand nombre de productions fi differentes que nous avons tant lieu d'admirer.

Je pourrois dire en fecond lieu qu'il fe fift un fecond com-mandement aprés la malediction caufée par la defobéïffance de l'homme, & qu'en vertu de ce fecond commande-ment il femble que la plus forte inclination de cette terre n'aille veritablement qu'à produire de mauvaifes Plantes ; fi bien que ce même homme ayant en même temps pour fa punition reçû ordre particulier de cultiver cette terre pour en tirer fa fubfiftance, il fe trouve en quelque façon obligé de luy faire une guerre perpetuelle ; il employe donc tout fon travail & toute fon induftrie à vaincre & à domp-ter la fâcheufe inclination de cette terre, & cette terre auffi de fon côté fe défend autant qu'elle peut pour éluder & traverfer l'autorité fubalterne de ce fecond Maître.

Ainfi voit-on que n'étant nullement portée à favorifer des enfans qui luy font en quelque façon étrangers, & que par la culture on lui fait produire malgré qu'elle en ait, elle retombe auffi-tôt qu'elle peut à pouffer vigoureufement fes chardons, fes orties, & mille autres Plantes qui nous

Et vocavit Deus aridam terram. Gen. cap.1.v.11.

Germinet terra herbam virentem, &c. Gen. cap. 1. v. 11.

Spinas, & tribulos ger-minabit tibi, &c. Gen.c.3. v.18.

In laboribus comedes ex eâ cunctis diebus vitæ tuæ. Gen. cap.3.v.17.

Sponte fuâ quæ fe tol-lunt in lumi-nis auras, in-fæcunda qui-

font inutiles, & qui font proprement fes enfans naturels & bien-aimez.

En cela femblable à ces enfans qui ne fe lafferoient pref-que jamais de joüer à des jeux volontaires quelques rudes & violents qu'ils foient, & qui cependant paroiffent fati-guez à faire tout ce qu'une autorité fuperieure leur com-mande pour leur bien, quelque legere que foit la peine à l'executer.

Cette terre eft donc forcée d'obéïr en beaucoup de chofes à ce que l'homme exige d'elle ; peut-être la pour-roit-on en cela comparer à un jeune Poulin vigoureux & revêche, qui fe trouvant affujetty à la main & à l'éperon d'un Ecuyer habile, devient l'inftrument des plaifirs, des combats, des triomphes, &c.

En troifiéme lieu je pourrois dire que toutes fortes de terres ne font pas propres à toutes fortes de productions, de maniere que chaque climat paroît affez reduit à quel-que chofe de fingulier, qu'on luy voit produire heureufe-ment & facilement, au lieu que d'autres Plantes n'y peu-vent réüffir qu'avec beaucoup de foin & de fatigue ; & voi-là où l'homme a befoin d'induftrie, & même, pour ainfi di-re, a befoin d'opiniâtreté pour vaincre enfin la refiftance qu'il trouve quelquefois dans la culture de fa terre.

Ces fuccés heureux ou malheureux de certaines Plantes en de certains endroits, nous doivent faire vifiblement connoître quelle forte de terre eft parfaitement propre pour chaque forte de Fruit, & quelle n'y eft pas propre, par exemple les grands Cerifiers de la Valée de Montmo-rency, les beaux Pruniers des Colines de Meudon, &c. m'inftruifent quelle doit être la terre qu'il faut pour les Cerifes, & quelle pour les Prunes, &c. afin que je ne m'ail-le pas engager à en vouloir élever dans des terres d'un tem-perament tout different avec confiance & prefomption d'y réüffir fans peine.

Je pourrois enfin dire ce que tout le monde fçait affez, qu'il eft des terres beaucoup meilleures les unes que les autres, foit dans chaque climat, foit auffi quelquefois dans chaque portion de mediocre étenduë, ce qu'on appelle en termes vulgaires des veines de terre ; car par exemple, là

dem, fed læ-ta, & fortia furgunt. *Virg. Georg.* 2.

Loquere terræ, & ref-pondebit ti-bi, &c. *Iob.*

Nec verò terræ ferre omnes om-nia poffunt, *Virg. Georg.* 1.

le Froment vient bien , & là tout auprés il ne peut venir,
le terrein n'y étant propre que pour du Seigle , ou autres
petits bleds : là le vin est bon , & là tout auprés il ne l'est
pas ; en tel endroit le Muſcat mûrit parfaitement bien , en
tel autre il n'acquiert ny le goût , ny la fermeté,ny la couleur , &c.

D'ou il s'enſuit qu'il est tres-difficile de donner des regles generales & poſitives pour chaque climat en general ;
attendu la grande proximité ou le grand voiſinage qui ſe
trouve des bonnes terres avec des mauvaiſes.

. Si bien que comme nous diſons eu égard à la production
des terres en chaque climat qu'il en est de tres-bonnes,
c'est-à-dire d'extrêmement fertiles , auſſi avons-nous lieu
de dire eu égard à cette même production qu'il en est de
tres-mauvaiſes , c'est-à-dire d'extrêmement ſteriles , cette
difference provenant apparemment des qualitez qui ſont
internes à chaque fond , puiſqu'on ne peut pas la faire venir du côté du Soleil qui les regarde toutes d'une égale maniere ; elle peut auſſi provenir d'ailleurs, comme nous l'expliquerons cy-aprés ; mais enfin nôtre Jardin demande abſolument de la terre ; voyons maintenant quelles ſont les
conditions neceſſaires à cette terre pour faire que nôtre
Jardin y réüſſiſſe.

CHAPITRE III.

Des conditions neceſſaires à la terre d'un Jardin pour pouvoir dire
qu'elle eſt bonne.

IL y a beaucoup de choſes à dire ſur le fait des terres ,
dont il est neceſſaire d'avoir connoiſſance ; je parleray
de chacune en particulier ſans rien obmettre de ce que j'y
puis ſçavoir ; mais comme nous avons cy-devant étably que
la premiere choſe & la plus eſſentielle qui est à ſouhaiter
pour un Jardin fruitier & potager , est que la terre y ſoit
bonne , il faut s'attacher à expliquer d'abord ce que c'est
qu'une bonne terre , & pour cet effet je dis que pluſieurs
choſes y doivent concourir.

Il faut premierement que ſes productions ſoient vigou-
reuſes & nombreuſes.

En second lieu que cette terre se rétablisse aisément d'elle-même quand elle a été alterée.

En troisiéme lieu qu'elle n'ait aucun mauvais goût.

En quatriéme lieu qu'elle ait au moins trois pieds de profondeur.

En cinquiéme lieu qu'elle soit meuble, c'est-à-dire facile à labourer, & sans pierres.

En sixiéme lieu, qu'elle ne soit ny trop humide, ny trop seiche.

J'explique ces six maximes en six Sections particulieres, avant que d'en venir aux autres conditions necessaires pour la perfection d'un Jardin fruitier.

SECTION PREMIERE.

De la premiere preuve d'une bonne terre.

IL me semble que ce qui doit faire dire qu'un fond, ou qu'une terre est veritablement bonne, c'est principalement quand on luy voit faire d'elle-même des productions & fort vigoureuses, & fort nombreuses, sans que presque jamais elle paroisse épuisée, quand les Plantes y croissent à vûë d'œil ayans la fane large, épaisse, soûtenuë, &c. quand les Arbres en peu d'années y viennent grands, les jets en sont beaux, les feüilles vertes, & se maintenans bien jusqu'à la rigueur des gelées, que l'écorce enfin en est belle, vive, luisante, &c. avec de telles marques on ne peut douter que la terre ne soit tres-bonne. *Quid faciat lætas segetes, &c. Virg. 1.*

SECONDE SECTION.

De la seconde preuve d'une bonne terre.

IL faut encore que la nature dont cette terre est pourvûë, repare aisément ce qui à son égard a été alteré par quelque accident extraordinaire, sçavoir alteré par un grand chaud, ou un grand froid, par une grande secheresse, ou une grande humidité, par une longue nourriture de quelques Plantes étrangeres, &c. en sorte qu'elle revienne surement à son ancienne bonté, si on la laisse en repos, & pour ainsi dire abandonnée à elle-même, & sur sa bonne

foy ; ce qui fuppofe que les accidens qui l'avoient troublée
dans fes productions ordinaires viennent à ceffer ; fa bonne nature, & particulierement fa fituation heureufe en font
apparemment les principales caufes , & cela eft fi vray à
l'égard de cette fituation, que telle terre qui eft admirable-
ment bonne en tel endroit , ceffera bien-tôt de l'être , fi on
la porte en quelqu'autre où elle ne trouve pas la bonne fortune d'une fituation avantageufe , & qu'au contraire telle
terre qui là étoit affez fterile , deviendra icy bien produi-
fante , fi la fituation fe rencontre meilleure.

De là vient que les terres qu'on appelle rapportées, quelques bonnes qu'elles fuffent dans l'endroit d'où on les a
forties, elles n'ont cependant à proprement parler qu'une
bonté paffagere , & ainfi elles cefferont bien-tôt d'être
bonnes à leur ordinaire , fi elles ne rencontrent pas une fituation qui leur foit propre , & il faudra des fecours extraordinaires pour les entretenir en eftat de bien faire.

Il faut donc établir pour une maxime conftante,qu'on ne
peut pas dire qu'une terre foit bonne , fi elle ne marque
une grande fertilité par fes productions naturelles , & fi
d'elle-même elle n'eft capable de fe reftablir ; c'eft pourquoy c'eft abfolument de ces fortes de terre qu'il faut avoir
dans fes Jardins , & ne fe pas attendre de pouvoir à force de
dépenfe, c'eft-à-dire à force de fumiers & d'amandemens,
corriger pleinement une fterilité naturelle , ce qui fe doit
particulierement entendre à l'égard des Fruits ; car pour
les Herbes potageres ayant & beaucoup de fumiers , &
beaucoup d'eau , & beaucoup de Jardiniers qui foient
infatigables au travail, on en fait affez venir dans un fond
mediocrement bon ; mais en cela il en coûte trop pour
réüffir , & le veritable plaifir du Jardin ne fe rencontre pas
avec tant de peine & tant de frais.

SECTION TROISIE'ME.

Troifiéme preuve d'une bonne terre.

DE plus il me femble que ce qui doit faire dire qu'une
terre eft veritablement bonne,c'eft d'être fans aucune
odeur , & fans aucun goût ; en effet il eft inutile pour nos

Fruits

Fruits d'être les enfans d'une terre extrémement féconde, & par conſequent d'avoir de la groſſeur & de la beauté, ſi d'ailleurs cette terre a quelque mauvaiſe odeur, ou quelque mauvais goût, parce que les Fruits & les Legumes en tiennent infailliblement, & partant ils ne peuvent avoir la bonté, qui fait leur principal merite.

L'exemple des vins qui prennent le goût du terroir, ſert de preuve convaincante à cette verité, étant conſtant que la ſeve, qui eſt preparée par les racines, ne ſe fait ſimplement que de l'eau, laquelle ſe trouvant dans la terre où ces racines ont à travailler, eſt neceſſairement imbibée du goût, & des qualitez de cette terre, & les retient ſans doute dans ce changement qui luy arrive, quand elle devient ſeve.

Conſtamment la terre pour être bonne doit être entierement comme l'eau qui eſt bonne, c'eſt-à-dire que ſans être ou âcre, ou inſipide & douceâtre, elle ne doit ſentir quoy que ce ſoit, ni en bien, ni en mal.

C'eſt la premiere obſervation à faire, & la plus importante pour reſoudre & déterminer le fond d'un Jardin, quand d'ailleurs il paroît fertile ; or cette obſervation n'eſt pas difficile, il n'y a perſonne qui ne la puiſſe faire, ſoit à fleurer ſimplement une poignée de terre, pour juger de ſon odeur, ſoit à goûter l'eau dans laquelle elle aura trempé, pour juger de ſon goût ; par exemple on en fera tremper dans un verre quelque petite quantité cinq ou ſix heures durant, & enſuite l'ayant paſſée dans un linge net, pour ôter tout ſoupçon d'ordure & de mal propreté, on la goûtera ; & par le goût bon, ou mauvais, de puanteur, & d'âcreté, ou d'agrément, & de douceur qu'on y trouvera, on jugera ſi la terre eſt propre ou non pour faire de bons Fruits, afin de ſe reſoudre à y faire ſon Jardin, ou à ne l'y pas faire ; on ne ſçauroit être trop délicat, & trop difficile ſur le fait du bon goût, on ne l'eſt pas tant à l'égard des Legumes, dont la plûpart perdent dans la cuiſſon ce qu'ils peuvent avoir de deſagreable.

SECTION QUATRIE'ME.

Quatriéme preuve d'une bonne terre.

QUoy qu'il femble que pour juger fùrement qu'un fond eft bon, il ne faille autre chofe que de voir, que tout ce qu'il produit eft vigoureux, qu'il ne fe laffe point de produire, & que la terre n'y a nul mauvais goût, cependant il faut que la connoiffance de nôtre curieux, qui veut faire un Jardin, aille encore plus loin; il eft neceffaire de fonder la profondeur de ce fond, il faut foüiller dans fes entrailles, pour voir s'il s'y trouve au moins trois pieds de terre, qui foit auffi bonne que celle de la fuperficie; les Arbres qu'il y plantera font plus difficiles à élever, que ces autres que la nature y a produits d'elle-même; ils ne réüffiffent point, s'ils ne font pour ainfi dire affûrez d'avoir une provifion de vivres pour l'avenir, & cette provifion eft d'avoir trois pieds de bonne terre, & meuble au deffus; de plus comme à force de demander tous les jours chofes nouvelles à cette terre, elle vient enfin à fe laffer, & devient pareffeufe, & maigre dans fes productions, on a befoin d'y faire quelque changement; le plus important de tous, & le plus aifé eft de mettre à l'air la terre qui étoit dans le fond, où n'ayant rien à s'occuper elle confervoit fa fecondité naturelle, en attendant qu'on la mît à l'épreuve de fon fçavoir faire, c'eft-à-dire qu'on l'expofât au Soleil, & qu'on luy donnât quelque culture; dans ce mouvement la terre de la fuperficie defcend prendre la place de celle qu'on aura ôtée, & c'eft pour y être à fon tour dans un repos capable de la rétablir entierement au bout de quelques années, & pour la mettre en état d'agir enfuite auffi-bien que jamais, femblable pour ainfi dire à ces animaux, qui quelque fatiguez qu'ils foient à la fin d'une journée de travail, rentrent le lendemain à l'ouvrage avec la même vigueur qu'auparavant, pourvû qu'ils ayent paffé la nuit fans rien faire.

Ce n'eft pas affez d'avoir établi, qu'il faut abfolument trois pieds de profondeur de bonne terre pour les Arbres, il eft encore important de décider ce qu'il en faut pour les

Legumes à longue racine, par exemple Artichaux, Beteraves, Scorſonnerre, Panaiz, Carotes, &c. il me ſemble
que pour tout cela il en faut abſolument trois pieds; les
autres Plantes par exemple les Salades, les verdures, les
Choux, &c. peuvent réüſſir avec un pied de moins, mais
les curieux, qui en l'un & l'autre cas ſoit des Arbres, ſoit
des gros Legumes, ſe contentent d'une plus petite profondeur que celle que je viens de marquer, ſe trompent aſſurément beaucoup, & ſont à plaindre, ou plûtôt à blâmer;
ils ſeront ſujets à avoir quantité d'Arbres jaunes & malades, à en voir perir une bonne partie, & par conſequent
obligez à recommencer de faire une dépenſe nouvelle,
pour en planter d'autres dans le temps qu'aprés cinq ou ſix
années de patience, ils devroient profiter de leurs Plans,
& enfin ils ſeront au moins ſujets à avoir des fruits, & des
Legumes petits, mauvais & avortez, &c. de tels inconveniens meritent bien les égards que je recommande, pour
choiſir une terre de profondeur ſuffiſante.

SECTION CINQUIE'ME.

Cinquiéme preuve d'une bonne terre.

L A fertilité naturelle & perpetuelle des terres, leur
goût, & leur profondeur établies comme quatre conditions indiſpenſables, j'eſtime encore pour une cinquiéme
condition, que la terre ſans être trop legere doit être meuble, c'eſt-à-dire facile à labourer (telles ſont celles qu'on
appelle un ſablon gras, une terre de chéneviere, &c.) & que
même il eſt à ſouhaiter pour cela qu'elle ſoit peu pierreuſe, non ſeulement parce que les labours y ſont plus aiſez,
& que les Plantes y réüſſiſſent mieux, mais encore pour
plaire davantage aux yeux, qui ſont ſans doute bleſſez de
voir beaucoup de pierres, ou de plâtras dans un labour; ſi
bien que quand les terres ont ce deſagrément d'être pier-
reuſes, il y faut remedier; or quand elles ne le ſont guéres, un coup de rateau qu'on paſſera deſſus après chaque
labour, les nettoyera aiſément; mais ſi elles le ſont beaucoup, je croy qu'il en faut venir à la dépenſe de faire paſſer
la terre à la Claye; j'explique l'uſage de l'operation à la

Claye dans le Traité de la preparation des terres.

Optima
putri arva
folo : id venti
curant, geli-
dæquæ prui-
næ, & labe-
facta movens
robustus ju-
gera fossor.
Georg. 2.

Les terres meubles ont de grands avantages pour la culture, elles sont commmodes aux Plantes pour la multiplication de leurs racines, elles boivent facilement l'eau soit des pluyes, soit des arrosemens, & conservent cependant assez d'humidité pour la vegetation ; elles n'ont aussi pas de peine à être échauffées des rayons du Soleil, & par consequent à être hâtives dans leur production, & c'est ce que tout le monde souhaite particulierement.

SECTION SIXIE'ME.

Sixiéme marque d'une bonne terre.

RIen ne fait mieux connoître ce que c'est que terres meubles, que de voir celles qui ne le sont pas, par exemple

Les terres trop fortes, & qui se coupent à la Bêche comme des terres franches, ou comme des terres glaizes, ces sortes de terres sont sujettes à se seller, comme on dit, c'est-à-dire à se serrer & s'endurcir, en sorte qu'elles deviennent presqu'impenetrables à l'eau des pluyes & des arrosemens, ce qui est un inconvenient tres-fâcheux & tres-pernicieux pour la culture ; elles sont encore de leur naturel sujettes à être pourrissantes, froides & tardives, conservans dans leur fond une humidité perpetuelle, trois des plus mauvaises qualitez que les terres puissent avoir ; leur superficie se fend aussi aisément dans les temps de hâle & de secheresse, jusques-là même qu'à cause de leur dureté elles ne peuvent pour lors souffrir aucun labour, & par consequent ni nouveaux plans, ni nouvelles semences ; c'est pourquoy elles font cause d'une terrible disette dans la plûpart des saisons, outre que telles fentes nuisent extrêmement & aux Arbres, & aux Plantes déja reprises, parce qu'elles en découvrent les racines, elles rompent les nouvelles, & les empêchent de continuer leurs fonctions.

On ne peut pas être mieux instruit que je le suis de tous les desordres qui arrivent à de telles terres, & de tous les embarras qu'elles causent dans la culture, surquoy il n'est pas ce me semble hors de propos que je fasse icy en passant

un petit détail de ce que j'ay été obligé de faire au Potager
de Versailles, dont les terres sont à peu prés de la nature de celles, qu'on voudroit ne trouver nulle part,& que
nous n'y aurions pas, s'il avoit été facile d'y en faire porter de meilleures ; la necessité de faire un Potager dans une
situation commode pour les promenades , & la satisfaction
du Roy a déterminé l'endroit où est ce Potager , & la difficulté de trouver d'excellentes terres dans le voisinage a
été cause qu'on s'est contenté d'y en avoir de passablement
bonnes.

Ce Potager est dans un endroit où étoit un grand Etang
fort profond ; il a fallu remplir la place de cet Etang pour
luy donner même une superficie plus haute que celle du
terrain d'alentour , autrement étant un Marais , & l'égoût
des montagnes voisines , il n'auroit jamais réüssi pour l'u-
sage auquel il étoit destiné ; on a eu facilité à remplir cet
Etang par le moyen des sables, qu'on avoit à sortir pour
faire la Piece d'eau voisine , aussi y en a-t-on fait porter
jusqu'à dix & douze pieds de profondeur par tout ; mais
pour avoir des terres qui fussent propres à mettre au dessus
de ces sables , & les avoir promptement (la dépense , & le
temps pour le transport éloigné de la grande quantité , qui
étoit necessaire dans prés de vingt-cinq arpens de superficie,étoient capables de dégoûter de l'entreprise) on a donc
été obligé de prendre de celles qui étoient les plus pro-
ches, c'est-à-dire sur la montagne de Satory ; en les exa-
minant sur le lieu , je trouvay qu'elles étoient une maniere
de terre franche, qui devenoit en boüillie , ou en mortier,
quand aprés de grandes pluyes l'eau y sejournoit beaucoup,
& pour ainsi dire se petrifioient,quand il faisoit sec;je voïois
qu'elle n'imbiboit pas aisément les eaux ordinaires,& cela
me faisoit beaucoup de peine,mais j'en attribuois le défaut
au tuf,qui se trouvoit sur cette montagne au second fer de
Bêche , & me consolois dans l'esperance d'y trouver un
remede par le moyen des sables sur lesquels ces terres
se trouveroient posées ; sur ce fondement je disposay les
terres du Potager pour être d'une superficie plane , & sans
aucune pente , comme sont ordinairement les Jardins
de tout le monde ; mais je fus bien surpris, quand je vis le

T iij

contraire de ce que j'avois esperé ; cette terre ne changea
point de nature pour avoir changé de lieu, elle demeura
impenetrable aux eaux ; ce que j'eus de plus favorable en
cecy, fut que j'eus dés la premiere année à essuyer le plus
grand mal qui me pouvoit arriver, car il survint de si
grandes & de si frequentes averses d'eau, que tout le Jardin paroissoit estre redevenu un Etang, ou au moins une
marre bourbeuse, inaccessible, & sur tout mortelle & pour
les Arbres qui en estoient déracinez, & pour toutes les
Plantes potageres qui en étoient submergées;il falut chercher un remede convenable à un si grand inconvenient,
ou autrement ce grand Ouvrage du Potager, dont la dépense avoit fait tant de bruit, & dont la figure donnoit
tant de plaisir, auroit été inutile ; heureusement en faisant
faire ce Potager j'avois fait faire un Aqueduc qui le tra-
versoit, & qui devoit recevoir toutes les eaux des montagnes, qui avoient accoûtumé de venir dans ce même endroit faire l'ancien Etang,& étoient necessaires pour aller
faire la grande Piece d'eau voisine ; je pensay donc à faire
en forte que les eaux,qui m'étoient si pernicieuses,allassent
se perdre dans ce grand Aqueduc, & pour cet effet je crûs
qu'il en falloit venir à élever chaque carré en dos de bahu;
le remede étoit bon, mais si pour cette élevation il avoit
fallu faire porter des terres nouvelles, il étoit violent, &
pour en employer un plus doux je m'avisay de me servir
de grand Fumier, dont j'avois beaucoup, tant à mettre
par dessous, qu'à mêler avec les terres destinées pour les
Legumes, & m'en suis tres-bien trouvé ; le succés en a été
fort bon, & la dépense tres-petite ; en faisant cet Ouvrage je donnay en même temps une pente imperceptible à chaque carré, pour mener dans un des coins toutes
les eaux qui s'écouleroient de tous les côtez ainsi élevez ;
je fis faire à chacun de ces coins une petite pierrée,qui prenoit ces eaux, & les portoit dans l'Aqueduc ; je ne fus pas
long-temps à m'appercevoir que cette invention étoit bonne ; mes carrés avec leurs Plantes, & mes plate-bandes
avec leurs Arbres se conserverent dans le bon état où je
les souhaitois, & contribuerent notablement à la conser-
vation, & au bon goût de tout ce que j'y pouvois élever.

Cette maniere de dos de bahu parut d'abord une chose
surprenante par sa nouveauté, mais elle eut la bonne fortune de plaire au Roy, dont le discernement & le bon goût
sont infinis en toutes choses; quel honneur & quelle joye ne
fût-ce point pour moy d'avoir l'approbation d'un si grand
Prince! Il jugea donc que l'invention n'estoit pas moins
agreable que nouvelle, & d'autant plus qu'elle étoit souve-
rainement utile, joint l'avantage qu'elle donne d'augmenter de trois arpens la premiere superficie du Potager ; je ne
doute point que cette maniere de dos de bahu ne soit imi-
tée dans tous les lieux qui seront ou de terre semblable à la
nôtre, ou qui seront sujets aux inondations des grandes
pluyes, ou qui naturellement sont trop marécageux.

Que si l'on en vient pas à faire une élevation, tout au
moins faut-il avoir recours à de frequents labours, pour
éviter les inconveniens qui arrivent aux terres, qui se ger-
sent, c'est-à-dire qui se fendent aisément dans les grosses &
longues chaleurs ; le remede est bon & infaillible.

SECTION SEPTIE'ME.

Septiéme marque d'une bonne terre.

NOus venons de voir combien font de peine les terres
trop lourdes, trop grasses, & trop fortes, & y avons
trouvé le remede ; d'un autre côté celles qui sont trop legeres, & par consequent arides, ont de si grands inconveniens à craindre, qu'elles sont capables de dégouter entierement nôtre curieux.

Premierement par la difficulté du remede qui y seroit
necessaire, & en second lieu par la necessité de faire de
grands & frequens arrosemens, qui coûtent beaucoup, &
sans lesquels cependant les terres deviennent, ou demeurent steriles ; en troisiéme lieu par le peu de progrés que
les Fruits & les Legumes y font pendant l'Esté, à moins
d'un secours extraordinaire ; enfin par le petit nombre de
Vegetaux qui s'en peuvent accommoder en fait de nos jardins, dans lesquels cependant il est necessaire d'en avoir
de toutes les sortes pour être pleinement satisfait.

Voyons maintenant ce qui regarde ces terres trop séches & trop legeres, & examinons si on en peut corriger le défaut.

Assez souvent les terres sont séches & legeres, parce que la nature les a d'abord formées dans ce temperamment, telles sont les terres de tourbe séche dans de certains Marais, telles sont les terres sablonneuses de la Plaine de Grenelle; il est assez difficile, mais non pas impossible de les rendre plus lourdes & plus grasses; le seul expedient consiste dans un grand transport d'autres terres fortes, pour les mêler parmi, ou bien il faudroit faire couler dans le fond quelque décharge d'eau, qui se répandit par tout, ce qui n'est guéres pratiquable; quelquefois aussi cette sécheresse & cette legereté proviennent de ce que d'ordinaire c'est un sable tout pur, qui se trouve au dessous de telles terres arides, si sur tout elles n'ont pas assez de profondeur, & qui par consequent n'y fait pas un lit assez solide, & assez serré, pour pouvoir arrêter les eaux qui proviennent de dehors, soit par des pluyes, ou neiges, soit par d'autres voyes; ces eaux penetrant aisément le corps de ces terres viennent jusqu'à ce sable, qui étant pour ainsi dire une maniere de Crible les laisse passer, & descendre plus bas, comme à l'endroit de leur centre, où elles sont entraînées par leur pesanteur, & ainsi il ne se conserve aucune humidité, ni fraîcheur dans le fond de cette terre pour en communiquer aux parties superieures; si-bien que par là cette terre retombe toûjours dans son aridité naturelle, & par consequent dans sa sterilité; car enfin elle ne sçauroit rien produire, si en même temps elle n'est accompagnée d'un peu d'humidité, & d'une chaleur temperée.

Si on est en liberté de choisir un fond pour se faire un Jardin, je ne croy pas qu'on soit assez mal avisé pour en prendre un si défectueux; que si au contraire la necessité y oblige indispensablement, il y a trois choses à faire, ausquelles il ne faut pas manquer.

La premiere, c'est d'ôter de ce sable tout pur autant qu'il en faut pour faire la profondeur necessaire de trois pieds, & ensuite y porter suffisamment de la meilleure terre qu'on peut commodément trouver, en sorte que la quantité de trois pieds s'y rencontre.

La

La feconde eft de tenir tous les endroits qui font à labourer, un peu plus bas que les Allées, en forte que les eaux qui tombent dans les Allées ayent leur pente entiere dans les terres en labour.

Et la derniere eft de faire en Hyver jetter dans ces labours toutes les neiges des Allées, & de par tout ailleurs, d'où l'on en pourra faire facilement porter; il fe fait par ce moyen une certaine provifion d'humidité dans le fond de cette terre, pour luy aider à faire fes fonctions pendant les grandes chaleurs de l'Efté.

Je me fuis toujours fervi de ces trois expediens, & les ay fait pratiquer à mes amis; j'affûre avec verité que nous nous en fommes tous merveilleufement bien trouvez, & qu'il y a grande fureté à les pratiquer.

Perfonne n'ignore, que quand au dedans la terre il y a de l'eau à une mediocre profondeur, par exemple environ à trois pieds, (ce qui fe trouve d'ordinaire dans le fond des Valées, où l'on a ce qui s'apelle un bon fable noir) perfonne, dis-je, n'ignore qu'en tel cas il fe fait dans la profondeur de cette terre, une philtration naturelle, qui éleve une partie de cette eau jufqu'à la fuperficie, & c'eft cela qui entretenant la terre dans un bon temperamment pour la production, la rend extrémement bonne; que fi au contraire cette eau étant en affez grande quantité fe trouve trop prés de la fuperficie, par exemple à un pied, ou à un peu plus, & que là étant arrêtée par quelque lit de tuf ou de glaife, elle y fejourne, parce qu'elle eft empêchée de defcendre plus bas, la terre d'un tel endroit devient trop humide; fi-bien qu'à moins qu'on ne donne à ces eaux foûterraines une décharge qui les porte dehors, ou à moins que pour les élever on ne faffe de ces dos de bahu, que j'ay cy-devant expliquez, une telle terre devient froide, pourriffante, & en un mot mauvaife.

Ainfi doit-on tenir pour certain, que c'eft de là que proviennent affez fouvent les humiditez des terres, foit celles qui font exceffives. foit celles qui ne le font pas; ces humiditez proviennent auffi quelquefois d'ailleurs, comme nous le dirons cy-aprés.

Je croy être obligé de dire icy, qu'à l'égard de cette

difference de terres soit fortes & grasses, soit séches & legeres, il y a cette distinction à faire, qui est que dans les païs froids il est à souhaiter d'y avoir de la terre legere, afin qu'avec un peu de chaleur elle soit facile à échauffer, au lieu que dans les païs chauds il vaut mieux y avoir de la terre assez forte & assez grasse, afin que les chaleurs ne puissent pas aisément penetrer dans le fond, ni par conse-quent alterer les Plantes : le Prince des Poëtes originaire d'un tel païs, paroît faire cas de ces sortes de terres grasses, même pour les Vignes, mais ce n'est qu'eu égard à l'abon-dance ; car il est question de la bonté, & de la delicatesse du vin, il en parle bien differemment, faisant connoître que les terres legeres & un peu maigres sont propres pour le bon vin, comme les terres fortes le sont pour le bon bled.

Il y a quelquefois des terres d'un temperament si juste, & d'une constitution si avantageuse, que toutes sortes de Legumes & toutes sortes de Fruits, de quelque espece qu'ils soient, y réüssissent parfaitement, & même ces sor-tes de terres étant simplement cultivées des labours ordi-naires par les Arbres fruitiers se conservent bonnes pen-dant plusieurs années, sans avoir besoin d'aucuns secours d'amendement, si ce n'est pour les Legumes.

Heureux qui voulant faire un Jardin nouveau en trouve de semblables, en sorte qu'il ait lieu de dire qu'il a dans son fond les conditions importantes que je viens d'expliquer, sçavoir une terre fertile, une terre sans goût, une terre suffisamment profonde, une terre meuble & peu pierreuse, une terre qui ne soit pas ni trop forte & trop humide, ni trop legere & trop séche, parce qu'il peut s'assurer d'un succés infaillible, en ce qui dépend purement du fond ; à plus forte raison que ne doit-il pas esperer, s'il prend soin quelquefois de faire foüiller & remuer entierement sa terre à la profondeur que j'ay cy-dessus marquée, tant pour être assuré qu'elle est toûjours meuble par tout, que pour don-ner lieu à chaque partie de faire alternativement son de-voir, & si par dessus cela il ne manque de luy faire donner la culture ordinaire qu'elle demande.

J'ay eu l'honneur de faire pour un grand Ministre un

désmeilleurs Potagers qu'on puiſſe voir ; j'eus liberté d'en choiſir le fond, & le trouvay tel que je le ſouhaitois, & par conſequent tel que je le ſouhaite à tous les honnêtes gens qui ſont curieux du Jardinage ; ce Potager eſt tellement parfait, qu'on n'y voit rien de mediocre, ni rien qui ſe démente ; auſſi eſt-il vrai qu'on ne voit nulle part ni d'Arbres plus vigoureux, ni de Fruits plus excellens, & en plus grande quantité, ni de plus beaux & de meilleurs Legumes ; il n'y manque qu'une ſeule choſe, qui eſt de n'être pas auſſi hâtif que les Jardins, qui ſont des terres fort ſablonneuſes ; mais ce defaut, que l'art ne ſçauroit corriger, eſt amplement recompenſé par tous les autres avantages que je viens de marquer.

CHAPITRE IV.

Des autres termes dont on ſe ſert en parlant des terres.

APRE'S avoir expliqué quelles ſont les bonnes qualitez qu'on doit ſouhaiter à la terre des Jardins, je pourrois bien me mettre à expliquer les autres conditions, qui ſont neceſſaires pour la perfection de ces mêmes Jardins, ſçavoir la ſituation, l'expoſition, la figure, la facilité des arroſemens, &c.

Mais parce que dans nôtre Jardinage aſſez ſouvent nous parlons de terres uſées, de terres repoſées, de terres neuves, de terres portées, &c. je croy qu'avant que de paſſer outre, je dois dire ce que j'en penſe.

SECTION HUITIE'ME.

Des terres uſées.

PRemierement il a été dit de tout temps que les terres s'uſent à la longue, quelque quantité de ſel qu'elles ayent pour entrenir leur fertilité, c'eſt-à-dire quelques bonnes qu'elles ſoient naturellement, avec cette difference ſeulement, que comme il y en a de tres-excellentes, & qu'il y en a auſſi de tres-mediocres, les unes s'uſent bien plûtôt & plus aiſément que ne font pas les autres ; on peut dire qu'il en eft à peu prés à leur égard comme des trefors de chaque Etat ; conftamment il y en a de tres-puiffans, mais il y en a auffi qui ne le font gueres, c'eft ce qui fait que l'un eft bien plus capable de foûtenir de longues guerres & de faire de grandes dépenfes, que n'eft pas l'autre ; mais enfin les trefors de celuy qui eft fort riche ne font pas infinis, ils peuvent s'ufer, & en effet il arrive quelquefois qu'ils s'ufent, c'eft-à-dire qu'ils s'épuifent, foit pour avoir été mal conduits & mal employez, foit pour avoir été trop répandus, quoy que ç'ait été peut-être en vûë d'autres avantages, dont l'Etat profite ; il faut quelquefois pour ainfi dire des amandemens étrangers à cet Etat, par exemple un grand commerce, une alliance importante, &c. & fur tout point de longues guerres, ni de grandes diffipations, il luy faut au moins du repos, & de l'œconomie ; pareillement quelque fecondité que la terre pof

Sponte fuâ fede, elle s'épuife à la longue par la quantité de fes produquæ fe tolctions, c'eft-à-dire de celles où elle a été forcée, mais non lunt in lumipas de celles qui luy font naturelles & volontaires, car elle nis auras, ne fait ce femble que s'en joüer ; ainfi par exemple la infæcunda terre d'un bon Pré, bien loin de s'ufer à nourrir l'herbe quidem, fed qu'elle produit tous les ans, elle augmente de plus en plus læta, & forfa difpofition à en produire, comme fi en effet elle avoit tia furgunt, plaifir à fuivre fa pente ; mais fi on luy veut faire changer quippe folo de fonction, & qu'au lieu d'herbe on la veüille forcer à natura fubdonner du Seinfoin, ou du Bled, ou quelqu'autre grain eft. G*corg.* 2. qui luy eft étranger, on ne fera pas long-temps à s'appercevoir, que premierement elle commence à ne plus faire fi bien qu'elle avoit accoûtumé, & qu'enfin elle vient à ce point de faire dire qu'elle eft ufée, & qu'il luy faut quelque fecours pour la remettre en vigueur, ou autrement elle fera quelque temps prefqu'inutile ; peut-être qu'auffi les terres où le Seinfoin, le Bled, & les autres grains viennent d'eux-mêmes (car apparemment ces premiers grains font venus naturellement & fans induftrie dans quelques terres) peut-être, dis-je, que ces terres à grain pourroient plus facilement s'ufer à faire du Foin, qu'à continuer de les produire : il eft donc conftant par l'experience de tous les Laboureurs, qu'on voit fouvent des terres ufées.

J'ajoûte que selon la plus grande ou la moins grande
quantité de sel, qu'il faut à chaque Plante en particulier,
car elles n'en consomment pas toutes également, certaine
terre qui en est abondamment pourvûë, pousse sans s'user
si-tôt plusieurs differentes sortes de Plantes, & quelquefois toutes ensemble, & en même temps, témoins les bons
fonds de Pré, où chaque endroit est plein d'une infinité de
differentes Plantes, toutes également vigoureuses ; quelquefois, & c'est quand le fond n'est que mediocrement
bon, cette terre n'en produit plusieurs que successivement
les unes aprés les autres, comme on le voit aux petits Bleds,
l'Orge, l'Avoine, &c. qu'on seme dans les terres qui viennent de porter le Froment, le Seigle, & qui n'étant pas
capables d'en produire si-tôt d'autres semblables, ont
encore dequoy pour en produire de moindres.

La même chose se doit dire d'une terre qui a été long-
temps en Vignoble, en Fustaye, en Arbres fruitiers, &c.
en effet si on y détruit ces sortes de Plantes, il ne faut pas
s'attendre qu'elle puisse réüssir à l'employer tout incontinent de la même maniere qu'elle l'étoit, puisqu'elle
est usée à cet égard ; cependant elle ne l'est pas si absolument, qu'elle ne soit encore en état de faire quelque autre
chose ; elle pourra même réüssir pour un temps à la production de Plantes plus petites & moins voraces, par exemple des herbes potageres, des Pois, des Féves, &c. mais
enfin elle viendra à essuyer la condition commune de toutes les terres, qui est de devenir usées.

C'est icy où le Jardinier doit faire voir s'il est habile ;
car il doit avoir une application perpetuelle pour remarquer de quelle maniere toutes les Plantes de son Jardin
viennent, afin de ne point perdre de temps à employer sa
terre en choses qui cessent de bien faire ; il ne laissera pas
pour cela aucune partie de son Jardin en friche, il se con-
tentera seulement de faire changer de place à ses Legumes & à ses semences ; sa terre n'est jamais si usée, c'est-à-
dire si épuisée & si effritée, qu'elle doive demeurer entierement inutile ; ainsi il luy fera produire de toutes
choses les unes aprés les autres, pourvû qu'il ne la laisse
pas manquer de quelques secours qui luy sont necessaires ;

fi toutefois il étoit obligé de remettre des chofes femblables à la place des anciennes, par exemple des Arbres nouveaux à la place de ceux qui font morts, il y a quelque ouvrage à faire, & quelque œconomie à pratiquer; j'en parleray cy-aprés, & de plus la maniere de bien employer les
terres eft amplement examinée dans le Traité du Potager.

SECTION NEUVIE'ME.

Des terres repofées.

CEs termes de terres repofées, font juger que les terres ont quelquefois befoin de repos, & que par ce
repos elles fe rétabliffent, foit que les influences des Aftres,
& fur tout les pluyes, faffent cette reparation fi utile, (elles
y contribuënt affurément beaucoup) foit plûtôt que ces
terres ayent en foy un fond de fecondité naturelle avec une
faculté, non pas veritablement de rendre cette fecondité
inépuifable, mais de la rétablir & de la reproduire, quand
aprés avoir été alterée à force de productions continuelles,
on laiffe pour quelque temps la terre en repos, comme fi en effet on l'abandonnoit à fa difcretion, & qu'on
la crût capable de connoître fon mal, & d'y apporter le
remede; c'eft ainfi que les Philofophes attribuënt à l'air
une force élaftique, & pour me fervir d'un exemple plus
fenfible, c'eft ainfi que l'eau a en foy un fond de fraîcheur
naturelle avec un principe de rétablir & reproduire cette
fraîcheur, quand aprés que le feu ou le Soleil l'ont échauffée, on l'éloigne enfuite hors de leur portée; conftamment
la chaleur luy eft étrangere, & pour ainfi dire ennemie, fi
bien qu'elle tient cette eau dans un état violent; mais
quand on l'éloigne de ce qui luy caufoit & entretenoit
cette chaleur, & que par ce moyen on la laiffe pour
ainfi dire en repos, elle détruit ce qui la rendoit défe-
ctueufe, & redevient petit à petit fraîche comme auparavant, c'eft-à-dire qu'elle recouvre la perfection qui
eft naturelle à fon être, & à fon temperamment.

Ainfi la bonne terre étoit alterée par la nourriture de
quelques Plantes qui luy étoient étrangeres, & qui épui-

foient en même temps & tout fon ancien fel, & même tout le nouveau, à mefure qu'elle le reparoit; mais fi on vient à la décharger de ces Plantes, & qu'on la laiffe quelque temps fans luy rien demander, c'eft-à-dire qu'on la laiffe en repos, elle fe rétablira dans fa fecondité naturelle, & particulierement fi pour de petites Plantes ordinaires on y mêle un peu de fecours de bon Fumier, jufques-là même que le chaume qu'on y laiffera pourir, ou qu'on y brûlera, luy donnera de nouvelles forces.

La nature nous fait voir en cela une veritable circulation, comme je l'expliqueray cy aprés dans le Chapitre des amandemens.

Sæpe etiam fteriles incendere profuit agros. Georg. 1.

SECTION DIXIE'ME.

Des terres portées.

IL y a peu de chofes à dire fur le fait des terres portées, fi ce n'eft que c'eft une nouveauté introduite de nos jours dans le Jardinage, l'Auteur des Georgiques, qui a fi exactement traité de la difference des terres, n'a fait aucune mention de celle-cy; on ne vient d'ordinaire à cet expedient de faire porter des terres que quand on veut faire un Jardin dans un endroit qui n'a aucune terre, ce qui n'arrive pas fouvent au moins pour de grands Jardins, ou que quand on veut changer quelque endroit de tranchée qu'on a lieu de juger être ufé; on va donc prendre des terres dans un lieu où il y en a de fort bonnes, malheur à celuy, qui étant réduit à faire la dépenfe du tranfport n'en choifit que de mauvaifes; je croy qu'il arrive à peu de gens de faire une fi lourde faute.

Les bonnes terres trouvent ce femble quelque augmentation de bonté dans ce tranfport, & voila ce qui fait dire, tel & tel Jardin ne fçauroit être mauvais, puifqu'il n'y a que des terres portées; la raifon de cette amelioration par le tranfport n'eft pas moins difficile à rendre, que celle de l'amandement, qui vient de brûler les chaumes; le Poëte en rend quatre fans fe déterminer fur aucune, voulant peut-être nous infinuer qu'il les juge toutes également bonnes; ainfi il me paroît conftant, que les terres augmen-

tent de bonté par le tranſport , ſoit que dans le grand remuëment l'air les penetrant davantage, y réveille quelque
principe de vigueur qui étoit caché , ſoit que cet air la pu-
rifie des mauvaiſes qualitez qu'elle avoit cor.tractées , ſoit
enfin qu'il la rende plus meuble & plus penetrable aux racines , qui vont pour ainſi dire cherchans à vivre par tout
où il y a quelque aliment nouveau à prendre.

S E C T I O N   O N Z I E' M E.

Des terres neuves.

REſte à dire ce que c'eſt que terres neuves , je veux
dire terres qui n'ont jamais vû le Soleil ; c'eſt un ſecours nouvellement introduit dans nos Jardins , & apparemment auſſi inconnu dans l'ancienne Agrigulture, que
celuy des terres portées , dont il n'eſt non plus fait aucune
mention dans les Auteurs : nous en faiſons un cas tres-particulier , & dans la verité nous n'en ſçaurions trop faire,
puiſqu'il eſt vrai que ces terres neuves ont non ſeulement
tout le premier ſel qui leur a été donné au moment de la
creation , mais auſſi la plûpart de celuy des terres de la
ſuperficie , lequel eſt venu à celle de deſſous , y étant porté
par le moyen de l'eau des pluyes ou des arroſemens , dont
la peſanteur la fait deſcendre par tout où elle peut penetrer ; ce ſel ſe.conſerve dans ces terres cachées , juſqu'à
ce que revenans elles-mêmes ſuperficie , l'air leur donne
une diſpoſition propre à employer ce ſemble avec éclat
la fecondité dont elles ſont douées ; en effet elles ne
ſont pas pour ainſi dire ſi-tôt en liberté d'agir , qu'elles produiſent des Vegetaux d'une beauté ſurprenante.

Il n'eſt pas difficile d'entendre ce que c'eſt que terres
neuves ; toutes les terres l'ont été originairement, c'eſt-à-
dire au moment de leur creation , Dieu par ſon commandement leur ayant fait le don de la faculté de produire,
qui n'avoit point encore été mis en uſage : depuis ce temps-
là toutes les terres de la ſuperficie de ce corps terreſtre ne
peuvent plus être apellées neuves, puiſque toutes celles qui
ont été capables de produire , n'ont pas ceſſé d'agir juſqu'à
preſent ; mais parce qu'il y a bien des endroits où le fond

de

de la terre à deux ou trois pieds de la superficie est toûjours
demeuré sans action, & d'autres où la superficie même
a été empêchée d'agir, cela fait que nous avons des terres neuves pour nous en servir dans nos besoins ; ainsi ce
que nous entendons par terres neuves, ce sont simplement celles qui n'ont servi à la nourriture d'aucune Plante,
par exemple celles qui sont au dessous de trois pieds de la
superficie, jusqu'à quelque profondeur que ce puisse être,
pourvû qu'elles soient effectivement terres ; ou bien nous
entendons celles qui ayant déja nourri plusieurs Plantes,
ont été ensuite long-temps sans en nourrir d'autres, par
exemple celles sur lesquelles on est venu à faire des édifices : nous disons, & c'est l'experience qui nous l'apprend,
que dans les premieres années les unes & les autres de ces
terres sont merveilleuses, & particulierement pour nos
Jardins ; toutes sortes de Plantes & de Legumes y em-
bellissent, croissent & grossissent à vûë d'œil ; & si nous
y plantons des Arbres, pourvû qu'ils soient bons en
soy, & qu'ils ayent été bien plantez, il y en a peu qui n'y
réüssissent, au lieu que dans celles qui sont méchantes, ou
qui sont effectivement usées, il en meurt la plûpart, quelque bien conditionnez qu'ils soient, & quelque soin qu'on
ait pris à les bien planter.

Les yeux ne sont point capables de distinguer si une
terre est ou neuve, ou usée ; la connoissance de leur mé-
rite doit venir d'ailleurs ; les unes & les autres se ressemblent
extrêmement, & on pourroit dire avec assez de raison, que
les terres qui sont méchantes, soit pour l'avoir toûjours
été, soit pour l'être devenuës, sont à peu prés comme la
poudre à canon, qui est ou méchante ou éventée : le feu
n'y sçauroit prendre, & cependant elle ressemble entierement à la bonne ; ainsi les terres qui sont ou naturellement
méchantes, & infertiles, ou qui ayant été bonnes se trouvent
enfin usées ; comme elles n'ont pas de quoy être animées,
quand la chaleur & l'humidité leur viennent, elles demeurent comme mortes auprés d'un secours qui en animeroit
d'autres ; si bien que ne contribuans nullement à l'action
des vieilles racines des Arbres, celles-cy enfin pourrissent,
& avec elles pourrit tout le reste du corps de l'Arbre, com-

me je l'ay amplement expliqué dans mes reflexions sur le commencement de la Vegetation.

D'où il s'enſuit, que premierement il eſt agreable de faire de nouveaux Plans dans de bonnes terres neuves, & qu'en ſecond lieu, tous ceux qui font des Jardins nouveaux, devroient aſſurément avoir cette precaution d'en faire preparer une maniere de Magazin, afin d'y avoir un recours aiſé & commode, quand ils ont beſoin de replanter quelques Arbres nouveaux, ce qui arrive aſſez ſouvent ; la place des Allées, ou tout au moins la place d'une partie, eſt tres-propre pour ces ſortes de proviſions, & je m'en ſers pour cela, au lieu de faire comme on fait d'ordinaire, c'eſt-à-dire de les remplir toutes des gravois & ordures qu'on aura ſortis des carrez & des tranchées ; combien de fois voit-on arriver, que faute d'une telle facilité pour des terres neuves qu'il faudroit remettre dans les tranchées, & qu'on y remettroit ſi on en avoit, on perd ſon temps, ſon argent, & ſon plaiſir à refaire de nouveaux Plans à la place des vieux qui ſont morts; en effet il en réchape trespeu dans ces ſortes de terres vieilles, & mal conditionnées.

Je ne puis m'empêcher d'avoir grande pitié de ceux qui manquent icy d'une prevoyance ſi utile, & ſi neceſſaire.

Avant que de finir ce que j'avois à dire ſur le fait des terres, il faut que je diſe un mot de la couleur, qui fait aſſez ſouvent juger de leurs bonnes ou de leurs mauvaiſes qualitez.

SECTION DOUZIE'ME.

De la couleur des bonnes terres.

J'Ay déja dit pluſieurs fois, que la marque la plus eſſentielle & la plus aſſûrée de la bonté d'un fond de terre, étoit celle qui ſe prend de la beauté naturelle de ſes productions ; on voudroit bien encore établir une autre marque certaine ſur la couleur, & dire que la griſe noirâtre fait une preuve convaincante en cette matiere, auſſi-bien qu'elle y fait le plus grand agrément pour la vûë.

Ce n'eſt pas ſeulement de nos jours que cette queſtion a
été agitée ; les grands Auteurs de l'antiquité y ont fait reflexion devant nous ; pour moy je n'ay aucune prevention
ſur cela, ayant vû qu'il eſt de bonnes & de mauvaiſes terres de toutes couleurs : mais conſtamment cette griſe noirâtre qui plaît le plus, & qui a merité l'approbation des
ſiecles paſſez, eſt d'ordinare à cet égard un des meilleurs
ſignes de bonté, ſans être pourtant infaillible ; nous en
voyons quelquefois de rougeâtres & de blanchâtres qui
ſont merveilleuſes ; mais rarement en voyons-nous de
blanches de qui on puiſſe dire la même choſe, comme
auſſi en voyons nous de noires, ſoit ſur le haut de quelques montagnes, ſoit dans de certains valons, leſquelles ſont
trop infertiles ; c'eſt une maniere de ſablon mort, qui ne
peut tout au plus produire que des Genets & des Bruieres.

Nigra ferè, & preſſo pinguis ſub vomere terra. Georg. 2.

Il en faut donc venir à dire, que la veritable marque
pour bien connoître la terre, n'eſt point la couleur dont
elle eſt, non pas même la profondeur ; il n'y a en effet que
les productions, qu'elle fait belles naturellement : ce ſont
elles ſeules qui doivent faire decider à cet égard ; par
exemple en pleine campagne, ce ſera de ces bons herbages que les animaux mangent volontiers ; ce ſera des ron-
ces & des hiebles ; en Potagers ce ſera de gros Artichaux,
de groſſes Laituës, de grandes Oſeilles, &c. ce ſera ſur
tout, comme il a été cy-deſſus, des Arbres bien vigoureux, ce ſera de grands jets qu'on leur voit faire, ce ſera
des feüilles fort larges & fort vertes dont ils ſont garnis,
&c. & voila ce que nous devons regarder comme des témoins irreprochables, & à la dépoſition deſquels il faut
abſolument ſe tenir, ſans ſe fier entierement à aucun autre ; la groſſeur ou la petiteſſe des Fruits ſont bien quelque choſe à cet égard, mais on n'en peut pas tirer une
conviction manifeſte ; nous voyons ſouvent des Fruits fort
gros ſur des Arbres foibles, & des Fruits fort menus ſur des
Arbres qui ſe portent bien : j'explique ailleurs les raiſons,
d'une ſi grande difference.

X ij

CHAPITRE V.

De la situation que demandent nos Jardins.

APRE's avoir affez amplement expliqué ce qui regarde le fait particulier des terres, je reviens à traiter des autres conditions neceffaires pour la perfection des Jardins fruitiers & potagers, dont la feconde me paroît être celle de la fituation.

Il y a une diftinction à faire, fçavoir s'il eft queftion d'un fimple Potager fans aucun mêlange de Fruit, excepté ceux qui font rouges, Fraifes, Framboifes, Cerifes, Grofeilles, car ils font une partie du Potager, ou fi d'un fimple Fruitier, fans qu'il y foit mention d'aucuns Legumes; il arrive quelquefois qu'on fait le Fruitier en un endroit, & le Potager en un autre, ou fi enfin ce Jardin doit être compofé de l'un & de l'autre.

Au premier cas, il ne s'agit que d'un fimple Potager, fans doute que les Valons font preferables à toute autre fituation, ils ont d'ordinaire tout ce qui eft à fouhaiter pour un bon fond, ils font propres à être une excellente Prairie, la terre y eft meuble, elle eft apparemment d'une fuffifante profondeur, elle eft engraiffée de tout ce qu'il y a de bon fur les montagnes voifines, les beaux Legumes y viennent aifément & abondamment; les Fruits rouges y acquierent la douceur & la groffeur, qui les rendent recommandables, les arrofemens y font fans doute aifez, les fources & les petits ruiffeaux ne manquent guéres de s'y trouver, mais ils ont un grand inconvenient à craindre, qui font les inondations : quand ce malheur-là furvient, il fe fauve peu de ces Plantes, qui doivent durer plus d'un an dans la terre : les Afperges, les Artichaux, les Fraifiers trouvent leur deftruction dans le fejour d'une eau débordée; ainfi tout l'avantage qu'un bon Valon promet, eft infiniment combattu par la defolation dont il eft menacé.

Au fecond cas, où il ne s'agit que d'avoir de bons Fruits, & d'en avoir de bonne heure, conftamment tous les ter-

reins un peu fecs & élevez l'emportent fur les autres, fuppofé toûjours que le fond en foit bon & affez profond ; les
principaux Fruits y ont peut-être moins de groffeur, mais
auffi ils font recompenfez par le beau coloris, par le bon
goût, & par la maturité avancée ; quelle difference entre
les Mufcats de ces fortes de fituations féches, & les Mufcats des valées humides ; à dire le vray, les Mufcats font
la pierre de touche, qui fait juger fi le Jardin eft bien ou
mal fitué ; de quel merite font les Epines d'Hyver, les Bergamottes, le Lanfac, les Petitoins, les Loüifes-bonnes,
&c. venuës dans un terrein élevé au prix de ces mêmes efpeces de Poires nourries dans un fond de Pré ; ces fortes de
Fruits font une autre preuve convaincante fur le fait de la
fituation du Fruitier.

Mais enfin s'il eft queftion de ces fortes de Jardins, qui
font defirez de la plûpart du monde, c'eft-à-dire de ces
Jardins où l'on veut avoir & Fruits & Legumes, le choix
n'eft pas difficile à faire : ce font affurément les my-côtes
qui fourniffent tout ce qui eft neceffaire pour l'un & pour
l'autre, fuppofé toûjours que les conditions du bon fond
s'y rencontrent ; cela étant, la terre n'y eft jamais ni trop
féche ni trop humide ; les eaux de la montagne y coulans
fans ceffe, & n'y fejournans point, y font le temperament
qui luy eft neceffaire ; la chaleur du Soleil y fait fon devoir
fans être combattuë du froid, qui eft infeparable des lieux
marécageux ; mais ces my-côtes, pour être entierement
comme nous les fouhaitons, ne doivent pas être trop roi-
des : les avalaifons des orages, que les Eftez ont coutume
de fournir, y feroient de trop grands defordres ; ce font de
ces my-côtes où la pente eft prefque imperceptible, où
chaque coup de tonnerc ne fait pas craindre de fâcheufes
fuites, & ou l'on n'a pas le déplaifir de voir tantôt fes
Arbres arrachez par les racines, tantôt les terres du haut
emportées en bas, tantôt les Allées entierement ravagées,
enfin toute la propreté, l'agrément & l'utilité renverfez.

Il feroit veritablement à fouhaiter, que tous les Jardins
des honnêtes gens euffent de ces fituations heureufes ; mais
comme on n'a pas toûjours cette bonne fortune, & que
fouvent on eft réduit à en faire les uns au milieu de gran-

Avantages ordinaires dans les terres qui font à my-côte.

des Plaines , & c'eſt ce qui eſt le plus ordinaire , les autres
ſur des montagnes , les autres enfin dans des valons ; nous
dirons cy-aprés ce qu'il eſt neceſſaire d'y ménager , pour y
réüſſir tout le mieux qu'il eſt poſſible..

CHAPITRE VI.

Des expoſitions de Iardins tant en general qu'en particulier ,
avec l'explication de ce que chacune peut avoir
de bon & de mauvais.

CE n'eſt pas aſſez que le fond d'un Jardin ſoit bon &
bien ſitué, il faut encore que ce Jardin ſoit bien expoſé ; on ne peut point dire qu'une my-côte mal expoſée
ſoit une ſituation bien avantageuſe ; or il y a regulierement quatre ſortes d'expoſitions, ſçavoir le Levant, le Couchant , le Midy , & le Nort, toutes faciles à entendre par
les noms qui leur ont été donnez , avec cette circonſpection, que chez les Jardiniers ces termes, Levant, Couchant,
Midy , & Nort, ſignifient tous le contraire de ce qu'ils ſignifient chez les Aſtrologues & les Geographes : car
ceux-cy ne regardent que les endroits où le Soleil paroît
actuellement , & non pas les endroits que ces rayons éclai-
rent ; ils donnent , par exemple , le nom de Levant à l'endroit où ils voyent lever le Soleil , le nom de Couchant
à l'endroit où ils le voyent coucher , &c. mais les Jardiniers ne regardent particulierement que les endroits de
leur Jardin ſur leſquels le Soleil donne, & de quelle maniere dans tout le cours de la journée il y donne, ſoit à l'égard
de tout le Jardin, ſoit à l'égard de quelqu'un de ces côtez; par exemple à l'égard des côtez, ſi les Jardiniers voyent
que le Soleil à ſon lever , & pendant toute la premiere
moitié du jour continuë de luire ſur un côté, ils appellent
ce côté le côté du Levant , & c'eſt en effet en matiere de
Jardins le veritable Levant, en ſorte que ſi le Soleil y commence plus tard , ou y finit plûtôt , cela ne ſe doit point
appeller Levant , & par la même raiſon ils appellent Couchant le côté ſur lequel le Soleil luit pendant toute la
ſeconde moitié du jour, c'eſt-à-dire depuis midy juſqu'au

foir, & felon le même ufage de parler ils appellent Midy
l'endroit où le Soleil donne depuis environ neuf heures du
matin jufqu'au foir, ou même l'endroit où il donne le
plus long-temps dans toute la journée, à quelque heure
qu'il commence ou qu'il ceffe d'y donner; enfin ils appellent le côté du Nort celuy qui eft oppofé au Midy, &
qui par confequent eft l'endroit le moins favorifé des
rayons du Soleil; car il n'en joüit peut-être qu'environ
une ou deux heures le matin, & autant fur le foir; voila
donc au vray ce que c'eft qu'expofitions en fait de Jardinage, & particulierement en fait de murailles de Jardins,
& par là on entend ce que veut dire cette maniere de parler fi ordinaire parmi les Jardiniers; mes Fruits du Levant
font meilleurs que ceux du Couchant; mes Efpaliers du
Levant font moins fouvent arrofez des pluyes, que ceux du
Couchant, &c.

De plus, ces noms d'expofitions marquent encore quels
font les vents qui peuvent le plus ou le moins donner fur de
tels Jardins, & par confequent leur faire plus ou moins de
prejudice; car les vents à l'égard des Jardins, & fur tout
pour les Arbres, font prefque tous à craindre; mais veritablement les uns plus, les autres moins, & cela eu égard
aux differentes faifons de l'année.

*Trifte lupus
ftabulis,ma-
turis frugi-
bus imbres,
arboribus
venti, &c.
Virgil. Buc.
Ecl. 3.*

Or quoy qu'on puiffe dire qu'en quelque fituation que
foit un Jardin,il a neceffairement tous les afpects du Soleil,
& que par confequent il eft en état de joüir des faveurs de
toutes les expofitions, & de craindre auffi la difgrace de
tous les vents; cependant, de l'aveu de tout le monde, il
eft certain qu'il y en a de mieux expofez les uns que les
autres; & cela s'entend particulierement de ceux qui font
fur des côteaux, dont les uns font éclairez du Soleil Levant, les autres du Couchant, les uns au Midy, les autres
au Nort; car pour les Jardins qui fe trouvent dans les
Plaines, & qui ne font à couvert ni de montagnes, ni de
hautes fuftayes, ni de grands bâtimens, la difference de
ces expofitions n'en eft pas fi fenfible.

L'ufage de parler pour marquer les expofitions en fait
de chaque Jardin pris tout enfemble, & fans diftinction
particuliere de côtez;cet ufage de parler,dis-je,veut qu'on

les doit entendre par rapport à l'expofition de tout le côteau où fes Jardins fe trouvent fituez, comme l'ufage de
parler des expofitions de murailles en particulier veut
qu'elles dépendent de quelle maniere chacune eft éclairée
du Soleil dans le cours de la journée; ainfi, par exemple,
quand en parlant d'un Jardin fitué fur un côteau on dit
qu'il eft au Levant, cela veut dire que le Soleil y donne
tout auffi-tôt qu'il fe leve, & n'y eft prefque point l'aprés-
dînée; & quand on dit, mon Jardin eft en plein Midy, cela
veut dire que le Soleil y donne tout le jour, ou tout au
moins depuis neuf à dix heures du matin jufqu'au foir; &
par la même raifon quand on dit, un tel Jardin eft au Couchant, c'eft-à-dire que le Soleil ne commence veritablement à y donner que fur le midy, mais auffi qu'il n'en part
plus jufqu'à ce qu'il fe couche.

Prefentement qu'il eft bien entendu ce que c'eft qu'expofitions, fi on veut décider quelle eft la meilleure des
quatre, foit en general pour tout le Jardin, foit en particulier pour chacun de fes côtez; il faut premierement
fçavoir, que celle du Midy & celle du Levant font du con-
fentement de tous les Jardiniers, les deux principales, &
partant elles l'emportent fur les deux autres; il faut
auffi fçavoir que celle du Couchant n'eft pas mauvaife,
& qu'au moins elle eft beaucoup plus confiderable que
celle du Nort, qui eft par confequent la moins bonne
de toutes.

En fecond lieu, pour décider entre les deux principales quelle eft celle qui vaut le mieux, il faut pour
cela diftinguer le temperamment des terres: car fi elles
font fortes, & par confequent froides, celle du Midy
leur vaut mieux: fi elles font un peu legeres, & par confequent chaudes, celle du Levant leur fera plus favorable.

L'expofition du Midy en toutes fortes de terres, eft d'ordinaire propre à conferver les Plantes des rigueurs de
l'Hyver, à donner du goût aux Legumes & aux Fruits, & à
avancer tout ce qui dans chaque faifon doit venir de bonne heure; & partant fi elle eft favorable en toutes fortes
de terres, elle doit à plus forte raifon l'être en terres fortes, qui ne fçauroient prefqu'agir, fi le Soleil ne les anime

d'une

d'une chàleur extraordinaire, & en effet c'eſt l'expoſition
qu'il y faut affecter autant qu'il eſt poſſible ; il n'en eſt pas
de même en fait des terres legeres, & ſur tout dans les climats chauds ; elle eſt ſujette à y brûler tellement les Plantes en Eſté, que les Potagers y deviennent inutiles, elle y
engendre mille Pucerons qui percent ou recroquevillent
les feüilles, elle empêche que les Fruits n'y approchent de
la groſſeur qui leur convient, & par là en diminuë le bon
goût, & ſouvent même elle les fait tomber avant le temps;
ce qui arrive quelquefois en ce qu'elle altere les branches,
les feüilles, ou même la queuë de ces Fruits, comme nous
le voyons au Muſcat, aux Pêches, & quelquefois auſſi
en ce qu'elle endurcit trop la peau de chaque Fruit,
juſques-là même que ſouvent elle la grille & la gerce;
en effet combien de Pêches & de Figues d'eſpaliers periſſent ainſi par des chaleurs exceſſives ! cela étant, il n'eſt
pas difficile de décider ſur le choix de ces deux oppoſitions,
eu égard à le difference des terres ; il faut donc ſouhaiter
celle du Midy dans les lieux froids & humides, & ne la pas
tant affecter dans les fonds arides & ſablonneux.

Generalement parlant, cette expoſition du Midy eſt à
couvert des vents du Nort, qui par leur froideur ordinaire
ſont toûjours cruels, & funeſtes à toutes ſortes de Jardins,
& c'eſt ce qui ſouvent la fait par tout rechercher preferablement à celle du Levant : mais auſſi eſt-il conſtant
qu'en terres legeres celle-cy étant, comme elle eſt, favori-
ſée des roſées de la nuit, & des premiers rayons doux & be-
nins du Soleil levant, elle y fait des biens admirables, ſoit
pour la maturité, la groſſeur & le bon goût, ſoit pour la
conſervation des Arbres & des Legumes, &c. ſoit ſur
tout parce que pour comble de bonheur elle défend du
vent de Galerne ; ce vent prend ſa naiſſance entre le Couchant & le Nord, & comme regulierement il ſouffle au
Printemps, il eſt ordinairement ſuivi de gelées blanches,
qui ſont de grandes deſtructrices de Fleurs, & de Fruits
aux Arbres fruitiers où elles peuvent donner ; & cette
conſideration fait que même en terres fortes on n'a pas
trop de peine à ſe conſoler de n'y avoir que l'expoſition
du Levant, mais toûjours ſûrement je la croy la meilleure

pour les terres legeres.

Quoy que sans hesiter j'aye preferé l'exposition du Couchant à celle du Nord, la derniere étant constamment la plus mauvaise des deux, cependant en fait de ces climats, où la chaleur étant excessive brûle & ruine absolument tout ce qui est trop long-temps éclairé du Soleil, celle du Nord doit avoir la preference sur l'autre; en effet nos Jardins n'ont besoin que d'une chaleur moderée pour nourrir doucement ce qu'ils produisent, & sur tout pour conduire les Fruits en parfaite maturité, & par consequent dans les climats où le Soleil paroît trop violent, j'affecterois plus volontiers une exposition du Nord, qui n'auroit, par exemple, que quatre à cinq heures de Soleil Levant, & autant de Couchant, que toute autre, soit celle qui la brûleroit presque tout le long du jour, soit celle qui n'y donneroit que pendant la moitie; & même sûrement en ces sortes de climats chauds, il ne faut à l'Espalier du Midy nuls de nos Fruits à pepin ou à noyau; ils sont trop delicats pour cela, il n'y faut que des Orangers, des Citronniers, des Grenadiers, des Figuiers, des Muscats, &c. & même il y faut conserver la plus grande partie des feüilles, les autres expositions pourront être assez bonnes à ces Fruits tendres, qui ne peuvent souffrir celle du Midy.

Aprés avoir vû les avantages qu'on peut esperer des bonnes expositions, voicy les inconveniens qu'on y doit craindre; mais comme ils n'y sont pas infailliblement ordinaires, il faut à la verité y être preparé, mais cependant s'en consoler s'ils arrivent, vù l'impossibilité des remedes.

L'exposition du Midy, generalement parlant, est sujette à de grands vents depuis la my-Aoust jusqu'à la my-Octobre, si-bien que souvent il en tombe beaucoup de Fruits, les uns avant qu'ils ayent leur grosseur, ni qu'ils approchent de leur maturité, les autres même étant mûrs y tombent, & se cassent; ainsi on a le déplaisir d'en voir la plûpart miserablement perir, au lieu de parvenir à faire leur devoir, qui est de nourrir & recompenser le Maître du Jardin; d'où vient qu'en tels Jardins directement exposez aux vents de Midy, mais qui d'ailleurs ont les avan-

Et jam maturis metuendus Jupiter uvis.
Virg. Georg.
2.

tages tant eſtimez en Jardinage, en tels Jardins, dis-je, les
Eſpaliers ſont fort à ſouhaiter ; les Buiſſons s'y défendent
aſſez bien, mais les Arbres de tige y ſont fort à plaindre, &
ſur tout ceux des eſpeces dont les Fruits tiennent peu à la
queuë, par exemple les Virgoulé, les Vertelongue, les Saint
Germain, &c. ainſi il n'y en faut gueres mettre de ceux-là,
& ſe contenter d'y en avoir de ceux qui ont le don de reſiſter mieux à la violence des vents; par exemple les Eſpines,
les Ambrets, les Leſchaſſeries, les Martin-ſecs, &c. ou
s'en tenir à ceux d'Eſté qui ſont bons dans le temps de leur
chute, ſçavoir les Cuiſſes-Madame, les petits Muſcats, les
Blanquets, les Robines, les Rouſſelets, &c.

L'expoſition du Levant, quelque merveilleuſe qu'elle ſoit,
ne manque pas d'avoir ſes affections quelquefois ; au Printemps elle eſt ſujette à des vents de Nord-Eſt, c'eſt-à-dire
vents de bize fort ſecs & fort froids, vents qui broüiſſent
les feüilles & les jets nouveaux, & ſur tout à l'égard des
Pêchers; ils font même ſouvent tomber beaucoup de Fruits
à pepin & à noyau, & particulierement des Figues naiſ-
ſantes, dans le temps que leur groſſeur déja raiſonnable
commençoit à donner de grandes eſperances de bonne recolte ; ces vents de bize ne ſont pas les ſeuls ennemis de
cette expoſition, ce qui l'incommode encore beaucoup, &
ſur tout pour les Eſpaliers du Levant, c'eſt d'être privez du
benefice des pluyes, qui ne venant gueres que du Couchant
ne ſçauroient donner juſques dans les pieds des murs, &
ainſi les Arbres y ont à ſouffrir d'une ſéchereſſe qui leur
eſt mortelle, ſi on y remedie par les expediens que j'ay expliquez dans le Traité des Eſpaliers.

L'expoſition du Couchant craint non ſeulement & au
Printemps le vent de Galerne, vent ſi pernicieux pour les
Arbres en fleur, & en Automne les vents de la ſaiſon, ces
grands abateurs de Fruits, mais auſſi, & cela particulierement dans les terres humides & froides, elle craint les
grandes pluyes, qui d'ordinaire venant frequentes du côté
du Soleil Couchant, y font aſſez ſouvent de grandes déſo-
lations ; d'un autre côté, dans les terres ſéches & legeres
ces ſortes de pluyes y reparent les défauts de la ſterilité, &
rétabliſſent tout le mal que la ſéchereſſe y avoit pû faire.

A l'égard de l'exposition du Nord en fait d'Espaliers, si d'un côté elie est tolerable pour tous les Fruits d'Esté, & pour quelques-uns d'Automne, que n'a-t-elle point à craindre pour la beauté & le bon goût de ceux d'Hyver ? mais aussi quels avantages n'a-t-elle point pendant les grandes chaleurs pour les Legumes & pour les Fruits rouges qu'on veut faire durer long-temps, sçavoir les Fraises, Framboises, Groseilles, &c. c'est une matiere que j'ay encore amplement expliquée tant dans le Traité du Potager, que dans l'usage & l'employ qu'on doit faire de chaque muraille de Jardin en particulier.

Enfin ce qui resulte de ce petit Traité des expositions, est que chacune a son bien & son mal ; il faut sçavoir profiter de l'un, & se défendre de l'autre tout le plus qu'il sera possible à nôtre industrie.

CHAPITRE VII.

De la troisiéme condition qui demande dans nos Jardins la facilité des arrosemens.

A qua nu-
trix omnium
virgulto-
rum, & di-
versos sin-
gulis usus
ministrat,
&c. *Ex D.
Hieronimo.*

C'Est une chose constante, & universellement établie, qu'il n'est point possible d'avoir un beau & bon Jardin, & particulierement pour un Potager, à moins que pendant une grande partie de l'année on ne les garantisse de leur grande ennemie, qui est la sécheresse; le Printemps, & l'Esté sont sujets à de grandes chaleurs & de grands hâles, & par consequent tous les Legumes de la saison qui doivent être parfaits & abondans, ne peuvent donner aucun plaisir, s'ils ne sont grandement humectez ; ils ne profitent & n'acquierent qu'à force d'eau les bonnes qualitez qu'ils doivent avoir, c'est-à-dire de la grandeur, de la grosseur, de la douceur, & sur tout de la delicatesse, c'est-à-dire de la tendreté, s'il est permis d'user d'un tel terme, qui paroît encore barbare, mais qui cependant étant fort significatif nous seroit extrêmement necessaire ; je dis donc que les Legumes courent toûjours risque d'être petits, amers, durs, & insipides, quand ils n'ont pas le secours des groſſes & longues pluyes, qui d’ordinaire ſont aſſez incertaines, ou qu’au moins ils n’ont pas celuy des grands & frequens arroſemens, dont nous devons être les maîtres.

Et même quelque pluye qu’il faſſe, qui veritablement pourra être favorable aux petites Plantes, comme ſont Fraiſes, Verdures, Pois, Féves, Salades, Oignons, &c. il y a cependant d’autres Plantes dans nos Jardins qui demandent quelque choſe de plus, par exemple des Artichaux d’un an ou de deux, qu’il faut regulierement arroſer deux ou trois fois la ſemaine à une cruchée dans chaque pied; que ſi pour ces Artichaux on s’attend que quelques pluyes ayent ſatisfait à leurs beſoins, on s’apperçoit bien-tôt qu’on eſt grandement trompé, les Moucherons s’y mettent, la Pomme demeure petite, dure, & ſéche, & enfin les aîles ne produiſent que des feüilles; l’experience de ce qui ſe voit chez les bons Maréchez, juſtifie aſſez la neceſſité & l’importance des arroſemens; quelque pluye qu’il faſſe pendant l’Eſté, ils ne ceſſent guéres d’arroſer même tous leurs Jardins; auſſi voit-on que leur marchandiſe eſt beaucoup plus belle que celle des autres, qui arroſent moins.

Nous avons regulierement ſept ou huit mois de l’année, qu’il faut arroſer tout ce qui eſt dans un Potager: il n’y a que les Aſperges qui en ſont exemptes, parce que ne venans à faire leur devoir qu’à l’entrée du Printemps, c’eſt aſſez pour elles que de ſe ſentir des humiditez de l’Hiver, elles n’en ont plus beſoin paſſé les mois d’Avril & May; mais comme ces deux mois ſont les temps de hâle & de ſéchereſſe, on eſt aſſez ſouvent obligé d’arroſer juſqu’aux Arbres nouveaux plantez, & même quelquefois il eſt bon d’arroſer ceux qui ayant retenu une grande quantité de Fruits paroiſſent mediocrement vigoureux, & demandent quelques ſecours pour conduire à bonne fin la recolte qu’ils nous preparent; ſur toutes choſes ayant à faire à des terres legeres & ſéches, il en faut venir à ces arroſemens dans le temps du ſolſtice d’Eſté, & même il y en faut encore faire de nouveaux dans le mois d’Aouſt, quands les Fruits commencent à prendre chair, & que la ſaiſon ſe trouve fort ſéche; autrement ils demeurent petits,

& d'ordinaire pierreux , & peu agreabes.

De là il s'enfuit , qu'abfolument il faut de l'eau dans les Jardins , & même en affez honnête quantité , pour y pouvoir faire en temps & lieu les arrofemens neceffaires ; car en verité qu'eft-ce que c'eft qu'une terre fans eau , fi ce n'eft une terre la plûpart du temps inutile pour le rapport, & defagreable pour la vûë ; le grand fecret eft de choifir des fituations ou on puiffe avoir la commodité de l'eau , & partant quiconque ne fait pas d'abord un capital de cet article , merite bien qu'on le blâme , ou qu'on le plaigne.

Anima mea, ficut terra fine aqua. Pfal. Reg.

La plus ordinaire, & en même temps la plus miferable des reffources pour les arrofemens , eft celle des puits : il faut bien en avoir quand on ne peut rien de mieux , mais au moins les doit-on fouhaiter peu profonds, car affûrément il eft fort à craindre que les arrofemens ne foient tres-mediocres,& par confequent peu utiles, quand l'eau coûte beaucoup à tirer ; l'avantage des Pompes , quoy que fouvent trompeufes , fe peut bien en cela compter pour quelque chofe , mais fur tout la décharge de quelques fontaines, ou même quelques fontaines conduites exprés, un canal voifin , un petit refervoir bien fourni & bien entretenu , avec des tuyaux & des cuvettes diftribuées en plufieurs carrez, font, pour ainfi dire , l'ame de la vegetation , fans cela tout eft mort ou languiffant dans les Jardins, quoy que le Jardinier n'en ait aucun reproche à craindre ; mais avec cela tout le Jardin doit être vigoureux , & abondant en chaque faifon de l'année , & par ce moyen combien d'honneur & de gloire pour ceux qui font chargez de fa conduite , mais auffi que d'opprobre & d'ignominie pour eux , quand ils n'ont aucun pretexte pour s'excufer.

CHAPITRE VIII.

De la quatriéme condition qui demande que le Jardin foit à peu prés de niveau dans toute fa fuperficie.

IL eft tres-difficilé, & même affez rare, de trouver des fituations qui foient fi égales en toute leur étenduë,

qu’il u’y ait nulle pente d’aucun côté, cependant il n’eſt
pas impoſſible ; je ne croy pas qu’il faille beaucoup ſe mettre en peine d’en chercher qui ſoit d’un niveau auſſi égal
que celuy d’une Piece d’eau, mais on doit être bien aiſe
quand on en a d’aſſez heureuſes pour cela ; les grandes pentes ſont aſſurément tres-importunes dans les Jardins : les
ravines qui ſe font dans les temps de fortes pluyes, y font
de cruels degâts, & produiſent de terribles ouvrages pour
les rétablir ; les pentes mediocres ne font pas de grands
maux, elles font même du bien, quand ſur tout dans une
terre ſéche elles ſont tournées vers une muraille expoſée
au Levant ; cette partie, comme nous l’avons déja dit, ſe
trouve rarement baignée des eaux du Ciel ; c’eſt celle du
Couchant où donnent la plûpart des pluyes, & ainſi une
pente qui conduit les eaux vers ce Levant, eſt une choſe
extrêmement favorable.

J’eſtime donc qu’autant qu’il eſt poſſible, il faut preferer
une aſſiette qui a peu de pente, à un autre qui en a beaucoup, & qu’en tout cas ſi quelqu’une eſt tolerable ; ce n’eſt
que celle dont je viens de parler ; juſques-là que dans les
Iardins, qui pèchent pour être un peu ſecs ou un peu élevez, & ſont d’un niveau parfaitement égal, il eſt expedient d’y ménager quelque pente, par exemple il en faut
preparer une qui ſoit imperceptible & perpetuelle dans
toutes les Allées qui regnent le long du Levant, & pareillement une dans celles qui regnent le long du Midy, afin
que l’eau des pluyes, qui eſt inutile dans ces Allées, y trouve ſa décharge juſques dans les pieds des Arbres de ces
deux expoſitions.

Une telle pente artificielle produit de bons effets, le
premier, en ce qu’il eſt à ſouhaiter que ces endroits-là
ſoient toûjours un peu humides, & que leur aridité, ſoit
qu’elle vienne de la nature du fond & de la ſituation, ſoit
qu’elle vienne de l’ardeur du Soleil, puiſſe être par de telles eaux heureuſement corrigée : & le ſecond, en ce que
par ce moyen on empêche que ces eaux ne ſe jettent en
quelque autre partie du Jardin où elles pourroient nuire.

Que ſi on eſt indiſpenſablement obligé de prendre pour
ſon Iardin une ſituation qui ait beaucoup de pente, j’ex-

plique cy-aprés dans le Chapitre 13. ce que je croy devoir
être fait, pour tâcher d'en corriger le defaut, autant que
l'industrie est capable de le faire.

CHAPITRE IX.

De la cinquiéme condition qui demande que la figure d'un
Iardin soit agreable, & que son entrée soit bien placée.

JE n'auray pas de peine à prouver que la figure de nos
Jardins doit être agreable ; il est necessaire que les yeux
y trouvent d'abord de quoy être contens, & qu'il n'y ait
rien de bizare qui les blesse ; la plus belle figure qu'on
puisse souhaiter pour un Fruitier ou pour un Potager, &
même la plus commode pour la culture, est sans doute celle
qui fait un beau carré, & sur tout quand elle est si parfaite
& si bien proportionnée dans son étenduë, que non seulement les encoignures sont à angles droits, mais que sur
tout la longueur excede d'environ une fois & demie, ou
deux fois l'étenduë de la largeur, par exemple de vingt
toises sur dix ou douze, de quarante sur dix-huit ou vingt,
de quatre-vingt sur quarante, cinquante, ou soixante, &c.
car il est certain que dans ces figures carrées le Jardinier
trouve aisément de beaux carrez à faire, & de belles Planches à dresser ; il y a plaisir de voir de veritables carrez de
Fraises, d'Artichaux, d'Asperges, &c. de grandes Planches
de Cerfeüil, de Persil, d'Oseille, tout cela bien uni,
bien tiré, bien compassé, &c. ce qu'il ne sçauroit faire
dans les figures irrégulieres, ou au moins a-t-il toûjours
beaucoup de temps à perdre, quand pour en cacher en
quelque façon la difformité, il tâche d'y trouver quelque chose qui approche du carré.

D'où il est aisé de conclure, combien en fait de Potagers je trouve à redire à toutes les autres figures de découpez, de diagonales, de ronds, d'ovales, de triangles, &c.
qui ne doivent en effet être reçuës que dans les Bosquets,
& les Parterres ; aussi sont-ce des lieux où elles sont en
même temps, & d'un grand usage, & d'une grande beauté ;
je ne doute pas qu'on ne soit toûjours fort curieux de

donner

donner à son Jardin cette belle figure dont il est icy question, quand on taille comme on dit en plein drap, on est à plaindre quand quelque sujettion de malheureux voisinage nous réduit à souffrir des figures estropiées, des enclaves, des côtez inégaux, &c. heureux qui peut avoir des voisins d'humeur gracieuse & accommodante, malheureux qui en a de bourrus & de difficile accés.

Quoy que la figure d'un carré oblong & à angles droits soit la plus convenable, cependant j'ay fait un beau Potager de cent dix toises de long sur soixante de large, qui tire un peu à la figure .A. de Losange ; & comme j'ay

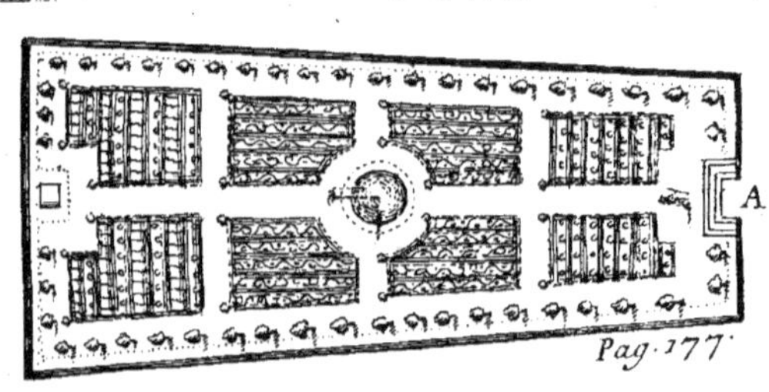

Pag. 177

disposé la principale entrée dans le milieu du plus petit côté, à peine s'apperçoit-on de la petite irrégularité qu'un Geometre y trouveroit, & c'est une precaution grandement necessaire, de cacher autant qu'on peut de certains défauts mediocres qui se trouvent dans la place du Jardin, & de disposer les Allées & le partage des carrez, tout de même que si tout le terrein étoit d'une figure parfaitement carrée ; quoy que les angles ni les quatre côtez n'y soient parfaitement égaux, cela n'empêche pas que les Planches qu'on y dresse n'y paroissent parfaites dans leur proportion.

De plus, pour l'agrément de nôtre Potager, & sur tout s'il est grand, il est à souhaiter que l'entrée soit justement par le milieu de la partie qui a le plus d'étenduë, comme il paroît à la figure au point .A. afin de trouver en face une Allée, qui ayant toute la longueur du Jardin, paroisse belle & coupe le terrein en deux parties égales, chacune de ces parties qui font des carrez trop longs pour leur largeur, seront ensuite subdivisées en d'autres plus petits

Tome I.   Z

carrez, s'il en eſt beſoin ; cette entrée ne ſeroit pas ſi
bien de ſe rencontrer par le milieu d'un des deux petits
côtez, comme il paroît à la figure .B. une vûë qui ſoit

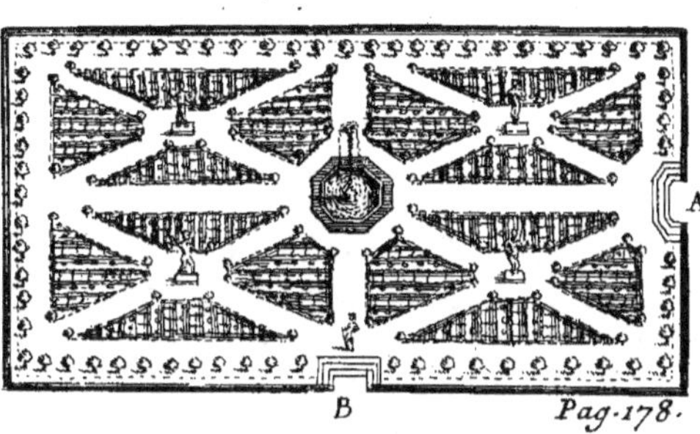

longue en face, & mediocrement large ſur les côtez, plaît
beaucoup mieux qu'une vûë longue par les côtez, & courte
en face ; cependant il arrive quelquefois que l'entrée n'a
pû être autrement diſpoſée, & il faut s'en conſoler, comme auſſi quoy qu'elle ne ſoit pas tout-à-fait ſi-bien de ſe
rencontrer par quelque encoignure, ou approchant de là ;
il y a toutefois de fort beaux Jardins que j'ay faits, & qui
ont leur entrée dans le coin, je n'aurois pas manqué de la
mieux mettre, ou placer, ſi la diſpoſition du terrein l'avoit
pû permettre ; ce qui empêche qu'on n'y trouve à redire,
c'eſt la belle Allée qui ſe preſente d'abord, & qui regne
le long d'un des grands Eſpaliers, dont la vûë ſe trouve fort
ſatisfaite, quand il eſt bien entretenu, telle eſt, par exemple, l'entrée du Potager de Ramboüillet.

CHAPITRE X.

*De la ſixiéme condition qui demande que le Jardin ſoit clos de
murailles, & de portes bien fermantes.*

CETTE clôture que je demande fait bien voir que
je ne me ſoucie pas trop pour un Fruitier & un Potager, qu'il ait de ces vûës de dehors qui ſont ſi neceſ-

faires pour les autres Iardins, ce n'eſt pas que quand la
ſituation le permet, je ne ſoit fort aiſe d'en profiter, mais
il eſt vray que je demande particulierement, que mon Iardin ſe trouve en ſeureté contre les voleurs, ſoit étrangers,
ſoit domeſtiques, & que les yeux trouvent tellement de
quoy ſe réjoüir en parcourant tout ce qu'il doit avoir, que
jamais il ne revienne en tête de ſouhaiter rien de plus di-
vertiſſant.

Un Eſpalier bien garni de Buiſſons bien faits, & bien
vigoureux, toutes ſortes de beaux & de bons Fruits de
chaque ſaiſon, de belles Planches, & de beaux carrez bien
fournis de tous les Legumes importans, des Allées nettes & d'une largeur proportionnée, de belles bordures qui
ſoient toutes de choſes utiles pour la maiſon; enfin une
diverſité bien entenduë de tout ce qui eſt neceſſaire dans
un Potager, en ſorte qu'on n'y manque de rien, tant pour
avoir du hâtif & du tardif, que pour l'abondance du milieu
des ſaiſons; ce ſont-là dans la verité ce qu'on doit chercher à voir dans nos Iardins, & non pas un clocher, ou
un bois en perſpective, un grand chemin, ou une riviere voiſine; il faut, ce ſemble, que pour ainſi dire la
nappe ſoit toûjours miſe dans un beau Iardin, & non
pas ſe mettre en peine de voir ce qui ſe paſſe à la campagne.

Un Potager auroit la plus belle vûë du monde que
cependant il me paroîtroit en ſoy fort vilain, ſi ayant beſoin de ce qu'il doit fournir, au lieu de l'y trouver on
étoit obligé ou de s'en paſſer avec chagrin, ou d'avoir
recours à ſes voiſins ou à ſa bourſe.

Je veux donc preferablement à toute ſorte de vûë, que
mon Iardin ſoit clos de murailles, quand même elles me
devroient ôter quelque beau point de vûë, joint que l'a-
bry qu'elles peuvent donner contre des vents fâcheux &
des gelées printannieres, ſont icy d'une grande conſideration; on ne ſçauroit gueres avoir de plaiſir de ſon Iardin,
avoir, par exemple, des Legumes hâtifs & de beaux Fruits
ſans le ſecours de ces murailles, & même il eſt bien des
choſes, qui craignant le grand chaud auroient peine à venir dans le fort de l'Eſté, ſi une muraille expoſée au Nord

ne les favorifoit d'un peu d'ombre.

Les murailles en effet font fi neceffaires pour les Jardins, que même pour les multiplier je me.fais autant que je puis de petits Jardins dans le voifinage du grand, & l'utilité que j'en tire eft non feulement pour avoir davantage d'Ef-paliers & d'abry, ce qui eft tres-important, mais auffi pour corriger quelque défaut & quelque irrégularité, qui ren-droit defagreable le grand Jardin; car enfin je veux à quelque prix que ce foit, avoir un Jardin principal, qui plaife & dans fa figure & dans fa grandeur, & qui foit de-ftiné pour les grands Legumes & pour quelques Arbres de tige; un grand Jardin plairoit fans doute moins, fi par exemple il étoit trop long pour fa largeur, ou trop large pour fa longueur, s'il avoit un coin ou quelque biais fenfible qui le défigurât, & qui étant retranché ren-droit tout le refte carré; ainfi tels Jardins venant à être rappetiffez foit par l'une de leurs extrémitez, foit par les deux enfemble, donneront lieu de faire de petits Jardins utiles & agreables, comme j'en ay fait en plufieurs grandes maifons du voifinage de Paris.

Outre la clôture des murailles, je veux encore de bonnes ferrures aux portes, afin que mon Jardinier me réponde de tout ce qui eft dans le Jardin; je fçay bien qu'il en eft de fort fages & de fort foigneux, mais je fçay bien qu'il en eft qui ne demandent pas mieux que d'avoir quelques pre-textes.

CHAPITRE XI.

De la derniere condition qui demande que le Jardin Fruitier &
Potager ne foit pas loin de la maifon, & que
l'abord en foit aifé & commode.

JE fçay bien qu'à la campagne il eft de grandes maifons & de mediocres, les unes pouvant être accompagnées de plufieurs Jardins, les autres fe contentant d'un feul.

A l'égard de celles qui peuvent avoir plufieurs Jardins, il eft à la verité tres-à-propos que ceux qui font deftinez pour les Fleurs & les Arbriffeaux, c'eft-à-dire les Par-

terres soient en face du principal aspect de la maison, rien
n'est plus agreable que de voir en tout temps de ce côté-là
un bel émail de fleurs succedans les unes aux autres
quelles qu'elles soient ; ce font plusieurs changemens de
décorations sur un theatre, dont la figure ne change
point, ce font des matieres perpetuelles de plaisir tant
pour la vûë que pour l'odorat, outre que comme d'ordinaire ce Parterre est un lieu aussi public & aussi ouvert à tout le monde, que la court même de la maison,
on a sans doute la prevoyance de n'y mettre rien, dont
la perte puisse inquieter.

Je veux bien donc qu'en de telles maisons le Fruitier
& le Potager ne soient pas au plus bel endroit, il est
sujet à avoir beaucoup de choses, quoy que necessaires,
dont la vûë ou l'odorat ne font pas toûjours satisfaits,
& sur tout il produit beaucoup de choses qui font pour
le plaisir du Maître, & ainsi font capables de tenter des
friands indiscrets ; ce font matieres de chagrin & de
plaintes qu'il est bon d'empêcher en mettant nos Jardins hors de la portée du public.

C'est pourquoy, autant que faire se peut, nous nous con-
tentons de les établir au meilleur fond, qui sans faire tort
à la place du Parterre, se trouve assez prés de la maison, &
qui est aussi d'un abord commode & aisé ; nos anciens ont
été de ce sentiment, quand ils ont dit que les pas du Maî- *Optima*
tre, c'est-à-dire ses frequentes visites faisoient un mer- *stercoratio*
veilleux engrais pour les Jardins ; qui dit engrais, dit en *vestigia do-*
même temps propreté, abondance, bonté, beauté, &c. si *mini. Ex*
bien que les Jardins éloignez ou de difficile abord, font su- *Plutarcho.*
jets aux desordres, à l'ordure, à la sterilité, &c.

Je veux fort esperer, que comme dans le commencement
de cet Ouvrage que j'ay bien osé dire que nul ne devoit entreprendre d'avoir un de nos Jardins, s'il n'en entendoit
passablement la culture ; qu'aussi personne ne s'en fera, à
moins qu'il ne puisse se donner le plaisir de le bien faire
cultiver, & par consequent il le voudra voir souvent, ce
qu'il ne sçauroit faire si ce Jardin est éloigné, ou d'un accés
rude & difficile.

A l'égard des maisons, qui absolument ne peuvent avoir

qu'un seul Iardin, je n'estime pas qu'il puisse entrer dans la pensée de personne de l'employer tout en Buis & Boulingrins, au lieu de l'employer en Fruits & en Legumes; & en tel cas soit aux champs, soit à la ville, si la place du Iardin est d'une raisonnable grandeur, je trouve à propos d'en prendre un peu du plus voisin pour en faire un petit Parterre, le reste sera pour tout ce qui est utile & necessaire, mais si la place est mediocre & serrée, je conseille qu'on n'y fasse aucun Parterre, car pour moy je n'y en ferois point, étant persuadé qu'on se peut aisément passer de fleurs; prenant donc ce parti d'employer son terrein en Plantes qui sont de service, on peut & on doit affecter de mettre le plus en vûë du logis ce qui plait le mieux de toutes les parties du Potager, & mettre le plus à l'écart ce qui pourroit blesser les yeux ou l'odorat; les beaux Espaliers, les beaux Buissons de Fruits, les Verdures, les Artichaux, les Salades, l'action perpetuelle des Iardiniers, &c. peuvent bien occuper le voisinage de quelques fenêtres, & même pour des maisons assez considerables, aussi-bien que pour des maisons mediocres.

Je suis même si persuadé du plaisir innocent que peut donner la vûë d'un beau Potager, que dans tous les grands Iardins je conseille d'y faire quelque joly cabinet, & cela non seulement pour s'y refugier en cas d'orage inopiné, ce qui arrive assez souvent, mais aussi pour l'agrément qu'il y a de voir à son aise cultiver une terre bien employée.

Nonobstant tout ce que je viens de dire pour un fort petit Iardin, je ne condamne nullement les Maîtres, qui suivant leur inclination affectent plus d'avoir des Fleurs, que du Potager.

Aprés avoir dit ce qui est à souhaiter, quand on peut choisir la place d'un Iardin, disons maintenant ce qui est à faire, quand dans la dépendance de la maison on se trouve réduit & assujetti à quelque place quelle qu'elle soit, reguliere ou non reguliere, bonne, mediocre, ou mauvaise, & suivons le même ordre que nous avons suivi dans le pretendu choix que je viens d'expliquer.

CHAPITRE XII.

De ce qui eſt à faire pour corriger un fond qui eſt défectueux ;
ſoit dans la qualité de ſa terre, ſoit dans la trop
petite quantité.

COMME l'article le plus important d'un Iardin Fruitier & Potager eſt que le fond en ſoit bon, ſi cependant dans l'endroit où doit être ce Iardin, il y a ſur
le fait de ce fond quelque défaut conſiderable, & qui
puiſſe être corrigé, il me ſemble que j'aurois tort de paſſer
outre ſans dire ſur cela ce que j'y voudrois faire ; or il me
ſemble que telles ſortes de défauts ſe réduiſent particulierement à cinq.

Le premier eſt, que la terre y ſoit tout-à-fait mauvaiſe.

Le ſecond, qu'elle y ſoit mediocrement bonne.

Le troiſiéme, qu'étant aſſez bonne il n'y en ait pas aſſez
ſuffiſamment.

Le quatriéme, que même il n'y en ait point du tout.

Le cinquiéme enfin, que quelque bonne qu'elle ſoit, les
trop grandes humiditez auſquelles elle eſt ſujette, peuvent
la rendre incapable de profiter du ſoin & de la culture
d'un Iardinier habile.

Pour ce qui eſt du premier cas, je ne ſçaurois m'empêcher d'abord de plaindre ceux qui debuttent ſi mal, que
de faire un Iardin dans un endroit où le fond eſt entierement défectueux, & ſur tout s'ils ſont en état de le mieux
placer, je les trouve en effet à plaindre premierement à
cauſe de la grande dépenſe, qui eſt une choſe que je crains
particulierement en fait de Fruitiers & Potagers, étant perſuadé que le propre de tels Iardins n'eſt pas de couter
beaucoup, mais de rapporter amplement & à peu de frais :
je les trouve en deuxiéme lieu à plaindre, à cauſe du peu
de ſuccés qui eſt infaillible en telles entrepriſes, & ſur
tout quand on n'y fait qu'à demi les ouvrages neceſſaires ;
Dieu veüille qu'il n'y ait jamais lieu de faire de telles plaintes à l'occaſion de nos curieux ; mais cependant s'il eſt

inévitable de tomber dans ce premier cas, où la place du
Jardin à faire n'est remplie que de tres-méchante terre,
comme cela arrive quelquefois, cherchons tous les remedes qu'on y peut apporter, & tâchons de faire enfin ce Jardin dont est question, & de le rendre le moins mauvais, &
avec le moins de frais qu'il sera possible.

Premierement donc si la terre est entierement défectueuse, soit en ce qu'elle est puante, soit en ce que ce n'est absolument que glaize, ou argile, ou crayon, c'est-à-dire terre
de carriere, soit en ce que ce n'est que pierre, gravois &
cailloux, soit enfin en ce que ce n'est que du sable sec de
quelque couleur qu'il soit, mais toûjours aussi peu fertile
que celuy de riviere, & que cependant la superficie se
trouve à la hauteur raisonnable où on peut souhaiter que
le Jardin soit : je diray cy-aprés ce que j'entens par cette
hauteur.

Si, dis-je, cette terre se trouve être de quelqu'une des
mauvaises qualitez que je viens d'expliquer, je ne croy pas
qu'il y ait d'autre expedient pour réüssir, que celuy de la
faire toute enlever, & cela à la profondeur de trois pieds
aux endroits qui devront être les principaux ornemens du
Jardin, sçavoir les Arbres & les Plantes à longues racines,
& de deux bons pieds aux autres endroits où devront être
les menuës Plantes; & ensuite il y faudra remettre pareille
quantité de la meilleure terre qu'on y pourra commodement faire porter, ce qui étant fait on doit être en repos
pour long-temps, tout ira bien, sans qu'on ait besoin de se
mettre en peine d'autres amandemens; que si on n'a pas
la commodité de la quantité de bonne terre qui seroit necessaire à mettre par tout, il faut au moins tâcher d'en avoir
pour la place des Arbres, & se contenter d'en remettre de
mediocrement bonne pour le reste du Jardin, c'est-à-dire
pour les Plantes potageres, il ne sera pas difficile de l'ameliorer, comme il sera dit cy-aprés.

Je sçay bien que telle dépense de grands transports de
terre fait peur, & sur tout quand il s'agit de grands Jardins, aussi n'arrive-t-il guere qu'on ait lieu de s'engager
à la faire; ce sont des Ouvrages de Roy, le Potager de
Versailles en est un terrible échantillon; mais pour ce qui

est

eſt de petits Jardins de ville, aſſez ſouvent il arrive occaſion ne l'entreprendre, & comme pour lors cette dépenſe n'eſt pas trop grande, auſſi ſe peut-il aiſément faire qu'elle eſt tolerable ; voila donc ce qui eſt à faire, quand la ſuperficie du Iardin n'a pas plus de hauteur qu'elle en doit avoir, & qu'il n'y a d'autre défaut que celuy de la mauvaiſe qualité du fond.

Afin de m'expliquer ſur cette hauteur, je ſuppoſe qu'il s'agit ſeulement ici du Iardin qui tient immediatement à la maiſon pour laquelle il eſt, & nullement d'un autre, qui en étant éloigné n'a pas beſoin de tant de precaution ; or il me ſemble que ce premier Iardin doit ſe trouver dans une ſituation un peu plus baſſe que la maiſon, ainſi cette maiſon étant plus haute elle doit avoir un Perron avec quelques marches pour deſcendre à ce Iardin, c'eſt une beauté que l'on a de coûtume d'y ſouhaiter en telles occaſions, & ſans doute qu'une telle hauteur de deux ou trois pieds au deſſus de la ſuperficie du Iardin, le rend beaucoup plus agreable à voir qu'il ne le paroîtroit s'il étoit de niveau avec le ſueil de la porte, à plus forte raiſon paroît-il plus beau que ceux qui ſont dans une ſituation plus haute que le rez de chauſſée, & où par conſequent on ne peut aller qu'en montant, & qui par là ſont ſujets à des inconveniens aſſez fâcheux.

Je reviens aux autres cas cy-devant propoſez, pour dire que ſi tel lieu plein de méchante terre eſt trop bas d'environ cinq ou ſix pieds dans ſa ſuperficie, il eſt aſſez viſible que ce ſera la moitié de la dépenſe ſauvée, ny ayant rien à enlever, & n'y ayant obligation que de rehauſſer, mais en tout cas il faut toûjours faire ſon compte premierement ſur la ſituation un peu baſſe où doit être le Iardin, eu égard à la maiſon, & en deuxiéme lieu ſur les trois pieds de terre qu'il faut porter, & particulierement pour les Arbres & pour les groſſes Plantes, & afin de ne s'y point tromper il faudra avec une jauge reglée meſurer cette terre ſur le lieu où on la prend, attendu que telle hauteur de trois pieds de terre cube, qui vient à être nouvellement remuée, paroîtra d'abord faire une plus grande dimenſion, mais enfin elle ſe doit enſuite affaiſſer, & réduire au moins à la hauteur proposée, laquelle je tiens toûjours indispensablement necessaire, & si on n'a pas eu la precaution de mesurer la terre avant que de l'enlever, il ne faut pas croire qu'on en ait suffisamment mis à l'endroit où elle est portée, à moins que les premiers mois on n'y en trouve au moins approchant de quatre pieds de hauteur ; les pluyes & le sejour l'auront bientôt réduite à trois, & si les premiers jours on n'y en avoit trouvé que trois, on se trouveroit quelque temps aprés n'en avoir tout au plus que deux, c'est-à-dire trop peu d'un pied, & ainsi au bout de quelques années on auroit le déplaisir de voir perir tous ses Arbres, & d'être réduit à recommencer tout de nouveau, si on continuoit dans la passion de réüssir pour ses Fruits.

Dans le voisinage des grandes Villes, on a quelquefois de grandes commoditez pour rehausser & remplir des places de Jardins, sans qu'il en coûte beaucoup, on n'a qu'à donner la liberté d'y venir décharger les décombres qui se font des fondations de maisons, mais souvent telle commodité coûte beaucoup de temps, dont en fait de Plans la perte est infiniment à craindre, & coûte même assez d'argent pour faire passer à la Claye telles terres de rapport, autrement on court grand risque d'avoir dans son Jardin plus de pierre & de méchant sable, que de veritable terre, & par consequent d'avoir un méchant Jardin ; sur cela chacun consultera sa bourse & son plaisir, & ensuite prendra le parti qui luy sera le plus convenable.

La réponse que je viens de faire pour le premier article, où il s'agit d'une terre entierement mauvaise qui se trouve à l'endroit où doit être le Jardin ; cette réponse, dis-je, sert pareillement pour le quatriéme article, où l'on suppose une place de Jardin qui n'a nulle terre quelle qu'elle soit, il y en faut faire porter trois pieds de bonne, & la faire porter le plus prés qu'il est possible, pour qu'il en coûte beaucoup moins.

Au second cas, quand la terre ayant la profondeur necessaire est cependant mediocrement bonne, c'est-à-dire qu'elle est ou un peu trop séche & legere, ou un peu trop forte & humide, car voila les deux défauts ordi-

naires, ou bien enfin qu'on a lieu de la croire trop usée;
en tels cas il faut absolument se mette d'abord en peine de l'accommoder, supposé qu'en effet on ait dessein d'y élever toutes les mêmes choses qu'on fait produire aux bonnes terres; le meilleur de tous les
remedes est toûjours de faire porter, si on peut, quelques
bonnes terres neuves, avec cette precaution de prendre
la terre franche pour mêler avec la legere, & de prendre de
la sablonneuse pour mêler avec la forte, & enfin d'en prendre de veritablement bonne pour mêler avec celle qui est
trop usée, à moins qu'on ne luy veüille donner le temps de
s'ameliorer par le repos; que si, comme je l'ay déja dit au
premier article, on n'a pas lieu d'avoir suffisamment des
terres pour tout le Jardin, on commencera par faire, la
provision importante pour les Arbres, & au surplus on
aura recours aux amandemens ordinaires pour le fait
des Plantes potageres.

En troisiéme lieu, quand la terre est veritablement
bonne, mais que cependant il n'y en a pas assez pour parvenir à faire les trois pieds de profondeur, on a sur cela deux
considerations à faire, la premiere est d'examiner si nôtre
superficie est de la hauteur convenable, ou si elle ne l'est
pas, quand elle est de la hauteur convenable, il faut necessairement enlever ce qu'il y a de mauvais dans le fond,
soit sable, soit glaise, soit pierre, & y rapporter de meilleure terre à la place, autant qu'on en a besoin pour avoir
la profondeur requise, & conserver toûjours nôtre même
hauteur.

A plus forte raison faut-il faire la même operation, c'est-
à-dire ôter ce qu'il y a de mauvais au dessous de la bonne
terre, quand la superfice étant trop haute eu égard au rez
de chaussée de la maison, on est obligé de l'abaisser, pour
faire que d'un Perron on se trouve plus élevé que le niveau
du Jardin; chacun peut aisément se regler en cela sur le
plus ou sur le moins, c'est-à-dire sur l'exigence de son terrein & de ses besoins, mais toûjours il faut s'assurer tant de
la quantité proposée de bonne terre, que de la distance qui
doit être depuis la superficie du Jardin jusquà la porte qui
luy sert d'entrée.

A a ij

Que si la terre étant en l'état qu'on la peut souhaiter, soit par la quantité, soit par la bonté, cependant la superficie est trop basse, il faut pareillement voir de combien elle l'est trop, afin de la hausser conformement à nos besoins & à nos souhaits ; il pourroit peut-être arriver qu'elle seroit basse, qu'on seroit obligé de la hausser de beaucoup au delà de trois pieds, en ce cas il faudroit relever & mettre à part tout ce qu'on a de bonne terre, & ensuite on feroit apporter de tout ce qu'on pourroit, bon ou mauvais, pour hausser suffisamment le fond, & cela fait on remettroit la bonne par dessus avec l'œconomie & le mêlange cy-devant expliqué. Je voudrois bien avoir de meilleurs expediens à proposer pour éviter la dépense du transport, mais de bonne foy je n'en sçay point.

Il reste à voir ce qui est à faire au cinquiéme cas, où il est question de corriger dans le Jardin les trop grandes humiditez qui y sont, & dont le propre est de faire tout pourrir, & rendre les productions non seulement tardives, mais aussi insipides & mauvaises ; il n'y a que les terreins chauds & secs qui soient hâtifs; ceux qui sont humides sont toûjours froids, & par consequent n'ont aucune disposition pour les nouveautez. Ce froid qui est inseparable de l'humidité, est de tous les défauts le plus difficile à corriger ; l'antiquité l'a connu aussi-bien que nous, & luy a donné même le nom de scelerat : mais cependant comme la terre a été soûmise à l'industrie de l'homme, & qu'il y a peu de choses dont enfin le travail ne puisse venir à bout, rendons compte de ce qu'une longue experience nous a appris pour ce fait-là.

At sceleratum exquirere frigus difficile est. Georg. 2.

Labor omnia vincit improbus, &c. Virg Georg 1.

Les humiditez dans la terre sont naturelles & perpetuelles, ou elles n'y sont qu'accidentelles & passageres, au premier cas nous avons deux expediens.

Le premier est de détourner de loin, s'il se peut, par des canaux ou par des pierrées les eaux qui nous incommodent, & leur donner une décharge qui les éloigne de nous, cela étant les terres ne manqueront pas de devenir séches ; & quand on ne peut pas se servir du premier.

Le second expedient est d'élever en dos de bahu, soit les carrez entiers, soit seulement de grandes planches ; &

pour cet effet faire de grandes rigoles creufes pour fervir d'une maniere de fentiers ; les terres qui en fortent ferviront à enfler ou ces carrez ou ces planches.

Que fi les humiditez n'y font que paffageres, & que ce foit, par exemple, les grandes pluyes qui les caufent, & que la nature du terrein ne foit pas propre à les imbiber, il en faut pareillement venir à l'élevation des terres pour les égoûter, & à la conftruction de quelques pierrées qui portent ces eaux au delà du Iardin.

Que fi enfin l'humidité n'eft pas extraordinairement grande, il faut faire le contraire de ce que nous avons dit de faire dans les terres fort féches, c'eft-à-dire élever les terres un peu plus hautes que les Allées, en forte que ces Allées fervent d'égoût à ces terres élevées, tout de même que dans l'autre cas les labours des platte-bandes fervent d'égoût pour recevoir & profiter des eaux des Allées voifines.

Or pour élever les terres, il n'y a rien de meilleur à faire que ce que nous avons dit pour hauffer les fuperficies ; que fi on n'a pas la commodité du tranfport des terres, & qu'on ait celle de beaucoup de grand Fumier, comme je l'ay au Potager de Verfailles, il faut fe fervir de ce grand Fumier, & le mêler abondamment dans le fond des terres, en forte qu'on les éleve tout autant qu'elles ont befoin de l'être, & toûjours les grandes pierrées font d'une utilité confiderable.

Je finis ce qui regarde la preparation de ces fonds qui font défectueux, foit par la qualité, foit par la trop petite quantité, en exhortant foigneufement ceux qui foüillent des terres le long de quelques murs, à prendre garde premierement de ne pas approcher trop prés des fondations, il y faut toûjours laiffer quelque petit talus folide fans le foüiller, autrement il y a peril que le mur ne vienne à tomber, ou par fon propre fardeau, ou par quelque pluye inopinée. I'exhorte en fecond lieu à faire en forte que telles tranchées foient remplies d'abord qu'elles ont été vuidées, ou plûtôt qu'elles foient remplies en même temps, & une partie aprés l'autre, faute de quoy, & par les mêmes raifons, le peril de la chute eft encore plus grand.   A r iij

Aprés avoir examiné ce qui regarde les conditions qui font neceffaires pour un Jardin Fruitier & Potager à faire, fçavoir la qualité & la quantité de bonne terre, la fituation heureufe, l'expofition favorable, la facilité des arrofemens, le niveau du terrein, la figure & l'entrée du Iardin, la clôture & la proximité du lieu, avoir auffi propofé les moyens de corriger les défauts de féchereffe & d'humidité, il refte encore à parler fur le fait des pentes, quand elles font trop grandes pour le Iardin, auquel on eft neceffairement affujetti.

CHAPITRE XIII.

Concernant les pentes de chaque Jardin.

NO u s avons dit cy-deffus ce qui eft à fouhaiter pour certaines pentes qui peuvent être favorables dans le Iardins, & avons infinué ce qui eft à craindre contre les inconveniens des grandes ; il faut prefentement dire ce qui eft à faire pour apporter du remede à celles qui peuvent être corrigées ; c'eft pourquoy d'abord que la place du Iardin eft refoluë fur les confiderations cy-devant établies, foit que la figure en foit bien carrée, en forte que les côtez & les angles y foient ou entierement, ou au moins à peu prés égaux & paralleles, ce qui eft le plus à fouhaiter, foit qu'elle foit irréguliere, ayant inégaux ou les angles ou les côtez, ou ayant peut-être plus ou moins de quatre côtez & de quatre angles, les uns & les autres differens entr'eux ou dans leur longueur, ou dans leur ouverture, &c. ce font des défauts qu'il eft bon d'éviter fi on peut, ou tout au moins faut-il tâcher de les rectifier.

Cette place du Iardin étant, dis-je, refoluë, foit volontairement, foit par neceffité, il ne faut point commencer à la clorre, que premierement on n'ait pris le niveau de tout le terrein pour en connoître les pentes, & prendre fur cela des refolutions neceffaires, autrement on tombera en beaucoup de grands inconveniens, foit à l'égard des murailles qui font à faire, foit à l'égard des Allées & des carrez qu'il faut dreffer.

Conſtamment chaque piece de terre peut avoir pluſieurs pentes toutes differentes, ſçavoir une, deux, ou trois pour autant de côtez, & une pour chaque diagonale ; & on ne peut bien ſçavoir le niveau d'un Jardin, qu'on n'ait pris & enſuite reglé toutes ces pentes.

Les diagonales, pour parler plus intelligiblement en faveur de quelques Jardiniers, ſont comme qui diroit les deux bras d'une croix de ſaint André, qu'on peut & qu'on doit figurer par tranchées menées de coin en coin au travers d'une place.

Il n'eſt pas neceſſaire de dire que les niveaux de pente ſe prennent toûjours à commencer par l'endroit le plus haut de la piece à niveler, pour aller au plus bas qui luy eſt oppoſé, tout le monde le ſçait aſſez ; ainſi le niveau des diagonales ſe prend à commencer à un coin ou angle, pour aller à un coin plus bas & oppoſé, par exemple la diagonale .A. .B. commence à un coin ou angle qui eſt formé par la rencontre de deux côtez, dont l'un eſt expoſé au Levant, & l'autre au Midy, pour aller à un coin plus bas, & oppoſé, qui eſt formé par la rencontre du côté expoſé au Couchant, & du côté expoſé au Nord ; l'autre diagonale ſe tirera de l'un à l'autre des deux coins ou angles .C. .D. qui reſte dans la figure que nous examinons, & qui eſt icy marquée. Le niveau des expoſitions ſe prend tout le

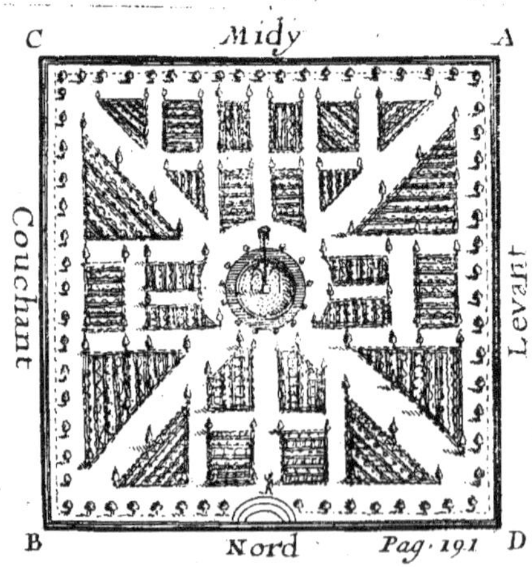

long de chaque côté, à commencer, comme nous avons dit,
par la partie la plus haute, pour venir à la plus baſſe.

Or pour prendre chaque niveau bien juſte, il faut que ce
ſoit ſur une ligne bien droite, qui ſera tirée ſoit le long du
côté à niveler, ce qui eſt le meilleur, ſoit ſur une autre ligne bien parallele à ce côté.

Chaque niveau pour être aſſez juſte, non pas veritablement auſſi juſte que celuy des eaux des fontaines, dans leſquelles juſqu'à une demy ligne tout eſt tres-important ;
mais enfin pour être ſuffiſant à l'uſage dont eſt queſtion,
chaque niveau, dis-je, ſe doit prendre avec la regle & l'é-
quaire, c'eſt-à-dire avec l'outil qui porte le nom de

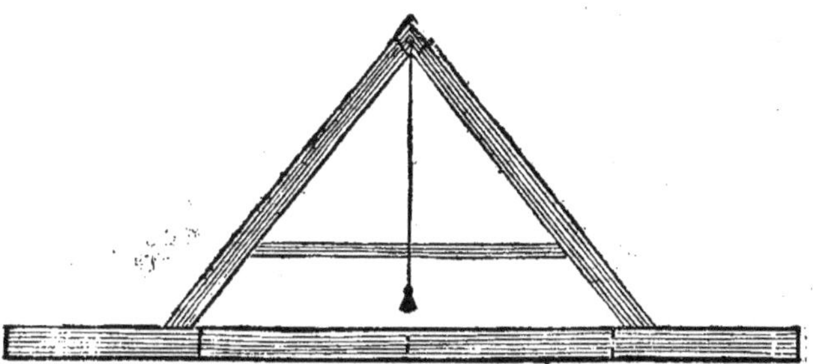

niveau, & qui, comme tout le monde ſçait, eſt triangulaire ayant un plomb, ou autre petite boule penduë à une
petite corde, & cette corde attachée à l'angle obtus ; il
faut que cet équaire étant poſé ſur ſa regle, cette petite
corde rencontre l'entaille qui eſt faite exprés, tant au haut
de cet angle, que ſur le point du milieu du côté qui ſert de
baze à cet inſtrument, en ſorte que le niveau n'eſt jamais
bien, juſqu'à ce que naturellement cette corde avec ſon
plomb ſe repoſe dans ſes deux entailles.

Voicy de quelle maniere on s'y prend pour faire cette
operation ; peut-être me pourrois-je bien paſſer de l'expliquer, étant déja ſi-bien expliquée dans tant de Livres, &
de Mathematique & de Mechanique; mais peut-être auſſi
que nôtre Jardinier n'en a pas en main, & qu'il ſera content de ce que j'en dis icy.

Outre l'équaire & la regle, dont celle-cy doit être bien
droite,

droite, & avoir la longueur de deux ou trois toifes, il faut encore des jalons, c'eft-à-dire des bâtons pointus, qui foient propres à ficher en terre à force de coups de maillets; il faut donc avoir um maillet, & enfin il faut ces trois bâtons d'une longueur fort jufte & fort égale, qui foient environ de trois à quatre pieds, tous trois fendus par l'extrémité qui doit refter en dehors, afin d'y mettre un peu de papier blanc dans cette extrémité.

Je n'aurois que faire de dire (car cela s'entend affez) qu'il faut être au moins trois ou quatre perfonnes, fçavoir trois pendant qu'on fe fert de la regle, & quatre quand on en vient aux bâtons; une de ces perfonnes doit en tous les cas être à l'endroit le plus bas du côté à niveler, & y avoir une perche pour fervir de point de vûë, afin de hauffer ou baiffer cette perche, fuivant l'ordre de celuy qui vife pour regler l'alignement.

Or donc pour trouver le niveau, ayant pris un temps calme, fans vent & fans pluye, & s'il fe peut un peu fombre, ou au moins s'étant placé de maniere que la grande lueur du Soleil ne puiffe pas incommoder la vûë, on fait d'abord entrer un de ces jalons jufqu'à la fuperficie qui doit demeurer, & un autre en ligne droite un peu au deffous, en forte que la regle puiffe être immediatement & commodement placée deffus, & cela fait on met le niveau fur cette regle, faifant hauffer ou baiffer le fecond jalon, jufqu'à ce qu'enfin le plomb tombe jufte, & de foy-même fans aucun mouvement de vent ou d'autre chofe dans fes entailles.

Et cela étant, on arrête abfolument le fecond jalon, on ôte le niveau, & pour lors fe couchant tout plat à terre, on peut fur cette regle ainfi fixée & ajuftée, mirer, vifer, ou borneyer vers la perfonne d'en bas qui tient la perche avec un linge blanc ou noir au bout d'en haut, & qui peut-être aura eu befoin de monter fur une échelle, fur une muraille, ou fur quelque Arbre, pour hauffer ou baiffer cette perche, fuivant l'ordre du borneyeur; & cela jufqu'à ce que l'extrémité en ayant été obfervée par le borneyeur, on fuppute jufte combien de pieds & de toifes il y a en ligne droite & à plomb depuis cette extrémité,

Tome I.   B b

qui eſt le haut de la perche ou du jalon, juſqu'à la ſuperficie naturelle de la terre qui eſt immediatement au deſſous de cette perche, &c.

Et parce que la poſture de ſe coucher eſt trop incommode, on peut & on doit creuſer la terre auprés du premier jalon fiché en terre, & la creuſer juſqu'à ce qu'on y puiſſe commodement être, ou à genoux, ou aſſis, ou debout pour borneyer à ſon aiſe, ou bien on peut emprunter, comme on dit, c'eſt-à-dire ſe ſervir de deux de ces bâtons cy-devant marquez, & pour cet effet on les poſe chacun ſur chacun de deux autres qui ſont fichez en terre, ou ſur quelqu'autre piece de bois ou de terre qu'on aura mis exprés pour cela, & on les y tient bien droits, enſuite on met la regle ſur ces bâtons, on voit encore avec l'équaire ſi la regle eſt bien juſtement de niveau, & cela étant on borneye, & ſi on a beſoin d'une troiſiéme perſonne, & par conſequent d'un troiſiéme bâton, on les place avec la même juſteſſe que les deux premiers, & le troiſiéme en quelque diſtance qu'il ſoit, ayant un linge, ou papier, ou chapeau ſur le haut de ce jalon, ſert pour borneyer plus commodement ; ſi-bien qu'ayant rencontré au bout de la vûë l'extrémité de la perche ou bâton qui ſont tenus en bas, on déduit ſur le tout la hauteur empruntée des bâtons, auſſi-bien que la hauteur de la regle, & ainſi on aura ſon niveau juſte ; par exemple, en borneyant on a trouvé que depuis le haut de la perche juſqu'à la ſuperficie de la terre, il y a douze pieds, on commence à déduire ſur cela les quatre pieds empruntez des bâtons, ſur le haut deſquels le borneyeur avoit poſé ſa regle, on déduit enſuite les trois ou quatre pouces de la hauteur du bois de la regle, tout cela enſemble fait quatre pieds quatre pouces, & par ce moyen on trouve qu'il y a environ ſept pieds huit pouces de pente depuis l'endroit de la ſuperficie, qui eſt reglée, & à demeurer, d'où le borneyeur viſoit, juſqu'à la ſuperficie de la partie où étoit le dernier jalon, & dont on cherche le niveau.

Or ou ces pentes ſont fort rudes, ou elles ne le ſont que mediocrement.

Les mediocres ſont tolerables, c'eſt-à-dire celles qui

n'ont, par exemple qu'un demi pouce, ou un pouce & demi
par toise , si-bien qu'il ne faut pas trop se mettre en
peine de les corriger, si la dépense en doit être un peu
grande;& ainsi sur une longueur de vingt toises, une pente
d'environ un pied , ou deux pieds , ou deux pieds & demi ,
ne feroit pas grand mal , elle feroit presque insensible,
n'étant que d'un demi pouce , ou d'un pouce & demi par
toise ; mais cependant on s'en peut encore confoler , &
sur tout si la longueur est grande, car affurément une pente
de douze ou quinze pieds sur quatre-vingt toises de long ,
quoy que tres-fâcheuse, elle est cependant moins sensible,
& même moins incommode qu'une pente de deux pieds &
demi sur vingt toises , quoy que la proportion soit entierement égale.

Que si une pente de deux pouces ou deux pouces &
demi par toise commence à être rude , que fera - ce d'une
pente de trois , de quatre , de cinq , & même d'avantage ,
il faut affurément tâcher de la corriger , ce qui se peut en
quatre manieres.

Sçavoir premierement, en baissant simplement le terrein
élevé autant qu'on a besoin qu'il soit baissé pour adoucir
la partie trop élevée, ou en second lieu , en portant dans
l'endroit le plus bas ce qu'on ôte de l'endroit plus haut;
& de cette façon une pente de cinq pieds , par exemple,
ple , se trouvera réduite à trois , si ayant ôté la hauteur
d'un pied de l'endroit plus haut , si-bien qu'il ne luy en
reste plus que quatre, on la porte à l'endroit plus bas , de
forte que deformais il se trouve d'un pied plus haut qu'il
n'étoit , &c.

Et comme il faut sur tout prendre garde que nous ayons
toûjours nos trois bons pieds de profondeur de bône terre,
aussi devant que de rien baisser de la partie élevée, il faut
y avoir fait des trous en differens endroits pour y examiner combien nous y avons de bonnes terres , & pour décider sur cela si nous en pouvons effectivement ôter quelque chose, & combien, ou si nous n'en pouvons rien ôter
sans faire tort au fond du Jardin; le parti sur cela est bien-
tôt pris, car si la profondeur de bonne terre est affez grande
pour en pouvoir diminuer une partie , on en fait ôter

la quantité dont on a befoin, pour moderer la pente dont eft queftion.

Mais fi au contraire on n'en peut pas ôter fans alterer la profondeur, ou quantité qu'il eft neceffaire d'y avoir, en ce cas-là il faut avoir recours à un troifiéme expedient, qui eft ou ne rien changer à cette hauteur, & relever la partie baffe, comme on le pourra pour le mieux, c'eft-à-dire mettre encore des bonnes terres fur ce qu'il y en a déja de bonnes, fi on le peut commodement, ou bien relever & retrouffer cette bonne pour en mettre de méchantes au fond, y remettre même des pierres & des gravois, fi on ne peut rien de mieux, & enfuite on recouvrira le tout de cette bonne terre qu'on aura premierement relevée, ou bien fi on peut baiffer le terrein de la partie haute, on relevera tout ce qu'il peut y avoir de bonne terre, & on la mettra à part jufqu'à ce qu'on ait foüillé, & enlevé de la méchante de deffous autant qu'on aura trouvé à propos d'en enlever, & cela fait, on reportera tout de nouveau les bonnes à la place de ces méchantes.

Que fi nul de ces trois expediens ne peut être mis en ufage, il faut enfin fe fervir d'un quatriéme, qui eft affez de dépenfe, mais il eft indifpenfablement neceffaire, & c'eft au Maître qui fe trouve dans une fituation fi fâcheufe à s'en confoler luy même, s'il veut avoir un Jardin qui luy foit utile & agreable, puifque fans cela il n'y fçauroit abfolument parvenir.

C'eft-à-dire qu'il faut partager cette grande pente en differens degrez ou differentes portions, pour en faire plufieurs terraffes particulieres, les unes plus hautes, les autres plus baffes, & toutes plus ou moins larges, felon que la pente eft plus ou moins rude, & enfuite on difpofera chacune de ces terraffes en foy felon ce que nous venons de dire qu'il faut faire quand il eft queftion de corriger des pentes mediocres; mais ce n'eft pas tout, car il en faudra encore venir à arrêter ou foûtenir chacune de ces terraffes pour les empêcher de s'ébouler, & ce fera ou par de petits murs, ou par de petits talus bien battus & bien trepignez, avec quelques degrez bien placez pour defcendre de l'une à l'autre, ou même on y defcendra par

quelques talus qu’on gazonnera exprés , afin de les rendre
& plus folide & de plus longue durée , & enfin comme fi
c’étoit autant de Jardins feparez , on les accompagnera
d’Allées d’une largeur proportionnée à leur longueur ,
comme nous dirons cy-aprés.

Pour finir cette matiere, il ne me refte plus qu’à dire
que les petits murs pourront fervir à faire de fort bons
Efpaliers, fi l’expofition en eft bonne , ou même ferviront
pour y mettre des Framboifiers, des Grofeillers, & du
Bourdelas, fi l’expofition en eft au Nord ; à l’égard des
petits talus ils ne feront point inutiles , & au contraire
quand ils font tournez au Midy ou au Levant , on s’en
fervira , foit pour élever d’abord des Plantes-printanieres,
par exemple des Laituës d’Hyver , des Pois , des Féves ,
des Fraifes, des Artichaux, &c. & le Printemps étant paffé,
ils feront employez à élever des graines de Pourpier , de
Bafilic , &c. ou bien même fi on a une grande quantité de
ces talus bien expofez , on en pourra employer pour toûjours une partie en bons Raifins & en autres Fruits, comme
j’ay fait au Potager du Roy, à de certains talus faits exprés
pour cela.

Que fi nos talus regardent le Nord, ils feront bons tout
l’Efté pour élever du Cerfeüil , ou même pour y femer ce
qui doit être replanté , fçavoir Laituës, Chicorées, Choux,
Celery , &c. car enfin il n’y a nul endroit d’un Jardin qui
ne puiffe être bon à quelque chofe.

Une precaution neceffaire pour ces talus , eft que non
feulement dans le temps qu’on les fait ils doivent être extrémement battus & trepignez dans le fond ; mais que fur
tout il faut que la partie haute de chaque talus foit un peu
plus élevée que l’Allée qui luy eft voifine, ou autrement
l’égoût de la pente de toute la terraffe les aura ruinez &
demolis en peu de temps ; que fi nonobftant cette precaution il y arrive quelque accident, il ne faudra pas manquer tous les Hyvers d’y faire les reparations neceffaires,
qui ne vont qu’à y rapporter quelques terres , les bien
trepigner & battre tout de nouveau, n’y laiffant rien de
meubles que les trois ou quatre pouces de fuperficie de
bonne terre, qu’on laboure aprés coup , pour rendre cette

B b iij

terre propre à produire quelque chofe.

Et comme je ne pretends pas toûjours que les grandes pentes des Jardins foient enfin tellement corrigées qu'il n'y en refte plus du tout , je veux non feulement que d'efpace en efpace on faffe dans les Allées de petits arrêts qui détournent les eaux des grandes pluyes dans les carrez voifins ; ces arrêts fe font avec des ais mis en terre au travers des Allées , & n'excedans que de deux ou trois pouces la fuperficie de ces Allées ; mais même fi ces arrêts ne fuffifent pas , je veux qu'au bas de chaque Jardin on ménage une fortie pour la décharge de ces eaux, ou qu'au moins fi le voifinage ne permet pas cette fortie , on faffe fur fon propre fond un grand trou, c'eft-à-dire un grand puifard plein de pierres féches , dans lequel toutes ces eaux puiffent venir fe perdre , car autrement il n'eft gueres de murs qui puiffent long-temps refifter à de grandes avalaifons fans fe démolir , & par confequent faire de grands defordres.

CHAPITRE XIV.

De la difpofition ou diftribution dans tout le terrein de chaque Fruitier & Potager.

DANS chaque Jardin fruitier & potager , nous avons deux principales confiderations à avoir ; la premiere eft de mettre ce Jardin fur le pied d'être utile & abondant dans fes productions , à proportion de fon étenduë & de la bonté de fon fond.

La feconde confideration eft de mettre ce Jardin fur le pied d'être agreable à voir , & d'être commode , foit pour la promenade , foit pour la culture & pour la cueillette , car en effet ce font les deux premieres vuës qu'on s'eft propofé en le faifant , & pour cela on ne doit pas feulement fçavoir ce que la terre d'elle - même eft capable de faire fans être beaucoup fecouruë , mais auffi ce qu'elle eft capable de faire avec tel & tel fecours qu'on luy peut donner.

Pour parvenir au premier point , qui eft l'utilité du rapport, il faut avec toute l'œconomie & la prudence possible, employer si bien en plans & en semences les meilleurs endroits du Jardin , qu'il n'y en reste pas un seul d'inutile , mettant à chacun ce qui peut le mieux y réüssir ; & pour parvenir au second point , qui est la beauté & la commodité , il faut non seulement distribuer agreablement son terrein par carrez , mais aussi faire necessairement des Allées qui soient propres, bien placées , & d'une largeur convenable à l'état du lieu , étant certain qu'il n'est point de Jardins d'honnête homme sans des Allées raisonnables, & que les grands en demandent de plus grandes & en plus grand nombre , que ne font ni les petits ni les mediocres.

Or ce qu'on appelle les meilleurs endroits du Jardin, sont bien veritablement ceux où est le meilleur fond, si en effet, ce qui est assez ordinaire , il n'est pas également bon par tout, comme il seroit à souhaiter ; mais la bonté étant égale par tout, les meilleurs endroits du Jardin sont particulierement ceux qui sont le plus à l'abry des vents , & qui par consequent peuvent le plus profiter de la reflexion causée par les murs.

Et ce qu'on appelle des Allées necessaires & bien placées , c'est que communément il en faut , soit dans le voisinage des murailles , afin de mieux voir les Espaliers , de les cultiver plus facilement, & avoir la commodité d'en cueillir les Fruits , soit dans tout le corps du Jardin , afin que le terrein soit divisé en carrez égaux, & que la promenade soit multipliée, aussi-bien que le plaisir de voir & de visiter ce que contiennent ces carrez, & afin que pareillement leur culture en soit & plus aisée & plus commode pour le Jardinier.

Il faut donc , comme j'ay dit dans nôtre distribution, chercher en même temps & l'utilité du rapport, & la commodité tant de la culture que de la promenade.

A l'égard de cette utilité , nous la trouverons, si premierement le long de tous les murs, sans excepter même quelquefois la face de la maison, & sur tout quand le Jardin est petit, nous y plantons de bons Arbres en Espaliers,

& qu'au tour des carrez nous y plantions auffi des Arbres pour y en avoir en Buiffons , autrefois on faifoit. des contre-Efpaliers, mais l'ufage en eft prefque aboly, il faifoit affez de peine à bien entretenir , & n'étoit: que d'un tres-mediocre rapport.

En deuxiéme lieu , nous trouverons cette utilité fi nos carrez font garnis de bordures utiles, & qui foient paffablement éloignées de ces Buiffons, & fi enfin le corps de chaque carré eft perpetuellement rempli de bons Legumes, en forte qu'on n'en ait pas fi-tôt cueilly un d'une faifon , qu'en même temps on prepare la terre pour y en remettre une autre d'une autre faifon.

On verra cy-aprés dans la troifiéme partie, qu'elles fortes d'Arbres on devra planter en toutes fortes de Jardins, foit pour les Efpaliers, foit pour les Buiffons, on verra dans la quatriéme comment il les faut tailler & cultiver, & on verra dans la fixiéme , qui contient le Traité du Potager, qu'elles font les bordures que j'appelle utiles, & quels font les Legumes de chaque faifon avec la culture qui leur convient pour les avoir beaux, bons , & à propos.

Ce n'eft pas affez d'avoir dit en general ce qui regarde l'utilité du rapport , il faut dire auffi ce qui regarde la commodité de la culture & le plaifir de la promenade ; & pour cet effet ce que nous avons icy prefentement à faire , c'eft de regler la largeur des labours, foit des Efpaliers, foit des platte-bandes quand on en fait, regler la grandeur des carrez , & enfin regler la place & la largeur des Allées de chaque Jardin , de quelque grandeur qu'il foit.

Quand je parleray icy d'Allées, je n'entens uniquement que la place employée pour la promenade ; & rien autre chofe, comme font quelques-uns, qui dans leur difpofition appellent Allée tout ce qu'il y a de place depuis le mur jufqu'aux Buiffons du contre-Efpalier, ou ce qu'il y a de diftance d'un Buiffon à l'autre dans le partage des carrez ; cette place d'Allée ne doit jamais être moins large que de cinq à fix pieds, quelque petit que foit le Jardin , & n'en doit jamais gueres exceder dix-huit ou vingt, quelque

que grand Potager que ce puiſſe être : & voila pour ce qui
eſt de la largeur, avec cette precaution que premierement
chaque Allée doit être plus ou moins large, ſuivant ſa longueur, & en ſecond lieu, qu'elle doit toûjours être tenuë
bien nette, bien unie & bien ſablée, ſi on peut, & que
cependant elle ſoit ferme ſous les pieds, autrement la promenade n'y ſeroit pas agreable.

Il eſt à propos de dire icy, que ce qui fait la differenee
d'une Allée d'avec un ſentier, eſt que dans l'Allée il faut au
moins ſe pouvoir promener deux perſonnnes de front, &
ainſi elle ne peut avoir moins d'environ cinq à ſix pieds de
large, ſans quoy ce ne ſeroit plus une veritable Allée, mais
plûtôt un grand ſentier ; & à l'égard du ſentier, il ſuffit
qu'on y puiſſe paſſer ſeul, & ainſi il peut même ſe contenter
d'un pied de large, ou un & demy au plus.

CHAPITRE XV.

De la diſpoſition ou diſtribution d'un tres-petit Jardin.

JE viens preſentement au détail de chaque Iardin, & dis
que communément il n'eſt gueres de Iardins qui n'ayent
au moins cinq à ſix toiſes de large avec une longueur proportionnée, ne pouvant croire qu'on puiſſe donner le nom
de Iardin à une place qui auroit moins de largeur, mais
toûjours quelle qu'elle ſoit, il eſt certain que telle place
état bien ſituée, c'eſt-à-dire ſituée en face de la maiſon,
elle en fait toute la gayeté, ſoit qu'elle y touche immediatement, ſoit que quelque petite court l'en ſepare ; s'il
s'agit donc d'un de ces Iardins ſi petits, il me ſemble que
pour mieux ménager le terrein, l'entrée ſe doit faire au
milieu de cette largeur, & y doit trouver une Allée d'environ ſix pieds, cette Allée y ſera toute ſeule, n'y ayant
que de petits ſentiers d'un bon pied de large le long du
labour des Eſpaliers ; que ſi l'entrée ſe faiſoit par un des
coins, comme quelquefois la neceſſité y oblige, il faut pareillement ſe contenter d'une ſeule Allée, qui regne tout
du long de la premiere muraille qui ſe preſente dans le
coin ; cette Allée pourra avoir du Soleil une partie du jour,

& de l'ombre l'autre partie, & par ce moyen on y aura quelquefois la promenade agreable.

Que ſi tel Jardin de cinq à ſix toiſes de large ſe trouve avoir une longueur de dix à douze, on pourra fort bien à chaque extrémité, ou au moins à une des deux, ménager quelque Allée de pareille largeur que la precedente, & ſur tout ce doit être à l'extrémité qui eſt la plus prés du logis, & en ce cas-là il faut même tenir cette Allée un peu plus large que l'autre ; c'eſt une obſervation qui ſe doit neceſſairement pratiquer en toutes ſortes de Jardins, & particulierement dans les grands, afin que, comme d'ordinaire à l'entrée de chaque Jardin on a de coûtume de s'arrêter un peu pour le conſiderer, on y trouve d'abord une place qui ſoit paſſablement grande, & par conſequent agreable & riante ; ces Allées des extrémitez donneront lieu à la promenade de deux ou trois compagnies ſeparées; ce qui eſt toûjours une choſe à ſouhaiter.

Je veux de plus, que les Allées qui ſe font dans le voiſinage des Eſpaliers, ſoient au moins éloignées de trois à quatre pieds des murs, afin que les Arbres de ces Eſpaliers ayent au moins trois à quatre pieds de labour, au lieu qu'on avoit accoûtumé de leur en donner beaucoup moins, & par ce moyen ce labour étant raiſonnablement grand, comme je le ſouhaite pour tous les Eſpaliers, juſqu'à le faire beaucoup plus grand dans les grands Jardins, les Arbres y ſont non-ſeulement mieux nourris, mais encore outre les bordures qui ſoûtiennent les terres de ce labour, & font figure agreable dans les Jardins, on y peut élever quelques-unes de ces Plantes utiles qui aiment le voiſinage des murs, c'eſtà-dire qui aiment un abry capable de les défendre ſur tout des vents froids & dangereux, condition abſolument neceſſaire pour avoir quelque choſe de printanier.

CHAPITRE XVI.

Sur la largeur qu'il faut donner aux labours des Eſpaliers.

J'EXHORTE icy tout le monde à faire reflexion ſur cet article, où je conſeille de placer les Allées aſſez loin

des Efpaliers, & cela fondé fur l'avantage que peut produire l'abry des murailles, abry qui fe trouve entierement
inutile, quand il ne favorife que les Allées, aufquelles il
ne fert de rien ; car enfin, que trois ou quatre pieds de terre
foient cultivées à droit ou à gauche de l'Allée, quel inconvenient en arrive-t-il pour le bon ufage qu'on doit faire de
la terre de chaque Jardin, au lieu que ces trois ou quatre
pieds de plus que je fais cultiver attenant du petit labour,
auquel on réduifoit d'ordinaire les Efpaliers, feront beaucoup plus de profit en cet endroit-là, que fi étant employez
à faire une partie de l'Allée, on en cultivoit une pareille
quantité de l'autre côté de cette Allée, en forte que l'abry
ne peut porter jufques-là.

Je ne veux pas tout-à-fait décider fi dans de fort petits
Jardins il y faut planter des Fruitiers en buiffons, c'eft à
chaque Maître à fuivre fur cela fon inclination, cependant
j'eftime que le mieux feroit de n'y en point mettre, à
moins que ce ne fût de petits Pommiers de Paradis, ou
quelques pieds de Grofeillers ; je craindrois que ces Buiffons ne vinffent enfin fi grands qu'ils en offufquaffent les
Efpaliers, pour lefquels j'ay icy beaucoup de refpect, outre
que fans doute ils incommoderoient la promenade, c'eft-à
dire la rendroient defagreable, en ce que dans ces petits
lieux on n'y auroit pas affez d'air à refpirer.

Je voudrois donc employer à autre chofe qu'à des Arbres fruitiers, le petit terrein dont eft queftion, & ce feroit,
par exemple, en Fraifes ou en Salades, & Herbes potageres, &c. ou peut-être même je l'employerois partie d'une
façon, & partie de l'autre pour y avoir en tout temps quelque peu de chofes à cueillir, & ainfi toute la place de nôtre
petit Jardin, dont nous avons divifé la largeur par une feule
Allée dans le milieu, ou retrecie par une Allée le long
d'un des Efpaliers, feroit coupée au travers de fa longueur
en planches de quatre à cinq pieds de large avec plufieurs
petits fentiers.

Aprés avoir bien examiné la diftribution que je viens de
faire, je la trouve fi raifonnable, que même je n'en ferois
point d'autre que celle-là, s'il s'agiffoit de Jardins de fept à
huit toifes de large, ni même de ceux qui en ont huit à neuf.

C c ij

CHAPITRE XVII.

De la distribution ou disposition d'un Jardin d'une honnête grandeur.

MAis s'il étoit question d'un Iardin de dix à onze, ou d'onze à douze toises, ce qui fait un Iardin d'une honnête grandeur, soit qu'on ait trouvé à propos, eu égard à la disposition du logis pour lequel il est, d'y faire l'entrée au milieu, ou de la faire à un des côtez, dans l'un & dans l'autre cas les Allées que j'y ferois auroient sept pieds de large, & j'en donnerois même jusqu'à huit ou neuf à celle qui est parallele à la face du logis, laissant, comme j'ay marqué cy-devant, un labour de cinq à six pieds pour chaque Espalier, si-bien que dans cette disposition je ne ferois d'Allées que le long de tous les Espaliers, & ainsi il me resteroit au milieu du Iardin un carré d'environ six à sept toises de large, ou de sept à huit sur toute nôtre longueur; & s'il se trouvoit que cette longueur fût de quinze à vingt, ou même davantage, il la faudroit couper en deux portions égales par une Allé à peu prés semblable à celle des Espaliers, mais je ne la couperois que par un sentier d'environ trois pieds, si ce carré n'avoit de ce sens-là que dix à douze toises.

Or il dépendroit encore de l'inclination du Maître d'employer ce carré, soit entierement en quinconce d'Arbres fruitiers avec des Fraisiers, & quelques petits Legumes parmi, pour les y avoir seulement pendant les cinq ou six premieres années que les Poiriers seroient à devenir grands, soit de l'employer partie en Arbres fruitiers, c'est-à-dire d'en mettre sur le bord des Allées, gardant toûjours l'éloignement & la distance que j'ay cy-devant marquée; & à l'égard du reste, il seroit, comme on dit vulgairement, *en hortolage*, c'est à sçavoir en Salades, Verdures, Artichaux, Fraises, & à dire le vray, ce seroit le party qui me plairoit le mieux, ou peut-être employerois-je entierement en Arbres fruitiers la moitié qui seroit la plus éloignée du logis, & employerois l'autre en Legumes, si

chacune se trouvoit sept à huit toises de long sur la largeur
proposée.

CHAPITRE XVIII.

De la distribution ou disposition d'un Jardin de quinze à vingt
toises de large, & de celuy de vingt-cinq à trente,
& de trente à quarante.

JE viens presentement à une place d'environ quinze à
vingt toises de large sur quelque longueur que ce soit, &
considere cecy comme un beau Iardin, & d'abord je veux
premierement examiner si la maison touche ce Iardin, ou
si elle ne le touche pas; & en deuxiéme lieu, si cette maison
est bâtie de belle pierre de taille, ou simplement de moilon
enduit ou recrepy.

Si la maison ne touche pas au Iardin, on fera sans doute
des Espaliers à toutes les murailles; si le Iardin est entierement fermé, & même si elle y touche, & que la face ne soit
qu'enduite ou recrepie, on y en pourra pareillement faire,
pour profiter sur tout de la largeur & hauteur des tru-
meaux, aussi-bien que du bas des fenêtres, mais si l'Archi-
tecture en est belle & riche, je veux qu'on la laisse nuë, &
exposée aux yeux de tout le monde, ce seroit dommage de
cacher un si bel ornement par l'esperance d'un peu de
Fruit davantage

En telle place donc qui a quinze ou vingt toises de large,
si la longueur alloit jusqu'à vingt-cinq ou trente toises, il y
auroit sans doute des Allées d'environ huit à neuf pieds de
large le long de tous les Espaliers, & elles seroient de neuf
à dix, ou de quelques pieds de plus, si cette longueur alloit
à trente-cinq ou quarante toises; & même l'Allée qui se
presente à l'entrée, & est parallele à la face du logis, quelque grande que fût la longueur du Iardin, auroit toûjours
au moins cinq à six pieds de plus que les autres, elle en
pourroit bien avoir jusqu'à douze, ou même davantage, si
elle étoit en terrasse, comme il arrive quelquefois; les
terrasses qui sont voisines d'une belle maison, ne sçauroient
presque avoir trop de largeur.

Outre les Allées que nous venons de marquer tout
au tour de nôtre Jardin, il y en auroit encore une dans
le milieu de cette largeur pour la couper en deux parties égales, si cette largeur étoit de vingt toises ou un
peu plus, & elle pourroit avoir quatre ou cinq pieds
plus que celles qui sont paralleles le long des murs à
droit & à gauche, & particulierement si celle-cy ré-
pondoit à l'entrée de la maison.

Pour ce qui est de la longueur de nôtre Jardin, que nous
supposons de trente à quarante toises, elle doit être coupée en deux par une Allée de traverse, qui soit à peu prés
large comme les Allées des côtez, ou seulement de quelques pieds moins, attendu que son étenduë n'est pas si grande, outre que d'ordinaire elle n'est plus serrée par les Arbres qui la pourront border à droit & à gauche, que ne
sont celles des côtez, lesquelles étant favorisées dans leur
longueur par la largeur du labour de l'Espalier, ont
plus d'air que celle du milieu.

Une telle Allée de traverse fera deux carrez, qui pourront avoir chacun environ six ou sept toises d'un sens sur
neuf, ou dix ou douze de l'autre.

Sur quoy je trouve à propos de dire qu'un carré, de quelque Jardin que ce soit, est toûjours beau, quand il a douze
à treize toises dans sa longueur, & six, sept ou huit dans
sa largeur ; à plus forte raison quand il est à peu prés égal
dans tous ses côtez, & surtout quand il a un peu plus de
longueur que de largeur.

S'il arrive quelquefois que pour dresser une Allée d'un
des côtez du Jardin on soit gehenné par une muraille, qui
au lieu d'être tirée droite, se trouve en ligne courbe le
long d'une partie de son étenduë, en tel cas, dans lequel
il ne faut pas pretendre qu'on puisse entierement corriger
ce défaut, je suis d'avis qu'on fasse toûjours son Allée regulierement à angles droits, c'est-à-dire carrée, la commençant à quatre pieds de distance à l'endroit de la muraille qui peut le plus avancer dans l'Allée, & la mettant
carrément à l'extrémité où elle doit finir, elle sera garnie
à droit & à gauche de jolies bordures qui la marqueront ;
& pour ce qui est des endroits où il se trouvera beaucoup

plus de largeur de terre qu'il n'en faudroit selon nôtre disposition ordinaire , on l'employera utilement soit en Fraisiers, soit en d'autres Plantes qui ne sont pas capables d'of-
fusquer l'Espalier.

On a quelquefois une longueur de soixante ou quatre-
vingt toises, & même davantage, sur la largeur de dix-huit
à vingt,dont nous parlons,en tel cas on ne doit pas manquer de diviser cette longueur en trois ou quatre portions
égales par des Allées de traverse ; mais comme une telle
longueur paroît peu proportionnée pour cette largeur, je
voudrois, qu'à la distance d'environ quarante à cinquante
toises de l'entrée de nôtre Jardin , on arrêtât la vûë par
quelque muraille, ou au moins par quelque pallissade;telle
muraille serviroit utilement à multiplier les Espaliers, ou
telle pallissade pourroit être de Raisins ou d'Arbres fruitiers,& ainsi nous profiterions en toutes manieres, soit pour
l'utilité du rapport, soit pour l'agrément de la vûë.

Quand la place du Jardin auroit dans sa largeur vingt-
cinq, trente, trente-cinq ou quarante toises, je n'en ferois
point d'autre d'istribution que celle que nous avons faite à
une largeur de quinze à vingt, si ce n'est que les Allées
pourroient avoir quelques pieds de plus , eu égard à leur
longueur.

CHAPITRE XIX.

De la disposition ou distribution des Jardins d'une grandeur extraordinaire.

SI la largeur du Jardin dont est question alloit à soixante , soixante & dix, ou quatre-vingt toises, ou
même davantage, je la couperois en quatre portions égales , comme j'ay fait à Versailles & en beaucoup d'autres
Potagers, ou bien j'y ferois des contre-Allées garnies de
Buissons sur les platte-bandes,comme j'ay fait à Rambouïl-
let pour Monseigneur le Duc de Montausier , à la charge
que dans ces deux cas les deux Allées qui seroient paralleles à la principale, laquelle nous supposons dans le mi-

lieu, & large d'environ trois toises, ne seroient que de huit à neuf pieds ; il me semble qu'on devroit avoir regret de les faire plus larges, parce que ce seroit trop de terre employée en simple promenade.

Nous avons dit cy-dessus quelle peut-être à peu prés la grandeur des carrez d'un Potager, & ainsi sans le repeter, nous trouverons que ces deux moindres Allées nous en donneront de beaux, soit pour leur largeur, soit pour leur longueur, car la même chose que nous disons d'une largeur à diviser, se doit aussi entendre d'une longueur à partager ; & toûjours doit-on croire que quand une place de Jardin approche de quatre-vingt toises dans sa largeur, & les passe dans sa longueur, comme le grand carré du Potager du Roy, elle fait un Potager veritablement grand, puisqu'il est au moins de sept à huit arpens, & en tel cas les carrez peuvent avoir quatorze à quinze toises d'un sens sur dix-huit, & vingt de l'autre.

Je ne croy pas qu'il faille traiter plus amplement ce qui regarde la disposition ou distribution du terrein de chaque Jardin fruitier & potager ; il suffit que nous ayons dit cy-dessus, que quand on peut avoir davantage de tels Jardins fruitiers & potagers, comme les Princes & grands Seigneurs en ont besoin, il en faut venir à faire de petits Jardins particuliers dans le voisinage du grand, comme j'ay fait à Chantilly, à Seaux, à Saint-Ouën, &c. ou tout au tour du grand comme à celuy de Versailles, ou bien il en faut venir à employer en Vergers d'Arbres de tige le surplus de la place qu'on veut faire cultiver ; car en verité les trop grands Potagers sont sujets à de grands embarras & de grandes dépenses, qui tres-souvent sont inutiles par le défaut des soins necessaires.

CHAPITRE XX.

De la maniere de cultiver les Jardins fruitiers.

QUOIQUE cette culture prise en general renferme tout ce que nous expliquons en plusieurs Traitez particuliers, cependant mon intention icy est de la renfermer

mer feulement à trois chofes ; fçavoir , premierement aux
labours qu'il faut faire à la terre ; en fecond lieu , à la
propreté que demandent les Jardins en tous temps ; le refte de la culture de la terre fera examiné dans le Traité
des Potagers.

C'eft pourquoy il faut faire fon compte , que comme
la terre autant de fois qu'elle eft chaude & humide , fe
trouve toûjours dans une difpofition prochaine à agir ,
c'eft-à-dire à produire quelques Plantes , foit bonnes ,
foit mauvaifes , foit même , ce femble , inutiles pour l'homme , parce que , pour ainfi dire , elle ne peut jamais être
oifive , auffi faut-il que la production qu'elle fait d'une
chofe , nuife affurément à la production d'une autre.

La raifon en eft , que premierement fon fel interieur ,
c'eft-à-dire fa fertilité , ou fa capacité d'agir , n'eft nullement infinie , elle s'épuife à force de produire , comme
tout le monde fçait , ainfi plufieurs Plantes fe trouvant
voifines , il arrive toûjours que toutes , ou qu'au moins
une grande partie , en font plus petites , parce que ce
qui devroit fervir de nourriture à toutes , étant divifé à
plufieurs , la portion de chacune en a été par confequent plus petite , & ainfi elles ont été toutes plus mal
nourries , ou bien il arrive que quelqu'une s'étant trouvée plus vivace , foit pour être venuë naturellement , foit
pour être d'un temperamment plus propre pour cet
endroit de terre qui les nourrit , cette Plante a fuccé
plus que les autres la nouriture qui étoit en cet endroit-là toute preparée pour la vegetation.

Et ce n'eft pas feulement par dedans que la terre nous
paroît épuifée dans fa production , quand une trop grande
quantité de differentes Plantes l'ont épuifée par leurs racines , nous difons encore que cette terre eft alterée , quand
elle a été empêchée de recevoir le benefice des rofées de la
nuit , & de plufieurs petites pluyes qui viennnent de temps
en temps ; ce font en effet ces rofées & ces petites pluyes
qui ont le don de reparer & de rétablir , c'eft-à-dire d'a-
mander cette terre , pourvû qu'elles puiffent penetrer
jufqu'à fes parties interieures ; ainfi quand la feüille de
toutes ces Plantes qui couvrent cette terre , vient à rece-

Exiguâ tan-
tum gelidus
ros noĉte
reponet.
Georg. 2.

voir ces fortes d'humiditez, elle eft caufe qu'elles ne def-
cendent pas plus bas, & ainfi elles reftent expofées au Soleil, qui les rarefiant auffi-tôt qu'il les éclaire & les é-
chauffe, les convertit en vapeurs, & par confequent les
rend pour lors inutiles à l'égard de cette terre.

Il s'enfuit donc de ce raifonnement, que quand nous vou-
lons que nos Arbres, & particulierement les Buiffons & les
Arbres de tige, foient bien nourris, & par confequent bien
vigoureux, & par là agreables à la vûë, il faut faire en
forte,

Premierement, qu'ils ne foient pas trop prés les uns des
autres, afin que la nouriture foit moins partagée.

En fecond lieu, faire en forte que dans leur voifinage il
n'y ait aucunes fortes de Plantes qui puiffent, ou par dedans voler leur nourriture, ou par dehors empêcher le ra-
fraîchiffement & le fecours, qui fûrement leur doivent
venir par les pluyes & par les rofées.

En troifiéme lieu, il faut faire en forte que les terres
foient toûjours mobiles, & par confequent fouvent labourées, tant afin que ces humiditez de pluyes ou de rofées
puiffent aifément & promptement penetrer jufqu'aux racines, qu'afin que la terre puiffe être convenablement
échauffée des rayons du Soleil, dont elle a un befoin indifpenfable.

Or pour parvenir à mettre cette terre en état de produire avantageufement ce que nous luy demandons, fans
luy donner le temps de s'employer à autre chofe, & pour
faire auffi qu'il y ait de la propreté dans toute leur étenduë, il faut être foigneux de labourer cette terre, l'amander, & la ratiffer quand elle en a befoin; examinons prefentement ces quatre fortes de cultures pour en faire voir
la maniere, l'ufage, la caufe, & le fuccés.

CHAPITRE XXI.

Des Labours.

LEs labours, à proprement parler, ne font autre chofe
qu'un mouvement ou remuëment, qui fe faifant à

la fuperficie de la terre penetre jufqu'à une certaine profondeur, en forte que les parties de deffus & celles de deffous prennent reciproquement la place les unes des autres : Or mon intention n'étant point de parler icy des labours qui fe font avec la Charruë en pleine campagne, mais feulement des labours de nos Jardins, il faut fçavoir qu'il s'en fait de plufieurs façons

Premierement, à la Bêche & à la Houë, & cela dans les terres aisées.

En fecond lieu, il s'en fait à la Fourche & à la Befoche, & cela dans les terres pierreufes, & cependant affez fortes; il s'en fait auffi de plus profonds, fçavoir par exemple en pleine terre & au milieu des carrez, & il s'en fait dà plus legers, fçavoir au tour des pieds des Arbres, fur les Afperges, parmi les menus Legumes, &c.

Il faut fçavoir enfuite, que vrai-femblablement la caufe ou le motif des labours n'eft pas fimplement pour faire que les terres en foient plus agreables à la vûë, quoy qu'en effet elles le deviennent, mais que c'eft premierement pour rendre mobiles celles qui ne le font pas, ou d'entretenir en état celles qui le font naturellement; il faut fçavoir en fecond lieu, que c'eft principalement pour augmenter par ce moyen la fertilité dans les terres qui en ont peu, ou la conferver dans celles qui en ont fuffifamment : il ne fe doit point faire de labours aux terres qui font entierement fteriles.

Quand je parle de rendre des terres mobiles, j'entends les rendre en quelque façon fablonneufes & déliées, en forte que l'humidité & la chaleur qui viennent de dehors, les penetrent aifément, & qu'elles ne foient nullement compactes, adherantes, & unies enfemble, ainfi que font les terres argilleufes & les terres glaifes, lefquelles par la conftitution de leur nature ne fe trouvent aucunement propres pour la vegetation.

Et quand je parle de tâcher de donner de la fertilité, j'entens que le labour doit contribuer à donner un temperament de chaud & d'humide à une terre, qui d'ailleurs eft pourvûë du fel dont elle a befoin pour la principale partie de la fertilité ; ce temperamment de chaud & d'hu-

Et cui putre folum (namque hoc imitamur arando.)
Georg. 2.

*Optima putri arva folo;
id venti curant, gelidæque pruinæ, & labefacta movens, robu-*

ftus jugera
foſſor.
Georg. 2.
Prima Ceres
ferro morta-
les vertere
terram in-
ſtituit, cum
jam glandes,
atque arbuta
ſacræ defi-
cerent ſilvæ,
& victum
dodona ne-
garet.
Georg. 1.
Cultuque
frequenti in
quaſcumque
voces artes,
haud tarda
ſequentur.
Georg. 2.

mide étant ſi neceſſaire à la terre, que ſans luy ſon ſel luy eſt entierement inutile, ſi-bien qu'elle ne peut faire aucu-ne production de plantes, tout de même que l'animal ne peut joüir d'une ſanté parfaite, quand il eſt ſans le tempe-ramment des qualitez élementaires.

Or ce n'eſt pas aſſez d'avoir rendu raiſon de la cauſe du labour, il en faut venir à donner des regles qui puiſſent ſervir à procurer aux terres ce temperamment dont il eſt queſtion.

Sur quoy je dis qu'il faut ſçavoir que certaines terres s'é-chauffent aiſément, par exemple, celles qui ſont lege-res, & ainſi à l'égard de la chaleur, nous y avons moins de choſes à faire; mais comme d'ordinaire elles ſont ſéches & arides, il faut ſoigneuſement travailler pour leur procu-rer de l'humidité; d'autres ont plus de peine à s'échauf-fer, par exemple, les terres fortes & froides; celles-cy demandent peu de culture pour un ſurcroît d'humidité: auc ontraire ſouvent elles en ont trop; mais elles deman-dent beaucoup de ſecours pour une augmentation de chaleur.

De plus, certaines plantes veulent plus d'humidité, par exemple, des Artichaux, des Salades, de l'Oſeille, des Plantes à groſſes racines: il faut diſpoſer les terres qui les produiſent à profiter amplement des eaux de dehors: les autres s'en contentent de moins, par exemple, les Ar-bres fruitiers, les Aſperges, &c. ainſi il n'eſt pas neceſſaire de ſe trop tourmenter pour leur en faire venir; mais quoy que c'en ſoit, comme nous n'avons rien dans nos Jardins où la chaleur & l'humidité doivent être exceſſives, auſſi n'y avons-nous rien où il ne ſoit neceſſaire d'y en avoir un peu. Le Soleil, les pluyes & les eaux ſoûteraines pour-voient à une partie, c'eſt à nous à pourvoir par d'autres voyes à ce qui peut manquer du reſte; & c'eſt ce que nous faiſons par une culture bien entenduë, dont les labours font une principale partie.

Omne quot
annis ter-
que quater-
que ſolum

Ces labours ſe doivent faire en differens temps, & même differemment pour la multiplicité, eü égard à la diffe-rence des Terres & des Saiſons; les terres qui ſont chau-des & ſéches doivent en Eſté être labourées, ou un peu devant la pluye, ou pendant la pluye, ou incontinent aprés, & sur tout s'il y a apparence qu'il en doive encore venir ; si-bien que pour lors on ne sçauroit presque les labourer ni trop souvent, ni trop avant quand il pleut, comme par la raison des contraires, il ne les faut gueres jamais labou-rer pendant le grand chaud, à moins que de les arro-ser aussi - tôt : ces frequens labours donnent passage à l'eau des pluyes, & les font penetrer vers les racines qui en ont besoin ; au lieu que sans cela elles demeureroient sur la surface, où elles seroient inutiles, & bien-tôt aprés évaporées : les labours donnent aussi passage aux cha-leurs, sans lesquels l'humidité ne sçauroit de rien servir.

scindendum, glebaque versis Æter-num fran-genda bi-dentibus. Georg. 2.
Et cæca re-laxat spira-menta, no-vas veniat quà, succus in herbas. Georg. 1.

Au contraire les terres froides, fortes & humides, ne doi-vent jamais être labourées en temps de pluye, mais plû-tôt prendre les plus grandes chaleurs ; en effet pour lors on ne sçauroit les labourer ni trop souvent, ni trop avant, en vûë particulierement d'empêcher qu'elles ne se fen-dent par dessus ; ce qui, comme nous avons souvent dit, fait grand tort aux racines, & afin qu'étant amolies par les labours la chaleur y penetre plus aisément, & par ce moyen détruise le froid, qui empêche l'action des racines, & fait des arbres jaunes.

La nature de la terre nous fait voir en cela, aussi - bien qu'en beaucoup d'autres choses, qu'elle veut être reglée, en sorte que d'un côté elle répond assez heureusement à nos intentions, quand elle est sagement traitée; & qu'aussi de l'autre elle s'y oppose quand on la veut gouverner à contre-temps : la Saison de mettre en terre la plûpart des grains, qui d'ordinaire ne se sement chacun que dans une saison, le temps de faire des greffes, de tailler, & de planter tant les vignes que les arbres, &c. ce qui pareille-ment ne se fait qu'en certains mois : tout cela sont au-tant d'instructions que la nature nous donne, afin de nous apprendre à bien étudier ce que la terre deman-de, & en quel temps précisément elle le demande ; c'est par là qu'une grande application m'a appris qu'il étoit bon de labourer souvent les Arbres, soit en terre séche & legere, soit en terre forte & humide, mais les uns en temps de pluye, & les autres en temps de chaleur.

Exercetque
frequens
tellurem,
atque impe-
rat arvis.
Virgilius.
Georg. 1.

Ces labours frequens que je viens de conſeiller, quand on a la commodité de les faire, ſont d'une grande utilité; car outre qu'ils empêchent qu'une partie de la bonté de la terre ne s'épuiſe à la production & nourriture de méchantes plantes, ils ſont au contraire, que ces méchantes herbes miſes au fond de la terre s'y pourriſſent, & y ſervent d'un nouvel engrais; mais de plus, ces labours frequens détruiſent en partie les anciennes maximes, qui n'avoient établi qu'un labour pour chaque Saiſon; & tout ce que j'y trouve de bon eſt, que tout au moins elles en établiſſent la neceſſité, & par conſequent l'utilité; mais j'ajoûte qu'ils ne ſont pas ſuffiſans, à moins que dans les intervalles de ces labours on ne prenne ſoin de ratiſſer ou arracher les méchantes herbes, qui particulierement l'Eſté & l'Autonne viennent à ſe produire ſur les terres, & s'y multiplient à l'infini, ſi on les y laiſſe grainer.

Il faut dire icy en paſſant, que les temps auquels les Arbres fleuriſſent, & que la Vigne pouſſe, ſont extrêmement dangereux pour les labours, il n'en faut jamais faire pour lors ni à ces Arbres, ni à cette Vigne; la terre fraîchement remuée au Printemps exhale beaucoup de vapeurs, qui aux moindres gelées blanches, leſquelles ſont fort ordinaires en cette Saiſon-là, étant arrêtées prés de la ſuperficie de la terre s'arrêtent ſur les Fleurs, les attendriſſent en les humectant, & ainſi les rendant ſuſceptibles de la gelée, contribuënt à les faire perir; les terres qui ne ſont pas labourées en ce temps-là, & qui par conſequent ont la ſuperficie dure & ferme, ne ſont pas ſujettes à exhaler tant de vapeurs, ni par conſequent ſujettes à tant d'accidens de gelées.

De ce que j'ay dit cy-devant pour favoriſer la nourriture de nos Arbres, il s'enſuit que je condamne fort ceux qui ſement ou plantent, ſoit beaucoup d'Herbes potageres, ſoit beaucoup de Fraiſiers, ou de Fleurs tout auprés des pieds de leurs Arbres, telles Plantes leur ſont ſans doute un tres-grand prejudice.

La regle que je pratique pour les labours qu'il faut faire à nos Arbres, tant en Hyver qu'au Printemps, eſt que dans les terres ſéches & legeres, j'en fais donner un grand à

l'entrée de l'Hyver, & un pareil incontinent aprés qu'il
eſt paſſé, afin que les pluyes & neiges d'Hyver, & les pluyes
du Printemps entrent aiſément dans nos terres, qui ont
beſoin de beaucoup d'humidité ; & à l'égard des terres fortes & humides, je leur fais donner au mois d'Octobre un
petit labour, ſeulement pour ôter les méchantes herbes,
& attens à leur en donner un fort grand à la fin d'Avril,
ou au commencement de May, quand les Fruits ſont tout-
à-fait noüez, & les grandes humiditez paſſées ; ainſi
la ſuperficie de telles terres s'étant trouvée dure, ferme
& ſerrée, n'a laiſſé que peu de paſſage pour les eaux
d'Hyver & du Printemps, dont nous n'avons icy nul beſoin;
le neiges étant venuës à fondre, & n'ayant pû penetrer,
ſont demeurées partie ſur la ſurface, & là ont été conver-
ties en vapeurs, & partie ſuivant la pente des lieux, ſont
deſcenduës pour aller dans les rivieres voiſines.

Je dois icy dire que rien n'humecte tant, & ne penetre
ſi avant, que l'eau de la fonte des neiges ; je n'ay gueres vû
que l'eau des pluyes ait penetré au delà d'un pied, mais
pour ce qui eſt de l'eau des neiges, elle penetre juſqu'à
deux & trois pieds, tant parce qu'elle eſt plus peſante que
l'eau des pluyes ordinaires, que parce que ſe fondant lente-
ment & petit à petit, & par le deſſous de la maſſe des neiges, elle s'inſinuë plus aiſément ſans en être empêchée par
le hâle des vents, ou par la chaleur du Soleil.

C'eſt pourquoy autant que je crains les grandes neiges
pour les terres fortes & humides, ſi-bien que j'en fais enlever tout ce qui ſe peut d'auprés de nos Fruitiers, autant prens-je ſoin d'en ramaſſer dans les terres legeres,
pour y faire une maniere de magazin d'humidité; & ſur
tout en ces ſortes de terres je releve celles qui ſeroient
inutilement dans les Allées, & les fait rejetter ſur les
labours des Eſpaliers, & particulierement aux expoſitions du Midy, qui ſont en Eſté les plus échauffées &
les plus ſuccées, & auſſi aux expoſitions du Levant,
même dans les fortes terres, parce que les eaux des
pluyes d'Eſté n'y venant preſque jamais, les terres de
ces expoſitions demeurent d'ordinaire plus alterées, &
par conſéquent les Arbres y ſouffrent.

Cette neceſſité de labourer que je recommande & que je conſeille, eſt quelquefois combattuë par le ſuccés de certains Arbres, qui étant couverts de pavé ou de ſable battu au tour du pied, ne laiſſent pas de bien faire, quoy qu'ils ne ſoient jamais labourez, à quoy j'ay deux choſes à répondre ; la premiere, que comme d'ordinaire tels Arbres ſont ſous des égoûts, il y tombe beaucoup d'eau, qui penetrant au travers des jointures de chaque pavé ou du ſable battu, leur fournit aſſez de nourriture pour les racines ; & la ſeconde, que l'humidité qui a ainſi penetré dans ces terres couvertes de pavé s'y conſerve bien mieux & plus longtemps que dans les autres, le hâle des vents & la chaleur du Soleil ne pouvant la détruire ; cependant je ne laiſſe pas de recommander les labours, tant pour le bien de la terre & des Plantes, qué pour le plaiſir de la vûë ; l'experience univerſelle que nous avons ſur cela ne peut être détruite par une ſi petite objection, non plus que l'uſage du pain & des vêtemens ne peut être condamné, quoy que les Sauvages ne le connoiſſent pas ; les Figuiers, Orangers, & autres Plantes & Arbriſſeaux en Caiſſe, juſtifient aſſez la neceſſité des labours pour donner paſſage à l'eau des arroſemens, faute de quoy ils ne manquent pas de languir, & ſouvent même de perir.

Rapidive potentia ſolis acrior, aut boreæ penetrabile frigus adurat. Georg. 1.

CHAPITRE XXII.

Des Amandemens.

APRE'S avoir expliqué le motif, l'uſage & la maniere des labours, il faut faire la même choſe à l'égard des amandemens, qui ne ſignifient autre choſe qu'une amelioration de terre ; nous avons déja dit que cette amelioration ſe pouvoit faire avec toutes ſortes de Fumiers, il en faut donc expliquer le motif, l'uſage & la maniere.

A l'égard du motif il eſt pareillement vray de dire, que quand nous amandons ou fumons la terre, ce doit être en vûë de donner de la fertilité à celle qui n'en a pas, c'eſt-à-dire qui a beaucoup de défauts, & par conſequent peu de diſpoſition à produire, ou de l'entretenir dans celle

qui

qui en a, & qui la pourroit perdre, si de temps en temps
on ne luy faisoit quelques reparations necessaires ; ainsi
nous devons amender cette terre plus ou moins, selon les
productions que nous luy demandons, soit au-delà de ses
forces, soit conformément à son pouvoir, & l'amender aussi
plus ou moins, selon le temperamment dont elle est bon
ou mauvais : il faut par exemple amplement des Fumiers
pour produire des herbes potageres, qui viennent en peu
de temps en abondance, & se succedent promptement
les unes aux autres dans un petit espace de terrein, qui
sans cela se pourroit effriter ; d'un autre côté il en faut
peu, ou point du tout pour nourrir les Arbres qui estant
longs à venir ne font que des productions mediocres,
eu égard à la terre qu'ils occupent ; & enfin quoy
qu'ils demeurent fort long-tems au même endroit où ils
sont, cependant par le moyen de leurs racines qui s'étendent à droit & à gauche, ils prenent au loing & au large la
nourriture qui leur convient ; j'ajoûte qu'il en faut moins
pour le fond, qui de soy a beaucoup de fecondité, que
pour celuy qui en a fort peu, & enfin il faut davantage
pour les terres froides & humides, que pour celles qui
font chaudes & séches.

Constamment, & personne ne l'ignore, les grands défauts de la terre consistent, comme j'ay dit cy-dessus, ou
en trop d'humidité, laquelle d'ordinaire est accompagnée
du froid & de la grande pesanteur, ou en trop de sécheresse, qui est aussi regulieremet accompagnée d'une
excessive legereté, & d'une grande disposition à être brûlante ; nous voyons aussi que des Fumiers que nous pouvons employer, les uns sont gras & rafraîchissans, par
exemple ceux de Bœuf & de Vache, les autres sont
chauds & legers, par exemple ceux de Mouton, ceux de
Cheval & de Pigeon, &c. & comme le remede doit avoir
des vertus contraires au mal qu'il doit guerir, nous devons employer les Fumiers chauds & legers dans les terres
humides, froides & pesantes, afin de les échauffer, & les
rendre plus mobiles & plus legeres, & employer les Fumiers de Bœufs & de Vaches dans les terres maigres,
séches & legeres, afin de les rendre plus grasses & plus

materieles, & par ce moyen empêcher que les grands hâles du Printemps, & les grandes chaleurs de l'Esté ne les alterent trop aisément.

Il se fait aujourd'huy de grandes Dissertations dans la Philosophie, & dans la Chimie, pour chercher à decider quels sont les meilleurs Fumiers, & on le fait avec la même exactitude que les Mathematiciens apportent à decider ce qui est necessaire pour faire une ligne droite, &c. le public est grandement obligé à ces Messieurs, qui portent leur curiosité & leurs observations si avant dans les secrets de la nature; j'espere que nous en tirerons de grands avantages, mais en attendant qu'ils soient arrivez, je croy & pour moy, & pour ceux en faveur de qui j'écris, que nous ne sçaurions mieux faire que d'aller en cecy, comme je fais, c'est-à-dire aller bonnement, simplement & grossierement, sçachant d'ailleurs que la fertilité des terres ne consiste pas, pour ainsi dire, dans un point indivisible; aussi bien loin de vouloir donner du scrupule à personne, ny sur tout intimider par aucun endroit nos Jardiniers sur le fait de la culture, je veux au contraire chercher à la leur faciliter autant qu'il me sera possible.

Fundavit humo facilem victum justissima tellus. Georg. 2.

Et pour cet effet il me semble pouvoir dire icy encore une fois, qu'on se peut faire une certaine idée de richesses dans la terre sur ce fondement, que constamment il y a dans ses entrailles un sel qui fait sa fertilité, & ce sel est le tresor unique & veritable de cette terre : ainsi disonsnous que les écus d'un avare qui font sa richesse & son opulence, sont le tresor qu'il possede, cet avare demeurera toûjours également riche & pecunieux, si premierement il ne dépense rien, ou si en second lieu quelque largesse qu'il fasse de son bien il arrive qu'autant qu'il dépense d'or ou d'argent d'une main, autant en reçoit-il de l'autre ; il avoit hier dépensé dix écus, aujourd'huy il a accumulé soit en or, soit en argent, soit en denrées la valeur de dix écus, le voila donc également riche, si bien que demain il sera en état de dépenser la même somme, & de ramasser le jour d'aprés, soit le même argent en espece, ce qui n'est pas ordinaire, soit la valeur, &c. & ainsi à l'infiny tel circuit eſt réel & effectif.

Nous devons ſçavoir pour certain que la terre à été creeé avec une diſpoſition à produire des Plantes, & que (hors quelques pierres & les métaux qui ſont des ouvra- ges extraordinaires de la nature) il n'y a rien ſur cette terre qui ne ſoit ſorty de ſon ſein , & cela par les voyes de la vegetation , & par conſequent tout ce que nous voyons de Plantes vegetatives eſt une partie de cette terre, & ainſi nous pouvons aſſurer qu'il n'y a rien (quoyque ce puiſſe être , pourvû qu'il ſoit materiel) qui ne puiſſe ſervir à amander cette terre en y retournant par les voies de la corruption , ſous quelque figure qu'il y retourne , parce que tout ce qui rentre dans cette terre , luy rend en quelque façon ce qu'elle avoit perdu, ſoit en même eſpece, ſoit la valeur , & en effet il redevient terre, comme il étoit auparavant ; ainſi toutes ſortes d'étoffes & de linge , la chair', la peau, les os, & les ongles des animaux, les bouës, les urines , les excremens, le bois des Arbres , leur fruit , leur mar , leurs feüilles , les cendres , la paille , toutes ſor- tes de grains , &c. bref generalement tout ce qui eſt pal- pable , & ſenſible ſur la terre (hors peut-être comme j'ay dit la plûpart des pierres , & tous les métaux) tout cela rentrant dans les terres y ſert d'amelioration , ſi bien qu'ayant facilité d'en repandre ſouvent , & commodement ſur les terres , comme on l'a dans les bonnes Fermes , & particulierement dans le voiſinage des grandes Villes , & comme on le pratique pour la ſemence des Bleds , & pour les Legumes , on met ces terres en état de pouvoir conti- nuer à produire toûjours , & ſans relâche.

De plus ſi nos terres quoyque bonnes ſont empêchées de produire , par exemple celles ſur leſquelles on a fait des édifices ; ces terres couvertes de bâtimens reſemblent mal- gré elles à ce riche qui ne fait nulle dépenſe , & qui en pourroit faire beaucoup ; elles demeurent toûjours , com- me diſent les Philoſophes , également fertiles en puiſſan- ce , c'eſt-à-dire également capables de produire , & pro- duiroient actuellement ſi elles n'en étoient pas empêchées; à l'égard des autres qui produiſent en tout temps , ſi en labourant on remet dans le fond du labour ce qu'elles

Germinet
terra her-
bam viren-
tem , &c.
Geneſe.

E e ij

avoient produit des Plantes comme cela arrive souvent,
& sur tout dans les cantons où se fait la guerre ; ces Plantes ainsi remises au dessous de la superficie de cette terre y
pourrissent, & y font un engrais de la même quantité, &
de la même valeur à peu prés que ce qu'il en avoit coûté
à cette terre pour les produire, ou bien même c'est le
même sel en espece qui luy revient, & la rend aussi riche,
c'est-à-dire aussi fertile qu'auparavant.

Et si on enleve toutes les productions d'un tel quartier
de terre, comme cela est fort ordinaire, & que d'un côté
on lui donne à peu prés autant de la production d'une
autre terre, & cela par le moyen des pailles pourries, &
même pour ainsi dire assaisonnées des excremens de quelques animaux, lesquels excremens sont encore originairement sortis de la terre, & en font une partie, cette terre
ayant par ce moyen reparé sa perte, elle se trouve tout
aussi riche, c'est-à-dire tout aussi fertile qu'elle étoit.

Il faut donc en quelque façon regarder les Fumiers à
l'égard de la terre, comme une espece de monnoye qui repare les tresors de cette terre.

Or comme il est de plusieurs especes de monnoye, l'une
plus precieuse, & l'autre moins, mais toûjours les unes, &
les autres étant monnoyes qui ont cours dans le commerce,
& enrichissent, aussi est-il de plusieurs sortes de Fumiers,
les uns un peu meilleurs que les autres, mais toûjours ils
font tous propres à amander, c'est-à-dire à reparer la perte
que cette terre avoit faite en produisant ; ainsi la substance
de la terre ne s'use point pour devenir enfin à rien, en
sorte qu'on puisse dire qu'elle diminuë, car où en seroit-
elle presentement, aprés avoir tant produit depuis le commencement des siecles ? ce n'est proprement que son sel
qui se diminuë, ou qui pour mieux dire change de place,
& qui ensuite pouvant revenir, comme il le fait, est capable de retablir cette terre au même état qu'elle avoit
été.

Les Alambics de la Chimie manifestent assez ce que c'est
que ce sel, & font voir en petit combien il en faut peu pour
animer une assez grande quantité de terre.

A propos dequoy je dois dire, qu'il est ce semble du

Fumier à l'égard des terres qui sont de different temperament, ce qu'il est du sel à l'égard des differentes viandes, soit celles qui sont fines & delicates, comme les Per-
drix, les Moutons, soit celles qui sont materielles & groffieres, comme le Bœuf, le Cochon, &c. celles-cy souffrent sans doute dans l'affaisonnement qu'on leur fait, une
bien plus grande quantité de sel sans en être gâtées que
n'en peuvent pas souffrir les autres, il a fallut en effet bien
plus de sel pour une bonne piece de Bœuf qu'on à rendu
meilleure en la salant, qu'il n'en faut pour saler une piece
de Mouton, quoyque de la même grosseur, & au contraire
à l'égard du goût de l'homme les viandes grossieres en sont
abonnies, quand elles sont notablement salées, au lieu que
les viandes du Mouton qu'on saleroit également, en seroient beaucoup moins bonnes, ou pour mieux dire en seroient plus mauvaises.

Et d'ailleurs comme il est du sel qui sale plus, par exemple le gris, & du sel qui sale moins, par exemple le blanc,
aussi pour ce qui est d'échauffer, ou animer la terre, il
est des Fumiers qui amandent & échauffent plus, & ce sont
par exemple ceux de Mouton & de Cheval, & il en est
qui amandent & échauffent moins, & ce sont par exemple
ceux de Cochon, ceux de Vache, &c. il faut user sagement des uns & des autres, l'experience justifie assez cette
faculté d'échauffer en fait de Fumiers, en ce qu'une certaine quantité de celuy de Cheval étant entassé fait une
chaleur considerable, jusqu'à se convertir quelquefois en
veritable feu, au lieu qu'un tas de Fumier de Vache n'en
vient jamais à l'échauffer de cette façon.

Et partant si on vouloit mettre beaucoup de fumier de
Cheval ou de Mouton dans des terres legeres & sablonneuses, qui n'ont pas besoin d'être si écauffées, on y
feroit tort au lieu d'y bien faire : ces Fumiers sont trop
bruslans ; mais suivant l'avis du Poëte, on en pourroit
mettre beaucoup de celuy de Vache, qui est plus gras,
& moins chaud ; & au contraire ce qui n'est pas propre
pour les terres chaudes & arides, est tres-propre pour les
terres froides & humides ; celles-cy, qui naturellement
ne produisent que trop de méchantes herbes, ont besoin

Marginal note: Arida tan-
tum ne satu-
rare fimo-
pingui pu-
deat sola,
&c. Geogr. 1.
Humida

majores
herbas alit,
ipſaque ju-
ſtò lætior.
Georg. 2.

d'être échauffées, & pour ainſi dire animées pour les diſpoſer à nous en produire de meilleurs.

CHAPITRE XXIII.

Des Fumiers.

CE n'eſt pas aſſez d'avoir parlé des amandemens en general, il en faut venir à un détail plus particulier;
& pour cet effet, j'eſtime qu'il eſt neceſſaire d'examiner
cinq choſes principales ſur le fait du Fumier, qui eſt le
plus ordinaire des amandemens.

La premiere ce que c'eſt que Fumier.

La ſeconde de combien de façons il y en a.

La troiſiéme quel eſt le meilleur de tous.

La quatréme quel eſt le bon temps de l'employer.

Et la cinquiéme enfin qu'elle eſt la maniere d'en faire
un ſi bon uſage, que les terres en ſoient amandées, c'eſt-
à dire renduës plus fertiles, comme c'eſt l'intention de
celuy qui l'employe.

A l'égard du premier chef, je ne puis m'empêcher de
dire que le Fumier étant une choſe ſi vulgaire, & ſi connu, il paroît inutile & preſque ridicule de vouloir ce ſemble travailler à en donner la connoſſance, cependant pour
continuer à ſuivre exactement le deſſein que j'ay eu en
tout ce Traité, qui eſt de ne pas obmettre juſqu'à la moindre ſingularité de tout ce qui appartient à nôtre Jardinage, je croy être obligé de parler de ce Fumier, non pas
en effet pour le faire connoîre à des gens qui ne le con-
nûſſent point, car il ſeroit difficile d'en trouver, mais pour
y faire quelques obſervations qui ſont aſſez importantes
dans la matiere dont il s'agit.

Je dis donc que le Fumier eſt un compoſé de deux choſes, donc la premiere eſt une certaine quantité de paille
qui a ſervy de litiere à des animaux domeſtiques, & la ſeconde ce ſont les excremens que les animaux ont lâché
parmy, & qui ſe ſont en quelque façon incorporez avec
cette paille; conſtamment ny la paille ſeul, fût-elle même
à demy pourrie ne fait pas de bon Fumier, ny les excre-

mens de ces animaux étant tous feuls ne font propres à
en faire fuffifamment pour donner envie de les employer;
il faut abfolument que pour cela l'un & l'autre foient mêlez
enfemble, c'eft un fait que perfonne n'ignore.

On n'ignore pas non plus que comme dans les maifons
on a de ces animaux pour en tirer du plaifir & de l'utilité, on a auffi des lieux particuliers où on les met pour
leur donner le temps de repaître, & de fe repofer; ces
lieux ont des noms particuliers & differens, ils s'appellent
Ecuries quand ils fervent pour Chevaux, pour Mulets,
&c. & s'appellent Etables quand ils ne font que pour des
Bœufs, Vaches, Moutons, Cochons, &c. les grands Chaf-
feurs ont outre cela des Chenits pour leurs Chiens, mais
il n'en revient gueres de ce qui eft traité dans ce Chapitre; l'ufage ordinaire & domeftique eft, que fous les animaux, & particulierement fous les principaux d'entr'eux,
qui font les Chevaux, on met tous les jours une affez bonne quantité de paille fraîche & neuve, bien étenduë &
bien éparpillée, & cela s'appelle leur faire de la litiere,
comme qui diroit leur faire une maniere de lit, afin que
s'y couchans, & y prenans du repos ils fe délaffent quand
ils font fatiguez, & fe remettent en état de recommencer
tout de nouveau leur fervice accoûtumé; cette litiere donc
fert pour les conferver en fanté, pour aider à rétablir leur
vigueur, & auffi pour les tenir plus propres, & plus agreables à la vûë.

Mais ce n'eft pas tout, car enfuite elle doit encore être
bonne à quelqu'autre chofe, en effet cette paille étant ainfi
employée fous le nom de litiere, devient non feulement
toute froiffée, & toute brifée par le trepignement, l'agi-
tation, & le mouvement de ces animaux, mais auffi leurs
excremens qui l'ont imbibée, changée de couleur, & à
demy pourrie, font qu'elle devient pour ainfi dire d'une
nature differente, fi bien qu'étant toute corrompuë, &
n'étant plus propre à continuer de fervir de litiere, on eft
obligé de l'ôter du lieu où elle étoit, pour y en remettre
de nouvelle, qui à fon tour aura la même deftinée.

Cette premiere litiere étant donc fortie de deffous ces
animaux, & mife dehors toute enfemble n'eft pas regardée

comme un tas d'ordures à rejetter, elle prend dans nôtre
langue ce nom de Fumier dont est question, & qu'apparemment la fumée qui en sort lui a fait donner, & sous
ce nom là elle se trouve non seulement une chose fort
utile, mais même necessaire pour le bien du genre humain.

Or ce qui est cause de ce nouveau service qu'elle rend
étant ainsi devenuë Fumier est, que ces excremens d'animaux lui ont communiqué une certaine qualité, ou plûtôt
un certain sel qu'ils contiennent en soy, & qui fait qu'étant entassée elle vient à s'échauffer considerablement en
elle-même, & à échauffer en même temps tout ce qui se
trouve immediatement prés d'elle, comme nous expliquerons plus particulierement cy-aprés.

Aprés avoir ainsi expliqué ce que c'est que Fumiers, s'il
est vray de dire que telle explication n'étoit gueres necessaire, tout au moins est-il fort important d'expliquer les
autres quatre articles, à commencer par celui qui doit
apprendre de combien de façons de Fumiers on peut
avoir.

La diversité
des Fumiers. Il resulte de ce que j'ay dit cy-dessus, que comme il y
a par tout beaucoup de Chevaux, il y a par tout beaucoup de Fumiers de Cheval, qu'il y en a quelque peu de
Mulets, &c. qu'il y en a assez de Vaches, & qu'enfin les
Moutons, & les Cochons en font quelque petite quantité,
on peut dire aussi que ce qu'il y a de volatilles en certaines
maisons, sçavoir Pigeons, Poules, Oyes, &c. font quelque
petite maniere de Fumier, mais c'est si peu de chose, qu'à
peine en doit-on parler.

Les grands animaux dont est question, ne font pas seuls
à contribuer par leurs excremens à la composition de Fumiers, & des amandemens de la terre, toutes les parties
de leurs corps quand elles viennent à pourrir, & même
leurs ongles & leurs os engraissent les terres; les feüilles
des Arbres qu'on amasse l'Automne, & qui étant mises dans
quelqu'endroit humide, & sur tout à quelqu'égoût d'Etable ou d'Ecurie sont venuës à se pourrir, servent encore
de quelques secours dans les lieux où la paille & les animaux ne sont pas trop communs.

Il

Il n'eſt pas juſqu'à la cendre de toutes les matieres com-
buſtibles qui ne ſoit icy d'un fort bon uſage, pour la petite
quantité qu'on en peut avoir, & non ſeulement la cendre,
mais auſſi les bois pourris, & generalement tout ce qui
étant ſorti de la terre ſe trouve corruptible, devient
Fumier à la terre quand il y revient, & qu'il s'y cor-
rompt.

Nous avons même des gens qui pour multiplier le nombre des Fumiers ou d'amandemens, veulent que les terres
de gazon & les terres de grand chemin püiſſent ſervir à
cela, j'en diray cy-deſſous mon avis ; je me contente de
dire icy que cette maniere de terre blanchâtre qui ſe trouve dans les entrailles de quelques pieces de terre, & qu'on
appelle marne, & qui paroît être dans une diſpoſition prochaine à devenir pierre, doit être conſiderée comme un
amandement propre pour aider à la production de certaines choſes, comme je l'expliqueray cy-deſſous.

Ce n'eſt pas aſſez d'avoir expliqué la diverſité des Fu-
miers, il faut voir quelles ſont leurs qualitez particulieres, *Le choix des Fumiers.*
afin que cette connoiſſance nous apprenne à en faire un
choix qui ſoit bon pour les beſoins que nous en avons.

Il y a deux principales proprietez en fait de Fumiers,
l'une eſt d'engraiſſer, c'eſt-à-dire d'engraiſſer les terres &
les abonnir, ou rendre plus fertiles, & tous les Fumiers
devenus bien pourris ont cela de commun entr'eux, mais
veritablement les uns plus, les autres moins ; la ſeconde
proprieté eſt de produire une certaine chaleur qui ſoit
ſenſible, & capable de faire quelqu'effet conſiderable ; les
anciens ont connu la premiere, & n'ont point connu la ſeconde, celle-cy ne ſe trouve gueres qu'aux Fumiers de
Cheval & de Mulet, quand ils ſont nouveaux faits & encore un peu humides, & dans la verité ces ſortes de Fumiers ſont d'un uſage merveilleux dans nos Jardins, &
particulierement dans l'Hyver, l'on pourroit dire qu'ils y
tiennent lieu du grand aſtre qui anime & vivifie toutes
choſes ; en effet ils y font en ce temps-là preſque la même fonction, que l'ardeur du Soleil a coûtume d'y faire
pendant l'Eſté ; car par exemple étant rangez en forme de
Couches, ils ſervent à nous donner des nouveautez prin-

tannieres, fçavoir des Concombres, des Raves, des petites Salades, des Melons, & tout cela long-temps devant
que la nature en puiſſe donner ; ils ſervent dans le fort des
gelées à nous faire avoir des Verdures, des Fleurs, & ce
qui eſt de plus ſingulier, des Aſperges bien vertes, & meilleures que les ordinaires; ils ſervent pour avancer de beaucoup la maturité des Fraiſes, des Figues en Caiſſes, des
Pois, &c. ils ſervent enfin pour faire venir des Champignons en tout temps.

Que ſi, pour ainſi dire, les Fumiers ont un merite particulier quand ils ſont nouveaux, & qu'ils ont encore leur
premiere chaleur, ils en ont auſſi une autre, quand ſans
être pourris ils ſont vieux & ſecs, & que leur chaleur eſt
entierement paſſée, ils ſervent à devenir couverture, c'eſt-
à-dire à conſerver contre le froid ce que la gelée peut en-
dommager & détruire, ainſi pendant l'Hyver ils ſont employez à couvrir des Figuiers, des Artichaux, des Chicorées, du Celery, &c. qui ſont toutes mannes d'un grand
prix dans le Jardinage, & qui periroient ſans le ſecours des
Fumiers qui les couvrent ; leur utilité ne ſe borne pas là,
elle va encore plus loin, car aprés avoir fait figure en tant
d'endroit, comme enfin ſuivant la condition de tous les
êtres ſublunaires, ils viennent à être pourris, c'eſt pour
lors qu'ils ſervent au dernier uſage dont je traite icy, qui
eſt d'amander les terres.

Cet amandement ſuppoſe deux grandes conditions, dont
l'une regarde le temps qui eſt propre à le faire, & l'autre
regarde la maniere de le bien faire.

A l'égard du temps, il ne faut pas croire que toutes les
ſaiſons de l'année ſoient bonnes pour emploïer les Fumiers,
nous n'avons pour cela que les cinq mois de l'année qui
ſont les plus humides, fçavoir depuis le commencement de
Temps pro-   Novembre juſques vers la fin de Mars ; ces Fumiers ſe-
pres pour fu-   roient inutiles dans le ſein de la terre, s'ils n'achevoient
mer les terres.   pas de s'y pourrir entierement, il n'y a que les pluyes qui
puiſſent faire cette conſommation ; ceux qu'on employe
dans les autres temps n'y font que ſécher, ſe chancir ; &
ainſi bien loin d'être favorables aux Vegetaux, ils leur ſont
pernicieux & funeſtes, & ſur tout s'ils ſont en trop grande

quantité; car il s'y engendre de gros vers blancs qui restent dans la terre & y rongent tout ce qu'ils y trouvent de tendre, au lieu que les grandes humiditez d'Automne & d'Hyver, venant à achever de faire pourrir petit à petit la substance grossiere & materielle de ce Fumier, le sel qui y est contenu passe dans les parties interieures de la terre; c'est ainsi que ce sel se répand dans les endroits d'où les Plantes tirent leur nourriture, c'est-à-dire vers le voisinage des racines, qui seules ont le talent de profiter du benefice de ces Fumiers, & par ce moyen les Vegetaux achevent d'acquerir toute la perfection qui leur convient, la grosseur, la grandeur, & le reste, &c.

Il s'ensuit donc que l'Hyver est l'unique saison qui soit propre à faire les grands amandemens, c'est aux habiles Jardiniers à ne laisser pas inutilement passer un temps qui est precieux pour leurs occupations; il ne faut pas même qu'en cela ils ayent égard ni aux quartiers de la Lune, ni aux vents quels qu'ils puissent être, nonobstant les traditions de quelques anciens, & nonobstant tout ce qu'en peuvent dire quelques Livres de Jardinage; ce sont toutes observations, qui ne faisant que donner de l'embarras m'ont paru, quant au fait, extrêmement inutiles, & n'ont été bonnes tout au plus qu'à donner quelque matiere d'embelissement dans la Poësie, & peut-être à faire valoir quelque Jardinier ou visionnaire ou grand causeur.

Venons presentement à la maniere de bien employer ces Fumiers; cette maniere doit donner deux instructions, l'une est de marquer les endroits de terre où le Fumier doit être mis, & la seconde, d'en marquer à peu prés la juste quantité.

Pour le premier chef, il est question de sçavoir que quelquefois il s'agit de fumer à vive jauge, c'est-à-dire de fumer amplement, & un peu avant dans le fond de la terre, & quelquefois aussi il ne s'agit que de fumer legerement la superficie; pour le premier chef, je ne me trouve pas de l'avis de ceux qui mettent le Fumier par lits au fond des tranchées, quelques soins qu'ils prennent de faire à chaque lit un grand labour pour y mêler ensemble la terre & le Fumier; & ma raison confirmée d'une longue expe-

rience eſt, que ce qu'il y a de bon dans ce Fumier ainſi employé devient bien-tôt inutile, puiſqu'il paſſe trop bas
avec les humiditez qui l'entraînent avec elles, & le portent à des endroits où les racines ne ſçauroient penetrer,
outre que le mouvement qui ſe fait ainſi à labourer ces trois
ou quatre lits dans chaque tranchée, au lieu de contribuer
à rendre la terre mobile, qui eſt une condition de la
derniere importance, il ne fait que la preſſer & l'endurcir par le trepignement qu'on ne peut éviter d'y
faire en labourant.

Et cui putre
ſolum.
Georg. 2.

Je veux donc, comme j'ay dit ailleurs, que le Fumier
s'employe pour la terre, de la même maniere que la cendre s'employe dans les Leſſives, c'eſt-à-dire que comme
on ne met la cendre que ſur la ſuperficie du linge qu'on a
entaſſé dans le Cuvier, & qu'il eſt queſtion de décraſſer,
auſſi on ne met le Fumier que vers la ſuperficie de la terre
qu'il faut amander ; je le redis encore, ce n'eſt point la
groſſe ſubſtance du Fumier qui fertiliſe, non plus que ce
n'eſt point la groſſe ſubſtance de la cendre qui décraſſe,
c'eſt ce ſel inviſible qui eſt contenu dans ces matieres,
& qui ſe mariant avec les eaux qui les moüillent, deſ-
cend avec elles par tout où leur peſanteur les porte, &
y fait ce qu'il eſt capable d'y faire.

Mais ce n'eſt pas aſſez de ſçavoir le bon endroit à mettre
les Fumiers, il faut encore voir en quelle quantité il
eſt bon de l'y mettre ; pour expliquer cet article, il faut
ſçavoir que comme il y a des Fumiers qui ont bien plus
de ſel à communiquer les uns que les autres, auſſi y a-t-il
des terres qui ont plus beſoin d'amandemens les unes que
les autres ; j'entens toûjours parler des terres à Plantes
potageres, & non pas des terres à planter des Arbres, car

Nul Fumier
pour les Ar-
bres.

à celles-cy je n'en veux point du tout, ſuppoſant toûjours
que pour peu qu'elles ſoient bonnes, elles le ſont aſſez
pour nourrir des Arbres, deſquels on eſpere du Fruit qui
ſoit agreable au goût ; le Vigneron qui s'étudie à faire d'excellent vin, s'apperçoit bien que l'uſage du Fumier eſt entierement contraire à ſon intention, & que ſi peut-être les
engrais en augmentent la quantité, conſtamment ils en diminuënt le merite, quoy que cependant le défaut eût pû

être corrigé par la fermentation & le boüillonnement, ou pour ainsi dire par la cuisson de la Cuve ; à plus forte raison que ne devons-nous point craindre pour le goût des Fruits, qui sans aucuns apprêts de cuisson ou d'autres choses, passent immediatement de l'Arbre à la bouche.

Que si les terres ne sont nullement bonnes, je ne puis, comme je l'ay cy-devant établi, m'empêcher de condamner ceux qui perdent le temps à y planter, au lieu d'y en avoir fait porter de meilleures, la quantité n'en doit pas être grande, ni par consequent la dépense, attendu qu'on ne s'avise gueres de vouloir faire de fort grands plans d'Arbres dans de fort méchans fonds.

Que si nonobstant mon sentiment sur ce fait particulier de plan d'Arbres, on s'opiniâtre à vouloir fumer les tranchées où l'on en veut planter, je veux bien expliquer la maniere dont je conseille de le faire, afin qu'il en coûte moins, & qu'au moins l'ouvrage soit mieux fait, & plûtôt.

Je suppose, par exemple, qu'il soit question de preparer une tranchée de six pieds de large, soit le long d'une muraille pour y faire des Espaliers, soit au tour d'un carré pour y mettre des Buissons ; je veux qu'on examine d'abord ce qu'on peut avoir de Fumier, soit de Cheval, soit de Vache, comme étant les deux sortes dont on se sert le plus ordinairement, & dont on a la plus grande quantité ; cette connoissance apprendra si on en peut mettre beaucoup ou non : je veux ensuite qu'on le fasse porter par distances égales le long de la tranchée qui est à faire, & qu'aprés cela on fasse une ouverture de la tranchée de trois pieds de creux, & d'environ une toise de long sur la largeur proposée, en sorte qu'avant d'employer son Fumier on ait devant soy cet espace vuide & libre ; je veux aussi qu'on ait trois hommes, deux avec des Bêches pour remuer les terres, & un avec une Fourche pour le Fumier ; je veux enfin que deux prennent de ces terres qui sont à foüiller, & qu'ils les jettent à l'extrémité de la place vuide, en sorte que la hauteur de la tranchée y soit remplie, & même d'un demy pied plus haut que la superficie voisine, prenant soin de mettre au fond la terre qui étoit à la su-

perficie, & que celle qui étoit au fond devienne à son tour
la superficie de la tranchée nouvelle ; cette terre jettée de
la maniere que je l'entens, fait un talus naturel, au bas
duquel tombe par même moyen ce qui se trouve de pierres qu'où ôte sur le champ, & pendant que les deux hommes jettent ainsi la terre qui fait ce talus, je veux que le
troisiéme qui sera resté sur le bord de la tranchée, prenne
du Fumier avec la Fourche, & que sans cesse il le jette également, non pas dans le bas, mais seulement sur le haut
du talus dont est question, & qu'il le répande en sorte qu'il
soit si-bien dispersé, qu'il n'en reste jamais beaucoup ensemble ; par ce moyen, supposé toûjours que les travail-
leurs agissent vivement & de concert, il se fait tout d'un
coup deux choses fort importantes en peu de temps & à peu
de frais ; la premiere, que le Fumier se trouve placé & mêlé
dans la terre comme il le doit être ; & la seconde, que
cette terre étant maniée de fond en comble devient mobile, comme on le doit souhaiter.

Je ne veux pas oublier d'avertir ceux qui foüillent le long
d'une muraille, qu'ils prennent bien garde de n'approcher pas trop prés de la fondation, de peur qu'étant
endommagée la muraille ne fût en peril de tomber ; il
y faut toûjours laisser un petit talus de terre dure dans
le fond.

Que s'il n'est pas seulement question d'une simple tranchée pour des Arbres, mais de tous les carrez destinez aux
Plantes potageres dans un Jardin où la terre n'a pas les
bonnes qualitez qui sont à y souhaiter, il faut indispensablement suivre la même methode, & multiplier seulement
le nombre de ceux qui doivent foüiller ou labourer, & y
proportionner le nombre de ceux qui auront les Fumiers
à répandre ; il faut toûjours la même profondeur de terre,
& toûjours faire une premiere ouverture de tranchée d'environ une toise de large, & qu'elle soit, par exemple, de la
longueur de tout un côté du carré, & pour cet effet on
mettra le long du carré à foüiller la terre qu'on sort de la
tranchée, & qui servira pour remplir la jauge qu'on trouvera vuide à la fin du carré ; cependant on fera arriver,
soit à la Hotte, soit à la Civiere, soit avec les Animaux

de bas les Fumier dans le voisinage de la place vuide, on mettra un nombre suffisant de gens pour les répandre sur le haut des talus, à mesure que les autres jettent sans cesse de nouvelles terres vers les places vuides.

Je répons qu'avec un tel concert d'Ouvriers qui s'entendent bien dans leur ouvrage, on disposera une terre à faire de tres-beaux & de tres-bons Legumes, prenant soin d'y faire enfin un labour universel pour rendre la superficie égale.

Je veux seulement qu'on observe, que si la terre qui a besoin d'être amandée est de nature séche & sablonneuse, on y employe des Fumiers les plus gras, par exemple de ceux de Vache, ou meme de ceux de Cheval, qu'on a fait pourir dans des lieux humides; je ne fais gueres de mention des Fumiers de Cochon, car outre qu'ils sont assez rares, ils renferment une puanteur qui empêche de les souhaiter, ils sont capables d'infecter la terre, & de luy donner un mauvais goût, dont les Fruits seroient infectez plûtôt que d'en être abonnis; que si ce sont des terres grossieres, fortes & humides, on y mettra les Fumiers les plus grands & les plus secs, par exemple ceux de Cheval, de Mulet, comptant toûjours que la quantité y doit être non pas excessive ni trop petite, mais mediocre & moderée, l'excés en cecy est dangereux; d'un autre côté à n'en point mettre dans la terre dont est question, c'est un défaut qui se fera bien-tôt sentir, comme aussi d'y en mettre trop peu est un secours, qui pour n'être pas suffisant doit être regardé comme inutile, & sur tout pour des terres maigres, à qui on demande au-delà de leur force, c'est-à-dire beaucoup de Legumes, gros & bien nourris.

La mesure que je croy la plus raisonnable pour l'employ de ce Fumier, est d'en répandre une hottée de mediocre grandeur sur la longueur de chaque toise de talus, quand il a environ l'épaisseur d'un pied de terre, ainsi une longueur de vingt toises sur la largeur de six pieds, & sur la profondeur de trois, en consommera six-vingt hottées de cette mediocre grandeur, c'est-à-dire telle à peu prés qu'une femme la peut porter.

Que si on n'a pas de Fumier pour en faire le mélange,

que je viens d'expliquer , il faut se contenter d'en répandre sur la superficie le peu qu'on en peut avoir , & le répandre également , & aprés cela en faisant un bon labour d'environ neuf à dix pouces de profondeur , on l'enterrera de maniere qu'il ne paroisse plus par le dehors , & que cependant il ne soit pas trop avant , & pour ainsi dire hors de la portée des racines des Plantes.

Le Crotin de Mouton & de Chevre est tout propre pour cette maniere de Fumier , & il suffit extrêmement d'en répandre un ou deux pouces d'épais , cette petite quantité contribuëra à amander la terre tout autant qu'une plus grande des Fumiers de Cheval ou de Vache.

Dans la verité , je regarde le Crotin de Mouton comme celuy de tous les Fumiers qui a le plus de disposition à fertiliser toute sorte de terre ; on verra plus particuliement dans le Traité de la culture des Orangers , combien j'en fais de cas au dessus de tous les autres.

La Poudrette , les cureures de Colombier & de Poulaillier peuvent faire quelques amandemens , mais je ne m'en sers gueres ; l'un est trop puant & assez rare , les autres sont pleins de Moucherons , qui s'attachant aux Plantes leur portent grand prejudice.

A l'égard des excremens qui viennent des Animaux aquatiques , ils ne valent rien du tout , non plus que ceux qui viennent des Garennes de Lapin , témoin la sterilité qui paroît au tour des Clapiers ; les feüilles d'hortolage pourris font quelque chose de livide & de froid , qui bien loin d'amander fait pourrir les nouvelles Plantes , & ainsi il ne s'en faut nullement servir.

Les feüilles d'Arbres qu'on a ramassé , & fait pourrir dans quelques fonds humides , deviennent plûtôt du terreau que du Fumier , si-bien qu'elles sont plus propres à répandre pour garentir du hâle , qu'à fumer le dedans de la terre.

Le terreau est le dernier service qu'on retire du Fumier , ce Fumier ayant servi à faire des Couches s'y est tellement consommé , qu'il est enfin devenu aussi mobile que de la terre , & pour lors il est employé non plus comme Fumier qui engraisse , mais comme terre qui produit de

petites

petites Plantes, & ainſi on en met ſept à huit pouces d'é-
pais ſur les Couches nouvelles, pour y élever des Salades,
des Raves, des Legumes à replanter, ou pour y planter à demeurer, comme Melons, Concombres, Laituës pommées,
&c. on en répand auſſi environ deux pouces d'épais ſur les
terres nouvellement enſemencées au Printemps & dans
l'Eſté, quand elles ſont ou de nature trop ſéche, ou de nature qui s'endurcit & ſe fend aiſément à la chaleur, les
graines ſécheront dans la premiere, & ne pourroient percer la ſuperficie dans l'autre.

On a recours à ce terreau, qui conſervant ſa fraîcheur
produite par les labours ou par les arroſemens, fait que les
graines germent aiſément, & y levent enſuite heureuſement; ce terreau fait encore ce bien au Jardinier, qu'il empêche les oiſeaux de manger les nouvelles graines.

Les cendres, quelles qu'elles ſoient, ſeroient d'un grand
uſage pour ameliorer les terres, ſi on en avoit beaucoup, &
comme on n'en a que tres-peu, on les met aux pieds de
quelque Figuier ou de quelque autre Arbre, & elles n'y
ſont pas inutiles.

Certaines gens font particulierement cas des terres de gazon pour ſervir d'amandement, & pour moy je les regarde
dans un autre ſens, c'eſt-à-dire comme propres à produire
par elles-mêmes, & non pas à faire produire à d'autres, &
j'eſtime encore davantage les terres qui ſont au-deſſous de
ce gazon, que nous appellons terres neuves, & qui par conſequent n'ayant jamais été travaillées ſe trouvent neuves,
c'eſt-à-dire pleines de toute la fertilité que les bonnes
terres peuvent avoir en elles, & partant heureux qui en
peut faire des Jardins entiers.

Que ſi enfin on n'eſt pas en état d'aller juſques-là, & qu'au
moins on en puiſſe avoir une quantité raiſonnable, je voudrois qu'on l'employât ou toute entiere pour les Arbres
fruitiers, ou qu'on l'employât au moins de la même maniere que j'ay fait employer les Fumiers pour les amandemens
à vive jauge.

CHAPITRE XXIV.

Pour ſçavotr s'il eſt bon de fumer les Arbres.

JE ne ſçaurois approuver le ſentiment de ceux qui étant
prevenus de l'erreur commune ſur le fait des Fumiers,en
mettent indifferemment par tout, juſques-là que pour en
faire une grande maxime, ils diſent d'une maniere aſſez
populaire, que particulierement à l'égard des Arbres on
ne leur ſçauroit donner trop d'amitié, c'eſt le terme doux
& galant dont ils ſe ſervent en parlant de ce qu'on appelle
vulgairement Fumier.

Mais pour faire voir ſi leur opinion eſt un peu raiſonnable, je les prie de répondre à cinq choſes que j'ay à leur demander ſur ce ſujet.

La premiere, s'ils entendent parler de toutes ſortes
d'Arbres.

La ſeconde, ſi c'eſt ſeulement des Arbres fruitiers.

La troiſiéme, ſi en fait de ces Arbres fruitiers c'eſt de
tous en general qu'ils parlent, ſoit vigoureux pour les entretenir, ſoit infirmes pour les rétablir.

La quatriéme, s'ils ont une regle certaine pour la quantité de Fumier qu'il faut donner à chacun,& pour l'endroit
où il le faut placer.

Et la cinquiéme, ſi on les doit fumer en toute ſorte de
terre, ſoit bonne, ſoit mauvaiſe.

Je n'oſerois pas croire que leur penſée pour les Fumiers
s'étendent generalement à tous les Arbres, puiſque de l'a-
veu de tout le monde, ceux des Foreſts, ceux de plaine
campagne, & ceux des avenuës des maiſons, ſe portent
d'ordinaire fort bien ſans avoir jamais été fumez ; ſi ces
Meſſieurs conviennent de ces veritez ſur le fait des Arbres
qui ne ſont pas fruitiers, ils tombent ſans y penſer dans
la conviction à l'égard de ceux qui le ſont, puiſque conſtamment les uns & les autres ſe nourriſſent de la même
maniere, c'eſt-à-dire par leurs racines ; en effet ces racines
ayant à travailler dans une terre naturelle, quand elle eſt
paſſablement bonne, elles ne manquent pas d'y trouver

fuffifamment ce qui leur eft neceffaire pour la vie.

Mais quoy que c'en foit, vrai-femblablement ces Meffieurs fe retranchent à appliquer feulement aux Arbres
fruitiers la maxime dont il s'agit ; or de bonne foy je
ne croy point qu'ils ofent avoüer que leur intention
foit de parler de tous en general ; car quelle apparence de dire qu'une même chofe foit également bonne pour
tant d'Arbres qui fe trouvent d'une conftitution fi differente, les uns plus ou moins vigoureux, les autres pareillement plus ou moins infirmes, les uns de Fruits à Pepin, les
autres de Fruits à noyau, &c. cependant ils ne fe font point
encore expliqué fur cette difficulté, & n'ont jamais parlé
qu'en termes generaux fur cette matiere, où comme nous
avons dit, ils employent le beau nom d'amitié pour perfuader plus agreablement.

Je ne croy pas non plus que fi on les preffe de fe declarer,
ils aillent dire qu'ils entendent parler des plus vigoureux,
puifque conftamment la grande vigueur paroiffant incom-
patible avec l'abondance des Fruits, ce feroit un méchant
expedient pour tâcher d'en faire venir, que d'avoir recours
à une chofe qu'ils croiroient propre à entretenir cette vigueur, ou peut-être même l'augmenter ; & de plus, le Fumier n'étant regardé que comme un remede, & les remedes n'étant vrai-femblablement que pour les malades, il
s'enfuit que ce Fumier ne doit point être pour ces Arbres,
qui bien loin d'avoir aucune infirmité marquent dans toute
leur étenduë une fanté parfaite ; ainfi fuppofé que le Fumier foit capable de faire quelque chofe aux Arbres, je
croy certainement qu'il pourroit nuire à ceux-cy, plûtôt
que de leur procurer quelque avantage.

Il faut donc qu'on vienne à dire que ce font les Arbres
infirmes, qu'on croit avoir befoin du fecours des Fumiers ;
mais pour en venir, s'il eft poffible, à defabufer d'une telle
erreur, j'affûre d'abord & de bonne foy, que par une experience étudiée pendant une longue fuite d'années, je fçai
fûrement que tout le Fumier du monde ne fçauroit rien
operer en faveur de quelqu'Arbres que ce foit ; j'avois été
long-tems dans l'erreur commune, ma curiofité ayant commencé par là, auffi-bien que par la routine des décours,

&c. mais enfin j'en fuis heureufement revenu, & tous ceux
qui fans aucune prevention voudront s'inftruire de la verité du fait, conviendront avec moy que tout au plus la peine
& la depenfe en font inutiles, je dis même qu'on eft bien-
heureux fi elles n'ont point été pernicieufes; car ces Fumiers, comme j'ay dit ailleurs, font fujets à engendrer des
vers qui font mourir les Arbres, ou au moins toute leur
vertu ne fçauroit faire produire que de petites racines;
or telles racines qui font veritablement bonnes pour de petites Plantes, ne peuvent abfolument contribuer à faire ces
beaux jets, qui font connoître qu'un Arbre eft vigoureux
au point qu'on les demande.

Mais pour aller un peu plus avant dans la preuve convaincante de cette verité que j'établis, je voudrois bien
qu'on me dît au jufte ce que c'eft qu'un Arbre infirme, c'eft
une matiere dont je parle affez amplement dans le Traité
des maladies des Arbres, &c. & quant à prefent je me contente de dire, que par exemple un Poirier infirme n'eft
pas toûjours celuy qui pouffe jaune, on en voit de fort vigoureux qui ont le feüillage de cette couleur-là, c'eft feulement celuy dont il meurt quelques groffes branches vieilles, ou celuy dont l'extrémité des jets féche, ou celuy
qui n'en fait aucuns, & demeure galeux, plein de chancres & de mouffe, & cependant fleurit infiniment, mais où
peu de Fruits y noüent, ou ce qu'il en noüe demeure petit,
pierreux & mauvais; que fi l'Arbre pouffe de grands jets
jaunes, ce qui d'ordinaire arrive à quelques Poiriers fur
Coignaffier, qui étant plantez en terre un peu féche &
maigre fe portent naturellement bien, ce défaut de feüilles jaunes vient de ce que quelques principales racines fe
trouvant à fleur de terre, y font alterées par les chaleurs
d'Efté; or le Fumier employé pour amander, & par confequent mis un peu avant dans la terre, ne fçauroit empêcher cela.

D'un autre côté, fi à cet Arbre infirme il meurt quelques
branches, ce défaut peut venir, foit de ce que l'Arbre
eft trop chargé de branches, eu égard à fon peu de vigueur, en forte qu'il ne peut fournir à les nourrir toutes, foit de ce qu'il eft planté trop haut ou trop bas,

foit enfin de ce que la terre qui le doit nourrir eſt ou mauvaiſe ou uſée, & ſur tout que dans le pied de l'Arbre il y a beaucoup de racines mortes.

Or au premier cas, le Fumier ne déchargera pas cet Arbre de ſon trop grand fardeau : au ſecond, il ne fera pas qu'il devienne mieux planté; & au troiſiéme, il ne reſſuſcitera pas les racines mortes, & enfin n'en fera point venir de groſſes nouvelles, car jamais les Fumiers n'ont pû parvenir juſques-là, tant les grands, quelques pourris qu'ils ſoient, que les petits qu'on appelle terreaux : ainſi tant qu'il ne ſe fera point de groſſes racines nouvelles, il ne ſe fera point auſſi de beaux jets nouveaux, & tant qu'il ne ſe fera point de ces ſortes de jets nouveaux, les Arbres demeureront toûjours vilains, & les fruits ne ſeront jamais bien conditionnez dans leur qualité, ni ne ſatisferont pas non plus par l'abondance.

Joint que ſi le Fumier pouvoit rendre vigoureux un Arbre qui ne l'étoit pas; premierement, je l'aurois éprouvé quelquefois aprés l'avoir eſſayé ſi ſouvent; & cela étant, j'aurois grand tort de me revolter contre une opinion ſi bien établie, & de vouloir en même temps introduire une doctrine nouvelle, qui, au lieu de me faire quelque bien, ne ſeroit propre qu'à me tourner en ridicule : en ſecond lieu, ſi les Fumiers pouvoient donner de la vigueur, & ſur tout à des Arbres vieux & infirmes, il en arriveroit ſans doute un inconvenient tres-fâcheux, qui ſeroit de faire pouſſer quantité de faux bois, & de détruire la diſpoſition où cet Arbre étoit pour fructifier; car enfin contre l'intention du Maître ils feroient allonger en bois les boutons qui s'étoient arrondis pour faire le Fruit, & il faut neceſſairement ôter ces ſortes de bois, comme mal conditionnez & mal placez.

J'explique plus particulierement dans un autre endroit, ce qui en tel cas eſt à faire pour le mieux, & c'eſt dans la fin du cinquiéme Livre où je me propoſe les remedes à l'infirmité des vieux Arbres.

Mais ſuppoſé qu'il fût bon de fumer les Arbres, dont je ne conviens pas, quelle meſure juſte peut-on avoir pour le plus ou le moins de Fumier qu'il faudroit à chacun, la petite ou la mediocre quantité feront-elles le même effet que la grande, ou la grande ne fera-t-elle pas davantage que la petite ou la mediocre, &c? & de plus, en quel endroit placera-t-on ce Fumier, fera-ce bien prés du tronc, fera-ce loin, il fera inutile prés du tronc, puifque les extrémitez des racines où fe fait toute l'action étant éloignées de là n'en pourroient profiter, & cependant c'eft particulierement en cet endroit-là où l'on a accoûtumé de le mettre, ce feroit donc dans le voifinage de ces extrémitez où il faudroit placer cet amandement; mais le moyen de fçavoir au vray en quelle partie elles fe trouvent, joint que ces extrémitez qui s'allongent tous les ans, changent par confequent de place tous les ans.

Je finis par cette obfervation qui eft fi vulgaire, qu'on voit des Arbres infirmes dans les bonnes terres, auffi-bien que dans celles qui ne le font pas; faudra-t-il faire le même remede dans les unes que dans les autres; il me paroît affez difficile de répondre jufte fur ces trois dernieres queftions, fi-bien que conftamment on s'engage à de grands embarras, fi on veut faire confifter dans les Fumiers le feul bon remede qu'il faut aux Arbres fruitiers, foit quand il s'agit de les entretenir dans la vigueur qu'ils ont, foit quand il s'agit de recouvrer celle qu'ils ont perduë; je trouve beaucoup mieux mon compte, & à moins de frais, à me fervir de terres neuves que d'aucuns Fumiers, quels qu'ils puiffent être; j'explique ailleurs la maniere d'employer ces terres neuves, & c'eft ce qui m'a fait dire encore dans un autre endroit, qu'une des principales conditions pour réüffir à planter de jeunes Arbres, fi d'ailleurs ils font bons & bien taillez par les racines, eft de les planter dans une terre qui foit au moins paffablement bonne, & qui n'ait jamais été fumée.

CHAPITRE XXV.

*Quelle sorte de terre convient le mieux à chaque espece
d'Arbres fruitiers.*

JE finis cette seconde partie aprés avoir dit que les Sauvageons de Poiriers, de Pommiers, & même ceux qui s'appellent Paradis, & pareillement les Pruniers & les Figuiers s'accommodent assez bien de toute sorte de terre, soit chaude & séche, soit froide & humide, pourvû qu'il y ait suffisamment de fond, c'est-à-dire au moins deux bons pieds & demy ou trois pieds, encore le Figuier se passe-t-il a beaucoup moins.

Et quid quæque ferat regio, & quid quæque recuset, &c. Georg. 1.

Le Coignassier ne s'acommode point des terres séches & legeres, il y jaunit trop aisément ; l'Amandier & le Pêcher de noyau font mieux dans celle-cy que dans les terres fortes, dans lesquelles ils sont tres-sujets à la gomme ; telles terres fortes sont plus propres pour les Pruniers, les Merisiers, les Groseillers, le Framboisiers, &c. la Vigne veut plûtôt certaines terres legeres pour y faire de bon raisin & de bon vin, que les terres fortes & froides ; le Cerisier de pied fait assez bien dans celles qui sont séches & legeres, mais encore mieux dans les terres franches.

Aprés avoir expliqué quelles sortes de terres sont les meilleurs pour chaque sorte de Plan, on pouroit ce semble tirer les consequences necessaires pour les especes de Fruits qui sont greffez sur ces sortes de Plans, par exemple pour les Poiriers qui sont greffez sur franc ou sur Coignassier, pour les Pêchers greffez sur Pruniers ou sur Amandiers, &c.

Mais cependant, comme nous dirons cy-aprés, il n'en est pas pour le bon gout des Fruits, la même chose que pour la vigueur des Arbres ; les Poires de Bon - chrétien d'Hyver, de Petitoin, de Lansac, d'Espine, &c. seront toûjours insipides, & la plûpart pierreuses, ou pâteuses, & farineuses si elles sont dans un fond froid & humide, quelque soit le pied Sauvageon ou Coignassier, & principalement en Buisson; il en sera de même pour les Pêches,

les Pavies, &c. ces sortes de Fruits demandent particulierement le terroir assec sec, ou qu'au moins il soit desseché
par des pierrées & des pentes étudiées , si naturellement
il est humide ; enfin generalement parlant les Arbres sont
d'ordinare vigoureux dans les terres fortes, mais les Fruits,
n'y acquierent gueres le bon goût qui leur convient , &
qu'ils trouvent dans les terres plus séches.

Ce n'est pas assez que nous ayons nos Jardins bien cultivez par les labours & les amandemens, il les faut encore
tenir fort propres, c'est-à-dire qu'il faut que les Allées
soient toûjours bien nettes de pierres & de méchantes herbes, toûjours fermes pour s'y promener aisément & commodément, que les labours soient pareillement nets & de
pierres & de méchantes herbes , que les Arbres soient
toûjours nets de Toupillons, de Chenilles, de Limaçons,
de Mousse,&c. bref, les Jardins utiles doivent autant plaire quand ils sont vieux faits , qu'ils plaisent peu quand ils
viennent de l'être, & par là ils sont differens des Parterres,
qui ne sont jamais si propres & si beaux à voir, que le jour
qu'ils sortent des mains de l'Ouvrier ; car pour lors ils sont
embellis de Fleur plantées de nouveau , ils ont leurs Allées
bien sablées & bien tirées, les gazons tous frais , enfin ils
ressemblent, pour ainsi dire, à ces nouvelles mariées qu'on
vient d'ajuster de poudre, de mouches, de rubans, de bou-
quets, &c. pour les rendre plus agreables, au lieu que nos
Jardins utiles qui doivent veritablement sentir la ména-
gere de la maison , doivent avoir une propreté aisée & naturelle , & non pas une propreté contrainte & étudiée.

Fin de la seconde Partie.

TROISIE'ME

TROISIEME PARTIE
DES
JARDINS FRUITIERS
ET POTAGERS.

De ce qui est à faire en toute sorte de Iardins, tant pour choisir sagement, que pour proportionner & placer en chacun les meilleures especes d'Arbres fruitiers qu'on y peut mettre, soit en Buisson, soit en Espalier, soit de haute tige.

P A R M I les Fruits qui sont presentement dans le commerce du monde, on peut dire sans prevention qu'il en est de si exquis & de si parfaits, qu'on ne connoît rien de plus délicieux au goût, & peut-être même ne connoît-on gueres rien de plus utile à la santé ; aussi voyons-nous qu'on est tellement accoûtumé d'en user en tout temps, que peu

Tome I.   Hh

s'en faut qu'on ne les mette au nombre des choses qui font abſolument neceſſaires à la vie ; on ne voit plus perſonne qui s'en puiſſe paſſer, ſi-bien qu'enfin il n'eſt rien qu'on ne faſſe pour en avoir : c'eſt ce qui fait que quelques magnifiques & abondans que ſoient les grands regales, on y trouve toûjours à redire, ſi de beaux & de bons Fruits n'en relevent l'éclat, & n'en laiſſent une grande idée dans l'eſprit des conviez ; de là vient pareillement que la maiſon de campagne la plus ſomptueuſe & la plus ſuperbe manque d'un de ſes principaux ornemens, ſi elle n'eſt accompagnée de Jardins fruitiers qui ſoient beaux & bien entendus ; auſſi la nature qui ne fait rien en vain, a été ſoigneuſe de nous produire un nombre infini de differentes ſortes de Fruits, & en même temps nous a inſpiré une forte inclination non ſeulement à cultiver ceux de nos climats, mais même à les multiplier en y joignant ceux des païs étrangers ; ſi-bien qu'à vray dire nous devons regarder cette abondance comme une des plus grandes obligations que nous luy ayons, & il ſemble même que tout ce qu'elle a fait d'ailleurs pour nous faire vivre & ſubſiſter ſeroit peu de choſe, ſi nous étions privez de ce treſor, que le Jardinage nous fournit, treſor qui nous eſt d'un extrême ſecours ; car en effet qu'avons-nous de plus precieux & de plus commode dans la vie, que de trouver de bons Fruits dans tous les païs habitez ? qu'avons-nous de plus important que d'en avoir amplement pour toutes les ſaiſons de l'année.

Diviſæ arboribus patriæ.
Georg. 2.

Ce ſeroit icy un beau champ à faire l'éloge de ces riches preſens, que la terre fournit d'elle-même juſques dans les foreſts les plus obſcures, & dans les deſerts les plus affreux ; mais c'eſt un parti qui n'eſt nullement de ma profeſſion, & encore moins de mon deſſein : auſſi comme je me ſens incapable de l'entreprendre avec ſuccés, je n'ay garde de de m'y embarquer ; je me retranche plus volontiers à communiquer avec plaiſir ce que mon experience m'a fait trouver, pour apprendre à tirer de grands avantages de ces chefs-d'œuvres de la nature, & aider ſur tout à les perfectionner par nôtre induſtrie.

Or quoy que ſous le nom de Fruits on entende generalement tout ce qui eſt Fruit de Jardins, je ne pretens pas pourtant parler icy de ceux qu'on peut appeller Fruits de la petite claſſe, par exemple des Fraiſes, Framboiſes, Groſeilles, & non pas même des Melons, quoy que conſtamment dans le genre de Fruits il n'y ait rien de plus excellent: ce ſont articles que je reſerve pour faire partie du Potager; je ne parleray donc icy que de ceux qui viennent à des Arbres, & qui, quand l'eſpece en eſt bonne & le terroir bien conditionné, ſont les veritables ornemens des Jardins; car autrement il y en a beaucoup, qui au lieu de faire honneur, ſont pour ainſi dire affront au Maître qui les cultive,

Aprés que j'auray parlé de ces bons fruits de toute ſorte d'Arbres, je parleray auſſi de ces ſortes de Raiſins, dont les honnêtes gens font tant de cas.

Je ne puis paſſer outre, que je n'aye marqué combien je ſuis ſurpris de tout ce qu'on voit de Fruits, tant en general qu'en particulier: pour les eſpeces j'ay lieu de l'être beaucoup, pour en avoir fait des deſcriptions exactes, tant du dedans que du dehors, ſoit en fait de Fruits à pepin, ſoit en fait de Fruits à noyau, & même en fait de Figues & de Raiſins, comme on le verra cy-aprés; juſques-là qu'en matiere de Poires ſeulement, je puis dire avec verité que j'en ay vû, goûté, & décrit plus de trois cens eſpeces toutes tres-differentes les unes des autres, ſans y en avoir cependant trouvé qu'une trentaine, qui à mon goût fuſſent excellentes; en ſorte qu'elles me paruſſent avoir régulierement plus de bonnes qualitez, que de mauvaiſes.

Sed neque quam multæ ſpecies, nec nomina quæ ſint, eſt numerus, neque enim numero comprendere refert; quem qui ſcire velit, libyci, velit æquoris idem diſcere, quam multæ zephiris turbentur arenæ, &c. Georg. 2.

Je m'attens bien de trouver des curieux, à qui mon avis ſur le fait du choix ne plaira pas en toutes choſes; mais ils me permettront, s'il leur plaiſt, de leur faire icy une tres-humble priere, qui eſt qu'auparavant de prononcer contre moy ſur l'eſtime ou ſur le mépris que je fais de certains Fruits, ils commencent par examiner particulierement mon intention, qui cherche à établir une ſuite perpetuelle de bons Fruits, & qu'aprés ils ayent à ſe ſouvenir premierement qu'il ne faut point diſputer des goûts: c'eſt un principe inconteſtable: ſe ſouvenir en ſecond lieu, qu'il faut avoir de grands égards, ſoit à la bi-

H h ij

zarrerie des faisons dont nous ne sommes pas les maîtres, soit à la diversité des terres & des climats que l'on sçait être presqu'infinie, soit à la nature du pied de l'Arbre, qui quelquefois est bon, & quelquefois mauvais, soit enfin à la maniere ou figure dans laquelle les Arbres produisent.

Ce sont toutes matieres qui demandent beaucoup de considerations, & sont tres-capables de faire balancer les opinions des juges; il se trouve quelquefois de méchantes Poires parmi des Virgoulés, des Leschasseries, des Ambrettes, des Epines, &c. il se trouve de méchantes Pêches parmi des Mignonnes, des Madelaines, des Violettes, des Admirables, &c. il se trouve enfin de méchantes Prunes parmi les Perdrigons, de méchans Raisins parmi les Muscats, & de méchantes Figues parmi les plus estimées, &c. n'est-ce pas de quoy étonner un curieux, autant appliqué que je le suis, & serois-je excusable, si je supprimois sur cela les grandes observations & les reflexions que j'y ay faites : d'où enfin j'ay conclu, que quoy que dans une certaine espece de bons Fruits il s'en trouve quelques-uns de défectueux, il ne s'ensuit pas pour cela que toute l'espece soit à rejetter, ni que pareillement il faille faire grand cas d'une autre, qui quoy que connuë pour mauvaise parmi les habiles connoisseurs, ne laisse pas d'en fournir quelques-unes de passables, dont les gens peu delicats se rendent amoureux.

Tout le monde convient premierement que sur le fait des Fruits, en ce qui regarde leur nature, il y en a de trois classes, c'est à sçavoir qu'il y en a de tres-bons, qu'il y en a de tres-mauvais, & qu'enfin il y en a qui ne pouvant être compris dans le nombre de ceux-là, peuvent être regardez comme Fruits simplement passables & mediocres ; ce ne sont d'ordinaire que ces derniers, qui trouvant par-cy par-là des amis & des partisans, donnent lieu de disputer pour le choix ; car rarement arrive-t-il qu'on ne soit pas d'accord pour l'estime des premiers, & pour le mépris des seconds : une bonne Poire de Rousselet ou de Virgoulé est estimée par tout ; une Poire de Parmein ou de Fontarabie est aussi méprisée par tout : mais il n'en est pas de même pour un Doyenné, pour un Saint Lezin , &c.

On convient aussi que , par exemple , tel Fruit est mauvais une année, ou à une certaine exposition, qui aura paru bon plusieurs autres années de suite , ou à d'autres expositions ; & reciproquement tel Fruit se trouve bon cette année-cy , qu'on n'aura pû souffrir les precedentes.

Et enfin on convient que dans une forte de terre, & de climat , & de figure d'Arbre , tel Fruit est bon, qui regulierement se trouve mauvais dans un different climat , ou dans un autre fond , ou dans une autre figure d'Arbre ; il s'en faut de beaucoup que , par exemple , tout ce qui est bon Fruit en plein vent, soit également bon en Buisson , &c. ni que tout ce qui réüssit en Espalier ait par tout la même destinée en plein air , &c. ni que tout ce qui est bon dans un fond sablonnoux , le soit également dans une terre humide , &c. je feray sur cela une discussion autant exacte qu'il me sera possible , pour tâcher d'en venir à décider sur le choix & sur l'ordre de la preference , dont il s'agit.

Et de plus , comme apparemment je ne suis pas encore parvenu à connoître tout ce qu'il y a de bons Fruits dans l'Europe, encore moins ce qu'il y en a dans le reste de l'Univers ; il y en a peut-être qui pourroient icy réüssir , & qui par consequent, si j'en connoissois le merite , me feroient changer quelque chose dans la disposition que j'établiray ; j'en demeure d'accord, car comme je suis assez persuadé qu'il ne s'en fait plus de nouveaux , aussi ne disconviens-je pas que de temps en temps il ne s'en découvre quelques-uns , qui aprés avoir été long-temps dans l'obscurité de certains cantons éloignez viennent enfin à se faire connoître & admirer dans le grand monde ; nous en avons bien parmi nos plus exquis , dont j'ose dire qu'il n'étoit icy aucune mention dans les premieres années de ma curiosité.

Je ne manqueray pas de tirer avantage des nouveautez , s'il nous en arrive , & j'exhorte de tout mon cœur tous ceux qui verront ce Traité à vouloir témoigner pour le public le même zele dont à cet égard je fais profession ; au moins est-il certain que je n'ay pas voulu hazarder de

H h iij

dire ce que je penfe particulierement en cette matiere de choix & de proportion de Fruits, qu'aprés y avoir grandement travaillé ; j'ay eu pour but de donner enfin un avis qu'on peut fûrement fuivre & executer dans une bonne partie du Royaume, & dans tous les climats qui luy font femblables ; & c'eft dans cette vûë que j'entretiens depuis plus de trente ans un commerce particulier avec la plûpart des curieux de nôtre fiecle, tant de Paris & de nos Provinces de France, que des Païs éloignez & des Royaumes circonvoifins. Je me fuis étudié à avoir par tout des amis illuftres en Jardinage, pour profiter autant que j'ay pû de leurs lumieres & de leurs richeffes, dans le temps que de mon côté je tâchois de ne leur être pas inutile ; & comme fans vanité je n'y ay pas trop mal réüffi jufqu'à prefent, on peut s'affurer que je ne difcontinuëray jamais de travailler avec tout le foin poffible, pour attirer parmi nous ce qu'il y aura ailleurs de plus confiderable en fait de Fruits, c'eft-à-dire enfin, que je pretens non feulement effayer de fatisfaire & regler en cecy ma curiofité, qui n'eft pas petite, mais auffi celle des honnêtes Jardiniers, qui n'eft pas moins grande que la mienne.

Or quoy qu'il ne foit pas mauvais d'être toûjours en quefte pour découvrir, s'il fe peut, quelques Fruits nouveaux qui meritent nos foins & nôtre culture, & c'eft ce que je fais fans aucun relâche ; il me femble cependant que nous pouvons prefentement nous vanter d'avoir de quoy faire des Jardins, qui foient raifonnablement garnis pour toutes les faifons de l'année : fi-bien que je croy pouvoir dire qu'il n'y a pas trop grande neceffité de nous mettre fort en peine d'en chercher davantage. Il y a vingt-cinq ou trente ans que nous n'aurions pas pû avancer la même chofe, & fans doute nos peres étoient beaucoup moins riches que nous ne le fommes.

Toutefois il en faut convenir de bonne foy, nous avons les mois de Mars & d'Avril qui font à plaindre, ils manquent de bons Fruits tendres & beurrez : les fortes de Poires qui font reftées pour ces temps-là, n'ont pas le don de plaire comme celles qui viennent de paffer, ni même comme pour la plûpart elles l'avoient autrefois ; il femble

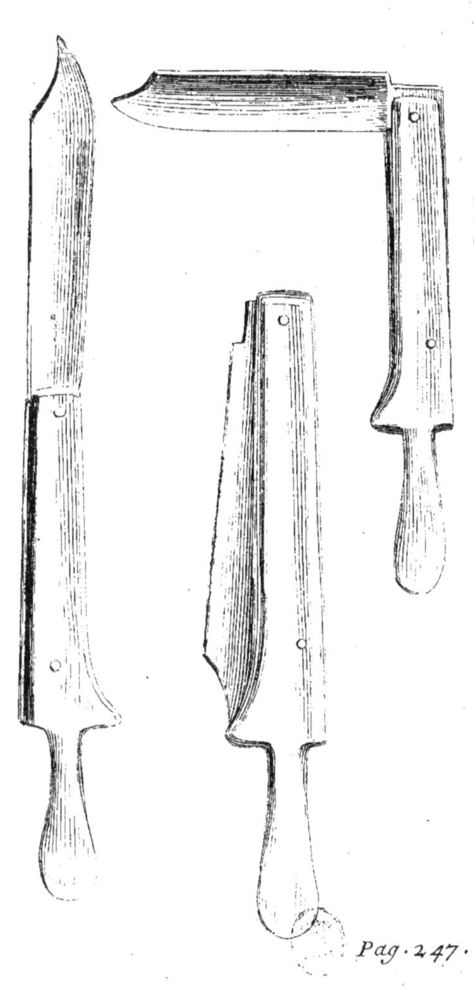

Pag. 247.

qu’elles vont tous les jours en diminuant de leur ancien credit; il faut cependant s’en contenter jusqu’à ce qu’on en ait de meilleures à mettre à leur place: mais sur tout je trouve qu’on n’est pas trop malheureux, si les Poires de Bon-Chrétien, qui sont les dernieres à acquerir leur maturité, sont pourvûës de toute la bonté qu’elles peuvent avoir, car sans doute il en est de tres-bonnes; les Pommes qui restent, & qui doivent durer jusqu’au mois de Juin, satisfont bien quelques curieux dans la fin de l’Hyver & dans le commencement du Printemps, mais en verité ce n’est ni le plus grand nombre, ni sur tout les principaux.

Pour établir donc, & autoriser mon jugement sur ce que nous avons de Fruits connus, je puis assûrer, & on le doit croire, que je ne me suis pas contenté de les avoir plusieurs années de suite vûs, goûtez & examinez sans prevention aucune, & avec une exactitude aussi grande que la matiere le requeroit, mais que même pour tâcher de ne rien déterminer que bien à propos, j’ay fait de frequentes assemblées de curieux, c’est-à-dire de gens fort entendus en ce fait-là, & d’un goût peut-être aussi delicat qu’il y en ait dans le Royaume.

Aprés tant de precautions & d’experiences je me suis enfin resolu à faire ce Traité, & pour y réüssir, & avoir en même temps occasion de dire ce qu’il y a de bon ou de mauvais en chaque Fruit en particulier, avec les differens noms, dont la plûpart sont déguisez suivant les differens païs où ils se trouvent: car le nombre des Fruits qui n’ont qu’un nom, & particulierenment en fait de Poires, comme par exemple le Bon-chrétien, le Rousselet, le Beurré, le Messire-Jean, le Portail, &c. est tres-mediocre; il n’en est pas de même pour les autres Poires, pour les Prunes, les Pêches, les Pommes, &c. il n’y en a gueres qui n’ayent deux ou trois noms, & souvent davantage.

Dessein de l’ordre de cette Partie.

J’ay crû premierement, que, comme je l’ay promis, je devois tâcher de faire le portrait ou la description de chaque Fruit, & de la faire même assez grande, afin que cela puisse servir d’instruction pour une chose que je croy necessaire, tout au moins elle est importante, c’est-à-dire pour apprendre plus aisément, soit à la vûë, soit au goût, le seul & veritable nom que les Fruits doivent avoir, & ce sera sans doute celuy qui sera en usage parmi les habiles curieux de la Cour, tout de même qu'aux autres choses, on suit exactement la mode, & les manieres qui s'y pratiquent.

De cette détermination du nom de chaque Fruit bien autorisé par la description que j'en auray faite, il arrivera, comme j'espere, qu'on ne tombera plus dans l'inconvenient d'en avoir de méchans sous le nom de ceux qui sont bons, & d'en avoir un même sous differens noms, & par consequent de n'avoir que peu d'especes, quand on croyoit en avoir beaucoup, eu égard au grand nombre d'Arbres qu'on avoit dans son Iardin ; je mettray ces descriptions aux endroits où je decideray du choix de chaque Fruit en particulier, & comme j'ay dit ailleurs, elles ne seront que pour ceux qui voudront prendre la peine de les lire ; les autres qui n'auront que l'empressement de sçavoir au plûtôt quels sont les bons, & quelle proportion est à y garder en chaque Iardin, trouveront cy-aprés un petit Abregé qui pourra sur le champ les satisfaire.

J'ay crû en second lieu, qu'il ne seroit pas mal à propos de supposer que j'ay à donner mon avis à quantité de nouveaux curieux l'un aprés l'autre, tous voulant planter des Arbres fruitiers, mais tous embarrassez pour se déterminer tant sur le choix des especes, que sur le nombre des Arbres de chacune.

Le premier, par exemple, n'ayant peut-être uniquement de place que pour un Arbre, soit à mettre en Buisson, soit à mettre en Espalier, le second n'en ayant que pour deux, l'un ayant place pour une centaine d'Arbres, l'autre en ayant pour beaucoup davantage, &c. ils cherchent tous à se déterminer sur le choix, & le cherchent avec chaleur ; car rien n'est pareil à celle d'un nouveau curieux, qui meurt d'envie de voir son Iardin fait, & promptement fait, mais ni les uns ni les autres ne sçavent par où commencer, n'ayant encore pour cela reçû aucun secours de personne.

Pour soulager leur peine & leur inquietude, je me mets

à

à la place de tous tant qu'ils font, fucceffivement les uns
après les autres, afin de confeiller à chaçun de faire ce
qu'actuellement je ferois moy-même, fi j'avois à faire ce
que chacun d'eux entreprend ; fi-bien que tantôt je fuis
un curieux qui veut planter un tres-petit Jardin, tantôt
j'en fuis au autre qui en veut planter un mediocre, & tantôt un autre qui en veut planter un fort grand ; & même
le perfonnage que je fais icy, n'eſt pas feulement pour
aider à bien faire un Plan nouveau ; je pretens auffi
apprendre par même moyen à en corriger un vieux
qui n'eſt pas bien entendu , de maniere que je veux
faire en forte qu'au bout de quelques années, chacun de
ceux qui voudront fuivre mon avis, trouve infailliblement
dans fes Jardins le plaifir qu'il s'y étoit propofé.

On pourra dire qu'il n'eſt pas trop ordinaire d'avoir
des Jardins fi petits, qu'on n'y puiffe planter qu'un Arbre
ou deux de chaque forte ; mais quand bien même cela feroit, ce qui n'eſt pourtant pas, témoin les Jardins de tant
de Religieux dans les Convents, & de tant de petits Bourgeois dans les Villes, &c. je demande cependant la liberté
de le fuppofer comme une chofe qui me paroît non feulement commode dans mon deffein, mais qui fur tout me
paroît neceffaire pour me faire mieux & plus utilement
entendre à tout le monde.

Et cela étant, je dois avertir d'abord que parmi toutes Avertis-
les efpeces de Fruits, foit à pepin, foit à noyau, il y en a sement.
que je plante volontiers dans un Jardin d'une certaine
grandeur, & que je n'eſtime pas affez pour les planter dans
un Jardin d'une plus petite étenduë, ce qui peut entrer
dans le petit, pouvant bien veritablement être reçû dans
le grand, mais du grand au petit la confequence ne me
paroiffant pas bonne.

De plus, comme il y a differentes manieres d'avoir des
Arbres fruitiers, je dois auffi avertir, par exemple, en fait
de Poires, qu'il y a des efpeces que je ne veux gueres
qu'en Buiffons, comme des Beurrés, des Virgoulés, &c. &
d'autres que je mets volontiers en Arbres de tige, comme
tous les Fruits de mediocre groffeur, & fur tout ceux qui
ont difpofition à être pâteux & infipides, comme les

Petit-oin, Sucré-vert, Efpine, Loüife-bonne, Lanfac, &c.
J'averttis auffi qu'il y en a, qui régulierement ne viennent
bien qu'en Efpaliers, comme les Bon-chrétiens, les Bergamottes, petit Mufcat, &c. d'autres qui réüffiffent affez heureufement de quelque maniere qu'on les mette, comme les
Rouffelets, les Robines, les Lefchafferies, les Saint-Germain, &c.

Enfin y ayant differentes natures de fond, & differentes
fituations de Jardins, je dois avertir,

Qu'il y a des Fruits qui ne veulent que des terres féches,
comme les Pêches, les Mufcats, & d'autres qui ne réüffiffent pas mal dans celles qui font un peu humides, comme
les Cerifes, les Prunes, &c.

Qu'il y a des fonds qui ne s'accommodent pas indifferemment de toutes fortes de Plans, par exemple, les Pêchers fur Pruniers, les Poiriers fur Coignaffiers aiment
mieux les fonds gras que les fonds fecs ; au contraire des
Pêchers fur Amandier, & des Poiriers fur franc, les uns &
les autres faifant fort bien dans les fonds fablonneux.

Qu'il y a des Fruits qui ne viennent bien qu'à l'abri du
froid, témoin les Mufcats & les Figues ; & fur tout dans le
voifinage de Paris ; & d'autres qui fouffrent affez bien le
grand air, comme tous les Fruits rouges, & la plûpart des
Fruits à pepin.

Et qu'enfin les terroirs humides font propres à faire de
gros Fruits, mais non pas à en faire de fort delicats, à
moins d'un foin & d'une culture extraordinaire, au lieu
que les terroirs fecs font propres à les faire de bon goût,
mais auffi ne les font-ils que petits, s'ils ne font extraordinairement fecourus.

Voulant dire mon avis fur toutes ces differences, fçavoir difference de grandeur de Jardin, & difference d'expofitions dans ces Jardins, difference de fituations & de
terre, difference de figure d'Arbres & de qualité des
pieds fur lefquels ces Arbres font greffez, comme auffi
voulant dire particulierement mon avis fur toutes fortes de
Fruits, premierement, pour faire choifir les meilleurs ; en
deuxiéme lieu, faire que parmi ces meilleurs on ne s'arrête qu'à ceux, qui peuvent le mieux réüffir en la figure

d'Arbres qu'on les doit planter ; en troifiéme lieu, faire
qu'à chaque Arbre on deftine la place du Jardin qui luy eft
la plus neceffaire ; & enfin faire qu'il y ait une jufte proportion dans le nombre d'Arbres de chaque efpece.

Je parleray d'abord des Fruits à pepin, à commencer par
les Poiriers, pour fçavoir premierement qui font ceux qui
peuvent réüffir en Buiffon ; en fecond lieu, qui font ceux
qu'on peut heureufemeut planter en Arbre de tige ; en
troifiéme lieu, qui font ceux qui demandent d'être en Efpalier, & enfin qui font ceux qui donnent fatisfaction en
toutes manieres : aprés cela je diray fuccinctement tout ce
que je penfe à l'égard des Pommes, pour marquer celles
que j'eftime le plus, & celles que j'eftime le moins, foit
pour buiffon, foit pour plein vent ; car je ne croy pas qu'il
faille fe mettre en peine d'en avoir d'une autre maniere,
c'eft-à-dire d'en avoir en Efpalier.

Aprés avoir employé en Buiffons & en Arbres de tige
tout le terrein du milieu de chaque Jardin, je viendray
enfuite à la partie la plus curieufe des Jardins, qui font les
Efpaliers, & tâcheray de faire connoître de quelle façon j'eftime qu'il faut employer utilement ce qu'on a
de murailles, quelque petite ou quelque grande quantité de toifes qu'on en ait ; quels Fruits fur tout meritent d'y avoir place, & quels Fruits font indignes d'en
approcher ; fur quoy je traiteray non feulement des Prunes & des Pêches, mais auffi des Figues & du Raifin,
&c. je diray quels Fruits de tous ceux-là fe plaifent à
certaines expofitions, & n'en peuvent gueres fouffrir
d'autres, & quels enfin font d'affez bon naturel pour
s'accommoder paffablement de toutes.

Quand j'entreprens de donner confeil pour le choix
& la proportion des Fruits, il y a un article fur lequel
je fais grande difference entre les curieux qui en veulent pour le plaifir de leur goût, & les gens qui ne fe
propofent d'en élever que pour les vendre.

Les premiers, qui font ceux que je regarde icy particulierement, doivent fur tout chercher, pour ainfi dire, le
merite interieur de chaque Fruit, foit par rapport à eux-
mêmes, foit par rapport aux amis à qui ils en deftinent.

Les autres ne doivent preſque ſe mettre en peine que de la beauté, de la groſſeur, de l'abondance ordinaire, & ſur tout de ces anciennes eſpeces qui ont le plus de debit : l'O-range, la Poire à deux têtes, le Martin-ſec, &c. l'empor-tent en cela d'une grande hauteur ſur les Eſpine, Leſchaſ-ſerie, Petit-oin, Craſane, &c.

Mais en ce qui regarde la culture, je ne les diſtingue gueres les unes des autres, il faut qu'ils ſçachent (ſans prendre cependant cette maxime à la rigueur) que ce n'eſt pas communément la grande quantité d'Arbres, qui à proportion de la grande dépenſe où elle a embarqué, rapporte la grande quantité de Fruits ; c'eſt bien plû-tôt le nombre mediocre, bien entendu & bien cultivé, qui ſatisfait de toutes manieres.

Le ſoin neceſſaire aux Arbres des Jardins ordinaires, auſſi-bien qu'aux Potagers, ne ſçauroit s'étendre heureuſe-ment au fort grandes entrepriſes ; il faut ſe réduire aux mediocres, quand on veut avoir uñ ſuccés preſque infailli-ble, avec cette precaution neanmoins que ce qui eſt petit pour telle perſonne, ſe peut appeller grand pour telle autre, & qu'au contraire ce qui ſeroit trop grand pour un tel curieux peu accommodé, ſe trouve trop petit pour un autre qui a mieux moyen de le faire cultiver.

Mais enfin il n'y a gueres d'ouvrages où il faille avoir plus de prudence à entreprendre, que j'en ſouhaite à chacun dans celuy-cy, attendu la diſpoſiton maligne qui paroît être dans tout le Jardinage, à aller, pour ainſi dire, plutôt de mal en pis, que de bien en mieux ; de maniere qu'on peut dire avec les anciens, qu'on y a affaire ou contre un ennemy redoutable qui dreſſe perpe-tuellemeñt des embûches, ou contre un impitoyable creancier qui ne donne aucun relâche pour ſes paye-mens, ou contre un adverſaire furieux qui accable in-failliblement, ſi on n'eſt aſſez robuſte pour le terraſſer d'abord, ou enfin contre une riviere rapide, qu'il faut toûjours remonter à force de voiles & d'avirons.

Ce n'eſt pas aſſez d'avoir rendu compte de la conduite que je dois icy tenir, il eſt encore expedient que j'expli-que nettement en quoy conſiſte mon goût en toutes ſortes

Melior eſt culta exigui-tas, quam neglecta magnitudo. *Palladius.*

Res agreſtis eſt inſidioſiſ-ſima cun-ctanti. *Columella.* Imbecillior ager, quam agricola eſſe debet, quo-niam cum ſit cum eo colluctan-dum, ſi fun-dus preva-leat, allidit Dominum. *Ibid.* Gravem pade Fruits, & premierement en matiere de Poires, afin qu'aprés avoir declaré ce qui me plaît ou ce qui me dé-plaît, tant en celles qui se mangent cruës, qu'en celles qui ne sont bonnes que cuites, il n'y ait personne de surpris des loüanges que je donneray aux unes, & du peu de cas que je feray des autres, ayant en cela uniquement suivy mon goût, mais cependant étant persuadé que celuy des honnêtes gens n'en sera pas beaucoup éloigné.

Et pour cela, je dis qu'en fait de Poires cruës j'aime en premier lieu celles qui ont la chair beurrée, ou tout au moins tendre & delicate, avec une eau douce, sucrée & de bon goût, & sur tout quand il s'y rencontre un peu de par-fum, telles sont les Poires de Bergamotte, de Vertelongue, de Beurré, de Leschasserie, d'Ambrette, de Rousselet, de Virgoulé, de Marquise, de Petit-oin, d'Espine d'Hyver, de Saint-Germain, de Salviati, de Lansac, de Crasane, de petit Muscat, de Cuisse-Madame, &c.

En second lieu, au défaut de ces premiers j'aime assez celles qui ont la chair cassante, avec une eau douce & sucrée, & quelquefois un peu parfumée, comme le Bon-chrétien d'Hyver venu en bon lieu, la Robine, la Cassolette, le Bon-chrétien d'Esté Musqué, le Martin-sec, & même quelquefois le Portail, le Messire-Jean, l'Orange verte, &c.

Et en troisiéme lieu, je fais veritablement cas de cel-les qui ont un assez grand parfum, mais je voudrois bien ne le trouver pas renfermé dans une chair extrême-ment dure, pierreuse & pleine de marc, comme l'Ama-dote, la grosse Queuë, le Citron, le gros Musc d'Hyver, &c. cette dureté & cette pierre me déplaisent tellement dans toute sorte de Poires, que quoy que j'aime passion-nément un petit parfum dans les Fruits, ces deux grands défauts ruinent auprés de moy une bonne partie de la consideration que j'aurois sans cela pour ces Poires mus-quées que je viens de nommer.

Aprés m'être expliqué de ce qui me plaît aux Poires cruës, il n'est pas difficile de deviner ce qui m'y peut par-ticulierement déplaire, & sans doute c'est premierement une chair qui au lieu d'être ou beurrée, ou tendre, ou

titur tributis creditorem, qui agrum colit, cui sine spe absolu-tionis adstri-ctus est. Palladius.

Non aliter, qui adverso vix flumine lembum, remigiis su-bigit. Virg. Georg. 1.

Mon goût en fait de Poires.

agreablement cassante se trouve pâteuse, comme celle de la Bellissime, du Beurré musqué, du Beurré blanc, ou Sablonneuse, comme celle de la Valée musquée, de la plûpart des Doyenné, &c. ou aigre comme celle de la Valée ordinaire, &c. ou dure & coriace comme celle de la Bernadiere, du trouvé de Montagne, &c. ou pleine de marc & de pierre, comme celle du Pernan musqué, du Milet, &c. ou d'un goût sauvage, comme le Gilogile, les Poires de Fosse, & une infinité d'autres, dont je feray un Catalogue particulier.

A l'égard des Poires à cuire, je n'en veux gueres que de celles qui sont grosses, qui font une Compote de belle couleur, qui ont la chair douce & un peu ferme, & sur tout qui se gardent assez avant dans l'Hyver, telles sont les Double-fleur, le Franc-real, l'Angobert, & le Donville; le Bon-chrétien sur tout est admirable cuit, quoy que sa Compote pêche en couleur; & dans la verité, quand il y a quelque Poire défectueuse dans sa figure ou dans son coloris, il ne la faut servir que cuite, car la Poire de Bon-chrétien qui n'a pas ces défauts, demande à paroître dans son naturel, c'est-à-dire qu'elle merite qu'on la serve cruë.

De plus, l'Amadote, le Besidery, & sur tout la Poire de Lansac pour l'Automne, & generalement presque toutes les Poires d'Hyver qui sont bonnes à manger cruës, comme la Virgoulé, la Loüise-bonne, le Martin-sec, le Saint-Lezin, &c. font admirables cuites, pourvû qu'on les merte au feu devant qu'elles soient arrivées en maturité, car autrement la cuisson les réduit trop en boüillie; le Certeau d'Hyver, quoy que tres-bon à cuire, me paroît trop petit pour en avoir aucun Arbre en Buisson, il faut se contenter d'en avoir quelqu'un de tige dans les grands Vergers; le Gâtelier se met trop aisément en Marmelade; le Catillac, le Fontarabie, le Parmein, &c. ont une âcreté qu'aucun sucre ne sçauroit vaincre, & même peu s'en faut que les Poires de Livre & d'Amour ne soient de ce nombre-là.

J'ajoûte à ces premieres observations, que si dans un tres-bon fond on est réduit à n'avoir qu'un fort petit Jardin ; fi-bien que n'y ayant de place que pour un tres-petit nombre d'Arbres, on ne peut par conſéquent y en avoir un pied au moins de chacune des principales eſpeces ; j'a-joûte, dis-je, qu'en tel cas peut-être n'eſt-on pas trop à condamner, ſi on eſſaye aprés coup d'avoir ſur chaque pied d'Arbre deux ſortes de Fruits excellens, & de ſaiſon differentes, par exemple un Bon-chrétien avec un Beurré, un Leſchaſſerie avec Ambrete, une Pêche violette avec une Mignonne, une Madeleine blanche avec une Admirable, &c. il peut y avoir aſſez de raiſons pour ſoûtenir une telle diverſité de Fruits appliquée ſur un même ſujet, pourvû que le pied étant vigoureux ait fait de beaux jets en deux differens endroits de l'Arbre, autrement l'entrepriſe ſe trouvera ſans ſuccés, étant inutile de greffer ſur la partie foible d'un Arbre, & d'eſperer d'y avoir du Fruit auſſi beau & auſſi long-temps que de l'autre côté qu'il eſt vigoureux.

J'ajoûte enfin que je ſuis ennemy juré de la multiplicité affectée, & que je ne ſuis nullement touché du plaiſir de certains curieux, qui croyent, & le diſent publiquement, qu'il faut avoir de tout dans leurs Jardins ; il y en a qui ſont ſi peu delicats, qu'ils ſe vantent, par exemple, d'avoir juſqu'à deux & trois cens ſortes de Poires, leſquelles ils pretendent être bonnes, ou au moins n'être pas mauvaiſes : ils diſent à peu prés la même choſe à l'égard de la bonté pour les Pêches, les Prunes, les Pommes, les Raiſins, &c. dont ils vantent encore une multitude effroyable.

Ce grand nombre de Fruits me fait peur, ſçachant certainement qu'au moins il ne peut pas être veritable ſur le fait de la bonté ; je ne ſçaurois me reſoudre avec ces ſortes de curieux à me mettre en état d'avoir, par exemple, en même temps une bonne Poire, & d'autres mediocres, quelques belles aux yeux que celles-cy puiſſent être, je multiplie bien plus volontiers les eſpeces qui ſont infaillible-ment bonnes, pour en avoir dans une même ſaiſon beaucoup d'une ſeule qui eſt excellente, que je ne me laiſſe aller à la diverſité compoſée de Fruits, qui ſont peut-être agreables à la vûë, mais ſûrement ſont mauvais au goût, ou tout au moins n'ont-ils qu'une bonté mediocre, c'est-à-dire une petite bonté accompagnée de grands défauts.

Je sçay bien qu'il n'est rien de plus plaisant dans une compagnie curieuse & affamée de bons Fruits, que d'en pouvoir fournir en même temps de plusieurs sortes, quand ils ont chacun assez de bonté pour embarrasser les gens delicats à juger du meilleur, comme cela peut arriver dans les mois de Juillet & d'Aoust pour les Fruits d'Esté, & dans les mois d'Octobre, Novembre & Decembre pour ceux d'Automne & d'Hyver; mais à mon sens je ne trouve gueres rien de plus miserable pour un homme curieux, que d'en vouloir avoir simplement pour en faire parade dans la bigarrure de certaines pyramides; ce sont Fruits dont il ne faut approcher que de la vûë, & qui ne sont pour l'ordinaire que des décorations de table, qui sont veritablement aujourd'huy à la mode, & qui en effet ont quelque chose de grand & de magnifique, mais qui ne sont pas pour cela moins inutiles, si ce n'est pour faire honneur à l'Officier qui les a rangées avec tant de simetrie.

Surquoy je diray en passant, que dans les grandes maisons où ces sortes de pyramides sont en usage, & devenuës en quelque façon necessaires, il faut une application particuliere pour avoir dans les grandissimes Jardins de quoy en pouvoir faire en chaque saison de l'année qui soient belles & composées de bons Fruits, ce qui peut-être ne sera pas fort difficile.

Mais pour les Jardins mediocres, il faut simplement se piquer d'y avoir des magazins de bonté & de delicatesse, & non pas de ces magazins d'ornemens & de parade; peut-être même que si on parvenoit à l'abondance de ces beaux & bons Fruits que je pretens établir, les pyramides qui en feroient uniquement construites, comme elles vaudroient en effet beaucoup mieux que les autres, quoy que moins diversifiées de couleurs, de figures & d'especes de Fruits, aussi feroient-elles & mieux reçûës, & plus estimées.

Tout au moins sans vouloir entreprendre de ruiner les autres pyramides qui sont en possession de paroître sur les grandes tables, je demande qu'elles soient toûjours accompagnées d'une jolie Corbeille pleine des principaux Fruits

de

de la faifon, & que chacun de ces Fruits-là foit beau, &
tous parfaitement meurs ; cela s'appelle des hors d'œuvre
à la Cour des Rois & des Princes, & ainfi comme l'honneur de la pyramide eft de s'en retourner toûjours faine &
entiere, fans avoir fouffert aucune brêche ni dans fa
conftruction ni dans fa fymetrie, je pretens au contraire,
que l'honneur de la Corbeille confifte à s'en retourner
toûjours vuide, & fans remporter rien de ce qu'elle avoit
prefenté.

Je ne veux pas agiter icy s'il eft expedient de planter des
Buiffons dans les Iardins, car perfonne n'en doute, & fur
tout pour les Iardins qui font de grande étenduë, & qui
peuvent recevoir de toutes fortes d'Arbres ; je n'agite-
ray pas non plus s'il en faut mettre dans les fort petits,
puifqu'il dépend de l'inclination de ceux qui en font les
maîtres, d'en ufer ainfi que bon leur femblera.

S'il eft bon de planter des Buiffons dans des petits Iar-dins.

Mais fuppofé que la refolution étant prife d'y en mettre,
on ne fût pas encore déterminé pour le genre de Fruits
qu'il faudroit choifir pour cela, je pourrois bien agiter à
quel genre en effet il feroit plus à propos de fe déterminer
pour en avoir quelque Buiffon dans ce petit Iardin, fçavoir fi à Poirier ou à Pommier, Prunier ou Pêcher, Figuier
ou Cerifier, &c.

Surquoy je déciderois d'abord, que tous les Arbres qui
font de gros Buiffons, & ceux qui ne font pas d'un prompt
rapport, auffi-bien que ceux qui ne font pas de Fruits affez
importans, je déciderois, dis-je, que tous ces Arbres-là
doivent, à mon fens, être entierement bannis des fort
petits Iardins, & partant les Cerifiers de toutes fortes, &
les Pommiers fur franc n'y entrëroient pas ; à l'égard du
Pommier fur Paradis il n'en feroit pas de même, car il fait
les Buiffons fi petits, qu'on en peut aifément avoir une petite quantité dans un petit Iardin, fans qu'ils y faffent le
moindre embarras du monde.

Quels Fruits en Buiffon doivent être choifis pour les petits Iar-dins.

Le Pêcher pourroit bien y pretendre place par l'excellence de fon bon Fruit, mais on a à luy reprocher qu'en peu
d'années il devient trop grand, & fait un trop vilain Buiffon, & qu'enfin il eft trop fujet à couler dans le temps de la
fleur, pour faire efperer qu'il puiffe donner contente-

ment, outre qu'il n'eſt que trop vray, qu'à la reſerve de quelques Jardins de Ville qui ſont à couvert du Nord par de grands bâtimens ou par de fort hautes murailles, les Pê-chers en Buiſſon ne ſçauroient gueres réüſſir nulle part, il les faut laiſſer pour les païs chauds, où ils font merveille dans les Vignes.

Les Pruniers de ces ſortes d'eſpeces que nous eſtimons le plus, tombent & dans l'inconvenient de la grandeur ex-traordinaire, & dans celuy du rapport tardif & incertain, & par là ſont exclus de ces petits Jardins dont il eſt queſtion.

La même choſe eſt pour le Figuier, qui par deſſus cela demande pendant l'Hyver trop de ſujetion pour les cou-vertures, faute de quoy il court grand riſque de perir.

Enfin tout ſe réduit au Poirier, pour lequel j'incline, tant parce que, s'il eſt bien conduit, il peut ne pas devenir un Buiſſon monſtrueux, que parce qu'aucontraire il peut être agreable, & donner du plaiſir tout le long de l'année, ſoit par ſon rapport aſſez prompt, aſſez copieux, & aſſez important, ſoit par ſa figure ronde, ouverte, & bien entenduë qui ſubſiſte en tout temps ; nous verrons quel ſera ce Poirier à planter dans un Jardin, dans lequel le Maître ne veut ou ne peut avoir qu'un Buiſſon ; quel ſera le deuxiéme s'il y a place pour le mettre, enſuite nous continuërons d'examiner quels ſeront tous les autres qu'il faudra planter dans chacun des autres Jardins de diffe-rente grandeur, déterminant en même temps ceux qui devront être ſur franc, & ceux qui devront être ſur Coignaſſier.

Clôture de murailles ne-ceſſaires dans les Jardins. Mais tout cela ne ſera qu'aprés avoir premierement ſuppoſé que chacun des Jardins dont je vais parler, eſt fermé de quelque ſorte de murailles, & par conſequent en état d'y recevoir quelques Eſpaliers, pour promettre au moins avec plus de certitude le plaiſir de quelques bons Fruits d'Eſté & d'Automne ; je ne compte gueres pour Jardins ceux qui n'ont point cet avantge de clôture de murailles, quand ce ne ſeroit que pour être garentis des vents froids.

Avoir encore ſuppoſé qu'il eſt icy queſtion d'un petit

Iardin anccompagné de toutes les conditions qui sont necessaires à l'égard de la terre, & que nous avons cy-devant
expliquées.

Et avoir enfin supposé, que pour les petits Iardins le but
de la veritable curiosité est bien plus d'avoir du Fruit qui
soit beau & bon, que simplement d'en avoir bien-tôt, quel
qu'il puisse être ; car si cela est, je ne conseilleray pas de
planter un Arbre de nos meilleures especes ; j'ouvriray
d'autres avis qui ne font gueres de mon goût, & par conséquent r e seront gueres bons à suivre, & ce sera, par exemple, de ne planter que de l'Orange verte ou du Beurré
blanc, du Doyenné ou du Besidery, &c. ces especes d'Arbres donneront sûrement plûtôt du Fruit, que ne feront
pas les principales ; ou même si voulant de veritables
bons Fruits on ne se soucie pas d'avoir de ces Arbres
bien faits, qui en tout temps doivent contenter la vûë,
tant par l'ordre de leur disposition, que par la beauté
de leur figure, je conseilleray qu'aprés en avoir choisi
des bonnes especes, on les plante indifferemment tels
qu'ils sortent des Pepinieres, je veux dire qu'on les plante
avec la plûpart de leurs branches, & cependant avec peu
de racine ; c'est un moyen qui d'ordinaire est assez sûr pour
avoir bien-tôt du Fruit, & l'avoir bon ; mais aussi est-il
sûr pour l'avoir petit, pour en avoir peu sur chaque Arbre, pour n'en avoir pas long-temps, & pour avoir toûjours un Plan rustique & miserable ; j'ajoûte même qu'assez
souvent avec une telle avidité on tombe dans l'inconvenient du Chien d'Esope, qui perdit tout pour vouloir
trop avoir.

J'avoüe ingenuëment que j'ai une aversion singuliere pour
les Arbres mal faits, & par consequent pour tous les em-
pressemens qui nous les procurent immanquablement ; c'est
pourquoi pour un Iardin qu'on pretend devoir être agreable par ses Arbres, aussi-bien l'Hyver quand ils sont entierement dépoüillez, que l'Esté & l'Automne, quand ils
ont leur grand ornement de Fruits & de feüilles ; pour un
tel Iardin, dis-je, je ne me resoudray pas volontiers à n'y
planter que de ces especes d'Arbres, qui à la verité
font bien-tôt du Fruit, mais le font mauvais, ou de ceux

qui commencent par y être de vilaine figure, & ne doivent jamais devenir beaux.

Je fçai bien que, generalement parlant, l'intention de tous ceux qui plantent eſt non ſeulement d'avoir du Fruit, mais d'en avoir promptement, & on a raiſon; je voudrois bien qu'à cet égard l'ordre de la nature s'accommodât à nos deſirs, pour nous en donner beaucoup plûtôt qu'elle ne fait ſur des Arbres taillez, & nous en donner particulierement de beaux & de bons; on n'a pû encore trouver le ſecret de la faire notablement avancer ſans la détruire; l'habileté du Jardinier eſt bien en cela d'un ſecours extraordinaire, cependant il faut ſe reſoudre d'accorder à cette ſage mere le temps qu'elle prend de quatre, cinq & ſix années pour la production des Fruits à pepin, cela ſur certains Arbres plûtôt, & ſur d'autres plus tard, & ſe conſoler de ce que premierement dans la ſuite elle recompenſe amplement de la diſette paſſée, & en ſecond lieu, de ce que pour nous donner des Fruits à noyau, & des Figues & du Raiſin, elle prend d'ordinaire moins de temps; car en effet, trois & quatre ans de Plan d'Arbres bien faits ne paſſent point qu'on ne commence d'y en avoir aſſez conſiderablement, en attendant la pleine moiſſon de la cinq ou ſixiéme année, & de grand nombre d'autres.

Mais ſi pour avoir des Fruits à pepin, le temps ordinaire à attendre paroît trop long, & qu'on ait de grands Jardins (car cela n'eſt point pratiquable dans les petits) je veux bien, par exemple, qu'en quelque endroit à l'écart du Jardin principal, on hazarde de ſacrifier un nombre de Poiriers des meilleures eſpeces de chaque ſaiſon, les y plantant tous entiers, comme j'ay dit cy-deſſus, & même les plantant fort prés à prés en façon de Pepinieres, c'eſt-à-dire environ à deux ou trois pieds l'un de l'autre : en cet état-là étant bien ſoignez ils pourront donner aſſez-tôt quelques bons Fruits, & même de paſſablement beaux, & ce ſera au moins un commencement de conſolation en attendant que le beau Jardin ſoit en état de faire ſon devoir (j'ay ſuivy cet expedient dans le Potager de Verſailles, tant pour de certains Fruits, qui dans les terres froides & humides ne ſont pas trop heureux en Buiſſon, que

particulierement pour de certaines especes, dont les noms
nouveaux qui me les rendoient inconnuës, me donnoient
impatience d'en avoir promptement le Fruit, & m'en suis
fort bien trouvé) joint que l'intention que j'avois de parvenir bien-tôt à l'abondance, & d'élever par ce moyen des
Arbres de tige beaux & bien seurs, dont je prevoyois devoir avoir besoin, m'a tres-heureusement réüssi ; il faut
bien s'attendre que si on garde trop long-temps de tels
Arbres, ils courront risque de perir, ou au moins sûrement de devenir inutiles à d'autres Plans, c'est aux curieux
riches & puissans, & qui font de grands Iardins à s'examiner là-dessus, afin de prendre le parti, ou d'une dépense
un peu plus grande, pour essayer par ce moyen de goûter plûtot le plaisir d'avoir des Fruits, ou prendre le parti
de la patience avec moins de frais, pour n'avoir de Fruits
qu'un peu plus tard, & les avoir sûrement plus & en plus
grande quantité.

Quoy que j'aye grand sujet de craindre que la Preface
de cette troisiéme Partie, toute necessaire qu'elle a été,
n'ait paru trop longue aux nouveaux curieux, car sans
doute ils ne demandent icy qu'à sçavoir au plûtôt quels
font les bons Arbres dont ils doivent garnir leurs Iardins,
cependant j'ay encore trois choses à ajoûter devant que
d'en venir à ce qui les doit satisfaire.

Je dois établir en premier lieu, que, par exemple, dans
les parties de l'Europe où le froid & le chaud ne font ni
trop longs ni trop violens, la nature s'étant, pour ainsi
dire, engagée d'y donner de certains Fruits pendant quelques mois de l'année, il est constant qu'une fois tous les
ans ces Fruits y doivent venir en maturité, mais il n'est
pas moins constant que cela se fait plûtôt dans un lieu, &
plus tard dans un autre, cette difference provenant de la
mesure de chaleur qui domine en chacun ; ainsi dans les
climats plus chauds les Fruits de chaque saison y meurissent, avant que de meurir dans les climats plus froids;
& de plus il en meurit quelques-uns dans ceux-là, & particulierement en fait de Figues, de Raisins & de Pêches,
qui ne sçauroient meurir dans ceux qui font froids : c'est
pourquoi l'Italie, la Provence, le Languedoc & la Guyenne

voyent non seulement meurir en Iuin & Iuillet, ce qu'au deçà de la riviere de Loire nous ne voyons meurir que dans les mois d'Aoust & de Septembre, mais même on y voit meurir quelques Fruits, qui faute de chaleur suffisante ne réüssissent pas dans le voisinage du Nord ; aussi comme il est vray que dans ces Provinces plus meridionales, tous les Fruits d'Automne & d'Hyver, sont presque passez, quand à peine les nôtres commencent de meurir ; en recompense nous sommes souvent en pleine moisson dans le temps qu'il ne leur reste plus rien.

Nous voyons à peu prés la même chose dans un même climat à l'égard des terres & des années, qui se trouvant plus ou moins chaudes, sont par consequent plus ou moins hâtives ; par exemple, pour les terres chaudes d'ordinaire le terrein de Paris devance de plus de quinze jours le terroir de Versailles, & pour les années chaudes, celles de 1686. nous a fait meurir dans le mois d'Aoust des Pêches & des Muscats, qui dans les années 1685. & 1687. lesquelles étoient plus froides & plus humides, ne meurirent qu'aprés la my-Septembre.

Cela suppose la même difference pour la maturité plus ou moins avancée de tous les autres Fruits de chaque mois de l'année ; ce sont d'ordinaire May, Iuin & Iuillet qui décident de la destinée de chaque Fruit pour le temps de leur maturité ; c'est à l'habile curieux de prendre bien ses mesures sur ce pied-là, pour ne pas laisser les Fruits d'Automne & d'Hyver trop long-temps sur les Arbres dans les années chaudes, & ensuite pour ne pas se laisser surprendre à la maturité qui doit venir à ces Fruits quelque temps aprés qu'ils sont serrez ; constamment il en perit beaucoup dans la serre, faute d'être pris aussi-tôt qu'ils le doivent être ; je donne ailleurs des remedes pour empêcher au moins une partie du mal.

La maturité des Muscats qui sont en bon fonds & en bonne exposition, doit ce me semble servir d'une grande regle pour deux principaux articles en fait de Fruits ; le premier est pour sçavoir ceux qui peuvent meurir ou ne pas meurir en chaque Iardin dans les mois de Septembre & d'Octobre ; car sûrement par tout où le Muscat meurit,

tous les Fruits de l'arriere saison y meuriront, & reciproquement par tout où il ne meurit pas, la plûpart de ces
Fruits-là n'y meuriront pas aussi.

Le second article pour lequel le Muscat doit servir de
regle, est de sçavoir si ces Fruits de l'arriere saison meuriront tôt, ou ne meuriront que tard, car constamment si
dans quelque Jardin que ce soit les Muscats meurissent
tôt, c'est-à-dire à la fin d'Aoust, & même les premiers
jours de Septembre, c'est une marque que l'année est hâtive, & reciproquement s'ils ne meurissent que tard, c'est-
à dire vers la Saint Remy, c'est une marque que l'année
est tardive ; dans la verité j'ay trouvé que je me devois regler par là, tout de même que chaque Marinier se regle
à sa Boussole.

La seconde chose que j'ay à ajoûter est, qu'en fait de
Fruits les saisons se doivent diviser en quatre, sçavoir en
celle d'Esté qui est la premiere, & qui commence en Juin,
& finit à l'entrée de Septembre; en la saison des vacances,
qui comprend la premiere partie d'Automne, & finit à la
Saint Martin ; la troisiéme saison se doit entendre de la seconde partie d'Automne, qui succedant à la premiere
finit aux environs de Noël ; & enfin la derniere saison est
celle d'Hyver, qui commençant en Janvier continuë jusqu'aux Fruits rouges du mois d'Avril.

Aprés avoir ajoûté la premiere & la seconde chose que
j'avois à proposer, je dois en troisiéme lieu, comme je l'ay
promis dans le projet de cette Partie, je dois, dis-je, marquer quels sont les Principux Fruits non seulement de chacune de ces quatre saisons, mais aussi de chacun des mois
qui les composent ; ce sera, pour ainsi dire, une maniere
de petit tableau, dans lequel on verra d'un coup d'œil
l'abregé de ce qui peut donner du plaisir en Jardinage ; &
par ce moyen sans avoir besoin d'une plus grande discussion, on pourra peut être se déterminer soy-même sur le
choix des especes qu'on aime le mieux.

C'est pourquoy je parcoureray les mois en particulier,
pour marquer précisément quel sorte de Fruits chacun se
peut vanter d'avoir dans son partage, jusqu'à y faire mention de ceux qui ne venant pas sur des Arbres, comme

font les Fraifes, Framboifes, Grofeilles, Melons, Raifins, &c. ne font pas du prefent projet ; mais ce ne fera pas felon l'ordre qui eft ufité dans le monde que je parcoureray ces mois, ce fera felon celuy de la maturité des Fruits.

Et partant l'Efté fera la premiere partie de l'année par où je commenceray, auffi eft-il vray que c'eft la faifon d'Efté qui eft la premiere à nous regaler des nouvelles productions de la terre, & j'ofe dire qu'en fait de Fruits on peut regarder cette faifon comme une maniere de Republique annuelle & paffagere, qui n'ayant d'abord que de petits commencemens, va devenir tres-puiffante en peu de temps ; cette puiffance toutefois n'eft pas de longue durée, à peine eft-elle établie, que bien-tôt aprés elle doit trouver fa décadence; ce n'eft pas veritablement une décadence qui emporte avec elle une deftruction entiere, c'eft feulement une décadence d'un petit interrégne, qu'il luy faut effuyer pendant quelques mois, mais cet interrégne paffé fa deftinée luy fera reprendre le même état & les mêmes viciffitudes où nous l'avons vûë, & par lefquelles, comme j'ay dit cy-deffus, elle paffe une fois tous les ans.

FRUITS DU MOIS DE JUIN.

On doit s'attendre fur toutes chofes, que c'eft principalement par rapport à nôtre climat que j'entre dans le détail & la difcuffion des Fruits de chaque faifon : ainfi pour commencer par les Fruits du mois de Juin, je dis, & peu de gens l'ignorent, que les Fraifes qui ont icy commencé de meurir dés la fin de May, fe mettent à donner en abondance dés l'entrée de Juin ; & j'ajoûte qu'elles font fuivies de fort prés par les Cerifes precoces qu'on éleve à des Efpaliers bien placez ; j'ajoûte encore que devant la fin de Juin, les Grofeilles, Framboifes, Guignes, & Cerifes hâtives, & même les Griottes commencent de remplir les places publiques, & que les Melons fur Couches, les Abricots hâtifs, & quelques Poires de petit Mufcat en Efpalier tâchent de faire paroître par de petits échantillons les richeffes que tous enfemble promettent pour le mois qui fuit immediatement aprés.

FRUITS DU MOIS DE JUILLET.

C'eft-à-dire pour le mois de Juillet, qu'on appelle vulgairement & avec raifon, le mois des Fruits rouges ; ainfi jufqu'au quinze ou vingt on continuë d'y en avoir

amplement

amplement de toutes ces sortes, qui n'ont fait que commencer dans le mois precedent, & ces Fruits là finissans, les
Cerises tardives & les Bigareaux ne manquent pas de leur
succeder, & de bien faire leur devoir; l'industrie des
bons Officiers ayant le sucre à commandement, fait de
toutes sortes de Fruits rouges un merveilleux usage sous
differentes figures.

Je n'oubliray pas de dire, que les Melons sont icy sans
contredit le principal de tous les Fruits de la saison, & que
de plus, pourvû que dans les terroirs bien conditionnez
les Espaliers s'en mêlent conjointement avec les Caisses,
on doit voir vers le quinze du mois ces Melons accompagnez d'une grande abondance de Figües, & en même
temps beaucoup d'avant-Pêches, de Prunes jaunes, de petit
Muscat & d'Abricots ordinaires, & cependant les Buissons
& les plein-vents s'étudient à faire à l'envy à qui foisonnera
le plus en Poires de Cuisse-Madame, de Poires Madelaine,
de Blanquets des trois especes, de Rousselet hâtif, de
Bourdon, de Muscat-Robert, de Poires sans peau, & de
beaucoup d'autres de moindre qualité, & partant on a
lieu d'être fort content de ce mois de Iuillet.

Quand on est au mois d'Aoust, on est, pour ainsi dire, au
grand magazin d'un nombre infini de bons Fruits, c'est
pourquoy dans les premiers jours de ce mois on continuë
d'y avoir autant qu'on veut & de Figues & de Cerises tardives, & de Bigarreaux & d'Abricots, tant d'espalier que
de plein vent, & même pour surcroît de biens, les Melons de pleine terre se mettent à donner avec ceux des
couches, qui continuënt encore de fournir jusqu'à la fin
du mois; de plus, dans la fin de ce même mois on commence d'avoir des Robine, des Bon-chrétien d'Esté musqué,
des Cassolette, des Espargne, des Fondante de Brest, des
Rousselet, &c. sur toutes choses, c'est icy le mois illustre
& bien-heureux pour les Fruits qui me charment le plus,
c'est-à-dire pour certaines Prunes; & cela est si vray, que
je me sens obligé de dire, que quand dans nos climats elles
ont la bonne fortune des Espaliers, elles peuvent disputer
de merite avec la plûpart des Fruits de la saison, & du
moins s'égaler avec les plus accomplis, & les plus renom-

mez; ces Prunes font les deux fortes de Perdrigon, le blanc
& le violet, la Prune royale, la Drap d'or, la Prune d'A-
bricot, la Sainte-Catherine, la Diaprée violette, les Rochecourbon, les Reine-Claude, &c. joint celles qui viennen
affez bien en Buiffon & en Arbres de tige, fçavoir non
feulement la plûpart de celles que je viens de marquer,
mais auffi toutes celles qui portent le nom de Damas, &
font de cinq ou fix façons bien differentes, foit par leur
groffeur, foit par leur couleur, foit par leur figure, foit par
leur maturité plus ou moins avancée, le blanc, le noir, le
rouge, le violet, le gris, &c.

Je diray en paffant, que le Damas gris me paroît un des
principaux; & de plus, les Maugerou, les Mirabelle, les
Imperiale, &c. font à qui mieux mieux, & imitent les Efpaliers qui jouënt de leur refte en fait d'Abricots, de Pêches de Troyes, de Roffanne, d'Alberge, de Pêches-
Cerifes, &c. ces Efpaliers commencent même de donner
un peu de Madelaine, de Mignonne & de Bourdin, & y
joignent quelquefois un peu de bon Mufcat avec le
Raifin precoce, tant le noir que le blanc, & partant
on ne peut difconvenir que ce mois d'Aouft n'ait de
quoy fatisfaire amplement la plus avide & la plus friande
curiofité qu'on puiffe jamais avoir.

F R U I T S D U
M O I S D E
S E P T E M -
B R E. Cependant quelque riche qu'il ait paru, je puis dire fans
hefiter, que celuy de Septembre ne luy eft nullement in-
ferieur, car que ne produit-il point dans nos climats, c'eft
le veritable mois des bonnes Pêches, tout en regorge

de tous côtez, ce n'eft que par grande pyramides qu'on
en fert à chaque repas; les Madelaine blanche & rouge,
& les Mignonne qui n'ont fait que commencer dans le
mois precedent, ne s'y font pas épuifées; c'eft particulierement dans ce temps-cy qu'elles foifonnent, & font fuivies par un grand nombre d'autres Pêches, toutes fortes
excellentes, & chacune meuriffant reglément felon l'ordre de maturité que la nature a étably parmy elles, &
cela fans doute afin de leur donner lieu de fournir copieu-
fement & fucceffivement toutes les parties du mois entier, & voicy cet ordre; ce font les Bourdin qui commencent, les Chevreufes les fuivent de prés, & marchent

immediatement devant les Violettes hâtives, enfuite viennent les Perfique, puis les Bellegarde & les blanches
d'Andilly, & enfin les Admirables, les Brugnons & les
Pourprées ; en voila un affez bon nombre pour n'avoir pas
befoin de fouhaiter rien davantage en ce temps-cy, & toutefois ce n'eft pas tout, ce mois de Septembre donne encore abondance de Chaffelas, de Corinthe des trois couleurs, du Cioutat, de Maroc, & de plufieurs autres bons
Raifins, & fur tout abondance de Mufcats, qui de quelque couleur qu'ils foient, ou blancs, ou rouges, ou noirs,
(pourvû qu'ils ayent tout le merite qui leur convient,
c'eft-à-dire la fermeté, & le parfum, & la douceur) valent, de l'aveu de tout le monde, beaucoup mieux que
tous les autres Raifins ; ce mois-cy ne veut pas finir qu'il
n'ait encore donné le commencement des Prunes tardives,
qui font les Imperatrices, les Damas noirs, les petits Perdrigons, les Perdrigons tardifs, &c. & même il eft fi fort
en train de donner, qu'il fe remet à fournir une grande
quantité de fecondes Figues, tant en Efpalier qu'en Caiffes & en Buiffons, & pour furcroît d'abondance, il laiffe
échaper quelques Poires de Beurré & de Bergamotte, &c.
lefquelles on eft ravi de voir dans le déclin des Fruits à
noyau ; il femble que, pour ainfi dire, le deluge des bons
Fruits arrive dans ce mois-cy, en effet quand il produiroit
beaucoup moins qu'il ne fait, il ne laifferoit pas d'être extrêmement riche & abondant.

Le mois d'Octobre ne poffede pas veritablement un fi
grand nombre de Fruits à noyau que fon devancier, mais
cependant il n'en eft pas mal pourvû ; toutes les Admirables & les Pourprées, non plus que les Figues n'ont pas
été confommées en Septembre ; affez fouvent encore il en
refte fuffifamment dans ce mois-cy, & de plus, fa fecondité s'étend bien plus loin, car il eft en état de faire de grandes liberalitez en Pêches nivetes, en jaunes tardives, en
violettes tardives, en jaunes lices, toutes Pêches excellentes pour l'arriere faifon, & même dans nôtre climat ces
gros Pavies rouges de Catillac & de Ramboüillet, avec les
Pavies jaunes, qui font tant de bruit dans les Vignobles
des païs chauds, ces Pavies, dis-je, quand dans nos Iardins

FRUITS DU
MOIS
D'OCTO-
BRE.

L l ij

ils font venus en bon lieu, c'eſt-à-dire qu'ils ont été ſuffiſamment nourris à de bonnes expoſitions, ils font certainement tres-bonne figure en ce temps-cy, & ſur tout le
Pavie jaune, que j'ay trouvé d'un goût admirable dans ſa
ſaiſon ; mais quand on n'auroit ni ces Pêches ni ces Pavies,
n'eſt-on pas trop riche d'avoir encore d'un côté abondance
de bons Raiſins à cueillir tous les jours ſur le pied,
ſoit le Muſcat ordinaire, ſoit le Muſcat long autrement
paſſe Muſquée, ſoit le gros Royal noir, ſans parler des
Gennetins, des Chaſſelats, des Expirans, des Raiſins
Grecs, des Malvoiſies, des Corinthes, &c. & d'avoir de
l'autre côté abondance de Poires tres-exquiſes, les Beurré
gris, les Bergamotte, les Sucré-vert, les Muſcat fleury, les
Verte-longue, les Craſane, les Marquiſe, les Petit-oin,
&c. n'eſt-il pas conſtant qu'une ſeule de ces eſpeces, ou tout
au plus deux ou trois ſuffiroient, non ſeulement pour fournir nos beſoins, mais même pour flater amplement le plaiſir des plus curieux.

FRUITS DU
MOIS DE
NOVEM-
BRE.

Le regne des Fruits qui n'acquierent leur merite que
dans les Serres, ne manque pas de commencer en même
temps que finit celuy des Fruits qui meuriſſent ſur l'Arbre,
c'eſt-à-dire particulierement le regne des Fruits à noyau,
dont la deſtinée ſe termine ordinairement à la fin d'Octobre, mais pour nous en conſoler, nous ne nous apper-
cevrons pas ſi-tôt d'aucune diminution de Fruits, il en
reſte pour une partie de Novembre beaucoup de ceux que
nous avons vû ſe ſignaler ſur la fin du mois precedent ; joint
que les bons raiſins peuvent encore durer quelque temps,
ſi on a eu ſoin de les cueillir devant les gelées, & de les conſerver dans les Serres ; car cela étant, ils ont droit de venir
paroître ſur les tables, & y ſont en effet tres-bien reçûs,
quoy que pourtant un peu fanez ; on ne peut nier qu'ils
ne ſoient toûjours bons, tant qu'ils n'ont point de tâche de
pourriture ; le Muſcat long eſt particulierement celuy dont
je parle icy, il a le don de plaire au plus grand Roy du
monde ; que ne dois-je point faire ayant l'honneur d'être
Directeur de ſes Iardins Fruitiers & Potagers ? & que ne
fais-je point auſſi pour chercher les moyens de luy en fournir pluſieurs mois de ſuite ?

De plus, les Chaſſelats tant les blancs que les noirs, ne
ſont pas dépourvûs de Patrons qui en font un cas particulier, ils ont l'avantage d'être beaucoup plus faciles, ſoit à
meurir, ſoit à conſerver, que tous les Muſcats; & commedans
la verité ils ne peuvent gueres ſe ſoûtenir en la preſence
de ces Muſcats, ils triomphent à leur tour quand ceux-là
ſont paſſez; ainſi ces ſortes de Raiſins font honneur au
mois de Novembre, ſçavoir les Muſcats au commencement, & les Chaſſelats à la fin, ceux-cy ſe maintenant
même pour la plûpart de la ſaiſon des Avents.

J'ajoûte que ce mois eſt encore opulent & copieux en
Poires miraculeuſes; la Serre bien garnie luy fournit une
bonne partie de celles qui ont fait tant de bruit à la fin
d'Octobre; en effet il luy reſte des Bergamotte, des Cra-
ſanne, des Marquiſe, des Lanſac, des Petit-oin, &c. &
de plus, il eſt le maître & le diſtributeur de beaucoup d'autres bonnes Poires, car il y en a qui commencent à meurir
dans ſon temps, & c'eſt en faveur de ceux qui ont leurs Iardins en terre ſéche & chaude, ou pour ceux qui ont des
Eſpaliers & des Arbres de tige; & ces mêmes Poires
attendent à faire la bonne fortune de Decembre & de Ianvier pour ceux dont les Iardins ſont dans dans un fond un
peu plus gras & plus froid; ces Poires ſont les Eſpine, les
Leſchaſſerie, les Ambrette, les Saint-Germain, les Paſtourelle, les Saint-Auguſtin, les Virgoulé, &c. & même pour
les gens qui aiment les Poires caſſantes & les Poires
muſquées; ce mois de Novembre leur preſente des Bon-
chrétien d'Eſpagne, des Amadote, des Martin-ſec, des
Rouſſelets d'Hyver, toutes Poires paſſablement bonnes,
mais non pas du merite de celles qui ſont tendres ou
beurrées.

Je diray ailleurs quelles ſont les Poires, qui pour attendre trop long-temps à meurir deviennent tout-à-fait mauvaiſes, & je diray auſſi quelles ſont les eſpeces où les plus
groſſes Poires ſont les moins bonnes, & quelles ſont au
contraire celles dont les petites ne valent régulierement
rien.

Il n'eſt pas juſqu'aux Pommes qui ne viennent rendre
hômage à ce mois de Novembre, & faire valoir les preuves

L l iij

de leur merite, les Calvilles rouges se signalent sur toutes
les autres, & comme elles veulent être seules dans ce mois-
cy, elles laissent à leurs compagnes, qui sont les Apy, les
Reinettes blanches & grises, les Courpendu, les Fenoüil-
ler, les Calville blanc, &c. elles leur laissent, dis-je, le
champ libre pour les mois de Decembre, Ianvier, Février
& Mars.

FRUITS DU MOIS DE DECEMBRE. Il me semble qu'il n'est pas necessaire de specifier plus en
détail les Fruits de Decembre, c'est un mois limitrophe
entre Novembre & Ianvier, ainsi il est en possession de
participer amplement à la plûpart des richesses de l'un &
de l'autre, & partant il est vray de dire que sa condition
n'est point mauvaise, & particulierement dans les années
un peu tardives, & même, comme j'ay dit ailleurs, on a
tres-souvent lieu de se plaindre que les principaux Fruits
de l'arriere saison se pressent trop de meurir à la fin de ce
mois ; il en mollit & en pourrit une grande quantité, comme si en effet leur destinée ne permettoit pas qu'ils allas-
sent plus loin.

FRUITS DU MOIS DE IANVIER. L'ordré de la nature ne permet pas que ce qui en peu de
mois est monté au plus haut degré de sa perfection, subsiste
long-temps dans même état, ainsi nôtre Republique de
Fruits qui a eu tant d'éclat depuis le mois de Iuin, va
voir dans les mois qui suivent un grand changement de
theatre, & une grande diminution de fortune, & cependant nous pouvons dire que celuy de Ianvier n'est pas encore des plus à plaindre, il reste pour luy quelqu'unes de
ces mêmes Poires qui ont si bien fait dans les deux mois
precedens ; nous avons marqué en passant quel est l'effet
des années tardives, & des terres un peu grasses & un peu
fortes, & avons dit que les Fruits qu'elles produisent
sont plus long-temps à perdre ce qu'elles ont apporté de
l'Arbre, sçavoir la dureté, l'âcreté, l'insipidité, qui sont
des défauts, dont deux ou trois mois de Serre achevent de
les guerir, & par consequent leur donnent ce qui les rend
bonnes ; ainsi on peut encore quelquefois avoir dans ce
mois-cy d'excellentes Poires de Virgoulé, quelques Ambrette, quelque Leschasserie, & peut-être quelques Espine & quelques Saint-Germain, & sur tout beaucoup de

Colmar & de Saint-Auguftin , qui vray-femblablement n'ont pas encore commencé de paroître , & avec elles on a quelques Poires caffantes & mufquées, fçavoir le gros Mufc d'Hyver, les Poires de Citron, &c. il n'eft pas juf-qu'au Portail , Poire fi renommée dans la Province de Poitou,qui ne croye contribuer à la richeffe de Ianvier ; on ne peut s'empêcher de convenir que toutes ces fortes de Poires n'ayent encore de quoy faire eftimer affez ce mois de Ianvier; il faut bien s'accommoder de ce qu'il a fans faire trop les difficiles, puifque dans la verité le bien-heureux temps de l'abondance eft paffé avec les derniers mois de l'année.

On pourroit prefque dire que c'eft au mois de Février, & encore plus au mois de Mars, que commence tout de bon le bas Empire des Fruits , on y voit de ce côté-là une terrible chute, car hors les Confitures féches & liqui-des, & hors les Citrons & les Pommes, & ce qu'on ap-pelle les Poires à cuire, fçavoir les Double-fleur, Don-ville , Angobert , &c. qui dans ce mois-cy, & jufqu'aux Fraifes du mois de May, font prefque toute la fourniture des defferts, que nous refte-il autre chofe que des Saint-Lezin , qui font d'un petit merite, & de Bugy, qui toute-fois ne font pas trop à méprifer; le Carême en fait bien une partie de fes beaux jours, mais fouvent avec elles il nous refte particulierement l'efpece de ces fameufes Poires, qui portent le nom venerable de Bon - chrétien, auffi faut-il demeurer d'accord, que toutes feules elles font capa-bles de terminer glorieufement & heureufement la cam-pagne : je ne manqueray pas d'expofer ailleurs ce qui doit donner beaucoup de confideration pour elles, je me con-tente pour le prefent de dire que, s'il m'eft permis de par-ler ainfi , il les faut regarder comme l'arriere-garde & le corps de referve de l'armée des Fruits qui vient de défiler ; en effet ce grand nombre d'autres Fruits ayant pendant huit ou neuf mois combattu & exterminé la fterilité dans laquelle on auroit été fans leur miniftere, & venant en-fin à être congedié, le Bon-chrétien refte feul , étant ce femble le General, qui avec un petit nombre de fuba'-ternes, va tout doucement prendre fon quartier d'Hyver en attendant le renouveau.

FRUITS DES MOIS DE FEVRIER, MARS ET AVRIL.

Je crains bien que ce ne foit pas affez d'avoir marqué quelle forte de Fruits on peut avoir en chaque mois, il me femble qu'il refte encore à traiter d'une chofe fort importante ; & c'eft de faire connoître combien de temps à peu prés durent pour l'ordinaire les Fruits de quelque Arbre que ce foit, quand il en eft raifonnablement chargé, faute de quoy il ne feroit gueres poffible de regler à peu prés la quantité d'Arbres dont on a befoin pour en avoir fa provifion honnête, fans aller jufqu'au fuperflu.

Or je pretens qu'on peut dire qu'un Arbre eft fuffifamment chargé ; fi par exemple en fait de groffes Pêches d'Efpalier & de groffes Poires en Buiffon, un Pêcher & un Poirier ont chacun une cinquantaine de beaux Fruits : fi en fait de Prunes & de Poires de mediocre groffeur, foit en Buiffon, foit de haut vent, chaque Arbre en a jufques environ la quantité de deux cens ; & fi en fait de Figues une caiffe en a deux à trois douzaines, & un pied en Efpalier ou en Buiffon en a jufqu'à une centaine, &c. Il eft bien certain, que comme dans les premieres années les uns & les autres de tous ces Arbres-là ont beaucoup moins, auffi ont-ils d'ordinaire beaucoup plus quand ils font affez grands, & que l'année eft bonne.

Cela pofé, je diray qu'en matiere de Fruits l'experience apprend trois chofes.

Préféance de maturité felon la différence des Expofitions.

La premiere, que régulierement les Fruits des bons Efpaliers de chaque Iardin meuriffent un peu plûtôt que ceux des Arbres de tige, & ceux-cy à leur tour un peu plûtôt que ceux des Buiffons.

La feconde, que parmi les Efpaliers le Levant & le Midy font les premiers à faire voir de la maturité, que l'un & l'autre donnent pour l'ordinaire en même temps, que tous deux devancent le Couchant d'environ huit ou dix jours, & le Nord tout au moins de quinze ou vingt ; mais de bonne foy les Fruits de ce Nord ne font gueres à compter que pour le Beurré, la Crafane, les Poires à cuire, &c.

Durée ordinaire des Fruits de chaque Arbre.

Enfin la troifiéme chofe que l'experience apprend en fait de Fruits, eft que pour ceux d'Efté qui doivent être cueïllis à mefure qu'ils font meurs, un Pêcher, un

Prunier,

Prunier, un Figuier, un Poirier, &c. donnent chacun pendant dix ou douze jours, & ne paſſent jamais gueres cela ;
& pour ce qui eſt des Poires qui vont dans la Serre, dont
les premieres ſont celles de l'entrée d'Automne, ſçavoir
le Beurré, Vertelongue, Bergamotte, &c. chacune de ces
eſpeces dure tout au plus pendant quinze ou vingt jours ;
les differentes manieres d'Arbres, les differens fonds,
& les differentes expoſitions allongeans un peu la durée des eſpeces.

Premiere-
ment, pour
l'Eſté.

En ſecond
lieu, pour
l'entrée de
l'Automne.

A l'égard de celles de la fin d'Automne, & de celles de
tout l'Hyver, leſquelles de quelque maniere d'Arbres
qu'elles viennent, on met d'ordinaire toutes pêle-mêle, ſe
contentant ſeulement de ſeparer chaque eſpece ; toutefois
les gens bien curieux, comme je ſuis, ſeparent même
les Fruits d'une même eſpece, ſelon les Arbres & les
expoſitions d'où ils ſont venus, pour voir préciſément les
temps qu'ils meuriſſent : à l'égard, dis-je, de ces eſpeces,
tant de la fin d'Automne que de tout l'Hyver, il y en a
qui fourniſſent prés d'un mois, telles ſont pour le commencement d'Octobre, les Craſane, Marquiſe, Meſſire-
Jean, Sucré-vert, Poire de Vigne, Lanſac, Muſcat fleury,
&c. d'autres fourniſſent cinq ou ſix ſemaines, comme ſont
pour la fin d'Octobre & partie de Novembre les Loüiſe-
bonne, Petit-oin, Eſpine, Martin-ſec, &c. d'autres enfin
en fourniſſent prés de deux mois ; ainſi les Virgoulé,
Ambrette, Leſchaſſerie, Paſtourelle, Saint-Auguſtin,
Saint-Germain, & ſur tout encore les Eſpines peuvent durer partie de Novembre & tout Decembre ; quelques-
unes même peuvent paſſer juſques en Ianvier, ainſi les
Colmar & Bon-chrétien peuvent durer Ianvier & Février,
ainſi pareillement les Saint-Lezin & Bugi peuvent fournir
Février & Mars.

En troiſiéme
lieu, pour les
Fruits de
l'arriere ſai-
ſon.

On doit conclure de-là, que, par exemple, ayant en
Eſté une honnête quantité de beaux Arbres d'une même
eſpece, & les ayant, ſoit en Eſpalier à toutes expoſitions
pour des Pêches, Prunes, Figues, &c. ſoit en Buiſſons,
& en Arbres de tige pour des Poires & des Prunes, &c. on
doit, dis-je, conclure que pourvû que les Arbres ſoient
en âge de rapport, le curieux peut compter que pendant

Tome I. M m

une vingtaine de jours il aura raisonnablement de Fruits de chaque espece : par exemple, trois beaux Pêchers de Mignonne en Espalier, tels qu'ils doivent être au bout de trois, ou quatre, ou cinq ans au plus, un au Levant, un au Midy, & un au Couchant, ces trois Pêchers peuvent fournir trois semaines durant, & donner pour ce temps-là jusqu'à cent cinquante belles Pêches, c'est-à-dire sept à huit par jour, ainsi on peut en avoir jusqu'à trois cens, c'est-à-dire quinze à seize par jour, si on a six Pêchers, ce qui n'est pas un trop grand nombre d'Arbres d'une même espece, & on peut aussi en avoir jusqu'à six cens, si on en a douze, ce qui va à la quantité d'une trentaine par jour, & cela fait une honnête provision : il faut dire la même chose en fait de Magdelaine, de Chevreuse, d'Admirable, de Violette, de Nivete, &c.

Cette suputation fait esperer un assez grand tresor en matieres de Pêche, à plus forte raison que ne doit-on point attendre, si on a le double, le triple, le quatruple d'Arbres de ces mêmes especes de bons Fruits ; pareillement deux Rousselets ou deux Robines, soit en Buisson, soit en Arbres de tige, étant venus à la quatre, cinq, ou sixiéme année, & ayant toûjours été bien taillez & bien cultivez, peuvent fournir ensemble tout au moins une quinzaine de jours, & donner pour ce temps-là deux à trois cens Poires, c'est-à-dire une vingtaine par jour, par consequent quatre Rousselets ou quatre Robines en donneront jusqu'à cinq ou six cens pour chaque espece, c'est-à-dire une quarantaine par jour, &c. ainsi deux & quatre Poiriers, de quelque saison qu'ils soient, feront pour chaque espece en particulier semblable fourniture, ce qui se doit toûjours entendre de ces sortes de Fruits qui ne sont pas gros.

La même chose aussi se trouve pour les gros Fruits de l'entrée d'Automne, & partant en fait de Buissons deux gros Poiriers de beurré fourniront en quinze jours prés d'une centaine de belles Poires; quatre Buissons en fourniront prés de deux cens, c'est-à-dire quatorze à quinze par jour, & en fait d'Espaliers deux & quatre Bergamottes n'en produiront pas moins, pareillement pour les Fruits

de l'arriere saison, deux & quatre Buissons de Crasanne,
de Marquise, d'Espine, de Virgoulé, de Saint-Germain,
de S. Augustin, d'Ambrette, de Leschasserie, &c. comme
aussi deux & quatre Bon-chrétiens d'Espalier feront à proportion la même quantité ; & en Arbres de tige deux ou
quatre Poiriers de ces bonnes especes qui ont le bonheur
d'y réüssir, fourniront au moins le double, c'est-à-dire
deux cens, ou quatre cens belles Poires ; par la même raison
six & huit en produiront six cens, huit cens, & ainsi du reste
à l'infiny.

Ce que j'ay dit en fait de Poires se doit encore à plus
forte raison entendre à l'égard des Pommiers, qui à la reserve des Calvilles rouges, sont ordinairement plus fertiles
même que les Poiriers.

Je ne dis rien des Fruits rouges, dont le produit se
compte ou par paniers enfaissez, ou par le poids à la livre,
personne ne l'ignore; tout le monde sçait pareillement assez
ce que peut donner une planche de Fraisiers, une touffe
de Framboisiers & de Groiseillers, un Cerisier precoce
en espalier, un Cerisier, un Grotier & un Bigoratier en
plein vent ; on sçait encore assez qu'un pied de Melon
n'en fournit régulierement que deux ou trois, mais qu'un
pied de Concombre en produit successivement jusqu'à
deux douzaines, & plus.

Les nouveaux curieux après avoir fait sur ce pied-là une
supputation assez juste de chaque espece de Fruit, peuvent
juger facilement du nombre de pieds de chaque chose qui
leur sont à peu prés neeessaires, sans s'embarquer aveu-
glément à une trop grande multitude.

Je sçay que la plûpart de ceux, qui par un grand empressement d'avoir des Fruits, entreprennent de se faire des
Jardins, sont ce semble comme la plûpart des nouveaux Voyageurs ; ceux-cy d'ordinaire ne voyageans que
par un esprit de simple curiosité, ne veulent pas obmettre
de voir jusqu'aux moindres singularitez de chaque païs,
quoy que cependant il y en ait beaucoup qui n'en valent
pas la peine ; il ne sert de rien que d'habiles connoisseurs
les en ayent avertis pour leur en donner du dégoût ; c'est
assez pour animer leur avidité de voir, que quelqu'autre

perſonne, quoy que moins éclairée, leur ait dit le contraire.

Ainſi dans nôtre Jardinage, combien voyons-nous d'A-prentifs, ou ſi vous voulez de Candidats (je voudrois bien qu'il fût permis de ſe ſervir de ce terme) combien, dis-je, voyons-nous de Candidats ou de Novices, qui ſur le rap-port de je ne ſçay qui, veulent farcir leurs Jardins de tout ce qu'on peut appeller la racaille de toutes ſortes de Fruits; il eſt bien aiſé de trouver une excuſe valable dans l'exceſſive curioſité des Voyageurs, en ce que pendant qu'ils ſont en train de voir, ils peuvent à peu de frais & en peu de temps s'inſtruire generalement de tout, de maniere que qui que ce ſoit ne leur puiſſe plus impoſer, ni par con-ſequent les chagriner ſur les choſes non vûës : mais en fait de Fruits, la demangeaiſon d'en avoir de toutes les ſortes eſt une maladie d'autant plus difficile à guerir, que bien loin d'être regardée ſur ce pied-là, elle paroît avoir les char-mes & les attraits d'une perfection ſinguliere; ces pauvres gens qui me font grande pitié, ne ſeront point en repos qu'après avoir perdu beaucoup de temps & d'argent, pour ſçavoir enfin par une longue experience, ſuivie de beaucoup de chagrins, qu'il y a dix fois plus d'eſpeces à mépriſer, qu'il n'y en a de bonnes à cultiver, peut-être que quelque amy un peu entendu les en avoit avertis, mais le bon conſeil avoit été mépriſé.

Que j'aurois été heureux, ſi pendant bien des années que j'ay été à faire de moy-même mon apprentiſſage, j'avois trouvé un Directeur habile pour me conduire ſur toutes choſes, j'en aurois eu beſoin pour me deſabuſer d'une manie-re de rage qu'on a pour ce qui s'appelle Fruits nouveaux, quoi que tres-ſouvent ce ne ſoient que des Fruits communs déguiſez ſous de nouveaux noms, malheur cauſé tantôt par la faute des ignorans, tantôt par l'affectation de quelques fantaſques préſomptueux, qui voulans qu'on les croye plus riches qu'ils ne le ſont en effet, cherchent à ſe faire prier.

Or il ne tiendra pas à moy que tous les curieux du Jardi-nage n'évitent tous les écueils par où j'ay paſſé, & ne pren-nent tout d'un coup le plus court & le meilleur chemin qu'il y ait à prendre ſur cette matiere; elle eſt aſſûrément

de grande étenduë, & le nombre des gens qui s'y font
égarez eft infini ; mais enfin aprés toutes les précautions
& les obfervations que j'ay cy-devant marquées, je m'en
vais commencer ce grand détail du choix & de la proportion des Fruits, auquel je me fuis engagé ; je diray
en paffant, que je le trouve dans l'execution tout au
mon's auffi difficile & embaraffant que je l'avois crû,
ou peut-être davantage.

CHAPITRE PREMIER.

Du choix d'un Poirier en Buiffon à planter tout feul.

LE PREMIER DANS LES JARDINS.

QUOYQUE je ne doute point qu'entre nos meilleures Poires, il ne puiffe y avoir une forte brigue
pour emporter par merite la place dont il eft icy queftion, cependant je ne fais nulle difficulté de me declarer d'abord en faveur du Bon-chrétien d'Hyver ;

Premier Buiffon, premier Bon-chrétien d'Hyver.

Si-bien que, quelques plaintes que puiffent faire les autres Poires, de n'avoir pas été pour le moins entenduës devant que de leur donner l'exclufion, je ne fçaurois me dif-
penfer de foûtenir cette declaration, tant me paroiffent
fortes les raifons qui m'ont engagé de la faire.

Car premierement, fi pour ainfi dire, l'ancienneté d'ex-
traction connuë, pouvoit luy être icy comptée pour quelque chofe, tout de même qu'elle l'eft en d'autres matieres
fi importantes, c'eft un endroit par où nôtre Bon-chrétien
feroit fans doute beaucoup au deffus de toutes les autres
Poires ; il eft certain que, quoy qu'apparemment tous les
Fruits ayent été créez en même jour, ils n'ont pas été tous
connus en même temps, les uns l'ont été plûtôt, les autres
plus tard ; cette Poire a été des premieres à fe faire connoître ; les grandes Monarchies, & fur tout l'ancienne
Rome l'a connuë & cultivée fous le nom de *Cruftumium*,
ou de *Volemum*, fi bien qu'apparemment elle y a fait fou-

vent figure dans les magnifiques regales qui s'y faifoient, foit pour augmenter l'éclat des triomphes, foit pour honorer les Rois tributaires qui venoient rendre hommage aux Maîtres du monde.

En fecond lieu, le grand & illuftre nom qu'elle porte depuis plufieurs fiecles, & dont il femble qu'elle ait été bâtifée à la naiffance du Chriftianifme, n'imprime-t-il pas de la veneration pour elle, & nommément à tous les Jardiniers Chrétiens?

En troifiéme lieu, à la confiderer en foy, c'eft-à-dire en fon propre merite, & c'eft particulierement de quoy il s'agit, il faut convenir que parmi les Fruits à pepin, la nature ne nous donne rien de fi beau & de fi noble à voir que cette Poire, foit dans fa figure qui eft longue & pyramidale, foit dans fa groffeur qui eft furprenante, & par exemple de trois à quatre pouces dans fa largeur, & de cinq à fix dans fa hauteur, fi-bien qu'on en voit fort communément qui pefent plus d'une livre, & on en voit auffi qui en pefent jufqu'à deux, ce qui eft en verité une chofe bien finguliere; mais particulierement le coloris incarnat, dont le fond de fon jaune naturel eft relevé, quand elle eft à une belle expofition, luy attire l'admiration de tout le monde; joint que c'eft celle qui donne le plus longtemps du plaifir; tant fur l'Arbre où elle demeure, en augmentant à vûë d'œil depuis le mois de May jufqu'à la fin d'Octobre, que dans la Serre, où fe confervant aifément des quatre & cinq mois de fuite, elle réjoüit tous les jours le curieux qui la veut regarder, tout de même que la vûë d'un bijou ou d'un trefor réjoüit le maître qui en eft le poffeffeur; c'eft celle qui fait le plus d'honneur fur les tables, & qui par tout païs, & principalement dans la France, où les Jardins en produifent une merveilleufe quantité, s'eft acquife le plus de réputation; c'eft celle qui eft la plus ordinairement employée, quand on veut faire des prefens de Fruits confiderables, & fur tout pour en envoyer dans les lieux éloignez, foit au dedans, foit au dehors du Royaume, c'eft enfin celle pour la beauté de laquelle tous les habiles Jardiniers ont toûjours travaillé avec le plus d'empreffement, & celle qui eft auffi de plus grande utilité pour ceux qui en élevent en vûë de les vendre ; elle est constamment tres-bonne cuite, quand on la veut manger un peu devant sa maturité, & on ne peut nier aussi qu'elle ne soit tres-excellente cruë, quand on luy veut donner le temps d'y parvenir, si particulierement elle sort d'un Jardin dont le fond soit naturellement bon, ou au moins soigneusement cultivé ; elle a encore cet avantage, qui est grand, que sa maturité n'est pas comme celle de la plûpart des Fruits beurrez, laquelle, pour ainsi dire, passe comme les éclairs, si-bien qu'elle n'est pas si-tôt arrivée dans ces sortes de Fruits, qu'aussi-tôt elle mollit, & dégenere en pouriture, au lieu que la maturité de chaque Poire de Bon-chrétien est des mois entiers à se maintenir en état, attendant ce semble patiemment qu'on luy fasse l'honneur de l'employer à l'usage auquel la nature l'a destinée.

Il est bien vray que dans l'ordre que j'ay étably pour l'excellence des Poires, le premier degré de bonté luy manque entierement, puisqu'elle n'est pas beurrée ; & partant il semble que s'agissant icy de donner le premier rang à celle des Poires, qui pour le goût se peut vanter d'avoir le plus de merite, il ne le faudroit pas accorder à celle qui, de mon aveu même, ne se trouve que dans la seconde classe des bonnes.

Mais quoy qu'elle n'ait pas le premier degré de bonté, au moins est-il certain que le second ne luy manque pas, c'est-à-dire la chair cassante, & souvent assez tendre, avec un goût agréable, & une eau douce sucrée assez abondante, & même un peu parfumée ; d'où vient sans doute que nos peres pour en faire une grande distinction luy ont ajoûté le surnom de bon, sans avoir fait la même chose en faveur d'aucune autre Poire, & ce surnom luy est resté par tout, à la reserve du Poitou, qui se contente de l'appeller la Poire de Chrétien.

Outre tous les avantages cy-dessus, elle a encore celuy-cy qui me paroît fort grand, c'est à sçavoir que quand toutes les autres Poires sont passées, celle-cy reste encore pour honorer les tables jusqu'aux nouveautez du Printems, & par consequent pousse jusques-là le plaisir de ceux qui aiment les Fruits crus ; tout cela amaſſé me donne tant de conſideration pour le Bon-chrétien, que je croirois faire une eſpece d'injuſtice, ſi je luy refuſois icy la place d'un premier Poirier en Buiſſon.

Je ſçay bien qu'il ne plaît pas à tout le monde, & qu'il eſt mépriſé par de certaines gens, qui l'accuſent d'avoir ordinairement la chair coriaſſe & pierreuſe, ou tout au moins peu fine.

A quoy je répons que ce ſont des accuſations genera-les, & telles à peu prés qu'on en peut faire à toute ſorte de Fruits, n'étant que trop vray qu'il ne faut pas s'atten-dre que nous en ayons de parfaits, & auſſi n'appellons-nous bons Fruits que ceux qui d'ordinaire ont le moins de défauts ; je ne veux pas diſconvenir que parmi les Poires de Bon-chrétien il n'y en ait quelques-unes à qui on peut faire ce reproche ; mais à mon ſens elles ne le meritent pas toûjours par leurs fautes, puiſqu'il eſt vray qu'il s'en trouve aſſez ſouvent d'excellentes ; c'eſt plûtôt par le défaut du fond qui les a nourries, & qui n'eſt pas propre à faire de bons Fruits, ou par la faute de l'ex-poſition qui n'étoit pas bonne, ou par la negligence & mal-habileté du Iardinier qui n'en a pas pris aſſez de ſoin, ou parce qu'on les ſert devant qu'elles ſoient par-venuës à leur maturité.

Je ſçay bien encore qu'il y a beaucoup de gens qui eſti-ment que le Bon-chrétien ne ſçauroit réüſſir en Buiſſon, & qu'abſolument on n'en peut avoir de beau ſi on ne le met en Eſpalier, & partant ils me condamneront haute-ment, d'avoir choiſi cette Poire pour la premiere à planter dans une ſituation qu'ils pretendent luy être abſolument contraire ; mais quoy que je convienne de bonne foy que le Bon-chrétien réüſſiſſe principalement en Eſpalier, & ſur tout pour y acquerir ce vermillon qui luy ſied ſi bien, & que le plein air ne luy peut entierement donner, je croy cependant avoir deſabuſé juſqu'icy un grand nombre de curieux, de la fauſſe impreſſion qu'ils avoient contre le Bon-chrétien en Buiſſon ; j'ay fait voir par une experience cer-taine de pluſieurs années, que ſur tout dans les Iardins d'u-ne mediocre grandeur qui ſont bien fermez, & à couvert

des

des grands froids, foit par de bonnes murailles de clôture,
foit par plufieurs bâtimens, & qui par confequent font
dans une bonne expofition, & ont d'ailleurs le fond
paffablement bon, foit par l'ordre de la nature, foit par
le fecours de l'art, j'ay, dis-je, fait voir qu'en cette figure d'Arbre on y peut élever des Poires de Bon-chrétien
tres-belles, c'eft-à-dire fort groffes, bien faites, avec
une peau affez fine, un peu colorée à l'endroit où le Soleil
avoit coûtume de donner, & au refte d'un vert qui foit propre à jaunir en maturité, en un mot des Poires tres excellentes, jufques-là qu'on en voyoit peu en Efpalier qui
pûffent leur être comparées.

Et pour finir cette conteftation, je n'eftime pas qu'il
foit neceffaire de faire icy d'autres réponfes, fi ce neft en
premier lieu d'inviter tous les ans nos adverfaires à aller
voir l'Automne les Buiffons de plufieurs Jardins de Paris &
de Vernon, où il s'en éleve de fi belles ; & en fecond lieu,
leur demander fi devant l'ufage des Efpaliers, qui n'eft pas
ancien, il ne fe trouvoit nulle part en plein air de belles
Poires de Bon-chrétien ; toutes les Baffe-cours de Touraine, d'Angoumois, de Poitou, d'Auche, &c. où elles viennent même fur des Arbres de tige, répondront du contraire à qui le voudra nier, joint que la perfecution invinci-
ble des tigres n'éloigne que trop les Poires du fecours des
Efpaliers, & nous met prefque en état de n'en pouvoir
gueres plus élever qu'en Buiffon.

Enfin tout bien examiné, je fuis perfuadé que qui compteroit d'un côté les ennemis du Bon-chrétien en Buiffon, avec
les raifons qu'ils croient avoir de le condamner, & qui de
l'autre compteroit fes approbateurs avec les experiences
qui font pour eux, il trouveroit le nombre de ceux-cy plus
grand que le nombre des autres, ou tout au moins égal, &
partant je croy avoir affez dequoy appuyer la preference
dont eft queftion.

Loin d'icy toutes ces differences d'efpeces de Bon-chrétien, que certains curieux s'imaginent, & qu'ils veulent
nous perfuader veritables ; le long, le rond, le vert, le
doré, le brun, le fatiné, celuy d'Auche, celuy d'Angleterre, celuy fans pepin, &c. tout cela fe trouve fouvent

fur un même Arbre, & ne fait fûrement qu'une feule &
unique efpece : la reffemblance univerfelle, non pas feulement du bois, des feüilles & des fleurs, qui fe trouve en
tous les Poiriers de ces fortes de Bon-chrétien, mais fur
tout la reffemblance & de la figure de la Poire, & du temps
de la maturité, & de la chair caffante ; & de l'eau fucrée,
&c. le confirment vifiblement.

Les differences de fonds & d'expofitions, les differences d'Efté fec ou humide, les differences de vigueur ou
de foibleffe dans l'Arbre, foit en tout l'Arbre, foit feulement en une partie, &c. ces differences, dis-je, fourniffent ces petites differences exterieures de couleur,
de figure, &c.

L'Efpalier fera fon Fruit plûtôt doré que vert, le Buiffon
le fera plûtôt vert que doré, & le Buiffon fur franc le fera
encore plus vert que le Buiffon fur Coignaffier.

Si l'Arbre eft malade, foit vieux, foit jeune, il fera la
Poire fans pepin, & même fi fur cet Arbre-là il y quelque branche vigoureufe, comme il arrive affez fouvent, il
y aura du pepin dans le Fruit qui fera venu fur ce côté vigoureux, quoy qu'il n'y en ait point dans les Poires venuës
fur ces branches infirmes, & fi fur ce côté jaune & languiffant d'un tel Arbre on prend une branche, & qu'on vienne
à la greffer heureufement fur un pied bien vif & bien
fain, il en viendra un Arbre vert & gaillard, qui marquera non feulement la conformité de fon efpece avec les
autres Bon-chrétiens, mais marquera auffi la bonne fanté,
tant par le pepin que par la couleur verte de la Poire ; à
propos de quoy je diray que les Poires de Bon-chrétien qui
jauniffent fur l'Arbre, & qui ont la peau extraordinairement douce au toucher, font fujettes à n'avoir qu'une mediocre bonté.

La bonne branche à Fruit fera la Poire longue & étenduë ; la branche à Fruit un peu moins bonne fera le Fruit
court, plat & arrondy ; le bon fond luy fera une peau fine
& une chair delicate, le fond gras & humide les luy fera
rudes & groffieres.

Il ne faudroit plus qu'en faire une efpece de gros, une de
petit, une de cornu & raboteux, une de bien fait, &

de bonne mine, &c. ce qui feroit un ridicule, dont il faut bien se garentir.

Le bon-chrétien d'Hyver, tel en un mot que les bonnes gens le connoissent par tout, sans que jamais on ait changé son nom, comme on a fait à la plûpart des autres Fruits; ce Bon-chrétien, dis-je, seroit donc le Buisson que je planterois dans le petit Jardin bien conditionné, ou il n'est question de planter qu'un seul Poirier en Buisson, & ce même Poirier seroit aussi le premier choisi, non seulement pour un Jardin dans lequel j'aurois place pour un second Buisson, mais aussi pour tous les autres Jardins également bien conditionnez, dans lesquels j'aurois place pour beaucoup davantage de Buissons, si particulierement il y a peu de murailles pour les Arbres qui sont destinez à être en Espalier, & ce Bon-chrétien seroit premierement sur Coignassier, attendu principalement que les Buissons de Bon-chrétien sur franc font d'ordinaire leur Fruit tavelé, petit, raboteux, &c. & par consequent desagreable à voir; en second lieu, il seroit dans la partie du contre-Espalier la plus voisine de la muraille la mieux exposée, & enfin dés la fin du mois d'Aoust je ferois ôter toutes les feüilles qui peuvent empêcher le Soleil de donner sur le Fruit de ce Buisson, toutes précautions extrêmement importantes.

Je ne suis pas encore à parler de ces Jardins de campagne, qui manquent de toutes les bonnes qualitez & de toutes les bonnes conditions que nous venons d'expliquer sur le fait des petits Jardins, & que cependant nous souhaiterions à tous les bons Fruitiers; j'y feray à l'égard de nôtre Bon-chrétien d'un sentiment bien different de celuy que je viens de declarer icy, car je n'y en planteray gueres, si ce n'est en Espalier, & aussi ne manqueray-je pas d'y en planter; car enfin à quelque prix que ce soit, je veux voir du Bon-chrétien en toutes sortes de Jardins, puisque dans la verité nous n'avons rien de mieux pour la fin de l'Hyver.

CHAPITRE II.

*Pour le choix d'un second Poirier en Buisson, & aprés pour le
choix d'un troisiéme, quatriéme, cinquiéme
& sixiéme, &c.*

VOYONS maintenant sur quel Poirier nôtre choix
tombera pour être le second Buisson, tant de ce petit
Jardin qui n'en peut avoir que deux, que le second de
tous les autres qui en peuvent avoir un plus grand nombre;
la difficulté n'est pas trop petite.

Nous avons sur tout six differentes Poires qui briguent
vivement cette seconde place, & qui même ne souffrent
pas sans murmurer que le Bon-chrétien joüisse paisiblement
de l'honneur qu'il vient de recevoir; les Beurré, les Bergamotte d'Automne, les Virgoulé, les Leschasserie, les Ambrette & les Espines d'Hyver; il y a même l'ancien Petit-
oin, & la Loüise-bonne, avec quatre nouvelles venuës;
sçavoir la S. Germain, la Colmar, la Crasane, & la Marquise, qui se trouvans pourvûës d'assez de merite, ne manquent
pas d'ambition pour demander à entrer dans la dispute;
chacune de ces douze pretendant avoir plus de perfections,
& moins de défaut que chacune de ses rivales, ou pretendant au moins ne leur ceder en rien, pretend aussi devoir
emporter sur elles la place dont est question.

Je demeure d'accord qu'elles ont toutes de si puissans motifs dans leur pretention, qu'on ne sçauroit être blâmé d'a-
voir mal-fait, à laquelle d'entr'elles l'on donne la preference; cependant je croy que les six dernieres doivent se retirer pour un temps, & laisser vuider cette querelle aux six
premieres; j'en diray, ce me semble, d'assez bonnes raisons
cy-dessous, dont je veux esperer que leurs Patrons seront
satisfaits; mais devant que de me declarer pour quelqu'une
des six, il est necessaire d'examiner séparément & sans
prevention toutes les raisons des unes & des autres.

Je commence par celles du Beurré, à l'égard duquel il
faut établir d'abord, que tant le Beurré rouge, autrement

l'Amboife, ou l'Ifambert des Normands , que le Beurré
gris & le Beurré vert, ne font qu'une même chofe ; fi-bien
que fouvent il s'en trouve de toutes ces façons fur un même Arbre, ces differences de couleur n'ayans d'autres fondemens que ceux à peu prés que nous avons cy-devant remarquez fur le fait du Bon-chrétien ; la belle expofition,
ou peut-être une mediocre infirmité de tout l'Arbre, ou
feulement de quelque branche , en font de rouges ; l'ombre & la vigueur, foit de l'Arbre entier, foit de la branche particuliere, en font de gris ou de verts ; le Coignaffier & le franc fur lefquels fe trouvent greffez ces Poiriers,
fe font auffi connoître par les differens coloris qui viennent à leur Fruit, le coloris des Poiriers fur franc étant
tout autre que celuy du Bon-chrétien fur Coignaffier ,
outre que le fond fec ou le fond humide ne manquent
pas de donner fur cela chacun des traits de leur façon.

Cela pofé , les raifons de cette Poire de Beurré font
premierement qu'elle eft tellement en poffeffion du premier degré de la bonté qui eft fouhaiter dans les Poires, que le nom de Beurré luy en a été donné par excellence ; en effet on emprunte fon nom pour le donner
à d'autres de qui on veut prôner le merite ; auffi fe croit-
elle en droit de pretendre que pas une des autres ne luy
oferoit difputer en abondance exceffive d'eau , ni même
en chair fine & delicate , & en gout relevé, qui font toutes les conditions neceffaires pour faire une excellente
Poire.

Conditions
neceffaires
pour faire une
excellente
Poire.

En fecond lieu , elle pretend avoir l'avantage de char-
mer la vûë, tant par fa groffeur & la beauté de fa figure,
que par la beauté de fon coloris.

En troifiéme lieu , elle croit devoir tout efperer fur le
bonheur qu'elle a d'être extrêmement fertile, en forte que
communément tous les ans & en toutes fortes de terreins,
elle charge à rompre , & qu'elle réüffit également , tant
fur franc que fur Coignaffier, & prefque auffi-bien entre
les mains d'un ignorant Jardinier, qu'entre les mains de
ceux qui font habiles ; joint qu'elle eft peu fujette à être
pâteufe, infipide & farineufe, comme la plûpart des autres

Poires tendres, & que non seulement elle n'est pas si in‑
commodée du plein air que la Bergamotte, mais qu'aussi
elle fructifie plûtôt que la Poire de Virgoulé, & fait de plus
beaux Fruits que chacune de ses concurrentes : voila sans
doute beaucoup de raisons, & toutes d'un grand poids &
d'une grande autorité, pour bien établir icy le droit de la
demande du Beurré.

Ses amis mêmes veulent croire, que si on pouvoit avoir
du Beurré dans toutes les saisons de l'année, & qu'on pût
se guerir de l'affectation naturelle qu'on a pour le chan‑
gement & pour la diversité des Fruits, qu'en ce cas-là on
ne devroit penser à aucune autre Poire qu'à ce fameux
Beurré, étant certain qu'il est en effet si excellent, que
d'un aveu general, quand à la fin de Septembre il com‑
mence à meurir, on est tout consolé de voir finir les Pê‑
ches, & c'est beaucoup dire.

La Bergamotte d'Automne ne faisant pas grand cas de
tout ce qui vient d'être dit en faveur du Beurré, se pre‑
sente pour empêcher de décider si-tôt cette question de
preference ; le nombre de ses partisans est grand & re‑
doutable, c'est-à-dire que son merite est fort connu ; & en
effet, je vois mil gens qui soûtiennent qu'à la conside‑
rer en toutes ses parties , c'est-à-dire par sa chair tendre
& fondante, par son eau douce & sucrée, & par un petit
parfum qui l'accompagne, ils soûtiennent, dis-je, qu'elle
vaut mieux que generalement toutes les autres Poires ; ils
soûtiennent aussi que la fecondité n'est gueres moins pour
elle que pour le Beurré, puisqu'elle charge d'ordinaire
avec assez d'abondance, & qu'ainsi elle paye promptement
la peine de celuy qui la cultive ; joint que contre l'expe‑
rience qu'on a presque de tous les autres Fruits, on peut
dire en sa faveur ; & avec verité, que la mediocre Poire
de Begamotte est aussi bonne que la plus grosse ; jusques-là
même que souvent c'est la mediocre qui est la plus excel‑
lente, quoy qu'elle parût la plus méprisable ; ce qui doit
être pour elle une consideration assez singuliere ; elle a
coûtume de fournir la fin d'Octobre, & partie de No‑
vembre, & passe même quelquefois jusqu'en Decembre,
ce qui fait un merveilleux plaisir à nos curieux, si-bien

que dan la verité il n'eſt queſtion que d'en avoir des
Arbres en differentes expoſitions, en differens terreins,
& ſur differens ſujets , c'eſt à ſçavoir ſur franc & ſur
Coignaſſier, en Buiſſon & en Eſpalier , & même en
Arbre de tige, pour aider à l'inclination , que (pour
ainſi dire) cette Poire paroît avoir à nous régaler pluſieurs mois de ſuite.

Je diray en paſſant, qu'il ne faut pas croire qu'il y ait
d'autre difference dans les Bergamottes (je veux dire
les Bergamottes d'Automne, & nullement celles d'Eſté)
que celle qui eſt fondée ſur la couleur ; mais pour celle-
cy, elle eſt veritable : car en effet il y en a une qui eſt
griſe , verdâtre , & c'eſt celle-là qu'on nomme ſimplement
la Bergamotte, ou la Bergamotte commune, ou de la Hi-
liere, ou de Recous, &c. tout cela n'étant qu'une même
choſe ; & il y en a une autre qui eſt rayée, c'eſt-à-dire
marquée par bandes jaunes & vertes, & c'eſt ce qui la
fait nommer la Bergamotte Suiſſe, cette bigarrure ſe trouvant en même temps & dans le bois, & dans le Fruit ; mais
à l'égard du merite interieur, il me paroît égal dans l'une
& dans l'autre, quand elles ſont toutes deux autant bonnes qu'elles le doivent être : elles conviennent auſſi toutes deux à avoir une même groſſeur , & qui quelquefois
eſt trois pouces de diamettre dans ſa largeur, mais communément n'eſt que d'un & demy, ou de deux ; elles conviennent encore à avoir la figure plate, l'œil enfoncé, la
queuë courte & menuë, la peau lice, jauniſſant & s'humectant un peu en maturité, &c.

Plût à Dieu fût-il bien vray, qu'il y eût effectivement
une eſpece de Bergamottes tardives, autrement Bergamottes de Carême, & que tous les ans on en pût ſûrement
avoir juſqu'à la fin de Mars, comme il s'en rencontre quelquefois ; en ce cas-là nous aurions dequoy nous vanter d'a-
voir au moins pour quatre ou cinq mois de l'année le veritable treſor des Fruits.

Certains curieux ont bien voulu ſe perſuader & à moy
auſſi, qu'infailliblement ils avoient cette eſpece de Bergamottes tardives ; mais à mon grand regret, je ne puis
m'empêcher d'avoüer que juſqu'à preſent je n'ay pu me

convaincre de cette bonne fortune, quoy qu'en verité je
n'aye manqué ni de foin, ni de diligence, ni de precaution
pour faire une telle conquête : tout ce que j'ay fait pour
cela, tant en peine qu'en dépenfe, eft infini, auffi-bien
qu'inutile ; le détail & la relation en feroient importuns &
defagreables.

Ce qui a donné lieu de parler de la Bergamotte tardive,
eft qu'en quelques années affez pluvieufes, ou que de
quelque fond plus gras & plus humide, ou de quelque
expofition moins bonne, ou de quelque Arbre plus vigoureux, &c. on en conferve affez fouvent quelques-unes
jufqu'en Carême, & pour lors on prend plaifir à fe tromper foy - même par l'efperance d'en avoir tous les ans
de femblables ; mais la verité eft, que d'ordinaire le hazard a plus de part à cecy, que tout le refte : un même Arbre qui en produit pour le mois d'Octobre, en donne auffi
quelquefois pour le mois de Mars, ce qui arrive fur tout,
quand quelque branche a fleury beaucoup plus tard que
les autres, les Poires qui ont noüé les dernieres fur
chaque Arbre, étant communément les dernieres de
cet Arbre à meurir ; mais cela n'arrive que fort rarement,
ou bien nous pouvons dire vray-femblablement, que les
Bergamottes qu'on a dans les faifons ainfi reculées, font
venuës à quelques Arbres de tige greffez fur franc, & peut-
être mal éclairez du Soleil : le fuccés de tels Arbres eft
d'ordinaire affez douteux & incertain, & particulierement pour faire des Poires belles, agréables à la vûë,
bonnes & tardives ; mais quoy que c'en foit, il en vient
quelquefois, & elles fe gardent un peu plus long-temps
que celles d'Efpalier & de Buiffon : c'eft pourquoy il eft
affez à propos, non pas pour les curieux dont il s'agit
icy, qui n'ont que très-peu de terrein, mais pour ceux
qui en ont beaucoup, de hazarder, comme j'ay dit, d'en
planter de toutes les manieres : car enfin il ne faut pas
manquer d'avoir tant qu'on peut des Poires de Bergamottes.

Outre les avantages de la bonne efpece de Bergamotte,
elle en a encore un autre qui la met, ce femble, beaucoup
au deffus du Beurré, en ce qui regarde la conteftation
presente,

presente, c'est que le Beurré se rencontre assez souvent en même temps que les Pêches, les Figues, & les Muscats de la fin de Septembre, trois sortes de bons Fruits que tout le monde cherit passionnément, & en faveur de qui on peut dire, que parmi les gens delicats & connoisseurs ils sont si bien reçûs, qu'à peine y a-t-il aucunes Poires qui osent venir en leur compagnie; au lieu que la Bergamotte ne meurit que quand ces Pêches, ces Figues & ces Muscats, & même les Berrez & les Vertelongues sont finies, & ainsi elle vient toute seule sur la fin d'Octobre, c'est-à-dire dans un temps, où sans secours nous serions réduits à une grande disette de fort bons Fruits, les Lansac, Sucré-vert, Muscat-fleuri, Rousseline, Bezi de la moté, Poire de vigne, Messire-jean, &c. ne remplissans point assez dignement la place des dernieres passées; & ainsi on veut par consequent pretendre, que pour ce qui est du petit Jardin dont il s'agit, & par les raisons expliquées à l'entrée de ce troisiéme Livre, il est plus convenable d'y planter pour second Buisson une Bergamotte, qu'aucun autre Poirier.

Les partisans des deux precedentes Poires, le Beurré & la Bergamotte, sont, ce semble, surpris d'entendre dire qu'il y en ait quelques-unes qui veulent entrer en lice contre elles : ils regardent comme une espece de temerité tout ce que ces autres pourront alleguer, & ne daignent presque les vouloir écouter; & s'ils s'y résoluënt, ce n'est que pour y répondre enfin par des termes de mépris & de raillerie, ou plûtôt pour gagner leur procés avec plus de gloire & de sûreté.

Cependant la Poire de Virgoulé, qu'on appelle Bujaleuf en Angoumois, Chambrette en Limousin, Poire de Glace en Gascogne, Virgoulese & Virgouleuse en tant d'endroits, & qui, à l'exemple des Poires de Besi-d'hery, de Leschafferie, &c. doit, ce me semble, porter plûtôt le simple nom de Virgoulé, que tout autre : ce qui m'en fait juger ainsi, c'est à cause du Village de Virgoulé (Village voisin de la Ville de S. Leonard en Limousin) duquel nous l'avons tirée, & où apparemment elle avoit passé un fort long-temps sans éclat, ni plus ni moins,

pour ainſi dire , qu'une perle dans ſa coquille ; mais enfin ,
tant pour le bonheur de nos curieux , que pour l'ornement de nos Jardins , elle eſt ſortie de ce Village par
la liberalité du Marquis de Chambret , qui en étoit le
Seigneur , & qui nous la donna ſous le nom de ſa Poire
de Virgoulé ; or depuis ce temps-là elle a commencé
tout de bon à faire parler d'elle , ſi-bien qu'aujourd'huy
elle pretend avec aſſez de raiſon à l'honneur qui eſt icy
propoſé.

C'eſt une Poire d'une figure aſſez longue & aſſez groſſe ,
ayant environ trois à quatre pouces de haut , ſur deux à
trois de large , la queuë en eſt courte , charnuë & penchée , l'œil mediocrement grand & un peu enfoncée : la
peau lice & unie , & quelquefois colorée , & qui enfin de
verte qu'elle étoit ſur l'Arbre , jaunit à meſure qu'elle approche de la maturité , & en meuriſſant devient tendre &
fondante ; en ſorte que , quand on la prend à propos , elle
ſe trouve un des meilleurs Fruits du monde : ſa réputation
a fait enſuite , qu'en fort peu d'années elle s'eſt autant répanduë dans tous les Jardins Fruitiers de l'Europe , qu'aucune autre Poire que nous connoiſſions.

Cette Poire, de Virgoulé, dis-je, orgueilleuſe, ce ſemble,
tant à cauſe de la vigueur extraordinaire qui accompagne ſon Poirier par tout , & luy attire l'admiration de
tous les ſpectateurs, qu'à cauſe du merite qu'elle pretend
avoir en ſoy, & de plus offenſée du mépris injurieux qu'on
vient de faire d'elle , ſoûtient pour établir ſon droit, que
non ſeulement la nature la doüée de toutes les bonnes
qualitez , qui à l'égard de la chair tendre & fondante , de
l'abondance d'eau douce & ſucrée , du goût fin & relevé ,
& du rapport copieux , rendent conſiderables les Poires de
Beurré & de Bergamotte , mais qu'encore elle a ſûrement l'avantage de commencer ſa maturité preſque auſſi-
tôt que la Bergamotte , & de durer cependant beaucoup plus long-temps qu'elle : en effet elle ſoûtient que
ſouvent dés l'entrée de Novembre elle eſt en état de
contenter les curieux , ce qui arrive à celles qui ont
été élevées à des Eſpaliers bien expoſez , ou dans un
terrein ſec & leger , & que particulierement elle ſe pro-

duit en grand nombre dans tout le reste de Novembre pendant Decembre, & quelquefois partie de Janvier, ce qui
ne se peut dire du Beurré, & convient peu, ou au mois fort
rarement & par un pur hazard, à la Bergamotte.

C'est ce qui fait que ce Poirier de Virgoulé demande
assez hardiment, s'il n'est pas vray que non seulement
son Fruit est excellent pour le goût, mais encore d'une figure agreable pour la vûë ; jusques-là même que celles
qui sont venuës à une belle exposition, y ont acquis un
vermillon admirable : ce Poirier demande sur tout s'il
n'a pas le don de faire de plus beaux Arbres, que tous
les autres Fruitiers, & de réüssir merveilleusement en
Buisson, c'est-à-dire dans la maniere d'Arbres, du plan
desquels il est presentement question : il soûtient de plus,
que les distinctions de terroir sec, ou humide, de franc
ou de Coignassier, de plein vent ou d'Espalier, ne sont
pas d'ordinaire d'une si grande importance pour son bois,
qu'elles le sont pour celuy des Bergamottes : quoy qu'à
l'égard de la bonté interieure du Fruit, il soit certain
que ces sortes de differences fassent presque le même
effet dans les unes que dans les autres : il est donc vray
que les Virgoulez non seulement ne sont pas sujets à cette
espece de gale qui défigure les Buissons des Bergamottes,
les rend hideux à voir, & assez souvent même les fait perir,
tout au moins les empêche de fructifier ; mais au contraire,
les Virgoulez poussent regulierement par tout une grande
quantité de beaux bois, & ont toûjours un teint uny & lui-
sant, comme si en effet on prenoit soin de les frotter
pour les polir.

La Virgoulé donc pretend que le temps de sa maturité,
qui comprend environ trois mois, & la beauté de son Arbre, qui est toûjours immanquable, luy doivent icy donner gain de cause, tant sur le Beurré & sur la Bergamotte, que sur toutes les autres Poires qui la veulent tra-
verser, puisque d'ailleurs elle ne cede à aucune des autres
pour l'abondance du rapport, non plus que sur l'article de
la bonté.

La Poire de Leschasserie, que quelques-uns nomment
Verte-longue d'Hyver, & d'autres Besidery-landry, &

qui ne paroît dans nos Jardins que depuis une vingtaine d'années: cette Poire, dis-je, pouroit bien plaider toute seule, tant son parti est fort ; cependant elle se joint avec la Poire d'Ambrette, qui parmi nous est assez ancienne & en grande consideration, & qui porte en certains Païs le nom de Trompe-valet.

Ces deux Poires ne se tiennent pas pour vaincuës par tout ce qu'on a dit à l'avantage de celles qui ont parlé les premieres ; elles ne s'attacheront point à se détruire l'une l'autre, elles sont convenuës d'une alternative entr'elles pour l'entrée des Jardins ; & ainsi leur principale ambition est de demeurer unies, & pour ainsi dire aliées d'interest & d'amitié, afin de se défendre plus vigoureuse-ment contre les trois precedentes : ce qui contribuë à cette étroite union qu'elles ont faites, est qu'en effet elles ont quelque rapport de l'une à l'autre , premierement par leur figure, qui paroît à peu prés ronde ; l'Ambrette est pourtant un peu plus plat, & a l'œil plus enfoncé ; au lieu que la Leschafferie a l'œil tout-à-fait en dehors, & que quelques-unes ont la forme de Citron : ils se ressem-blent aussi en second lieu par leur grosseur, qui est me-diocre, & d'environ deux pouces en tout sens, en troi-siéme lieu par leur coloris, qui sur l'Arbre est verdâtre, tiqueté, quoy que l'Ambrette soit d'ordinaire plus couvert & plus roussâtre, & que la Leschafferie soit plus claire & jaunâtre, mais sur tout en meurissant : ces deux Poires se ressemblent presque encore par leur queuë, qui en toutes deux est droite & assez longue , celle de Leschafferie étant cependant plus grosse, & se ressemblent enfin, tant par le temps de leur maturité qui est en Novembre & Decembre, & quelquefois en Janvier, que par leur chair fine & beurrée, & par leur eau sucrée & un peu parfumée, mais d'un parfum si agreable , qu'on n'y sçauroit rien souhaiter davantage : le Leschafferie en a un peu plus que son associé, la chair de l'Ambrette est quelquefois un peu plus verdâtre : son pepin est plus noir, & est, pour ainsi dire, logé plus au large dans son appartement, que le pepin de l'autre, & même la peau en paroît d'ordinaire un peu plus rude; & de plus, le Leschafferie est assez souvent

pour ainſi dire, boſſu & raboteux ; à l'égard du bois des
Arbres de l'un & de l'autre, il eſt tres-different, en ce que
particulierement celuy de la plûpart des Ambrettes eſt
extrêmement épineux & piquant, & reſſemble tout-à-fait
à un de ces Sauvageons qu'on voit dans les Hayes &
Taillis, ce qui n'eſt pas au bois des Leſchaſſeries, lequel
communément eſt aſſez menu, & pouſſant quelques pointes, mais elles ne ſont pas aſſez aiguës pour piquer les
mains qui en approchent, comme font les Ambréttes : ces
deux Poires fondent leurs pretentions de preference ſur
le reproche qu'on a fait au Beurré pour le temps de ſa maturité, ſur celuy qu'on fait à la Bergamotte pour ſon bois
galeux, & enfin ſur celuy qu'on fait aux Virgoulez, non
ſeulement d'être fort tardif à porter, mais auſſi d'être ſujet
à quelque deſagrément dans ſon goût ; ſi-bien qu'ayans au
moins toutes les bonnes qualitez de ces Poires-là, ſoit au
fruit, ſoit à la diſpoſition d'une belle figure de Buiſſon, &
n'ayans nuls de leurs défauts, elles pretendent devoir paſſer devant celles qui en ſont incommodées, & ne les ſçauroient éviter ni cacher.

L'Epine d'Hyver qui connoît bien ce qu'elle vaut, ne
ſe laiſſera pas condamner ſans parler : c'eſt une fort belle
Poire, qui approche un peu plus de la figure pyramidale, que de la ronde, quoy que pourtant elle n'ait
preſque rien de menu dans ſa taille, ſi ce n'eſt qu'elle
finit ſi peu que rien en pointe groſſiere vers la queuë ;
cette queuë eſt aſſez courte & aſſez menuë, excepté l'endroit de ſa ſortie, où elle eſt un peu charnuë, du reſte la
Poire eſt groſſe par tout, & cela d'environ deux à trois
pouces du côté de la tête : elle eſt particulierement
beaucoup plus groſſe que la Bergamotte ordinaire, ni que
l'Ambrette & que les Leſchaſſeries : elle a la peau ſatinée,
& le coloris entre verd & blanc : elle meurit quelquefois
devant les deux precedentes, mais plus communément
avec elles, quelquefois auſſi aprés : elle eſt pareillement
tendre & beurrée, ayant d'ordinaire la chair tres-fine &
tres-délicate, le goût agreable, l'eau douce, & aſſaiſon-
née d'un petit parfum merveilleux ; elle fait auſſi de
beaux Buiſſons, & réüſſit ſoit ſur franc, ſoit ſur Coi-

gnaffier, quand le pied en eft bon & le fond bien conditionné, c'eft-à-dire le fond plûtôt fec qu'humide ; elle a
peu de chofe à dire contre les deux dernieres, & fur tout
contre les Lefchafferies, elle avoüe même ingenuëment les
bonnes qualitez de l'une & de l'autre, fans confentir pourtant de leur donner le pas, jufqu'à ce qu'il y aura eu un reglement fur cela; mais à l'égard des autres, elle leur objecte
les mêmes défauts que celles-ci viennent de leur reprocher.

Il eft donc prefentement queftion de finir cette conteftation, qui peut-être n'a paru que trop longue ; furquoy
ayant meurement examiné les raifons des unes & des
autres, j'avoüe que j'ay une eftime tres-particuliere pour
chacune d'elles, mais que cependant à l'égard des Arbres
qui nous les donnent, il ne faut pas tout-à-fait juger icy
la queftion fur le même fondement qu'on la jugeroit, fi on
n'examinoit que le merite du Fruit en particulier; & par
comparaifon de l'un à l'autre; car fur ce pied de merite,
en quelque Jardin que ce foit, fuppofé le bon fond &
l'abry, à plus forte raifon dans le Jardin où il ne faudroit
que deux Poiriers en Buiffons, j'inclinerois toûjours à donner la deuxéme place aux Bergamottes, que j'honore infiniment, & qu'on ne fçauroit, ce me femble, trop honorer, comme étant, pour ainfi dire, la Reine des Poires ;
car en effet elle eft comme ces excellens Melons, fa chair
paroît d'abord ferme fans être dure ni pierreufe, elle eft
fine & fondante fans être molle ni farineufe, l'eau en eft
fucrée & un peu parfumée, fans avoir rien d'âcre ni de
fauvage, le goût en eft relevé & merveilleufement delicieux, & a, pour ainfi dire, quelque chofe de noble ; une
telle Poire ne peut-elle pas fe vanter d'avoir approché de
bien prés la perfection des Fruits, & de devoir fervir de regle & de modele pour celles qui pretendent au Catalogue
des bons.

Cette decifion en faveur de la Bergamotte à l'exclufion
des autres Poires, ne furprendroit gueres les curieux qui
en ont goûté de veritablement bonnes ; car fûrement elle
l'emporte fur le Beurré, qui ne peut difconvenir d'avoir un
peu d'âcreté dans fon eau ; elle l'emporte fur la Virgoulé,
en ce qu'elle eft d'un plus prompt rapport que luy, & qu'elle

n'est nullement sujette à ce petit goût bizarre de paille, qui
pour ainsi dire, persecute la plûpart des Poires de Virgoulé, & leur rend mil mauvais offices en beaucoup de bonnes compagnies ; elle ne l'emporte pas moins sur les autres
trois concurrentes, Leschasserie, l'Ambrette & l'Epine,
parce que constamment elles n'ont rien de meilleur, ni
de plus avantageux qu'elle sur le fait de la bonté parfaite ;
on peut bien dire cependant sans aucun dessein de les offenser, que les unes & les autres ont bien quelquefois le
malheur d'avoir l'eau fade & insipide, & la chair dure,
ou farineuse ; mais cela ne doit pas être reproché à leurs
especes en general, ce défaut procede uniquement, soit de
l'année froide & humide, soit du mauvais fond, ou de la
méchante exposition où elles ont été produites.

Cependant ce qui peut quelquefois empêcher que
cette Bergamotte ne profite de ma declaration, est que
le bois de son Arbre a le malheur d'être fort délicat de
son temperamment, si-bien qu'au lieu de faire un agreable
objet dans les Jardins, il ne fait souvent que chagriner
son Maître à cause de la gale, qui est presque en tous
lieux la persecution ordinaire & du Fruit & de l'Arbre ; de
là vient que je ne hazarde pas volontiers à conseiller
d'en planter nulle part en Buisson, ni à plus forte raison dans les Jardins bien petits ; si neanmoins nonobstant
cette difformité qui déplaît tant aux yeux, on veut à cause
de l'excellence de son Fruit en planter en toute sorte de
Jardins, soit grands, soit petits, supposé toûjours le fond bien
conditionné, je suis d'avis qu'on prenne de celles qui sont
sur franc ; mais si le fond est gras & un peu humide, je suis
d'avis qu'on en prenne sur Coignassier ; & de plus, je suis
d'avis qu'on prenne la Bergamotte rayée, autrement Suisse, plûtôt que la commune, parce qu'étans toutes deux
d'une égale bonté, & aussi difficiles à élever l'une que
l'autre, il me semble qu'il sera à propos de s'attacher
premierement à la rayée, devant que d'en planter de
l'autre, puisqu'au moins elle a l'avantage de surpasser celle,
cy en beauté de coloris ; que si enfin on n'en plante en
Buisson ni de l'une ni de l'autre, il ne faut pas manquer
dans les grands Jardins d'y en avoir beaucoup en Espa-

lier, je veux même qu'on en plante quelqu'un en Arbre
de tige pour faire figure dans un grand espace, qui sans
cela paroîtroit dégarni, mais sur tout il est fort avantageux d'en planter quelqu'un dans le voisinage d'un grand
mur bien exposé; je me trouve tres-bien dans le Potager de
Versailles, d'avoir fait ce que je conseille aux autres de
faire; j'en plante aussi en Arbre à demy tige, tant dans
le milieu des quarrés, que dans le tour, & en plante particulierement à deux ou trois pieds l'un de l'autre, les dis-
posant en forme de pepiniere; je fais la même chose pour
toutes les autres especes delicates, les Petit-oin, Espine,
Loüise-bonne, Sucré-vert, &c. ausquelles la terre froide &
humide est entierement contraire, j'en tire pendant huit
ou dix ans une quantité considerable de fort bons Fruits,
& quand ces Arbres devenus trop grands paroissent nuire
dans l'endroit où ils sont, je les ôte, & en plante ailleurs
de jeunes pour avoir le même secours, tout le plus long-
temps qu'il est possible.

L'article de cette Poire de Bergamotte m'a fait de la
peine à décider: je reviens enfin à me declarer sur ces sortes d'Arbres, qui avec la bonté du Fruit ont encore la
beauté du bois: c'est pourquoy j'incline à donner icy la
seconde place au Poirier de Beurré;

Deuxiéme, ou peut-être troisiéme Buisson. Premier Beurré.

Le dernier reproche qui a esté fait à la Poire de Virgoulé sur le fait de quelque bizarrerie qui se trouve
assez souvent dans son goût, sera favorable au Beurré
pour le maintenir en rang devant elle, joint particulierement le droit d'ancienneté de ce Beurré, qui luy a acquis vers tout le monde une veneration siguliere, à laquelle celle-cy ne sçauroit si-tôt pretendre; joint encore
la facilité prompte du rapport qui convient aux Poires
de Beurré preferablement à celuy de Virgoulé; joint enfin que constamment, quoy que toutes deux soient admirables, cependant il est vray de dire, que generalement
parlant, la Poire de Beurré se fait davantage souhaiter à
tout le monde, que la Poire de Virgoulé; c'est pourquoy celle-cy le doit ceder à un premier Beurré dans les

petits

petits Jardins qui n'ont que deux Builfons.

Et pour s'en confoler, elle doit s'attendre que fon tour viendra bien-tôt, pour être ailleurs beaucoup mieux traitée que les Beurrez, c'eft-à-dire beaucoup plus multipliée en nombre d'Arbres de fon efpece ; car à cet égard elle l'emportera d'une grande hauteur fur luy dans la plûpart des grands Jardins que nous planterons cy-aprés.

Il eft cependant d'une grande importance pour cette Poire de Virgoulé, que nous ne la laiffions pas diffamée par le reproche public que toutes les autres Poires luy font à l'égard de fon goût : nous ne pouvons pas difconvenir qu'il ne s'en foit trouvé fouvent qui avoient ce défaut ; mais auffi n'eft-il pas impoffible de les en exempter : il ne leur vient que pour avoir été long-temps fur du foin ou de la paille, ou peut-être long-temps renfermées, foit dans quelque Armoire où elles n'avoient point d'air, foit dans une maniere de Cave, qui n'eft jamais fans quelque goût de relant, foit dans une Fruiterie trop foigneufement clofe, pendant qu'elle eft pleine de beaucoup d'autres fortes de Fruits, & peut-être voifine de quelque endroit infecté de fenteur, telle qu'elle foit, car tout cela fait enfemble une odeur defagreable, dont cette Poire eft malheureufement fufceptible : il n'eft donc queftion que de les mettre en lieu où nul des inconveniens cy-deffus ne fe rencontre, & par confequent ayant une Serre bien conditionnée contre le grand froid & contre les humiditez, il faut couvrir les planches d'un peu de mouffe extrêmement féche, y placer les Poires féparément l'une de l'autre, & donner de l'air autant de fois que le beau temps le peut permettre ; avec ces fortes de précautions, qui ne font pas difficiles, on eft affûré d'avoir pendant tout l'Hyver ces Poires de Virgoulé exemtes de mauvais goût ; elles font, comme nous avons dit, belles & groffes, & fur tout excellentes ; pourvû que premierement, fans être fort ridées, elles paroiffent fimplement comme un peu fanées : en fecond lieu, qu'elles jauniffent prefque par toute l'étenduë de leur peau ; en troifiéme lieu, que le pouce les preffant un peu prés de la queuë, on fente qu'elles obéïffent fans être molles dans le cœur,

c'eſt-à-dire enfin qu'elles viennent ſi-bien à meurir, que
la chair en ſoit tendre & fondante ; car ſi, quoy qu'apparemment meures, comme étant fort jaunes, elles demeurent fermes & dures, comme il arrive quelquefois à
celles qui ont été ſerrées dans des lieux humides, ou qui
ſont venuës pendant un Eſté fort pluvieux, ou peut-être à
quelque expoſition du Nord, ou dans un fond froid &
aquatique, pour lors on ne peut pas nier que ces ſortes de
Poires ne ſoient & farineuſes & inſipides, & par conſequent deſagreables : c'eſt ainſi que parmi les choſes du
monde les plus parfaites, il s'en peut trouver quelques-
unes qui tombent dans la corruption, & en même temps
dans le mépris ; mais le défaut d'un Particulier ne doit
pas faire l'opprobre du general.

Une choſe aſſez extraordinaire à l'égard de ces Poires,
eſt, que celles qui peut-être ſont tombées, ou ont été
cueïllies une quinzaine de jours avant le temps qu'elles
devoient l'être, & qui, à cauſe de cela, deviennent un peu
flétries (ſi elles l'étoient beaucoup, elles ſeroient mépri-
ſables en toutes manieres) ces ſortes de Poires, dis-je,
quoy qu'un peu vilaines à la vûë, cependant la parfaite
maturité leur étant enfin venuë, ſe trouvent preſque
toûjours admirables au goût, ce qui ne ſe peut gueres dire
d'aucun autre Fruit : on ne conſeille point d'en cueïllir
ainſi de beaucoup trop tôt, par exemple, devant la fin
de Septembre ; les vents ordinaires de ce mois-là & de
celuy d'Octobre, empêchent bien, & même ſouvent plus
qu'il ne ſeroit à deſirer, qu'on n'en prenne la peine : on ſe
conſolera donc quand il en tombera quelques-unes qui
viendront à meurir plus tard que les autres, & ſeront
moins ſujetttes à mollir ; & on ſouhaitera toûjours que cela
n'arrive pas, pour avoir ſans faute des Poires qui ſoient
bonnes, & en même temps belles, ſaines, & mediocrement ridées : j'expliqueray ailleurs plus particulierement
quel eſt le temps de les cueïllir, & quelles ſont les marques
infaillibles de leur veritable maturité, auſſi-bien que celle
de tous les autres Fruits : ce ſont des articles tres-impor-
tans, dans leſquels conſiſtent les principaux points de nôtre curioſité.

Le Poirier de Vigoulé sera donc régulierement le troisiéme Buisson,

Troisiéme Buisson. Premier Virgoulé.

Que nous planterons dans le Jardin, qui n'en peut rece- *Novembre,*
voir que trois; & il me semble que ce Poirier auroit tort de *Decembre,*
s'en plaindre, puisqu'on peut dire avec verité, qu'il a *& Ianvier.*
l'honneur de se voir encore preferé à d'autres merveilleuses Poires qui le vont suivre ; sçavoir la Leschasserie, l'Ambrette, l'Espine d'Hyver, la Crasane, la S. Germain, la
Colmar, la Marquise, le Petit-oin, le S. Augustin, le Rousselet, la Robine, &c.

Il faut que tout le monde demeure d'accord, qu'on ne
sçauroit presque donner le nom de Jardin Fruitier à quelque Jardin que ce soit, dans lequel on ne trouve pas au
moins les treize ou quatorze principales Poires que nous
avons, & qu'on ne sçauroit aussi luy en disputer le nom,
quand elles s'y rencontrent de compagnie : heureux celuy
qui a planté avec tant de connoissance & de discernement,
que n'ayant de place dans son Jardin que pour un si petit
nombre d'Arbres, y a sagement assemblé les meilleurs
Fruits que nous connoissions.

Pour continuer l'ordre de mon choix, je place la Poire de
Leschasserie immediatement aprés la Poire de Virgoulé,

Quatriéme Buisson. Premier Leschasserie.

A laquelle peut-être quelques curieux ne feront pas *Novembre,*
scrupule de la preferer, tant il est vray que souvent *Decembre,*
elle paroît une Poire sans aucuns défauts, & par con- *& Ianvier.*
sequent un Fruit de la derniere bonté : je diray en sa
faveur, que je ne croy pas avoir jamais rien goûté de
meilleur en matiere de Poires, que quelques Leschasseries
venuës en plein air sur des Arbres, pour ainsi dire, aban-
donnez : elles étoient d'une mediocre grosseur, ayant la
peau & la figure toutes sauvages ; mais en verité à les
manger même avec leur peau, elles charmo'ent par leur
goût relevé, par leur petit parfum délicat, par leur chair
fine & fondante : enfin je ne me sçaurois taire de l'étonne-
ment qu'elles m'ont causé, & du plaisir que j'en ay eu,

P p ij

& que je continuë d'en avoir tous les ans : peut-être pourrois-je dire que la meilleure Bergamotte du monde auroit eu de la peine à se soûtenir devant elles : celles que j'avois eu en Espaliers, & qui étoient beaucoup plus belles, n'en approchoient pas en façon du monde pour la bonté.

Ce Leschasserie l'emporte donc sur l'Ambrette,

Cinquiéme Buisson. Premier Ambrette.

Et celuy-cy le suit tout le plus prés qu'il est possible; aussi est-ce le plus souvent une tres-excellente Poire en tout, ayant la chair fine & fondante, & un certain goût relevé qui charme, supposé toûjours qu'elle soit venuë en bon fond & en bonne exposition, & que sans être molle ou avortée, elle soit dans sa parfaite maturité; cependant un je ne-sçay-quoy de couleur verte dans la chair, & d'eau fade dans le goût, & sur tout un je ne-sçay-quoy de pourriture séche & entierement cachée qui se trouve en quelques-unes, m'y paroissent trois manieres de défauts, pour lesquels au moins cette Poire en general doit sans répugnance ceder au Leschasserie, & pourroit même en bonne justice ceder à l'Epine d'Hyver, quand elle a tout le merite qu'elle peut avoir.

Car enfin cette Poire d'Epine venuë en païs assez chaud, dans un terroir sec, en bonne exposition, pendant des années mediocrement pluvieuses, & venuë sur tout en Arbre de tige, ou demy tige bien placé, est si parfaite en toutes ses parties, qu'elle égale la delicatesse de chair des bonnes Pêches, & qu'enfin le nom de Merveille luy en a été donné dans les Provinces de Xaintonge, d'Angoumois & de Poitou, Provinces situées dans un climat merveilleux, & lesquelles on sçait être fameuses par le grand nombre des bons Fruits qu'elles produisent, & par un grand nombre d'honnêtes gens qui s'y divertissent au Jardinage; j'avouë de bonne foy, que parmi les Poires je n'en trouve point qui soit meilleure que celles-cy, pourvû qu'elle ait toute la bonté qui convient à son espece; mais aussi je ne puis m'empêcher d'avoüer qu'il est tres-difficile d'en trouver de parfaites, on pour-

roit presque dire & d'elle, & des Petit-oin, & des Ambrette,
& des Loüise-bonne , & des Colmar, &c. ce qu'on dit des
œufs frais; le moindre défaut les fait rebuter: il n'en est
pas de même de la plûpart des autres Poires , on ne les re-
jette pas, quoy qu'il leur manque quelque degré de perfection ; tous les Beurrés, tous les Rousselets , tous les
Bon-chrétiens , &c. ne font pas chacun de la derniere excellence , & cependant on ne laisse pas de manger de celles qui font mediocres.

On a veritablement un petit reproche à faire à cette Poire d'Epine , sur ce qu'elle meurit quelquefois en même
temps que ces autres Poires que je viens de placer, & que
par consequent dans les égards que j'ay toûjours en faisant
ce choix, & dont il seroit à propos que je ne me départisse
jamais, il vaudroit beaucoup mieux pour ce petit Jardin ,
qu'on y plantât quelque bon Fruit d'une autre saison, que
d'y planter celuy-cy ; mais je répons que comme cette
maturité avancée n'arrive que rarement, bien loin de bannir d'icy l'Epine pour un tel reproche, si sur tout on n'y a
point de Bergamotte en Buisson, il l'y faut soigneusement
planter ; elle qui fait un si agreable Buisson, & qui se met
assez aisément à rapporter.

Je persiste donc à donner au moins à l'Epine

Sixiéme Buisson. Premier Espine d'Hyver.

Nove‧bre, Decembre, & Ianvier.

La sixiéme place dans un Jardin bien conditionné, &
qui ne peut avoir que six Buissons; encore faut-il avoir
un soin particulier de ce Buisson pour le tenir bien ouvert,
& même dépoüillé de ses feüilles dés la fin du mois
d'Aoust, en sorte que la Poire , dont le coloris est naturellement fort verd, y reçoive une cuisson extraordinaire, & qu'enfin dans la serre elle vienne à jaunir un peu,
pour marquer la premiere apparence de sa maturité ; car
à dire le vray, quand en sa peau elle conserve toûjours le
même fond de verd qu'elle avoit sur l'Arbre, comme font
celles qui font venuës dans un terroir humide, ou dans
un Buisson trop touffu , ou à une méchante exposition,
elle va veritablement jusqu'en Janvier & Février, mais ce
n'est que pour chagriner celuy qui a pris soin de la ser-

rer, & de la garder ; car fans meurir elle mollit dans tout
le voifinage de la queuë, & demeure avec une chair coton-
neufe & féche, & un goût fade & infipide ; en un mot
elle fe trouve la plus méchante Poire du monde ; dans
la verité, nous n'en avons aucune qui ait befoin de plus
grands égards que celle-là, pour faire qu'elle vienne à
bien ; elle veut être fur franc dans les terres féches, &
fur Coignaffier dans celles qui le font un peu moins ; elle
réüffit moins en Buiffon qu'en Arbre de tige, dans celles
qui font un peu fortes, & d'ordinaire ne vaut rien dans les
fonds gras & humides, ayant cela de commun avec quelqu'autres que je marqueray cy-aprés ; je diray cependant, qu'avec le foin que j'ay eu de tenir mes terres
un peu élevées, & de découvrir de bonne-heure les
Poires d'Epine de mes Buiffons, j'en ay eu de tres-
belles & de tres-bonnes pendant prés de deux mois, &
par confequent les défauts de cette Poire ne font pas toûjours incorrigibles, & quand on peut l'en garentir, c'eft
luy faire injuftice que de ne luy pas donner place devant
les deux precedentes.

Je la prefere icy à la Saint-Germain, au Petit-oin, à la
Crafane, à la Marquife, à la Loüife-bonne, à la Colmar,
& à la Saint-Auguftin, parce que tout bien confideré, elle
me paroît valoir mieux qu'elles, & que fur tout la plupart
de celles-cy meuriffent dans le temps de quelques-unes
des trois precedentes, c'eft-à-dire dans les mois de Novembre & Decembre, dans lefquels, eu égard à la petiteffe des Jardins dont eft queftion, nous avons affez d'autres Fruits pour nous contenter.

Je la prefere auffi aux deux plus importantes Poires
dEfté, qui font le fameux Rouffelet & l'illuftre Robine ;
mais ce n'eft que d'un degré feulement, pour la faire
marcher immediatement devant elles ; & celles-cy à leur
tour feront preferées à ces cinq autres qui ont tant de reputation ; fans doute que cette preference donnée même
fans balancer, les doit empêcher de murmurer de ce
qu'on ne les a point encore fait paroître ; pour moy je
fais un fi grand cas de l'une & de l'autre, que je n'eftime
pas qu'un jardin qui peut avoir fept ou huit Poiriers en

c

Buiſſon, doive être ſans un Rouſſelet, & ſans une Robine, & celles-cy placées, nous examinerons ce que les autres Poires ont de bon & de conſiderable, pour leur rendre auſſi-tôt la juſtice que je croy leur être dûë.

Plût à Dieu qu'en fait de bonnes Poires, Janvier, Février & Mars me pûſſent fournir autant de conteſtation à dé-mêler, qu'il s'en trouve pour les trois ou quatre mois pre-cedens; ceux-cy pauvres & ſteriles, comme ils ſont, ont grand beſoin de ſecours; je ne ſçay pas quand il leur en viendra; conſtamment ce ſeroit une grande fortune pour eux, s'ils poſſedoient quelques-unes de ces bonnes Poires, dont, pour ainſi dire, la foule nous accable à la fin d'Au-tomne & au commencemet d'Hyver; je n'y perds pas un moment de temps, comme je m'en ſuis expliqué cy-deſſus.

Je viens donc à placer les deux Poires dont eſt queſtion, m'attendant bien ſûrement que j'en ſeray approuvé; car il me ſemble qu'il ne faut pas tarder davantage à intro-duire icy quelques Poires d'Eſté, puiſque j'en ay déja placé ſix des autres ſaiſons: mais que dois-je faire pour regler la diſpute qui va naître entre ces deux Poires, à qui ſera la premiere; je ne veux point entreprendre de la vuider de mon chef, c'eſt un procés trop dangereux à juger en pre-ſence des Patrons de l'une & de l'autre; ainſi pour ne me point broüiller d'aucun côté, le parti que je prens eſt de donner l'alternative à ces Poires, ou plûtôt de les faire tirer au billet; ce n'eſt pas la premiere conteſta-tion de préſéance qui ait été jugée de la ſorte, & même au contentement des Parties.

Le ſort vient de tomber au Rouſſelet pour le Jardin de ſept Buiſſons,

Septiéme Buiſſon. Premier Rouſſelet.

Et partant il ſera toûjours le ſeptiéme en rang, & la Ro-bine le huitiéme.   *Aouſt, & Septembre.*

A l'égard de ce Rouſſelet, je ne fais nulle difference du gros au petit, comme font certains curieux; ce n'eſt aſſurément qu'une même choſe; & pour le prouver ſans retour, il n'y a qu'à voir comme quoy un même Arbre en fait d'ordinaire des unes & des autres; il est vray cependant, que celles qui n'ont qu'une mediocre grosseur sont communément meilleures que les plus belles. (Cela se trouve encore en d'autres Especes, mais non pas en toutes.) Les grosses Poires de Rousselet sont sans doute venuës dans un fond gras, soit en Buisson, soit en Espalier, & les autres dans un fond sec, ou en Arbre de tige.

Je commence à dire à l'égard de ce Rousselet, qu'il n'y a gueres de Poire au monde plus connuë & plus estimée que celle-là : je ne pense pas qu'il soit necessaire d'en faire la description, pour dire que c'est une Poire mediocre en grosseur, bien-faite dans sa figure, qui est plus longue que ronde, la queuë en est peu grosse & peu étenduë, le coloris gris, roussâtre d'un côté, & rouge obscur de l'autre, avec quelques endroits verdâtres qui jaunissent à propos, pour marquer le temps de la maturité : la chair en est & tendre & fine, & sans marc, & l'eau agreablement parfumée, mais d'un parfum qui ne se trouve qu'en elle : c'est d'ordinaire à la fin d'Aoust & dans les premiers jours de Septembre qu'elle meurit; & pour lors, à cause des bonnes qualitez dont elle est revêtuë, je croy que sans hesiter, tout le monde convient qu'on peut dire du Rousselet, comme des Bergamottes & des Leschasseries, qu'aucunes Poires ne peuvent être mises en rang des excellentes, qu'à proportion qu'elles approchent plus ou moins de la bonté du Rousselet, aussi-bien que de la bonté de ces deux autres; constamment le merite de ce Rousselet est si grand, qu'il ne surpasse en rien sa grande réputation : tous les siecles l'ont connuë pour être bonne en quelque maniere qu'on la puisse mettre ; & en effet qu'elle soit cruë, qu'elle soit cuite, qu'elle soit en Compote liquide; qu'elle soit en Confiture seche, elle se soûtient également bien par tout : qu'on la mette en toutes sortes de terres, elle y réüssira : la veut-on en Espalier, elle y donnera contentement : la veut-on en Buisson, elle y sera admirable, & encore meilleure en grand Arbre : on peut même dire à son honneur (ce qui parmi tous les Fruits ne convient, ce me semble, qu'à celuy-cy) que quoy qu'il s'en rencontre assez souvent

de

de meilleures les unes que les autres, jamais cependant il
ne s'en voit aucune qu'on puiſſe dire abſolument mauvaiſe, pourvû qu'elle ſoit dans ſa juſte maturité; celles qui ne
l'ont point, & encore plus celles qui en ont trop, ne plai-
ſent nullement.

Il eſt bon de ſçavoir que rien ne luy eſt plus contraire
pour être excellente, que l'Eſpalier, elle y perd aſſurément une partie de ſon parfum, mais auſſi elle y devient
belle, & groſſe, & abondante; & voila par où elle repare
ce défaut d'extrême bonté; ſi-bien que nous pouvons établir qu'il n'en faut gueres avoir contre les murailles, à
moins qu'on ne faſſe plus de cas de la groſſeur & de la
quantité, que du bon goût & de la delicateſſe, ou au moins
qu'on ne trouve à propos d'en avoir plûtôt qui ſoient paſſablement bonnes, que de n'en avoir point du tout; voila
ce que fait d'ordinaire l'Eſpalier en fait de Poires & de
Pêches, c'eſt aſſurément le parti que je conſeille de prendre à tous les gens qui ont une grande quantité de murailles à garnir, comme je m'en expliqueray cy-aprés,
n'étant pas icy le lieu d'en parler; je n'ay pû réſiſter à la
tentation qui m'eſt venuë de ne rien oublier du merite de
ce Rouſſelet; il y a une choſe ſinguliere pour luy, que
quoy que la plûpart des Fruits ne réüſſiſſent nullement aux
Eſpaliers du Nord, cependant celle-cy y conſerve raiſonnablement de bonté, en ſorte qu'il n'eſt pas mal à propos
d'en mettre quelques Arbres à ces expoſitions, qui ſont
d'ordinaire ou inutiles, ou miſerables.

Que nous ſerions heureux, ſi premierement le Rouſſelet
ſe pouvoit garder un peu plus long-temps qu'il ne fait,
(il a le malheur d'être fort ſujet à mollir, c'eſt ſon unique défaut, & on y eſt ſouvent trompé, quand on n'y
prend pas garde de fort prés;) ou ſi principalement il
pouvoit changer de place avec tant d'autres méchantes
Poires, dont les unes viennent inutilement dans les premiers mois de l'Eſté, & les autres viennent encore plus
inutilement dans le fort de l'Hyver; ſi-bien que ce Rouſſelet, au lieu de meurir comme il fait à la fin d'Aouſt
& au commencement de Septembre, c'eſt-à-dire dans l'a-
bondance des bonnes Pêches & des bonnes Prunes, il

eut le don de nous venir regaler ou quelque temps devant
la maturité des principaux Fruits à noyau, ou quelque
temps aprés qu'ils font paffez : (Je n'ay pû m'empêcher de
faire ce fouhait, quoy que fort inutile, & j'en demande
pardon.)

Je fçay bien que les Pêches, quand elles ont leur bonté naturelle, font, pour ainfi dire, la manne precieufe de
nos Jardins ; & en effet d'un aveu general elles valent
mieux qu'aucuns Fruits à pepin : fi-bien que peu de gens
font la cour à ceux-cy, pendant que les Pêches avec leur
groffeur, leur figure, leur beau coloris, l'abondance de
leur eau douce & relevée, & toutes leurs autres bonnes
qualitez, font en état de donner dans la vûë, & d'émou-
voir l'appetit.

On ne laiffe pas toutefois de faire cas & du Rouffelet
& de la Robine dans la faifon des Pêches, quelque grande
que foit l'abondance de celles-cy ; auffi comme d'ordinaire
les Pêches font plus fautives que les Poires, & que de
plus les Pêches venuës dans un fond humide font d'un tres-
petit merite, il eft neceffaire à ceux dont le terrein n'eft
pas trop bon, de fe précautionner au moins par le moyen
du Rouffelet, qui manque peu, & n'eft jamais à rejetter,
afin que dans la fin d'Aouft & au mois de Septembre,
qui font la faifon d'avidité & d'empreffement pour les
Fruits, on ait au moins d'affez bonnes Poires, fi on a
été affez malheureux pour avoir vû perir la plùpart des
Pêches, ou pour n'en avoir que de mediocrement bonnes.

La Poire eft veritablement petite, mais elle a cela de
commode, qu'on la peut cueïllir verdelette pour la laiffer meurir hors de l'Arbre, & qu'ainfi on la peut au
moins conferver quelques jours, en attendant la perfection de fa maturité : jufques-là même que fans aucune
diminution de fa bonté on peut hazarder à luy faire faire
de petits voyages, comme, par exemple, de la porter fur
foy, ou de l'envoyer de Province en Province, quand la diftance n'en eft pas grande.

Aprés tant d'éloges que je viens de donner au Rouffelet, ne femble-t'il pas qu'il pourroit avoir quelque fujet

de se plaindre, de ce que je ne luy donne qu'une septiéme place : j'ay certainement autant de consideration pour luy, qu'aucun curieux en puisse avoir ; mais enfin ce qui doit justifier ma conduite, est que quand on peut tant faire que d'avoir un Jardin capable de contenir cinq ou six Poiriers en Buisson, on peut, & on doit vray-semblablement avoir en Espalier quelque quantité proportionée de Figues, de Pêches, de Prunes, & de Raisins ; & qu'ainsi il pourroit y avoir de l'imprudence, si pour de fort petits lieux, tels que sont les Jardins que nous plantons icy, je conseillois d'avoir ensemble dans les mois d'Aoust & de Septembre, un assez grand nombre & de Fruits à noyau, & de Fruits à pepin ; ce qui ne se pourroit faire sans se mettre au hazard de n'avoir presque rien dans les saisons plus difficiles : aussi ay-je compté sur les Fruits d'Espalier pour en avoir sûrement dans l'Esté, & j'ay destiné la plûpart des six premiers Poiriers pour en avoir l'Automne & l'Hyver, deux saisons qu'on passe desagreablement, si le dessert ne réveille. Je croy même avoir grande raison de dire, que preferablement à tout il faut travailler pour elles.

Le Rousselet étably, la Robine vient prendre sa huitiéme place,

Huitiéme Buisson. *Premier Robine.*

*Aoust, &
Septembre.*

Elle est connuë en differens lieux tantôt sous le nom d'Averat, tantôt sous la nom de Muscat d'Aoust, &c. & même à la Cour sous le nom de Royale ; ce nom luy ayant été donné de nos jours par l'illustre Pere des Curieux, qui crut, & avec raison, que comme parmi nous le titre de Roy se trouve en la personne de celuy de tous les Hommes qui a le plus de merite, le nom de Royale parmi les Poires, devoit être pour celle qui paroît avoir le moins de défauts ; dans la verité on la peut regarder comme une Poire parfaite ; voicy son portrait, elle est à peu prés de la grosseur, & même de la figure d'une petite Bergamotte, c'est-à-dire entre ronde & plate, sa queuë est longuette, assez droite, & un peu enfoncée, l'œil aussi est un peu en dedans, sa chair est cassante sans

Qq ij

être dure ; son eau sucrée & parfumée charme tout le
monde, & particulierement le premier Prince de la terre,
& avec luy toute la Maison Royale : son coloris est blanc
jaunâtre, & la peau en est douce ; elle ne mollit presque
point, qui est une qualité importante, & presque unique
en fait de Poires d'Esté : son merite ne se termine pas seulement à être mangée cruë, elle est outre cela admirable
en pâtes & en compottes : elle fait un tres-beau & tres-
grand Buisson, & réüssit bien par tout : elle n'a aucun reproche à craindre, si ce n'est que son bois est sujet à devenir quelquefois chancreux, & que d'ordinaire elle est
difficile à se mettre à fruit : je donne ailleurs d'assez bons
remedes contre ces défauts ; il n'y a que le temps de sa
maturité qui fait peine pour soûtenir nôtre choix, car il
est, comme j'ay dit cy-devant, avec celuy du•Rousselet
& des premieres grosses Pêches : mais elle a cet avantage
de n'être nullement défaite de paroître avec elles ; tout
cela ensemble ne fait-il pas demeurer d'accord, que la Robine merite bien au moins une huitiéme place, sans craindre qu'aucune autre Poire luy puisse sur cela donner d'at-
teinte valable, à moins que ce ne soit la Poire de Colmar
pour le mois de Février.

La septiéme & la huitiéme place en Buisson étant si-bien
remplies, la neuviéme est demandée non seulement par
chacune des sept, dont il a été cy-dessus fait mention, la
Loüise-bonne, le Petit-oin, la S. Germain, la Marquise,
la Crasanne, la S. Augustin, la Colmar, mais aussi par la
Vertelongue : de plus, les Sucré-vert, Martin-sec, Lansac, Messire-Jean & Portail, oseroient presque ne s'en
croire pas indignes : examinons séparément les raisons des
principales aspirantes, de la maniere à peu prés que nous
avons fait pour celles qui sont placées,

Je commence par expliquer ce qui regarde ces Poires
nouvelles, la Crasane, la S. Germain, la Marquise, la S.
Augustin, la Colmar, & passe ensuite à ce Petit-oin, Loüise-
bonne, Vertelongue, & Lansac.

La Crasane trouve beaucoup d'honnétes gens qui la
nomment Bergamotte-Crasane, Bergamotte à cause de
sa chair, & Crasane à cause de sa figure, qui paroît comme

 écrasée : il me semble qu'il luy conviendroit mieux de porter le nom de Beurré plat, car elle est assez de la nature
& de la couleur du Beurré ; cependant elle en est differente par sa figure plate : elle est à peu prés de la forme des Messire-Jean : il en est de tres-grosses, de mediocres, & de fort petites : le fond de son coloris est verdâtre, jaunissant en maturité, & presque tout chargé de
rousseurs : la queuë en est longue, mediocrement grosse,
courbée, & est enfoncée comme celle des Pommes : la peau
en est rude, la chair extrêmement tendre & beurrée, quoy
qu'elle ne soit pas toûjours fort fine : l'eau en est autant abondante, que celle des fameux Beurrez, & malheureusement rencherit sur eux par une âcreté qu'elle a un
peu trop grande, & qui fait que parmi les Bergamottes,
les Epines, les Petit-oins, les Loüise-bonnes, les Ambrettes,
les Leschasseries, &c. où elle se trouve assez souvent dans les
mois d'Octobre & de Novembre, elle est accusée de ne
faire pas une trop agreable figure, & particulierement auprés des gens, qui aimans les Poires au naturel, n'y veulent gueres de sucre ; cependant comme il se rencontre
assez souvent de ces Poires qui n'ont pas ce grand défaut
d'âcreté, & ce sont celles qui ont été élevées dans un terrein un peu gras & humide, comme celuy de Versailles ;
on peut dire que ce n'est pas tout-à-fait sans raison qu'elle
pretend à la place dont est question, joint que de se conserver un mois entier en parfaite maturité, ne mollir ja-
jamais (chose tres-singuliere) & être tout au plus sujette à
la condition commune de tous les Fruits, c'est-à-dire à
la pourriture qui commence seulement icy par quelque petit endroit, pour faire voir qu'elle ne sçauroit aller plus
loin, ces trois considerations luy doivent attirer un grand
nombre de protecteurs.

A voir la Saint-Germain fort longue & assez grosse, les
unes vertes & un peu tiquetées, les autres assez rousses,
& toutes jaunissans beaucoup en maturité, la queuë courte, assez grosse & penchée, on la prendroit pour une tres-
belle Poire de Virgoulé ; à l'égard de celles qui restent petites, elles ressemblent assez au Saint-Lezin : cette espece
de Poires vient presque toûjours en même temps que la

Virgoulé, l'Epine, l'Ambrette, Leschafferie, quoy qu'elle
les devance quelquefois, & quelquefois auffi ne faffe que
les fuivre, ce qui d'ordinaire dépend de la maniere dont
l'Efté & l'Automne fe font comportez : & cela, comme
j'ay dit ailleurs, eft vray non feulement pour ces Poires-cy,
mais generalement pour toutes les fines Poires d'Automne
& d'Hyver ; de plus, la difference des pieds fur lefquels ces
efpeces font greffées franc ou Coignaffier, la difference
des expofitions, & la difference des Terroirs fecs ou humides font beaucoup à cet égard, &c.

Cette Poire de S. Germain, autrement nommée l'Inconnuë de la Fare, a la chair fort tendre, point de marc, grand
goût, & beaucoup d'eau, mais cette eau a fouvent quelque pointe de l'aigret de Citron, qui plaît à certains curieux, & déplaît à quelques autres ; j'en ay vû quelques-
unes qui en avoient fi peu que rien, & d'autres qui heureufement n'en avoient point du tout, & étoient par confequent meilleures à mon goût : fans doute que le Coignaffier
& les Terres fort féches augmentent ce défaut ; ainfi il
faut affecter d'en avoir fur franc, & dans un fond où la féchereffe ne domine pas tant ; je diray cependant à fon honneur, que ce goût aigret ne fe trouve que dans celles qui
pour être verreufes meurriffent en Novembre, il ne s'en
trouve gueres dans celles qui ne viennent à leur maturité
que dans la fin de Decembre.

La Marquife prend deux figures fort differentes, fuivant la difference des Terres & des Arbres où elle eft élevée ; fi le fond eft fec, elle reffemble affez par fa groffeur & fa figure à un tres-beau Blanquet, ou à un mediocre Bon-chrétien, & elle fait la même chofe en Arbre de
tige ; mais dans les terres graffes & humides, & en Buiffon, il en vient d'extraordinairement groffes ; la Poire eft
bien faite, elle a la tête plate, l'œil petit & enfoncé, le
ventre affez gros, & proprement alongé vers la queuë
qui eft longuette, paffablement groffe, courbée, & un
peu enfoncée, la peau en eft affez rude, le coloris eft d'un
fond verd avec quelque placards de rouffeur, comme on
en voit au Beuré ; que fi elle ne change point en meuriffant, elle eft tres-mauvaife, ayant en cela la même de-

ſtinée que les Loüiſe-bonne, les Epine, les Petit-oin, les Lanſac, ce malheur vient des fonds de terre humide, & de la figure des Buiſſons trop touffus dans ces ſortes de fonds; mais ſi ce verd devient jaunâtre dans la maturité, la chair en eſt tendre & fine, le goût agreable, l'eau aſſez abondante, & autant ſucrée qu'il eſt à ſouhaiter pour une merveilleuſe Poire; elle a veritablement un tant ſoit peu de pierre au cœur, ce qui ſûrement ne doit point empê-cher de la regarder avec eſtime pour les mois d'Octobre & de Novembre.

La Poire de Colmar m'eſt venuë ſous ce nom-là par un illuſtre curieux de Guyenne, & m'étoit venuë d'un au-tre endroit ſous le nom de Poire Manne, & ſous celuy de Bergamotte tardive; ce dernier nom pourroit bien luy convenir mieux que celuy de Colmar; elle a extrêmement de l'air d'un Bon-chrétien, & quelquefois d'une belle Ber-gamotte, la tête en eſt plate, l'œil aſſez grand & fort en-foncé, le ventre un tant ſoit peu plus gros que la tête, s'a-longeant mediocrement & fort groſſierement pour ve-nir à la queuë, qui eſt courte, aſſez groſſe & penchée; le coloris en eſt verd tiqueté, comme les Bergamottes, & quelquefois un peu teint du côté du Soleil; la Poire jau-nit un peu en ſa maturité, qui arrive en Decembre & Jan-vier, & va quelquefois juſqu'aux mois de Février & Mars; la peau en eſt douce & unie, la chair tendre, & l'eau fort douce & fort ſucrée: voila bien le portrait d'une excel-lente Poire, elle craint cependant pour le terrein & les ſaiſons les mêmes choſes que l'Epine, la Loüiſe-bonne, le Petit-oin, &c. étant un peu ſujette à avoir la chair ſa-blonneuſe & inſipide; elle craint de plus les moindres vents d'Automne, qui ſur tout en Arbres de tige la font aiſément tomber, & l'empêchent d'acquerir le degré de perfection qui luy convient: ſa juſte maturité n'eſt pas aiſée à trou-ver; car quoy qu'elle ſoit jaune, elle n'eſt pas toûjours aſſez meure, il faut enfin qu'aprés avoir aſſez long-temps paru avec cette couleur jaune, elle vienne à obéïr un peu au pouce qui la preſſe.

Le petit-oin que quelques Angevins nomment Bou-var, d'autres Rouſſette d'Anjou, d'autres Amadonte, &

d'autres enfin la Merveille d'Hyver, eſt une Poire de Novembre ; elle eſt à peu prés de la groſſeur & figure des Ambrettes ou des Leſchaſſeries ; ſon coloris eſt d'un verd clair,
qui eſt un peu tiqueté, & jaunit ſi peu que rien en maturité ; on la prendroit aſſez pour une mediocre Bergamotte,
hors qu'elle n'a rien de plat, & qu'au contraire elle eſt
fort ronde, l'œil grand & en dehors, la queuë menuë, mediocrement longue, un peu courbée, & point enfoncée,
la peau entre rude & douce, le corps un peu raboteux, &
pour ainſi dire, plein de boſſes, la chair extrêmement fine
& fondante, ſans pierre & ſans marc, l'eau tres-douce,
tres-ſucrée, & agreablement muſquée : tout cela confirme
que toute petite qu'elle eſt dans ſa taille, elle doit trouver
place parmi les bonnes Poires, & être miſe des premieres
dans les Jardins Fruitiers, quoy que, comme j'ay dit ailleurs, elle court les mêmes hazards que l'Epine & que
d'autres principales pour la chair pâteuſe & inſipide ; mais
enfin on peut dire que, pourvû que ſon naturel ne ſoit pas
gâté par ce qui s'appelle les ennemis jurez des bons Fruits,
qui ſont le trop d'humiditez & le trop peu de chaleur, on
ne peut pas pendant prés de deux mois voir une meilleure
petite Poire, quand elle eſt dans ſa parfaite maturité.

La Loüiſe-bonne eſt d'une figure aſſez approchante
de celle de la Saint-Germain, & même de la Vertelongue
d'Automne, hors qu'elle n'eſt pas tout-à-fait ſi pointuë ; on en voit de beaucoup plus groſſes & plus longues les unes que les autres ; les plus petites ſont les
meilleures, la queuë en eſt fort courte, un peu charnuë
& penchée, l'œil petit & à fleur, la peau fort douce
& fort unie, le coloris verdâtre, tiqueté, & devenant
blanchâtre en meuriſſant, ce qui n'arrive point aux groſſes : la premiere marque de ſa maturité eſt donc cette blan-
cheur, mais elle ne ſuffit pas, il faut encore qu'en luy
appuyant le pouce auprés de l'œil, on le ſente un peu enfoncer : au reſte ſon merite conſiſte en ce qu'elle eſt merveilleuſement feconde, qu'elle fournit prés de deux mois,
Novembre & Decembre, que ſa chair eſt extrêmement
tendre, pleine d'eau, & cette eau aſſez douce & un peu
relevée, qu'elle ne devient point molle comme la plûpart

des

des autres, & fur tout qu'elle plaît beaucoup à Sa Ma-
jefté ; mais cela s'entend, pourvû qu'elle ait toute la bonté qu'elle peut avoir ; car elle eft, ce femble, comme les
enfans qui font nez avec de bonnes inclinations, defquels
il eft vray de dire que s'ils font bien élevez, ils fe perfectionnent, & que s'ils le font mal, ils fe corrompent ; de
même les fonds humides rendent cette Poire fort groffe,
mais en même temps fort mauvaife, ayant un goût de verd
& de fauvage, & une maniere de chair particuliere qu'on
ne fçauroit définir, qu'en difant qu'elle eft à peu prés comme de l'huile figée ; auffi eft-t-il vray que cette chair ne
fait point de corps, fes parties ne tenans non plus l'une
avec l'autre, que des grains de miel, ou de fable moüillé ;
mais en revanche le plein air luy eft tres-favorable, & le
feroit bien davantage, fi elle tenoit à la queuë un peu plus
qu'elle n'y tient ; partant il eft facile de conclure, que ce
qu'on en voit de bonnes font venuës dans des terreins fecs,
ou qu'elles ont été foigneufement cultivées dans d'autres.

La Verte-longue, autrement Moüille-bouche d'Automne,
ne, eft de ces Poires anciennes que tout le monde connoît ; & on peut dire que des deux noms qu'elle porte, le
premier fait la veritable defcription de fes dehors, & que
l'autre marque fa bonté interieur ; elle a beaucoup d'amis
& beaucoup d'ennemis ; auffi ceux qui luy en veulent, luy
reprochent que fouvent elle vient mal à propos fe mêler
parmi les Pêches tardives & parmi les Beurrez, c'eft-à-
dire entre d'excellentes Poires, qui ont fuffifamment de
quoy effacer tout ce que la Verte-longue peut avoir de
recommandable, & même de quoy faire en forte qu'on
fe puiffe aifément paffer d'elle : ils luy reprochent encore
qu'elle mollit trop facilement, & que fi elle ne vient dans
une terre féche & douce, elle court ordinairement rifque
d'être pâteufe, ou tout au moins de n'avoir qu'une eau fade
& infipide.

J'avoüe bien que ce font là de puiffans reproches, s'ils
étoient tout-à-fait veritables & infeparablement attachez à cette Poire ; mais nous pouvons répondre premierement, que nous fuppofons icy le Terroir favorable pour

les avoir bonnes ; en fecond lieu , nous difons que le
temps de fa maturité eft communément vers la my-Octobre, & que pour lors les Beurrez font d'ordinaire finis ; fi-
bien que dans ce temps-là elle fait tres-fouvent un agreable intermede pour accompagner les dernieres Pêches, &
fur tout pour fe joindre avec les Mufcats, en attendant la
maturité des Bergamottes & des Petit-oïns,qui ne doit pas
être éloignée ; autrement on eft réduit à rien , fi ce n'eft
peut-être aux Meffires-Jean, aux Poires de Vigne, aux
Lanfacs, aux Rouffelines , &c. toutes Poires qui doivent fe
cacher, quand on peut avoir de la Verte-longue.

D'ailleurs fi on veut luy faire la juftice de confiderer
exactement la quantité, la douceur & le parfum de fon
eau, avec la delicateffe de fa chair fine, on ne pourra s'empêcher d'avoüer, que nous n'avons point de Poire qui luy
puiffe difputer fur ces bonnes qualitez : je dis même qu'elle
l'emporte fur la plûpart des autres Poires, eu égard à l'a-
bondance merveilleufe avec laquelle pour confondre, ce
femble, fes ennemis, elle fe prefente d'ordinaire tous les
ans fur le theatre du Jardinage.

Il eft tres-certain que pour peu qu'elle foit aidée de fucre, comme c'eft une Poire qui n'a nulle apparence de
marc, qui même n'a prefque pas davantage de peau que
les bonnes Pêches, nous trouverons tant de raifons pour
elle, & fi peu contre, qu'enfin malgré tous les reproches
qu'on luy fait, elle fe fera confiderer comme un Fruit important dans le temps de fa parfaite maturité.

La Dauphine ou Lanfac, & en quelques endroits Liche-
frion d'Automne, a veritablement de beaux jours, mais
elle en a auffi de fort vilains : fa groffeur ordinaire eft
comme celle des Bergamottes, & il n'y en a de bonnes
que les petites : fa figure eft entre ronde & plate par la
tête, & un peu allongée vers la queuë : fa couleur eft d'un
jaunâtre pâle : fon eau eft fucrée & un peu parfumée, elle
a fa peau lice, fa chair jaunâtre, tendre & fondante : fon
œil gros & à fleur , fa queuë droite & longuette, &
affez groffe & charnuë : j'en ay trouvé, qui à mon goût
étoient des Poires prefque parfaites ; mais, comme je viens
de dire, ce n'eft que quand elles font mediocrement grof-

fes, & que fur tout la plûpart de leur peau eft, pour ainfi
dire, couverte d'un manteau roux ou minime, ce qui arrive
fouvent à celles qui font venuës dans les terres féches, ou
en Arbres de tige; car d'un autre côté cette efpece de
Poire eft pâteufe, infipide, & en un mot elle eft des plus
imparfaites, ce qui ne fe verifie que trop en celles, qui
étant venuës dans des terres froides & humides, & fur
tout à des Buiffons touffus, ont acquis la groffeur d'un
beau Meffire-Jean, & ont le coloris d'un verd blanchâtre;
il s'enfuit donc que ce Lanfac eft comme la plûpart des
bonnes Poires dont nous avons parlé, c'eft-à-dire que veritablement elle ne réüffit pas par tout, mais que cependant elle a une entiere difpofition à bien faire, fi elle fe
trouve heureufement plantée; ainfi elle pourroit bien meriter une affez bonne place dans un petit Jardin, fi particulierement elle meuriffoit dans une autre faifon que dans
celle de l'entrée de Novembre, qui eft fi-bien garnie d'autres Poires du premier ordre; c'eft ce qui fera que nous
pourrrons remettre à la placer, jufqu'à que ce que nous en
foyons à faire de plus grands Jardins.

Mais à l'égard des fept precedentes, qui, pour ainfi dire,
font un admirable concert de bons Fruits pendant les mois
de Novembre, Decembre & Janvier, ayans pour les fe-
conder les Ambrettes, les Lefchafferies, les Efpines, & fur
tout les Virgoulés, qui font, ce femble, dans ce corps de
Mufique une maniere de Baffe continuë: à l'égard, dis-je,
de ces fept precedentes Poires, je ne puis difconvenir que
je n'aye beaucoup de peine à décider de l'ordre dans lequel
elles doivent avoir entrée dans nos Jardins, tant elles font
bonnes les unes & les autres; cependant fi j'avois de ces
bons fonds qui ne pêchent ni en féchereffe ni en humidité, le parti que je prendrois feroit de donner ma voix
au Petit-oin pour la neuviéme place, à la Crafane pour la
dixiéme, à la S. Germain pour la onziéme, à la Colmar
pour la douziéme, à la Loüife-bonne pour la treiziéme, à
la Verte-longue pour la quatorziéme, à la Marquife pour
la quinziéme;

A.
Novembre,
& Decembre.
B.
Novembre.
C.
Novembre,
Decembre,
& Ianvier.
D
Novembre,
Decembre,
Ianvier &
Février.
E
Novembre,
& Decembre
F
My-Octobre.
G
Octobre.

Neuviéme Buiſſon. Premier Petit-oin. A.
Dixiéme Buiſſon. Premier Craſane. B.
Onziéme Buiſſon. Premier Saint-Germain. C.
Douziéme Buiſſon. Premier Colmar. D.
Treiziéme Buiſſon. Premier Loüiſe-bonne. E.
Quatorziéme Buiſſon. Premier Verte-longue. F.
Quinziéme Buiſſon. Premier Marquiſe. G.

Ce qui eſt à remarquer icy pour tout le monde (car ordinairement on n'a pas de ces fonds ſi heureux) eſt que de ces ſept Poires il y en a deux qui craignent beaucoup le terrein fort ſec , & demandent celuy qui eſt raiſonnablement humide , & ce ſont les Craſane & les S. Germain : à l'égard des autres cinq , elles ſont d'un temperamment tout oppoſé : elles font merveille où ces autres deux échoüent ; & à leur tour elles font pitié , ou plûtôt font horreur dans les terres humides , à moins que l'induſtrie & la culture n'en ſçachent extrêmement corriger le défaut.

Voicy à cet égard ce que j'ay fait avec aſſez de ſuccés au Potager du Roy ; la ſituation du lieu naturellement marécageux , & la nature de la terre froide & groſſiere , m'ont inſpiré de faire beaucoup d'épreuves , comme j'ay dit ailleurs ; j'y ay voulu neceſſairement avoir de toutes ces Poires , qui dans la verité ont de quoy ſe faire ſouhaiter ; & pour cet effet m'attachant particulierement à contenter le goût du Maître que j'ay l'honneur de ſervir , j'ay tâché d'y avoir des terres de toutes ſortes de conſtitutions , c'eſt-à-dire de paſſablement ſéches & de paſſablement humides , pour donner à chacune de ces Poires le moyen de bien faire : j'ay donc mis une partie de mes terres en ados pour les égouter , & par conſequent les deſſécher ; enſuite j'ay planté ſur le haut de ces ados , tant en Buiſſons qu'en Arbres de tige , celles qui craignent le plus d'humidité , & ay mis dans les lieux que je n'ay par tant élevé , celles qui trouvent mieux leur compte dans une ſituation moins deſſéchée.

Le conſeil que je prens la liberté de donner à tous les curieux , eſt que ſi leurs petits Jardins péchent en humidité,

& qu'ils veüillent en corriger le défaut , ils imitent autant
qu'ils pourront ce que j'ay fait dans un tres-grand , toute
proportion gardée ; & d'ailleurs ceux qui n'auront qu'un
terrein fort fec, s'ils m'en veulent croire , ils ne planteront
que mediocrement de Crafane & de S. Germain , à moins
que ce ne foit fur franc, ayant à craindre un peu d'âcreté
dans la premiere , & une peu d'aigreur dans la feconde ;
(tout cela cependant fe détruifant avec un peu de fucre ,
ou difparoiffant dans la parfaite maturité,) & s'attacheront
aux cinq autres , qui les recompenferont amplement de
leurs foins & de leurs peines ; d'un autre côté , ceux qui
ont un fond mediocrement humide , donneront de bonnes
places en Buiffon à ces Crafane & S. Germain , foit fur
Coignaffier , foit fur franc ; mais en même temps ils rejet-
teront les Loüife-bonne, Petit-oin & Marquife , à moins
que d'en avoir en Arbres de tige, ou de prendre grand
foin que rien ne les couvre de l'ardeur du Soleil.

Les Poires Caffantes qui étoient autrefois en fi grande
vogue dans tous les Jardins, font bien éloignées de fe voir
aujourd'huy en faveur : on ne fait plus gueres de cas, ni
des Meffire-Jean , ni des Martin-fec, ni des Portail , ni des
Befidery ; & fi elles paroiffent dans les bonnes Tables , ce
n'eft pas pour n'en plus revenir, & pour y donner quelque
plaifir au goût, ce n'eft tout au plus que pour aider à une
conftruction folide & durable de Pyramides : ces fortes de
Poires ne font pas toutefois fans avoir quelques Patrons ,
& ainfi comme elles fe fentent valoir autant qu'elles va-
loient autrefois, elles demandent d'être reçûës à étaler
leur bon droit, pour effaïer de fe remettre un peu en credit,
& être au moins admifes à fuivre de prés ces quinze Poires,
qui ont eu tout l'honneur des premiers Jardins.

Le merite du Martin-fec , qu'on appelle quelquefois
Martin-fec de Champagne, pour le diftinguer d'un autre
qu'on appelle Martin-fec de Bourgogne, confifte non pas
en ce qu'il eft de la groffeur & de la figure du Rouffelet,en
forte qu'en bien des endroits on l'appelle Rouffelet-d'Hyver, quoy que cependant il y ait une autre Poire , qui
n'ayant que ce nom-là,trouve fort mauvais que le Martin-
fec le luy veüille envier ; le merite de ce Martin-fec ne con-

fifte pas non plus en ce que fon teint d'un roux d'ifabelle d'un côté, & fort coloré de l'autre, plaît extrêmement aux yeux; ce ne feroit pas affez pour l'emporter dans une conteftation de bonté en fait de Fruits; mais il confifte premierement en ce qu'il a une chair caffante & affez fine, avec une eau fucrée & un peu parfumée; en fecond lieu, en ce qu'il a même cet avantage, qu'il eft bon de le manger avec fa peau, tout de même que le veritable Rouffelet, & le manger même prefque auffi-tôt qu'il eft cueïlli; en troifiéme lieu, en ce qu'il eft d'un grand rapport, & même quelquefois d'affez grande garde, fi-bien qu'il eft de quelqu'ufage pendant le mois de Novembre, joint qu'il fait un beau Buiffon, & vient bien en toute forte de fonds & de figures d'Arbres : je ne puis m'empêcher d'avoir quelque eftime pour cette Poire; il y paroîtra quand nous ferons venus à faire les plans des grands Jardins, & même pour achever celuy de cent Arbres; mais pour les petits, il n'y oferoit paroître avec tant d'excellentes Poires tendres, qui viennent auffi-bien que luy dans le mois de Novembre.

A l'égard du Meffire-Jean, foit blanc, foit gris (car tout cela eft la même chofe,) qui eft-ce qui ne le connoît pas? il n'a pas veritablement le don de plaire à tout le monde, & il a cela de commun avec beauoup d'autres Fruits : ceux qui ne l'aiment pas, mettent en jeu la pierre à laquelle il eft fort fujet, & luy reprochent par ce même moyen la chair rude & groffiere, & en cela ils n'ont que trop de raifon; ils pouffent, ce me femble, trop loin le mépris qu'ils ont pour luy, en difant que ce n'eft qu'une Poire de Curé, de Bourgeois, & de Valets, ou tout au plus une Poire de Communauté; mais quelque chofe qu'ils veüillent dire, il faut pourtant qu'ils avoüent pour fa juftification, qu'autant qu'il apprehende les Terroirs trop fecs, & les Eftez trop brûlans, ce qui le rend petit & méprifable, autant demande-t-il un fond mediocrement humide, foit naturellement, foit par artifice, c'eft-à-dire humide à force d'arrofemens; & pour lors avec un Efté affez tendre, il réüffit indubitablement à devenir une Poire belle, groffe, & de grand rapport, s'accommodant prefque auffi-bien du

franc, que du Coignaſſier, & auſſi-bien de l'Arbre de
tige, que du Buiſſon : ſa figure eſt plate, & ſa peau un
peu rude à celles qui ſont griſes ; mais à celles qui ſont
blanches elle eſt un peu plus douce, & dans ſa chair
caſſante donne une eau fort ſucrée, & mediocrement de
marc : on peut même le loüer, de ce qu'il prend ſi-bien
ſon temps pour parvenir en maturité ; car afin d'éviter
la confuſion qu'il pourroit avoir de ſe trouver en compagnies des Poires tendres & beurrées, auſquelles il ne
veut pas ſe comparer, il attend juſtement que les Rouſſelet, les Beurré & les Verte-longue ſoient finis, & vient un
peu devant la my-Octobre, comme ſi ce n'étoit que pour
amuſer les curieux, tandis que les Marquiſe, Loüiſe-bonne & Petit-oin avancent vers leur maturité ; & que ſur
tout la Bergamote ſe prepare à ſe faire voir avec tout
l'éclat & l'agrément de la Reine des Poires : ſi ce Meſſire-
Jean avoit quelques meilleures raiſons, il ne manqueroit
pas de les faire valoir : il veut même qu'on compte pour
quelque choſe de ce qu'il a diſpoſition à faire un beau Buiſſon, & qu'enfin il fait une aſſez belle figure dans les deſ-
ſerts de vacances.

Il ne ſeroit pas juſte d'avoir parlé du Meſſire-Jean,
& ne pas parler encore du Portail, qui eſt une Poire ſi fa-
meuſe dans une des plus grandes Provinces du Royaume,
c'eſt-à-dire dans la Province de Poitou, Province remplie
d'honnêtes gens fort delicats, & fort curieux en Jardinage,
ce ſeroit leur reprocher publiquement, qu'ils ſe trompent beaucoup dans l'eſtime qu'ils font de leur Portail,
ou ce ſeroit me mettre au hazard d'être accuſé par eux de
ne la pas connoître aſſez-bien, ſi je luy en preferois beaucoup d'autres ; cependant pour en parler avec toute la
ſincerité poſſible, je ne ſçache aucune Poire qui ait un
plus grand nombre d'ennemis que celle-là : ce qui eſt
fondé ſur tous les défauts qui la décreditent en beaucoup
d'endroits, par exemple ceux-cy, d'être aſſez dure, pierreuſe, & pleine de marc, de ne réüſſir gueres qu'en
Poitou, & ſur tout dans la Ville de Poitiers, de ne commencer preſque jamais à être bonne à manger, que quand
elle commence à avoir quelque petite tache de pourriture,

ce qui ne fe peut dire d'aucun autre Fruit ; & qu'enfin elle
eft à peu prés de la nature des Melons, c'eft-à-dire que
pour une qui fe trouve excellente, il y en a beaucoup qui
font fort éloignées de l'être, outre que d'ordinaire les Buiffons en font d'une mediocre beauté.

Ce qu'on peut répondre pour elle, eft qu'on ne fçauroit
luy difputer, que nonobftant tous ces reproches elle
n'ait quelques bonnes qualitez, qui font capables de la faire confiderer quand elle a la bonté qui luy convient, & qui
d'ordinaire ne fe trouve qu'aux Arbres fur franc ; fon eau
fucrée, fon parfum agreable, fa groffeur, fa couleur & fa
figure, qui la rendent à peu prés femblable à un Meffire-
Jean brun & bien plat, fa maturité dans les mois de Janvier
& Février &c. Ces raifons pourroient, ce femble, adoucir
les efprits pour le Portail, & devroient faire trouver bon
que je luy donnaffe une bonne place ; joint que, quoy qu'ordinairement il foit meilleur en Poitou que par tout ailleurs, il eft cependant vray qu'affez fouvent en ces Païs-
cy nous en avons qui ne leur cedent pas de beaucoup,
mais dans la verité cela eft fort rare ; ainfi je croy qu'il eft
à propos de laiffer Meffieurs les Poitevins en pleine liberté
de planter tant qu'ils voudront de leur Poire bien-aimée,
& de confeiller par tout ailleurs de luy en preferer encore
beaucoup d'autres.

J'en ay déja placé une quinzaine ; je parleray cy-aprés
des autres que j'eftime encore mieux que le Portail, pour
achever les vingt-cinq ou trente premieres places des Jardins de mediocre étenduë.

On eft fans doute furpris, de ce qu'ayant cy-deffus nommé en paffant la S. Auguftin parmy les principales Poires,
je n'en ay plus fait de mention pour la bien placer ; la verité eft que ce n'eft point par oubli, mais feulement à caufe
du temps de fa maturité, qui arrivant avec celle de plufieurs autres dans la fin de Decembre, fait que je le luy im-
pute comme une maniere de défaut : j'en avois vû autrefois quelques-unes fous ce nom-là, & fous celuy de Poire
de Pife, & n'en avois fait aucun cas à caufe de de leur peu
de groffeur, & particulierement à caufe leur chair dure
& féche, quoy qu'un peu parfumée ; mais depuis j'en

ay

ay eu de fort belles, que je croy differentes de celles-là, &
les ay trouvées tres-bonnes; elles font à peu prés de la
groſſeur & figure d'une belle Virgoulé, c'eſt-à-dire qu'elles ſont paſſablement longues, & même aſſez groſſes, ayans
le ventre rond, & la partie d'enbas pareillement, mais
avec quelque diminution de groſſeur, tant de ce côté-là
que du côté de la queuë; je dois dire que cette queuë eſt
plutôt longue que courte, & qu'elle paroît droite en quelques-unes, & penchée en d'autres, & cependant point enfoncée dans la partie d'ou elle ſort; l'œil eſt mediocrement
grand, & paſſablement enfoncé, le coloris eſt d'un beau
jaune de citron, un peu tiqueté, rougiſſant ſi peu que rien
à l'endroit ou le Soleil donne; la chair en eſt tendre ſans
être beurrée, & fournit plus d'eau dans la bouche, qu'elle
n'en promettoit au coûteau; quelques-unes ont un petit
gout aigret, qui bien loin de déplaire, leur ſert en quelque
façon de relief; quelques autres n'en ont preſque point: je
croy que cette deſcription peut faire connoître cette Poire; je l'eſtime aſſurément, mais je l'eſtimerois beaucoup
plus, ſi, comme on me l'avoit fait eſperer, elle pouvoit ſe
garder juſqu'aux mois de Février & Mars: cependant elle
peut fort bien meriter la ſeiziéme place que je luy donne.

Seiziéme Buiſſon. Premier Saint-Auguſtin.
Dix-ſeptiéme Buiſſon. Premier Meſſire-Jean. A.
Dix-huitiéme Buiſſon. Deuziéme Beurré. B.

Fin de De-
cembre.
A.
My Octob.
B.
Septembre, &
Octobre.

Cela fait, je croy ne pouvoir mieux faire que de donner
la dix-ſeptiéme place à un premier Meſſire-Jean, il eſt aſſez
bon quand il eſt gros & bien meur; & la dix-huitiéme à un
ſecond Beurré; car dans un Jardin de dix-huit Buiſſons, il
me ſemble que ce feroit en avoir trop peu, que de n'en avoir
qu'un Arbre en Buiſſon.

Voicy tout d'un coup une foule de Poires des trois ſaiſons qui ont chacunes leurs Partiſans, pour demander en
leur faveur la dix-neuviéme place dans un Jardin de dix-
neuf Arbres: le Petit-Muſcat qui eſt une des premieres
bonnes Poires d'Eſté, & qui vient au commencement de
Juillet, la Cuiſſe-Madame, le gros Blanquet, & le petit,

le Blanquet à longue queuë, & la Poire fans peau, le Mufcat-Robert, la Gourmandine, le Bourdon, l'Amiret, le
Rouffelet hâtif, le Finor, la Poire de Cipre, &c. qui toutes fuivent de fort prés le petit Mufcat, l'Orange verte
pour la fin de Juillet, l'Orange mufquée, l'Epine d'Efté,
la Bergamotte d'Efté, & la Poire d'Epargne pour la my-
Aouft, l'Oignonnet, la Fondante de Breft, le Parfum, la
Brutte-bonne, les deux fortes de Bon-chrétien d'Efté, & la
Caffolette pour la fin de ce même mois, le Salviati, la Poire
d'Angleterre, le Reville, la Poire-Chat du Païs de Foreft,
le Mufcat-Fleuri en Septembre, l'Orange-Brune, la Rouf-
feline, la Fille-Dieu, le Sucré-vert, le Befi de la mote au
mois d'Octobre, l'Amadote appuyée de la protection des
Bourguignons, & le Parfum d'Automne, fe veulent faire
valoir pour les mois d'Octobre & de Novembre, auffi-bien
que le Milan-rond, autrement Milan d'Hyver, l'Archiduc, le Bon-chrétien Beurré, l'Ebergenit, & le Meffire-
Jean d'Hyver, la Paftourelle pour Novembre & Decembre, le Ronville, le gros Mufc, le Chaumontel, & le
Roufelet d'Hyver pour Janvier & Février, le Saint-
Lezin, & le Bugi pour les mois de Mars & d'Avril; le
Citron d'Hyver, autrement Lucine, n'eft pas fans avoir
donné de l'affection pour luy à quelques curieux qui aiment le parfum aux Fruits : la Poire de Vigne en Octobre fe vante d'être fi bonne en certains endroits, qu'on
ne fçauroit, croit-elle, fans la plus grande injuftice du
monde, luy refufer au moins l'entrée parmi les dix neuf; le
Bon-chrétien d'Efpagne en Novembre & Decembre n'a-t-il
pas, pour ainfi dire, des adorateurs de fa beauté, & même
quelques-uns de fa bonté : peu s'en faut que le Befidery même, la Carmelite, la Bernadiere, la Gilogile, la Poire Cadet,
la Deux-têtes, & la Double-fleur, n'ayent prefenté leurs
Placets pour preceder toutes celles dont je viens de parler;
l'Amiral, la Poire-Rofe, la Poire de Malte, la Poire-
Magdelaine, le Chat-brûlé, le Sucrin-noir, la Vilaine-
d'Anjou, le Caillot-rofat, la Groffe-queuë, le Befi-de-
Caifloy, & quelques autres de cette forte ont bien veritablement quelque bonté, & même quelque réputation en
de certains endroits; mais je ne croy pas qu'elles ayent

aſſez de vanité, pour demander ſi-tôt à faire parler d'elles ; elles ſe contenteront ſans doute de paroître dans la
foule des Fruits, & verront ſans jalouſie beaucoup d'autres
Poires faire par tout une grande figure, durant qu'à petit
bruit une partie d'entr'elles auront leur place à l'écart dans
les grands Jardins, & y ſerviront au moins à faire une diverſité tolerable.

Les pretentions de cette derniere troupe de Poire m'ont
veritablement un peu détourné du choix que j'ay deſſein
de faire pour noſtre dix-neuviéme place ; mais elles ne
m'ont pas pour cela fait prendre le change : je m'en vais
faire l'honneur à celles de toutes pour qui je croy icy me
devoir declarer.

Ce n'eſt pas encore au petit Muſcat, quoy qu'en effet
je l'eſtime infiniment, & qu'il ſoit veritablement fort
agreable, & ſur tout quand il eſt un peu gros, & qu'on
luy donne le temps de jaunir, c'eſt-à-dire de bien meurir :
il vient ſeul, & preſque le premier ; c'eſt luy qui, pour ainſi
dire, fait l'ouverture du theatre des bons Fruits : toutes
ces conſiderations ſont aſſez fortes pour me gagner ; mais
enfin la Poire eſt trop petite pour occuper ſi-tôt une grande & precieuſe place, & ſur tout en Buiſſon, où non plus
que la Bergamotte, elle n'eſt gueres heureuſe à réüſſir : il
luy faut ſans doute l'Eſpalier ; auſſi prendray-je grand ſoin
de la bien placer, quand j'en ſeray à garnir des murailles.

La Poire de gros Blanquet, qui eſt le veritable Blanquet
muſqué, & la Cuiſſe-Madame, auroient raiſon d'être of-
fenſées, ſi le petit Muſcat precedoit, tout au moins en
Buiſſon, car pour l'Eſpalier, l'une & l'autre luy cedent ſans
contredit ; ainſi je ne differeray pas plus long-temps à les
produire : je croy donc qu'il eſt à propos de donner la dix-
neuviéme place à la Cuiſſe-Madame, & la vingtiéme à ce
gros Blanquet, plûtôt qu'à aucun autre.

Dix-neuviéme Buiſſon. Premier Cuiſſe-Madame. A.
Vingtiéme Buiſſon. Premier gros Blanquet B.

A.
Entrée de Iuillet.

B.
Entrée de Iuillet.

La Cuiſſe-Madame eſt une eſpece de Rouſſelet ; la fi-

gure & le coloris y conviennent affez bien : elle a la chair
entre tendre & caffante, accompagnée d'une eau affez
abondante, un peu mufquée, & fûrement fort agreable
quand elle eft bien meure ; joignez à cela une grande raifon favorable pour cette Poire, auffi-bien que pour le gros
Blanquet, qui eft qu'elles nous viennent réjoüir l'une &
l'autre en attendant la venuë des Pêches, & que ce font
les premieres Poires raifonnablement groffes & bonnes, que
nous ayons à l'entrée de Juillet : elles font de fort beaux
Buiffons, & le feul défaut que j'y trouve, c'eft que les Arbres font tres-difficiles à fe mettre à Fruit ; mais auffi font-
ils merveille du moment qu'ils ont commencé.

La Poire de gros Blanquet eft fort differente de celle
qu'on appelle fimplement Blanquet ou petit Blanquet, auffi
elle eft plus hâtive de quinze jours, elle eft plus groffe,
moins bien faite en Poire, que le petit Blanquet : elle colore
un peu même en Buiffon, & a la queuë fort courte, fort
groffe, & un peu enfoncée : fon bois qui eft menu & fa
feüille, aprochent affez du bois & de la feüille de la Cuiffe-
Madame, au lieu que le bois du petit Blanquet eft d'ordinaire fort gros & affez court : le gros Blanquet eft auffi
fort different de la Blanquette à longue queuë, qui eft une
Poire bien-faite, dont l'œil eft affez grand & en dehors,
le ventre rond, affez allongé vers la queuë qui eft un
peu charnuë, affez longue, & un peu courbée, la peau
fort lice, blanche, & quelquefois un tant foit peu colorée
à l'afpect du Soleil, la chair en eft entre caffante & tendre,
fort fine, ayant tres-bien de l'eau, & cette eau fort fucrée & fort agreable : elle a les défauts de la plupart
des Poires d'Efté, qui font d'avoir un peu de marc, &
de devenir pâteufes quand on les laiffe trop meurir ; cette
Poire, non plus que le gros Blanquet, ne font pas encore trop communes, mais elles meritent bien de le devenir : elles réüffiffent fort bien, foit en Buiffon, foit en
Arbre de tige : je ne feray pas long-temps à placer ce Blanquet à longue queuë : la couleur blanche qui fe trouve à la
peau de ces trois Poires, leur a fait donner le nom de Blanquet, qu'elles portent.

La Caffolette qui vient de voir paffer devant elle la

Cuiſſe-Madame & le gros Blanquet, murmure tout de bon de ce qu'elle ne leur eſt pas preferée ; c'eſt une Poire longuette & griſâtre, qui ne cede preſque rien à la Robine, ni par ſa chair, ni par ſon eau, ni par tout ſon merite, ſi ce n'eſt qu'elle eſt ſujette à mollir, ce qui n'arrive point à la Robine; ainſi elle pourroit bien diſputer les deux dernieres places. ſi à l'égard du temps de la maturité elle étoit auſſi heureuſe que les Cuiſſe-Madame & les Blanquet muſqué ; mais elle ne vient qu'aux environs de la my-Aouſt, c'eſt-à-dire avec la Robine, & à peu prés dans le commencement des principales Pêches, & dans le fort des Figues & des meilleures Prunes qu'on a par le moyen des murs de clôture ; c'eſt venir en trop bonne compagnie, pour participer ſi-tôt aux premiers honneurs des petits Jardins ; ainſi je la remets encore pour quelque temps.

On voit bien que dans cette diſtribution de places, je fais, pour ainſi dire, le perſonnage d'un Maître des ceremonies, qui pour le bien commun viſe particulierement à faire en ſorte, que ſi dans chaque ſaiſon de l'année on ne peut pas avoir abondance de bons Fruits, on en ait au moins une mediocre & raiſonnable quantité, & cela à proportion de l'étenduë & de la qualité du Jardin qu'on a, & particulierement à proportion du ſecours que doivent donner les Eſpaliers, ſur leſquels je compte : il eſt tres-certain, que ſans de tels égards j'aurois déja placé & la Caſſolette, & le Bon-chrétien d'Eſté muſqué, &c.

Ce que je fais donc preſentement eſt de chercher à compaſſer ſi-bien tous les bons Fruits, que chacun à ſon rang ait moyen de ſatisfaire à l'obligation qui ſemble avoir été impoſée à tous, non ſeulement de donner du plaiſir à l'homme, mais ſur tout de contribuer à la conſervation de ſa ſanté.

Nous avons, ce me ſemble, aſſez d'apparence de nous perſuader de cette obligation ; car en effet ne paroît-elle pas viſiblement, en ce que la nature nous fournit plus ou moins de Fruits, ſelon que nous ſommes plus ou moins attaquez des chaleurs étrangeres qui ſeroient capables de nous nuire ; c'eſt un remede ſouverain, & un rafraîchiſ-

fement preparé , que contre de tels ennemis elle nous
donne à point nommé tous les ans ; c'eſt pour cela qu'au
mois d'Aouſt, c'eſt-à-dire au temps des chaleurs redoutables de la Canicule , nous avons tant de Melons, de Figues,
de Pêches , de Prunes , & même de Poires.

Nous voyons pareillement qu'à l'arrivée des rigoureux
froids, qui ſont d'ordinaire depuis la my-Novembre juſqu'en Février & Mars, chacun de nous ſe trouvant plus
ſenſible à la premiere attaque des gelées, eſt contraint de
s'aprocher davantage du feu pour s'en défendre.

Cette chaleur étrangere ainſi priſe ſubitement , pourroit
ſans doute augmenter ſi fort celle que nous avons de la
nature, qu'enfin il nous en arriveroit de grandes infir-
mitez ; mais cette bonne mere par ſa ſageſſe ordinaire ſemble y avoir pourvû , en nous donnant préciſément pour ces
temps-là une admirable quantité de Fruits tendres, c'eſt-
à-dire les Poires de Bergamotte, de Petit-oin, de Craſane, de Loüiſe-bonne, de Leſchaſſerie, d'Ambrette, de
Virgoulé, d'Epine, de S. Germain, de Colmar, de S. Auguſtin , & y mêlant même de ces Poires Caſſantes & Muſquées, qui ne ſont pas mauvaiſes, & deſquelles j'ay parlé
cy-deſſus, des Amadotes , des gros Muſc , des Martin-ſec ,
des Portail , ſans toutes les Pommes de Calville , Reinette,
Fenoüillet, Cour-pendu , &c. & nous voyons que le nombre de ces divins antidotes diminuë à meſure que nous ceſ-
ſons d'en avoir ſi grande neceſſité ; c'eſt du gros froid que
j'entens parler, qui, ſi je l'oſe dire, me paroît l'ennemy
commun du genre humain, & qui particulierement dans le
temps que je travaille le plus pour la matiere que je traite,
me tourmente & m'afflige.

Ce n'eſt pas veritablement mon fait , ni auſſi le lieu de
déclamer icy contre ce froid ; mais s'il nous en revenoit
quelque avantage, ſans doute que comme il m'incommode
également par tout où je le trouve, ſoit en mon corps,
ſoit en mon peu d'eſprit, ſoit encore particulierement dans
nos Jardins, & ſur tout pour les nouveautez ; il n'y auroit
rien que je ne fuſſe capable de dire & de faire, pour en bannir une bonne partie de nos climats : en effet à parler hu-
mainement, je n'ay aucune conſideration pour le froid,

ſi ce n'eſt pour quelques glaçons & quelques neiges, qui
ſont les reſtes que nous avons de luy en ſon abſence, & que
nous prenons grand ſoin de renfermer dans les cachots de
nos glacieres ; il ſemble que ce ſoit une maniere de crimi-
nels, qui ont beſoin de la correction d'une longue priſon
pour être réduits à bien faire ; & en effet il vient un temps
que ces reſtes de perſecuteurs des hommes & des Jardins
ſe font bien valoir ; car enfin pendant les chaleurs importunes de l'Eſté, ils font les plus grands delices de la boiſſon
des honnêtes gens : Plût à Dieu que ſans éprouver la rigueur des Hyvers, on pût faire venir de la glace du Nord,
de la même maniere qu'on fait venir des Païs chauds les
Olives, les Oranges, & tant d'autres bonnes choſes.

Je marche toûjours ſur le plan que je me ſuis propoſé, qui
eſt de faire en ſorte autant qu'il ſe peut, que dans chaque
Jardin nous ayons au moins quelque bon Fruit pour chaque
ſaiſon ; & que du moment qu'on aura commencé d'en avoir,
il n'y ait plus de diſcontinuation ni d'intervale juſqu'aux
Fruits de l'année d'aprés. Nous avons à la my-Juillet la
Cuiſſe-Madame ; on y pourroit joindre pour vingt-uniéme
place le Bourdon-Muſqué, ou plûtôt le Muſcat-Robert,
qui fait un plus agreable Buiſſon ;

Vingt-uniéme Buiſſon. Premier Muſcat-Robert, autrement, Poire **My-Iuillet.**
à la Reine, Poire d'Ambre, Pucelle de Xaintonge, &c.

Car du reſte leur merite eſt à peu prés égal pour la
groſſeur, la chair tendre, & l'eau aſſez muſquée ; elles
meuriſſent vers la my-Juillet, mais le Muſcat-Robert commence : nous attendrons encore quelques temps à placer le
Bourdon & le Petit Blanquet, qui leur ſuccedent d'aſſez
prés, & ſouvent les acompagnent ; ce Muſcat Robert fournit preſque juſqu'au temps du Bon-chrétien muſqué, qui
vient à la fin du mois ; mais c'eſt une Poire tres-bien faite,
ayant la chair aſſez tendre & fort ſucrée ; elle eſt à peu prés
de la groſſeur du Rouſſelet, n'ayant gueres d'autres défauts
que celuy de la plûpart des Poires d'Eſté, qui eſt d'avoir un
peu de marc, & ne durer gueres ; mais en revanche elle rapporte beaucoup.

La ving-deuxiéme place ne feroit pas trop mal remplie par la Poire de Vigne ou de Demoifelle, que mal à propos on nomme en quelques endroits Petit-oin ; elle eft grife rouffâtre, ronde, & mediocrement groffe, elle a la queuë extrêmement longue, & meurit vers la my-Octobre, qui eft le temps des vacances, c'eft-à-dire le temps que la campagne eft la plus frequentée, & qu'on a le plus de befoin de Fruits pour regaler les Compagnies ; fa chair veritablement n'eft pas dure, mais à proprement parler, elle n'eft ni de la claffe des Beurrées, ni de celle des tendres, encore moins des caffantes ; elle fait plûtôt une claffe particuliere, qui eft une maniere de chair graffe & gluante, & fouvent pàteufe; & par deffus cela, fon merite eft infiniment obfcurci par la rencontre des Beurré, des Vertelongue, des Bergamottes, des Sucré-vert, des Petit-oin, des Lanfac, des Marquife, des Crafane, &c. voila pourquoy je ne la placeray pas fi-tôt, & attendray à la mettre parmi les Arbres de tige : donnons cependant la vingt-deuxiéme place à un fecond Vertelongue ; qui vaut fans doute beaucoup mieux que la Poire de Vigne.

Vingt-deuxiéme Buiffon. Deuxiéme Vertelongue.

La Poire fans peau pourroit bien difputer cette vingt-deuxiéme place à la Vertelongue ; mais pourtant à caufe qu'elle eft une fi bonne Poire au temps des vacances, je la luy veux laiffer, & la faire fuivre par fa concurrente ;

My. Iuillet.   ### *Vingt-troifiéme Buiffon. Premier fans peau.*

Qu'on nomme autremnet Fleur de Guigne, & même Rouffelet hâtif, par quelque reffemblance qu'elle a avec le veritable Rouffelet dans fa figure longuette & fon coloris rouffâtre ; c'eft une fort jolie Poire, & fur tout vers le vingtiéme Juillet, pour tenir compagnie à la Poire de Blanquet à longue queuë, elle a l'eau douce fans aucun mêlange de rofat ou d'aigret, & a la chair tendre fans aucun marc : tout cela doit faire approuver le rang que je luy donne, & que j'aurois donné au Bon-chrétien d'Efté mufqué, s'il venoit dans la même faifon que luy, c'eft-à-dire devant les Pêches.

Pour

Pour finir les deux douzaines de Buiſſons, je donne la vingtquatriéme place à un deuxiéme Bon-chrétien d'Hyver.

Vingt-quatriéme Buiſſon. Deuxiéme Bon-chrétien d'Hyver.

Poire des mois de Février, & Mars.

Je n'aurois jamais fait, & contre mon intention je fatiguerois tout le monde, ſi à démêler les conteſtations des autres Poires qui ont cours dans les Iardins fruitiers, je voulois m'arrêter auſſi long-temps que j'ay fait à l'occaſion des vingt-quatre precedentes; le reſte n'eſt pas d'un merite ſi grand, que j'en veüille faire le panégirique en forme, ni expliquer ſingulierement les raiſons qu'elles peuvent avoir de diſputer avec leurs compagnes.

Je n'eſtime pas, comme je croy l'avoir dit ailleurs, qu'il ſoit neceſſaire qu'un Iardin, pour être bien entendu, contienne au moins quelque Arbre de chacune des eſpeces qui ſont raiſonnablement bonnes; mais ce que j'eſtime eſt que de celles qui ſont ſûrement excellentes, il en ait davantage d'Arbres, je ſçay bien que nous avons plus de ſortes d'aſſez bonnes Poires, que ce que j'en ay placé; auſſi à meſure que les Iardins ſeront plus ſpatieux, je ne manqueray pas d'y mettre quelques autres eſpeces.

Tout au moins puis-je dire que juſques-là, ſans avoir dans de ſi petits Iardins une ſeule méchante eſpece de Poire, nous pouvons nous vanter d'y en trouver vingt-une ſorte des meilleures qu'on connoiſſe, quoy qu'il n'y ait en tout que vingt-quatre Poiriers en Buiſſon; je ne parle point encore de ceux qui doivent être en Eſpalier, j'ay marqué l'ordre de la maturité de ces Fruits non ſeulement pour les ſaiſons, mais auſſi pour chaque mois de ces ſaiſons; il y en a ſix pour l'Eſté, qui ſont une Cuiſſe-Madame, un gros Blanquet muſqué, un Muſcat-Robert, un Sans-peau, une Robine, & un Rouſſelet; neuf pour l'Automne en ſept eſpeces, qui ſont deux Verte-longues, deux Beurrés, un Craſane, un Meſſire-Jean, un Marquiſe, un Loüiſe-bonne, & un Petit-oin, & neuf pour l'Hyver en huit eſpeces; cet Hyver outre une partie des Poires d'Automne, dont aſſez ſouvent il a l'avantage de profiter, eſt tout glorieux d'avoir une Epine d'Hyver, un

Tome I.   T t

Saint-Germain, un Virgoulé, un Lefchafferie, un Ambrette, un Colmar, un Saint-Auguftin, & deux Bon-chrétiens, toutes Poires d'une maturité beaucoup plus étenduë, que celles des autres faifons;nous devons bien nous confoler, fi toutes ne font pas excellentiffimes, puifque fans contredit dans le grand nombre que la terre nous en produit, & qui font venuës à nôtre connoiffance, nous n'en avons point de meilleures que celles que nous avons choifies.

Je pretens doubler au moins quatre ou cinq fois les Buiffons de quelques-unes de nos principales Poires, devant que de multiplier les autres, & devant que d'en venir à placer une vingtaine de celles que nous avons cy-devant nommées en paffant; je voy bien qu'elles ont un grand empreffement de fe produire : mais cependant il me femble que quelque merite qu'elles ayent, & que je ne leur difpute pas, tout au moins fur le pied qu'il eft, il me femble, dis-je, pouvoir avancer à leur égard, que toutes enfemble n'oferoient entrer en difpute contre aucune de ces vingt-une principales, à les prendre féparément.

Ainfi il leur faut confeiller de prendre encore patience pour quelque temps; il me femble que leur condition ne fera pas trop malheureufe de paroître une fois chacune dans les grands Jardins, aprés y avoir vû premierement donner quatre ou cinq places des plus honorables à chacune de celles qui font actuellement établies, & qui, s'il m'eft permis de parler ainfi, font parmy nos Fruits ce que les clefs de meute font dans la Vénérie.

Cela pofé, & que nous commençons d'entrer dans des Jardins paffablement grands, j'eftime que pour les planter habilement, il faut premierement faire une deftination de canton pour les efpeces de chaque faifon, afin qu'ils ne foient point pêle mêle les uns parmi les autres, mais que les Fruits d'Efté foient dans un endroit à part, qu'il en foit de même pour les Fruits d'Automne,& de même auffi pour les Fruits d'Hyver, faute de quoy il arrive des inconveniens que j'explique ailleurs; il faut en fecond lieu, que chaque Arbre trouve fa place dans l'ordre qui fuit, & par confequent donner

La vingt-cinquiéme à un troisiéme Beurré gris.

Vingt-sixiéme à un second Virgoulé.

Vingt-septiéme à un second Leschafferie.

Vingt-huitiéme à un second Epine.

Vingt-neuviéme à un second Ambrette.

Trentiéme à un second Saint-Germain.

Trente-uniéme à un second Rousselet.

Trente-deuxiéme à un second Crasane.

Trente-troisiéme à un second Robine.

Trente-quatriéme à un second Cuisse-Madame.

Trente-cinquiéme à un second Colmar.

Trente-sixiéme à un second Petit-oin.

Trente septiéme à un troisiéme Bon-chrétien d'Hyver.

Trente-huitiéme à un quatriéme Beurré.

Trente-neuviéme à un troisiéme Virgoulé.

Quarantiéme à un troisiéme Leschafferie.

Quarante-uniéme à un troisiéme Epine.

Quarante-deuxiéme à un troisiéme Ambrette.

Quarante-troisiéme à un troisiéme Saint-Germain.

Quarante-quatriéme à un premier Muscat fleuri, autrement Muscat à longue queuë d'Automne.

Quarante-cinquieme à un troisieme Verte-longue.

Quarante-sixieme à un troisieme Crasane.

Quarante-septieme à un second Marquise.

Quarante-huitieme à un second Saint-Augustin.

Quarante-neuvieme à un quatrieme Bon-chretien d'Hyver.

Cinquantieme à un quatrieme Virgoulé.

Et ainsi en cinquante Buissons on en a neuf d'Esté en six especes, dix-sept d'Automne en huit especes, & vingt-quatre d'Hyver en autres huit especes.

La cinquante-unieme place se donnera à un troisieme Marquise.

Cinquante-deuxieme à un premier Bon-chretien musqué d'Esté.

Cinquante-troisieme à un troisieme Petit-oin.

Cinquante-quatrieme à un cinquieme Bon-chretien d'Hyver.

Cinquante-cinquieme à un cinquieme Virgoulé.

Cinquante-sixieme à un quatrieme Leschafferie.

Cinquante-septieme à un quatrieme Epine.

La cinquante-huitieme à un quatrieme Ambrette.

Cinquante-neuvieme à un quatrieme Saint-Germain.

Soixantieme à un premier Blanquet à la longue queuë.

Soixante-unieme à un cinquieme Beurré.

Soixante-deuxieme à un premier Orange-verte.

Soixante-troisieme à un quatrieme Verte-longue.

Soixante-quatrieme à un sixieme Bon-chretien d'Hyver.

Soixante-cinquieme à un sixieme Virgoulé.

Soixante-sixieme à un troisieme Colmar.

Soixante-septieme à un quatrieme Crasane.

Soixante-huitieme à un quatrieme Marquise.

Soixante-neuvieme à un deuxieme Loüise-bonne.

Soixante-dixieme à un cinquieme Epine.

Soixante-onzieme à un cinquieme Ambrette.

Soixante-douzieme à un cinquieme Leschafferie.

Soixante-treizieme à un cinquieme Saint-Germain.

Soixante-quatorzieme à un cinquieme Verte-longue.

Soixante-quinzieme à un premier Doyenné.

Juillet.
Entrée
d'Aouft.

My-Sep-
tembre, &
entrée
d'Octobre.

Par ce moyen un Jardin de soixante & quinze Buissons en aura douze d'Esté en neuf especes, vingt-six d'Automne en autres neuf, & trente-six d'Hyver en huit especes.

Toutes les Poires contenuës dans ce nombre de soixante-quinze ont été cy-devant décrites à la reserve de quatre, sçavoir du Muscat fleuri, du Bon-chrétien d'Esté musqué, de l'Orange-verte, & du Doyenné.

Le Muscat fleuri, autrement Muscat à longue queuë d'Automne, est une excellente Poire ronde, rousfâtre, mediocre en grosseur, chair tendre, goût fin & relevé, toute propre à être, pour ainsi dire, mangée goulument, tout de même qu'une bonne Prune, ou qu'une belle Griotte.

Le Bon-chrétien d'Esté musqué ne vient gueres bien que sur franc, la Poire est excellente, & fait un fort bel Arbre; elle est d'une figure agreable à voir, étant bien faite en Poire, d'une grosseur raisonnable, & à peu prés comme celle des belles Bergamottes; son coloris est blanc d'un côté, & rouge de l'autre; sa chair est entre-cassante & tendre, ayant beaucoup d'eau, accompagnée d'un agreable parfum; son malheur est que sa maturité vient, & avec celle de la Robine, par qui constamment elle est effacée, & avec celles des bonnes Pêches de la fin d'Aouſt, qui ne ſouffrent gueres de Poires en leur compagnie ; quoy que c'en ſoit, je la croy digne d'entrer au moins une fois dans un Iardin de ſoixante-quinze Arbres.

A l'égard de l'Orange-verte, elle a un aſſez grand nombre de petits amis ; tout le monde la connoît par ſon nom, en effet c'eſt une Poire commune & populaire, & qui du temps de nos Peres faiſoit une aſſez grande figure dans les Iardins, ſi-bien que parmi tous les vieux Arbres on ne manque pas d'y en trouver beaucoup : je ne croy pas que perſonne la veüille chaſſer de la place que je lui ay donnée; le temps de ſa maturité, qui eſt au commencement d'Aouſt, c'eſt-à-dire un peu devant les Robine, les Bonchrétien muſqué, & les Pêches ; ſa chair caſſante, ſon eau ſucrée avec ſon parfum tout particulier pour ſon eſpece, ſa taille aſſez groſſe, plate & ronde; ſon œil enfoncé, ſon coloris vert & incarnat ſur une peau rude, mais particulierement l'abondance qui l'acompagne preſque toûjours en Buiſſon, & qui eſt favorable pour le Domeſtique & pour les Communautez ; toutes ces circonſtances font une grande ſollicitation pour elle; ſa vanité n'eſt pas grande, elle n'eſpere nullement à l'Eſpalier, elle eſt contente de ſa ſoixante-deuxiéme place, à la bonne-heure, il luy faut laiſſer.

Enfin le Doyenné entre le dernier dans un Iardin de ſoixante & quinze Buiſſons, il n'y fait pas mal ſon devoir; il ſe nomme autrement Saint-Michel, Beurré blanc d'Automne, Poire de Neige, Bonn-ente, &c. il eſt de la groſſeur & figure d'un beau Beurré gris, & malheureuſement pour luy il vient en même temps que ce Beurré, devant qui en verité il ne devroit preſque jamais paroître pour ſon honneur; ſon portrait nous apprend qu'il a la queuë groſſe & courte, la peau fort unie, le coloris verdâtre ; jauniſſant beaucoup en maturité; celles des Eſpaliers prennent un rouge fort vif du côté que le Soleil les regarde, la Poire eſt veritablement fondante, & l'eau en eſt douce, mais d'ordinaire c'eſt une douceur peu noble & peu élevée, nonobſtant un je ne ſçay quel petit parfum qu'on y trouve quelquefois, & qui ne me paroît pas digne de grande

estime; la chair en devient aisément molle; & comme pâteuse & sablonneuse, si-bien qu'il est assez difficile de prendre cette Poire dans le temps justement qu'il faut; mais cependant ayant cette précaution de la cüeillir assez verte, &
de la servir devant qu'elle ait acquis un jaune clair, qui
marque une maturité trop achevée, on peut hazarder de
la faire voir sans craindre d'en recevoir affront; j'en ay eu
une année de si bonnes, que je les croyois presque une espece particuliere, mais je n'y suis pas revenu depuis; elle
a en toutes sortes de fonds l'avantage de la fecondité, qui
luy donne vers beaucoup de mediocres Jardiniers une consideration particuliere; & de plus, l'avantage de la beauté,
qui pendant le mois d'Octobre luy donne place dans toutes les pyramides des grandes tables; elle trouve assez de
curieux qui en font bien plus de cas que moy; je n'y sçaurois que faire, ils me pardonneront si je leur dis, que même j'ay presque honte de l'avoir si-bien placée; nous avons
depuis peu une Poire nouvelle sous le nom de Besi-de-la-
motte, qui ressemble assez à un gros Ambrette, hors qu'elle
est un peu tiquetée de rouge; si une autre année cette
Poire est aussi fondante, & d'une eau aussi agreable que
je l'ay trouvée dans la fin d'Octobre 1685. qui est le temps
de sa maturité, le Doyenné court grand risque de luy ceder la place que je luy ay donnée, tout au moins la verra-
t-il reçüe immediatement aprés luy.

Quoy que jusqu'à present dans quelques-uns de ces premiers Jardins, & par exemple dans celuy de soixante &
quinze Poiriers, le nombre de quelques especes d'Automne soit fort grand à proportion de celles d'Hyver; car il y
en a vingt-sept Arbres des premieres, & il n'y en a que
trente-sept des autres; je ne trouveray pourtant point à
redire si quelqu'un y veut apporter du changement, &
retrancher même une partie des Poires d'Esté, qui sont au
nombre de douze, pour multiplier à leur place celles des
autres saisons qui luy plairont le mieux.

C'est pour cela que je croirois avoir tort, si quand
nous serons à faire de grands Jardins, je conseillois à
tout le monde d'y mettre, par exemple, presque autant de
Verte-longue, & même de Beurré, &c. que de Bon-chré-

tien, d'Ambrette, de Virgoulé, de Leschafferie, d'Epine, de la Fare, &c. je m'affûre que les grands amateurs de ces bonnes Poires d'Automne, n'improuveroient pas cette conduite, je les multiplieray bien quelquefois, & quelquefois auffi les autres des deuxiéme & troifiéme claffe, mais ce fera toûjours avec cet égard, qui doit fervir de regle à chaque Jardinier, & que je me propofe pour chacun en particulier; c'eft à fçavoir que régulierement il ne faut tâcher d'avoir de chaque forte de Fruits, qu'autant qu'on en peut apparemment confommer, foit par foy-même, ou par fa famille, foit par fes amis, fans donner à ces Fruits le temps de fe corrompre miferablement: je croy même que ces Poires qui n'ont pas la bonne fortune de durer long-temps, & qui auffi-bien que nous la doivent envier à tant de mauvaifes, lefquelles fans aucun foin, & pour ainfi dire, malgré qu'on en ait, fe confervent aifément jufqu'aux Fruits de l'Efté fuivant; je croy, dis-je, que ces bonnes Poires fe fentiroient, pour ainfi dire, offenfées, fi on les avoit multipliées d'une telle façon, qu'au lieu d'être durant leur parfaite maturité employées toutes à faire leur devoir à l'égard du genre humain, une grande partie d'entre'elles fe voyoient infenfiblement devenir inutiles par la pourriture qui leur feroit furvenuë.

Quand on a peu de Fruits de chaque forte, il n'arrive gueres qu'on les laiffe gâter, on les vifite trop fouvent pour leur en donner le temps, au lieu que quand on en a grande abondance, rien n'eft fi ordinaire que d'en voir perir une bonne partie; il faut fur cela fçavoir judicieufement déterminer ce qu'à peu prés on a befoin d'en avoir felon fes deffeins, fur ce pied-là proportionner (comme j'ay dit cy-devant) le nombre d'Arbres de chacune des efpeces qu'on devra planter dans fon Jardin.

Il y en a quelques-uns qui font tardifs à rapporter, comme les Ambrette, les Robine, les Bourdon, les Rouffelet, les Epine, & fur tout les Virgoulé, les Colmar, &c. & il y en a qui font affez prompts, pourvû qu'ils foient fur Coignaffier, comme les Vertelongue, Beurré, Doyenné, &c. mais ceux-cy font des Fruits, de chacun defquels il eft à propos d'avoir un affez bon nôbre, parce qu'on

en mange beaucoup dans leur faifon ; ils viennent pendant
qu'il fait encore chaud , & dans un temps auquel on n'eft
pas accoûtumé à fe paffer d'une moitié de Poire ; il faut en
effet avoir mangé beaucoup de Rouffelet, de Verte-longue,
& même de Beurré , &c. devant que d'avoir fatisfait à fon
appetit ; la nature qui connoît auffi-bien nos paffions que
nos neceffitez, & qui a voulu également s'accommoder aux
unes & aux autres, a , pour ainfi dire, donné à ces fortes de
Poires le talent de la fécondité , auffi-bien que celuy du
prompt rapport , afin que dans leur faifon on en puiffe
avoir affez abondamment , puifqu'on eft en état de les
confommer utilement , & avec plaifir.

Il ne faut donc plus s'étonner fi jufques dans ces fortes
de Iardins , qui ne peuvent avoir qu'environ foixante &
quinze Arbres , j'y fouhaite prefqu'autant de ces Fruits
qui meuriffent quafi tous enfemble , que j'y en fouhaite
de certains qui ne meuriffent que fucceffivement , & qui
par confequent donnent le temps d'en faire une confom-
mation commode & réguliere ; mais , comme je l'ay déja
dit, quand je feray dans les grands plans, j'auray fans doute
beaucoup plus de retenuë à l'égard de ces Fruits qui fe confervent peu , qu'à l'égard des autres , qui ayans l'avantage
de la bonté , auffi-bien que celuy de la durée , fe confervent plufieurs mois de fuite.

Je m'en rapporte cependant à chaque curieux, pour multiplier les Fruits d'une faifon davantage que ceux d'une autre , felon fon inclination ou felon fes befoins. A tel , par
exemple , fur des confiderations de certains fejours de
campagne , où il doit avoir frequente compagnie , comme
il arrive d'ordinaire pendant l'Automne; à tel, dis-je, il faut
neceffairement beaucoup plus de Fruits des mois de Septembre, d'Octobre, & de Novembre, que des autres faifons;
en tel cas le nombre des Rouffelets, Verte-longue, Beurré,
Doyenné, Bergamotte, Marquife, Lanfac, Crafane , Poire
de Vigne , Petit-oin , Loüife-bonne , Befi-de-la-motte , &
même des Meffire-Jean , &c. doit être augmenté , & cela
étant , les autres efpeces de Fruits feront diminuées à
proportion : à tel au contraire par d'autres bonnes raifons,
comme , par exemple , de ne pouvoir aller confommer les
Fruits

fruits d'Eſté & d'Automne, & ne les pouvoir même faire
tranſporter, il convient abſolument de n'avoir que beaucoup de fruits d'Hyver ; en tel cas les Virgoulé, Bon-
Chrêtien d'Hyver, Eſpine, Ambrette, Leſchaſſerie, Colmar, la Fare, Saint Auguſtin, Martin-ſec, Paſtourelle,
&c. feront amplement multipliés, & les fruits des autres
ſaiſons reduits à un plus petit nombre.

Il eſt bien certain que mon veritable deſſein dans ce
Traité du chois & de la proportion des Fruits, n'a point
regardé ces circonſtances particulieres, qui peuvent être
infinies, ſoit a l'égard de chaque chef de famille particuliere, ſoit à l'égard des Chefs de Communauté, & en effet il ne l'a pû faire ; il n'a été principalement que pour l'ordinaire des curieux, qui tout le long de l'année voudroient
avoir reglement & également tout ce qu'on peut avoir de
meilleurs Fruits de leurs Jardins, de quelque grandeur que
ces Jardins puiſſent être ; la connoiſſance que j'auray icy
donnée des bons Fruits de chaque ſaiſon, & de la durée de
chaque eſpece, aidera les autres Curieux à ſe determiner
conformement à leurs intentions.

Pour continuer donc preſentement ce que j'ay commencé pour ces premiers Curieux, je croy que nous devons
donner.

La ſoixante-ſeiZiéme place à un premier Beſi de la mote.

  Soixante-dix-ſeptiéme à un ſixiéme Beurré.

  Soixante-dix-huitiéme à un deuxiéme gros Blanquet.

  Soixante-dix-neuviéme à un troiſiéme Loüiſe-bonne.

  *Quatre-vingtiéme à un deuxiéme Blanquet à longue
    queuë.*

  *Quatre-vingt-uniéme à un ſeptiéme Bon-chrêtien d'Hy-
    ver.*

  Quatre-vingt-deuxiéme à un ſixiéme Eſpine.

  Quatre-vingt-troiſiéme à un ſixiéme Leſchaſſerie.

  Quatre-vingt-quatriéme à un ſixiéme Ambrette.

  Quatre-vingt-cinquiéme à un ſeptiéme Virgoulé.

  Quatre-vingt-ſixiéme à un ſixiéme Verte-longue.

  Quatre-vingt-ſeptiéme à un huitiéme Virgoulé.

  Quatre-vingt-huitiéme à un ſeptiéme Eſpine.

Fin d'Octo-
bre.

Tome I.   V u

La quatre-vingt-neufviéme à un septiéme Ambrette.
 Quatre-vingt-dixiéme, septiéme Leschasserie.
 Quatre-vingt-onziéme, sixiéme Saint-Germain, autrement l'inconnuë la fare.
 Quatre-vingt-douziéme, quatriéme Colmar.
 Quatre-vingt-treiziéme, neufviéme Virgoulé.
 Quatre-vingt-quatorziéme, deuxiéme Muscat-fleury.
 Quatre-vingt-quinziéme, premier Martin-sec.
 Quatre-vingt-seiziéme, quatriéme Petit-oin.
 Quatre-vingt-dix-septiéme, quatriéme Loüise-bonne.
 Quatre-vingt-dix-huitiéme, huitiéme Fspine.
 Quatre-vingt-dix-neufviéme, huitiéme Ambrette.
Centiéme, dixiéme Virgoulé.

my-Novembre.

Voilà donc un Jardin de cent Poiriers en Buissons, reglé avec tout le chois & la proportion dont je suis capable, y ayant introduit de vingt-huit especes de Poiriers, sçavoir neuf pour l'Esté, dix pour l'Automne, & neuf pour l'Hyver : les neuf d'Esté donnent quatorze Arbres, les dix d'Automne en donnent trente-trois, & les neuf d'Hyver en donnent cinquante-trois.

Les quatorze d'Esté sont deux Cuisse-Madame, deux Robine, deux Rousselets, deux gros Blanquet, deux Blanquet à longue queuë, un Muscat-Robert, un Sans-peau, un Bon-chrêtien d'Esté musqué, un Orange-verte ; je croy que c'est assez de Poires d'Esté avec quelque petit Muscat en Espalier.

Les trente-trois d'Automne sont six Beurré, six Vertelongue, quatre Crasane, quatre Marquise, quatre Loüise-bonne, quatre Petit-oin, un Messire-jean, deux Muscat-fleuri, un Doyenné, un Besi de la mote, cela étant aidé de quelque Bergamote d'Espalier fait une Automne assez bien garnie.

Les cinquante-trois d'Hyver sont sept Bon-chrêtien, dix Virgoulé, huit Espine, huit Ambrette, sept Leschasserie, six Saint-Germain, autrement l'Inconnuë de la fare, quatre Colmar, deux Saint-Augustin, un Martin-sec.

Pour commencer le deuxiéme cent de Buis-
sons,

Le cent-uniéme Poirier seroit un onziéme Virgoulé.
Cent-deuxiéme, huitiéme Leschasserie.
Cent-troisiéme, neufviéme Espine d'Hyver.
Cent-quatriéme, Premier Bourdon.
Cent-cinquiéme, septiéme Lafare, autrement Saint-Germain.
Cent-sixiéme, cinquiéme Colmar.
Cent-septiéme, septiéme Beurré.
Cent-huitiéme, septiéme Verte-longue,
Cent-neuviéme, dixiéme Espine,
Cent-dixiéme, cinquiéme Petit-oin.
Cent-onziéme, premier Sucré-vert,
Cent-douziéme, premier Lansac,
Cent-treiziéme, troisiéme Rousselet.
Cent-quatorziéme, troisiéme Robine.
Cent-quinziéme, premier Poire Magdeléne.
Cent-seiziéme, & cent-dix-septiéme, deux Espargne.
Cent-dix-huitiéme, douziéme Virgoulé.
Cent-dix-neufviéme, sixiéme Colmar.
Cent-vingtiéme, huitiéme Bon-chrétien d'Hyver.
Cent-vingt-uniéme, deuxiéme Martin-sec.
Cent-vingt-deuxiéme septiéme Colmar.
Cent-vingt-troisiéme, huitiéme Beurré.
Cent-vingt-quatriéme, premier Bugi.
Cent-vingt-cinquiéme, deuxiéme Bugi.

Aoust.

Fin d'Oct.
My-Nov.

*Entrée de
Iuillet.*
*Fin de Iuil-
let.*

*Février &
Mars.*

Ainsi dans le nombre de cent vingt-cinq Poiriers on y en trouve vingt d'Esté en douze especes, trente-neuf d'Automne en douze especes, & soixante-six d'Hyver en dix especes. Les vingt d'Esté sont trois Rousselets, trois Robine, deux Cuisse-Madame, deux gros Blanquet, deux Blanquet à longue queuë, deux Espargne, un Sans-peau, un Bon-chrêtien d'Esté musqué, un Orange verte, un Muscat-Robert, un Bourdon, un Poire Magdeléne.

Les trente-neuf d'Automne sont huit Beurré, sept Verte-longue, cinq Petit-oin, quatre Marquise, quatre Crafane , quatre Loüife-bonne , deux Mufcat-fleuri , un Doyenné , un Lanfac , un Befi de la mote , un Sucré-vert, un Meffire-Jean.

Les foixante-fix d'Hyver font huit Bon-chrêtien , douze Virgoulé , dix Efpine , huit Lefchafferie , huit Ambrette , fept Lafare , fept Colmar , deux Martin-fec , deux Saint Auguftin , deux Bugi.

Dans ce nombre de cent vingt-cinq j'ay introduit cinq efpeces de Poires , qui n'avoient point eu d'entrée dans le premier cent , fçavoir trois d'Efté , le Bourdon , l'Efpargne, & la Poire Magdeléne , une d'Automne qui eft le Sucré-vert , & une d'Hyver qui eft le Bugi.

Le Bourdon eft une Poire de la fin de Juillet , qui pour la groffeur , la qualité de fa chair , de fon goût , de fon parfum , & de fon eau , auffi-bien que par le temps de fa maturité , reffemble à peu prés au Mufcat-Robert , & n'en eft guéres different que par la queuë qu'il a plus longue.

L'Efpargne , autrement Saint-Sanfon eft une Poire rouge , affez groffe , & fort longue , & pour ainfi dire un peu voutée dans fa taille ; elle a la chair tendre , & un peu aigrelette ; elle meurit vers la fin de Juillet ; on peut dire fans deffein de l'offenfer , qu'elle a plus de beauté que de bonté , auffi triomphe-t-elle plus dans les piramides , que dans la bouche.

La Poire Magdeléne eft une affez groffe Poire verte , & affez tendre , aprochant beaucoup de la figure des Bergamottes ; elle meurit dans les commencemens de Juillet , & ainfi elle eft des premieres d'Efté , mais elle eft fort fujette à tromper , fi on attend à la prendre , qu'elle commence à jaunir , car pour lors elle fe trouve pafsée , & pâteufe.

Le nom compofé que porte le Sucré-vert fait en même temps connoître & fon eau , & fon coloris : fi la Poire étoit un peu plus groffe , on la prendroit pour l'Efpine d'Hyver, tant elle luy reffemble dans fa figure , elle meurit vers la fin d'Octobre , a la chair fort beurrée , l'eau fucrée , le goût agreable , n'ayant guéres d'autre défaut que d'être un peu pierreufe dans le cœur.

Le Bugi , à qui on donne regulierement le furnom de Ber-

gamotte , & de Bergamotte de Pâques , à cause que dans sa
couleur verte, & dans sa grosseur il a quelque air de la bonne Bergamotte d'Automne , étant pourtant un peu moins
plate du côté de l'œil , & un peu plus longue du côté de la
queuë: le Bugi,dis-je,est une Poire tiquetée de petits points
gris, qui jaunit un peu dans sa maturité,dont la chair parti-
cipe en même tems du ferme & du tendre,& pour ainsi dire
est presque cassante ; elle a le malheur de se trouver quelquefois pâteuse & farineuse : ce qui arrive , quand on la
laisse trop meurir, ou qu'elle est venuë dans un fond trop
humide ; son eau, qui est assez abondante, a un je ne sçay
quoy d'aigrelet qui luy attire souvent du mépris & de l'a-
version, mais un peu de sucre y sert d'un grand remede, &
dans la verité ayant l'avantage d'attendre à meurir dans le
Carême, où elle fait une tres-bonne figure, y paroissant
presque seule dans la plus grande sterilité des Fruits, elle
merite au moins la place que je luy ay donnée, & même le
Curieux, chez qui elle a coûtume de bien reüssir, pourra
fort bien la placer un peu mieux que je n'ay fait.

   Pour continuer le deuxiéme cent de Buissons.

Le cent vingt-sixiéme Poirier seroit un neuviéme Bon-chrétien
   d'Hyver.

Cent vingt-septiéme, neuviéme Beurré.

Cent vingt-huitiéme, premier gros Oignonnet.

Cent vingt-neuviéme , deuxiéme Sucré-vert.   My. Iuillet.

Cent trentiéme, premier Petit blanquet.

Cent trente-uniéme , treiziéme Virgoulé.

Cent trente-deuxiéme, onziéme Espine.

Cent trente-troisiéme , neuviéme Ambrette.

Cent trente-quatriéme , huitiéme Verte-longue.

Cent trente-cinquiéme, sixiéme Petit-oin.

Cent trente-sixiéme, premier Angober.

Cent trente-septiéme , quatriéme Rousselet.

Cent trente-huitiéme , quatriéme Robine.

Cent trente-neuviéme , cinquiéme Crasane.

Cent quarantiéme , huitiéme Inconnuë la Fare , autrement Saint
   Germain.

Cent quarante-uniéme , huitiéme Colmar.

Cent quarante-deuxiéme, deuxiéme Messire-Jean.
Cent quarante-troisiéme, quatorziéme Virgoulé.
Cent quarante-quatriéme, dixiéme l'Eschafferie.
Cent quarante-cinquiéme, dixiéme Ambrette.
Cent quarante-sixiéme, premier Doublefleur.
Cent quarante-septiéme, cinquiéme Marquise.
Cent quarante-huitiéme, premier Franc-real.
Octobre. &   *Cent quarante-neuviéme, deuxiéme Sans-peau.*
Novembre.   *Cent cinquantiéme, premier Besidéry.*

Dans ce nombre dernier de Poiriers, que je viens de placer, il s'en trouve cinq desquels je n'ay point encore fait la description, sçavoir le Double-fleur, le Franc-réal, l'Angober, le Besidéry, & le gros Oignonnet : ainsi pour satisfaire à la curiosité de ceux qui veulent sçavoir ce que j'en pense,

Je diray que je fais un cas tres-particulier de cette Poire de double-fleur, non pas pour la manger cruë, quoy que certaines personnes l'estiment assez pour cela, y trouvans ce que je n'y trouve pas, quelque chose d'agreable dans la chair & dans le goût ; mais j'en fais cas premierement parce qu'elle est tout-à-fait belle à voir ; en effet c'est une grosse Poire plate, qui a la queuë longue & droite, la peau lisse, colorée d'un côté, & jaune de l'autre ; en second lieu comme on ne fait aucun scrupule de la faire paroître dans les grands plats de fruit, je l'estime pour le service qu'elle rend en telles occasions, & enfin aprés qu'elle a fait figure agreable pendant plusieurs jours, & que pour avoir été trop souvent touchée, elle commence à perdre la fleur de son beau coloris, & à devenir toute terne, & noirâtre, pour lors elle est en état de faire paroître son veritable merite, car elle est tres-utilement, & agreablement employée à faire une des plus belles & des meilleures compotes du monde, ayant une chair moëleuse, sans être incommodée d'aucune pierre, & ayant sur tout beaucoup de jus, lequel prend aisément une belle couleur au feu ; si bien que tout cela ensemble fait à mon sens & à mon goût, de tres-grandes raisons d'estime pour cette Poire, à ne la considerer particulierement que pour la cuisson.

On sçait aussi que le Franc-real, que quelques-uns nomment Finot d'Hyver, est une Poire de grand raport, grosse, ronde, & jaunâtre, tiquetée de petites pointes de rousseurs, queuë courte, le bois de l'Arbre tout farineux.

On sçait aussi que Langober est une assez grosse Poire; longue, colorée d'un côté, & d'un gris roussastre de l'autre; le bois de l'Arbre tire extremement à celuy de Beurré, & la Poire n'y ressemble pas mal.

On sçait parcillement que le Besidéry est une Poire tres-ronde, de la grosseur à peu prés d'une grosse bale de jeu de Paume; le coloris jaune, & d'un vert blanchâtre, la queuë assez droite & longue, & meurissant en Octobre & Novembre.

La gros Oignonnet, autrement Amiré-roux, & Roy d'Esté, Poire de la my-Juillet, qui est assez colorée, ronde, & passablement grosse.

Je reviens à continuër mon projet de chois, & de proportion des fruits pour le Jardin qui peut avoir cent cinquante-un Buisson, c'est pourquoy j'ay destiné à la

Cent cinquante-uniéme place, un dixiéme Bon-Chrêtien d'Hyver.

Cent cinquante-deuxiéme, quinziéme Virgoulé.

Cent cinquante-troisiéme, seiziéme Virgoulé.

Cent cinquante-quatriéme, onziéme l'Eschafferie.

Cent cinquante-cinquiéme, douziéme Espine.

Cent cinquante-sixiéme, dixiéme Beurré.

Cent cinquante-septiéme, premier Poire de Vigne.

Cent cinquante-huitiéme, premier Ronville, que quelques-uns nomment la Hocrenaille, & d'autres Martin-sire: elle est celebrée sur la Riviere de Loire; c'est une Poire des mois de Janvier & Février; sa grosseur & sa figure approchent fort de celles d'un beau Rousselet: elle a l'œil assez enfoncé, & le ventre pour l'ordinaire plus gros d'un côté que d'un autre, mais toûjours assez, & proprement allongé vers la queuë, qui est mediocre en grosseur & longueur, & nullement enfoncée; le coloris en est vif d'un côté, quoy que plus aux unes, & moins aux autres, l'autre côté jauniſſant beaucoup au temps de la maturité: la peau en eſt fort unie & fort ſatinée ; à l'égard de ce qui m'a engagé à la placer icy eſt le temps de la maturité, & que l'eau en eſt ſucrée avec un peu de parfum aſſez agreable ; la chair en eſt caſſante ; les défauts ſont d'être petite & durette , & d'avoir un peu de pierre ; mais ils ſont excuſables par les autres bonnes qualitez ; c'eſt pourquoy j'en ay au moins voulu mettre une dans un Jardin de cent cinquante-huit Buiſſons, & pour le cent cinquante-neuviéme je mettray un ,

Cent cinquante-neuviéme , cinquiéme Rouſſelet.
Cent ſoixantiéme , cinquiéme Robine.
Cent ſoixante-uniéme , ſixiéme Craſane.
Cent ſoixante-deuxiéme , ſixiéme Marquiſe.
Cent ſoixante-troiſiéme , ſeptiéme Petit-oin.
Cent ſoixante-quatriéme , deuxiéme Cuiſſe-Madame.
Cent ſoixante-cinquiéme , neuviéme Colmar.
Cent ſoixante-ſixiéme , onziéme Bon-chrêtien d'Hyver.
Cent ſoixante-ſeptiéme , deuxiéme Bon-chrêtien muſqué.
Cent ſoixante-huitiéme , deuxiéme Muſcat-Robert.
Cent ſoixante-neuviéme , troiſiéme Sans-peau.
Cent ſoixante-dixiéme , onziéme Beurré.
Cent ſoixante-onziéme , deuxiéme Poire Magdeléne.
Cent ſoixante-douxiéme , dix-ſeptiéme Virgoulé.
Cent ſoixante-treiziéme , douziéme Leſchaſſerie.
Cent ſoixante-quatorziéme , deuxiéme Bourdon.
Cent ſoixante-quinziéme , troiſiéme Martin-ſec.
Cent ſoixante-ſeiziéme , troiſiéme Bugi.
Cent ſoixante-dix-ſeptiéme , douziéme Bon-chrêtien d'Hyver.
Cent ſoixante-dix-huitiéme , dixiéme Verte-longue.
Cent ſoixante-dix-neuviéme , deuxiéme Doyenné.
Cent quatre-vingtiéme , premier Salviati.
Cent quatre-vingt-uniéme , douziéme Beurré.
Cent quatre-vingt-deuxiéme , onziéme Ambrette.
Cent quatre-vingt-troiſiéme , huitiéme Petit-oin.
Cent quatre-vingt-quatriéme , neuviéme Inconnuë la Fare , autrement Saint Germain.
Cent quatre-vingt-cinquiéme , dixiéme Colmar.

Aouſt &
Septembre.

Cent

Cent quatre-vingt-sixieme, deuzieme Ambrette,
Cent quatre-vingt-septieme , deuxieme Lansac.
Cent quatre-vingt-huitieme , septieme Crasane.
Cent quatre-vingt-neuvieme , treisieme Bon-Chrêtien d'Hy-
ver.
Cent quatre-vingt-dixieme , dix-huitieme Virgoulé.
Cent quatre-vingt onzieme , deuxieme Besi-de-la motte.
Cent quatre-vingt-douzieme , sixieme Rousselet.
Cent quatre-vingt-treizieme, sixieme Robine.
Cent quatre vingt quatorzieme , premier Cassolette.
Cent quatre-vingt-quinzieme , premier Inconnuë-Chaîneau ,
Cent quatre-vingt-seizieme , premier petit Muscat.
Cent quatre-vingt-dix septieme , premier Rousselet hâtif.
Cent quatre-vingt-dix-huitieme , premier Portail.
Cent quatre-vingt-dix-neuvieme , deuxieme Portail.
Le deux centieme, sera un troisieme Saint-Augustin.

Septembre.

Je ne puis m'empêcher d'avoir regret , de ce que parmy tant de Buiſſons j'y en trouve ſi peu de Bon-Chrêtien , & nuls de Bergamotte d'Automne ; je me ſuis cy-devant expliqué des raiſons, que j'avois pour cela , tant par l'eſperance d'en avoir des uns & des autres un aſſez bon nombre en Eſpalier, que parce que les terres, qui naturellement ſont ſujettes à être froides & humides , leur ſont entierement funeſtes : mais ſi nôtre fond eſt raiſonnablement ſec, comme nous avons un grand inconvenient à craindre de la part des Tigres, maudit petit inſecte volatile , qui deſole infiniment les Poiriers des Eſpaliers , & nous empêche d'y en plus guéres mettre , & particulierement aux bonnes expoſitions du Levant , & du Midy ; ſi dis-je nôtre fond n'a pas ce grand défaut de froid , & d'humidité , il eſt aſſez à propos d'y planter un aſſez bon nombre de Bon-Chrêtien.

C'eſt pourquoy le deux cent-uniéme ſera un Bon - Chrêtien.

Deux cent unieme , un bon Chrêtien d'Hyver.
Deux cent deuxieme, encore un bon Chrêtien d'Hyver.

Deux cent troisieme , un Bon-Chretien d'Hyver.

Deux cent quatrieme, un Bon-Chretien d'Hyver.

Deux cent cinquieme , un Bon-Chretien d'Hyver.

Deux cent sixieme, un bon-Chretien d'Hyver.

Deux cent septieme, un Bergamotte d'Hyver.

Deux cent huitieme, un Virgoulé.

Deux cent neuvieme , un Virgoulé.

Deux cent dixieme, un Virgoulé.

Deux cent onzieme, un Lechasserie.

Deux cent douzieme, un Lechasserie,

Deux cent treizieme, un Ambrette.

Deux cent quatorzieme, un Ambrette.

Deux cent quinzieme, un Espine.

Deux cent seizieme, un Espine.

Deux cent dix-septieme, un Crasane.

Deux cent dixhuitieme, un Petit-oin.

Deux cent dix-neuvieme , un la Fare , autrement saint Ger-
main.

Deux cent vingtieme, un la Fare.

Deux cent vingt-unieme, un Marquise.

Deux cent vingt-deuxieme, un Marquise.

Deux cent vingt-troisieme, un Martin-sec.

Deux cent vingt-quatrieme, un Martin-sec.

Deux cent vingt-cinquieme, un Beurré.

Deux cent vingt-sixieme, un Beurré.

Deux cent vingt-septieme, un Rousselet.

Deux cent vingt-huitieme, un Rousselet

Deux cent vingt-neuvieme, un bon-Chretien d'Esté musqué.

Deux cent trentieme, un Messire-Jean.

Deux cent trente unieme, un Robine.

Deux cent trente-deuxieme, un Verte-longue.

Deux cent trente-troisieme, un Verte-longue.

Deux cent trente-quatrieme, un Cassolette.

Deux cent trente-cinquieme, un Lansac.

Deux cent trente-sixieme, un Cuisse-Madame.

Deux cent trente-septieme, un Cuisse-Madame.

La descrip- *Deux cent trente huitieme, un Blanquet à longue queuë.*
tion en est
après le cal- *Deux cent trente-neuvieme, un premier Blanquet musqué.*
cul des 300. *Deux cent quarantieme , un Poirier d'Orange verte.*

Deux cent quarante-unieme, un Befidery.
Deux cent quarante-deuxieme, un Poirier d'Epargne.
Deux cent quarante-troifieme, un Meffire-Jean.
Deux cent quarante-quatrieme, un Sucré-vert.
Deux cent quarante-cinquieme, un bon-Chrétien d'Hyver.
Deux cent quarante-fixieme, un bon-Chrétien d'Hyver
Deux cent quarante-feptieme, un bon-Chrétien d'Hyver.
Deux cent quarante-huitieme, un bon-Chrétien d'Hyver.
Deux cent quarante-neuvieme, un Virgoulé.
Deux cent cinquantieme, un Virgoulé.
Deux cent cinquante-unieme, un Virgoulé.
Deux cent cinquante-deuxieme, un Ambrette.
Deux cent cinquante-troifieme, un Ambrette.
Deux cent cinquante-quatrieme, un Efpine.
Deux cent cinquante-cinquieme, un Efpine.
Deux cent cinquante-fixieme, un Lechafferie.
Deux cent cinquante-feptieme, un Lechafferie.
Deux cent cinquante-huitieme, un Lechafferie.
Deux cent cinquante-neuvieme, un Martin-fec.
Deux cent foixantieme, un Petit-oin.
Deux cent foixante-unieme, un la Fare.
Deux cent foixante-deuxieme, un faint Auguftin.
Deux cent foixante-troifieme, un Marquife.
Deux cent foixante-quatrieme, un Beurré.
Deux cent foixante cinquieme, un Amadotte.
Deux cent foixante-fixieme, premier Bon-Chrétien d'Efpagne.   *La difcrip-*
Deux cent foixante-feptieme, un Loüife-bonne.   *tion en eft*
Deux cent foixante-huitieme, un Doyenné.   *aprés le cal-*
Deux cent foixante-neuvieme, un Portail.   *cul des 300.*
Deux cent foixante-dixieme, un Loüife-bonne.
Deux cent foixante-onzieme, un Befidéry.
Deux cent foixante-douzieme, un Befidéry.
Deux cent foixante-treizieme, un double-Fleur.
Deux cent foixante-quatorzieme, un double-Fleur.
Deux cent foixante-quinzieme, un Franc-real.
Deux cent foixante-feizieme, un Franc-real.
Deux cent foixante-dix-feptieme, un Angober.
Deux cent foixante-dix-huitieme, un Angober.
Deux cent foixante-dix-neufvieme, premier Donville.

X x ij

Deux cent quatre-vingtieme, deuxieme Donville.
Deux cent quatre-vingt-unieme, un Robine.
Deux cent quatre-vingt-deuxieme, un Robine,
Deux cent quatre-vingt-troisieme, un Saint-Lesin.
Deux cent quatre-vingt-quatrieme, un Loüise-bonne.
Deux cent quatre-vingt-cinquieme, un Colmar.
Deux cent quatre-vingt sixieme, un Crasane.
Deux cent quatre-vingt septieme, un Beurré.

Novembre & Decembre.   *Deux cent quatre-vingt huitieme, un Bergamotte d'Hyver.*
Deux cent quatre-vingt-neuvieme, un Bon-chrétien musqué.
Deux cent quatre-vingt-dixieme, un Verte-longue.
Deux cent quatre-vingt onzieme, un Bon-chrétien d'Espagne.
Deux cent quatre-vingt douzieme, un Crasane.
Deux cent quatre-vingt treizieme, un Poirier de Vigne.
Deux cent quatre-vingt quatorzieme, un Fondante de Brest.

Juillet. La description en est aprés le calcul des 300.   *Deux cent quatre-vingt quinzieme, un Blanquet musqué.*
Deux cent quatre-vingt seizieme, un Salviati.
Deux cent quatre-vingt-dix-septieme, un Poirier de satin-d'Esté.
Deux cent quatre vingt dixhuitieme, un Muscat Robert.
Deux cent quatre-vingt dix neuvieme, un Bourdon.
Le trois centieme, sera un Sans-peau.

Je viens d'introduire deux Bons-Chrêtiens d'Espagne, deux Salviati, deux Blanquet musqué, & deux Donville; il est bien juste que j'en rende raison, & que je les fasse connoître.

Le Bon-Chrêtien d'Espagne est presque de toutes les Poires celle qui m'a autant embarassé; peu s'en faut que je n'aye honte de le dire, je me suis naturellement trouvé enclin à l'estimer d'abord par sa figure, on ne s'en sçauroit quasi défendre : C'est une grande Poire, grosse, longue & bien faite en piramide, ressemblant tout à fait par-là à un tres-beau Bon-Chrêtien d'Hyver, d'où luy est venu le plus beau nom qu'elle porte : elle a d'un côté un beau rouge éclatant tout piqueté de petits points noirs, & de l'autre côté elle est blanche jaunâtre; sa chair est la

plus caſſante de toutes celles que je connois , elle a d'ordinaire une eau douce, ſucrée , & aſſez bonne , quand elle eſt
venuë dans un bon fond , & qu'elle eſt dans ſa parfaite maturité qui arrive communement depuis la my-Novembre
juſqu'à la my-Decembre, & va quelquesfois juſqu'en Janvier : C'eſt par toutes ces qualités-là que pendant deux ou
trois ans j'avois conçu une grande eſtime pour elle : mais
outre que dans cette même ſaiſon nous avons toutes nos
principales Poires tendres,& fondantes, & que depuis plus
de vingt ans j'ay toûjours trouvé à celle-là la chair ſi rude,
ſi groſſiere, & ſi pierreuſe, & particulierement dans les
terroirs, & les années un peu humide , qu'enfin malgré
ma première inclination il a falu ſe reſoudre à luy refuſer
entrée dans beaucoup de Jardins, & ainſi je ſuis d'avis
qu'on ſe contente d'en ſouffrir au moins quelques Arbres
dans ceux, où le nombre des Buiſſons paſſe deux cent cinquante, & où le fond eſt paſſablement bon : toûjours a t-
elle cet avantage, qu'elle paye de bonne mine dans l'ornement des piramides.

Le Salviati reſſemble entierement par ſa figure à un Beſidéry , mais non pas par ſa couleur : C'eſt une Poire aſſez
groſſette , ronde , queuë longuette, aſſez menuë, un peu enfoncée, l'œil pareillement un peu enfoncé, & petit, le coloris d'un jaune rouſſaſtre blanchâtre ; celles où il y a de
grands placards roux , ont la peau aſſez rude , les autres où
le roux n'eſt pas, l'ont aſſez douce ; la chair en eſt tendre, mais peu fine, l'eau en eſt ſucrée & parfumée, tirant au goût de Robine plûtôt qu'à celuy d'Orange, mais
cette eau eſt en petite quantité ; la Poire eſt aſſez bonne ,
& ſeroit encore mieux reçeuë , ſi elle ne venoit pas avec les
Pêches de la fin d'Août & du commencement de Septembre.

Le Blanquet muſqué, ou la blanquette muſquée, eſt une
Poire du commencement de Juillet,reſſemblant aſſez par ſa
groſſeur,& par ſa figure à un Muſcat-Robert : elle a la peau
fine, le coloris d'un jaune blanc qui ſe teint un peu à l'aſpect du Soleil ; la chair en eſt un peu ferme , ſi bien qu'elle
n'eſt pas ſans marc & ſans pierre , mais l'eau en eſt fort
douce, & fort ſucrée,ainſi elle n'eſt pas indigne de paroître
icy.   X x iij

Il me femble que je voy un affezgrand nombre de mécon-
tens qui murmurent contre mon chois: ce font les amateurs
de certaines Poires, defquelles je n'ay fait encore aucune
mention, c'eft à fçavoir des Poires de Chat-brûlé, d'Angleterre, de Citron d'Hyver, de Rouffelet d'Hyver, de
Brutte-bonne, &c. il s'y en mêle même quelques-uns qui
aiment la Poire Roze, le Calliot-rozat, l'Orange-tulipée,
la Vilaine d'Anjou, &c. & qui ne l'oferoient prefque dire: les uns, & les autres ont cherché ces Poires dans les
Jardins que je viens de dreffer, & ne les y ayant pas ren-
contrées, chacun d'eux en fon particulier s'en eft, pour
ainfi dire, fenti offenfé, & en même-temps chacun m'aura
voulu faire paffer pour un homme qui ne connoît pas tous
les bons Fruits, ou tout au moins pour un homme pre-
venu.

A quoy je répons que je veux fort bien, que ces Meffieurs trouvent affez bonnes chacun dans leurs Jardins, ces
Poires dont eft queftion: & en ce cas-là je confens volontiers qu'ils continuënt à les eftimer, à les multiplier, & à
les prôner; ils me feront feulement la grace de fe fouvenir
de ce que j'ay dit à l'entrée de ce Traité fur la diverfité
des goûts, la diverfité des terroirs, & la diverfité des années, & me permettront de leur dire pour ma juftification, que ce qui m'a fait rebuter ces fruits, pour lefquels
ils font fcandalifés, n'a été feurement autre chofe que de
les avoir trouvés regulierement plûtôt mauvais que bons
durant une vingtaine d'années que je les ay foigneufement cultivés: cependant parce qu'ils peuvent fe rencontrer en de certaines circonftances tres-favorables pour le
merite qu'ils ont quelquesfois, je m'en vais leur faire enfin
dans les grands Jardins la juftice que je croy leur être
deuë.

Ainfi pour continuer le troifiéme cent de
Buiffons, je mettray d'abord fix Bugi,

Trois cent unieme, un Bugi.
Trois cent deuxieme, un Bugi.
Trois cent troifieme, un Bugi.

Trois cent quatrieme, un Bugi.

Trois cent cinquieme, un Bugi.

Trois cent sixieme, un Bugi.

Trois cent septieme, un Pastourelle.

Trois cent huitieme, un Pastourelle.

Trois cent neuvieme, un Pastourelle, c'est une Poire, qui malgré une pointe d'aigreur qui est dans son eau, se fait rechercher de bien des Curieux; elle est de la grosseur & figure à peu prés d'un Saint-Lezin, ou d'un beau Rousselet; la queuë est courbée, point enfoncée, & mediocre dans sa grosseur & longueur, la peau entre rude & douce, se humectant en maturité; le coloris d'un côté est jaune blanchâtre, couvert de placards roux, & de l'autre il est teint si peu que rien, la chair en est fort tendre, & fort beurrée, n'ayant ny marc, ny pierre; mais comme je viens de dire son eau aigrelette ne me réjoüit pas assez; les mois de Decembre, & de Janvier peuvent bien cependant en souffrir quelques-unes; les Poires d'Angleterre, de Chat-brûlé, de Citron d'Hyver, & de Rousselet d'Hyver, sui-vront aprés les Pastourelles; c'est pourquoy la

Trois cent dixieme sera pour un Poirier d'Angleterre autement, Beurré d'Angleterre, plus longue que ronde, ressemblant par sa figure, & par sa grosseur à une belle Verte-longue, mais non pas par son coloris; la peau en est unie, grise, verdâtre, chargée de piqûrres rousse, la chair fort tendre, & beur-rée, & bien de l'eau, qui est agreable: il semble qu'avec cela ce soit une Poire parfaite; mais comme cette chair est d'or-dinaire farineuse, & que la Poire molit aisément, & même sur l'Arbre, & qu'enfin elle vient en même-temps que la Verte-longue, le Petit-oin, & le Lansac, & même quel-quesfois avec le Rousselet, il me semble que je n'ay pas trop tort de n'avoir pas plûtôt pensé à elle; le

Trois cent onzieme Buisson, sera un premier Chat-brûlé, autre-ment Pucelle, Poire d'Octobre & de Novembre; elle passe-roit quelquesfois pour un Martin-sec, tant elle luy ressem-ble de grosseur, & de figure; mais le coloris un peu dif-ferent fait, qu'on ne s'y trompe pas; il est d'un côté fort roussâtre, & de l'autre assez clair, sans avoir rien d'isa-

bel ; la peau en eſt aſſez unie , & la chair tendre ; maiſ
c'eſt un tendre ſauvage tirant au pâteux, ayant peu d'eau,
& approchant du goût de Beſidéry : La Poire au reſte
étant fort pierreuſe dans le cœur , cela ne la fait que mediocrement valoir auprés de moy , quoy qu'aſſez de gens
veulent dire, qu'ils en ont veu beaucoup, qui n'avoient pas
tant de deffauts : le

Trois cent douzieme ſera un premier Citron d'Hyver ; cette
Poire eſt tres-bien nommée , veu ſa figure & ſa couleur;
ſi bien qu'on la pourroit prendre pour un veritable Citron
d'une mediocre groſſeur, quand ſur tout il eſt aſſez rond,
la chair en eſt fort dure, fort pierreuſe , & pleine de beaucoup de marc, on ne dira pas, que c'eſt là ſon merite ,
mais elle a aſſez d'eau, elle l'a extrêmement muſquée, &
voilà ce qui lui a fait des amis pour les mois de Janvier &
de Février ; le

Trois Cent treiziéme ſera un premier Rouſſelet d'Hyver.
Les Rouſſelets d'Hyver, ne ſont en beaucoup de Jardins, comme j'ay déjà dit, que des Martin-ſec ; mais cependant il y en a qui ſont d'une eſpece differente , ils
leur reſſemblent extrêmement pour la figure & la groſſeur, leur coloris eſt verdâtre, jauniſſant en maturité, la
chair en eſt entre tendre & caſſante, & pleine d'un peu
de marc, ils ont aſſez d'eau, qui paroîtroit aſſez ſucrée, ſi
un vilain petit goût de vert & de ſauvage ne s'en mêloit
un peu trop : Elle meurit en Février, & marque ſa maturité tout de même que les Bergamottes , c'eſt-à-dire par
une petite humidité qui ſe fait ſentir ſur la peau : la Poire eſt aſſez bonne , & peut au moins ſe ſoutenir dans les
plans de trois & quatre cens pieds d'Arbres, mais auſſi ce
n'eſt pas un grand mal de ne pas l'y laiſſer entrer ; on en
peut à la bonne heure avoir quelque Arbre de tige.

Le trois cent quatorzieme ſera un Satin d'Eſté.
Trois cent quinzieme , deuxieme d'Angleterre.
Trois cent ſeizieme, deuxieme Chat-brûlé.
Trois cent dix-ſeptieme , un Bon-chrétien d'Eſté.
Trois cent dix-huitieme , un Martin-ſec.
Trois cent dix-neuvieme , un Martin-ſec.
Trois cent vingtieme , un Colmar.

Trois

Trois cent vingt-uniéme, un Loüise-bonne.
Trois cent vingt-deuxiéme, un Verte-longue.
Trois cent vingt-troisiéme, un Verte-longue.
Trois cent vingt-quatriéme, un Virgoule.
Trois cent vingt-cinquiéme, un Virgoulé.
Trois cent vingt-sixiéme, un Virgoulé.
Trois cent vingt-septiéme, un Virgoulé.
Trois cent vingt-huitiéme, un Virgoulé.
Trois cent vingt-neuviéme, un Ambrette.
Trois cent trentiéme, un Ambrette.
Trois cent trente-uniéme, un Ambrette.
Trois cent trente-deuxiéme, un Espine.
Trois cent trente-troisiéme, un Espine.
Trois cent trente-quatriéme, un Espine.
Trois cent trente-cinquiéme, un Leschafferie.
Trois cent trente-sixiéme, un Leschafferie.
Trois cent trente-septiéme, un Leschafferie.
Trois cent trente-huitiéme, un Leschafferie.
Trois cent trente-neuviéme, un Bon-chrétien d'Hyver.
Trois cent quarantiéme, un Bon-chrétien d'Hyver.
Trois cent quarante-uniéme, un Bon-chrétien d'Hyver.
Trois cent quarante-deuxiéme, un Bon-chrétien d'Hyver.
Trois cent quarante-troisiéme, un Virgoulé.
Trois cent quarante-quatriéme, un Virgoulé.
Trois cent quarante-cinquiéme, un Ambrette.
Trois cent quarante-sixiéme, un Espine.
Trois cent quarante-septiéme, un Espine.
Trois cent quarante-huitiéme, un Ambrette.
Trois cent quarante-neuviéme, un Leschafferie.
Trois cent cinquantiéme, un Leschafferie.
Trois cent cinquante-uniéme, un la Fare.
Trois cent cinquante-deuxiéme, un Doyenné.
Trois cent cinquante-troisiéme, un Petit-oin.
Trois cent cinquante-quatriéme, un Marquise.
Trois cent cinquante-cinquiéme, un Saint-Augustin.
Trois cent cinquante-sixiéme, un Lanfac.
Trois cent cinquante-septiéme, un Poirier de vigne.
Trois cent cinquante-huitiéme, un Petit-oin.
Trois cent cinquante-neuviéme, un Rousseline.

La descrip-
tion en est

Trois cent soixantiéme , un Muscat-Robert.

Trois cent soixante-uniéme , un Sans-peau.

Trois cent soixante-deuxième , un Martin-sec.

Trois cent soixante-troisiéme , un Martin-sec.

Trois cent soixante-quatriéme , un Beurré.

Trois cent soixante-cinquiéme , un Beurré.

Trois cent soixante-sixiéme , un Messire-Iean.

Trois cent soixante-septiéme , un Messire-Iean.

Trois cent soixante-huitiéme , un Rousselet.

Trois cent soixante-neuviéme , un Robine.

Trois cent soixante-dixiéme , un Besidéry.

Trois cent soixante-onziéme , un Besidéry.

Trois cent soixante-douxiéme , un Double-fleur.

Trois cent soixante-treiziéme , un Double-fleur.

Trois cent soixante-quatorziéme , un Double-fleur.

Trois cent soixante-quinziéme , un Franc-réal.

Trois cent soixante-seiziéme , un Franc-réal.

Trois cent soixante-dix-septiéme , un Angober.

Trois cent soixante-dix-huitiéme , un Angober.

Trois cent soixante dix-neuviéme , un Donville.

Trois cent quatre-vingtiéme , un Donville.

Trois cent quatre-vingt-uniéme , premier Poirier de livre.

Trois cent quatre-vingt-deuxiéme , deuxième Poirier de livre.

Cette Poire de Livre , que quelques-uns nomment gros râteau-gris, & d'autres Poire d'Amour, est fort grosse , témoin le poids qu'on luy donne : elle est peu longue pour sa grosseur , ayant la peau assez rude , & le coloris d'un roux fort obscur , la queuë courte , & l'œil fort enfoncé : elle fait une belle & bonne compote de quelque maniere qu'on la fasse cuire , soit dans la cloche , soit sous la cendre , soit autrement.

La Poire Rousseline se nomme en Touraine le Muscat à longue-queuë de la fin d'Automne, & c'est le premier nom, sous lequel je l'ay premierement connuë, le nom de Rousseline plaît mieux, est plus court, & plus singulier ; c'est sa figure , qui approchant de celle de Rousselet le luy a fait donner par un de nos illustres curieux ; son coloris est d'un Isabel fort clair , on le prendroit pour un Martin-sec: sa chair est tendre , & delicate , & son eau fort sucrée , &

agaeablement parfumée : fon grand défaut eft de venir avec les Beurrés , les Bergamottes , les Lanfac , &c. & voilà pourquoy il m'a falu refifter à la tentation que j'ay euë de la placer mieux que je n'ay fait.

Trois cent quatre-vingt-troifiéme , un Bon-chrétien d'Hyver.
Trois cent quatre-vingt-quatrieme , un Bon-Chrétien d'Hyver.
Trois cent quatre vingt-cinquieme , un Bon-Chrétien-d'Hyver.
Trois cent quatre-vingt-fixieme , un la Fare.
Trois cent quatre-vingt-feptiéme , un Cuiffe-Madame.
Trois cent quatre-vingt-huitiéme , un Cuiffe-Madame.
Trois cent quatre vingt-neuviéme , un gros Blanquet.
Trois cent quatre-vingt-dixieme , un Blanquet Mufqué.
Trois cent quatre-vingt-onzieme , un Pendar.
Trois cent quatre vingt-douzieme , un Pendar.
Trois cent quatre-vingt-treizieme , un Robine.
Trois cent quatre-vingt-quatorzieme , un Paftourelle.
Trois cent quatre-vingt-quinzieme , un Bon-chrétien mufqué.
Trois cent quatre-vingt-feizieme , un Rouffelet.
Trois cent quatre-vingt-dix feptiéme , un Bugi.
Trois cent quatre vingt dixhuitiéme , un Portail.
Trois cent quatre-vingt dix neuviéme , un Saint-Lezin.
Le quatre centiéme , fera un du Bouchet.

La defcription en eft aprés le calcul des 400.

Cette Poire du Bouchet eft groffe , & ronde , & blanche à peu prés comme un Befidéry , quelques-unes du même arbre reffemblent à de mediocres Bergamottes , & d'autres à de groffes Caffolettes : la chair en eft belle & tendre , & l'eau fucréc , le bois femblable à celuy de mon-Dieu , elle meurit à la mi-Aouft.

La Poire de Pendar eft de la fin de Septembre ; à l'égard de fa chair , de fon goût , de fon eau & de fa figure , on la prendroit pour la Caffolette , mais comme elle eft un peu plus groffe , & qu'elle a le bois different , auffi-bien que le temps de la maturité , on voit bien que ce n'eft pas la même chofe.

Il me femble que cette diftribution ne doit point être mal reçuë , fi ce n'eft peut-être de ceux , qui au prix de la Poire-Chat comptent pour rien la plus part des Poires que nous eftimons , & ce font les Curieux du voifinage du Rhofne, qui dans le vray en font une eftime tres-particuliere, ainfi pour les contenter je donneray la

Quatre-cent-uniéme place à un premier Poire-Chat.

Quatre-cent deuxiéme, deuxiéme Poire-Chat.

C'eft une Poire de la my-Octobre, de la groffeur, couleur, & figure à peu prés d'un Martin-fec, ou d'un Chat-brulé, & approche extrêmement de la figure d'un œuf de poule, c'eft-à-dire qu'elle eft ronde en pointe émouffée par la tête, le ventre rond, mais peu gros, allongé groffierement vers la queuë, qui n'eft que mediocrement longue & groffe : la peau en eft fort liffe, fatinée, & féche ; le coloris eft d'un Ifabele fort clair, & beaucoup plus que l'Ifabele ordinaire de Chat-brulé, & de Martin-fec : la chair en eft tendre, & beurrée, & l'eau affez douce, & partant à l'imitation de ces Meffieurs qui l'eftiment tant, nous pouvons bien en faire quelque cas.

Mais comme nos Beurré, Bergamotte, Lanfac, &c. qui font de la même faifon qu'elle, ne la fçauroient guéres laiffer paroître dans les mediocres Jardins, où il n'y doit rien avoir qui ne faffe une figure importante, je veux bien au moins que nous en mettions deux dans les plans de quatre-cent un & quatre cent deux Arbres, & même quelques-uns de plus dans les autres qui feront plus grands.

Je ne fuis pas tout à fait fi bien perfuadé du merite du Befi de Caiffoy, autrement Rouffette d'Anjou : c'eft une petite Poire de Decembre & Janvier, de groffeur à peu prés d'un Blanquet: le fond du coloris eft jaunâtre, chargé par tout de rouffeurs, la peau peu unie, la chair tendre, mais pâteufe, beaucoup de pierre & de marc, l'eau peu agreable, & comme tirant au goût de Cormes ; tous ces défauts joints à la petiteffe de la Poire m'ont empêché de la mettre en rang jufqu'icy, cependant parce que quelquefois on en voit d'affez bonnes, & que les Angevins en font fi contens, je veux bien en fouffrir deux dans ces Jardins de quatre cent trois, & de quatre cent quatre Buiffons, partant

Le quatre cent troifiéme Buiffon fera un premier Befi de Caiffoy.

Quatre cent quatriéme, deuxiéme Befi de Caiffoy.

Jufqu'à prefent je croy avoir employé environ foixante

fortes de Poires de toutes les faifons , dix-huit d'Efté, dix-
fept d'Automne, & vingt-fix d'Hyver : il me femble qu'on
doit être difficile à contenter , fi on n'eft pas fatisfait de
cette multitude d'efpeces, qui, comme je l'ay affez dit , ne
font pas à beaucoup prés fi bonnes les unes que les autres :
je mettray cy-aprés une lifte de celles que je nommeray indifferentes, fi bien qu'à leur égard je n'ay ny trop de mépris pour les rebuter entierement , ny trop d'eftime pour
leur chercher de nouveaux courtifans , afin que chacun
de ceux , qui les connoiffant ont quelque affection pour
elles, les confervent, s'ils le trouvent à propos : mais pour
les autres qui ne les connoiffent pas, j'ofe dire qu'ils feront
affez bien de ne s'en mettre nullement en peine , ou même
de les joindre à celles que je confeille d'exterminer tout à
fait ; la lifte de celles-là, c'eft à dire des mauvaifes, fuivra de
prés la lifte des indifferentes.

Et ainfi pour continuer de planter les Jardins fuivans, où
je n'introduiray guéres de fruits nouveaux , à moins que ce
ne foient quelques Poires à cuire , je mettray pour le

Quatre cent cinquiéme , un Virgoulé.
Quatre cent fixiéme , un Virgoulé.
Quatre cent feptiéme , un Virgoulé.
Quatre cent huitiéme , un Virgoulé.
Quatre cent neuviéme , un Double-fleur.
Quatre cent dixiéme , un Francreal.
Quatre cent onziéme , un Ambrette.
Quatre cent douziéme , un Ambrette.
Quatre cent treiziéme, un Efpine.
Quatre cent quatorziéme , un Efpine.
Quatre cent quinziéme , un Lefchafferie.
Quatre cent feiziéme , un Lefchafferie.
Quatre cent dix-feptiéme , un Crafane.
Quatre cent dix-huitiéme , un la Fare.
Quatre cent dix-neuviéme , un Bon-chrêtien d'Hyver.
Quatre cent vingtiéme , un Bon-chrétien d'Hyver.
Quatre cent vingt-uniéme , un Bon-chrétien d'Hyver.
Quatre cent vingt-deuxiéme , un Bon-chrétien d'Hyver.
Quatre cent vingt-troifiéme , un Bon-chrétien d'Hyver.

Y y iij

Quatre cent vingt-quatrieme , un Bon-Chretien d'Hyver.

Quatre cent vingt-cinquieme , un Bon-Chretien d'Hyver.

Quatre cent vingt sixieme , un Beurrè.

Quatre cent vingt septieme , un premier Saint-François.

Quatre cent vingt-huitieme , un deuxiéme S. François , c'est une Poire qui n'est bonne que cuite, elle est assez grosse , & fort longue , est jaunâtre , & a la peau fort unie.

Quatre cent vingt neuvieme , un Saint-Augustin.

Quatre cent trentieme , un Rousseline.

Quatre cent trente unieme , un Blanquet musqué.

Quatre cent trente-deuxieme , un Chasse Madame.

Quatre cent trente-troisieme , un Robine.

Quatre cent trente quatrieme , un Salviati.

Quatre cent trente-cinquieme , un premier Orange musquée.

L'Orange musquée est une Poire du commencement d'Aoust, elle est mediocrement grosse , plate , assez colorée , queuë longuette , peau assez souvent tiquetée de petits placards noirs, chair assez agreable , mais ayant un peu de Marc.

Quatre cent trente-sixieme , un Fondante de Brest.

Quatre cent trente-septieme , un Martin-sec.

Quatre cent trente huitieme , un la Fare.

Quatre cent trente neuvieme , un Marquise.

Quatre cent quarantieme , un Amadotte.

Quatre cent quarante-unieme , un Lansac.

Quatre cent quarante deuxieme , un Messire Jean.

Quatre cent quarante troisieme , un Verte-longue.

Quatre cent quarante-quatrieme , un Besidery.

Quatre cent quarante cinquieme , un Doyenné.

Quatre cent quarante-sixieme , un Saint-Lezin.

Quatre cent quarante septieme , un Poirier de vigne.

Quatre cent quarante huitieme , un Rousseline.

Quatre cent quarante neuvieme , une Angleterre.

Quatre cent cinquantieme , un Pendar.

Quatre cent cinquante unieme , un Bugi.

Quatre cent cinquante deuxieme , un premier Gros-fremont.

Quatre cent cinquante-troisieme , deuxiéme Gros-fremont , c'est une Poire qui n'est bonne que cuite, elle est assez grosse, assez longue & jaunâtre, la compote en est un peu parfumée.

Quatre cent cinquante-quatriéme, un Donville.
Quatre cent cinquante-cinquiéme, un Loüise-bonne.
Quatre cent cinquante-sixiéme, un Colmar.
Quatre cent cinquante-septiéme, un Portail.
Quatre cent cinquante-huitiéme, un Citron.
Quatre cent cinquante-neuviéme, un Chat-brûlé.
Quatre cent soixantiéme, un Poirier de livre.
Quatre cent soixante-uniéme, un Pastourelle.
Quatre cent soixante-deuxiéme, un Virgoulé.
Quatre cent soixante-troisiéme, un Virgoulé.
Quatre cent soixante-quatriéme, un Virgoulé.
Quatre cent soixante cinquiéme, un Virgoulé.
Quatre cent soixante-sixieme, un Ambrette.
Quatre cent soixante-septieme, un Ambrette.
Quatre cent soixante-huitieme, un Espine.
Quatre cent soixante-neuviéme, un Espine.
Quatre cent soixante-dixiéme, un Leschasserie.
Quatre cent soixante-onziéme, un Leschasserie.
Quatre cent soixante-douziéme, un Petit oin.
Quatre cent soixante-treizieme, un Petit-oin.
Quatre cent soixante-quatorziéme, un Bon-Chrêtien d'Hyver.
Quatre cent soixante quinziéme, un Bon-chrétien d'Hyver.
Quatre cent soixante-seiziéme, un Bon-Chrétien d'Hyver.
Quatre cent soixante-dix-septiéme, un Bon-Chrétien-d'Hyver.
Quatre cent soixante-dix-huitiéme, un Sucré-vert.
Quatre cent soixante-dix-neuvieme, un Sucré-vert.
Quatre cent quatre-vingtiéme, un Martin-sec.
Quatre cent quatre-vingt-uniéme, un Bourdon.
Quatre cent quatre-vingt-deuxiéme, un Poire Magdeleine.
Quatre cent quatre-vingt-troisiéme, un Beurré.
Quatre cent quatre-vingt-quatriéme, un Bon-Chrétien musqué.
Quatre cent quatre-vingt-cinquiéme, un Bon-Chrétien d'Espagne.
Quatre cent quatre-vingt-sixiéme, un Messire-Iean.
Quatre cent quatre-vingt-septiéme, un Sans-peau.
Quatre cent quatre-vingt-huitieme, un gros Oignonnet.
Quatre cent quatre-vingt neuviéme, un poirier d'Orange musquée.
Quatre cent quatre vingt-dixiéme, un Lansac.
Quatre cent quatre-vingt-onziéme, un Cuisse-Madame.
Quatre cent quatre-vingt-douziéme, un Espargne.

Quatre cent quatre-vingt-treiziéme , un Caſſolette.
Quatre cent quatre-vingt-quatorziéme , un Bon-chrétien d'Eſté.
Quatre cent quatre-vingt-quinziéme , un Doyenné.
Quatre cent quatre-vingt ſeiziéme , un Poirier du Bouchet.
Quatre cent quatre-vingt-dix-ſeptiéme , un Poirier du Bouchet.
Quatre cent quatre-vingt-dix-huitiéme , un Poirier de Vigne.
Quatre cent quatre-vingt-dix-neuviéme , un Bergamotte d'Hy-
ver.
Le cinq centiéme Buiſſon ſera un Bugi.

Je commmence d'être perſuadé que mon exactitude à bien choiſir ces cinq cens Poiriers , donnera aſſez de lumieres aux nouveaux curieux pour ſçavoir ſe conduire, s'il ſe preſente des occaſions , qui demandent davantage d'Arbres , & ſur tout n'étant plus guéres queſtion de nouvelles eſpeces , on aura bien veu , que ſur chaque centaine d'augmentation de Buiſſons je n'augmente d'ordinaire premierement pour l'Eſté qu'environ de la ſix , ou ſeptiéme partie du cent , & même toûjours en les diminuant , à proportion que les plans augmentent de nombre , tant parce que ſi la quantité de murailles le permet, il y en a toûjours une partie pour quelques Poiriers de la ſaiſon, par exemple des petits-Muſcats , Cuiſſe-madame , Robine , Rouſſelet, &c. (cela ſupplée au défaut des Buiſſons) que parce qu'il faut regarder ces fruits d'Eſté , comme fruits tres paſſagers & de peu de durée : ſi bien que quand le nombre en eſt exceſſif , ils ne font guéres ny honneur ny profit.

Joint que je ne manque guéres dans les plans un peu conſiderables d'y en mettre toûjours en ſymetrie quelques-uns des principaux en Arbres de tiges, comme étant un moyen aſſuré de les avoir beaucoup meilleurs , & même en plus grande quantité.

En ſecond lieu à l'égard des fruits d'Automne j'ay tout au moins les mêmes égards que pour ceux dont je viens de parler : J'enviſage la Bergamotte avec la conſideration que j'ay par tout témoigné pour elle ; je n'en ay planté qu'un Buiſſon ou deux ſur cinq cens , & c'eſt cependant un des fruits, pour l'abondance duquel je pretens le moins
m'oublier

m'oublier : mais comme tout le monde sçait on n'en sçauroit gueres avoir que contre les murailles.

Il n'eſt pas difficile de conclure de là , que j'en feray
ſans doute de grands Eſpaliers , pourveu que j'aye dequoy
contenter mon inclination : j'en mettray à la plûpart des
expoſitions , mais veritablement , & cela à mon grand regret , ce ne ſera que peu à celle du Levant , & du Midy ,
tant en faveur des fruits à noyau , pour leſquels j'eſtime
qu'il les faut choyer , qu'à cauſe du deſordre des tigres ,
dont je ne ſçaurois du tout garentir les Poires ; mais en
revanche je mettray amplement de Bergamottes aux expoſitions du Nord , & deſquelles toutes les Poires , hors le
Bon-Chrêtien , ne s'accommodent pas mal , & ſur tout
dans les terreins un peu ſecs : veritablement elles n'y ſont
pas tout-à-fait ſi bonnes que celles qui joüiſſent long-tems
de l'aſpect favorable du Pere de la bonté ; mais le ſecours
du Sucre diminuë au moins une partie de leurs defauts ,
s'il n'eſt pas capable de les corriger entierement.

Nous allons donc planter beaucoup de Bergamottes ,
comme je ſuppoſe , qu'on l'a déja commencé , tout auſſi-tôt
qu'on s'eſt trouvé en état de faire l'honneur à cette Reine
des Poires ; je reviens donc pour dire , que ſur chaque centaine d'augmentation de Buiſſons le nombre de ceux qui
ſont des fruits d'automne , ne doit augmenter tout au plus
qu'environ de la ſept ou huitiéme partie du cent , le peu
de durée de la plûpart d'entr'eux , & la facilité de leur corruption en étant la cauſe : d'un autre côté le plaiſir qu'on
a d'en conſommer beaucoup , & la ſaiſon qui attire les compagnies , ou qui engage à des ſéjours de campagne , ſont toûjours comme une eſpece de Bouſſole , qui à l'égard de ces
fruits d'Automne nous doit conduire dans l'execution de
nos plans , ſoit pour en metre plus , ſoit pour en metre moins.

Reſtent donc les fruits d'Hyver , qui feront par tout
le grand corps de reſerve : ſi bien que ſur chaque centaine de buiſſons ils doivent d'ordinaire augmenter d'environ
les trois quarts de cent , & ſi mes avis ont le don de plaire ,
on prendra garde à multiplier moins ceux , que pour ainſi
dire , je ne multiplie qu'à tâtons.

Or ſans m'engager à faire pour un plan de ſix cens Buiſfons, comme j'ay fait cy-deſſus pour les autres plans, qui eſt de marquer exactement, & l'un aprés l'autre chaque eſpece de fruit, & chaque pied d'Arbre, ſelon l'ordre qu'ils doivent entrer en chaque Jardin en particulier, je me contenteray de dire tout d'un coup, qu'au delà des cinq cens, qui ſont déja reglez, je mettray pour faire les ſix cens, environ dix Poires d'Eſté, dix-huit d'Automne, & ſoixante-douze d'Hyver.

Je ne m'étonne pas que ceux, qui ont à faire de grands plans, ſoient embaraſſez pour le choix de la quantité d'Arbres : je croy même qu'ils le ſeroient davantage, s'ils en venoient eux-mêmes au détail, ſans s'en décharger ſur leurs Jardiniers, comme ils font la plupart aſſez malheureuſement. j'avoüe de bonne foy, que cela me paroît un abyſme ; & que j'y trouve beaucoup de difficulté, quand avec mon exactitude ordinaire je tâche de compaſſer & de proportionner les eſpeces.

Ces grands plans me font peur, tout accoûtumé que j'y puiſſe être, & croy même que c'eſt à cauſe que j'y ſuis ſi accoûtumé, que j'en vois ſi bien le peril, & les inconveniens : de là vient auſſi, que j'ay ſi ſouvent devant les yeux, à la bouche, & au bout de ma plume : *Laudato ingentia rura exiguum colito.*

On croit ne pouvoir jamais parvenir à avoir autant de fruits qu'on en ſouhaite : l'idée de l'abondance eſt en effet la plus agreable du monde, elle eſt aſſez difficile à atraper, à cauſe particulierement de la rigueur des ſaiſons ; c'eſt en veuë de cette abondance, que d'abord on ne fait que prôner les grands plans : mais outre la dépenſe qui eſt aſſez grande, tant pour les faire, que particulierement pour les entretenir, & qui doit ſur cela donner de grands égards, s'il arrive, comme il arrive ſans doute, qu'on parvienne enfin à ſe voir à peu prés ce qu'on s'eſt propoſé, je ſuis aſſeuré, qu'on ſe trouve au moins embaraſſé de ce qu'on en doit faire.

Il ſeroit bien-tôt tems, que je commençaſſe de planter un peu de ces fruits, qui ſont au moins propres à contribuër à la parure des pyramides ; on n'y devroit point ce me ſemble trouver à redire, quand on en eſt venu à planter

Iufques à des fix, & fept cens Buiffons d'autres Arbres ;
& ainfi on pourra y mettre quelques bons-Chrêtiens d'Efté,
autrement Gracioli, quelques Suprême, quelques Amiral,
quelques Moüille-bouche d'Efté, quelques Belliffime, quelques Poires de Bouge, quelques Grilland, quelques Gilogile, &c. je feray la difcription de ces fortes de fruits à la
fin de ce Traité : je me contente de les nommer icy en
paffant afin que nos curieux qui en fçauront le nom, en
plantent quelques Arbres, s'ils le trouve à propos : quant
à moy, tant que je fuivray mon inclination, je n'en planteray gueres.

C'eft pourquoy pour continuer, comme j'ay commencé, j'eftime que les dix fruits d'Efté d'augmentation pour
fix cens Arbres, feront

Vn gros blanquet.	*Vn Epargne.*
Deux Bon - Chrêtiens d'Efté muf-	*Vn poirier-Madeléne.*
qué.	*Vn Sans peau.*
Vn Caffolette.	*Vn pendar.*
Deux Robines.	*Vn poirier d'Orange mufquée.*

Les dix-huit d'Automne feront

Deux Amadottes	*Trois Lanfac.*
Vn Befidéry.	*Vn Poirier de Vigne.*
Vn Bon-chrêtien d'Efpagne.	*Trois Meffire-fean.*
Quatre Beurré.	*Vn Rouffeline.*
Vn Doyenné.	*Vn Sucre-vert.*

Les foixantes-douze d'Hyver feront

Dix Virgoulé.	*Deux Franc-réal.*
Sept Bons-chrétiens d'Hyver.	*Deux Gros-mufc.*
Cinq Lefchafferie.	*Deux Martin-fec.*
Cinq Efpine.	*Deux Marquife.*
Cinq Ambrette.	*Deux Portail.*
Trois Inconnuë la Fare.	*Deux Saint-Auguftin.*
Trois Bugi.	*Deux Saint-Lezin.*
Deux Angober.	*Vn Poirier de Citron.*
Deux Colmar.	*Vn Befi de Caiffoy.*
Deux double-fleur.	*Vn Donville autrement Calot.*

Un gros fremont.   *Un Petit-oin.*
Un Poirier de livre.   *Un Ronville.*
Un Loüise-bonne.   *Un Rousselet d'Hyver.*
Un Pastourelle.   *Deux Saint-François.*

J'y ajoûteray deux Carmelites, qui sont d'assez grosses Poires plates, grises d'un côté, & un peu teintes de l'autre, & chargées en certains endroits de quelques taches assez grandes, qui paroissent comme des pieces qu'on y a appliquées aprés coup.

En tout cela nous avons pour cuire environ soixante-onze Poiriers, sans y comprendre ceux qu'on pourra avoir de tige, comme des petits Certeaux, Angober, Franc-réal, &c. qui viennent fort bien.

Si on a besoin de sept cens Poiriers en Buissons, on n'a qu'à augmenter au de-là des six cens, de la même maniere à peu prés que nous avons fait pour venir des cinq cens au six cens, c'est-à-dire d'environ la dixiéme partie par centaine, soit pour l'Esté, soit pour l'Automne, & de quatre-vingt pour l'Hyver, ou bien qu'on se contente de ce que nous avons mis de fruit d'Esté & d'Automne pour les six cens, & qu'on mette entierement la centaine d'augmentation pour l'Hyver : on trouvera son compte, c'est-à-dire que pour sept cens Poiriers en Buisson, on en aura environ cent dix-huit pour l'Esté, cent trente-deux pour l'Automne, & quatre cens cinquante pour l'Hyver, ou bien on aura cent quinze pour l'Esté, cent douze pour l'Automne, & quatre cens soixante-treize pour l'Hyver ; ainsi pour huit cens on aura à peu prés cent vingt-cinq pour l'Esté, cent cinquante pour l'Automne, & cinq cens vingt-cinq pour l'Hyver, & pour neuf cens on en aura environ cent quarante-cinq pour l'Esté, cent soixante pour l'Automne, & cinq cens quatre-vingt-quinze pour l'Hyver ; cela posé que pour les huit cens, & pour les neuf cens on croit n'avoir pas assez de fruit d'Esté & d'Automne, que de n'avoir que ceux de six cens, qui sont pourtant un nombre fort raisonnable ; pareillement aussi pour mil Poiriers en Buisson on auroit environ cent quarante-cinq pour l'Esté, cent quatre-vingt cinq pour l'Automne , & ſix cens ſoixante-dix pour l'Hyver.

Je m'en vais faire icy la diſtribution de ce dernier nombre , & finiray là ce que j'ay à dire pour les Poiriers en Buiſſons, aprés avoir encore dit que le nombre tant des Poiriers d'Eſté que d'Automne me fait peur ; ſi bien que ſi je ſuivois mon penchant, naturellement j'irois à les diminuër pour augmenter davantage les fruits d'Hyver : chaque Curieux verra ſur cela ce qu'il trouvera à propos pour ſon uſage.

Les cent quarante-cinq Poiriers d'Eſté ſeront,

Neuf gros-Blanquet.	*Huit Orange-verte.*
Cinq Blanquet-muſqué.	*Quatre Gros Oignonnet.*
Cinq Bourdons.	*Quatre Magdeléne.*
Quinze Bon-chrétien muſqué.	*Trois Poiriers du Bouchet.*
Six Caſſolette.	*Huit ſans-peau.*
Quinze Cuiſſe-Madame.	*Trois Salviati.*
Six Eſpargne.	*Sept Muſcat-Robert.*
Six Fondante de Breſt.	*Quinze Rouſſelet.*
Seize Robine.	*Six Pendar.*
Quatre Orange muſquée.	

Les cent quatre-vingt-cinq Poiriers d'Automne ſeront

Trente-deux Beurré.	*Un Bergamotte.*
Vingt Verte-longue.	*Six Craſane.*
Quinze Lanſac.	*Quatre Chat-brûlé.*
Vingt Meſſire-Jean.	*Quatre Poire-Chat.*
Quinze Beſidéry.	*Dix Doyenné.*
Douze Amadotte.	*Six Rouſſeline.*
Quatre Angleterre.	*Huit Sucré-vert.*
Six Bon-chrétien d'Eſpagne.	*Huit Poiriers de Vigne.*

Les ſix-cent ſoixante-dix Poiriers d'Hyver ſeront

Six-vingt Virgoulé.	*Trente Double-fleur.*
Soixante-dix Bon-chrétien d'Hy-	*Vingt-quatre Inconnuë la Fare.*
ver.	*Vingt-quatre Martin-ſec.*
Soixante-cinq Ambrette.	*Dix-huit Franc-réal.*
Soixante-dix Leſchaſſerie.	*Quinze Angober.*
Soixante-cinq Eſpine.	*Quinze Bugi.*

Z z iij

** Quoy que ces trois dernieres especes se trouvent dans le nombre des Buissons d'Hyver, elles viennent cependant toutes trois en Automne, mais cela ne doit rien gâter de l'ordre qui est icy observé.*

Je me suis laissé aller à mettre les trois dernieres especes de Poires, quoy que je n'aye pas grande estime pour elles, l'abondance avec laquelle elles se produisent m'a flechi en leur faveur, outre que pour les gens qui n'auroient point d'autres fruits, ceux-cy ont une eau assez sucrée, & qui n'est pas trop desagreable, à qui aime le goût rosat.

La Poire-rose est assez grosse, plate, & ronde, la queuë en est fort longue & fort menuë, & la chair cassante.

Le Caillot-rosat, autrement Eau-rose, est de la couleur, grosseur, & figure à peu prés d'un Messire-Jean ordinaire, elle est pourtant un peu plus ronde, & a la queuë trescourte & enfoncée comme une Pomme, & la chair cassante.

La Vilaine d'Anjou, autrement Tulipée, & Bigarade, est grosse, plate, d'un gris jaunâtre, & pareillement la chair cassante.

J'ajouteray même deux Grosse queuë, le nom de cette Poire, la fait connoître, sa pierre avec sa sécheresse la fait méprifer, & son grand parfum la fait estimer de ceux qui aiment les fruits fort musquez; elle est jaune, & assez grosse.

Huit Portail.	*Huit Petit-oin.*
Quinze Saint-Lezin.	*Huit Ronville.*
Huit Gros-Musc.	*Huit Carmelites.*
Huit Colmar.	*Cinq Citrons.*
Douze Loüise-bonne.	*Quatre Besi de Caissoy.*
Huit Pastourelles.	*Six gros-Fremont.*
Douze Donville.	*Six Poires de Livre.*
Douze Marquise.	*Six Saint-François.*
Huit Saint-Augustin.	*Dix Rousselet d'Hyver.*

Et sur cela nous en avons cent un, qui ne sont que pour cuire sans les autres, qui, comme nous avons dit, sont d'assez bonnes Poires des deux façons.

Je finis par cette petite reflexion, laquelle regarde un curieux, qui se voit mil. Poiriers en Buisson, où qui se propose de les planter : & je luy demande d'abord que chacun de ces Arbres commenceront de donner quelque peû de fruit, quand cela n'iroit qu'à douze par chaque pied d'Arbre, qui est un nombre tres-modique ; je demande, dis-je, à ce curieux, qu'est-ce qu'il pourra faire de ces douze mil Poires, à moins qu'il n'en veüille faire present d'une grande partie, ou les vendre, ou en faire du Cidre, &c. J'avoüe de bonne foy, que ce nombre m'épouvante, jusqu'à me chagriner, au moins me faire pitié, sçachant certainement, qu'il y en aura pour le moins la moitié de gâté, &c.

CHAPITRE III.

Des Poiriers de tige à planter.

IL s'en faut de beaucoup, que je me trouve obligé à la discussion pour les Poiriers de tige, que je l'ay esté pour les Poiriers en Buisson ; les petits Jardins ne s'accommodent nullement de ceux-là, comme ils font de ceux-cy ; l'ombre des grands Arbres y est pernicieuse pour tout ce qu'on y pourroit élever, joint que tout le monde veut particulierement avoir de l'air autour de sa maison, & que personne ne peut souffrir ce qui est capable de l'empêcher ; voilà en effet une des principales raisons, qui font que chacun souhaitte au moins de petits Jardins, quand il ne peut pas en avoir de grands.

Nous ne planterons donc d'Arbres de tige que dans les grands Jardins, & les y planterons en petite quantité, ce qui ne va d'ordinaire qu'à un Arbre pour chaque quarré de Potager ; je me suis sur cela fait deux usages qui ne reüssissent pas mal, dont l'un est de les planter sur le bord des grandes allées de traverse, & toûjours loin de toutes les murailles, à la reserve de celles du Nord ; & l'autre de les planter au milieu des quarrés, c'est-à-dire un dans chaque quarré.

Dans la premiere façon, particulierement comme la plûpart de l'ombre donne dans les grandes allées, il n'y en a point qui fasse tort aux petites plantes de dessous, ny

aux bons Espaliers qui en sont fort éloignez, & dans la
deuxiéme maniere il n'y a rien qui offusque, & embarasse
le veuë, parce que les quarrez ayans d'ordinaire au moins
dix à douze toises en tout sens, & estant separez les uns
des autres par quelques allées, les Arbres de tige y auront entr'eux une distance assez considerable ; & comme
le nombre de ces quarrez n'est que mediocrement grand,
le nombre des Arbres de tige ne peut être aussi que mediocre, n'y ayant gueres de Potagers, qui selon de telles mesures, & une telle destination, puissent avoir plus d'une
trentaine d'Arbres.

Or pour cela je choisis ou de ces especes de bons fruits,
qui ne sont pas bien gros, qui cependant chargent beaucoup, & sont bons en tombant, c'est-à-dire sont fruits
d'Esté, parce que leur peu de grosseur les empêche de se
meurtrir, & leur maturité, qui les a détachez, fait que
si par hazard quelques-uns ont esté cassez, on peut sur
le champ les consommer avec plaisir.

Ou bien je choisis de ces especes qui tiennent beaucoup à la queuë, & de celles dont les fruits sont fort dures en soy, comme les menus fruits d'Hyver, & les Poires à cuire, si-bien qu'ils ne sont pas aisément abatus par
les vents, ou leurs chûtes ne sont pas capables de leur
faire grand tort.

Parmy les fruits d'Esté à planter en Arbres de tige, je
n'y comprens pas le Petit-muscat, quoy que par la taille,
& la saison dont il est, il y dût être plus propre qu'aucun autre : le chancre qui s'attache à son bois, & le gâte
entierement, m'en empêche à mon grand regret ; mais ce
que j'y plante tres-volontiers, c'est premierement en fruits
d'Esté, (& voicy l'ordre de mon choix) le Rousselet, la
Cuisse-Madame, le gros Blanquet, le Blanquet musqué,
le Bon-chrêtien d'Esté musqué, la Poire Sans-peau, l'O-
range musquée, le Bourdon, le Muscat-Robert, la Poire
de Pendar, la Fondante de Breste, & même dans un fort
grand plan j'y ajoûterois quelques Bon-chrêtien d'Esté,
quelques Amiral, &c. Pour des fruits d'Automne ce que
je choisis sont des Lansac, des Poires de Vigne, des Rousseline, &c. Pour des fruits d'Hyver ce sera le Martin-
sec,

ſec, l'Ambrette, le Rouſſelet d'Hyver, le Ronville, &
peut-être quelques Beſi de Caiſſoy, & enfin pour les fruits
à cuire, ce ſera le petit Certeau, le Franc-real, l'Angober, le Donville.

. Voilà environ vingt-quatre ſortes de Poiriers de tige à
planter aſſez heureuſement dans nos Jardins ; mais comme dans des lieux importans, par exemple de beaux Potagers, les fruits à cuire ne ſont pas aſſez conſiderables
pour y être placez, & que (comme il eſt à propos pour
tous ceux qui le peuvent commodement) on en peut avoir
dans des Vergers à l'écart avec toutes ſortes de Ceriziers,
Griottes, Bigarreaux, Guignes, avec toutes ſortes de bonnes Pommes, Réinette, Calvil, Api, Fenoüillet, Courpendu, &c. avec quelques Prunes de bonnes eſpeces,
ſçavoir des Damas de toutes ſortes, des Mirabelles, Sainte Catherine, Diapré, &c. & enfin avec des Muriers,
Amandiers, Azeroliers, &c. comme dis-je les fruits à
cuire peuvent ſans des-honneur être éloignez de nos Potagers, il faut particulierement multiplier quelques-uns
de nos fruits d'Eſté qui ſont les principaux.

Je m'aſſure que la voye de tout le monde auſſi bien que
la mienne donne auſſi-tôt ſur les Rouſſelets ; de maniere
qu'on n'eſt pas fâché d'avoir au moins quatre grands Poiriers de Rouſſelet, quand on a un Arbre de chacune des
autres eſpeces : la Rouſſeline, la Poire de Lanſac, l'Ambrette, & le Martin-ſec ſont encore des Arbres qui demandent chacun à être doubles devant qu'on double les
autres ; un Poirier d'Eſté qui ſera planté depuis dix ou douze ans eſt capable de donner une ſi grande quantité de
fruits de ſon eſpece, que ce ſera tout ce qu'on pourra faire, que de les conſommer devant que la pourriture qui ſuit
d'aprés la maturité, les rende inutiles : il faut cependant
ſe ſouvenir en faiſant des plans de fruitiers, que ſi on en
mêle quelques Arbres de tige, il faudra à proportion diminuër le nombre des Buiſſons, qu'on auroit eſté obligé
d'avoir des mêmes eſpeces.

Il me ſemble qu'il n'eſt pas hors de propos d'ajoûter icy,
qu'à l'égard de ces Arbres de tige il eſt bon de leur laiſſer
une partie des branches, que leur tête avoit dans la Pe-

piniere, ils en feront plus prompts à donner du fruit ; &
comme la hauteur de leur tige n'eſt pas ſi juſtement reglée que celles des Buiſſons, ſoit que cette hauteur commence un pied plus haut, ou un pied plus bas, ils n'en ſeront pas pour cela plus deſagreables dans leur figure, &
c'eſt toûjours beaucoup d'avoir à leur égard cette avance
pour le fruit, qu'on ne ſçauroit guéres avoir pour les
Buiſſons.

Nous avons juſqu'icy examiné la conduite qui eſt à tenir à l'égard des bonnes Poires, pour en avoir dans nos
Jardins, tant en Buiſſon, qu'en Arbres de tige, autant
qu'il eſt poſſible: je n'ay point parlé de ces Bon-Chrétiens
en grands Arbres, qu'on a dans les cours de quelques
maiſons en beaucoup de Provinces dont les climats ſont
chauds, ny de quelques autres Poiriers plus communs,
quon a ailleurs en d'autres cours.

Je n'ay pas auſſi parlé des grands plans de Poiriers, qui
ſe font pour le cidre dans les lieux ou les Vignes ne peuvent pas réüſſir.

Pour ce qui eſt des deux premiers articles, outre que
je n'en ay rien à dire, la choſe n'étant d'aucune conſequence, mais ſimplement du plaiſir de quelques particuliers, je m'en raporte entierement à ce que chacun trouvera bon pour ſa ſatisfaction, le ſuccés qu'il en aura luy
ſervira de regle.

Toûjours eſt-il bon de dire que dans des lieux qui, comme on dit, ſont ſi expoſez aux bras ſeculiers, il faut avoir
cette precaution de n'y mettre que des fruits, qu'on ne
puiſſe pas manger ſur le champ, ou autrement il eſt certain que tout ce qui en reviendra au Maiſtre, ne fera que
beaucoup de chagrin, & peu d'autre choſe.

Pour ce qui eſt des plans de Cidre, ſoit pour Poiriers,
ſoit pour Pommiers, je me contenterai de dire, qu'on y
plante les Arbres à dix & douze toiſes de diſtance l'un
de l'autre, parce que cela n'empêche pas, qu'au moins
pendant longues années les terres n'en ſoient enſemencées de bons grains, la culture des labours qui ſe font
pour ceux-cy ſervant extrêmement pour la culture des
autres: je laiſſe cet article aux gens qui ont ou neceſſité,

& commodité de cette liqueur, ou qui ont autant de paffion pour elle, que j'en ay pour les bons fruits qui font les
delices des honnêtes gens.

Il eft temps d'examiner qu'elle forte de Poires nous mettrons en Efpalier : je fçay bien qu'il n'y en a pas une, qui
pour la groffeur, & la feureté du raport ne s'en accommode affez volontiers, quand les tigres les y veulent fouffrir : mais je fçay bien fur tout qu'il y en a quelques-unes
qui ont tellement befoin de l'Efpalier, qu'elles ne s'en peuvent paffer : nous avons cy-devant infinué en quelques
endroits que cette neceffité étoit particulierement pour
les Bergamottes, & encore plus pour le petit-Mufcat :
elle eft encore nommement indifpenfable pour pouvoir
élever du Bon-Chrêtien bien coloré ; mais comme pour
peu qu'on ait de murailles bien exposées, on doit avoir
tant d'égard ; afin de les employer utilement felon leur
merite, & felon l'importance des fruits qui y demandent
place, j'eftime que je ne dois traiter des Poires qu'on
y peut planter, qu'en traitant particulierement de l'ordre qui eft à tenir pour remplir chaque muraille de toutes fortes de bons fruits, autant bien qu'elles le peuvent
être ; & c'eft l'ordre que je me fuis proposé dés le commencement de çe Traité ; j'acheveray donc premierement de dire quels autres fruits réüffiffent bien en Buiffon, aprés avoir fait une lifte particuliere des premiers
cinq cens Poiriers en Buiffon, que j'ay placez cy-deffus,
& aprés avoir dit, qu'elles font à mon fens les bonnes
efpeces de Poires, qu'elles font les mediocres, & qu'elles
font enfin les mauvaifes, & que je ne confeille point de
planter.

LISTE

DES PREMIERS CINQ CENS

Poiriers en Buiſſon , ſelon l'ordre que je les ay placez cy-deſſus , où je marque les mois , pendant leſquels leurs fruits ſont bons à manger , & les pages qui contiennent leurs deſcriptions.

49. Quatriéme Bon-Chrêtien d'Hyver.
50. Quatriéme Virgoulé.
51. Troifiéme Marquife.
52. Premier Bon-Chrêtien d'Efté mufqué , *Poire du mois d'Aouſt* , fa defcription , page 332
53. Troifiéme Petit-oin.
54. Cinquiéme Bon-Chrêtien d'Hyver.
55. Cinquiéme Virgoulé.
56. Quatriéme Lefchafferie.
57. Quatriéme Efpine.
58. Quatriéme Ambrette.
59. Quatriéme Saint-Germain.
60 Premier Blanquet à longue queuë , *Poire du mois de Iuillet* , fa defcription , page 324
61. Cinquiéme Beurré.
62. Premier Orange verte, *Poire du commencement d'Aouſt* , fa defcrip. p. 333
63. Quatriéme Verte-longue.
64. Sixiéme Bon-Chrêtien d'Hyver.
65. Sixiéme Virgoulé.
66. Troifiéme Colmar.
67. Quatriéme Crafane.
68. Quatriéme Marquife.
69. Deuxiéme Loüife bonne.
70. Cinquiéme Efpine.
71. Cinquiéme Ambrette.
72. Cinquiéme Lefchafferie.
73. Cinquiéme Saint-Germain.

74. Cinquiéme Verte-longue.
75. Premier Doyenné , *Poire de la my-Septembre & d'Octobre* , fa defcription , pag. 333
76. Premier Befi de la mote , *Poire de la fin d'Octobre.*
77. Sixiéme Beurré.
78. Deuxiéme gros Blanquet.
79. Troifiéme Loüife-bonne.
80. Deuxiéme Blanquet à longue queuë.
81. Septiéme Bon-Chrêtien d'Hyver.
82. Sixiéme Efpine.
83. Sixiéme Lefchafferie.
84. Sixiéme Ambrette.
85. Septiéme Virgoulé.
86. Sixiéme Verte-longue.
87. Huitiéme Virgoulé.
88. Septiéme Efpine.
89. Septiéme Ambrette.
90. Septiéme Lefchafferie.
91. Sixiéme Saint-Germain.
92. Quatriéme Colmar.
93. Neuviéme Virgoulé.
94. Deuxiéme Mufcat-fleuri.
95. Premier Martin-fec, *Poire de la my-Novembre* , fa defcription , page 317
96. Quatriéme Petit-oin.
97. Quatriéme Loüife-bonne.
98. Huitiéme Efpine.
99. Huitiéme Ambrette.

---

100. Dixiéme Virgoulé.

101. Onziéme Virgoulé.
102. Huitiéme Leschafferie.
103. Neuviéme Espine.
104. Premier Bourdon , *Poire de la fin de Iuillet, & du commencement d'Aoust*, sa description, pag. 327
105. Septiéme Saint Germain.
106. Cinquiéme Colmar.
107. Septiéme Beurré.
108. Septiéme Verte-longue.
109. Dixiéme Espine.
110. Cinquiéme Petit-oin.
111. Premier Sucré-vert , *Poire de la fin d'Octobre*, sa description, page 340
112. Premier Lansac , *Poire de l'entrée de Novembre*, sa description, page 314
113. Troisiéme Rousselet.
114. Troisiéme Robine.
115. Premier Poire-Magdeleine, *Poire de l'entrée de Iuillet,* sa description, page 340
116. Premier Espargne, *Poire de la fin de Iuillet*, sa description, page 340
117. Deuxiéme Espargne.
118. Douziéme Virgoulé.
119. Sixiéme Colmar.
120. Huitiéme Bon-Chrêtien d'Hyver.
121. Deuxiéme Martin-sec.
122. Septiéme Colmar,
123. Huitiéme Beurré.
124. Premier Bugi, *Poire de Février & Mars*, sa description, page 240.
125. Deuxiéme Bugi.

126. Neuviéme Bon-Chrêtien d'Hyver.
127 Neuviéme Beurré.
128. Premier gros Oignonnet , *Poire de la my-Iuillet,* sa description, page 343
129. Deuxiéme Sucré-vert.
130. Premier petit-Blanquet, *Poire de la fin de Iuillet* , sa description, page 324
131. Treiziéme Virgoulé.
132. Onziéme Espine.
133. Neuviéme Ambrette.
134. Huitiéme Verte-lonlongue.
135. Sixiéme Petit-oin.
136. Premier Angober , sa description, page 343
137. Quatriéme Rousselet.
138. Quatriéme Robine.
139. Cinquiéme Crasane.
140. Huitiéme Saint-Germain.
141. Huitiéme Colmar.
142. Deuxiéme Messire-jean.
143. Quatorziéme Virgoulé.
144. Dixiéme Leschafferie.
145. Dixiéme Ambrette.
146. Premier Double-fleur, *Poire de Mars* , sa description, page 342
147. Cinquiéme Marquise.
148. Premier Franc-réal , *Poire de Ianvier*, sa description, page 343
149. Deuxiéme Sans-peau.
150. Premier Besidéri , *Poire d'Octobre & de Novembre,*

200. Troifiéme Saint-Auguftin.
201. Quatorziéme Bon-chrêtien d'Hyver.
202. Quinziéme Bon-Chrêtien d'Hyver.
203. Seiziéme Bon-Chrêtien d'Hyver.
204. Dixfeptiéme Bon-chrêtien d'Hyver.
205. Dixhuitiéme Bon-chrêtien d'Hyver.
206. Dixneuviéme Bon-Chrêtien d'Hyver.
207. Premier Bergamote d'Hyver.
208. Dixneuviéme Virgoulé.
209. Vingtiéme Virgoulé.
210. Vingtuniéme Virgoulé.
211. Treiziéme Lefchafferie.
212. Quatorziéme Lefchafferie.
213. Treiziéme Ambrette.
214. Quatorziéme Ambrette.
215. Treiziéme Efpine.
216. Quatorziéme Efpine.
217. Huitiéme Crafane.
218. Neuviéme Petit-oin.
219. Dixiéme S. Germain.
220. Onziéme Saint-Germain.
221. Septiéme Marquife.
222. Huitiéme Marquife.
223. Quatriéme Martin-fec.
224. Cinquiéme Martin-fec.
225. Treiziéme Beurré.
226. Quatorziéme Beurré.
227. Septiéme Rouffelet.
228. Huitiéme Rouffelet.

229. Troifiéme Bon-Chrêtien d'Efté mufqué.
230. Troifiéme Meffire-jean.
231. Septiéme Robine.
232. Dixiéme Verte-longue.
233. Onzieme Verte-longue.
234. Deuxiéme Caffolette.
235. Troifiéme Lanfac.
236. Troifiéme Cuiffe-Madame.
237. Quatriéme Cuiffe-Madame.
238. Troifieme Blanquet à longue queuë.
239. Premier Blanquet mufqué, *Poire du commencement de Iuillet*, fa defcription, p. 349.
240. Deuxiéme Orange-verte.
241. Deuxieme Befidéri.
242. Troifieme Efpargne.
243. Quatriéme Meffire-Jean.
244. Troifiéme Sucré-vert,
245. Vingtiémé Bon-Chrêtien d'Hyver.
246. Vingt-uniéme Bon-Chrêtien-d'Hyver.
247. Vingt-deuxieme Bon-Chrêtien-d'Hyver.
248. Vingt-troifieme Bon-Chrêtien-d'Hyver.
249. Vingt-deuxiéme Virgoulé.
250. Vingt-troifiéme Virgoulé.
251. Vingt-quatriéme Virgoulé.

252. Quinzieme Ambrette.
253. Seizieme Ambrette.
254. Quinzieme Espine.
255. Seizieme Espine.
256. Quinzieme Leschasserie.
257. Seizieme Leschasserie.
258. Dix-septieme Leschasserie.
259. Sixieme Martin-sec.
260. Dixieme Petit-oin.
261. Douzieme Saint-Germain.
262. Quatrieme Saint-Augustin.
263. Neuvieme Marquise.
264. Quinzieme Beurré.
265. Premier Amadotte, *Poire de Novembre & de Decemb.*
266. Premier Bon-Chrétien d'Espagne, *Poire de la my-Nov. & du commencement de Decembre*, sa description, pag. 348.
267. Cinquieme Loüise-bonne.
268. Troisieme Doyenné.
269. Troisieme Portail.
270. Sixieme Loüise-bonne.
271. Troisieme Besidéry, *Poire bonne à cuire.*
272. Quatrieme Besidéry.
273. Deuxieme Double-fleur
274. Troisieme Double-fleur
275. Deuxieme Franc-réal.
276. Troisieme Franc-réal.
277. Deuxieme Angober.
278. Troisieme Angober.
279. Premier Donville.
280. Deuxieme Donville.

281. Huitieme Robine.
282. Neuvieme Robine.
283. Premier Saint-Lezin, *Poire de Mars.*
284. Septieme Loüise-bonne.
285. Onzieme Colmar.
286. Neuvieme Crasane.
287. Seizieme Beurré.
288. Deuxieme Bergamotte d'Hyver.
289. Quatrieme Bon-Chrétien d'Esté musqué.
290. Douzieme Verte-longue.
291. Deuxieme Bon-Chrétien d'Espagne.
292. Dixieme Crasane.
293. Deuxieme Poirier de Vigne.
294. Premier fondante de Brest, *Poire du mois d'Aoust.*
295. Deuxieme Blanquet musqué.
296. Deuxieme Salviati.
297. Premier Poirier de satin d'Esté.
298. Troisieme Muscat-Robert.
299. Troisieme Bourdon.

300. Quatrieme Sans-peau.
301. Quatrieme Bugi.
302. Cinquieme Bugi.
303. Sixieme Bugi.
304. Septieme Bugi.
305. Huitieme Bugi.
306. Neuvieme Bugi.
307. Premier Pastourelle,

454. Cinquieme Donville.
455. Neuvieme Loüïebonne.
456. Treizieme Colmar.
457. Cinquieme Portail.
458. Deuxieme Citron-d'hyver.
459. Troisieme Chat-brûlé.
460. Troisieme Poirier de Livre.
461. Cinquieme Paſtourelle.
462. Trente-ſixieme Virgoulé.
463. Trente-ſeptieme Virgoulé.
464. Trente-huitieme Virgoulé.
465. Trente-neuvieme Virgoulé.
466. Vingt-quatrieme Ambrette.
467. Vingt-cinquieme Ambrette.
468. Vingt-quatrieme Eſpine
469. Vingt-cinquieme Epine
470. Vingt-ſixieme Leſchaſſerie.
471. Vingt-ſeptieme Leſchaſſerie.
472. Treizieme Petit-oin.
473. Quatorzieme Petit-oin.
474. Trente-huitieme Bon-Chrétien-d'hyver.
475. Trente-neuvieme Bon-Chrétien d'Hyver.
476. Quarantieme Bon-Chreſtien d'Hyver.

477. Quarante-unieme Bon-Chreſtien d'Hyver.
478. Quatrieme Sucré-vert.
479. Cinquieme Sucré-vert.
480. Douzieme Martin-ſec.
481. Quatrieme Bourdon.
482. Deuxieme Poire Magdeleine.
483. Vingtieme Beurré.
484. Septieme Bon-Chrétien d'Eſté muſqué.
485. Troisieme Bon Chrétien d'Eſpagne.
486. Septieme Meſſire-Jean.
487. Sixieme Sans-peau.
488. Deuxieme gros Oignonnet.
489. Deuxieme Poirier d'Orange muſquée.
490. Sixieme Lanſac.
491. Huitieme Cuiſſe-Madame.
492. Troisieme Eſpargne.
493. Troisieme Caſſolette.
494. Huitieme Bon-Chrétien d'Eſté muſqué.
495. Sixieme Doyenné.
496. Deuxieme Poirier du Bouchet.
497. Troisieme Poirier du Bouchet.
498. Cinquieme Poirier de Vigne.
499. Troisieme Bergamotte d'Hyver.
500. Douzieme Bugi.

Pour ne point fatiguer le Lecteur, j'ay fait ſeulement une Liſte des premiers cinq cens Poiriers, les autres cinq

cens se trouvans presque tous ensemble dans les pages
363. 364. 365. & 366. & de plus étant des mêmes especes
cy-dessus, exceptez ces cinq.

La Carmelitte, *Poire de Mars,*
　sa description, 　　p. 364.
La Poire-rose, *Poire du mois*
　d'Aoust, sa description,
　page 366.
Le Caillot-rosat, *Poire des*
　mois d'Aoust & de Septembre,

sa description, 　　p. 366.
La Vilaine d'Anjou, *Poire du*
　mois d'Octobre, sa descrip-
　tion, 　　　　p. 366.
Et la Grosse-queuë, *Poire*
　d'Octobre, sa description,
　pag. 366.

LISTE

DE TOUTES SORTES DE POIRES
tant bonnes, que mediocres, &
mauvaises.

POIRES BONNES.

LA Bergamotte, *Poire de*
　la my-Septembre & d'O-
　ctobre.
Le Bon Chrêtien d'Hyver,
　Février & Mars.
Le Beurré, *my-Septembre, &*
　commencement d'Octobre.
La Virgoulé, *Novembre, De-*
　cembre, & Ianvier.
La Leschasserie, *Idem.*
L'Ambrette, *Idem.*
L'Espine, *Idem.*
Le Rousselet, *Aoust, & Sept.*
La Robine, *Idem.*
Le Petit-oin, *Nov. & Dec.*
La Crasane, *Novembre.*

La Saint-Germain, autre-
　ment l'Inconnuë la Fa-
　re, *Novembre, Decembre, &*
　Ianvier.
La Colmar, *Idem.*
La Loüise-bonne, *Novembre*
　& Decembre.
La Verte-longue, *my-Octob.*
La Marquise, *Octobre.*
La Saint-Augustin, *fin de*
　Decembre.
Le Messire-Jean, *my-Octob.*
La Cuisse-Madame, *entrée*
　de Iuillet.
Le gros Blanquet, *Idem.*
Le Muscat-Robert, autre-

ment Poire à la Reine, Poire d'Ambre, Grosse-musqué de Coüé, la Princesse, Pucelle de Flandre en Poitou, Pucelle de Xaintonge, *my-Juillet.*

La Poire Sans-peau, *vingtiéme Iuillet,*

Le Muscat-fleury, *my-Octob.*

La Blanquette à longue queuë, *Iuillet.*

L'Orange verte, *Aoust.*

Le Besi de la mote, *fin d'Oct.*

Le Martin-sec, *my-Novemb.*

Le Bourdon, *fin de Iuillet, & commencement d'Aoust.*

Le Sucré-vert, *fin d'Octobre.*

La Lansac. *Idem.*

La Poire Magdeleine, *entrée de Iuillet.*

L'Espargne, *fin de Iuillet.*

Le Bugi, *Février & Mars.*

Le petit Blanquet, *fin de Iuil.*

L'Inconnuë-Cheneau, *Sept.*

Le Petit-Muscat, *Iuillet.*

Le Portail, *Ianvier. & Fev.*

Le Satin-vert, *Ianvier.*

L'Amiré-roux, *Iuillet.*

La Poire de Vigne, ou de Demoiselle, *my-Octobre.*

La Non-commune des Défuns, *Novembre.*

Le gros-Musc, *Ianvier.*

Le Muscat-l'Aleman, *Mars, & Avril.*

L'Amadotte, *Nov. & Dec.*

Le Saint-Lezin, *Mars.*

La Fondante de Brest, *Aoust..*

La Rousseline, *Octobre.*

Le Pendar, *Septembre.*

La Cassolette, ou Friolet, Muscat-vert, l'Echefrion, *Aoust.*

La Poire de Ronville, ou Martin-Sire, *Ianvier.*

POIRES MEDIOCRES.

LA Poire de Londre, *Novembre.*

L'Orange brune, ou Poire de Monsieur, *Aoust, & Sept.*

Le Bon-chrétien d'Esté musqué, ou Gracioli, *Idem.*

Le Doyenné, ou Saint-Michel, *my-Sept. & Octobre.*

Le Chat-brûlé, *Oct. & Nov.*

L'Angleterre, *Sept. & Oct.*

L'Ambrette de Bourgueüil, ou Graville, *treiziéme Oct.*

Le Besidéri, Poire à cuire, *Oct.*

La Pastourelle, ou Musette d'Automne, *Novembre.*

La Topinambou, ou Finor musqué, *Decembre.*

L'Archiduc, *Mars.*

La Naples, *Idem.*

Le Parfum d'Esté, *Iuillet.*

Le Parfum de Berny, *vingt-troisiéme Septembre.*

Le Bon-Chrétien d'Espagne, *Novembre.*

La

La Crapaudine, Grise-bon-
ne, ou Ambrette d'Esté,
Aoust.
La Portugal d'Esté,Poire de
Prince ou Amiral, *Iuillet.*
La Vilaine d'Anjou, *Octobre.*
Le Sucrin noir, *Dec. & Ian.*
La poire-Chat, *Octobre.*
La poire de Jasmin, *Novemb.*
Le Besi de Caissoy,ou Rous-
sette d'Anjou, *Novembre.*
L'Oignon musqué, *Novemb.*
La poire de Citron, *Novem-
bre & Decembre.*
L'Etranguillon-Vibray,*Dec.*
La poire de Milan-rond,
Ianvier & Février.
La Reine d'Hyver, *Ianvier.*
La Carmelite, *Mars.*
Le Rousselet d'Hyver,*Idem.*
Le Iasmin, & Frangipane,
Aoust.
L'Ambrette Sans-épine,*No-
vembre.*
L'Or d'Automne, *Idem.*
La Sans-nom de Monsieur
le Ieune, *Idem.*

Le Caillot Rosat, Pera del
Campo, *Aoust & Septembre.*
La poire-Roze, *Aoust.*
La Milon de la Beuvriere,
ou Bergamotte d'Esté,*dou-
ziéme Aoust.*
L'Orange d'Hyver, *Mars &
Avril.*
La Tulipée, ou poire aux
mouches, *Septembre.*
La Brute-bonne, ou poire
de Pape, *vingtiéme Aoust.*
La Finor d'Orleans, fruit
commun du moisd'Aoust,
rougeâtre,figure de Rous-
selet:il la faut cüeillir ver-
delette pour la faire meu-
rir, afin qu'elle en ait plus
d'eau.
Le Beurré blanc, *vingtiéme
Aoust.*
La Double fleur, *Mars.*
La poire de Morfontaine,
vingt-cinquiéme Septembre.
La Tibivilliers, ou Bruta-
Marma, *Mars & Avril.*

P O I R E S   M A V V A I S E S.

LA poire de Dumas, ou
Cristallines Morin-
goût, figure de la Gilo-
gilles, *Février & Mars.*
La Burquet Russette d'An-
gleterre, *Sept. & Octob.*
La poire de Sain, *Aoust &
Septembre.*
Le Certeau d'Esté,*fin de Sept.*

La Belle & Bonne, *dixiéme
Octobre.*
La poire de Catillac, *Octob.
& Novembre.*
La poire de Cadet, *Octobre
Novembre & Decembre.*
La Grosse-queüe, *Octobre.*
La Chambrette, *Octobre.*
La poire de Fin-oin. *Octob.*

C c c

La Poire de Passe-bon. *Idem,*

Le Caillot d'Hyver Poire à cuire, *Novembre.*

La Carmelite, Mazuer, ou Gilogiles, *Novembre.*

La Poire de livre à cuire, *Novembre.*

La Poire de Ros, *Nov. & Dec.*

La Bergamotte, Sicile musquée, ou Poire du Colombier, *Decembre.*

La Poire de Citroli, *Decemb.*

Le Caloët, ou Caillot d'Hyver, *Decembre.*

La Dame Jeanne, ou Rousse de la Merliere, *Dec & Ian.*

La Pernan, *Ianvier.*

La Poire de Miret, *Février.*

La Gourmandine, *Mars.*

La Trouvée de Montagne, *Idem.*

La Suprême, *Iuillet.*

Le Gros-Fremon, *Decembre, & Ianvier.*

La Florentine, *Mars.*

La Macaire, *Avril.*

La Bernardiere, *Avril & May.*

La Betterave, *Aoust.*

L'Orange rouge, *Aoust.*

Le Martin-sec de Bourgogne *Novemb. Decemb. & Ianv.*

La Bellissime, *Aoust.*

La Martineau, *Octobre.*

La Poire de Legat, ou Bouge, ou Bens, *Idem.*

La Poire de Cypre, *Nov.*

La Fontarabie, *Ianvier.*

La Poire de Malte, *Nov.*

La Constantinople de Bourgüeil, *Decembre.*

L'Orange de Saint LO, *Dec.*

La Jargonnelle d'Hyver, *Ianvier.*

La Gaitellier, *Ianvier.*

L'Estoupe, *Mars.*

La Bête-bir, *Idem.*

La Monrave, *Idem.*

La Gambaye, *Avril.*

La Jargonnelle d'Esté, *vingt-deuxiéme Aoust.*

La Lombardie, *Aoust.*

La Sanguinole, *Aoust.*

La Vallée musquée, *Aoust.*

L'Haitiveau, *Aoust.*

La Deux-tête, *Aoust, & Sept.*

L'Odorante musquée, *Sept.*

L'Oignon de Vervan, *Aoust.*

Le Certeau musqué, *Nov.*

La Vilaine d'Hyver, *Jan.*

La Stergonette, *Idem.*

La Poire Verte du Pereus, *Ianv. Février & Mars.*

La Poire de Crapaut, *Ianv.*

L'Escarlatte, *Aoust.*

La Poire de Mon-Dieu, *Id.*

La Belle-Verge, *Idem.*

La Poire de Coûtrau, ou Saint-Giles, *Aoust.*

La Parmein rouge.

Le Saint-François.

La Bequesne.

La Poire d'Amour.

La Marin, ou Thomas.

La Carisie.

La Chair-à-Dame, *Aoust.*

Entre ces Poires il s'en trouve quelques-unes bon-

nes à cuire, qui font
La Carmelite.
Le Caloet.
Le Gros-Fremont.
La Saint-François.

Le Bequefne.
La Poire d'Amour.
La Poire de Thomas , ou
  Marin.
Et la Poire de Ros.

OUTRE LES MÉCHANTES POIRES que je ne connois pas, voicy une Liste particuliere de celles que je connois pour si mauvaises, que je ne conseille à personne d'en planter.

POIRES D'ESTÉ.

LE Certeau d'Esté.
La Belle & Bonne.
La Poire de Sain.
La Sanguinole.
La Betterave.
L'Orange rouge.
La Belliffime.
La Jargonnelle.
La Lombardie.
La Vindfor, *Aouft.*
La Vallée-mufquée.

L'Odorante.
L'Efcarlatte.
La du Mon-Dieu.
La Poire du Coûtreau , ou
  Saint Gilles.
La Chair-à-Dame.
La Vallée.
La Crapaudine.
La Milan de la Beuvriere,
  ou Bergamotte d'Esté.

POIRES D'AUTOMNE.

LA Poire de Cadet.
Le Certeau mufqué.
La Poire de Chambret.

La Fin-oin.
La Paffe-bon.

POIRES D'HYVER.

LA Poire de Catillac.
La Dame-Jeanne.
La Pernan.

La Trouvée de Montagne.
La Bernardiere.
Le Martin-fec de Bourgogne

La Fontarabie.
La Gaftelier.
La Stergonelle.
La Vertzbourg.
La Crapaut.
La Parmein.
La Carifi.

La Jargonelle.
La Malte.
La Poire Suiffe.
La Gilot-giles.
La Moritanie, *mois d'Aouft.*
L'Armenie , *quatriéme fan-*
vier.

LISTE DE CELLES DONT JE NE FAIS PAS
affez de cas pour confeiller de les planter, ny affez de mépris
pour les bannir des fardins de ceux qui les aiment.

LES Poires d'Efté font
Le Parfum d'Efté.
Le parfum de Berny.
L'Hativeau.
La poire de Janet.
La Frangipane.
La Jafmin.
La Brutte-bonne.
La Finor.
L'Oignon de Vervan.
La Belle-Verge.
La Nicole.
La Befi de Mapan , *Aouft.*
  Les poires d'Automne font
La poire de Monfieur , ou L'Or brune.
L'Oignon d'Automne.
L'Ambrette Sans épine.
L'Or d'Automne.
La Tulipée , ou Poire aux mouches.
La Cypre.
La Bergamote-rouffe d'An-

gleterre.
La Sans-nom de Monfieur le Jeune.
  Les poires d'Hyver font
La Taupinanbou.
La Befi des Effars.
L'Archiduc.
La Naples.
La poire d'Armenie.
La Sicile , ou Bergamotte mufquée.
La Sucrin-noire.
La Milan rond.
La Vilaine d Hyver.
L'Or d'Hyver.
La poire de Legat , ou Bou- ge.
La Bruta-marma.
La Verte du Pereus.
La poire de Ros.
La Citroli.
La poire de Miret , *Février.*
La Gourmandine , *Mars.*
La poire de Macaire , &c.

CHAPITRE IV.

Traité des Pommes.

COmme les Pommes font une partie de nos fruits à pepin , & même une partie affez confiderable, tant par
leur bonté & leur durée , que par la commodité que nous
avons d'en avoir, foit en petits Buiffons fur les Pommiers
de Paradis , foit en gros Buiffons & en Arbres de tige fur
les favvageons : je me ferviray de cet endroit pour dire ce
que je confeille d'en planter devant que d'en venir aux Efpaliers, où je ne leur donne jamais guéres d'entrée.

Parmy les Pommes qui font bonnes à manger foit cruës,
foit cuites (car je ne parle point icy des Pommes à cidre)
j'en compte fept principales, fçavoir Reinette grife, Reinette blanche ou franche , Calville d'Automne, Fenoüillet , Courpendu, Api , Violette ; il y en a d'autres dont je
ne fais pas tant de cas quoy qu'elles ne foient pas mauvaifes, & ce font les Rambour , Calville d'Efté , Coufinotte,
Orgeran , Jerufalem , Druë-permein , Pommes de glace,
Francatu , Haute-bonté, Royauté , Rouvezeau , Châtai-
gner, Pigeonet, Paffe-pomme, Petit bon, Pomme-figue &c.

Toutes les Pommes fe reffemblent affez par leur figure
plate & leur queuë courte, & prefque toutes par leur
groffeur, & même par leur chair caffante, mais font toutes fort differentes par leur coloris.

Je n'en connois que deux ou trois un peu plus groffes
que les autres, fçavoir les Rambours , les Calvilles , & les
Pommmes de glace , & trois ou quatre qui font plus longues que plates, fçavoir les Calville, les Violette, les jerufalem & les Glacées ; & celles là font plus groffes vers la
queuë que vers la tête ; ainfi il les faut prefque toutes
concevoir plates, fans en faire d'autre defcription.

Les deux fortes de Reinette font diftinguées par les
deux noms de grife & de blanche qu'elles portent , à
cela prés auffi bonnes les unes que les autres ; on en peut
faire de bonnes compotes en tout temps, & on commence
d'en manger de cruës vers le mois de Ianvier ; elles ont
devant ce tems-là une petite pointe d'aigreur qui déplaît

à certaines gens:mais malheureusement dés qu'elles commencent à la perdre entierement, elles se chargent d'une odeur qui déplaît encore davantage, & qui même est renduë plus desagreable, quand l'odeur de la paille sur laquelle on les a mises meurir s'en mêle ; enfin à l'avantage de ces Pommes de Reinettes on peut dire, qu'on s'en sert fort utilement presque tout le long de l'année, & à leur desavantage aussi on peut dire, que leur voisinage est infiniment desagreable & incommode.

Les Calville d'Esté & d'Automne se ressemblent assez par leur figure longue, & par leur coloris, qui est d'un rouge de sang ; mais cependant la Calville d'Esté est un peu plus plate, étant aussi moins colorée en dehors, & nullement en dedans, au lieu que celles d'Automne le sont beaucoup, & parmy celles-cy les meilleures, c'est à dire celles qui ont le plus de l'agreable odeur de violette, qui les rend si considerables, ces meilleures dis-je ont toûjours la chair plus teinte que celles des autres, & sont aussi plus belles à voir ; on en conserve assez souvent depuis le mois d'Octobre qu'elles commencent jusqu'en Janvier & Février ; c'est un tres-excellent fruit à manger cru, & tres-excellent aussi à le mettre en compotes, il devient quelquesfois sec & farineux, mais ce n'est qu'à force de vieillir ; les Calville d'Esté, tant la blanche que l'autre, passent dés le mois de Septembre, on peut au moins dire qu'elles ne sont pas desagreables, & sur tout pour les pyramides de la saison.

Le Fenoüillet ou Pomme d'Anis, est d'une couleur qu'on ne sçauroit bien expliquer, il est gris, roussâtre par tout, tirant à la couleur de ventre de Biche, ne prenant gueres jamais aucune couleur vive ; il ne vient pas fort gros, & paroît approcher un peu de la figure longuette ; la chair en est tres-fine, & l'eau fort sucrée avec un petit parfum de ces plantes dont il porte le nom ; la Pomme commence d'être bonne depuis le commencement de Decembre, & pour lors on a le plaisir d'en manger avec les Poires de la saison ; elle se garde jusqu'en Février & Mars ; c'est assurement une tres-jolie Pomme, & le seroit encore davantage si elle ne se fanoit pas si aisément, aussi-bien que celle qui suit.

Le Courpendu, à qui on avoit voulu changer son ancien nom pour luy donner celuy de Bardin, est tout-à-fait de figure de Pomme, & d'une grosseur raisonnable ; il est gris roussâtre d'un côté, & assez chargé de vermillon de l'autre, la chair en est tres-fine, & l'eau tres-douce & fort agreable : on en mange avec plaisir dés le mois de Decembre jusqu'en Fevrier & Mars, mais il ne luy faut pas donner le temps de devenir trop ridée, parce qu'en ce tems-là elle est insipide, c'est encore une tres-jolie Pomme.

L'Api qui est veritablement une Pomme de Demoiselle, & de bonne compagnie, est connuë de tout le monde par la couleur qu'elle a extraordinairement vive & perçante ; elle commence d'être bonne du moment qu'elle n'a plus rien de vert, ny auprés de la queuë, ny auprés de l'œil, ce qui arrive assez souvent dés le mois de Decembre ; & pour lors, s'il m'est permis de parler ainsi, elle veut être mangée goulument, c'est à dire sans façon, & avec sa peau toute entiere ; parmy toutes les autres Pommes il n'y en a point qui ayent la peau si fine & si delicate que celle-cy ; à peine s'en aperçoit-on en les mangeant, & même elle contribuë si fort à l'agrément qu'on y trouve, que c'est les rendre moins bonnes que de la leur ôter ; elle dure depuis le mois de Decembre jusqu'en Mars & Avril, fait merveilleusement bien son personnage dans les assemblées d'Hyver, où elle n'apporte aucune odeur desagreable ; mais au contraire un certain petit parfum delicieux dans une chair extraordinairement fine ; & enfin elle se fait estimer par tout où elle se presente ; elle est de tres-grand raport, & par consequent on peut bien la prôner comme une tres-jolie Pomme, qui a encore cela de particulier, qu'elle ne se fane jamais.

La Violette a le fond du coloris blanchâtre, un peu tiqueté aux endroits où le Soleil n'a pas donné, mais chargé, ou plûtôt rayé & foüetté d'une assez belle couleur de rouge enfoncé aux endroits qui en sont veus : la couleur de la chair est fort blanche, & cette chair fort fine & delicate, l'eau extrêmement douce & sucrée, ne laissant aucun marc, si bien que seurement c'est une Pomme admirable, à commencer d'en manger, dés qu'on la cuëille jusqu'à Noël, & ne passe pas plus outre.

On m'avoit promis d'une violette glacée, qu'on pretend
être meilleure, & durer plus long-temps, ne commençant
qu'aprés l'autre, mais je ne l'ay pas veuë ; j'en ay veu
une, qu'on nommoit glacée noire, de grofleur, & figure
d'une Reinette ordinaire, & d'un rouge noir fort luifant,
à la referve du côté qui n'a pas efté exposé au Soleil, &
qui colore fi peu que rien ; elle fe garde jufqu'en Avril,
& a toûjours un goût de vert defagreable, qui m'a donné
peu d'envie de la multiplier.

La Rambour eft , comme j'ay dit, une belle & grofle
Pomme, elle eft verte d'un côté, foüettée de rouge de l'autre, fe mange dés le mois d'Aouft, & dure peu, elle eft
res-bonne cuitte, & demande fur tout des Arbres de
haut vent ; les petits Pommiers de Paradis font trop foibles pour en porter la pefanteur.

Les Coufinottes font efpece de Calville, qui fe gardent
jufqu'en Fevrier, ont l'eau fort aigre, & la queuë longue & menuë.

Les Orgeran hâtif & tardif me paroiffent peu de chofe.

La Pomme, qui eft faite en eftoile, & qui en porte
le nom eft jaune, & fe garde jufqu'en Avril, elle eft aigrette & durette, ce n'eft pas grand chofe.

Les Jerufalem font prefque rouge partout, ont la chair
ferme & de peu de goût, quoy qu'aflez fucrée, & n'ayant
rien de la mauvaife odeur qui fuit la plûpart des Pommes, elles fe gardent long-temps.

Les Druë-permein d'Angleterre font de la couleur des
Jerufalem, mais font plus plates, ont plus de douceur & de
fucre ; les Anglois en font plus de cas, que de la plûpart de
nos Pommes de France ; ils font encore grande eftime d'u-
ne autre, qu'ils nomment Guolden Peppius, qui a tout-à-
fait l'air d'une Pomme de Paradis, ou de quelqu'autre
Pomme fauvage, elle eft fort jaune & ronde, elle a peu
d'eau, qui eft aflez relevée, & fans mauvaife odeur.

Les Pommes de glace font ainfi nommées, parce qu'en
meuriffant il femble qu'elles viennent comme tranfparen-
tes, fans l'être pourtant, elles font tout-à-fait verdâtres,
& blanchâtres, & ne font pas grande figure auprés des veritables curieux.

Les Francatu font rouges d'un côté, & jaunâtres de l'autre, fe confervent long-temps, & voilà leur principal merite.

Les haute-bonté font blanches, cornuës & longuettes, & durent long-temps ; on les nomme en Poiétou Blandilalie, elles ont la chair affez douce avec fi peu que rien d'aigrelet.

Les Rouvezeau font blanchâtres & colorées.

Les Châtaigniers qu'on appelle Martrange en Anjou font blanches, rouffes, avec un coloris affez fale & obfcur.

La Pomme fans fleurir eft verte, & fort de l'Arbre, tout de même que les Figues fortent du Figuier ; elle fe garde long-temps, on l'appelle quelquefois Pomme-figue.

Le Petit-bon eft longuet & affez bon.

La Pomme-rofe reffemble extrêmement par tout fon exterieur à la Pomme d'Apis, mais à mon goût elle ne la vaut pas, quoy que puiffent dire les curieux du Rhône, qui la veulent autant élever au deffus des autres, qu'ils élevent la Poire-Chat au deffus des autres Poires.

Voilà à peu prés toutes les Pommes que je connois, aprés en avoir fait une fort exaéte recherche; & comme il y a trespeu de difference de bonté parmy elles, je me contente volontiers des fept premieres, pour qui j'ay marqué de l'eftime, & ne feray nul fcrupule d'en planter une affez grande quantité, pourveu qu'elles foient greffées fur Paradis; c'eft un Arbre qui pouffe peu de bois, & par confequent fait de fort petits Buiffons & peu embaraffans ; de plus il a l'avantage d'être de grand raport, ce qui le rend fort confiderable à nos curieux, joint qu'il s'accommode également de toutes fortes de terreins chauds & froids, fecs & humides.

Je m'accoûtume fort d'en mettre entre tous les Buiffons des Poiriers, que je plante autour de chaque quarré de nos Potagers, & pour cela je tiens ces Poiriers un peu éloignez les uns des autres, fans avoir peur de faire aucun tort à leur nourriture, parce qu'elle fe prend affez avant dans la terre, pendant que ces petits Pommiers, qui n'en ont befoin que de peu, fe contentent de ramaffer celle qui fe perdoit vers la fuperficie : par le moyen de ces petits Pommiers je me donne prefque autant d'Arbres d'une façon que d'autres ; & comme ces petits Pommiers font agreables à voir dans les grands Jardins, il s'enfuit bien de là qu'ils ne font pas auffi un mauvais effet dans les petits.

Il n'eft queftion que de fe determiner pour les efpeces, & voicy comme j'en ufe ; fi j'ay lieu d'en planter un affez bon nombre, par exemple, du depuis cinquante jufqu'à un cent, ou deux, j'en plante les deux tiers du total de ces quatre efpeces, Reinette grife, Reinette blanche, Calville d'Automne & Apis, autant d'une façon que d'autre ; & à l'égard de l'autre tiers je le divife en trois portions, pour l'employer en ces trois autres efpeces, Fenoüillet, Courpendu & Violette.

· Ainfi pour cinquante Pommiers j'auray huit Reinette grife, huit Reinette blanche, huit Calville d'Automne, huit Apis, fix Fenoüillet, fix Courpendu, fix Violette ; Pour cent Pommiers, j'en auray feize de chacune des quatre efpeces principales, & douze de chacune des autres, & ainfi à proportion pour les deux cens : mais quand il fera queftion de trois, quatre, & cinq cens, j'y mêleray environ une douziéme partie composée de Calville d'Efté, & de Rambour ; ainfi fur trois cens Pommiers il y auroit douze Calville d'Efté, & douze Rambour, avec quarante-trois Reinette grife, quarante-trois Reinette blanche, quarante-trois Calville d'Automne, quarante-trois Apis, trente-deux Fenoüillet, trente-deux Courpendu, trente-deux Violette, & ainfi du refte à proportion.

Si même quelque curieux y veut mêler quelqu'autre Pomme, par exemple des Jerufalem, des Petit-bon, des Châtaigners, &c. il le pourra, mais à mon fens, c'eft-à-dire à mon goût, elles valent moins que les fept efpeces que je prefere icy aux autres.

Il ne refte qu'une difficulté, pour fçavoir ce qui eft à faire dans les fort petits Jardins, où je confeille volontiers d'y planter quelques petits Pommiers : il faut tres-peu de place pour y en mettre une demy douzaine, ou une douzaine entiere, fans la compagnie même d'aucuns Poiriers, & fans faire de tort à quelques petites plantes qu'on y éleve : en tel cas je n'y mettrois que fix, ou douze Apis,

qui dans le temps du fruit feroient un joly ornement de
ce petit Jardin, & si on y en pouvoit mettre deux dou-
zaines, il y en auroit huit Apis, huit Calville d'Automne, & huit de Courpendu; que s'il en faloit une quarantaine, cela seroit partagé entre ces trois especes-là avec le
Fenoüillet & les Pommes violettes, ce seroit encore huit
de chaque façon, c'est-à-dire, que je n'y mettrois guéres
de Reinette, attendu la facilité qu'il y a d'en trouver par
tout, & qu'il y a plus de curiosité pour les autres especes que pour celle-cy.

Les gros Buissons de Pommes sur sauvageon sont difficiles à raporter, ils font une quantité de bois horrible,
& ne sçauroient se reduire à une figure mediocre; il leur
faut une fort grande estenduë, si bien qu'il est beaucoup
mieux d'avoir de grands Pommiers de tige dans des vergers separez, où ils font des têtes de trois à quatre toises
de diamettre; en ce cas ils veulent être fort éloignez les
uns des autres, c'est-à-dire de huit à dix toises, & ainsi ils
ne seront pas long-temps à fructifier, & par consequent
à donner du plaisir : il est sur tout necessaire d'avoir recours à ces Arbres de tige pour les Calville d'Automne,
les Reinettes de toutes façons, les Rambour, les Francatu, &c. & pour lors on en plantera autant d'Arbres
qu'on en aura besoin.

Aprés avoir traité des Poiriers & Pommiers, tant en
Buisson, que de haute tige, il est à propos de traiter des
fruits à noyau, qui peuvent reüssir dans l'une ou l'autre
de ces deux figures, devant que d'en venir aux Espaliers.

CHAPITRE V.

Du bon usage des murailles de chaque Jardin.

PArmy les Jardins fruitiers & potagers dont je traite,
il en est qui sont entierement fermez de murailles, il
en est qui ne le font qu'en partie, & il en est qui ne le
font point du tout; je n'ay rien à faire, ny à dire à l'é-
gard de ceux-cy, si ce n'est de les plaindre, & leur sou-

haiter une meilleure fortune, la condition de nos Jardins demandant par beaucoup de bonnes raisons une clôture entiere de murailles.

A l'égard des premiers ils ont au moins trois expofitions, n'étant pas poffible d'en avoir moins, & regulierement ils en ont quatre ; ceux qui n'en ont que trois, font les Jardins en triangle, & ils font affez rares ; c'eft une figure contrainte & forcée, dont on ne manque pas de fe deffendre fi on peut ; à l'égard de ceux qui ont quatre murailles, ils fe trouvent être d'une figure quarrée, qui eft la plus commune auffi bien que la plus belle & la plus convenable : on en voit, comme j'ay déja dit ailleurs, quelques-uns de Pentagones, d'Exagones, &c. qui ne font pas trop defagreables pour le fait des Efpaliers, mais je n'en fais pas trop grand cas ; ils entraînent de fàcheux inconveniens qui embaraffent les Jardiniers, & les empêchent de dreffer de beaux quarrez de Potager comme nous fouhaitons, & par confequent ils me dégoûtent de parler en leur faveur ; auffi bien la dépenfe eft-elle plus grande à les faire tels, qu'à les faire fimplement & bonnement quarrez ; outre cela, quoy qu'ils ayent davantage de côtez de murailles, ils n'en ont pas pour cela davantage d'expofitions, on a beau faire, il n'eft pas poffible d'en avoir jamais plus de quatre, c'eft à fçavoir celles du Levant & du Couchant, celles du Midy & du Nord ; c'eft une verité qui n'a pas befoin de preuve ; puifque perfonne n'en fçauroit douter.

Or en terme de Jardinage nous apellons expofitions toute muraille qui joüit de l'afpect & des rayons du Soleil pendant un certain temps de chaque jour : ainfi nous apellons expofition du Levant la muraille qui eft au moins veuë du Soleil la premiere moitié du jour, c'eft à dire depuis le matin jufqu'à midy à quelque heure qu'il ait commencé d'y luire : nous appellons expofition du Couchant la muraille qui eft éclairée la feconde moitié du jour, c'eft à dire qui commence d'être éclairée incontinent aprés Midy, & continuë de l'être jufqu'à ce que le Soleil fe couche ; & nous appellons expofition du Midy celle qui ayant commencé en Efté d'avoir le Soleil quelque temps aprés

fon lever, ne le perd entierement que peu de temps devant qu'il ceſſe de ſe montrer parmy nous , ou ne le perd
peut-être qu'en même-temps ; & pour parler plus generalement, nous appellons expoſition du Midy celle, qui conſtamment eſt elle ſeule plus long-temps éclairée , que chacune des autres priſe ſeparément: il y a tels Jardins , qui
ſont tournez de maniere qu'une de leurs Murailles eſt
preſque tout le long du jour éclairée du Soleil.

Je m'explique dans le Traité des Plans ſur les ſortes
d'expoſitions que j'affecte le plus , & que je conſeille d'affecter à ceux qui , comme on dit , peuvent tailler en plein
drap pour ſe faire un beau & bon Jardin , ce qui n'eſt
pas trop ordinaire, & ſur tout dans les Villes par mille
ſujétions de Maiſons, pour leſquelles Maiſons les jardins
ſont faits , ſujétions dont on ne ſçauroit guéres ſe deffendre.

Aprés tout ce que nous venons de dire ſur les trois bonnes expoſitions,il n'eſt pas mal aisé de conclure,que la mal-
heureuſe expoſition du Nord eſt celle qui n'a du Soleil
que dans le peu de temps que l'expoſition du Midy ne l'a
pas : car le Soleil ne ſçauroit voir en même temps deux
murailles directement opposées l'une à l'autre ; le partage
de celles du Nord eſt de joüir depuis l'Equinoxe de Mars,
des premiers rayons qui paroiſſent ſur nôtre horizon, c'eſt
à dire d'être éclairées dés le grand matin , & cela quelquefois pour une heure ou deux, & quelquefois pour trois
ou quatre ; mais auſſi elles courent riſque de n'être vûës
que tres-peu ſur le ſoir , & fort ſouvent de ne l'être point
du tout.

Il s'enſuit de cette explication d'expoſitions , qu'il n'y a
point de muraille, qui n'ait au moins quelque petit regard
une fois le jour , & c'eſt toûjours une faveur qu'il faut
compter pour quelque choſe.

Voicy l'endroit où je croy qu'il faut dire , que le Soleil
ne commence jamais d'éclairer une muraille , qu'il n'en
éclaire deux en même temps , & ce ſont celles qui con-
courent à faire l'angle des deux qui ſont éclairées : ainſi
en ſe levant il éclaire d'ordinaire tout d'un coup la muraille du Nord , & une partie de celle du Levant, & dés

D d d iij

que le progrés de sa courfe luy fait perdre la veuë de cette muraille du Nord, c'eſt pour l'étendre infenfiblement vers celle du Midy, fans quitter pourtant fi tôt celle du Levant, l'une & l'autre fe trouvant en même temps éclairée; tout de même auſſi il ne ceſſe de luire au Levant que pour fe porter petit à petit à l'expofition du Couchant, & continuer cependant fon favorable afpect à la muraille du Midy, fi bien que ces deux murailles font auſſi toutes deux en même temps éclairées.

Ainfi va finir tous les jours ce beau tour du Soleil, qui fait la fertilité de la terre, la bonté des fruits, & la joye de l'homme, mais il ne finit qu'en répandant quelque peu de fa derniere lueur trifte & mourante fur la pauvre muraille du Nord, il la vient trouver en paſſant, c'eſt à dire proprement qu'il la vient effleurer, quand il n'eſt plus à portée de celle du Midy.

Les deux murailles qui font oppofées diametralement l'une à l'autre, par exemple celles du Midy & du Nord, ou celles du Levant & du Couchant, ne font jamais en même temps éclairées, fi ce n'eſt pendant le moment que fe fait le paſſage de l'une à l'autre; ce grand flambeau qui avance toûjours avec une rapidité inconcevable, paroît, ce femble quelque temps fixé & arreſté, quoy qu'il ne le foit pas, & pour lors il eſt vray de dire qu'il voit en même tems trois expofitions, mais c'eſt qu'il va ceſſer de voir celle des trois qu'il a veuë le plus long-tems jufques-là, & commencer de voir l'autre qui luy eſt tout-à-fait oppofée; c'eſt dans ce moment qu'il eſt encore vray de dire qu'une même muraille eſt en même tems veuë dedans & veuë dehors, mais cela ne fera pas de longue durée.

Sur quoy je fuppofe qu'il n'y ait ny futaye, ny hautes murailles, ny maifons voifines qui faſſent obſtacle à la lueur du Soleil pour les expofitions que nous examinons, ou autrement nous ne ſçaurions jamais rien dire de pofitif pour la fuite de nos inſtructions.

Aprés avoir expliqué ce que nous entendons en Jardinage, quand nous parlons d'expofitions, chacun pourra aifément juger de celles qu'il a à fon Jardin, foit qu'il y ait des murailles par tout, foit qu'il n'y en ait qu'à une partie, comme nous voyons à ceux qui ne sont par exemple fermés à quelques côtez, que de rivieres, ou de canaux, ou de hayes vives, &c.

Or quand bien je sçaurois l'étenduë de la superficie de chaque Jardin, je ne puis pas pour cela dire à peu prés l'étenduë des murailles qui servent à les fermer ; par exemple un arpent mesure de Paris contient neuf cens toises de superficie, il se peut faire que cette superficie se trouvera reduite à un quarré parfait de trente toises en tout sens, & ainsi un tel arpent n'aura que cent vingt toises de pourtour, c'est-à-dire trente toises pour chacune de ces quatre expositions, & c'est la moindre quantité de murailles qu'un arpent puisse avoir.

Tel arpent aussi peut avoir cent trente toises, cent cinquante, deux cens, deux cens dix-huit, & même jusqu'à trois cens douze & davantage, ce qui arrivera, si dans la premiere occasion il a deux grands côtez chacun de quarante cinq toises, & deux petits chacun de vingt, si dans la seconde il a deux grands côtez chacun de soixante toises, & deux petits chacun de quinze, si dans la troisiéme il a deux grands côtez de quatre-vingt-dix toises, & deux petits chacun de dix ; si dans la quatriéme c'est un enclos triangulaire qui ait deux côtez chacun de cent toises, & un petit de dix-huit, & enfin si dans la cinquiéme cet arpent a deux grands côtez chacun de cent cinquante, & deux petits chacun de six, &c. ce qui veritablement feroit un jardin assez bizarre & assez ridicule, mais enfin cela peut arriver.

Quoy qu'il en soit, il est vray de dire que je ne puis establir au juste combien chaque piece de terre demande de murailles pour être entierement close, puisque, comme je viens de dire, une même quantité de superficie peut en avoir beaucoup plus, ou beaucoup moins selon la plus grande, ou la plus petite longueur des côtez de son terrein.

Enfin il est assez plaisant de voir que, si un quarré a deux cens toises de murailles dans son pourtour, & qu'on veüille clore separement le quart, ou la moitié de ce même quarré, ce quart aura cent toises qui fait la moitié du tout, & cette moitié en aura cent cinquante, c'est-à-dire

les trois quarts du total : la Geometrie rend de bonnes raifons de toutes ces differences qui ne font pas de mon
fujet.

Je ne diray donc point combien chaque Jardin peut
avoir de pourtour, ny quelle expofition il a, puifque je
ne fçaurois le dire, je diray feulement combien chaque
expofition peut tenir d'Arbres eu égard à deux chofes,
la hauteur des murailles, & la bonté du terrein ; car plus
La terre eft bonne, & plus grande quantité d'Arbres eft-
elle capable de nourrir ; le contraire eft vray pour celle
qui eft maigre & fterile ; tout de même plus les murailles
font hautes, & plus grande quantité d'Arbres y peut-on
appliquer, c'eft à dire les mettre plus prés à prés les uns
des autres, & par ce moyen faire qu'entre deux, qu'on re-
tiendra pour garnir le bas, il y en ait toûjours un qui monte pour garnir le haut, afin que tout d'un coup, & le haut,
& le bas de ces Efpaliers viennent à être garnis, & donnent par confequent plûtôt des fruits, & en plus grande
quantité ; le contraire pareillement eft vray au fujet des
murailles baffes, ayant toûjours égard à la qualité du terrein, c'eft à dire que plus elles font baffes, & plus y faut-
il éloigner les Arbres les uns des autres, & même auffi
ces diftances devront-elles être plus grandes, quand le
fond fera tres-bon, que quand il ne le fera que mediocrement.

Il faut faire entendre cecy qui paroît un peu paradoxe :
nous avons des Efpaliers pour avoir veritablement de plus
beau fruit, mais fur tout pour en avoir plus feurement
beaucoup ; les Arbres ne donnent feurement du fruit que
fur les branches foibles : nous n'aurons donc point de fruit
à nos Efpaliers, fi nous n'y avons des branches foibles ;
or fi les Arbres font tres-vigoureux, comme ils le font
d'ordinaire dans les bons fonds, ils ne fçauroient faire de
branches foibles, à moins qu'ils n'ayent une grande place
à pouvoir bien étendre toutes celles qu'ils font capables
de produire, parce que, fuppofé qu'ils foient plantez trop
prés les uns des autres, & que les murailles ne foient pas
affez élevées, on fera neceffairement obligé de les tailler
fort courts, ou autrement il arrivera qu'ils excederont la

muraille,

muraille, & par conſequent ne ſeront plus Eſpaliers, ou bien ils ſe mêleront les uns dans les autres, & y feront une confuſion deſagreable, & même auſſi prejudiciable pour les Fruits, que ſi on les avoit taillés trop courts.

Si donc on les gourmande de cette maniere, c'eſt-à-dire qu'on ne leur laiſſe pas des branches groſſes, & un peu longues, tout ce qu'ils en feront de nouvelles ſeront toûjours groſſes, or les groſſes ne donnent point de fruit, & par conſequent les bons Arbres bien plantés, & cela prés à prés dans un bon fond, n'auront pas du fruit, & ce ſera par la faute du Jardinier; c'eſt pourquoy par une conſequence indubitable dans les bons fonds qui n'ont que des murailles baſſes, il faut donner aux Arbres des diſtances fort raiſonnables, pour en pouvoir eſperer beaucoup de beau fruit, & quand les murailles y ſont hautes, on peut, & on doit y mettre les Arbres plus prés à prés, comme je l'ay cy-devant expliqué; je diray cy-deſſous quel eſt mon avis touchant la meſure & la regle de ces diſtances.

Je n'eſtime pas qu'on doive faire des murs de clôture, qui n'ayent tout au moins ſept à huit pieds de haut, tant pour la ſeureté contre les vols, & les dégats de dehors, que pour avoir de bons Eſpaliers; je n'eſtime pas auſſi qu'aux expoſitions qui ſont bonnes, on en doive ſouhaiter au de là de quinze à ſeize pieds, car à l'égard de celles du Nord, que nous appellons mauvaiſes, les plus hautes murailles ſont d'ordinaire les moins bonnes, elles font une étenduë d'ombre aſſez pernicieuſe pour tous les Jardins, mais dont toutesfois nous tâcherons de faire un bon uſage, & ſur tout dans les terroirs un peu ſecs, & dans les climats aſſez chauds.

Par tout ce que je viens de dire ſur les hauteurs de murailles, il paroît que je fais peu de cas des murs d'appuy pour prétendre d'y faire des Eſpaliers de Poires, Pêches, Prunes, Abricots, &c. mais ils peuvent ſervir à autre choſe, comme je l'expliqueray: Il paroît auſſi que je n'affecte pas des hauteurs extraordinaires de quelques pignons de maiſons, ou d'Egliſe, quoy que je m'en ſerve tres-avantageuſement, quand il s'en rencontre au Levant, ou au Midy, & c'eſt pour y élever particulierement des Figues,

lefquelles, comme elles n'aiment rien tant que le chaud,
& l'abri, auſſi ne craignent-elles rien tant que les vents
froids, & la gelée; les grandes murailles ſont toutes propres tant à leur faire le bien dont elles ont beſoin, qu'à les
garentir du mal, dont elles ſont perſecutées.

Quand je fais valoir icy les hautes murailles du Levant,
& du Midy, je ſuppoſe que c'eſt dans les climats, dont les
chaleurs ſont mediocres, ou au moins fort moderées: car
dans ceux qui ſont chauds, & brûlans comme nôtre Provence, comme l'Eſpagne, l'Italie, & encore plus comme les
Païs qui approchent davantage de la Ligne; en tels climats
telles murailles ſont auſſi redoutables, & pernicieuſes pour
les Fruits qui y grillent, & s'y fendent, ou s'y crevaſſent,
& pour les Arbres qui y meurent, que les grandes murailles du Nord ſont importunes, & contraires à la maturité
dans d'autres lieux, qui péchent faute de chaleur, & par
excés d'humidité.

CHAPITRE VI.

De la diſtance des Arbres en Eſpalier.

DEvant que de me mettre à régler les meſures des diſtances de tout ce que l'on plante en Eſpalier, comme il y a certains fruits qui demandent ces diſtances fort
differentes les unes des autres, je croy que pour en parler
bien intelligiblement, il faut que j'examine premierement
ceux qui meritent d'y entrer, & que je marque en ſecond
lieu ceux qui en ſont indignes.

Les premiers ſont les bonnes eſpeces en fait de Figues,
de Pêches, de Prunes, de Poires, & de Raiſins avec les
Ceriſes précoces; toutes ſortes d'Abricots auſſi ſont de ce
nombre là, & quelque Azerolles pareillement: je parle
nommement des bonnes eſpeces en chaque ſorte de fruit,
pour faire voir que je ne mets pas indifferemment en Eſpalier toutes ſortes de Figues, de Pêches, de Prunes,
de Poires, &c. & pour ce qui d'ordinaire en eſt exclus,
ce ſont les Pommes, les Meures, les Amandes, les Ceriſes,
Griotes, Bigareaux, les Pommes de Coin, &c. à moins

qu'ayant une quantité si grande de murailles , que pour
ainsi dire on n'en sçache que faire , on ne se resolve par curiosité d'y mettre quelques Arbres de ces sortes de Fruits.

Parmy les fruits qui ont place aux Espaliers , & qui demandent le moins de distance entre-eux , ce sont toutes
sortes de Raisins : ils se contentent par tout de deux pieds ,
ou deux pieds & demy tout au plus , ainsi ce ne sera
pas là une matiere qui embarasse à regler , comme feront
les autres fruits ; ce qui demande des distances assez grandes , ce sont les Pêches , & les Prunes : il en faut un peu
moins aux Poires , & aux Precoces ; les Abricotiers , & les
Figuiers en demandent d'ordinaire plus que tout le reste,
ceux-là parce qu'ils font de fort grosses branches , qu'il est
dangereux de racourcir beaucoup ; & ceux-cy parce qu'ils
font peu sujets à la taille , & qu'ils poussent extrêmement
du pied , & qu'ainsi ils ont besoin d'avoir une étenduë assez
grande , ou autrement ils ne fructifieront presque pas.

Pour parler de tout cela avec plus d'ordre , & de brieve-
té je veux mettre en deux classes , l'une pour les Arbres,
qui regulierement occupent plus de place , & ce sera la
premiere classe,& l'autre pour ceux qui en occupent moins,
& ce sera la seconde. La premiere classe comprend Figues,
Pêches , Prunes , Abricots. La seconde comprend Poires ,
Cerises precoces , & Azerolles : il faut bien remarquer ces
deux classes , pour entendre pleinement mes distinctions.

Or comme nous avons déja dit , rien ne doit tant contribuer à regler toutes nos distances , que le plus , ou le
moins de hauteur de murailles , & le plus, ou le moins de
bonté du fond : voici comme j'ay coûtume d'en user , aprés
avoir supposé les deux classes d'Arbres , que je viens d'é-
tablir.

Aux murailles qui font hautes environ de sept à huit
pieds , ou un peu plus , si le fond est tres-bon , & les terres
nouvelles , comme il s'en voit à beaucoup d'endroits , je
mets les Arbres de la premiere classe à douze pieds les uns
des autres , & ceux de la seconde à neuf : mais si le fond
n'est que mediocre en bonté , je mets les premiers de huit à
neuf , & les autres de sept à huit.

La distance de douze pieds surprend un nouveau curieux

qui n'a pas beaucoup de murailles à remplir , par exemple
celuy qui n'en ayant que trente , ou quarante toises, se voit
reduit à ne planter que quinze , ou vingt Arbres : cela luy
fait craindre deux choses ; la premiere de ne voir presque
jamais ses murailles garnies, & la seconde de n'avoir jamais
guéres de fruit ; mais outre que j'ay cy-devant fait voir les
inconveniens qui arrivent, quand les Arbres sont plantés
trop prés les uns des autres , soit à l'égard de la sterilité ,
soit à l'égard de l'embarras pour la culture : outre cela , dis-
je, on doit premierement s'attendre, que des Arbres en bon
fond font aisément chaque année plusieurs jets chacun de
quatre à cinq pieds de long , & qu'ainsi seurement se trouvans dans un tel fond , prés de murailles peu hautes ,
& espacés à douze pieds , ce qui par consequent fait tout
au tour d'eux environ une toise à garnir tant par en haut ,
que sur les côtez, que tels Arbres, dis-je, approchent en peu
d'années les uns des autres , & par consequent ne laissent
guéres long-temps de place vuide entr'eux ; ainsi le
remede est prompt contre la premiere.

En second lieu on peut hazarder de planter une fois autant d'Arbres que je ne dis , si on en veut faire la dépense
nonobstant mon avis qui est contraire à cela , & ainsi on en
peut mettre à six pieds les uns des autres, pour voir plûtôt son mur garni, mais c'est à condition qu'au bout de
trois , ou quatre ans que ces Arbres seront en état de
commencer à bien faire pour le fruit, & de recompenser
par ce moyen la nourriture qu'ils ont prise , & la peine
qu'ils ont donnée, c'est, dis-je, à condition qu'en ce temps-
là on se sente capable d'en arracher entierrement la moitié pour les brûler , & de remettre des terres nouvelles à
la place de celles, que les malheureux auront inutilement
effritées ; car il en faudra necessairement venir là , ou
autrement on n'a que faire d'esperer de fruits; on prend ce
semble assez volontiers le premier parti dans le temps des
plans, & en effet il réjoüit davantage ceux , qui comptent
l'abondance sur la quantité d'Arbres , mais on n'a guéres
le courage de passer à l'execution du second , quand
le temps de la faire est arrivé, & par là on tombe infailliblement dans les inconveniens, que nous avons expliqués

fi bien que le plus feur eſt de ne pas faire ces dépenſes inutiles, & de ne ſe pas mettre en état d'avoir ces combats à
eſſuïer en ſoy-même, c'eſt pourquoy je conſeille de ſe
contenter de ſuivre l'avis que je donne pour l'éloignement des Arbres dans les fonds merveilleuſement bons.

Revenons à planter des Eſpaliers le long des murailles
de neuf pieds, & un peu plus, & diſons, que ſi le fond
eſt bon, comme je l'ay cy-devant ſuppoſé, j'y eſpaceray
les Arbres de la premiere claſſe de neuf à dix pieds, &
ceux de la ſeconde de ſept à huit : mais ſi le fond n'eſt
pas fort bon, ce ſera aſſez d'y mettre les premiers à huit
pieds, & les autres à ſept : il ſemble que le plus, ou le moins
d'un pied, tant à l'égard de la hauteur des murailles, qu'à
l'égard de la diſtance des Arbres, ne ſoit pas grande choſe ; cependant cela eſt tres-conſiderable pour le ſuccez
bon, ou mauvais d'un Eſpalier.

Si la muraille va à onze, ou douze pieds, ou un peu
plus, & que le fond ait la bonté que nous ſouhaitons,
pour lors je me reſous à planter les Arbres une fois plus
prés, qu'aux murailles cy-deſſus, prétendant que par tout
entre deux Arbres, de mediocre taille, leſquels ſeront conduits en veuë de leur faire garnir le bas, il y en aura un
qui montera pour garnir le haut ; on peut bien avoir pour
cela des Arbres, qui ſoient veritablement de tige ; ce qui
eſt fort bon, ſur tout pour Poiriers, Ceriſiers, Abricotiers, & même pour Pêchers & Pruniers, quoy qu'à
l'égard de ces deux derniers on puiſſe aſſez bien s'en paſſer, attendu que ce ſont des Arbres, qui ſont d'ordinaire
en peu de temps quelque jet capable de former une belle
tige, & d'aller par conſequent garnir le haut de nos murailles. En tel cas donc, où les murailles ſont d'une grande
hauteur, je mets une fois davantage d'Arbres, & pour cela ſi le fond eſt bon, je les eſpace d'environ ſix pieds l'un
de l'autre, & s'il n'eſt que mediocre, je les eſpace de
quatre à cinq, faiſant mon compte, que par ce moyen la
tête de chaque Arbre doit garnir cinq ou ſix pieds de
chacun de ſes côtez, ce qu'elle fait aiſément, pourveu qu'au
bout de ſept, ou huit ans, ſi on s'aperçoit que la vigueur
ne continuë pas, on ſoit ſoigneux de remettre entre deux

Arbres un peu de bonnes terres nouvelles, afin de la rétablir, & reparer ce que tant de racines auront alteré, mais tant qu'on n'aperçoit aucun changement aux Arbres, il n'est point necessaire d'en faire à l'égard des terres.

Je veux avertir en passant, qu'une des choses, qui me déplaît le plus en Espalier, c'est d'y voir entrelasser pêle mêle de la Vigne, des Figues, des fruits à noyau, & des fruits à pepin : je trouve bien plus à propos, qu'on mette chaque espece separément ; un bon Espalier par exemple sera entierement pour des Figues, un autre pour des Pêches, Prunes, Abricots, dont je ne condamne pas trop le mélange, à cause que les Pêchers étant plus sujets à perir en tout, ou en partie, soit par accident, soit par vieillesse, que ne sont pas les autres fruits, il reste toûjours à l'Espalier dequoy y conserver quelque beauté en cas de mortalité des Pêchers. Un autre bout de muraille sera pour les Poires, que tant qu'il est possible, je ne veux nullement mêler avec les Pêches. Enfin une autre partie d'Espalier sera pour les precoces, & une autre pour les Raisins, que je veux même tous separez par especes, sans confondre ensemble les Muscats, les Chasselas, les Corinthes, &c.

Il m'arrive bien quelquesfois de mettre quelques pieds de Chasselas parmy d'autres fruits ; mais cela ne m'arrive que pour quelque endroit de muraille extrêmement haut, afin d'en faire monter quelque pied tout droit jusqu'à certaine hauteur, où les autres fruitiers ne sçauroient guéres parvenir, ce qui n'est pas fort ordinaire. Je ne me sers pas même du muscat pour cela, parce qu'il ne meurit pas bien en hauteur de treille, comme fait le chasselas.

Presentement sans plus parcourir toutes ces differences, soit de hauteur de murailles, soit de bon fond, je m'en vais supposer toutes sortes de murailles d'environ neuf pieds, c'est la hauteur la plus ordinaire, & supposer tous les fonds raisonnablement bons, je planteray sur ce pied-là toutes srtes d'Espaliers. Chacun à cét égard se reglera sur ce que nous avons dit cy-devant pour éloigner plus ou moins ses Arbres, selon que ses murailles seront plus, ou moins hautes, & que son fond sera plus, ou moins bon.

CHAPITRE VII.

*Pour fçavoir quels fruits meritent le mieux d'avoir place
en Espalier.*

IL peut y avoir icy une grande & agreable conteſtation
entre les curieux, pour juger quels ſont les fruits qu'ils
croyent devoir occuper les premieres , & les meilleures
places de nos Eſpaliers ; ſans doute que tout au moins en
ce pays-cy le merite des bons Raiſins fera un parti puiſ-
ſant & redoutable pour faire decider en leur faveur.

La nature, qui a pris ce ſemble plaiſir à faire paroître
dans la production des fruits, juſqu'où pouvoit aller l'é-
tenduë de ſon ingenieuſe fecondité, a fait voir dans celle
des Raiſins, qu'elle ne s'étoit pas épuiſée en faiſant les Arbres fruitiers ; on pourroit dire, que dans le deſſein, qu'elle a eu d'enrichir le genre humain par des treſors ſi importans, elle avoit voulu ſe reſerver au moins quelque choſe
de ſingulier à l'honneur de la Vigne : conſtamment elle n'a
pas refuſé aux Raiſins, non plus qu'aux autres fruits, cette
infinie diverſité d'eſpeces, qui fait une partie de leur agrément, c'eſt-à-dire diverſité de coloris, de goût, de groſſeur, de figure, de parfum, de maturité en tous, de precocité en quelques-uns, &c. car en effet toutes ces differences ſe trouvent parmy les Raiſins, auſſi bien que parmy
les Poires, les Pómmes, les Pêches, les Prunes , les Figues, &c. puiſqu'il y en a de gros, de menus, de long,
de ronds, de doux, de parfumez, de precoces, de tardifs, qu'il y en a même de toutes ſortes de couleurs, de
blancs, de noirs, de rouges, de tanez, de my-partis, &c.
Mais elle a voulu rencherir, ou pour ainſi dire ſe réjoüir
en de certains chefs, pour donner à la Vigne quelque
avantage audeſſus des Arbres ; j'en pourrois faire remarquer
pluſieurs, toutefois je ne m'arrête qu'à celuy-cy ſeulement,
qui eſt, qu'en fait de ceux-là elle n'a regulierement attaché qu'un ſeul fruit à chaque queuë, & cependant à peine
peut on dire, combien eſt grand le nombre de grains qui
tiennent à la queuë d'une ſeule grape ; elle fait bien plus

car elle a quelquesfois la complaifance de n'envier pas la hardieffe de certains curieux, qui entreprennent de l'imiter, ou même de la furpaffer en des chofes fort extraordinaires; elle ne trouve point mauvais, que quelques-uns non contens de voir réüffir leurs foins à la culture des Raifins du pays, c'eft à dire des Chaffelas, Cioutat, Morillons, Gennetins, & même des Mufcats, &c. Ils tranfplantent en des climats affez froids le plan de la Vigne, qu'elle n'avoit deftiné que pour les pays les plus chauds ; elle ne dédaigne même pas de favorifer leur induftrie, pour aider à en conduire quelques-uns à maturité dans des cantons, où elle n'avoit jamais penfé d'en produire : cependant toute liberale, & bien-faifante qu'elle eft ; il femble qu'elle ait creu, qu'il iroit de fon honneur, fi elle fe laiffoit aller jufqu'à fouffrir que tous les Raifins d'Egypte, d'Afrique, d'Italie, &c. meuriffent dans des pays du vofinage du Nord ; nous effayons à la verité par le moyen de nos murs bien expofez, de procurer autant de chaleur, qu'il en faut aux Paffe-mufquée, aux Pergolefe, aux Damas, aux Maroquins, &c. & il eft de certaines années, & de certains terroirs, où nous ne reüffiffons pas mal en quelques-uns, mais auffi il y en a beaucoup, où nous avons plus befoin de chercher à nous confoler de nos peines perduës, que nous n'avons de matiere de nous réjoüir de nos fuccés; ce qui nous doit être une grande inftruction, pour nous faire voir, qu'il ne faut pas entreprendre de forcer cette nature en tout & par tout ; c'eft une mere fage & bien entenduë, qui ayant regardé toutes les parties de la terre, comme autant d'enfans qui luy appartenoient également, auffi leur a-t-elle voulu également par-

Divifa arbor-
bus patriæ
Georg. 2.

tager les biens & les faveurs qu'elle avoit à leur faire, de maniere que pour entretenir l'union, & la bonne intelligence, qu'elle vouloit voir éternellement regner entre-elles, elle a fi bien reglé toutes chofes, que chacune a de quoy fe fignaler par des productions qui luy fontfingulieres; c'eft ce qui fait, qu'étant comme jaloufe de maintenir en fon entier l'ordre, & la deftination qu'elle a établie, elle s'oppofe affez fouvent à ce qu'une partie veüille entreprendre fur quelqu'une de fes fœurs, & luy

voler

voler, pour ainfi dire, ce qui luy a efté donné pour fon apanage ; l'Anana meurit dans les Indes ; le Pergolefe, la Paffe-mufquée, & tous les autres principaux Raifins meuriffent même en plein air dans l'Italie, &c. Il n'en eft pas de même dans nos Provinces, ni les uns, ni les autres n'y peuvent indifferemment meurir ; & auffi les fruits à pepin font merveille parmi nous, pendant que les Mexicains & les Maures auront beau faire pour en élever fous la Ligne, tous leurs efforts feront inutiles.

Revenons prefentement à eftablir ce que nous devons faire pour donner aux Raifins tous les moyens poffibles d'arriver parmy nous à la perfection qui leur convient ; nous n'avons rien de plus fouverain pour cela que les bonnes expofitions de nos murailles ; & voilà pourquoy dans la conteftation qui eft à vuider icy, il faut s'étudier à les bien traiter, & faire voir par là combien nous faifons de cas de leur merite.

Quelques-uns de nos curieux tiendront icy non pas pour toute forte de bons Raifins, en forte que le Chaffelas, le Cioutat, & le Corinthe y fuffent compris ; mais au moins pour le Mufcat : or de ce Mufcat il y en a de quatre fortes, le Mufcat long, autrement la Paffe-mufquée, & c'eft celuy de tous qui a le plus de peine à meurir ; le Mufcat blanc, le Mufcat rouge, & le Mufcat noir ; ces trois derniers ont le grain rond & de mediocre groffeur, & quoy qu'ils ayent befoin de beaucoup de chaleurs, cependant il leur en faut moins qu'au mufcat long ; à mon avis le mufcat noir eft le moindre de tous, le rouge ou violet eft d'ordinaire affez bon, mais le blanc me paroît l'emporter fur les deux autres.

En effet une grape de Mufcat blanc (foit que le grain en foit gros, foit qu'il en foit menu) il n'importe pourveu qu'il foit clair, ferme, jaune, dur & croquant, & que l'eau en foit douce, fucrée & parfumée ; telle grape de Mufcat, dis-je, quel plaifir ne donne-t-elle pas à celuy qui la mange ? peut-on voir un plus excellent fruit pendant les mois de Septembre & d'Octobre, & quelquefois jufqu'à la fin de Novembre ? Dans les pays chauds ils en ont d'admirable en plein air, c'eft-à-dire en pleine Vigne ; mais icy pour en avoir regulierement d'affez bons,

Voicy toutes les bonnes qualitez d'un bon Raifin.

nous avons neceſſairement beſoin des Eſpaliers du **Levant,**
ou du midy ; l'année 1676. nous en a particulierement produit du plus delicieux du monde à ces expoſitions, & même dans les terreins ſecs & ſablonneux ; nous en avons eu
au Levant qui étoit meilleur que celuy du Midy ; de là on
voudroit conclure, qu'une muraille ne ſçauroit jamais être
mieux employée que pour avoir de bon Muſcat.

D'autres curieux tiendront pour les bonnes Pêches,
tant à cauſe de la beauté de leur coloris (c'eſt en effet de
tous les fruits celuy qui plaît ce ſemble le plus à la veuë)
qu'à cauſe de la beauté & de la groſſeur du fruit, à cauſe
de ſa belle figure ronde, à cauſe de l'abondance de ſon eau
ſucrée, & à cauſe de la douceur relevée de ſon parfum,
&c. c'eſt icy veritablement un gros & bon parti.

Il eſt vray, qu'il n'y a rien de comparable à la bonne
Pêche, pendant les mois d'Aouſt, de Septembre, & d'O-
ctobre, & même dans les commencemens de Novembre
juſqu'à ce que les gelées ſoient venuës ; on ne ſçauroit
gueres en avoir icy autrement qu'en Eſpalier, dont nous
avons tous un ſenſible déplaiſir, parce qu'en plein vent elles
ſont ſans comparaiſon meilleures que contre les murailles.

Et c'eſt ce plein vent qui nous a fait icy connoître juſqu'où peut aller leur principal merite, plein vent, qui ne
peut nous être favorable pour elles, ſi ce n'eſt en quelques
Jardins de Villes, leſquels par une grande quantité de
grands pignons de Maiſons ſont en premier lieu extrêmement à l'abri des vents & des gelées du Printemps, & voilà
ce qui fait l'abondance ; en effet on ne ſçauroit gueres dire,
qu'on ait veritablement abondance de Pêches, que quand
on a un nombre raiſonnable de Buiſſons, & que ces Buiſſons ont reüſſi ; en ſecond lieu ces grands murs renferment
& augmentent la chaleur qui eſt neceſſaire pour meurir les
fruits de tous côtez, & enfin ces fruits étant ainſi expoſez
à l'air, aux Zephirs, & même aux pluyes, acquierent
dans cette maniere de ſituation un degré de bonté, que
la violente ardeur du Soleil refléchie contre la muraille ne
ſçauroit leur dònner dans toute leur circonference : l'experience que nous avons de cette bonté ſinguliere du plein
air, m'a fait aviſer de faire, pour ainſi dire, une maniere

de chicane aux Espaliers , je sçay certainement que ce sont
eux qui contribuënt à nous donner plus sûrement du fruit,
& je sçay aussi , que ce sont eux , qui contraignans nos
fruits contre les murs , & les privans de la joüissance de
l'air, empêchent qu'ils n'ayent toute la bonté qui leur convient , comme si ces Arbres impatiens & offensez de la
géne , & de la violence qu'ils souffrent , vouloient en
quelque façon nous punir de l'injure que nous leur faisons , en leur ôtant la liberté que la nature leur avoit
donnée.

Je profite donc au Printemps du secours de l'Espalier,
pour faire plus sûrement noüer les Pêches ; & à la Saint-
Jean je tire en dehors ces branches à fruit , lesquelles dans
ma maniere de tailler je laisse longues ; & avec des Es-
chalas que j'ay fiché bien avant en terre , j'attache & sou-
tiens ces belles branches toutes chargées de leurs fruits ,
qui par ce moyen acquierent la bonté du plein air que
nous venons de décrire.

Veritablement il y a de la sujettion & de la peine pour
le bien faire , & la belle symetrie de l'Espalier en est un
peu defigurée au temps des fruits ; en sorte que l'œil de
tout le monde n'en est pas si satisfait , mais le défaut est
amplement recompensé , tant par la beauté du coloris , &
la peau bien lisse , que par ce goût relevé qu'on ne sçauroit
avoir autrement : aussi-tôt que les fruits sont cuëillis , on
remet ces branches tirées au même endroit de l'Espalier
qu'elles occupoient auparavant , & il n'y paroît plus ; je
n'ay pû m'empêcher de parler icy de cette vision que j'ay
euë pour les branches tirées.

Il est donc certain , que toutes les especes de Pêches
mises en plein air dans ces sortes de Jardins de Ville , dont
nous avons parlé , reüssissent à y faire des fruits , pour ainsi
dire , enchantez ; il n'y a que les avant-Pêches , les Pêches
de Troyes , les Magdeleines blanches , & les Violettes tardives , qui n'y sont pas si heureuses ; celles-cy n'y trouvans
pas assez de chaleur , & les autres ayans le bois trop delicat pour s'accommoder du grand air ; à l'égard des Jardins un peu exposez, non seulement presque tous les ans les
fleurs des Pêches y sont gelées , & ainsi on n'en a nul plai-

fir , mais auffi le bois des Arbres en meurt , ou devient fi galeux & fi vilain , qu'il ne vaut guéres mieux , que s'il étoit entierement mort ; voilà pourquoy aprés m'être tres-long-temps opiniâtré pour élever des Pêchers en Buiffons en differens Jardins à la Campagne , comme j'avois fait dans les Jardins de Paris ; il a falu enfin renoncer à toutes les efperances que nous en avions conçûës , & nous reduire en Efpaliers tous feuls.

Revenons à pourfuivre la conteftation des fruits , pour avoir la preference à l'égard de ces Efpaliers.

Je ne croy pas que perfonne voulût icy mettre les Poires en jeu , pour avoir la preference des bonnes places au préjudice du Mufcat ; des Pêches & des Figues , &c. (quelques merites que les bonnes Poires ayent d'ailleurs, dont nous convenons volontiers , & particulierement pour ces belles Poires de Bon-Chrêtien bien groffes , bien longues , & bien colorées ;) mais enfin nous avons d'autres fruits , qui furement l'emportent fur les Poires ; encore moins propofera-t-on dans cette difpute , ny les Abricots, ny les Cerifes-precoces, ny les Azeroles ; on en auroit le démenty fi on les y vouloit engager , nous leur ferons cependant honneur aux uns & aux autres quand il faudra ; de maniere que leurs protecteurs , s'il y en a qui vouluffent prendre l'affirmative pour eux , n'en feront pas mal fatisfaits.

Peu de gens fe font avifez de declarer fur cecy en faveur des bonnes Prunes , je ne dis pas de toutes fortes de Prunes , mais feulement de quatre ou cinq fortes des meilleures ; & c'eft peut-être faute d'avoir éprouvé de quelle delicateffe , de quel goût , & de quelle fucre elles y viennent , non feulement en comparaifon de celles de plein vent , mais auffi en comparaifon de tous les autres fruits ; difference fort furprenante en foy , mais encore plus , comme j'ay dit ailleurs , pour pouvoir rendre une bonne raifon , d'où vient en fait de Prunes d'Efpalier un effet fi contraire à ce qui fe paffe à l'égard des autres fruits , étant tres-certain , que ceux-cy diminuënt notablement de bonté en Efpalier , pendant que les Prunes y augmentent la leur notablement.

Peut-être me mettrois-je volontiers à la tête de ceux,
qui pour la contestation presente voudroient donner aux
bonnes Prunes d'Espalier, la preference sur tous les autres fruits.

Et pour rendre ma cause bonne je presenterois volontiers une corbeille de bonnes Prunes de Perdrigon violet
bien meures, & bien fleuries, mêlées avec quelques Perdrigon blanc, quelques Sainte-Catherine, & quelques
Prunes d'Abricot ; je suis asseuré que la veuë en seroit
ébranlée en ma faveur, que le goût en seroit presque
convaincu, & qu'enfin cela seroit tres-capable de me donner des compagnons, & rendre mon parti assez fort.

CHAPITRE V.

Traité des Figues.

MAis les bonnes Figues mettent icy d'accord toutes
ces contestations, elles emportent le prix sans contredit, comme étant seurement le plus delicieux fruit
qu'on puisse avoir en Espalier ; je ne dis pas veritablement
qu'elle soit le plus considerable fruit que la terre produise
en ce pays-cy : car à mon sens il n'y en a point qui le puisse disputer à un Melon parfaitement bon, & bien conditionné (chose tellement rare, & sur tout en ce Pays-cy,
que le Proverbe en est venu pour exprimer la rareté de
tout ce qui peut être bon) mais le Melon n'a que faire
icy, son fait est de ramper sur la terre, il n'est presentement question que des fruits, qui à la faveur des Espaliers
nous peuvent réüssir.

La bonne Figue est donc celuy de tous les Fruits, qui
parmy nous merite d'avoir la meilleure place en Espalier (dans les Pays chauds elle en pourroit être incommodée ;) mais pour juger de son exterieur & de son merite,
& par consequent de l'estime qui luy est deu, il n'y a qu'à
voir le mouvement des épaules, & des sourcils de ceux qui
en mangent, & voir aussi la quantité qu'on en peut manger sans aucun peril à l'égard de la santé.

Joint que d'avoir l'avantage de rapporter deux fois l'année , c'eft à fçavoir premierement pendant les mois de Juillet & d'Aouft , & ce font les premieres qu'on nomme Figue-fleurs ; & en fecond lieu de rapporter pendant les mois de Septembre & d'Octobre , & ce font les fecondes ; cet avantage , dis-je , eft d'une merveilleufe confideration pour les faire maintenir dans le premier rang qu'elles doivent occuper.

Je pourrois dire icy ce qui eft vray , que parmy ces fecondes celles qui meuriffent dans le commencement de Septembre , & devant qu'il foit venu aucunes gelées , ont ce me femble , & la chair plus fucrée , & le goût plus relevé , & par confequent font meilleures , quoy qu'un peu plus petites , que ne font pas les premieres : la raifon en eft affez palpable , c'eft que ces Figues de Septembre on efté formées dans la plus belle faifon de l'année , & nourries d'un fuc bien cuit , & bien perfectionné , au lieu que les Figues - fleurs ont eu tout le froid & toutes les pluyes du Printemps à effuyer , deux conditions peu favorables pour donner à des fruits un goût fucré , delicieux & relevé.

Je connois de plufieurs fortes de Figues , qui apparemment font toutes bonnes dans les Pays fort chauds , parce qu'elles y meuriffent toutes , mais nous n'en avons proprement icy d'admirables que de deux fortes , & ce font de groffes blanches , dont les unes font rondes , & les autres font longues ; les rondes font plus abondantes , & les longues font fur tout admirables pour la fin d'Automne , quand elles peuvent tant faire que de meurir , elles font peu fujettes à crever du côte de l'œil , comme font les rondes ; ce défaut provient de ce que d'ordinaire il vient au mois d'Octobre quelques pluyes chaudes qui font tellement gonfler ces pauvres Figues , que l'œil s'en ouvre à faire peur , & laiffe par là fortir & éventer fa douceur & fon parfum ; fi bien que les longues qui font davantage à l'épreuve de ces pluyes , que ne font pas les rondes , ont dans la verité pour lors un goût exquis & miraculeux que les autres n'ont plus.

J'ay eu à un même Efpalier du Midy douze ou quinze fortes de Figues toutes differentes , pour faire voir qu'il

ne faut feurement s'attacher icy qu'aux blanches, tant pour
la promptitude & l'abondance du raport, que pour la delicateffe & le fucre de la chair ; la plûpart des autres à la
referve de deux, fçavoir de la groffe Violette longue qui
eft la plus mauvaife de toutes, & de la plate qui vaut un
peu mieux, étans non feulement difficiles à raporter, mais
faifans leur fruit affez petit, peu delicat, peu moëleux, &
peu fucré ; & voilà les conditions d'une bonne Figue, c'eft
à dire qu'elles doivent être delicates, moëleufes, fort fu-
crées, & d'un goût relevé.

Conditions d'une bonne Figue.

Parmi les moins bonnes, car on ne peut pas dire parmi
les mauvaifes, la noire tient le premier lieu, elle eft fort
longue, & affez groffe, & tellement colorée d'un rouge
brun qu'on luy en a donné le nom de noire qu'elle porte ;
elle n'eft pas tout-à-fait fi rouge en dedans qu'en dehors,
elle eft fort fucrée, mais elle eft un peu plus féche que
nos Bonnes-blanches, j'en conferve quelques pieds pour
la rareté.

Il y a les Groffes jaunes qui font un peu teintes & car-
nées dedans, elles raportent peu de fruits au Printemps,
& raportent affez l'Automne, mais à mon goût elles ne
font guéres delicates ny en premieres, ny en fecondes.

Il y a les groffes-Violettes tant longues que plates, dont
nous venons de parler, & dont la chair eft fort groffiere,
je n'en fais guéres de cas.

Il y a la Figue verte qui a la queuë fort longue, & la
chair vermeille, elle eft affez fucrée, mais elle raporte
peu.

Il y a la petite Figue-grife approchant du tané, fa chair
eft rouge, on l'appelle Mellete en Gafcogne, fon défaut
eft comme des autres de raporter peu, & de n'être pas
doüillette.

Il y en a une, qu'on y appelle la Medot, elle eft jaune
dedans & dehors.

Une qui eft affez noire, ayant feulement la peau un
peu foüetée de gris, la chair en eft fort rouge.

Une petite blanche dont le goût eft plutôt fade que
fucré, on l'appelle Precoce & ne l'eft guéres.

Il y a la petite Bourjaffotte qui eft noirâtre, ou plûtôt

d'un violet obscur , tel qu'est celuy de certaines Prunes ; elle est fort delicate , mais elle ne raporte guéres au Printemps , & meurit rarement à l'Automne.

Il y a aussi l'Angelique qui est violette & longue , peu grosse , la chair rouge , & passablement bonne.

Aprés avoir bien examiné toutes ces Figues , j'estime que pour nôtre profit il en faut bannir la plùpart , & ne s'attacher qu'aux Bonnes - blanches , qui constamment nous réüssissent mieux icy que les autres. Si cependant il se trouve quelque Curieux qui veüille avoir dans son Jardin toutes sortes de Figues , aussi-bien que toutes sortes de Poires , Pommes , Pêches , Prunes , Raisins , &c. en sorte que pour ainsi dire , il ait un Hôpital general ouvert à tous les fruits , tant passans qu'étrangers ; pardonnons luy cet esprit de charité , allons même jusqu'a loüer une telle curiosité qui n'a point de bornes , mais gardons-nous bien de la vouloir imiter. *Exiguum colito.*

Voilà le chois fait , & le merite établi en faveur des Figues autant qu'il dépend de moy , je diray cy-aprés en garnissant nos murailles , la quantité raisonnable que je conseille à chacun d'en planter à proportion de la grandeur de son Jardin.

CHAPITRE IX.

Traité des Pêches.

PAssons aux autres Fruits qui pretendent à l'Espalier , c'est-à-dire aux Pêches & aux Prunes , pour voir qui des deux aprés les Figues aura la preference , & commençons par les Pêches : voicy l'ordinaire de la maturité de celles que je connois , j'en feray la description à mesure que je les placeray.

La premiere de toutes , c'est la Petite-avant Pêche-blanche , qui étant bien exposée meurit au commencement de Juillet , & en donnera presque tout le mois , si les pieds en sont multipliez en diverses expositions.

La Pêche de Troye la suit , mais un peu de loin , quelque bien exposée qu'elle soit , & ne meurit qu'à la fin de Juillet,

ou

ou tout au moins dans le commencement d'Aouſt, merveilleuſe petite Pêche pour reveiller l'idée des bonnes
qu'on a euës les années précedentes.

La Pêche Alberge jaune, & le petit Pavie Alberge jaune meuriſſent preſque en même temps que la Pêche de
Troye, ou un peu aprés, & ſont bien éloignées l'une
& l'autre du merite qui nous fait tant eſtimer celle-là.

Les Magdeléine-blanche, Magdeléine-rouge, Mignonne, & Pêche d'Italie, qui eſt une façon de Perſique hâtive, meuriſſent preſque toutes enſemble à la my-Aouſt
avec le Pavie blanc.

On peut dire avec verité qu'on trouve dans ces temps-
là dequoy ſe ſatisfaire.

La Pêche Alberge violette, & le petit Pavie-Alberge
violet avec la Bourdin, meuriſſent vers la fin du mois, &
ſont parfaitement bien leur perſonnage.

Les Druſelle, & les Pêches-Ceriſes, ſur tout celles qui
ont la chair jaune, ſe preſentent pour leur tenir une mauvaiſe & faſtidieuſe compagnie ; la Pêche-Ceriſe à chair
blanche qui meurit auſſi en même temps, n'eſt point de
cette categorie, elle eſt tres-jolie, quand on la laiſſe extrémement meurir.

La Chevreuſe, & la Roſſane avec le Pavie-Roſſane
viennent au commencement de Septembre, & preſque
auſſi-tôt commencent les Perſique, les Violettes hâtives,
les Bellegarde, les Brugnons violets, & les pourprées,
pour fournir amplement une bonne quinzaine de jours,
& c'eſt là veritablement une flotte illuſtre, charmante, &
delicieuſe, la ſeule Violette qui eſt à mon ſens la Reine
des Pêches, & qui l'eſt auſſi au goût de gens infiniment
plus conſiderables que moy, ayant ſans le ſecours d'aucune
autre dequoy ſatisfaire agreablement la curioſité de tout le
monde.

Les Admirables paroiſſent en foule dés la my-Septembre, bon Dieu quelles Pêches en groſſeur, en coloris, &
delicateſſe de chair, en abondance d'eau, en ſucre, en
goût relevé ! &c. qui eſt-ce qui n'en eſt pas charmé, &
particulierement de celles qui ont meuri en plein air.

Les Nivette toutes belles & merveilleuſes qu'elles ſoient

attendent à meurir, que les Admirables ſoient ſur leur déclin, & pendant dix ou douze jours, payent amplement la peine de ceux qui les ont placées en bon lieu.

Les Pêches de Pau, les Blanche d'Andilly, & les Narbonne font les empreſſées pour accompagner les Nivette, & avec toute leur beauté, qui en verité peut-être appelée une beauté fardée, ces Pêches-là, dis-je, feroient ſagement de s'en diſpenſer.

Nous ne dirons pas la même choſe de la Groſſe-jaune tardive, de la Pêche Royale, de la Violette tardive, & de la jaune liſſe, & des gros Pavies tant rouges, que jaunes, & des petits Pavies jaunes, qu'on appelle Pavies Saint-Martin; car quand la ſaiſon a été favorable à leur maturité, le theâtre du Jardinage pour la repreſentation d'Automne, me paroît pendant tout le mois d'Octobre grandement honoré de cette derniere compagnie : mais auſſi il faut s'en tenir là pour la bonne bouche, & empêcher de paroître le Brugnon jaune liſſe, le Brugnon violet tardif, la Pêche à tetin, la Sanguinolle, la Pêche blanche de Corbeil, la Pêche à fleur-double, la Pêche-noix, &c. ce ſont les dernieres Pêches du mois d'Octobre, & les moins bonnes de l'année; perſonne ne s'en étonnera, des nuits longues, ſouvent humides, & toûjours froides ne ſont guéres propres à faire de bons fruits, & ſur tout en fruits à noyau.

Dans cette liſte de Pêches, de Brugnons, & de Pavies, on compte juſqu'à trente-deux Pêches bien differentes, trois Brugnons bien differens, & ſept Pavies auſſi tres-differens; je n'ay que faire de dire pour les gens de ce pays-cy, que nous appellons Pêches celles qui quitte le noyau, nos compatriotes le ſçavent aſſez : les Gaſcons, Languedochiens, & Provençaux, & generalement tous les curieux de Guienne ne le ſçavent pas ſi bien; mais il faut dire pour tout le monde, que nous appellons Brugnons tout ce qui étant liſſe, c'eſt-à-dire ſans aucun poil, ne quitte pas le noyau, & nous appellons Pavie avec addition de blanc, ou de rouge, ou de jaune, ce qui ayant la peau un peu vêtuë de quelque couleur qu'elle ſoit, jaune; blanche ou rouge, ne quitte auſſi nullement le noyau.

Nous avons des curieux, qui prétendent, qu'il y a autant
de Pavies, que de Pêches, & difent fur cela, que le Pavie eft le mâle, & que la Pêche eft la femelle ; à la bonne-heure pour vifion de mâle & de femelle, ou plûtôt
pour ancien langage de Jardiniers, je n'y veux rien trouver à redire ; quoy que je n'aye jamais pû trouver de raifon, ny apparence de raifon, qui m'aye fatisfait : mais à
l'égard de la quantitié de ces mâles, elle m'eft inconnuë; ce
n'eft pas que je n'aye affez fait tout ce que j'ay pû pour
en découvrir d'autres que les huit cy-deffus ; peut-être que
la race s'en eft confervée en Perfe, d'où on prétend, que
toutes les Pêches font forties, fans avoir cependant
avec elle apporté la qualité mortelle qu'elles y ont, à ce
qu'on nous fait accroire : ou fi on en fait fortir les Pavies,
il faut que ceux que nous n'avons pas, ayent fait naufrage
dans le grand trajet qu'ils avoient à faire : j'ay particulierement regret, à ceux qui auroient été extrémement
hâtifs dans nos climats, nous ferions bien-heureux, fi nous
en pouvions réparer la perte, fuppofé que nous l'ayons
faite.

Je fçay bien que nous avons auffi de nos curieux, qui
comptent un plus grand nombre de ces fortes de fruits à
noyau, que je n'en viens de compter ; je veux croire qu'ils
en connoiffent, que je ne connois pas ; mais au moins ils me
permettront s'il leur plaît de dire, qu'avec une tres-grande, & tres-longue exactitude je n'en ay pû trouver davantage ; & j'ajoûteray qu'on s'eft pour le moins donné
autant de liberté pour multiplier les noms des Pêches,
que pour multiplier les noms des autres fruits. La moindre difference foit dans la fleur & dans le coloris, foit
dans la groffeur & la figure, foit dans le temps de la maturité, ou dans le goût, & dans la delicateffe de l'eau,
a donné de tout temps, & donne encore aujourd'huy à
beaucoup de gens une demengeaifon de dire, qu'ils ont
quelque Pêche particuliere, & fur cela ne manquent pas
de la baptifer d'un nouveau nom.

Malheureufe demangeaifon, qu'on pourroit pour ainfi
dire, nommer fille de vanité, ou d'ignorance, qui nous
caufe tant de confufion parmy nos fruits ! Eft-il poffible,

qu'on ne fçache pas, qu'une difference de terrein, ou d'ex-pofitions de climats, ou de faifon, eft capable de faire ces petites varietez, qui ne font nullement effentielles ? elles m'ont cependant donné des peines infinies, pour en dé-couvrir la verité; je m'en vais avec mon ingenuité ordi-naire dire ce que j'en penfe, au hazard d'encourir la dif-grace de beaucoup de faifeurs de pepinieres.

Je fuis bien éloigné de vouloir fupprimer aucun bon fruit, puifque par tout où ma curiofité, & mes habitu-des peuvent s'étendre, je travaille infatigablement pour en découvrir de nouveaux, qui foient bons, & pour les mul-tiplier dés qu'ils font venus à ma connoiffance ; mais auffi bien loin de vouloir, pour ainfi dire, faire des chimeres & des eftres de raifons, en multipliant des noms pour les moindres petites differences, je m'oppofe à cette maladie avec toute la vigueur, & toute la fincerité dont je fuis capable, quoy que j'aye compté trente deux fortes de Pê-ches; je ne dis pas pour cela, qu'il y en ait trente-deux fortes de bonnes, de maniere que je vouluffe les avoir dans mon Jardin, ou confeiller à mes amis de les planter dans le leur : dans ce nombre-là il y en a bien quelques-unes, qu'on peut veritablement dire n'eftre pas bonnes, & je les banniray autant qu'il me fera poffible : mais auffi, quoy que d'une efpece il s'en trouve quelquesfois de mauvaifes, il me femble qu'on ne doit pas fur cela dire auffi-tôt, que l'ef-pece en foit mauvaife : voyons exactement ce qui fait le merite des unes, & le démerite des autres, pour juger fainement de celles qui font ou à recevoir, & multiplier, ou à profcrire, & fuprimer entierement de nos bonnes places d'Efpalier.

CHAPITRE X.

Du merite des Pêches.

LE merite des Pêches confifte aux bonnes qualités qu'-elles* doivent avoir.

Dont la premiere eft d'avoir la chair fi peu que rien ferme, cependant fine, ce qui doit paroître quand on

luy ôte la peau, laquelle doit eſtre fine, luiſante, & jaunâtre, ſans aucun endroit de vert, & doit ſe déprendre
fort aiſément, ſans quoy la Pêche n'eſt pas meure : ce
merite paroît encore, ou quand on coupe la Pêche avec
le coûteau, qui eſt ce me ſemble la premiere choſe à faire,
à qui la veut agreablement manger quand on eſt à table,
& pour lors on voit tout le long de la taille du coûteau,
comme une infinité de petites ſources, qui ſont ce me ſem-
bles les plus agreables du monde à voir : ceux qui ouvrent
autrement les Pêches perdent ſouvent la moitié de ce
jus, qui les fait tant eſtimer de tout le monde.

La ſeconde bonne qualité de la Pêche eſt que cette chair
fonde dés qu'elle eſt dans la bouche, & en effet la chair
des Pêches n'eſt proprement qu'une eau congelée, qui ſe
réduit en eau liquide, pour peu qu'elle ſoit preſſée de la
dent, ou d'autre choſe : en troiſiéme lieu, il faut que cette
eau en fondant ſe trouve douce & ſucrée, que le goût en
ſoit relevé, & vineux, & même en quelques-unes muſqué ; je veux auſſi, que le noyau ſoit fort petit, & que les
Pêches qui ne ſont pas liſſes, ne ſoient que mediocrement
veluës, le grand poil eſt une marque aſſez certaine du peu
de bonté de la Pêche ; ce poil tombe preſque tout-à-fait
aux bonnes, & particulierement à celles qui ſont venuës
en plein air.

Enfin je conterois pour une des principales qualités de
la Pêche d'eſtre groſſe, ſi nous n'en avions pas de petites,
qui ſont merveilleuſes, par exemple les Pêches de Troye,
les Alberge-rouge, les Pêche violette ; mais au moins
eſt-il vray que, ſi les Pêches, qui doivent eſtre aſſez
groſſes, n'approchent pas de la groſſeur qui leur convient,
ou qu'elles la paſſent de beaucoup, elles ſont conſtamment
mauvaiſes ; peut-être a-t-il été dit aſſez à propos, que
celles-cy étoient hydropiques, & les autres étiques : les
étiques ont beaucoup plus de noyau, & moins de chair,
qu'elles n'en devroient avoir ; & les hydropiques ont le
noyau ouvert, & du vuide entre ce noyau & la chair,
& ont de plus cette chair groſſiere, coriaſſe, & l'eau aigre
ou amere.

Il n'y a veritablement, comme j'ay dit, que les Pêches

de plein vent , qui ayent toutes ces bonnes qualitez au
souverain degré, avec un je ne sçay quoy de relevé, qu'on
ne sçauroit décrire ; les Pêches d'Espaliers en ont bien
quelque chose, mais elles ne l'ont pas au point que nous
venons de marquer pour les Pêches de plein vent, si ce
n'est celles qui sont venuës aux branches que je fais tirer;
j'ay expliqué cy-dessus, ce que c'est que ces branches tirées.

CHAPITRE XI.

Des qualités indifferentes en fait de Pêches.

VOila en fait de Pêches les bonnes qualités expliquées, elles en ont d'indifferentes , que je ne fais
consister qu'à la fleur ; en sorte que les unes l'ont grandes
sçavoir les avant-Pêche , Pêche de Troye , les deux Magdeléine , la Mignonne, la Persique, la Tetin tardive, les
Rossane , les Pavies blanc , la Narbonne , &c. les autres
l'ont petite, sçavoir les Chevreuse, Admirable, Pourprée , Nivette , Royalle, Bourdin, Bellegarde, Pavie-rou-
ge, Alberge-rouge, & le Pavie Alberge-rouge.

Quelques-unes en ont de grandes, & de petites, mais
non pas sur un même Arbre, sçavoir les deux Violettes hâtive , & tardive, les deux Brugnons violets , les Pêches de
pau, les Alberges jaunes, &c.

Il n'y en a qu'une seule qui ait la fleur double, & elle
en porte le nom.

CHAPITRE XII.

Des mauvaises qualités des Pêches

VOyons presentement les mauvaises qualités de ces
Pêches.

Elles consistent premierement à avoir la chair molle, &
presque en boüillie, les Blanches d'Andilly sont fort sujettes à ce défaut.

En second lieu à avoir la chair pâteuse, & séche com-

me la plûpart des Pêches jaunes, & la plûpart des autres
Pêches, qu'on a trop laiſſées meurir ſur l'Arbre.

En troiſiéme lieu à l'avoir groſſiere comme les Druſelle, les Pêches-betteraves, les Pêches de Pau ordinaires.

En quatriéme lieu à avoir l'eau fade, & inſipide avec
un goût de vert, & d'amer, telles ſont d'ordinaire ces
mêmes Pêches de pau venuës en Eſpalier, les Narbonne,
les Pêches à double-fleur, les Pêches communes, autrement Pêches de Corbeil, & de Vigne.

En cinquiéme lieu c'eſt un défaut d'avoir la peau dure
comme les Pêches à tetin, & enfin c'eſt encore un défaut
d'être quelquesfois ſi vineuſe, qu'elles en tirent ſur l'aigre.

Preſentement il ne doit pas être difficile de juger des
bonnes Pêches, & parmy les bonnes de juger des meilleures, non plus que de juger des mauvaiſes, & parmy ces
mauvaiſes de juger de celles qui le ſont le plus.

Il eſt certain qu'on ne trouve pas toûjours parfaites
toutes les Pêches d'une certaine eſpece, qui le devroient
être, ny même toutes les Pêches d'un même Arbre ne
ſont pas d'une égale bonté.

Nous avons déja dit que c'eſt un grand défaut d'être ou
trop groſſes ou trop petites, ç'en eſt un d'être trop meures, ou trop peu ; les Pêches pour avoir leur juſte maturité, doivent tenir ſi peu que rien à la queuë ; celle qui y
tiennent trop, & qui quelquesfois emportent la queuë avec
elles, ne ſont pas aſſez meures ; celles qui y tiennent trop
peu ou point du tout, & qui peut-être étoient déja dé-
tachées d'elles-mêmes, & tombées à terre, ou ſur l'échalas, ſont trop meures, elles ſont paſſées, comme on dit en
terme de Jardinier, il n'y a que les Pêches-Liſſes, tous
les Brugnons, & tous les Pavies qui ne ſçauroient preſque
avoir trop de maturité ; ainſi à leur égard ce n'eſt pas
un défaut d'être tombés d'eux mêmes.

Celles qui viennent ſur des branches jauniſſantes, & malades, & celles qui meuriſſent fort long-temps devant
toutes les autres du même Arbre, ou fort long-temps
aprés les unes & les autres de toutes celles-là, ſont ſujettes
à être mauvaiſes, c'eſt à dire d'avoir toutes les mauvaiſes

qualités, que nous avons marquées, ou d'en avoir une partie; ainsi pour rencontrer une bonne Pêche sur un Arbre, bien des conditions y sont necessaires : je les expliqueray, quand j'aprenderay à cuëillir, & à connoître infailliblement une fort bonne Pêche d'avec une mediocre.

Il n'est icy question que de juger de ces bonnes especes, qui meritent place dans nos Espaliers ; je vais m'en expliquer, à la charge, comme j'ay cy-devant marqué, qu'on ne dira pas, que pour quelque défaut, qui se trouve en quelques fruits des especes que j'estime, l'espece pour cela en soit toute mauvaise, ni que pour quelque perfection, qui se trouvera peut-être en quelqu'une de celles que je rebute, l'espece en soit veritablement bonne.

CHAPITRE XI.

Du jugement que je fais des Pêches.

PAr my les trente deux Pêches que j'ay marquées, j'en condamne huit, & presque neuf; cette neuviéme, qui est presque excluë, c'est la blanche d'Andilly; je condamne aussi deux Brugnons, les huit sont la Narbonne, la Drusselle, la jaune lisse, la Pêche à tetin tardive, la Betterave, la Pêche de Corbeil, la Pêche noix, la Pêche à double-fleur, à moins qu'on n'en veüille quelques-unes de celle-cy simplement pour la fleur qui est fort belle, & qu'on n'en veüille quelques-unes des Betteraves pour la compote, à quoy elles sont admirables ; les deux Brugnons disgraciez sont le jaune, & le violet tardif; l'un & l'autre ne meurissent guéres icy, & sont sujets à se crevasser, & à pourrir sur l'Arbre.

A l'endroit cy-dessus, où j'ay marqué les mauvaises qualitez des Pêches, on peut voir les raisons que j'ay d'en bannir huit ou neuf ; à l'égard des Pavies j'honore extrémement tous ceux qui peuvent bien meurir ; mais cela est assez rare en ce climat, à la réserve de ceux qui sont hâtifs; les curieux qui sont en des pays chauds, & qui ont des murailles bien exposées, font fort bien d'en avoir beaucoup, & même sont assez heureux pour les voir meurir

en

en plein vent, & pour lors au lieu de cette chair dure
& coriace, qu'ils ont d'ordinaire en ce pays-cy, sans aucun accompagnement d'eau sucrée, & de goût vineux,
relevé & parfumé ; ils ont la chair fine & tendre, &
presque aussi fondante que nos bonnes Pêches ; c'est-à-
dire qu'ils ont beaucoup d'eau, & cette eau bien assaisonnée du bon goût qu'on y souhaite, tout cela avec le
coloris d'un rouge obscur qui a penetré par tout, & davantage même prés du noyau que loin du noyau, tout
cela, dis-je, donne envie d'en manger, & par consequent
donne beaucoup d'estime pour eux, & curiosité d'en élever.

L'année 1676. nous en a donné de merveilleux, & particulierement de ceux qui portent le nom de monstrueux,
& de Pompone ; c'étoit l'illustre pere de tous les honnêtes Jardiniers, qui en avoit eu le premier en sa maison
de Pompone, & l'avoit ensuite multiplié chez tous les
Curieux : il y a d'honnêtes gens qui les aiment presque
mieux que les Pêches, il les faut contenter, & en planter beaucoup dans leurs Jardins : de plus le nombre de
ces Curieux-là n'est pas si grand, c'est pour les Pêches
qu'on est particulierement declaré ; c'est pourquoy dans
la plûpart des Jardins nous en mettrons infiniment plus
que de Pavies.

Aprés avoir expliqué premierement le merite des principales Poires, & ç'a esté en parlant des Buissons, & ensuite à l'occasion des Espaliers avoir expliqué le merite du
Raisin Muscat, le merite des Figues, le merite des Pêches,
& des Pavies ; je ne puis me declarer sur l'ordre & la
preference des fruits qui doivent occuper nos murailles,
que je n'aye fait en faveur de quelques bonnes Prunes le
denombrement de leurs bonnes qualitez.

CHAPITRE XIV.

Traité des Prunes.

ON compte un nombre presque infini de Prunes ; je ne
parleray que de celles que j'ay veu, goûté, & examiné, qui sont en assez grande quantité, quoy qu'il y

en ait peu , dont je faſſe grand cas.

Dans l'idée que je me fais des Prunes, j'y voy des qualitez bonnes, des qualitez mauvaiſes, & des qualitez indifferentes ; je voy des Prunes qui ſont bonnes cruës & cuites,
& j'en voy qui ne ſont bonnes que cuites.

Bonnes quali-
tez des Pru-
nes.

Les bonnes qualitez des Prunes ſont d'avoir la chair fine,
tendre, & bien fondante, l'eau fort douce, & fort ſucrée,
le goût relevé , & en quelques-unes parfumé ; la bonne
Prune eſt le ſeul fruit , qui à être mangé cru n'a que
faire de ſucre : telles ſont en Eſpalier les Perdrigons tant
le violet que le blanc, les Sainte-Catherine, les Prunes
d'Abricot, le Roche-Courbon, les Imperatrice, ou Perdrigon tardif ; telles ſont auſſi en Buiſſon les Reine-Claude , les Imperiale, les Royale , les Damas, tant le violet , que le rouge & le blanc , & même les Mirabelles
blanches.

Défauts des
Prunes.

Les qualitez mauvaiſes des Prunes ſont d'avoir la peau
dure ; mais comme il n'y a point de Prune telle qu'elle
ſoit qui n'ait ce défaut, il ne le faut pas compter pour quelque choſe de conſiderable comme ceux qui ſuivent, ſçavoir d'avoir la chair coriace, farineuſe & pâteuſe comme
le Perdrigon de Cernay , la Blanche à fleur double , &c.
aigrette comme le Damas noir hâtif , les Datte , les
Moyeu, les Brugnolles ; ſéche comme le Damas muſqué,
le Moyeu , la Prune d'Ambre, la Prune de Taureau , la
Brugnolle, la Rhodes ; durette comme la Datte ; piſſeuſe
comme beaucoup qu'il ne faut pas connoître ; verreuſe
comme les Imperialles, beaucoup de Damas & de Diaprée, & principalement toutes les Prunes , qui en chaque Arbre paroiſſent meurir les premieres, c'eſt à dire
devant la ſaiſon de la maturité de telle eſpece.

Nous pouvons icy dire en faveur de nos chers Perdrigons, que ce ſont de toutes les Prunes celles où les vers
ſe mettent le moins.

Qualitez in-
differentes des
Prunes.

Les qualitez indifferentes des Prunes regardent la figure, la groſſeur, la couleur, la raye , &c. & même d'être
attachée au noyau eſt une qualité indifferente, ſi d'ailleurs
la Prune eſt bonne : car ſi la Prune eſt en effet mauvaiſe,
elle eſt encore plus mépriſée, ſi elle ne quitte pas le noyau,

que si elle le quittoit ; à l'égard de la figure il est indifferent, que la Prune soit longue comme l'Imperialle, la
Datte, l'Ilvert, le Rognon de coq.

Longuette comme les Perdrigons, les Sainte-Catherine, les Diaprée, les Mirabelles, les Damas violet long,
les Datille, la Mignonne, le Moyeu de Bourgogne, la
Rhodes &c.

Ronde, & presque quarrée, & plate comme la Reine-
Claude, le Damas blanc, le violet, le gris, le vert, le musqué, les Cerisette, les Perdrigons de Cernay, la Royale,
le cœur de Pigeon, les Brugnolle, le Drap d'or, &c.

Cette figure donc ne fait rien, pour donner du mépris,
ou de la consideration aux Prunes ; la couleur n'y fait rien
non plus que la figure, y en ayant de bonnes & de mauvaises de toutes les couleurs, qui sont ou blanches jaunâtres comme les Perdrigon blanc, le Damas blanc, les
Sainte-Catherine, les Prunes d'Abricot, les Mignonne,
Reine-Claude, Drap d'or, grosse Datte, ou Imperialle
blanche, &c.

Ou Violette tirant au rouge (& c'est la plus belle de tou-
tes) comme le Perdrigon violet, les Roche-Courbon,
Imperatrice, Imperialle, Damas long, Damas rond,
Royalle, Diaprée violette, Cœur de Bœuf, &c.

Ou violette tirant au noir, comme Brugnolle, gros Damas violet de Tours, Saint-Julien, &c. ou noire comme
les Prunes de Rhodes, les Damas noir tardifs & hâtifs, le
Damas musqué, le cœur de pigeon.

Ou verte comme l'Ilvert, le Damas vert, la Castelane ;
ou grise comme le Damas gris ; ou rouge comme les Ceri-
settes, la Prune-morin, la Datille, &c, Tout de même que
la raye, soit fort enfoncée, comme au cœur de Pigeon,
ou fort peu comme à la plûpart des autres Prunes, cela
ne sert de rien.

Il est bien mieux, qu'elles soient assez grosses comme
le Pedrigon, Sainte-Catherine, Abricot, Damas, &c. que
petites comme les Mirabelles : il y en a peu de fort grosses,
comme le cœur de Bœuf, les Perdrigon de Cernay, les
Imperiales, tant la blanche que la rouge, & tant la hâtive que la tardive.

H h h ij

Toutes les Prunes qui font bonnes cruës, font auffi d'ordinaire fort bonnes cuittes, foit à faire des Pruneaux fecs,
foit à faire des compottes, comme les Perdrigon, &c. mais
il y en a qui ne font bonnes que cuittes, & même parmy les
cuittes il y en a qui font particulierement bonnes en pruneaux, comme les Roche-courbon, & les Sainte-Catherine, & d'autres qui ont leur principal merite en compotte,
comme les Moyeux, les Caftellane, les Ilvert, les Brugnolles, les Drap-d'or, les Mirabelles, &c.

Dans toutes les Prunes la chair eft jaunâtre, aux unes
plus, aux autres moins, & cela n'eft d'aucune confequence.

Deux chofes ce me femble feroient à fouhaiter en fait
de Prunes; premierement qu'elles vinffent devant la faifon
des Pêches, c'eft-à-dire pendant le mois de Juillet, elles
nous feroient pour lors d'un grand fecours, que de venir
prefque toutes comme elles font dans le mois d'Aouft,
c'eft-à-dire avec les Pêches, cependant elles s'y foûtien-
nent merveilleufement bien ; mais nos fouhaits fur cela
font fort inutiles.

On voudroit bien en fecond lieu, que toutes les bonnes
quittaffent le noyau bien net, & toutefois il faut fe confoler de ce que les Perdrigon d'Efpalier en meuriffant &
acquerant leur derniere perfection, s'attachent extrêmement au noyau ; Les Roche-courbon, qui font les plus fu-
crées Prunes que nous ayons, ne le quittent nullement.

Il y en a auffi beaucoup de mauvaifes, qui ne quittent
point ; par exemple l'œil de Bœuf noir, la Prune d'Ambre, les Moyeux, l'Ilvert, Saint-Julien, Norbette, Caftellane, &c.

Celles qui quittent le mieux, font prefque tous les Damas, dont le nombre eft grand, au moins le nombre des
noms qu'on leur donne, fondé fur les moindres petites differences du monde.

De toutes les bonnes qualitez de Prunes, que je viens
d'expliquer, je conclus conformement à mon experience,
qu'il n'y a que quatre ou cinq fortes de Prunes, qui meritent place en Efpaliers, fçavoir les deux Perdrigons, blanc
& violet, la Sainte-Catherine, la Prune d'Abricot, & la Ro-

che-courbon, on y peut pourtant mettre quelques Imperatrices , & même quelques Mirabelles, mais ce ne doit
être qu'en veuë , non pas d'en avoir de meilleures , on
n'en mange guéres de cruës , mais d'en avoir plus feurement , parce qu'elles font , auffi bien que la plûpart des
autres Prunes , tres-fujettes à perir à la fleur , & que cependant il eft tres - important d'en avoir pour les compottes de la faifon.

A mefure que j'emploiray chaque Prune, j'en feray une
petite defcription , foit pour celles que nous mettrons en
Efpalier , foit pour celles que nous mettrons en Buiffon &
en Arbres de tige ; car enfin je fais état d'en avoir en
toutes fortes de fituations , fi le terrein me le permet ,
plaçant cependant chacune de la maniere qui luy eft la
plus convenable.

Je n'ay rien à redire fur les Cerifes précoces : il n'en
eft pas de deux façons que je fçache ; c'eft la nouveauté
du fruit qui fait tout leur merite au commencement de
Juin , foit pour les fervir cruës , foit pour en faire des
compottes ; car d'être aigre , avoir peu de chair , un gros
noyau , & la peau épaiffe , ce n'eft pas fûrement ce qui
les rend recommandables ; cette nouveauté nous oblige-
ra d'en mettre en Efpalier , quand nous aurons affez de
murailles pour cela.

Nous y mettrons auffi du Raifin de Corinthe , petit
Raifin à grain menu , qui a l'eau fort douce & agreable ;
il y en a de deux ou trois couleurs , & nous y mettrons
du Chaffelas , dont je fais grand cas en ce pays-cy , par
la beauté de la grape & du grain , par la douceur de l'eau
fort fucrée , & fur tout par la facilité du rapport & de la
maturité , qui nous eft prefque infaillible , au lieu que le
Mufcat n'y fçauroit prefque parvenir, à moins que d'avoir
un Efté chaud & long comme celuy de 1676.

J'ay peu de chofes à dire fur les Arbres ; tout le monde en connoît & le goût, & la couleur, & la figure , &
la groffeur ; on en fait veritablement quelque cas ; mais ce
n'eft que pour les confitures , tant féches que liquides ;
ce n'eft pas un fruit delicieux à manger crû , pour en manger beaucoup : toutesfois dans les Jardins au temps de leur

maturité, on a affez de plaifir d'en détacher quelqu'un pour en goûter fur le champ.

Il en vient d'affez bons en grands Arbres, où ils fe trouvent tous tanelez de petites marques rouges, qui réjoüiffent la veuë, & éveillent l'appetit par un goût bien plus relevé qu'ils n'ont en Efpalier, mais en revanche cet Efpalier leur augmente la groffeur, & leur donne un vermillon admirable, & principalement il fait qu'on en a plus fûrement; les uns & les autres font également bons pour la confiture; les meilleurs font un peu fucrez, mais cependant d'ordinaire pâteux; il n'y a guéres de Jardins où il n'en faille quelqu'un, le fruit eft hâtif, c'eft à dire qu'on commence d'en voir dés l'entrée de Juillet, & fur tout d'une petite efpece, qu'on appelle l'Abricot hâtif, & qu'il faut mettre au grand Midy; la chair en eft fort blanche, & la feüille plus ronde, & plus verte qu'aux autres, mais pour cela il n'eft pas meilleur.

Les Abricots ordinaires, qui font bien plus gros, & ont la chair jaune, ne meuriffent que vers la my-Juillet; il en faut aux quatre expofitions, fi on a affez de murailles pour cela, ou autrement on manqueroit de la meilleure de toutes les compottes, chofe étonnante, que le feu & le fucre réveillent dans l'Abricot qui cuit, un certain parfum dont on ne s'étoit point aperçû dans le cru.

Ce qui fait que j'en veux en toutes fortes d'expofitions, eft que comme ils fleuriffent de tres-bonne heure, c'eft à dire dés la my-Mars, faifon fort traversée de gelées blanches, qui font mortelles à la fleur, de quelque côté que le vent froid vienne à donner fur cette fleur, il la gele fans doute, & ainfi il ne s'en fauve guéres; & comme les vents du Printemps ne donnent pas toûjours fur les quatre murailles, celle qui n'en eft pas affligée, peut au moins nous recompenfer de ceux qui auront êté perdus d'ailleurs, & ainfi on en a quelquesfois au Nord, fans en avoir ny au Midy, ny au Levant, ny au Couchant, quelquesfois le côté heureux fe trouve feulement au Midy, & quelquesfois feulement au Levant, ou feulement au Couchant; c'eft pourquoy autant qu'on le peut il faut en hazarder à toutes les expofitions, pour tâcher enfin d'avoir des Abricots.

Et s'il en noüe une trop grande quantité, comme il arrive affez fouvent, il ne faut pas manquer d'en éplucher une
bonne partie, avec cette confolation qu'ils ne feront pas
perdus, comme le font aux autres efpeces de fruits ceux
qu'on eft obligé d'ôter petits & verts; on en fait des compotes vertes, & des confitures féches, & toutes beaucoup
meilleures qu'on ne l'auroit ofé efperer.

En Angoûmois nous avons communément d'un petit
Abricot à amande fi douce, qu'on la prendroit prefque
pour des Avelines, auffi caffe-t-on fouvent ces noyaux pour
les manger; cet Abricot a la chair blanche, & eft tres-bon
en ce pays-là, il n'en eft guéres qu'en grands Arbres, &
voilà ce qui a établi la reputation de fa bonté.

Les années bien chaudes, comme a efté celle de 1676.
s'il refte long-temps quelques Abricots fur les Arbres de
nos Efpaliers, ils y acquierent prefque la même perfection,
que les confits au fucre, aprés y avoir perdu une certaine
aigreur qui leur eft naturelle, c'eft ce que nous avons
éprouvé, & en avons efté furpris.

Aprés avoir parcouru tous les fruits qui peuvent entrer
à nos Efpaliers, employons-les maintenant à nos murailles, chacun felon le plus ou le moins de merite qu'il peut
avoir, & difons, que

J'appelleray bonne expofition, premierement celle qui
eft au Midy (car d'ordinaire c'eft la meilleure, au moins
c'eft la plus hâtive.)

En fecond lieu, celle qui eft au Levant, & dont je ne
fais guéres moins de cas que de la premiere.

J'appelleray mediocre expofition celle du Couchant, &
mauvaife celle du Nord.

Cela posé, je fuis d'avis que pour peu qu'on ait de bonnes expofitions, on y mette un Figuier blanc de l'efpece
ronde, c'eft le meilleur de tous fans contredit, & comme à
quelque prix que ce foit, il faut avoir un peu de Figues,
on ne fçauroit mieux choifir que celui-là. Ce Figuier
d'Efpalier eftant feul demande dix à douze pieds d'é-
tenduë.

Je fupofe, que les moindres jardins ont au moins quatre à cinq toifes d'un fens, & un peu davantage fur un

autre, fi bien qu'un Jardin qui auroit environ douze toifes de bonne expofition, tant au Midy qu'au Levant, cinq à fix de mediocre, & quatre à cinq de mauvaife, auroit à la bonne premierement un Figuier, & ce feroit dans le coin Levant, & Midy ; c'eft la place que je deftine par tout aux Figuiers, comme la meilleure pour les deffendre des vents de Nord & de Galerne, qu'on nomme autrement Nord Nord-oüeft ; ce vent d'ordinaire regne au mois d'Avril, qui eft le temps de la naiffance des Figues-fleurs, & comme en ce temps-là ce vent n'eft guêres fans gelées, il tuë impitoyablement ces pauvres petites Figues, qui étant tres-tendres, comme ne venans que de naître, ne fçauroient refifter à la rigueur d'une gelée : l'encoignûre de ces deux murailles expofées au Levant & au Midy, eft capable de les en garentir ; je ne dis pas qu'on plante le Figuier tout-à-fait dans le coin, mais aprochant du coin, foit le long de la muraille du Midy, fi on en a une, foit à celle du Levant fi l'autre manque.

Le Figuier placé, il nous peut encore refter dans ce petit Jardin environ dix toifes de bonnes murailles, fuppofé qu'un des côtez ne foit pas employé en face de bâtiment, ou en baluftres, ce qui eft affez ordinaire, & en ce cas le nombre de nos expofitions en fera plus petit, & le nombre des Arbres pareillement ; mais au moins fi par bonheur ce bâtiment, ou ce baluftre fe trouvent du cofté du Couchant, ou du cofté du Nord, il nous reftera, comme je viens de dire, environ dix toifes de bonne muraille, & ce fera pour fix Arbres, leur donnant à chacun huit pieds, felon ce que nous l'avons cy-deffus reglé, quand nous avons fuppofé toutes fortes de clôtures environ de neuf pieds de haut.

Dans les fix Arbres je fuis d'avis qu'il y ait cinq Pêchers, & un Prunier de Perdrigon violet ; je nomme d'abord les cinq Pêchers, parce que perfonne d'ordinaire n'a de petit Jardin, qui n'y veüille abfolument des Pêchers, & fi on a place pour en avoir jufqu'à fept ou huit, on auroit grand tort, ce me femble, de n'y pas mettre un Prunier de Perdrigon violet, pour avoir à la my-Aouft de ces belles Prunes affez groffes & longues, fi bien fleuries

par

par deſſus leur coloris violet , tirant au rouge , & ſi merveilleuſes pour leur chair fine , leur eau ſucrée , & leur
goût relevé , & encore faut-il ſurement à ce Prunier une
des meilleures places aux environs du Figuier , car autrement on n'en auroit aucun plaiſir ; nous mettrons icy de
certaines Pêches qui s'accommoderont mieux que luy d'u-
ne expoſition , qui ne ſeroit que mediocrement bonne.

A l'égard des Pêchers examinons ſerieuſement leſquels
ſeront icy les cinq favoris , pour employer par leur moyen
le plus utilement que faire ſe pourra le peu de place que
nous avons.

Je ne croy pas que ce doive être aucun de ceux qui font
de petites Pêches , quoy que la Pêche de Troye ſoit à mon
gré une des meilleures qu'on puiſſe avoir : il vaut mieux
ne commencer pas ſi tôt à avoir des Pêches de ſon petit
Jardin , afin de commencer d'abord par en avoir des plus
groſſes ; de plus il faut icy de celles qui raportent le plus
ſeurement , & de celles qui ſont les moins ſujettes aux fourmis , & par là les Magdeleines blanches en ſeront auſſi
bien excluſes que celles qui l'ont été par leur petiteſſe.

La Pêche violette hâtive eſt bien veritablement la meilleure de toutes , c'eſt elle qui a la chair la plus agreable &
la plus parfumée , celle qui a le goût le plus vineux & le
plus relevé , elle a raiſon de vouloir être icy , & par tout la
premiere , mais elle n'eſt guéres groſſe.

La Pêche Admirable a preſque toutes les bonnes qualitez qu'on peut ſoûhaiter , & n'en a point de mauvaiſes ; elle
fait un tres-bel Arbre , elle eſt des plus groſſes & des plus
rondes , elle a le coloris beau , la chair ferme , fine & bien
fondante , l'eau douce & ſucrée , le goût vineux & relevé ,
elle a le noyau petit , & n'eſt point ſujette à être pâteuſe ,
elle eſt aſſez long-temps ſur l'Arbre à réjoüir la veuë , elle
meurit vers la my-Septembre , elle raporte beaucoup , c'eſt
à dire que c'eſt une des plus parfaites que nous connoiſ-
ſons , auſſi ne ferois-je point de Jardin où elle n'entre infailliblement & la Pêche violette auſſi ; mais ſi je n'en pouvois mettre qu'un des deux , la Pêche admirable l'empor-
teroit ſans doute , quoy que la Violette ſoit effectivement
meilleure ; la choſe ſe pourroit bien paſſer autrement , ſi la

groſſeur étoit égale des deux côtez.

Cette Pêche Admirable s'accommode aſſez volontiers des expoſitions mediocres, & encore mieux des bonnes, c'eſt pourquoy pour bien ménager nôtre petite place il vaut mieux planter cette Pêche prés de l'expoſition du Nord, qu'aucune de toutes les autres ; & même toutes les fois que nous en pourrons planter deux ou trois, il ſera bon de les partager pour en mettre une à chaque expoſition, & toûjours faire ſon conte d'en avoir quelqu'une en bon lieu, pour tirer avantage de tout ce qu'elle eſt capable de faire.

J'ay icy deux choſes à dire ſur ſon Chapitre, que je ne veux ny oublier, ny remettre ailleurs ; la premiere eſt que contre la maxime cy-deſſus établie, les Pêches Admirables qui meuriſſent les dernieres de l'Arbre, ſont d'ordinaire les meilleures, elles ont eu le temps d'acquerir la parfaite maturité, dont les Pêches ont beſoin, ce ne ſont pas fruits à meurir hors de l'Arbre, quoy qu'aprés les en avoir détachés on les puiſſe garder trois ou quatre jours ſans ſe gâter ; or à moins que l'Arbre ne ſoit tres-vigoureux, cette Pêche eſt aſſez ſujette à tomber demy meure, verdâtre & veluë, & pour lors tout ce qu'elle devroit avoir de goût vineux & relevé, ſe tourne en amertume & en acreté ; cette chair qui doit être ſi fine & ſi fondante, ſe trouve groſſiere & preſque ſeiche ; enfin le noyau en eſt plus gros qu'il ne devroit être, & s'ouvre même quelquefois ; ce ſont tous de fort méchans ſignes que nous ne voyons point aux fruits des Arbres bien ſains, & qui ſont immanquables, quand les Pêches tombent d'elles-mêmes devant que d'eſtre parfaitement meures.

De là je tire la ſeconde choſe que j'ay à dire, qui eſt que quand les Arbres ont ces ſortes de défauts, il ne faut quaſi plus les compter, il faut les rapetiſſer beaucoup, afin d'eſſayer, ſi ayant moins d'étenduë ils ne feront pas de plus beau bois & de plus ſain, & par conſequent de meilleur fruit ; en même temps il faut ſe mettre en état de reparer la perte qu'on va faire, & cela par le moyen de quelque bon Arbre de la même eſpece, qu'on plantera au meilleur endroit qu'on pourra choiſir, ſans quoy on court

rifque de languir long-temps à n'avoir que de méchantes
Pêches, d'une efpece qui devroit eftre la meilleure du
monde.

Puifque nous avons icy place pour cinq Pêchers, il faut
que la Mignonne, la belle Chevreufe, & la Nivette foient
de la partie, & voicy la difpofition de nos douze toifes.

Le Figuier prend les deux premieres.
La troifiéme à quatriéme fera pour un premier Admirable.
La quatriéme à cinquiéme pour un premier Violette hâtive.
La cinquiéme à fixiéme pour un premier Mignonne.
La fixiéme à feptiéme pour un premier Chevreufe.
La feptiéme à huitiéme rien, pour faciliter les diftances qui doi-
vent étre environ de huit pieds.
La huitiéme à neuviéme pour un premier Nivette.
La neuviéme à dixiéme pour un premier Perdrigon violet.
La onziéme à douziéme pour un deuxiéme Admirable.

La Mignonne eft conftamment pour les yeux la plus belle Pêche qu'on puiffe voir, elle eft tres-groffe, tres-rouge,
fatinée & ronde; elle meurit des premieres de la faifon,
& a la chair fine & bien fondante, & le noyau tres-petit,
veritablement fon goût n'eft pas toûjours des plus relevez,
il y a quelquefois quelque chofe de fade, mais cela ne l'em-
pêchera pas d'être icy la troifiéme.

La Belle-Chevreufe commence à marquer à peu prés fon
merite par la beauté de fon nom, elle fuccede à la Mignonne, & devance un peu la Violette, comme l'Admirable
fuccede à la Violette, & devance un peu la Nivette, fi bien
qu'avec les cinq Pêches on peut avoir pendant fix femai-
nes une fuitte des plus belles & des meilleures Pêches de
tous nos Jardins.

La Chevreufe a de tres-grands avantages, premierement
elle ne cede guéres à aucune autre en groffeur, en beauté
de coloris, en belle figure (qui eft un tant foit peu longuette) en chair fine & fondante, en abondance d'eau fucrée,
& de bon goût, & par deffus cela elle excelle par la fecondité de fon raport, fi bien que c'eft avec beaucoup de Juftice que je la mets icy pour la quatriéme; elle n'a d'autre
défaut que celuy d'être quelquefois pâteufe, mais elle ne

l'a que quand on la laiſſe trop meurir , ou qu'elle a été nourrie dans un fond froid & humide , ou qu'elle a rencontré un Eſté peu chaud & peu ſec ; elle demande ſur tout place au Levant ou au Midy , & même dans les fonds mediocrement humides, elle ne s'accommode pas mal du Couchant ; c'eſt une tres-bonne eſpece de Pêche , & la plus commune parmy les gens qui en élevent pour en vendre.

La Pêche Nivette , autrement la Veloutée eſt encore à mon gré une tres-belle & tres-groſſe Pêche, elle a ce beau coloris & dedans & dehors, qui rend ce fruit ſi agreable à voir , elle a toutes les bonnes qualitez interieures ſoit de la chair & de l'eau , ſoit du goût & du noyau : elle charge beaucoup ; elle n'eſt pas tout-à-fait ſi ronde que les Mignonne & les Admirable , mais elle l'eſt aſſés, quand l'Arbre, ou au moins la branche qui l'a produite ſe porte bien , autrement elle eſt un peu cornuë & longuette ; elle meurit vers le vingtiéme Septembre, comme les Pêches Admirables commencent de finir : avec tant de bonnes qualitez qui oſeroit luy diſputer l'entrée à un Eſpalier de bonne expoſition , où l'on peut mettre cinq Pêchers.

Si nôtre expoſition mediocre ne peut contenir que quatre Pêchers , j'y voudrois mettre un Admirable , un Chevreuſe , un Abricotier ordinaire , & un Pourprée , qu'on nomme ordinairement Vineuſe.

Celui-cy eſt un des Pêchers qui rapportent le plus , & il me ſemble que dans les petits Jardins il faut particulierement viſer à l'abondance , c'eſt pourquoy je la prefere à la Bourdin , qui dans le fond eſt plus conſiderable pour le bon goût , & réüſſit auſſi bien qu'elle au Couchant , mais elle rapporte moins ; je ne mets à cette expoſition aucune Magdeleine , parce qu'elles n'y réüſſiſſent pas non plus que les Mignonne , & les Belle-garde , & les Dandilly , &c. étans toutes ſujettes à devenir pâteuſes.

Cette Pourprée marque ſon coloris par un de ſes noms, & les qualitez de ſon goût par l'autre , en effet elle eſt d'un rouge brun enfoncé , dont la chair eſt aſſez penetrée , elle eſt tres-ronde & aſſez groſſe , la chair aſſez fine , & le goût relevé , elle tiendra fort bien ſa place dans ce petit Jardin.

Les quatre Arbres du Nord feront Poiriers, qui fe con-
tenteront de fept pieds & demy de diftance, & ce fera une
Orange verte, deux Beurré, & un Verte-longue, toutes
Poires d’un rapport prompt, aifé & abondant.

Ainfi dans un fort petit Jardin, dont les quatre murailles ne contiendront qu’environ vingt-deux à vingt-
quatre toifes de tour, on en auroit cependant feize des
meilleurs Arbres fruitiers, fçavoir un Figuier blanc, un
Perdrigon violet, un Abricotier ordinaire, neuf Pêchers,
& quatre Poiriers : les Pêchers feroient trois Admirable,
un Violette hâtive, un Mignonne, deux Chevreufe, un
Nivette, un Pourprée : les quatre Poiriers feroient deux
Beurré, un Verte-longue, & un Orange verte.

Aprés avoir employé onze à douze toifes de bonne expofition, fix à fept de mediocre, & cinq à fix de mauvaife,
qui font en tout vingt-quatre pour un Jardin qui n’en
a que cela à fes quatre murailles, je croy que pour bien
fuivre l’execution de mon deffein, je dois premierement continuër jufqu’à trente toifes de bonne expofition,
qui font environ quinze de Levant, & quinze de Midy,
& enfuite en employer trente des autres deux, fçavoir
quinze de la mediocre, & quinze de la mauvaife, aprés
quoy j’en employeray de trente en trente jufqu’à fix cent
de bonne.

Il me femble que dans cette difpofition, prefque tout le
monde trouvera fans peine & fans embaras, ce qu’il luy
faudra pour planter fes Efpaliers, & enfin ce que j’auray
fait fera fuffifant pour aider pleinement à ceux qui en auront un plus grand nombre à employer.

J’oferois dire, qu’à moins que ce ne foit pour le Jardin
d’un grand Roy, on a une terrible quantité d’Efpaliers,
fi on en a jufqu’à 1200. c’eft-à-dire 600. fort bons 300. de
mediocres, & 300. de mauvais, c’eft à qui en fçait la confequence, un nombre capable de faire peur pour la difficulté qu’il y a à le bien façonner.

Joint qu’à fupputer par exemple la quantité de Pêches,
que châque Pêcher peut raifonnablement donner au bout
de cinq à fix ans, il en faut efperer de chaque centaine de
pieds tout au moins cinq à fix mille, quand chaque pied

n'en donneroit que cinquante à foixante : qu'eft-ce que ce fera au prix , quand ils en donneront une fois autant, comme ils le pourront aifément à l'âge de huit à neuf ans.

Ayant déja employé douze toifes de bonne expofition , & voulant continuër jufqu'à trente de la même , il faut faire état , que

La douziéme à treiziéme donnera de plus un deuxiéme Mignonne.

La treiziéme à quatorziéme donnera un deuxiéme Violette hâtive.

Nous ne mettrons rien dans la

Quatorziéme à quinziéme , pour faciliter les diftances des autres : les

Quinze à feize feront pour un deuxiéme Chevreufe.

Seize à dix-fept pour un Premier Magdeleine blanche.

Dix-fept à dix-huit pour un premier Perfique.

Dix-huit à dix-neuf pour un premier Abricotier ordinaire.

Dix-neuf à vingt ne donneront rien pour faciliter les diftances, comme j'ay déja dit.

Nous ne fçaurions dire affez de bien de la Pêche-Magdeleine blanche quand elle eft en bon fond & bien expofée ; les Fourmis luy font un peu trop la guerre , fans que nous l'en puiffions garentir , & ce reproche luy fait tort parmy les curieux.

A voir comme quelques Arbres en rapportent beaucoup , & les autres peu , il femble qu'on auroit lieu de dire avec quelques Jardiniers , qu'il y en a de deux efpeces, l'une qu'ils nomment la groffe , & l'autre qu'ils nomment la petite ; mais cependant, ny par la fleur qui à toutes deux eft grande & peu colorée , ny par la feüille de l'Arbre, qui à toutes deux eft grande & fort dentellée , ny par la maturité , qui à toutes deux arrive en même temps , & c'eft vers la fin d'Aouft, ny par la couleur , groffeur, figure , eau , goût , noyau , qui font femblables en toutes deux ; par toutes ces marques , dis-je , qui devroient établir une difference effentielle , je ne trouve pas lieu d'entrer dans les fentimens de ceux qui veulent qu'il y en ait de deux fortes ; l'une & l'autre font groffes , rondes, à demy plates, fort colorées du côté du Soleil, & nullement de l'autre, la chair fine, l'eau douce & fucrée, le goût relevé, nul rouge autour du noyau, ce noyau court & affez rond : voilà ce qui fufpend mon jugement pour les deux efpeces.

Outre que tous deux font de fort beaux Arbres, & qu'ayant pris les greffes d'un qui en faifoit peu, j'en ay élevé d'autres qui en faifoient beaucoup, & en ayant greffé de celles qui en faifoient beaucoup, il m'en eft venu qui n'en rapportoient gueres.

Si bien qu'enfin je crois que cette difference de rapport n'eft fondée que fur le plus, ou le moins de vigueur, qui eft au pied de cet Arbre ; celuy qui en a beaucoup, fait fon bois plus gros, & en fait moins de menu, & l'autre au contraire fait fon bois moins gros, & en fait plus de menu ; les gros bois, comme nous avons tant de fois fupputé, ne donnent point de fruit, c'eft le menu tout feul qui en rapporte ; & fi à ces Arbres forts & vigoureux on donne une plus grande étenduë, qu'on leur laiffe affez de groffes branches, & un peu plus longues qu'à l'ordinaire, on verra qu'ayant plus de place à employer leur furie, ils ne feront plus leurs branches fi groffes, & en feront davantage de menuës, & par confequent nous donneront plus de plaifir.

La Perfique eft encore d'un merveilleux rapport & d'un merveilleux goût, elle eft longuette, & a toutes les bonnes qualitez qu'on luy peut fouhaiter, quand l'Arbre fe porte bien, qu'il eft en bon fond & bien expofé. Comme les noyaux marquent affez la figure du fruit, le noyau de la Perfique eft un peu longuet, la chair qui luy eft voifine n'a qu'un tant foit peu de couleur, elle meurit comme la Chevreufe finit, & un peu devant que l'Admirable commence, c'eft-à-dire qu'elle prend bien le temps qui nous eft le plus avantageux.

Pour vingt à vingt-un, troifiéme Admirable.

Pour vingt-un à vingt-deux j'ay grande envie d'y mettre un Brugnon violet, afin que dans ce nombre on puiffe avoir au moins un fruit qu'on puiffe porter un peu loin fans courre aucun rifque de le gâter ; je fais un cas tres-

particulier de ce Brugnon, quand on luy donne le temps
de meurir si fort qu'il en devienne un peu ridé, pour lors
en verité il est admirable, la chair en est assez tendre, ou
tout au moins n'est point dure ; elle est assez teinte autour
du noyau, l'eau & le goût en sont enchantez : tant de bonnes qualitez doivent justifier mon choix.

Pour vingt-deux à vingt-trois, ce seroit un premier Pêcher de
   Troye.

Et pour vingt-trois à vingt-quatre, rien.

Et pour vingt-quatre à vingt-cinq, un premier Sainte-Cathe-
   rine.

Outre ce que j'ay dit cy-devant des Pêches de **Troye** sur
leur petitesse, sur le temps de leur maturité, & sur leur
bon goût, je n'ay qu'à dire qu'elle est fort colorée & ronde avec un si peu que rien de tette au bout ; je l'aime de
tout mon cœur, sa fleur est du nombre des grandes, nous
sommes bien malheureux de ne la pouvoir deffendre des
fourmis ; ny elle, ny l'avant-Pêche ne sont pas d'ordinaire
des Arbres si grands que le reste des Pêchers ; & par cette
raison on peut leur donner un peu moins de place qu'aux
autres, & cela peut bien aller jusqu'à leur retrancher un
pied, ou un pied & demy pour les deux : elles ne durent
pas aussi si long-temps que les autres.

La prune de Sainte-Catherine en Espalier bien exposé
& en bon fond, surprendra certainement & ceux qui ne la
connoissent que peu, & ceux qui croyans la connoître la
méprisent ; il ne se peut guéres un meilleur fruit au monde pourveu qu'on luy donne le temps de meurir, tellement qu'elle en devienne ridée autour de la queüe : c'est,
comme j'ay déja dit, une Prune blanche, jaunâtre, longuette, assez grosse, & qui quitte le noyau fort net.

Je ne sçay si je ne pourrois point dire que malgré le
mauvais renom qu'elle auroit de tout temps, de n'estre
absolument bonne qu'à faire des Pruneaux, je suis le premier qui luy ay fait l'honneur de la mettre en Espalier, veritablement je m'en suis si bien trouvé, que je ne la sçaurois assez prôner sur cela.

Et comme j'ay toûjours esté un grand chercheur d'experiences, j'ay bien voulu pareillement essayer, s'il y auroit
d'autres

d'autres Prunes, qui puſſent trouver à l'Eſpalier quelque
choſe qui augmentât leur merite, auſſi bien qu'on y a
trouvé pour les Perdrigons & les Sainte-Catherine : mais
comme je diray cy-aprés, bien loin d'avoir fait parmy
elles aucune bonne rencontre, j'ay ſimplement trouvé,
que pour ainſi dire, beaucoup s'y deshonorent.

Il en eſt à peu prés de l'Eſpalier pour ces bonnes Prunes, comme de ce que le ſucre boüillant abonnit notablement de certains fruits, témoins les Abricots, & en gâte
notablement d'autres, telles ſont d'ordinaire les Poires
Beurrées, qui ont atteint aſſez de maturité pour ſe faire
manger cruës.

Je me conſole de n'avoir trouvé que peu de Prunes qui
ſe perfectionnent en Eſpalier, puiſqu'au moins je me ſuis
deſabuſé de l'eſperance que j'en avois, & que je puis par
conſequent épargner, & du temps & de la peine, à qui
auroit la même curioſité que moy.

Pour vingt-cinq à vingt-ſix toiſes, nous mettrons un Premier
Admirable jaune.
    Et pour vingt ſix à vingt ſept, un premier Violette tardive.

Or devant que d'expliquer le merite de ces deux Pêches, je dois avertir qu'il leur faut tout le meilleur Midy, pour pouvoir eſperer qu'elles meuriſſent bien ; mais
auſſi faut-il s'attendre d'avoir à la fin des Nivette deux
Pêches qu'on ne peut aſſez loüer, & ſur tout les années qui
auront été hâtives, c'eſt-à-dire chaudes & ſéches.

Cette admirable jaune tardive eſt auſſi nommée Pêche
d'Abricot & Sandalie, elle eſt une mirlicotonne, comme
le Pavie jaune eſt un mirlicoton ; elle reſſemble entierement par ſa figure & par ſa groſſeur à la Pêche admirable, ſi bien qu'on la pourroit fort bien nommer l'Admirable jaune, & nommer l'autre ſimplement l'Admirable,
mais elle eſt differente par le coloris jaune qui eſt dans ſa
peau & dans ſa chair.

L'une & l'autre colorent aſſez au Soleil, & ce rouge penetre même un peu davantage auprés du noyau de la jaune, qu'auprés du noyau de la blanche ; elle eſt de fort bon goût', & merite bien d'être icy, quoy qu'elle soit un peu sujette à devenir pâteuse, aussi bien que toutes les autres Pêches jaunes.

A l'égard de la Violette tardive , autrement Pêche marbrée , il faut dire à sa loüange, que sûrement en goût agreable & vineux , quand elle est bien meure, elle passe toutes les autres ; nous n'avons qu'à luy souhaiter autant de chaleur qu'il lui en faut, car seurement il lui en faut beaucoup ; elle vient un peu plus grosse que la Violette ordinaire , & ne colore pas si universellement qu'elle, d'où vient qu'on luy a donné cet autre nom de Marbrée, parce que souvent elle n'est en effet que foüetée d'un rouge violet : son défaut est de ne pas bien meurir, & de crevasser par tout quand la fin de l'Esté & l'Automne sont trop humides ou trop froids ; elle fait un bel Arbre , & quoy qu'il n'y en ait pas de deux especes differentes, non plus que parmi les Violettes hâtives, cependant tel Arbre a la fleur grande, & tel autre l'a petite, tout de même que parmi les autres Violettes.

Il faut mettre pour la vingt-septiéme à vingt-huitiéme toise, un premier Bourdin.

Pour vingt-huit à vingt-neuf, rien pour faciliter les distances.

Pour vingt-neuf à trente , un premier avant-Peche blanche.

Cela fait vingt-deux Arbres à huit pieds chacun, & il y a quatre pieds de surplus pour le Figuier, à qui il en faut douze quand il est seul.

On peut dire en faveur de la Pêche Bourdin presque tout ce qui a été dit en faveur de toutes les autres , hors que regulierement elle n'est pas tout-à-fait si grosse que les Magdeleine, Mignonne, Chevreuse, Persique, Admirable, Nivette, &c. quoique quelquefois elle en approche de fort prés, ce qui arrive , quand l'Arbre étant un peu vieux, on lui laisse moins de charge ; naturellement les nouvelles plantées sont un peu tardives à rapporter, & voilà ce qui l'a empêché d'entrer si-tôt dans les petits Jardins ; mais aussi quand elle commence de se mettre à fruit, elle charge extrêmement, & voilà ce qui fai

que quelquefois les Pêches en font moins groffes qu'elles
ne devroient; mais prenant foin de les éplucher à la S. Jean
pour n'en laiffer que raifonnablement fur chaque branche, on fe met en état de les avoir fuffifamment groffes;
du refte elle eft des plus rondes, des mieux colorées, &
enfin des plus agreables à voir que nous ayons, joint que
le dedans ne dément en façon du monde toute cette belle
Phifionomie exterieure, & partant fomme toute, c'eft une
Pêche qui ne gâtera rien dans ce Jardin.

J'ay dit à la premiere expofition du Couchant, où nous
avons mis quatre Arbres, ce que j'avois à dire fur la Pêche pourprée.

Refte à voir ce que l'avant-Pêche a de merite, le principal eft d'être parmi les Pêches, ce que les petits hâti-
veaux font parmi les Poires, & les Cerifettes parmi les
Prunes; elle entre d'ordinaire en maturité un mois devant toutes les autres Pêches, & pour cela elle prend
chair, groffit, & meurit dés le commencement de Juillet : elle eft petite, rondelette, avec une petite tette au
bout; elle eft tellement blanche, qu'aucun Soleil ne la
fçauroit colorer quelque ardent qu'il puiffe être, non plus
qu'à la Narbonne, comme nous dirons ci-aprés; elle a la
chair affez fine, mais fort fujette à devenir pâteufe, elle a
un petit goût de Pêche, qu'on eft ravi de retrouver aprés
avoir efté fi long-temps fans avoir rien fenti de pareil;
mais fur tout parce qu'elle eft comme l'Aurore à l'égard
du Soleil, c'eft à dire comme un avant-coureur, qui an-
nonce la nouvelle des bonnes Pêches (dou vient qu'on
a crû luy devoir donner le nom d'Avant-Pêche) on en fait
cas, & on excufe non feulement ce défaut du pâteux, mais
encore celui d'avoir un goût peu relevé, c'eft pourquoy
on fe refoût d'avoir quelque avant-Pêche, quand on peut
avoir une douzaine & demi de Pêchers.

Joint que pour ne lui pas donner le temps de nous faire
voir fes défauts, il eft vrai qu'on s'en fert moins à la manger cruë, qu'à en faire des compotes de la faifon, à quoi elle
eft admirable; fa fleur eft des plus grandes, & tellement
blafarde, qu'elle en paroît prefque blanche, naturellement
elle pouffe peu de bois, & ainfi ne fait pas un bel Arbre;

K k k ij

c'eſt pourquoy il ne luy faut pas méme tant de place qu'à la Péche de Troye : naturellement auſſi eſt-elle une de toutes les Péches la plus ſujette aux Fourmis, & c'eſt ce qui ne m'a pas preſſé de l'introduire plûtôt parmy les vingt-deux Arbres que nous avons plantez aux trente premieres toiſes de bonne expoſition.

Avant que d'entrer en de plus grands Jardins, pour y trouver davantage de bonnes expoſitions, plantons conformément à ce que j'ay ci-devant propoſé, ce qu'à peu prés on doit avoir d'expoſition mediocre, & d'expoſition mauvaiſe dans les Jardins, où je viens d'employer ce qu'il y en avoit de bonne.

Comme toutes deux enſemble n'en doivent pas regulierement faire davantage que les deux du Midy & du Levant priſes enſemble, auſquelles vrai-ſemblablement elles ſont paralelles, je veux m'imaginer que cela peut bien aller à quinze toiſes pour chacune, afin d'en faire trente de l'une & de l'autre, comme il y en a trente des deux bonnes, ce qui ſeroit en effet, ſi le Jardin étoit parfaitement quarré, en quoy il en ſeroit veritablement moins agreable, parce qu'il eſt à ſouhaiter pour la belle figure d'un Jardin, premierement qu'il ait environ une fois plus de longueur que de largeur, en ſecond lieu que les coſtez oppoſez ſoient d'une égale longueur, & enfin qu'il ſoit par tout à angles droits, c'eſt-à-dire à l'équaire, comme je l'ay ci-devant expliqué en traitant de la maniere de diſpoſer chaque terrein, &c.

Ceux qui à une de leurs expoſitions en auront un peu moins que je ne ſupoſe, y planteront moins de ces Arbres que je n'ay marquez, & pourront s'arréter à l'endroit où en paſſant je toucherai ce qu'ils ont aujuſte de toiſes de murailles ; mais ſi d'un autre côté leur Couchant eſt un peu plus grand que je ne l'aurai penſé, ils multiplieront laquelle des Iêches leur plaira le mieux de celles que j'aurai plantées à pareille expoſition ; la Pêche Admirable eſt toujours celle de toutes que je conſeille le lus volontiers de multiplier.

Comme auſſi en cas que leur Nord ait plus d'étenduë, ce qui peut fort bien eſtre, ils augmenteront le nombre des

Poires , dont ils auront veu que j'aurai fait cas , & cela
tombera fur des Beurré , ou des Bergamotte, des Virgoulé , ou des Vertelongue, ainfi qu'ils le trouveront le plus
à propos pour leur goût , ou pour leur befoin ; & pareillement fi ce Nord en a moins , ils planteront moins d'Arbres , & s'en tiendront à ce que j'aurai marqué pour une
étenduë pareille à la leur.

Nous avons déja employé un Couchant de cinq à fix
toifes en quatre Arbres, qui font un Abricotier & trois
Pêchers , fçavoir un Admirable, un Chevreufe , & un
Pourprée.

A une autre muraille du Couchant, qui fe trouvera de
fix à fept toifes, je fuis d'avis qu'on n'y mette rien davantage que les quatre Arbres cy-deffus , afin de faciliter les
diftances qui doivent toûjours eftre environ de huit pieds,
mais à celui de fept à huit on y ajoûtera,

Un premier Bourdin.
De huit à neuf , un deuxiéme Admirable.
De neuf à dix , un premier Perdrigon blanc.
De dix à onze , un premier Pêche de Troye.
De onze à douze , un premier Violette hâtive.
De douze à treize , rien pour la fufdite raifon des diftances.
De treize à quatorze , un deuxiéme Chevreufe.
De quatorze à quinze , un deuxiéme Bourdin.

A l'égard du Nord aprés en avoir déja employé un de
cinq à fix toifes en quatre Poiriers , fçavoir deux Beurré ,
un Verte-longue , un Orange verte : comme les diftances des Poiriers à cette exception font raifonnables d'eftre
de fept pieds & demi , nous mettrons de plus à tel Nord
qui auroit fix à fept toifes,

Un premier Virgoulé.
A celuy de fept à huit , un premier Bergamotte.
A celuy de huit à neuf , un deuxiéme Vertelongue.
A celuy de neuf à dix , rien pour la même raifon des diftances.
A celuy de dix à onze , un deuxiéme Bergamotte.
A celuy de onze à douze , un deuxiéme Orange verte.
A celuy de douze à treize , un troifiéme Beurré.

A celuy de treize à quatorze , un troifiéme Bergamotte.
A celuy de quatorze à quinze , un douziéme Virgoulé.
  Et ainfi un Nord de quinze toifes aura douze Poiriers.

Tous les Poiriers que je mets au Nord ne manquent pas
d'y faire , & de beaux Arbres , & de beaux fruits ; il peut
veritablement leur manquer quelque chofe pour le bon
goût , mais fi on s'en aperçoit , on a de quoy y remedier
avec un peu de fucre , c'eft pourquoi on n'aura nul regret
d'avoir planté de bons Poiriers à ce Nord , au lieu de le
laiffer nud , ou d'y planter feulement du Filaria , ou du
Chevrefeüille , comme beaucoup de gens font.

Je fuppofe toûjours que ce Nord air au moins en Efté
une heure ou deux de l'afpect du Soleil , car s'il n'en avoit
point du tout , ou en avoit fi peu que rien , les fruits auroient peine à y bien faire.

Dans la difpofition que je viens de regler à un Jardin
qui auroit foixante toifes de murailles , donnant à chacune
quinze toifes , & y plantant les Arbres qui y peuvent réüffir , nous aurions en tout quarante-cinq bons Arbres ,
fçavoir un Figuier , vingt-fept Pêchers , douze Poiriers ,
deux Abricotiers ordinaires , deux Perdrigon violet , &
un Sainte-Catherine.

Les vingt fept Pêchers feroient cinq Admirable , trois
Violette hâtive , deux Mignonne , quatre Chevreufe , un
Nivette , un Magdeleine blanche , un Perfique , deux Pêche de Troye , un Admirable jaune : un Violette tardive ,
deux Bourdin , un avant-Pêche , & un Brugnon violet.

Les douze Poiriers feroient trois Bergamotte , trois
Beurré , deux Virgoulé , deux Verte-longue , deux Orange verte.

On peut avec cela fe vanter , que n'ayant dans fon Jardin que trente toifes de bonne expofition , & quinze de
mediocre , on ne les a pas mal employées , puifqu'on y a
mis dans une diftance de huit pieds pour chacun , tout
ce que nous avons de plus confiderables Pêches , avec le
meilleur de tous les Figuiers , trois excellens Pruniers ,
& deux Abricotiers.

Bien entendu que les Abricotiers & les Pruniers doivent être diſperſez parmi les Pêchers , & y être à leur égard dans une égale diſtance les uns des autres , en ſorte que par exemple il y ait entre un Prunier & un Abricotier, cinq ou ſix Pêchers , & ainſi du reſte.

Les Pruniers & Abricotiers ne ſont pas ſi ſujets à mourir jeunes en tout ou en partie que les Pêchers ; & ainſi ils ſont , pour ainſi dire , capables de ſoûtenir en quelque façon l'honneur des Eſpaliers , quand il arrive accident ou mortalité à ces pauvres Pêchers.

Je ne méle pas toûjours des Pruniers parmi les Pêchers , quoi qu'ils n'y gâtent rien ; je fais quelquefois des Eſpaliers de Pruniers tous entiers , quand j'ay aſſez de murailles pour cela , & je fais même quelquefois de petits Jardins entierement de Prunes , quand la diſpoſition du terrein me le permet.

Revenons à une bonne expoſition , qui peut avoir trente à trente-une toiſe pour y mettre un deuxiéme Figuier tout auprés du premier , l'un étant à la muraille du Midy , ſi nous en avons une , & l'autre à celle du Levant , ſi pareillement nous en avons une , ou bien tous deux ſeront à une des deux expoſitions , ſi l'une ou l'autre manque.

Trente un à trente deux ſeront pour un troiſiéme Violette hâtive.
Trente deux à trente trois , pour un troiſiéme Mignonne.
Trente trois à trente quatre , rien pour faciliter les diſtances.
Trente quatre à trente cinq , deuxiéme Magdeleine blanche.
Trente cinq à trente ſix , premier Abricotier hâtif.
Trente ſix à trente ſept , deuxiéme Perdrigon violet.
Trente ſept à trente huit , deuxiéme Nivette.
Trente huit à trente neuf , rien pour faciliter , &c.
Trente neuf à quarante , premier Pécher d'Italie.

La Pêche d'Italie eſt une eſpece de Perſique hâtive , & reſſemble en tout à la Perſique ordinaire par ſa groſſeur qui eſt honête , par ſa figure qui eſt longuette avec une tette au bout , par ſon coloris qui eſt d'un bel incarnat un peu enfoncé , par ſon bon goût , ſa bonne chair , ſon noyau , &c. mais celle-cy meurit à la my Aouſt , c'eſt à-dire une bonne quinzaine de jours devant l'autre , toûjours eſt-il certain que la Pêche eſt excellente.

Quarante à quarante-un , un deuxiéme Troye.
Quarante-un à quarante-deux , un premier Pêche Royale.
Quarante-deux à quarante-trois , un premier Roſſane.
Quarante-trois à quarante-quatre , rien.
Quarante-quatre a quarante-cinq , premier Alberge violette.

Je mets icy tout de ſuite trois Pêches , que je n'a-
vois point encore plantées : la Royale eſt une eſpece
d'Admirable , hors qu'elle eſt conſtamment plus tardive , & colore plus noir en dehors , & un peu davantage prés du noyau, du reſte entierement ſemblable à l'Admirable , & par conſequent admirable elle-même , c'eſt-
à-dire tres-excellente.

La Roſſane reſſemble en groſſeur & figure à la Bourdin , & lui eſt différente en couleur de peau & de chair,
celle-cy l'ayant jaune ; l'une & l'autre prennent au Soleil
une teinture tres-forte, c'eſt à dire un rouge fort obſcur,
celle-cy raporte beaucoup, eſt de fort bon goût, & n'a d'autre défaut que d'avoir un peu de penchant aux pâteux , il
faut pour en éviter le dégoût, ne la pas tant laiſſer meurir.

L'Alberge rouge eſt une de nos plus jolies Pêches par
ſon goût vineux & relevé, ſi on la laiſſe bien meurir , autrement elle a la chair dure comme toutes les autres Pêches ; mais conſtamment elle demande plus de maturité
qu'elles, elle n'eſt que de la groſſeur de la Pêche de Troye,
& luy reſſemble aſſez , hors qu'elle me paroit plus colorée , le ſeul défaut de Pêche qu'on luy puiſſe reprocher , c'eſt de n'eſtre pas groſſe.

Pour quarante-cinq à quarante-ſix , deuxiéme Perſique.
Quarante-ſix à quarante-ſept , deuxiéme Brugnon violet.
Quarante-ſept à quarante-huit , premier Prune d'Abricot.
Quarante-huit à quarante-neuf , rien.
Quarante-neuf à cinquante , premier Magdeleine rouge.

Quoique la Prune d'Abricot en plein vent ſoit bien meilleure à manger cruë que la Sainte Catherine, il me ſemble
que la Sainte-Catherine l'emporte d'une grande hauteur,
en Eſpalier, elles ont en dehors beaucoup d'air l'une de
l'autre

l'autre, & je n'y vois d'autre difference, fi ce n'eft que la Prune d'Abricot approche plus de la figure ronde, & qu'elle a quelques taches rouges.

La Magdeleine rouge, qui eft la même que la Double de Troye & la Payfane, & qui nonobftant l'humeur multipliante de ceux qui en veulent faire de differentes efpeces, eft ronde, plate, camufe, extrêmement colorée en dehors, & affez en dedans; elle eft mediocrement groffe, & fujette à devenir jumelle, ce qui n'eft pas agreable, & empêche de faire un beau fruit; fa fleur eft grande & haute en couleur, la chair en eft peu fine, & le goût affez bon; mais elle n'approche pas ce me femble du merite de toutes celles que nous avons cy deffus plantées; quoy qu'en certains lieux je luy aye veu faire des merveilles en groffeur, auffi bien qu'en bon goût; cependant je ne crois pas que fes amis me veüillent blâmer de ne l'avoir pas affez bien placée, & en tout cas ceux là luy feront l'honneur de la mettre à la place de celle des precedentes qu'il leur plaira de chaffer.

Pour cinquante á cinquante-un, on mettra un premier Belle garde.

Cinquante un á cinquante deux, un deuxiéme Violette tardive.

Cinquante deux á cinquante trois, un deuxiéme Bourdin.

Cinquante trois á cinquante quatre rien, pour faciliter les diftances.

Cinquante quatre á cinquante cinq, premier Diaprée de Rochecourbon.

Cinquante cinq á cinquante fix, un premier Pourprée.

Cinquante fix á cinquante fept, un deuxiéme Admirable jaune.

Cinquante fept á cinquante huit, un troifiéme Magdeleine blanche, ou plûtôt un premier Pavie blanc, pour ceux qui l'ayment.

Cinquante huit á cinquante neuf, rien.

Cinquante neuf á foixante, un deuxiéme Chevreufe, ou plûtôt un gros Pavie rouge de Pompone.

La Belle-garde eft une tres-belle Pêche du commencement de Septembre ; elle est un peu plus hâtive , & un peu moins colorée dehors & dedans que l'Admirable , & a même la chair un peu plus jaunâtre , & peut-être le goût un peu moins relevé , à cela prés , on la pourroit prendre pour l'Admirable , à voir sa grosseur , & sa figure ; mais elle ne fait pas un si bel Arbre.

La Prune de Roche-courbon est assez connuë par ce que nous en avons dit cy-dessus en traitant des qualitez des Prunes , nous n'en avons seurement point de plus sucrée.

Le Pavie blanc ne differe en rien de la Magdeleine blanche par tous les dehors , il n'y a qu'à l'ouvrir , & à manger, qu'on le trouve Pavie, c'est-à-dire une chair ferme , tenant au noyau , & assez de goût quand il est bien meur.

Le Pavie rouge de Pompone , ou monstrueux , est effectivement monstrueux , c'est-à-dire d'une grosseur surprenante , ayant quelquefois jusqu'à treize & quatorze pouces de tour , & étant du plus beau coloris du monde; en verité rien n'est si agreable , que d'en voir une assez bonne quantité à un bel Arbre d'Espalier , les yeux en sont presque éblouïs , & quand au surplus ils sont bien meurs , & cela par un beau temps ; un Jardin est fort honoré de les avoir , une main fort satisfaite de les tenir , & une bouche fort réjouïe de les manger.

Garnissons maintenant de nouveaux Espaliers du Couchant depuis ceux de quinze toises que nous avons déja plantez jusqu'à ceux de trente ; & nous ferons ensuite la même chose pour des Espaliers du Nord de la même étenduë , & verrons par là ce qu'un Jardin qui auroit six vingt toises de tour , soit en quarré parfait , soit en quarré long , pourroit avoir de bonnes especes de fruits.

A l'Espalier du Couchant , qui auroit

Quinze á seize toises , on mettroit un premier Pêche d'Italie.
A celuy de seize á dix-sept , un troisieme Admirable.
Dix-sept á dix-huit , rien.
Dix-huit á dix neuf , un deuxiéme Troye.
Dix-neuf á vingt , un deuxiéme Violette hâtive.
Vingt á vingt-un , un deuxiéme Abricotier.

Vingt-un á vingt-deux , premier avant-Pêche.
Vingt-deux á vingt-trois, rien.
Vingt-trois á vingt-quatre , un premier Perfique.
Vingt-quatre á vingt-cinq , un premier Royale tardive.
Vingt-cinq á vingt-fix , un premier Nivette.
Vingt-fix à vingt-fept , un premier Brugnon violet.
Vingt-fept á vingt-huit , rien.
Vingt-huit á vingt-neuf, un premier Bon-Chrêtien.
Vingt-neuf á trente , un premier Bergamotte d'Automne.

Il me femble que pouvant dans un Jardin mettre en Efpalier jufqu'à cinquante-trois Pêchers, fix bons Pruniers , quatre Abricotiers , & deux Figuiers , & ayant encore place pour deux Arbres au Couchant , on doit y mettre un Bon-Chrêtien & un Bergamotte , puifque l'un & l'autre reüffiffent fort bien à cette expofition : tout le monde connoît leur merite , & la difficulté qu'on a d'en élever autrement qu'en Efpalier , fi bien qu'à mon fens on fera fort bien de les y planter dans ce Jardin ; nous en planterons un peu davantage , à mefure que nous aurons des Jardins un peu plus grands , & même il nous en viendra de tels que nous y ferons des Efpaliers tous entiers de chacune.

La fufdite diftribution fait vingt-trois Arbres , qui auront chacun huit pieds moins deux Pouces , on donnera à chacun huit pieds entiers , & le refte fe partagera également aux deux Poiriers qui en auront affez pour eux.

L'Efpalier du Nord qui auroit de plus ,

Quinze à feize toifes , auroit un premier Ambrette.
Seize à dix-fept , un deuxiéme Ambrette.
Dix-fept à dix-huit , un premier Lefchafferie.
Dix-huit à dix-neuf , un deuxiéme Lefchafferie.
Dix-neuf à vingt, rien.
Vingt à vingt-un , premier Abricotier.
Vingt-un à vingt-deux , un quatriéme Beurré.
Vingt-deux à vingt-trois , un cinquiéme Beurré.
Vingt-trois à vingt-quatre , un troifiéme Bergamotte.
Vingt-quatre à vingt-cinq , un deuxiéme Verte-longue.

Vingt-cinq á vingt six, rien.
Vingt-six á vingt-sept, un premier Martin-sec.
Vingt-sept á vingt-huit, deuxiéme Martin-sec.
Vingt-huit á vingt-neuf, premier Bugi.
Vingt-neuf á trente, rien.

Ainſi dans un Jardin, qui auroit cent vingt toiſes de pourtour, dont à peu prés les deux bonnes expoſitions feront enſemble de ſoixante, & les autres deux de la même quantité, nous aurions en tout quatre-vingt onze Arbres, ſçavoir deux Figuiers blancs ronds, ſix Abricotiers, ſix bons Pruniers, deux Pavies, trois Brugnons violets hâtifs, quarante-ſept Pêchers, & vingt-cinq Poiriers.

Les ſix Pruniers ſont deux Perdrigon violet, un Perdrigon blanc, un Sainte-Catherine, un Prune d'Abricot, un Roche-courbon; parmy les Abricots il y en a un hâtif, & cinq ordinaires, les deux Pavies ſont un blanc & un Rouge, les trois Brugnons violets ſont hâtifs.

Les quarante-ſept Pêchers ſont deux Avant-Pêches, quatre Pêches de Troye, une Alberge rouge, deux Magdeleine blanche, un Magdeleine rouge, quatre Mignonne, deux Bourdin, un Roſſanne, un Pêche d'Italie, quatre Chevreuſe, quatre Violette hàtive, deux Perſique, un Bellegarde, ſix Admirables, deux Pourprée, deux Pêches Royale tardive, deux Violette tardive, trois Nivette, deux Admirable jaune.

On a veu cy-deſſus celles que j'ay miſes au Couchant, parce qu'elles y réüſſiſſent aſſez bien.

Les vingt-cinq Poiriers ſont un Bon-Chrêtien d'Hyver, quatre Bergamotte d'Automne, cinq Beurré gris, quatre Virgoulé, deux Ambrette, deux Leſchaſſerie, deux Martin ſec, deux Verte-longue, deux Orange verte, & un Bugi, & tout cela au Nord à la reſerve d'un Bon-Chrêtien & d'un Bergamotte que nous avons mis au Couchant.

Pour continuër ce que j'ay propoſé, je m'en vais encore garnir trente toiſes de bonnes expoſitions, avec quinze de mediocres, & quinze de mauvaiſes, mettant toûjours aux bonnes, & à la mediocre les Arbres à huit pieds, &

feulement à fept & demy ceux de la méchante ; ainfi
pour ne fe pas tromper, devant que de rien planter, il
faut toûjours commencer par faire autant de trous dans
les diftances reglées & marquées, qu'on fçait avoir d'Arbres à planter.

Dans les bonnes expofitions nous mettrons

Pour foixante á foixante une toife , foixante un á foixante-
deux , foixante deux á foixante trois, & foixante trois á foixante-
quatre, deux Figuiers blancs qui feront enfuite , & attenant des
deux premiers vers le coin Levant & Midy ; il leur faut quatre
toifes á eux deux.

Pour foixante quatre á foixante cinq toifes , un quatriéme Ad-
mirable.

Soixante cinq á foixante fix , rien.

Soixante fix á foixante fept , troifiéme Violette hâtive.

Soixante fept á foixante huit, quatriéme Mignonne.

Soixante huit á foixante neuf , troifiéme Magdeleine blanche.

Soixante neuf á foixante dix , troifiéme Chevreufe.

Soixante dix á foixante onze , rien.

Soixante onze á foixante douze, un troifiéme Perdrigon violet.

Soixante douze á foixante treize , troifiéme Pêcher de Troye.

Soixante treize á foixante quatorze , troifiéme Nivette.

Soixante quatorze á foixante quinze , rien.

Soixante quinze á foixante feize , un Pavie Roffane.

Soixante feize á foixante dix-fept , deuxiéme Abricotier hâtif.

Soixante dix fept à foixante dix huit , un deuxieme Perfique.

Soixante dix huit á foixante dix-neuf , rien

Soixante dix neuf á quatre vingt , deuxiéme Alberge rouge.

Quatre vingt á quatre vingt un , troifiéme Violette tardive.

Quatre vingt un á quatre vingt deux , troifiéme Admirable
jaune.

Quatre vingt deux á quatre vingt trois , rien.

Quatre vingt trois á quatre vingt quatre , deuxiéme Pêche d'I-
talie.

Quatre vingt quatre á quatre vingt cinq , premier Perdrigon
blanc.

Quatre-vingt cinq á quatre vingt fix , deuxiéme avant - Pê-
che.

Quatre vingt six á quatre vingt sept, rien.

Quatre vingt sept á quatre vingt huit, quatriéme Magdeleine blanche.

Quatre vingt huit á quatre-vingt-neuf, troisiéme Abricotier ordinaire.

Quatre vingt neuf á quatre vingt dix, cinquiéme Violette hâtive.

Et voilà vingt-deux Arbres pour trente toises de murailles.

Voyons maintenant ce que nous mettrons en quinze toises de Couchant, & quinze toises de Nord, pour achever ce Jardin, qui peut avoir quarante-cinq toises à chaque exposition, & par conséquent cent quatre-vingt toises de tour pour ses quatre côtés.

Pour trente á trente une toise de la muraille du Couchant, nous mettrons un quatriéme Admirable.

Trente un á trente deux, rien.

Trente deux á trente trois, un troisiéme Chevreuse.

Trente trois á trente quatre, un deuxiéme Royale.

Trente quatre á trente cinq, un troisiéme Violette hâtive.

Trente cinq á trente six, un troisiéme Troye.

Trente six á trente sept, rien.

Trente sept á trente huit, un troisiéme Bourdin.

Trente huit á trente neuf, un deuxiéme avant-Pêche.

Trente neuf á quarante, un deuxiéme Pêche d'Italie.

Quarante á quarante un, rien.

Quarante un á quarante deux, premier Perdrigon violet.

Quarante deux á quarante trois, troisiéme Abricotier.

Quarante trois á quarante quatre, deuxiéme Nivette.

Quarante quatre á quarante cinq, rien.

Et voilà onze Arbres pour quinze toises du Couchant. A l'égard du Nord nous mettrons

Pour trente á trente une toise, un cinquiéme Virgoulé.

Trente un á trente deux, un quatriéme Bergamotte.

Trente deux á trente trois, un sixiéme Beurré.

Trente trois á trente quatre, un troisiéme Verte-longue.

Trente-quatre à trente-cinq, rien.

Trente-cinq à trente-six, troisiéme Ambrette.

Trente-six à trente-sept, troisiéme Leschafferie.

Trente-sept à trente-huit, troisiéme Martin-sec.

Trente-huit à trente-neuf, deuxiéme Abricotier.

Trente-neuf à quarante, rien.

Quarante à quarante-un, troisiéme Orange-verte.

Quarante-un à quarante-deux, premier Fondante de Brest.

Quarante-deux à quarante-trois, deuxiéme Bugi.

Quarante-trois à quarante-quatre, rien.

Quarante-quatre à quarante-cinq, septiéme Beurré.

Ainſi pour cent quatre-vingt toiſes de murailles, dont il en peut avoir quarante-cinq au Levant, quarante-cinq au Midy, quarante-cinq au Couchant, & quarante-cinq au Nord, nous aurons cent trente - ſix Arbres, ſçavoir ſoixante dix-huit Pêchers, trente-ſix Poiriers, quatre Figuiers, neuf Pruniers, & neufs Abricotiers, dont deux ſont hâtifs.

Dans les ſoixante-dix-huit Pêchers il y a trois Pavies, un blanc hâtif, un rouge tardif, un Roſſane hâtif, trois Brugnons violets hâtifs, & ſoixante-douze Pêches qui ſont trois avant-Pêches, ſix Pêche de Troye, deux Alberge rouge, quatre Magdeleine blanche, un Magdeleine rouge, ſix Mignonne, trois Bourdin, un Roſſane, trois Pêche d'Italie, ſix Chevreuſe, huit Violette hâtive, trois Perſique, un Bellegarde, huit Admirable, deux Pourprée, trois Royale tardive, quatre Violette tardive, cinq Nivette, trois Admirable jaune.

Les neuf Pruniers ſont quatre Perdrigon violet, deux Perdrigon blanc, un Sainte-Catherine, un Prune d'Abricot, un Roche-Courbon.

Les trente-ſix Poires ſont un Bon-Chrêtien d'Hyver, cinq Bergamotte d'Automne, ſept Beurré gris, cinq Virgoulé, trois Ambrette, trois Leſchaſſerie, trois Martinſec, trois Verte-longue, trois Orange verte, un Fondante de Breſt, & deux Bugi.

Si j'étois obligé de garnir deux bonnes expoſitions, qui au lieu d'avoir à elles-deux quatre-vingt dix toiſes, en

euſſent cent vingt, en ſorte que j'euſſe environ ſoixante
toiſes à un Eſpalier, au lieu de quarante-cinq, ſoit que
cet Eſpalier fût en une ſeule muraille, ou ſeparé en pluſieurs, j'employerois volontiers ces quinze toiſes en deux
Figuiers, qui prendroient prés de quatre toiſes, en quinze pieds de Muſcat blanc, & trois de rouge, qui à les
mettre de deux pieds en deux pieds en prendroient ſix
toiſes ; en neuf pieds de Chaſſelas, qui en prendroient
trois toiſes, & en ſix pieds de Corinthe qui en prendroient deux toiſes, & je mettrois tout ce Raiſin à
part, comme je me ſuis déja expliqué.

Outre la bonté du Raiſin qui eſt conſiderable, on a
encore du ſecours des feüilles pour garnir les plats pendant les mois d'Octobre que les fleurs commencent de
devenir rares.

Le Chaſſelas, autrement Bar-ſur-aube, eſt un Raiſin
fort doux, qui fait de belles grandes grapes, & le grain
gros & croquant ; il ſe garde plus long-temps qu'aucun
autre raiſin, & fait un plaiſir merveilleux quand il ſe preſente ainſi hors de ſaiſon ; il en eſt de rouge & de noir,
que je n'aime pas tant que le blanc.

Le Corinthe blanc eſt un Raiſin fort doux, les grapes
en ſont petites & longues, les grains en ſont menus,tres-
preſſez, & n'ont point de pepin ; le rouge n'eſt pas meilleur que le blanc ; cependant il eſt bon d'avoir un peu de
ce Raiſin, quand on a raiſonnablement de Murailles, &
ſur tout au Midy, car à une autre expoſition, ny le Muſcat, ny le Corinthe ne réüſſiront pas : mais ayant un bon
Midy, il n'y a gueres rien de plus agreable, que de cüeillir en même temps dans ſon Jardin une Corbeille de belles Pêches, une de bon Muſcat, une de Corinthe, &
même une de beaux Chaſſelas. La maniere de manger le
Corinthe eſt differente des autres Raiſins qu'on mange
grain à grain, le Corinthe ſe mange grape à grape comme des Prunes, &c.

Les quinze Toiſes d'augmentation de Levant, pour en
faire ſoixante ſeront employées en cet ordre.

Pour quarante cinq à quarante ſix toiſes, deuxiéme Sainte-Catherine.

Quarante

Quarante-six à quarante-sept , un quatriéme Brugnon violet.

Quarante-sept à quarante-huit, un cinquiéme Admirable.

Quarante-huit à quarante-neuf , rien.

Quarante neuf à cinquante-un deuxiéme Belle-garde.

Cinquante à cinquante-un, un quatriéme Chevreuse.

Cinquante-un à cinquante-deux , un quatriéme Troye.

Cinquante-deux à cinquante-trois, rien.

Cinquante-trois à cinquante-quatre , un cinquiéme Magdeléine blanche.

Cinquante-quatre à cinquante-cinq , un deuxieme Bourdin.

Cinquante-cinq à cinquante-six , un septiéme Mignone.

Cinquante-six à cinquante-sept , rien.

Cinquante-sept à cinquante-huit , un troisiéme Abricotier ordinaire.

Cinquante-huit à cinquante-neuf , un premier blanche d'Andilly.

Cinquante-neuf à soixante, rien.

Je me laisse aller à mettre icy un blanche d'Andilly , tant par la confideration du beau furnom qu'elle porte, qu'auffi parce que la Pêche eft de grand raport ; elle eft belle à voir , groffe , ronde , platte , elle colore fort vif au Soleil, n'a nul rouge au dedans, & donne quelque fatisfaction , fi on ne la laiffe pas trop meurir, enforte qu'elle en devienne pâteufe.

Les quinze toifes d'augmentation du Couchant donneront

Pour les quarante-cinq à quarante-six , un deuxiéme Perdrigon violet.

Pour les quarante-six à quarante sept , un fixiéme Admirable.

Pour les quarante-sept à quarante-huit , un quatriéme Chevreuse.

Pour les quarante-huit à quarante-neuf , rien.

Pour les quarante-neuf à cinquante , un troisiéme Royale tardive.

Pour les cinquante à cinquante-un , un quatriéme Violette hâtive.

Pour les cinquante-un à cinquante-deux , un septiéme Admirable.

Pour les cinquante-deux à cinquante-trois, un premier Mirabelle.

Pour les cinquante-trois à cinquante-quatre, rien.

J'ay cy-deſſus aſſez dit ce que je penſois de cette **Prune**, qui eſt petite, blanche, un peu tanelée, rapporte infiniment, & quitte le noyau ; elle eſt aſſez bonne cruë, mais eſt particulierement excellente pour la confiture, ſoit à garder, ſoit à manger ſur le champ.

Cinquante-quatre à cinquante-cinq, deuxiéme Brugnon violet.

Cinquante-cinq à cinquante-ſix, deuxiéme Bon-chrêtien.

Cinquante-ſix à cinquante-ſept, deuxieme Bergamotte d'Automne.

Cinquante-ſept à cinquante-huit, rien.

Cinquante-huit à cinquante-neuf, troiſiéme Bon-chrêtien.

Cinquante-neuf à ſoixante, troiſiéme Bergamotte.

Le Couchant de quinze toiſes avec le précedent de pareille longueur, donnent vingt-trois Arbres ; les quinze toiſes d'augmentation du Nord donneront.

Pour les quarante-cinq à quarante-ſix toiſes, un quatriéme Vertelongue.

Pour les quarante-ſix à quarante-ſept, un ſixieme Virgoulé.

Pour les quarante-ſept à quarante-huit, un cinquiéme Bergamotte.

Pour les quarante-huit à quarante-neuf, rien.

Pour les quarante-neuf à cinquante, premier Eſpine d'Hyver.

Pour les cinquante à cinquante-un, premier Eſpine Mareüil.

Pour les cinquante-un à cinquante-deux, troiſiéme Bugi.

Pour les cinquante deux à cinquante-trois, quatriéme Ambrette.

Pour les cinquante-trois à cinquante-quatre, rien.

Pour les cinquante-quatre à cinquante-cinq, troiſiéme Abricot.

Pour les cinquante-cinq à cinquante-ſix, quatriéme Leſchaſſerie.

Pour les cinquante-ſix à cinquante-ſept, deuxiéme Eſpine d'Hyver.

Pour les cinquante-ſept à cinquante-huit, deuxiéme Eſpine Mareüil.

Pour les cinquante-huit à cinquante-neuf, rien.
Pour les cinquante-neuf à soixante, septiéme Virgoulé.

Et voilà douze Arbres pour les quinze toises du Nord, aussi bien qu'il y en a eu quinze pour les quinze precedentes, à raison de sept pieds & demy pour chacun.

On pourra remarquer icy, que, quoy qu'en plantant chaque exposition, j'aye tous les égards necessaires pour bien garder ensemble la proportion generale de tous les fruits des quatre murailles de chaque Jardin, ensorte que cela ne fasse qu'un tout ; cependant en marquant les fruits de chacune separément, je les numerotte, sans avoir aucun égard aux fruits des autres, afin que ceux qui voudront se servir de mes avis, voyent à point nommé, & quels fruits, & quelle quantité de chaque espece je mets à chaque exposition ; ainsi quand vers la fin des toises de quelqu'une des quatre murailles, ils verront par exemple septiéme Virgoulé, troisiéme Abricot ordinaire, sixiéme Admirable, &c. c'est à dire, que dans telle exposition il y a sept Poiriers de Virgoulé, trois Abricots, six Pêchers admirable, &c. sans que pour cela je veüille dire, qu'il n'y a dans tout le Jardin que tant d'Arbres d'une telle espece, &c.

Et enfin comme aprés avoir garny quatre murailles chacune de quinze toises, qui font en tout soixante toises, je fais aussi-tôt une récapitulation generale de tout ce que j'ay planté dés le commencement des Espaliers jusques là ; on verra tout d'un coup par cette récapitulation, combien il entre d'Arbres dans un Jardin, qui auroit par exemple soixante toises ; combien dans un de cent vingt toises ; combien dans un de cent quatre-vingt ; combien dans un autre de deux cent quarante ; & en mêm e-temps on peut voir par le détail cy-dessus, comme quoy cette quantité d'Arbres est distribuée en chaque exposition.

Dans ma derniere récapitulation j'ay marqué tout ce qui regarde les fruits d'un Jardin de cent quatre-vingt Arbres ; voicy celle des fruits de tel autre Jardin, qui en auroit deux cent quarante, & ce seroit quinze pieds de Muscat blanc, trois de Muscat rouge, neuf pieds de

Chaffelas blanc, & fix pieds de Corinthe blanc , fix Figuiers blancs, quatre-vingt-dix Pêchers, cinquante-un Poiriers, onze Abricotiers, & douze Pruniers; dans les quatre-
vingt-dix Pêchers, il y a trois avant - Pêche , fept Pêche
de Troye, deux Alberge rouge, cinq Madeléine blanche , un Madeléine rouge, fept Mignonne , quatre Bourdin , un Roffane, trois Pêche d'Italie , huit Chevreufe,
neuf Violette hâtive , trois Perfique , deux Belle-garde ,
onze Admirable , deux Pourprée , quatre Royalle tardive,
quatre Violette tardive , cinq Nivette , trois jaune Admirable , cinq Brugnon violet , un blanche d'Andilly , & trois
Pavies, le blanc hâtif, le Roffane hâtif, & le rouge tardif.

Dans les douze Pruniers il y a cinq Perdrigon violet,
deux blanc, deux Sainte-Catherine , un Prune d'Abricot,
un Roche-Courbon , & un Mirabelle.

Dans les onze Abricotiers il y en a deux hâtifs pour
mettre au Midy , & neuf pour mettre à toutes les expofitions.

Dans les cinquante-un Poirier il y a trois Bon-Chrêtien d'Hyver, huit Bergamotte d'Automne , fept Beurré,
fept Virgoulé, quatre Ambrette, quatre Lefchafferie, deux
Efpine d'Hyver, deux Efpine Marcüil , trois Martin-fec,
quatre Verte-longue , trois Orange verte ; trois Bugi , un
Fondante-de-Breft.

Ces fortes de récapitulations fi frequemment faites, pourront bien paroître inutiles & ennuyeufes à ceux qui n'en
ont que faire , à la bonne-heure , ce n'eft pas pour eux
que je travaille ; mais ceux qui en auront befoin , m'en
fçauront fans doute quelque gré, & s'ils veulent fçavoir,
quelle eft la peine que cela m'a fait (que je puis dire
être une des plus grandes de tout mon ouvrage) ils n'ont
qu'à effaïer par divertiffement de faire la diftribution de
deux ou trois Jardins de differentes grandeurs, fe pro-
pofans toûjours d'y planter tout ce qu'on peut avoir de
meilleur, fans y rien mêler de mauvais, mettant bien à
chaque expofition ce qui y peut reüiffir , & gardant une
proportion raifonnable de chaque efpece de fruits, eu é-
gard à la grandeur du Jardin ; pour lors ils jugeront,
fi j'ay fait plaifir aux honnêtes Jardiniers, à qui j'ay voulu

épargner un détail assez long, & assez ennuyeux.

Si j'avois cent cinquante toises de bonne exposition, soit à un seul aspect du Midy, ou à un seul aspect du Levant, soit en deux aspects, dont partie fût au Midy, & partie au Levant, je pourrois bien me déterminer à planter une douzaine de Cerisiers précoces ; mais il faudroit sûrement que ce fût au Midy, parce qu'on ne se résout point d'employer un endroit bien important de son Jardin, pour essayer d'avoir de ce petit fruit, que dans l'esperance d'en avoir de tres-bonne-heure, à quoy on ne peut parvenir que par le moien d'une exposition tres-chaude ; or le Levant n'est pas suffisant pour cela ; & ainsi outre tout le Raisin, & les autres fruits cy-devant marquez pour nos bonnes expositions, nous aurions encore douze Précociers, qui se contenteroient chacun de sept pieds & demy, & ce seroit dequoy occuper les quinzes toises du Midy.

A l'égard des autres toises de chaque augmentation, je ne specifieray plus ce qui est à faire de toise en toise, comme j'ai fait ci-devant, tant parce que ma maniere de disposer est assez entenduë par le moyen des dispositions precedentes, sans qu'il soit plus besoin d'un détail si exact, que parce que nous entrons presentement dans de grands Jardins, où je croy qu'il suffit de marquer simplement l'ordre des Arbres, qui est à tenir en plantant quinze toises d'augmentation de chaque exposition ; ceux, dont les murailles ne sont peut-être pas tout-à-fait augmentées de ces quinze toises, sçachans la distance que nous donnons aux Arbres, & voyans l'ordre de la presséance de ceux que je destine pour les augmentations entieres, sçauront bien s'en tenir à la quantité que leur terrein leur pourra permettre ; si on n'a par exemple que soixante-six toises, on n'a pas besoin d'autant d'Arbres, que si on en avoit soixante-quinze.

Voici donc l'ordre que je conseille de suivre pour le choix des Arbres d'un Espalier du Levant, augmenté de quinze toises au de-là des soixante ci-devant employées.

Deux Figuiers blancs emporteront quatre toises ; l'un des deux sera des blanches longues : les treize toises restantes feront pour neuf Arbres en cet ordre , fçavoir un fixiéme Admirable, un huitiéme Mignonne , un fixiéme Violette hâtive , un fixiéme Madeléine blanche, un cinquiéme Pêcher de Troye , un quatriéme Perdrigon violet , un deuxiéme Perdrigon blanc, un cinquiéme Chevreufe , un quatriéme Nivette.

Les quinze toifes d'augmentation du Couchant pour faire le nombre de foixante-quinze toifes , feront pour onze Arbres en cet ordre, fçavoir un quatriéme Royale , un quatriéme Abricotier, un quatriéme Bourdin, un deuxiéme Pourprée, un deuxiéme Pêche d'Italie , un deuxiéme Perfique, un feptiéme Admirable, deux Bon-Chrêtien, & deux Bergamotte.

Pour achever les foixante-quinze toifes de Nord, j'y mettray douze Arbres en cet ordre, fçavoir un huitiéme & un neuviéme Virgoulé, un huitiéme & un neuviéme Beurré, un premier, un deuxiéme , & troifiéme Francréal, un cinquiéme Verte-longue , un premier & un deuxiéme Saint Lezin , un quatriéme Martin fec , un quatriéme Bugi.

Ainfi pour trois cent toifes de murailles , dont chaque côté en auroit environ foixante-quinze , nous aurio s huit Figuiers , dont un feroit des longues , douze Abricotiers, dont deux hâtifs , douze Ceriziers Precoces , quinze pieds de mufcat blanc, trois de mufcat rouge , neuf pieds de Chaffelas, fix pieds de Corinthe, quatorze Pruniers, cent trois Pêchers , foixante-fept Poiriers,

Les quatorze Pruniers, fçavoir fix Perdrigon violet, trois Perdrigon blanc , deux Sainte Catherine , un Prune d'Abricot, un Roche-Courbon, un Mirabelle.

Les 103 Pêchers , fçavoir 3. avant Pêches , 8. Pêche de Troye , 2. Alberge rouge , 6. Madeléine blanche , un Magdeléine rouge, 8. Mignonne, 5. Bourdin, un Roffane, quatre Pêche d'Italie , neuf Chevreufe , dix Violette hâtive, quatre Perfique, deux Bellegarde , treize Admirable, trois Pourprée, cinq Royale tardive , quatre Violette tardive, fix Nivette , trois jaune Admirable , cinq Brugnon violet, deux Blanche d'Andilly , & trois Pavies, le blanc hâtif , le Roffane hâtif, le rouge tardif.

Les 67. Poiriers font 5. Bon Chrêtien, 10. Bergamotte, 9. Beurré, neuf Virgoulé, quatre Ambrette, quatre Leſchaf-ferie, deux Eſpine d'Hyver, deux Eſpine Mareüil, qua-tre Martin ſec, cinq Verte-longue, quatre Bugi, trois Orange verte, un Fondante de Breſt, deux Saint-Lezin, trois Francréal.

Cent quatre-vingt toiſes de bonne expoſition, qui com-prennent, comme je l'ay toûjours ſuppoſé, les murailles du Midy & du Levant, leſquels deux enſemble j'eſtime preſque également pour toute ſorte de plan, à la reſerve d'un peu plus d'avancement de maturité au Midy, & ſur tout pour les Ceriſes Precoces, & à la reſerve du Muſcat, qui d'ordinaire meurit auſſi mieux au midy qu'au Le-vant : ces cent quatre-vingt toiſes, dis-je, me donnent lieu de ſouhaiter de petits Jardins particuliers, qui en accompagnent un grand.

En effet un Potager eſt grand, quand il y a d'un ſens ſoixante-dix ou quatre-vingt toiſes, ſur cinquante ou ſoixante de l'autre, & encore plus ſi les quatre côtez ſont à peu prés égaux ; ſi bien qu'avec un grand, que je tiens neceſſaire, quelques petits Jardins mediocres d'environ vingt ou vingt-cinq toiſes d'un ſens, ſur quatorze, & quinze, ou ſeize toiſes de l'autre, me paroiſſent ſouhaita-bles, tant pour l'agrément des yeux qui aiment cette di-verſité, que pour la commodité, & l'abondance : l'abry des murailles qui eſt ſi favorable pour les fruits, ſe trouve mieux dans les petits Jardins, que dans les grands, & il me ſemble qu'il eſt fort à propos d'avoir de ces petits Jardins, pour y ranger dans chacun une ſorte de fruit par-ticuliere.

Par exemple, il eſt bon d'avoir un petit Jardin, où les deux bonnes expoſitions Midy & Levant, & même celle du Couchant, ſoient pour les Figues, & un autre où ſoient toutes les bonnes Prunes, un où ſoient toutes les petites eſpeces de Pêches, un autre où ſoit tout ce qu'on peut avoir de Pavies, un où ſoient tous les fruits rouges, un autre où ſoient toutes les Poires hâtives, &c. pendant que le grand Jardin eſt pour l'abondance des groſſes Pêches au Levant & au Midy, & pour l'abondance des Poires d'Automne au Couchant , & de celle d'Hyver au Nord.

Employons prefentement nos cent quatre-vingt toifes de bonne expofition , c'eft à dire ajoûtons aux cent cinquante qui font déja employées , les trente que nous venons d'augmenter , fuppofant qu'il y en a quinze au Midy pour y mettre encore deux bons Figuiers , & neuf Poiriers hâtifs , fçavoir fix de petit-Mufcat , & trois de Cuiffe-Madame.

Les quinze du Levant feront onze Arbres en cet ordre, pour un quatriéme & cinquiéme avant-Pêche, un deuxiéme Rofane, un neuviéme Troye, un neuviéme Mignonne, un feptiéme Magdeléine blanche , un onziéme Violette hâtive , un deuxiéme Magdeléine rouge, un cinquiéme Pêche d'Italie, un quatriéme Pourprée, un quatriéme Abricotier ordinaire.

Les quinze du Couchant pour faire le nombre de quatre-vingt-dix, feront pour onze Arbres, fçavoir un quatriéme Troye, un cinquiéme Chevreufe, un premier & un deuxiéme Alberge jaune, un deuxiéme Mirabelle blanche, un huitiéme Admirable, trois Bon-Chrêtien, & deux Bergamotte.

Les quinze toifes d'augmentation de Nord ne feront pas mal employées, partie en trente pieds de Framboifier qui y viennent beaucoup plus belles , & durent plus long-temps qu'en plein air, & partie en fix pieds de Bourdelais qui monteront au deffus pour garnir le haut de la muraille , & pour cela on les diftribuera également parmi ces Framboifiers.

Le Bourdelais eft une efpece de gros Raifin blanc & longuet, qui fait de tres-grandes & groffes grapes, ne meurit prefque jamais, & par confequent eft propre à en faire des confitures, ou à s'en fervir fimplement en Verjus, quand on en a befoin ; il fert encore extremement pour fournir des feüilles à garnir les plats au mois d'Octobre.

Ainfi en trois cent foixante toifes d'Efpalier, on auroit dix Figuiers blancs, treize Abricotiers , dont deux hâtifs , douze Cerifiers precoces, quinze pieds de Mufcat blanc, trois de Mufcat rouge , neuf pieds de Chaffelas , fix de Corinthe, quatre-vingt-un Poirier , quinze Pruniers, & cent vingt-deux Pêchers.

Les

Les cent vingt-deux Péchers font cinq avant Péches, dix Peches de Troye, deux Alberge rouge, deux Alberge jaune, deux Roſſane, ſept Magdeleine rouge, ſept Magdeleine blanche, neuf Mignonne, cinq Bourdin, cinq Péches d'Italie, dix Chevreuſe, onze Violette hâtive, quatre Perſique, deux Bellegarde, quatorze Admirable, quatre Pourprée, cinq Royale tardive, quatre Violette tardive, ſix Nivette, trois jaune Admirable, cinq Brugnon violet, un Blanche d'Andilly & trois Pavies, le blanc & le jaune hâtif, & le rouge tardif. Les quinze Pruniers ſont ſix Perdrigon violet, trois Perdrigon blanc, deux Sainte Catherine, deux Mirabelle, un Prune d'Abricot, & un Roche Courbon.

Les quatre-vingt-un Poiriers ſont huit Bon Chrétien, douze Bergamotte, ſix petit-Muſcat, trois Cuiſſe-Madame, neuf Beurré, neuf Virgoulé, quatre Ambrette, quatre Leſchaſſerie, deux Eſpine d'Hyver, deux Eſpine Mareüil, quatre Martin ſec, cinq Verte longue, quatre Bugi, trois Orange verte, un Fondante de Breſt, deux Saint-Lezin, & trois Franc-réal.

Quatre cent vingt toiſes d'Eſpalier, ſçavoir deux cent-dix de bonne expoſition au Midy, & au Levant, cent cinq de mediocre au Couchant, & cent cinq de mauvaiſe au Nord, ſeront employées comme il s'enſuit.

Les trente toiſes d'augmentation, pour faire les deux cent dix de bonne expoſition, qui ſe partagent environ à cent cinq pour le Midy, & cent cinq pour le Levant, auroient au Midy onze Arbres en cet ordre, & deux Abricotiers hâtifs, deux Pavies blancs hâtifs, un Pavie jaune hâtif, deux rouges tardifs, deux Pavies jaunes tardifs, & deux Péches violetes tardives, & au Levant deux Figuiers blancs pour faire la douzaine ; quand les Figuiers ſont pluſieurs enſemble, ils ſe contentent de neuf pieds pour chacun, ainſi nous pourrons encore avoir à ce Levant neuf Arbres en cet ordre ; un deuxiéme Blanche d'Andilly, un premier Imperatrice, un deuxiéme Roche Courbon, un deuxiéme Prune d'Abricot, un troiſiéme Sainte Catherine, un cinquiéme Abricotier, un dixiéme Mignonne, un huitiéme Admirable, un huitiéme Violette hâtive.

Tom. I. Nnn

L'Imperatrice est une espece de Perdrigon violet tardif, qui ne meurit qu'en Octobre, & est tres-bon.

Les quinze toiſes d'augmentées au Couchant pour en faire cent cinq, auront onze Arbres en cet ordre : un premier & un deuxiéme Robine, un premier & un deuxiéme Leſchaſſerie, un premier & un deuxiéme Ambrette, un premier & un deuxiéme Eſpine d'Hyver, un premier & un deuxiéme Mareüil, un premier Rouſſelet.

Les quinze du Nord pour faire cent cinq auront douze Arbres en cet ordre.

Un premier & un deuxiéme Lanſac, un premier gros Blanquet, un premier Eſpargne, un premier Robine, un premier Caſſolette, un premier Doyenné, un quatriéme Abricotier, un premier & un deuxiéme Double-fleur, un premier Angober.

Si bien que les quatre cent vingt toiſes d'Eſpalier, que nous venons d'employer, auroient douze Figuiers blancs, dix-ſept Abricotiers, dont quatre hâtifs, douze Ceriziers Précoces, quinze pieds de Muſcat blanc, trois de Muſcat rouge, neuf de Chaſſelas, ſix de Corinthe, dix-neuf Pruniers, cent vingt-quatre Pêchers, dix Pavies, cent deux Poiriers, vingt-quatre pieds de Bourdelais, & vingt-un pied de Framboiſiers.

Les dix-neuf Pruniers ſont ſix Perdrigon violet, trois Perdrigon blanc, trois Sainte-Catherine, deux Mirabelle blanche, deux Prunes d'Abricot, deux Roche-Courbon, un Imperatrice.

Les cent vingt-quatre Pêchers ſont cinq avant-Pêche, dix Pêche de Troye, deux Alberge rouge, deux Alberge jaune, deux Roſſane, ſept Magdeleine blanche, deux Magdeleine rouge, dix Mignonne, cinq Bourdin, cinq Pêches d'Italie, dix Chevreuſe, douze Violette hâtive, quatre Perſique, deux Bellegarde, quinze Admirable, quatre Pourprée, cinq Royale tardive, ſix Violette tardive, ſix Nivette, trois jaunes Admirable, cinq Brugnon violet, deux Blanche d'Andilly.

Les dix Pavies hâtifs ſont deux Pavies blancs hâtifs, un Pavie Alberge rouge, deux Pavie jaune hâtifs, trois Pavies rouges tardifs, & deux Pavies jaunes tardifs.

Les cent deux Poiriers font huit Bon-Chrêtien , douze
Bergamotte , fix Petit-Mufcat , trois Cuiffe-Madame,trois
Robine , fix Lefchafferie , fix Ambrette , quatre Efpine
d'Hyver, quatre Efpine-Mareüil, quatre Martin-Sec,cinq
Verte-longue , quatre Bugi , trois Orange-verte, un Fondante de Breft, deux Saint-Lezin , trois Francreal , deux
Lanfac, un gros Blanquet , un Efpargne , un Caffolette,
un Doyenné, un Angober , deux Double-fleur , un Rouffelet , neuf Beurré , neuf Virgoulé.

Comme je me fuis veu un affez bon nombre de Pêchers
pour quatre cent vingt toifes d'Efpaliers, & trop peu de
Poires pour une auffi grande quantité de murailles ; j'ay
crû qu'il eftoit à propos d'augmenter moins les Fruits à
noyau, & davantage les Fruits à Pepin ; c'eft pourquoy
j'ay fait un Efpalier de quinze toifes tout entier de Poires,
dont quatre font d'Efté, le refte eft pour l'Hyver : j'ay même multiplié au Nord les Fruits d'Efté , d'Automne, &
d'Hyver, fçachant par une experience certaine qu'ils n'y
réüffiffent pas trop mal, pour eftre à une expofition auffi
peu favorable qu'eft celle-là.

Pour quatre cens quatre-vingt toifes d'Efpaliers , fçavoir cent vingt à chaque expofition ; je croy que les quinze nouvelles du Midy demandent d'être toutes de Raifin,
ainfi nous aurons quinze pieds de Mufcat blanc, trois de
Mufcat rouge , neuf de Chaffelas , fix de Corinthe.

Je croy auffi que les quinze nouvelles du Levant demandent encore deux Figuiers , un cinquiéme & un fixiéme Perdrigon violet, un troifiéme Perdrigon blanc,
avec fix Pêchers , qui feront un fixiéme & un feptiéme
Chevreufe, un fixiéme avant-Pêche , un onziéme & un
douziéme Pêche de Troye , & un huitiéme Magdeleine
blanche.

Les quinze du Couchant pour faire cent vingt , demandent un cinquiéme & un fixiéme Bourdin , un troifiéme
Brugnon violet, un Pêche d'Italie, un Perfique, un Pourprée , un Royale tardive, deux Bon-Chrêtien d'Hyver,
deux Bergamotte d'Automne.

Et nous mettrons aux quinze du Nord , qui font les
cent vingt toifes de cette expofition , douze Poiriers , fça-

voir, un dixiéme, un onziéme, un douziéme & treiziéme Virgoulé, un quatriéme & un cinquiéme Franc-real, un deuxiéme & un troisiéme Angober.

Quatre cens quatre-vingt toises d'Espaliers aux quatre expositions differentes auront donc en tout quatorze Figuiers, dix-sept Abricotiers, dont quatre hatifs, douze Cerisiers precoces, trente pieds de Muscat blanc, six de Muscat rouge, dix-huit pieds de Chasselas, douze de Corinthe, vingt-deux Pruniers, cent trente-sept Pêchers, dix Pavies, cent seize Poiriers, trente pieds de Framboisiers, & six pieds de Bourdelais, pour garnir le haut de la muraille.

Les vingt-deux Pruniers sont huit Perdrigon violet, quatre Perdrigon blanc, trois Sainte Catherine, deux Mirabelle blanche, deux Prunes d'Abricot, deux Rochecourbon, & un Imperatrice.

Les cent trente sept Pêchers, sont six avant Pêche, douze Pêche de Troye, deux Alberge rouge, deux Alberge jaune, deux Rossane, huit Magdeleine blanche, deux Magdeleine rouge, dix Mignonne, sept Bourdin, six Pêche d'Italie, douze Chevreuse, douze Violette hâtive, cinq Persique, deux Bellegarde, quinze Admirable, cinq Pourprée, six Royale tardive, six Violette tardive, six Nivette, trois Jaune-Admirable, six Brugnon violet, deux Blanche d'Andilly. Les dix Pavies sont deux Pavies blancs hatifs, un Pavie Alberge rouge, deux Pavies janne hâtifs, trois Pavies rouges tardifs, deux Pavies jaunes tardifs.

Les cent dix huit Poiriers sont dix bon Chrétien, quatorze Bergamotte, six petit Muscat, trois Cuisse Madame, trois Robine, six Leschasserie, six Ambrette, quatre Espine d'Hyver, quatre Espine mareüil, quatre Martin sec, quatre Verte longue, un Sucré vert, quatre Bugi, trois Orange verte, un Fondante de Brest, deux Saint-Lezin, cinq Franc real, deux Lansac, un gros Blanquet, un Espargne, un Cassolette, un Doyenné, trois Angober, deux Double fleur, un Rousselet, treize Beurré, treize Virgoulé.

Je croy devoir dire ici, que quand j'ay veu combien d'Ar-

bres d'une certaine efpece, foit Pêchers, foit Poiriers,&c.
Je dois mettre à un certain Efpalier, par exemple, combien de Violette, ou d'Admirable, de Bon-Chrêtien, ou
de Bergamotte, &c. Je deftine pour mon Levant, ou pour
mon Midy, pour mon Couchant, ou pour mon Nord, je
mets enfemble & tout de fuite, premierement tous les Arbres d'une même efpece, c'eft à dire toutes les Pêches violettes, & en fecond lieu tous les Arbres d'une autre efpece,
& cela pareillement tout de fuite, c'eft à dire, tous les
Admirable, &c. fans mefler les efpeces les unes parmi les
autres : je trouve que cela fait mieux, tant pour la commodité de cuëillir, que pour ne laiffer perir aucun Fruit.

Je ne fais de mélange, comme j'ay dit cy-deffus, que
des Abricotiers parmi les Pêchers, & j'en ufe auffi de même pour les Pruniers à mêler avec les Pêchers, à moins
que je n'aye un Jardin à part pour y mettre entierement
les Pruniers : car pour lors fi ce Jardin à part eft fuffifant
pour recevoir tous les Pruniers que l'étenduë de mon terrein demande, je les reduits tous à ce feul endroit : je fais
de même pour les Figuiers, &c.

Pour cinq cens quarante toifes d'Efpaliers, fçavoir environ cent trente-cinq à chaque expofition ; il me femble
que pour remplir nos quinze toifes d'augmentation du Midy, il n'eft pas mal à propos pour certains curieux d'introduire icy huit pieds de Raifins précoces, qui prendront la
place de deux Arbres, deux Azeroliers, & vingt pieds de
Mufcat blanc, dix pieds de Chaffelas, ou plûtôt fi on veut
dix pieds de Cioutat ; les Cerifiers precoces ont affez de
place quand on leur donne fept pieds.

L'Azerolle eft une efpece d'Efpine blanche, qui fait fon
fruit femblable en couleur & figure au fruit de cette Efpine blanche, mais il eft une fois plus gros, l'œil en eft fort
grand & fort ouvert, la queuë courte, menuë & enfoncée, la chair jaunâtre & un peu pâteufe, ayant deux affez
gros noyaux, ce qui fait que ce Fruit n'a pas beaucoup de
chair ; le gouft en eft aigret qui plaift à de certaines gens:
fi bien que, quand on a cinq à fix cens toifes d'Efpaliers,
il n'eft pas mal à propos d'en avoir une couple de pieds:
il fait beaucoup de bois, & par confequent l'Arbre en eft

N n n iij

aſſez beau, il a la feüille un peu plus grande, que celle de l'Eſpi‑e ordinaire, & n'eſt pas à beaucoup près ſi heu‑reux à rapporter qu'elle.

Le Raiſin précoce eſt une eſpece de Morillon noir, qui prend couleur de tres-bonne heure, ce qui le fait paroître meur long-temps devant qu'il le ſoit ; la peau en eſt fort dure, & quand il eſt meur il eſt fort doux, on en voit d'ordinaire dés le commencement de Juillet : il paroît bien que je n'en fais pas trop grand cas, puiſque j'ay tant differé à le placer ; mais ayant beaucoup de murailles, on en peut planter quelques pieds pour la curioſité.

A l'égard du Cioutat je laiſſe la liberté aux Curieux de le preferer icy au Chaſſelas, le fruit des deux eſt fort ſemblable en tout pour la couleur, groſſeur, & le goût, la feüille en eſt tres-differente, celle du Cioutat étant toute chiquetée comme des feüilles de Perſil ; il me ſemble mème qu'il rapporte un peu davantage que le Chaſſelas, mais cependant j'aime mieux le Chaſſelas, il n'y a que la ſimple curioſité qui en peut faire planter quelques pieds dans de grands Jardins.

Les quinze toiſes de Levant, pour faire cent trente-cinq recevront deux Figuiers, un onziéme, un douziéme, & un treiziéme Mignonne, un neuviéme, & un dixiéme Magdeleine blanche, un treiziéme & quatorziéme Violette hâtive, un neuviéme & dixiéme Admirable.

Les quinze du Couchant pour faire les cent trente-cinq recevront un premier & un deuxiéme Beurré, un premier & un deuxiéme Virgoulé, un neuviéme, dixiéme, on‑ziéme & douziéme Bon-Chrêtien, & un huitiéme, neu‑viéme, dixiéme, & onziéme Bergamotte ; & les quinze du Nord pour faire pareillement les cent trente-cinq toi‑ſes de cette expoſition, recevront un ſixiéme, un ſeptiéme & huitiéme Franc-real, un quatriéme, cinquiéme & ſi‑xiéme Angober, un premier, deuxiéme, troiſiéme & qua‑triéme Beſidéry, un troiſiéme & un quatriéme Double-fleur.

Nos cinq cent quarante toiſes d'Eſpalier auront donc ſeize Figuiers blancs, dont deux Longues ; dix-ſept Abri‑cotiers, dont quatre hâtifs ; douze Ceriziers Précoces, cinquante quatre pieds de Muscat blanc , six de Muscat rouge , dix neuf de Chasselas blanc , dix de Cioutat , douze de Corinthe , huit pieds de Raisin Précoce , vingt deux Pruniers , cent quarante six Pêchers , dix Pavies , deux Azerolliers , & cent quarante deux Poiriers. Les vingt-deux Pruniers sont entierement les mêmes que ceux qui sont dans la distribution precedente de quatre cent quatre vingt toises.

Les cent quarante six Pêchers sont six avant Pêche, douze Pêche de Troye , deux Alberge rouge , deux Alberge jaune , deux Rossane , dix Magdeleine blanche , deux Magdeleine rouge , treize Mignonne , sept Bourdin, six Pêches d'Italie , douze Chevreuse , quatorze Violette hâtive , cinq Persique , deux Bellegarde , dix-sept Admirable , cinq Pourprée , six Royale tardive , six Nivette , trois jaune Admirable , six Brugnon violet , deux Blanches d'Andilly.

Les dix Pavies sont les mêmes de la distribution precedente.

Les cent quarante deux Poiriers sont quatorze Bon-Chrêtien, dix-huit Bergamotte, six petits Muscats , trois Cuisse Madame , trois Robine , six Leschafferie , six Ambrette , quatre Espine d'Hyver , quatre Espine Mareüil , quatre Martin sec , quatre Verte longue , un Sucré vert , quatre Bugi , trois Orange verte , un Fondante de Brest , deux Saint Lezin , huit Franc-réal , quatre Besidéry , six Angober , quatre Double fleur , deux Lansac , un gros Blanquet , un Espargne , un Cassolette , un Doyenné , un Rousselet , quinze Beurré , quinze Virgoulé.

Pour six cens toises d'Espalier , sçavoir environ cent cinquante pour chaque exposition, je mettrois pour les quinze d'augmentation du Midy, un septiéme, huitiéme, neuviéme & dixiéme Violette tardive, un septiéme & huitiéme Nivette , un quatriéme, cinquiéme & sixiéme jaune Admirable, un quatriéme Brugnon violet , un troisiéme Avant Pêche,

Pour les quinze d'augmentation du Levant , deux Figuiers , un quatriéme Avant Pêche , un dixiéme Troye, un troisiéme Rossane , un onziéme & douziéme Magdeleine blanche , un onziéme Violette hâtive , un quatorziéme &

quinziéme Mignonne, un premier Pêche Cerife à chair blanche.

Il y a deux fortes de Péche Cerife, l'une à chair blanche, & l'autre à chair jaune, toutes deux de la groffeur à peu prés des Pêches de Troye, toutes deux à peau liffe, & toutes deux tres rondes , & quafi plates & camufes, l'une & l'autre extrêmement colorée en dehors , ce qui leur a fait donner le nom qu'elles portent, mais l'une ayant la chair jaune & pâteufe, & par confequent d'un tres petit merite , & l'autre l'ayant blanche & ferme, & vallant beaucoup mieux , quand celle-cy peut bien meurir le goût en eft affez bon & vineux, & mefme a la chair affez tendre; les Perçoreilles , qui font de petits animaux longuets & bruns leur font une cruelle guerre , auffi bien qu'aux Avant péches & Péches de Troye.

Pour les quinze d'augmentation du Couchant, un neuviéme Admirable, un fixiéme & feptiéme Chevreufe, un cinquiéme & fixiéme Troye, un fixiéme Royale tardive, un cinquiéme & fixiéme Abricotier ordinaire, un troifiéme Perdrigon blanc, un deuxiéme Perdrigon violet, un Prunier Royale.

Pour les quinze d'augmentation du Nord, qui achevent les 150. nous mettrons un deuxiéme & troifiéme Robine, un deuxiéme fondante de Breft, un deuxiéme Efpargne, un deuxiéme Doyenné, un deuxiéme Caffolette, un deuxiéme Blanquet, un troifiéme & un quatriéme S. Lezin, un premier & deuxiéme Cuiffe Madame, un cinquiéme Martin fec.

Et partant pour garnir fix cens toifes d'Efpalier, dont il y en a environ cent cinquante toifes pour chaque expofition , nous aurions en tout dix-huit Figuiers blancs, dont deux de longues, dix-neuf Abricotiers, dont quatre hâtifs, douze Ceriziers precoces, cent vingt huit pieds de Raifin, fçavoir cinquante Mufcat blanc , fix de Mufcat rouge, vingt huit de Chaffelas , douze de Corinthe, & huit de Raifin precoce, vingt-quatre de Bourdelais blanc, vingt-cinq Pruniers, cent foixante & treize Pêchers, dix Pavies, deux Azerolliers, & cent cinquante & un Poirier.

Les quinze Pruniers font neuf Perdrigon violet, cinq Perdrigon blanc, trois Sainte-Catherine, deux Mirabelle
blanche

blanche , deux Prunes d'Abricot , deux Roche-courbon,
un Imperatrice , un Prune Royale.

Les cent soixante & treize Pêchers sont huit Avant-
Pêche , quinze Pêche de Troye , deux Alberge rouge,
deux Alberge jaune , trois Rossane , douze Magdeléine
blanche , & deux Magdeléine rouge , quinze Mignonne,
sept Bourdin, six Pêche d'Italie, quatorze Chevreuse, quinze Violette hâtive , cinq Persique , deux Belle-garde,
dix-huit admirable , cinq pourprée , sept Royale tardive,
dix Violette tardive , huit Nivette , six Jaune-Admirable,
sept Brugnons violets, deux blanche d'Andilly, un Pêche-
Cerise à chair blanche : les dix Pavies sont deux Pavies
blancs hâtifs , un Pavie-Alberge rouge , deux Pavies Rossane hâtifs, trois Pavies rouges tardifs, & deux Pavies jaunes tardifs.

Les cent cinquante & un Poirier , sont quatorze Bon-
Chrétien , dix-huit Bergamotte , six Petit-Muscat , cinq
Cuisse-Madame , cinq Robine , six Leschafferie , six Ambrette , quatre Espine d'Hyver , quatre Espine-Mareüil ,
cinq Martin-sec , quatre Verte-longue , un Sucré-vert,
quatre Bugi, trois Orange-verte, deux Fondante de Brest,
quatre Saint-Lezin , six Franc-réal , cinq Bésidéry, six
Angober , quatre Double-fleur , Deux Lansac , deux gros
Blanquet, deux Espargne , deux Cassolette , deux Doyenné , un Rousselet , quatorze Beurré , & quatorze Virgoulé.

Il me semble que cette distribution de six cens toises
d'Espalier pourroit estre suffisante pour ayder à en bien
employer une plus grande quantité , fut-elle même de
mille ou douze cens toises , puis qu'ayant dés le commencement disposé des murailles de quinze en quinze toises
pour chaque exposition , & remarqué à point nommé ce
qu'il en entre d'abord dans les premieres quinze, & ensuite dans trente, dans 45. dans 60. 75. 90. 105. 120. 135. & 150.
Ceux , qui par exemple , au lieu des 150. d'une des quatre
que nous avons déja reglées , en auroient 165. 180. 195.
210. &c. pourroient se servir de ce que j'auray mis pour
augmenter chaque quinzaine de toises de la même exposition ; ainsi sans pousser plus avant ce grand détail je

pourrois finir là, & esperer que les uns seroient contens de moy, & que les autres ne me reprocheroient par d'avoir été trop long.

Cependant pour faciliter encore davantage toutes choses, je diray en peu de mots, que pour six cens soixante toises d'Espalier, dont le Midy seroit de cent soixante-cinq, je mettrois pour les quinze toises de surplus onze Arbres, sçavoir quatre Pêchers, deux Mignonne, & deux de Magdeléine blanche, un Abricotier hâtif, & six Cerisiers précoces.

A un Levant de pareille étenduë je mettrois onze autres Arbres, sçavoir deux Figuiers, & neuf bons Pêchers, qui seroient trois Chevreuse, trois Bourdin, trois Persique.

A un Couchant augmenté de quinze toises pour en faire cent soixante & cinq, j'y mettrois onze Pêchers, qui seroient trois Violette hâtive, deux Pourprée, deux Pêche d'Italie, un Rossane, un Alberge rouge, un Alberge jaune, & un Nivette

Et à un Nord pour faire la même quantité de toises, j'y mettrois douze Poiriers, qui seroient deux Beurré, deux Virgoulé, deux Bergamotte, deux Double-fleur, deux Bugi, deux Saint-Lezin.

Ainsi dans six cens soixante toises d'Espalier, outre tout le Raisin, les vingt-cinq Pruniers, les dix Pavies, & les deux Azeroliers marqués dans la distribution de six cens toises, nous aurions dix-huit Cerisiers précoces, vingt Abricotiers, dont cinq hâtifs, vingt Figuiers, cent quatre-vingt dix-sept Pêchers, & cent soixante-trois Poiriers.

Pour sept cens vingt toises d'Espalier.

Le Midy de cent quatre-vingt auroit pour son augmentation de quinze toises huit Poiriers de bon Chrêtien, & quatre Poiriers de Bergamotte Suisse; il faut bien tâcher d'avoir quelques Poires de bon Chrêtien bien colorées, & quelque Bergamottes un peu avancées, le Midy est necessaire pour cela; les Tigres veritablement me font peur pour ces douze Poiriers; mais outre qu'il ne faut pas qu'on me puisse reprocher, que je n'aye eu aucun soin de placer honorablement & avantageusement ces deux Poires dont je fais tant de cas, nous ferons ce que nous pourrons, pour les défendre de leurs ennemis, & enfin si tous nos soins & nôtre industrie n'y réüssissent pas, nous remettrons des fruits à noyau, ou des Figuiers, ou des Muscats à la place de ces Poiriers, ayans cependant cette consolation de n'avoir rien oublié pour bien faire nôtre devoir.

Le Levant de cent quatre-vingt pour son augmentation de quinze toises auroit onze Arbres, sçavoir trois Perdrigon violet, un Perdrigon blanc, un Mirabelle blanche deux Imperatrice, un Roche-courbon, deux Sainte Catherine, un Prune d'Abricot.

Le Couchant de cent quatre-vingt auroit onze Arbres, quatre Admirable, deux Royale tardive, deux Bourdin, un Brugnon, un Nivette, & un Poirier de Rousselet.

Le Nord de cent quatre-vingt auroit pour son augmentation de quinze toises, vingt-huit pieds de Framboisiers, & seize pieds de Groseillers ; je donne trois pieds aux Groseillers, & seulement deux aux Framboisiers ; ces Groseillers, aussi-bien que ces Framboisiers donneront leur fruits plus tard, mais aussi plus gros ; & parmy ces Framboisiers & Groseillers, nous mettrons huit Arbres de tige pour garnir le haut du mur, sçavoir un Abricotier, & sept tels Poiriers qu'on pourra trouver des especes cy dessus, par exemple deux Martin-sec, deux Franc-réal, deux Angober, un Bésidéry,

Ainsi dans sept cens vingt toises d'Espaliers, outre tout le Raisin, les dix Pavies, & les deux Azeroliers marquez dans la distribution de six cens toises, nous aurons deux cens sept Pêchers, cent quatre-vingt trois Poiriers, dixhuit Cerisiers précoces, vingt-un Abricotier, dont cinq hâtifs, vingt Figuiers blancs, trente-six Pruniers, quarante-huit pieds de Framboisiers, & seize de Groseillers d'Hollande.

Les deux cens sept Pêchers seront huit Avant-Pêches, Quinze Pêche de Troye, trois Alberge rouge, trois Alberge jaune, quatre Rossane, quatorze Magdeléine blanche, deux Magdeléine rouge, dix-sept Mignonne, douze Bourdin, huit Pêche d'Italie, dix-sept Chevreuse, dixhuit Voilette hâtive, huit Persique, deux Bellegarde,

O o o ij

vingt-deux Admirable, fept Pourprée, neuf Royale tardi-ve, dix Violette tardive, dix Nivotte, fix Jaune Admi-rable, huit Brugnon violet, deux Blanhe d'Andilly, un Pêche-Cerife à chair blanche.

Les cent quatre-vingt-trois Poiriers feroient vingt-deux Bon-Chrétien d'Hyver, vingt-quatre Bergamotte, fix pe-tit Mufcat, cinq Cuiffe-Madame, cinq Robine, fix Lef-chafferie, , fix Ambrette, quatre Efpine d'Hyver, quatre Efpine Mareüil, fept Martin-fec, quatre Verte-longue, un Sucré vert, fix Bugi, trois Orange-verte, deux Fon-dante de Breft, fix Saint Lezin, huit Franc-réal, huit An-gober, fix Double fleur, fix Befidéri, deux Lanfac, deux gros Blanquet, deux Efpargne, deux Caffolette, deux Doyenné, deux Rouffelet, feize Beurré, & feize Vir-goulé.

Les trente-fix Pruniers feroient douze Perdrigon vio-let, fix Perdrigon blanc, cinq Sainte-Catherine, trois Mirabelle blanche, trois Prune d'Abricot, trois Impe-ratrice, trois Roche-Courbon, & un Prune Royale.

A fept cent quatre-vingt toifes d'Efpalier pour les quin-ze d'augmentation du Midy, qui font en tout cent quatre-vingt-quinze, j'y mettrois onze Arbres, qui feroient deux Pêches de Pau, trois Bellegarde, & fix Pavies, fçavoir un deuxiéme & troifiéme petit Pavie Alberge rouge, un troi-fiéme Pavie Roffane hâtif, un troifiéme Pavie blanc hâ-tif, un quatriéme Pavie rouge tardif, & un troifiéme Pa-vie jaune tardif.

Je hazarde icy deux Pêches de Pau fur une grande quantité d'autres Pêches, étant certain que quand el-les peuvent bien meurir, elles font affez bonnes, & ra-portent beaucoup, tout au moins feront-elles bonnes à la compote.

Pour les quinze d'augmentation du Levant qui font cent quatre-vingt-quinze nous mettrons onze Arbres, fçavoir deux Figuiers, deux Pêches de Troye, deux avant-Pê-che, un Cerife à chair blanche, deux Admirable, deux Violette hâtive.

Pour les quinze d'augmentation du Couchant qui font auffi quatre-vingt-quinze nous mettrons douze Arbres, sçavoir deux Ambrette, deux Lefchafferie, deux Efpine d'Hyver, deux Efpine Mareüil, deux petit- Mufcat pour en avoir long-temps, un Robine, & un Pêcher à fleur double pour la fimple curiofité de la fleur.

Les quinze d'augmentation du Nord pour aller au nombre de cent quatre-vingt quinze toifes feront pour vingt-quatre pieds de Bourdelais, & vingt-un pied de Chaffelas, tant pour avoir le fecours des feüilles & du Verjus, que pour avoir du Raifin qui fe garde long-temps.

Pour huit cent quarante toifes d'Efpalier nous mettrons au Midy qui fera de deux cens dix, quatre Figuiers blancs, deux petit Mufcat, deux Robine, deux Cuiffe-Madame, un Bon-Chrêtien d'Efté mufqué.

Les quinze toifes d'augmentation du Levant pour faire deux cens dix feront pour onze Arbres, fçavoir trois Magdeleine rouge, quatre Mignonne, quatre Magdeleine blanche.

Les quinze toifes du Couchant pour faire pareille quantité de deux cent dix feront pour onze Arbres, fçavoir fix Figuiers, deux avant-Pêche, & trois Pêche de Troye.

J'ay mis fix Figuiers au Couchant, non pas pour en efperer des fecondes, car rarement y peuvent-elles meurir à moins d'un Efté pareil à celuy de 1676. mais à l'égard des premieres elles y viennent fort belles, & y meuriffent tresbien: j'en mets mefme quelquefois au Nord, quand j'ay une quantité extraordinaire de Murailles, & j'en tire du fecours, foit pour les premieres Figues qui n'y manquent pas d'y meurir, foit pour les Marcottes qui s'y font belles, & en quantité.

Les quinze toifes de Nord feront pour douze Poiriers, fçavoir deux Sucré-vert, trois Meffire-Jean, deuu Verte-longue, deux Lanfac, deux Poires de Vigne, une Orange verte.

Ainfi huit cens quarante toifes d'Efpalier auroient deux cens trente-huit Pêchers, feize Pavies, deux cens treize Poiriers, deux Azeroliers, trente-deux Figuiers, quarante-fept Pruniers, dix-huit Cerifiers precoces, vingt-un Abricotier, dont cinq hâtifs, quarante-huit pieds de Framboifiers, feize de Grofeilliers, cent foixante-quatoze pieds de Raifin, fçavoir cinquante pieds de Mufcat blanc, fix de Mufcat rouge, cinquante pieds de Chaffelas, douze de Corinthe, huit de Raifin précoce , quarante-huit pieds de Bourdelais.

Les deux cens trente-huit Pêchers font douze avant-Pêche, vingt Pêche de Troye, trois Alberge jaune, quatre Roffane, dix huit Magdeléine blanche, cinq Magdeléine rouge, vingt-un Mignonne, douze Bourdin , huit Pêche d'Italie, dix-fept Chevreufe, vingt Violette hâtive, huit Perfique, cinq Bellegarde, deux Pêche de Pau, vingt-quatre Admirable, fept Pourprées, neuf Royale tardive, dix Violette tardive, dix Nivette, fix jaune Admirable, huit Brugnon violet, deux Blanche d'Andilly , deux Pêche-Cerife à chair blanche, & un Pêche à fleur double.

Les feize Pavies font trois Pavies blancs hâtifs, trois Pavies Alberge rouge, trois Pavies Roffanes hâtifs ,quatre Pavies rouge tardifs, trois Pavies jaunes tardifs.

Les deux cens treize Poiriers font vingt-deux bon-Chrétien d'Hyver, vingt-quatre Bergamotte, dix petit Mufcat, fept Cuiffe-Madame, huit Robine, huit Lefchafferie , huit Ambrette, fix efpine d'Hyver, fix Efpine Mareüil, fept Martin-fec, fix Verte-longue, trois Sucré-vert, fix Bugi, quatre Orange verte, deux Fondante de Breft, fix Saint-Lezin, trois Meffire-Jean, huit Franc-réal, huit Angober, fix Double-fleur, fix Befidéry, quatre Lanfac, deux Poire de Vigne, deux gros Blanquet, deux Efpargne, deux Caffolette, deux Doyenné, deux Rouffelet, feize Beurré , & feize Virgoulé.

Les trente-fix Pruniers font les mémes de la diftribution de fept cent vingt toifes cy-deffus.

Pour neuf cens toifes de murailles je mets en ados les treize toifes d'augmentation du Midy, faifant en tout deux cens vingt-cinq, & feray la même chofe, fi je me trouve deux cens quarante toifes de Midy, qui eft juftement le quart de neuf cens foixante toifes de tour ; ces ados font favorables & neceffaires pour avoir des Pois hâtifs, des Féves hâtives, des Artichaux hâtifs &c. & pour cela il faut avoir fait des contre-murs aux murailles qui doivent fournir les ados, & que cela foit en quelque lieu écarté, ou dans quelque Jardin separé, autrement cela feroit une figure defagreable dans un grand Jardin.

Pour les quinze toifes augmentées au Levant, & faifant deux cens vingt-cinq, nous y mettrons onze Arbres, fçavoir quatre Violette hâtive, trois Chevreufe, un Nivette, deux Mignonne, un Magdeléne blanche.

Pour le Couchant augmente de la même maniere, onze Arbres, fçavoir trois Bourdin, trois Pêche d'Italie, deux Perfique, deux Pourprée, un Brugnon violet.

Pour les quinze toifes du Nord augmentées pour en faire deux cent vingt-cinq, nous y mettrons trente pieds de tout te forte de Grofeilles, tant rouges que perlées, avec huit Arbres de tige, fçavoir quatre Virgoulé, deux Beurré, deux Martin-fec.

Pour neuf cens foixante toifes de murailles, je mettray en ados les quinze toifes de Midy augmentées au delà de deux cens vingt-cinq, comme je l'ay déja infinué.

Les quinze toifes de Levant, qui en font deux cens quarante, feront pour onze Arbres, fçavoir trois Abricotiers, un Perdrigon violet, un Perdrigon blanc, un fainte-Catherine, un Prune d'Abricot, un Roche-courbon, un Imperatrice, un Prune-Mignonne, un Prune Royale.

Les quinze toifes du Couchant feront pour quatre Admirable, deux Pêche violette, trois bon-Chrêtien d'Hyver, deux Bergamotte.

Les quinze de Nord faifans pareillement deux cens quarante toifes, feront pour douze Arbres, fçavoir fix Figuiers, deux Poire-Magdeléne, un Abricotier, trois Double-fleur; ces fix Figuiers du Nord en peuvent donner pour remplir l'intervalle qui eft entre les premieres & les fecondes.

Ainfi pour neuf cens foixante toifes d'Efpalier nous aurions deux cens foixante-fix Pêchers, feize Pavies, deux cent trente-un Poirier, deux Azeroliers, trente-huit Figuiers quarante-quatre Pruniers, dix-huit Cerifiers précoces, vingt-cinq Abricotiers, dont cinq hàtifs, quarante-huit pieds de Framboifiers, quarante-fix pieds de Grofeillers tant rouges & perlées, que piquantes, deux cens foixante-quatorze pieds de Raifin, trente toifes d'Ados.

Les deux cens soixante-six Pêchers, sont douze Avant-Pêche, vingt Pêche de Troye, trois Alberge rouge, trois Alberge jaune, quatre Rossane, dix-neuf Magdeléine blanche, cinq Magdeléine rouge, 23. Mignonne, quinze Bourdin, onze Pêche d'Italie, 20. Chevreuse, vingt-six Violette hâtive, 10. Persique, cinq Belle-garde, deux Pêche de Pau, deux Admirable, neuf Pourprée, neuf Royale tardive, 10. Violette tardive, onze Nivette, 6. Jaune-admirable, neuf Brugnons violets, 2. blanche d'Andilly, 2. Pêche-cerise à chair blanche, 2. Pêche à fleur double.

Les seize Pavies sont les mêmes de la distribution de 840. toises.

Les 231. Poirier sont vingt-cinq Bon-Chrêtien, 26. Bergamotte, 10. pieds de petit Muscat, sept Cuisse-madame, huit Robine, huit Leschasserie, huit Ambrette, 6. Espine d'Hyver, 6. Espine Mareüil, neuf Martin-sec, 6. Verte-longue, trois Sucré-vert, 6. Bugi, 4. Orange verte, 2. Fondante de Brest, 6. Saint Lezin, trois Messire-Jean, huit Franc-réal, huit Angober, 9. Double-fleur, 6. Besidéry, quatre Lansac, 2. Poires de Vigne, 2. gros Blanquet, 2. Espargne, 2. Cassolette, 2. Doyenné, 2. Rousselet, 18. Beurré, vingt-huit Virgoulé, deux Poire Magdeléine.

Les quarante-quatre Pruniers, sont treize Perdrigon viôlet, sept Perdrigon blanc, 6. Sainte Catherine, trois Mirabelle blanche, quatre prunes d'Abricot, quatre Roche-courbon, quatre Imperatrice, un prune Mignonne, 2. prune Royale.

Les cent septante-quatre pieds de Raisin, sont les mêmes de la distribution de huit cens quarante toises.

Les trente toises d'ados sont pour des pois hâtifs, des Féves hâtives, & des Artichaux hâtifs.

Des trente-huit Figuiers il y en a 6. de blanches longues, tout le reste est de blanches rondes.

Pour mille-vingt toises partagées en quatre expositions égales, chacune de deux cens cinquante-cinq, je mettrois pour les quinze d'augmentation du Midy encore vingt-quatre pieds de Muscat blanc, 6. de rouge, & quinze

pieds

pieds de Corinthe, fuppofant qu'on foit en païs où ils puiffent bien meurir, ce que l'experience doit avoir appris.

Pour les quinze d'augmentation du Levant, onze Ar-
bres, fçavoir trois Pêche de Troye, un avant-Pêche, un
Alberge rouge, un Roffane, un Magdeleine blanche, un
Mignonne, deux Admirable jaune, & un Pourprée.

Pour les quinze du Couchant, onze Arbres, fçavoir
deux Pêches de Troye, un avant-Pêche, un Alberge
jaune, trois Chevreufe, quatre Virgoulé.

Pour les quinze du Nord, douze Arbres, fçavoir quatre Bergamotte, deux Verte-longue, deux Beurré, deux
Martin-fec, deux Franc-réal.

Pour mille quatre-vingt toifes d'Efpalier, partagées en
quatre Expofitions égales, chacune de deux cens foixan-
te-dix, nous mettrons pour les quinze d'augmentation de
Midy onze Arbres, fçavoir quatre Violette tardive, deux
jaune Admirable, deux Nivette, deux Admirable, un
Royale tardif.

Pour les quinze du Levant douze Arbres, fçavoir trois
Bon-Chrêtien, deux Bergamotte, un Ambrette, un Efpi-
ne d'Hyver, un Lefchafferie, deux Efpine-Mareüil, un
Beurré, un Lanfac.

Pour les quinze du Couchant douze Arbres, deux Robine, deux Caffolette, deux Cuiffe-Madame, deux Rouffelet, un Lanfac, un Poire Magdeleine, un Ambrette, un
Lefchafferie.

Pour les quinze toifes du Nord, onze Pruniers, tous
pour les compôtes, fçavoir quatre Imperiale, deux Perdrigon de Cernay, deux Caftelane, deux Ilevert, un
Mirabelle.

Ainfi pour mille quatre-vingt toifes d'Efpalier nous aurions deux cens nonante-trois Pêchers, feize Pavies, deux
cens feptante Poiriers, deux Azeroliers, trente-huit Figuiers, cinquante-cinq Pruniers, dix-huit Cerifiers-pre-
coces, vingt-cinq Abricotiers, quarante-huit pieds de
Framboifiers, quarante-fix pieds de toutes fortes de Grofeilles, deux cens dix-neuf pieds de Raifin, & trente toifes d'ados.

Les deux cens nonante-trois Pêchers, quatorze avant-

Pêche, vingt-cinq Pêche de Troye, quatre Alberge rouge : quatre Alberge jaune, cinq Roſſane, vingt Magdeleine blanche, cinq Magdeleine rouge, vingt-quatre Mignonne, quatorze Bourdin, dix Pêche d'Italie, vingt-trois Chevreuſe, vingt ſix Violette hâtive, dix Perſique, cinq Bellegarde, deux Pêches de Pau, trente-deux Admirable, dix Pourprée, dix Royale tardive, quatorze Violette tardive, treize Nivette, huit jaune Admirable, neuf Brugnons violets, deux Blanche-d'Andilly, deux Pêche-Ceriſe à chair blanche, un Pêche à fleur double.

Les ſeize Pavies, ſont trois Pavies blancs hâtifs, trois Pavies-Alberges rouges, trois Pavies Roſſannes hâtifs, quatre Pavies rouges tardifs, trois Pavies jaunes tardifs.

Les deux cens ſoixante-dix Poiriers, ſont vingt-ſept Bon-Chrétien d'Hyver, trente-deux Bergamotte, dix petit Muſcat, neuf Cuiſſe-Madame, dix Robine, dix Leſchaſſerie, dix Ambrette, ſept Eſpine d'Hyver, huit Eſpine Mareüil, onze Martin-ſec, huit Verte-longue, trois Sucrévert, ſix Bugi, quatre Orange-verte, deux Fondante de Breſt, ſix Saint-Lezin, trois Meſſire-Jean, dix Franc-real, huit Angober, neuf Double-fleur, 6. Beſidéri, 6. Lanſac, deux Poires de Vigne, deux gros Blanquet, deux Eſpargne, quatre Caſſolette, 2. Doyenné, quatre Rouſſelet, vingt-un Beurré, vingt-quatre Virgoulé, trois Poires Magdeleine, un Bon-Chrétien-d'Eſté muſqué.

Dans les trente-huit Figuiers il y en a ſix de blanches longues, le reſte eſt des blanches rondes. Les cinquante-cinq Pruniers ſont quinze Perdrigon violet, ſept Perdrigon blanc, ſix Sainte-Catherine, quatre Mirabelle blanche, quatre Prunes d'Abricot, quatre Roche-Courbon, quatre Imperatrice, deux Prunes Mignonne, quatre Imperialle, deux Perdrigon de Cernay, deux Caſtellane, & deux Ilvert. Dans les vingt cinq Abricotiers il y en a cinq de hâtifs. Dans les quarante-huit pieds de Framboiſiers il y en a une douzaine de blanches.

Dans les quarante-ſix pieds de Groſeillers il y en a de rouges, de perlées & de piquantes.

Dans les deux cens dix-neuf pieds de Raiſin il y a vingt-quatre pieds de Muſcat blanc, douze de Muſcat rouge,

vingt-sept pieds de Corinthe blanc , quarante de Chaſſelas , dix de Cioutat , huit pieds de Raiſin-precoce,
quarante-huit pieds de Bourdelais. Les trente toiſes d'a-
dos ſont employées en dix-huit toiſes pour des Pois hâtifs , ſix pour des Féves hâtives , & ſix pour des Artichaux hâtifs.

Pour onze cens quarante toiſes d'Eſpalier, diſtribuées
en quatre expoſitions égales , chacune faiſant deux cens
quatre-vingt-cinq , nous mettrons pour les quinze du Midy augmentées, trois Poiriers de Bon-Chrétien d'Hyver,
trois Bergamotte-Suiſſe, deux Rouſſelet , un Bon-Chrétien d'Eſté muſqué , un Lanſac , un Abricotier hâtif, &
un Abricotier ordinaire.

Pour les quinze d'augmentation du Levant, nous y mettrons onze Arbres, qui ſont deux Magdeleine blanche,
2. Mignonne, 2. Pêches d'Italie, un Belle-garde, 2. Pourprée, un Brugnon violet, un Pêche de Troye.

Pour les quinze du Couchant onze Arbres , ſçavoir quatre Admirables, un Pêche de Troye , un avant-Pêche ,
2. Bourdin, 2. Perſique , un Pêche à fleur-double.

Pour les quinze du Nord onze Arbres , ſçavoir quatre Figuiers, un Abricotier ordinaire, & ſix Pêches Admirables.

On pourra eſtre ſurpris de voir au Nord ſix Pêchers ;
mais je ſçay par mon experience , que comme toutes les
autres eſpeces n'y réüſſiſſent point à cauſe ſur tout de leur
penchant au pâteux, celle-cy n'y eſt point trop malheu-
reuſe, & ſur tout dans les terrains ſécs, & par des années
ſéches ; j'y ay vû des Péches Admirables fort belles , &
aſſez bonnes , joint que je ne me reſous d'en hazarder
quelque peu au Nord , que quand j'ay une extrême quantité de murailles à garnir.

Pour mille deux cens toiſes partagées en quatre expoſitions égales chacune de trois cens toiſes, je mets les quinze
d'augmentation du Midy en ados, pour Pois , Féves, &
Artichaux : ce n'eſt point trop d'en avoir employé à cela
quarante-cinq toiſes de trois cens, & ces quarante-cinq toiſes ſont tres-capables de donner de la ſatisfaction l'Hyver;
& le Printemps elles ſont occupées à ce que je viens de

dire ; & l'Esté il y en aura trente-six en Pourpier & Basilic pour graine.

Les quinze toises d'augmentation du Levant sont pour onze Arbres, sçavoir 2. Violette hâtive, deux Pêche de Troye, un avant-Pêche, un Magdeleine rouge, un Rossane, 2. Magdeleine blanche, & deux Mignonne.

Les quinze du Couchant sont onze Arbres, sçavoir quatre Figuiers, afin d'en avoir dix à cette exposition, qui succedent à celle du Midy & du Levant, deux Violette hâtive, deux Chevreuse, deux Royale tardive, un Abricotier ordinaire.

Les quinze toises du Nord pour faire les trois cens, seront en vingt pieds de Groseilles rouges communes, & vingt pieds de Framboises, avec cinq pieds de Bourdelais mêlez parmy en distances égales, pour monter par dessus, & aller garnir le haut du mur.

Ainsi en mille deux cens toises de murailles hautes de neuf pieds, on peut avoir en Espalier sept cens quatre-vingt dix-huit Arbres, soixante-dix pieds de Framboisiers, soixante-six pieds de toutes sortes de Groseilles, deux cens onze pieds de Raisin, & quarante cinq toises d'ados pour Pois, Féves, & Artichaux hâtifs ; les sept cens quatre-vingt-dix-huit Arbres sont trois cens trente-quatre Pêchers, seize Pavies, trois cent un Poirier, deux Azeroliers, quarante-quatre Figuiers, cinquante-quatre Pruniers, dix-huit Cerisiers-precoces, vingt-neuf Abricotiers.

Les trois cens trente quatre Pêchers sont quinze avant-Pêches, vingt-neuf Pêche de Troye, quatre Alberge rouge, quatre Alberge jaune, six Rossane, vingt-quatre Magdeleine blanche, six Magdeleine rouge, vingt huit Mignonne, dix-sept Bourdin, treize Pêche d'Italie, vingt-cinq Chevreuse, trente Violette hâtive, douze Persique, 6. Bellegarde, deux Pêche de Pau, quarante Admirable, douze Pourprée, douze Royale tardive, quatorze Violette tardive, treize Nivette, dix jaune Admirable, dix Brugnon violet, deux Blanche-d'Andilly, deux Pêche-Cerise à chair blanche, deux Pêche à fleur double.

Les seize Pavies sont trois Pavies blancs hâtifs, trois Pavies-Alberges rouges, trois Pavies-Rossanes hâtifs, quatre

Pavies rouges tardifs , trois Pavies jaunes tardifs.

Les trois cent - un Poirier font trente Bon-Chrétien d'Hyver, trente-cinq Bergamotte, dont douze Suiſſe , dix petit Muſcat, neuf Cuiſſe-Madame, 10. Robine , 10. Leſchaſſerie , 10. Ambrette , ſept Eſpine d'Hyver , huit Eſpine Mareüil , onze Martin-ſec , huit Verte-longue , trois Sucré-vert , ſix Bugi , quatre Orange-verte , 2. Fondante de Breſt , 6. Saint-Lezin , trois Meſſire-Jean , dix Francréal , huit Angober , neuf Double-fleur , huit Beſidéri , ſept Lanſac , trois Poire de Vigne , deux gros Blanquet , 2. Eſpargne , quatre Caſſolette , 2. Doyenné , ſix Rouſſelet , vingt-un Beurré , vingt-trois Virgoulé , trois Poire Magdeléine , deux Bon-Chrétien d'Eſté muſqué.

Dans les quarante-quatre Figuiers il y en a dix des blanches longues.

Les cinquante - quatre Pruniers font treize Perdrigon violet , 6. Perdrigon blanc , 6. Sainte-Catherine , quatre Mirabelle blanche , quatre Prune d'Abricot , quatre Roche-Courbon , quatre Imperatrice , un Mignonne , quatre Imperialle , deux Perdrigon de Cernay , deux Caſtellane 2. Ilvert , deux Prune Royale.

Dans les vingt-neuf Abricotiers , il y en a ſix de hâtifs.

Dans les ſoixante.dix pieds de Framboiſiers il y en a vingt de blanches.

Dans les ſoixante-ſix pieds de Groſeillers il y en a trente-quatre de la rouge d'Hollande , huit de la blanche de Hollande , dix-huit de la rouge commune , & ſix de la Verte piquante.

Dans les 211. pieds de Raiſin , il y a huit pieds de Muſcat blanc , douze de Muſcat rouge , vingt-ſept pieds de Corinthe blanc , huit pieds de Raiſin - précoce , trente-ſix pieds de Bourdelais , quarante de Chaſſelas , & dix de Cioutat.

Les quarante-cinq toiſes d'Ados font employées en vingt-ſix pour des Pois hâtifs , huit pour des Féves hâtives , & en neuf pour des Artichaux hâtifs.

Preſentement que je me ſuis acquitté le mieux que j'ay pû de l'entrepriſe ou je m'étois engagé, pour employer en Espaliers jusqu'à douze cent toises de Murailles hautes de neuf pieds, il me semble encore, que pour donner plus de lumiere de mon dessein, je dois mettre icy separément tout ce qui est à chacune des quatre expositions, afin que dans ce grand nombre de fruits on voye tout d'un coup ce que j'ay executé en particulier, & ce qu'on pourra voir cy-devant d'article en article, chaque article n'étant que de quinze toises pour chaque exposition ; si bien qu'on sçaura combien par exemple des quarante Pêches Admirables, des trente Violettes hâtives, des trente-cinq Bergamotte, &c. que nous avons employées, il y en a à un Midy de trois cent toises, combien au Levant de pareille étenduë, combien au Couchant, combien au Nord, & ainsi de chacun des autres fruits, soit à pepin, soit à noyau, &c.

Je me suis déja cy-devant expliqué, que je ne faisois pas une fort grande difference entre les expositions du Midy, & du Levant, si ce n'est pour les choses qu'on veut avoir hâtives, par exemple les Pois, Féves & Artichaux, que nous mettrons en Ados, les Cerises-precoces, les Raisins-précoces, les Abricots hâtifs, &c. & particulierement pour le Raisin Muscat, & les Poires de petit Muscat, que je conseille de mettre au Midy, c'est ce qui a fait que j'ay mélé ensemble ces deux expositions, pour n'en faire qu'une que j'appelle la bonne exposition, à la difference de celle du Couchant que j'appelle mediocre, & de celle du Nord que j'appelle mauvaise ; ce qui m'a engagé à méler ensemble ces deux expositions, & qu'assez souvent les Jardins sont disposez, de maniere que l'une des deux y manque entierement, & ainsi celle qui s'y trouve, doit à l'égard du Jardinier tenir la place des deux ; en effet combien en voit-on, qui n'ont pour tout qu'une grande muraille au Midy, ou une grande au Levant, sans qu'il y en ait, ou au moins que fort peu aux autres côtez ; il n'en est pas de même des expositions du Couchant & du Nord, on ne s'avise gueres de faire un Jardin pour n'avoir que de celles-là.

C'est pourquoy ceux qui n'ont que la seule muraille du Midy, pourront fort bien l'employer de tout ce que j'ay

mis pour les deux, & tout de même ceux qui n'auront que
le Levant, ne pouvant avoir tout l'avantage que donne
l'expofition du Midy, fe confoleront, & feront de leur
Levant la même chofe que ceux qui n'ont que le Midy:
ces deux expofitions, comme tout le monde fçait, font
propres à recevoir tout ce qu'on met aux autres deux,
mais ces autres deux ne fçauroient fervir pour la plûpart des chofes qui demandent le Levant & le Midy, &
partant on ne hazardera guéres de mettre au Nord ou
au Couchant, du Mufcat, des Cerifes-précoces, des Pois
hâtifs, des Prunes à manger cruës, &c.

Je dis des Prunes à manger cruës, car les bonnes Prunes, auffi bien que le bon-Mufcat, doivent porter leur fucre naturel avec elles : ce n'eft que la parfaite maturité qui le leur donne, & cette maturité ne s'acquiert point
au Nord : la plûpart des autres fruis, Pêches, Poires,
&c. font abonnies par le fucre artificiel, mais à l'égard
des Prunes on n'y met nul affaifonnement.

Je n'ay qu'une obfervation à faire pour ceux qui ont
beaucoup de Midy ou de Levant, & point de Nord,
c'eft qu'ils pourront bien fe paffer de mettre au Midy
ou au Levant beaucoup de chofes que j'ay fait planter au
Nord, par exemple des Poires à cuire, du Bourdelais, des
Grofeilles, des Framboifes, &c. les places du Midy me
paroiffent trop precieufes pour des fruits fi peu importans,
& qui viennent fort bien fans aucun fecours de murailles,
à moins qu'on ne fçût en effet que choifir de mieux, pour
achever de remplir fon Midy, ou fon Levant.

Mais ceux qui auront & le Levant & le Midy, pourront partager en deux ce que j'ay mis fous le titre feul de
bonne expofition, & le partageront également, ou inéga-
lement felon l'étenduë de leurs murailles, refervans fimplement pour Midy, comme j'ay dit, ce qui eft particuliement confiderable pour fa précocité.

CHAPITRE XV.

Abregé des Fruits de chaque exposition.

AUx six cens toifes de murailles expofées , partie au Midy, & partie au Levant, nous avons deftiné de mettre deux cens cinq Pechers , feize Pavies, trente-fix Pruniers , quarante-neuf Poiriers , dix-huit Cerifiers précoces , cent cinquante-quatre pieds de Raifin , quarante-cinq toifes d'Ados , 2. Azeroliers , vingt-deux Figuiers dont quatre longues.

Les deux cens cinq Pêchers font treize Admirable, neuf Violette hâtive, vingt-huit Mignonne , treize Chevreufe , neuf Nivette, vingt-quatre Magdeleine blanche, 6. Magdeleine rouge , cinq Perfique , neuf Abricotiers ordinaires , 6. hâtifs , cinq Brugnons violets , dix-fept Pêche de Troye , cinq Pourprée, 10. jaune Admirable, quatorze Violette tardive , quatre Bourdin , neuf avant-Pêche , quatre Pêche d'Italie. 2. Pêche de Pau, 2. Royale tardive , 2. Blanche d'Andilly , cinq Roffane , trois Alberge rouge.

Les trente-fix Pruniers font 10. Perdrigon violet , cinq Perdrigon blanc, 6. Sainte-Catherine , quatre Prune d'Abricot, quatre Prune Imperatrice, un Mirabelle, un Prune Royale , un Prune Mignonne , quatre Roche-Courbon.

Les feize Pavies font quatre Pavies de Pompone , quatre Pavies blancs hâtifs , trois Pavies Roffanes , deux Pavies jaunes tardifs , trois Pavies Alberges rouges.

Les quarant-neuf Poiriers font huit petit-Mufcat , cinq Cuiffe-Madame , quinze Bon-Chrétien d'Hyver , neuf Bergamotte , deux Robine, 2. Bon-Chreftien d'Efté mufqué, 2. Rouffelet, 2. Lanfac, un Ambrette, un Efpine d'Hyver, un Efpine Mareüille, un Lefchafferie, 2. Beurré, dixhuit Cerifiers précoces.

Les cent cinquante-quatre pieds de Raifin , font foixante-dix-huit pieds de Mufcat blanc , douze de rouge , dix-neuf de Chaffelas, dix de Cioutat, vingt-fept de Corinthe,

huit

huit de Raiſin-précoce, deux Azeroliers, quarante-cinq toiſes d'Ados pour Pois, Fêves & Artichaux hâtifs.

Aux trois cens toiſes de Couchant, dix Figuiers, ſept Abricotiers ordinaires, cent vingt-trois Pêchers, huit Pruniers, ſoixante & quatorze Poiriers.

Les cent vingt-trois Pêchers ſont vingt-un Admirable, douze Chevreuſe, ſept Pourprée, treize Bourdin, douze Pêches de Troye, ſix Avant-Pêche, onze Violette hâti-ve, neuf Pêches d'Italie, ſept Perſique, dix Royale tardi-ve, quatre Nivette, cinq Brugnons violets, un Roſſane, un Alberge rouge, deux Alberge jaune, deux Pêches à fleur-double.

Les huit Pruniers ſont deux Perdrigon violet, deux Per-drigon blanc, deux Mirabelle, un Prune royale.

Les ſoixante-quatorze Poiriers ſont dix-ſept Bon-Chré-tien-d'Hyver, quinze Bergamotte d'Automne, cinq Leſ-chaſſerie, cinq Ambrette, quatre Eſpine d'Hyver, cinq Eſpine-Mareüil, quatre Rouſſelet, deux Beurré, quatre Virgoulé, deux petit-Muſcat, cinq Robine, deux Caſſo-lette, deux Cuiſſe-Madame, un Lanſac, un Poire-Mag-deléine.

Au Nord de trois cens toiſes, cent ſoixante & dix-huit Poires, dix Prunes, ſoixante-ſix pieds de Groſeilles, ſix Pêchers, ſoixante-dix Framboiſiers, ſoixante & dix-ſept Bourdelais, vingt Chaſſelas, ſept Abricotiers.

Les cent ſoixante & dix-huit Poiriers, ſont dix-ſept Beurré, huit Verte-longue, quatre Orange-verte, dix-neuf Virgoulé, onze Bergamotte, quatre Ambrette, quatre Leſ-chaſſerie, onze Martin-ſec, ſix Bugi, deux Eſpine d'Hy-ver, deux Eſpine-Mareüil, dix Franc-réal, trois Sucré-vert, ſix Saint-Lezin, quatre Lanſac, deux Blanquet, deux Eſpargne, trois Robine, deux Caſſolette, 2. Doyen-né, trois Poires de Vigne, neuf Double-fleur, huit An-gober, ſept Beſidéri, deux Cuiſſe-Madame, trois Meſſi-re-Jean, 2. Poire-Magdeléine, deux Fondante de Breſt.

Les dix Prunes ſont quatre Imperialle, deux Perdri-gons de Cernay, deux Caſtellane, deux Ilvert, & un Mirabelle.

Les ſix Pêchers ſont Admirable,

Dans les soixante-six pieds de Groseilles il y en a tren-te-quatre rouges de Hollande, huit blanches d'Hollande, dix-huit de communes, & six de piquantes.

Dans les soixante-dix Framboisiers il y en a vingt de blanches.

J'ay cy-dessus expliqué, en quoy consiste les soixante-six pieds de Groseillers qui sont tous au Nord, & en quoy les deux cens onze pieds de Raisin, qui sont partie au Mi-dy, & partie au Nord; & tout de même en quoy sont em-ployez les quarante-cinq toises d'ados, qui sont toutes au Midy, ainsi voilà des Espaliers garnis jusqu'à douze cens toises, & cela en Figues, Pêches, Prunes, Poires, Préco-ces, Azerolles, Raisins, Groseilles, Framboises, &c. voilà des Poiriers & Pommiers plantez en Buisson & en grands Arbres, jusqu'au nombre de douze cens pour des Buissons, & autant qu'on en peut vouloir pour Arbres de tige: voyons à faire une Prunelaye & une Cerisaye, si l'étenduë & la qualité de nôtre terrein le peuvent permettre.

Les Prunes sont une espece de fruit qui plaît assez à tout le monde, & les Pruniers réüssissent assez bien en toutes sortes de terre, soit séche & sablonneuse, soit humide & forte; ils sont par tout d'assez beaux Arbres, tant en Buis-son qu'en plein vent, & fleurissent d'ordinaire beaucoup par tout; mais aussi ils sont par tout fort sujets à être mal-heureux à leur fleur; il arrive souvent des gelées au Prin-temps qui les font perir; c'est pourquoy la rareté des Pru-nes est assez frequente; mais enfin s'ils rencontrent des mois de Mars & d'Avril favorables, ils font une quantité de fruit inconcevable.

Nous en avons de certaines especes, qui sont en ce qui regarde les fleurs bien plus delicates les unes que les au-tres, par exemple les Perdrigons, & particulierement le violet, voilà pourquoy je ne conseille gueres d'en planter en plein air, & sur tout dans les pays un peu froids, & dans les côteaux un peu sujets aux gelées: je prend soin de les mettre en Espalier, tant par cette raison, que par celle d'une plus grande bonté, dont je me suis cy-de-vant expliqué.

Les efpeces de Prunes qui fe défendent un peu mieux, ce font le Perdrigon de Cernay dont je fais peu de cas, & enfuite toutes les efpeces de Damas, parmy lefquelles j'eftime particulierement le rouge, ou violet rond, le gros blanc, & le noir tardif, la Reine-Claude, l'Imperialle violette, la Sainte-Catherine, la Prune d'Abricot, la Mirabelle blanche, la Diaprée violette, la Diaprée de Roche-courbon, la Prune-Royale, la Prune-Mignonne, la Brugnolle, l'Imperatrice, la Morin-hâtive, & même la Cerifette, & toutes ces feize font tres-bonnes cruës, & tres-bonnes cuittes.

Les Ilvert, Caftelanne, Moyeux, Saint-Julien, Drap d'or, Damas vert, font pour les confitures ; il eft bon d'avoir de toutes ces efpeces fi on peut, mais fi le terrein l'empêche, & qu'on n'en puiffe planter qu'en petite quantité, voicy celles que je prefererois.

Pour un Prunier feul, foit Buiffon, foit Arbre de tige, je prendrois

Pour un premier, le Damas violet rond.
Pour un deuxiéme, la Reine-Claude.
Pour un troifiéme, l'Imperiale.
Pour un quatriéme, le gros Damas blanc.
Pour un cinquiéme, la Diaprée de Roche-Courbon.
Pour un fixiéme, la Mirabelle.
Pour un feptiéme, l'Imperatrice.
Pour un huitiéme, le gros Damas noir tardif.
Pour un neuviéme, la Sainte-Catherine.
Pour un dixiéme, la Prune d'Abricot.
Pour un onZiéme, la prune Royale.
Pour un douZiéme, la prune Mignonne.
Pour un treiziéme, la Diaprée violette.
Pour un quatorziéme, le Damas gris.
Pour un quinziéme, la prune Brugnoll.
Pour un feiziéme, la prune Morin hâtive.
Pour un dix-feptiéme, la Cerifette, à caufe de fa hâtiveté.
Pour un dix-huitiéme, la prune de drap d'or.
Pour un dix-neuviéme, la Caftelane.
Pour un vingtiéme, l'Ilvert.

Qqq ij

Pour un vingt-uniéme , le Perdrigon de Cernay,à caufe de fon abon-
dance , & qu'il peut fervir aux compotes.
Pour un vingt-deuxiéme , la Prune-Datte.

Je doublerois trois ou quatre fois les douze premieres
dans l'ordre que je les ay mifes , devant que de doubler
les dix autres, & n'en planterois d'aucune autre efpece ,
que je n'euffe au moins deux fois ces dix dernieres :
je ne planterois même les Saint-Julien, & Damas noir
hâtifs, qu'en grands Arbres.

Infenfiblement on fe feroit une Prunelaye de quatre-
vingt ou cent pieds d'Arbres , & c'eft beaucoup attendu
que ce fruit eft de tres-peu de durée quand il vient,& qu'il
afflige quand il occupe inutilement une grande place,
comme il arrive fouvent ; de plus quand il réüffit on en a
de cela une fuffifante abondance pour s'en faire des Pruneaux & des confitures.

Le nombre des autres **Prunes** eft extrêmement grand,
comme nous avons dit cy-devant ; ceux qui auront la curiofité d'en vouloir , pour ainfi dire, farcir leurs Jardins,le
pourront faire, & au moins ne m'accuferont-ils jamais de
le leur avoir confeillé.

Dans la my-Juin commencent les Fruits rouges , & durent au moins jufqu'à la fin de Juillet : parmy ces Fruits
rouges je compte principalement les Cerifes, les Griottes, & les Bigarreaux : on en peut avoir en Buiffon , mais
il vaut mieux en avoir en Arbres de tige : ce font des
Fruits affez connus par tout , fans qu'il foit befoin d'en
faire des defcriptions ; je ne fais particulierement cas que
des groffes Cerifes tardives, qu'on appelle de Montmorancy, en fecond lieu des Bigarreaux, & en troifiéme lieu
des Griottes.

Les Guignes , dont il en eft de blanches , de rouges , &
de noires, font veritablement hâtives , mais elles font trop
fades, les honnêtes gens n'en mangent guéres : les Cerifes qu'on nomme hâtives , & qui ne font pas les Précoces, fuccedent aux Guignes ; elles font affez belles, ont la
queuë longue, font aigrelettes & un peu ameres ; ainfi je
les eftime peu, fi ce n'eft pour les premieres compotes.

Les veritablement bonnes & belles Cerifes, qu'on appelle vulgairement Cerifes à confire, font ces Cerifes de Montmorancy : il en vient fur des Arbres qui font le bois gros, & toûjours montans droit, ce font les plus groffes : mais ces fortes d'Arbres en donnent peu, on les appelle la Cerife Coularde.

La bonne efpece de Cerife fait fon bois fort menu & renverfé, celle-là charge beaucoup, eft fort douce, & agreable au goût ; un même Arbre en fait à courte-queuë & à longue-queuë ; c'eft particulierement de cette forte de Cerife qu'il faut planter.

Le Bigarreau a fon fruit ferme & croquant, longuet, & quafi quarré, mais toûjours fort doux & fort agreable ; le bois en eft fort gros, affés badinant, & la feüille longuette.

La Griotte eft une efpece de groffe Cerife noirâtre, affez ferme, tres-douce, & tres excellente ; elle fleurit beaucoup, mais elle eft fort fujette à perir à la fleur, l'Arbre fait fon buiffon gros, retrouffé, & affez ferré, a la feüille large & noirâtre.

Toutes les efpeces de Merifes font indignes d'entrer dans un Jardin qu'on fait, ce font proprement des Arbres de foreft, c'eft à dire des Arbres fauvages, qui nous ferviront au moins à recevoir les greffes des bonnes Cerifes cy-deffus.

En Poitou, & en Angoumois on appelle Guignes, ce que nous appellons Cerifes, on appelle Cerife ce que nous appellons Merifes, & on appelle Guindoux ce que nous appellons Griottes.

Si j'avois de ces Arbres à planter jufqu'à une douzaine, il y en auroit fix Cerifes tardifs, deux Bigarreaux, deux Griottes, & deux Cerifes hâtifs : fi j'en avois à planter deux douzaines, il y en auroit douze tardives, & quatre de chacune des autres façons ; fi trois douzaines, il y en auroit dix-huit de tardives, fept Bigarreaux, fept Griottiers, & n'y auroit que quatre Cerifes hâtives, & ainfi du refte : peut-être me refoudrois-je de planter une couple de Guignes blanches rougeâtres, fi j'avois jufqu'à quatre douzaine de Cerifiers à planter, on ne paffe gueres ce nombre-là, à moins que d'avoir deffein d'en élever pour en vendre.

Preparons-nous prefentement à planter en haute tige quelques Meuriers, quelques Abricotiers, & quelques Amandiers, & choififfons pour cela quelque endroit à l'écart qui ne gâte rien pour la veuë, ou bien plantons-les parmy d'autres Arbres de tiges, fi nous avons fait un Verger de grands Arbres : il eft bon d'avoir un peu de Meures, & on en peu planter même dans quelques baffes-cours, un feul, ou deux, ou trois, ou quatre au plus, font plus que fuffifans pour toute forte de perfonnes.

A l'égard des Abricotiers & Amandiers depuis deux jufqu'à douze, tant des uns que des autres, il y a ce me femble de quoy en fournir raifonnablement les Jardins de toute forte d'honneftes gens, tels qu'ils puiffent être. Les Abricots qui viennent en grands Arbres ont beaucoup plus de gouft que les autres ; & les Amandes font un fruit neceffaire & agreable, particulierement dans les mois de Juillet & d'Aouft qu'on les mange vertes. Je confeille fur tout d'en avoir de celles qui ont la coquille tendre ; & comme ce font des Arbres, qui en quatre ou cinq ans viennent fort grands, il ne faut que mettre en Février des Amandes en place à l'endroit où on en veut avoir des Arbres, & prendre foin de les eflaguer les premieres années : ils donneront bien-tôt la fatisfaction qu'on s'en eft promife, outre qu'on ne réüffit prefque jamais à les planter tous faits comme d'autres Arbres.

Deftinons auffi quelque peu de Nefliers pour qui les aime, mais à condition de ne les pas mettre en lieu de parade ; ce n'eft pas un fruit affez precieux pour cela, ny même pour avoir befoin d'en planter beaucoup ; le nombre des gens qui ne les haïffent pas eft mediocrement grandit.

Il ne faut pas oublier quelques douzaines de Coignaffiers pour avoir des pommes de Coing à confire, & que ce foit pour les planter en lieu où l'on n'aille pas trop fouvent; l'odeur de ce fruit fur l'Arbre, n'eft pas de celles qui rejoüiffent, & fur tout comme on n'en doit guéres planter moins que par douzaine, parce qu'à mon fens, ou il n'en faut point avoir dans fes Jardins, ou il en faut avoir raifonnablement ; or une douzaine, ou deux, ou trois, ou quatre au plus me paroiffent faire un nombre affez grand de cette forte d'Arbre.

Enfin fongeons encore à planter quelques Azerolliers
en Buiſſon, pour qui ne ſera pas content des deux qui ſont
en Eſpalier : ils ne réüſſiſſent point mal de cette maniere,
& ſur tout pour la quantité, mais à l'égard de la groſſeur
ceux des Eſpaliers l'emportent au deſſus des autres ; &
aprés cela diſons que nous avons fait tout ce qui nous a
eſté poſſible pour nous mettre en eſtat de bien employer
en Arbres Fruitiers, la place qui aura pû leur eſtre deſtinée dans toutes ſortes de Jardins.

Paſſons maintenant au choix de chaque Arbre en particulier.

CHAPITRE XVI.

Des conditions neceſſaires à chaque Arbre Fruitier, pour meriter
d'eſtre choiſi & deſtiné à quelque bonne place
d'un Fruitier.

NOſtre Jardin eſtant dreſſé, fumé, accommodé, di-
ſtribué, & enfin tout preſt à planter, & chacun
ſçachant la quantité d'Arbres dont il a beſoin, eu égard à
la grandeur de ſon Jardin, & s'étant auſſi determiné pour
le choix des eſpeces, & la proportion de chacune, eu
égard tant à la qualité de ſon terrein, qu'à chaque ſaiſon
de l'année ; il eſt maintenant queſtion de choiſir des pieds
d'Arbres qui ſoient beaux & bien conditionnez, en ſorte
qu'ils meritent d'eſtre plantez comme donnans eſperance
du bon ſuccez.

Je ſuppoſe qu'on ait à faire à des Jardiniers qui ſoient
en reputation d'eſtre habiles, exacts, & de bonne foy, car
autrement on court riſque d'eſtre vilainement trompé aux
eſpeces, & ſur tout pour des Pêchers, leſquels ſe reſſemblent
preſque tous par la feüille & par l'écorce, à la reſerve des
Pêches de Troye, des avant-Pêche, & des Magdeléine
blanche, qui ont quelques differences particulieres ; ſi
bien que je ſuis d'avis qu'on ne prenne jamais d'Arbres
chez des jardiniers ſuſpects & décriez, quelque bonne
compoſition qu'ils en veüillent faire ; l'erreur icy eſt d'u-
ne trop grande conſequence.

Or ce choix de pieds d'Arbres se fera, ou pendant qu'ils sont encore en terre dans les pepinieres, ou aprés qu'ils en auront esté arrachez ; en l'un & l'autre cas on doit avoir égard premierement à la figure de chaque Arbre ; en second lieu à sa grosseur ; en troisiéme lieu à la maniere dont il est bâti ; & si les Arbres sont arrachez, on doit de plus avoir particulierement égard aux racines & à l'écorce, tant de la tige que des branches.

CHAPITRE XVII.

Du choix des Arbres dans les Pepinieres.

SI le choix se fait dans les Pepinieres, ce qui seroit toûjours à soûhaiter, & qu'on le fist à la my-Septembre, pour marquer les Arbres qu'on choisit, & qu'on pretend enlever : mais cela n'est pas toûjours faisable à cause de l'éloignement des lieux où sont les bonnes Pepinieres ; si donc on peut aller sur les lieux, il ne faut faire cas que des Arbres qui ont poussé vigoureusement dans l'année, & qui paroissent sains, tant à la feüille & à l'extremité du jet, qu'à leur écorce unie & luisante : si bien que les Arbres qui n'ont que des jets de l'année fort foibles, ou qui peut-être n'en ont point du tout ; ceux qui devant la saison de la chute des feüilles ont les leurs jaunes, & toutes plus petites qu'elles ne devroient estre : ceux qui ont l'extremité du jet noir & amorti, ou l'écorce rude & ridée, & pleine de mousse ; & si ce sont Poiriers, Pommiers ou Pruniers qu'on y voye des chancres, ou si ce sont Fruits à noyau quon y voye de la gomme à la tige ou aux racines ; tout cela sont autant de marques du rebut qu'il en faut faire, joint à ces autres marques particulieres que je vais expliquer, & qui sont encore tres-importantes.

Les Pêchers qui ont plus d'un an de greffe, ou plus de deux sans avoir esté recepez en bas ne valent rien, ils ont grand peine à pousser sur le vieux bois : il en est de même de ceux qui par en bas ont une grosseur de plus de trois pouces, ou qui n'en ont pas une de deux, & de ceux qui

sont

font greffez fur des Amandiers vieux , & environ gros de
quatre à cinq pouces.

Les Pruniers , les Abricotiers , les Azeroliers , les Poiriers font paſſables à deux pouces & demy , & font admirables de trois à quatre ; n'importe que la greffe foit d'un
an , de deux , ou de trois , & qu'elle foit recouverte ou non;
il feroit encore mieux qu'elle le fuft , mais je ne les veux
ny plus menus , ny plus vieux.

Cés fortes d'Arbres qui ont une bonne groſſeur dés la
premiere , ou au moins dés la deuxiéme année , font d'ordinaire admirables , parce qu'ils marquent un fort bon
pied.

Les Pommiers fur Paradis , & les Cerifiers precoces font
bons d'un pouce & demy à deux pouces.

Les Arbres de tige doivent eftre bien droits , avoir au
moins fix bons pieds de hauteur , avec cinq à fix pouces par
bas , & trois à quatre par haut , ayans toûjours l'écorce
peu rabouteufe , mais au contraire luifante , pour marque
de leur jeuneſſe , & du bon fond d'où ils fortent.

Pour ce qui eſt de la maniere dont les Arbres doivent
eftre bâtis , j'eſtime que pour toutes fortes de Nains , ou
d'Eſpaliers , il eſt mieux qu'ils foient droits d'un feul brin ,
& d'une feule greffe , que s'ils avoient deux ou trois greffes ou plufieurs branches ; les jets nouveaux qui viendront
à fortir autour de la tige unique de l'Arbre étronçonné ,
& nouveau planté , feront plus propres à tourner comme
on voudra pour faire un bel Arbre , que s'ils avoient deux
brins ; ou de vieilles branches , parce qu'on ne peut aſſurer
de quel endroit de ces vieilles branches de l'Arbre nouveau planté il en fortira de nouveaux jets , & d'ordinaire
ils viennent aſſez mal à propos , s'entrelaſſans & faifans
confufion , en forte qu'on eſt obligé de les ofter tout à fait ,
& par confequent leur faire des playes , & c'eſt du temps
perdu pour la beauté de l'Arbre , & pour la production du
Fruit.

Je veux donc que mon Arbre foit fans aucunes branches par bas , mais je veux qu'il y paroiſſe de bons yeux ,
qui promettent par confequent de bonnes branches , & fur
tout pour les Pêchers ; en forte qu'il ne faut jamais pren-

dre celuy où tous les yeux sont éborgnez, c'est à dire les
issuës bouchées, parce que rarement en sort il de nouvelles branches ; & il est si vray que je ne veux qu'un brin,
que d'ordinaire s'il y a deux greffes, j'en oste la plus foible, pour ne conserver que la plus forte & la mieux placée.

Pour ce qui est des Arbres de tige à planter en plain air,
je veux bien qu'ils ayent à leur teste quelques branches,
lesquelles on racourcit en plantant : nous ne demandons
pas une exactitude si reguliere pour la beauté de ceux-cy,
que pour la beauté des petits Arbres ; il suffit que ceux-
là fassent une teste à peu prés ronde, pour estre raisonnablement beaux.

CHAPITRE XVIII.

Du chois des Arbres hors des Pepinieres.

QUe si les Arbres sont déja arrachez, il faut non seulement avoir tous les égards cy-dessus, sans en ne-
gliger aucun, mais encore il faut prendre garde, si
tels Arbres ne sont point trop vieux arrachez, en sorte
qu'ils ayent l'écorce ridée & le bois sec, & peut-estre mort,
ou l'écorce beaucoup écorchée, ou l'endroit de la greffe
étranglée de fillasse, ou qu'ils soient greffez trop bas, &
sur tout en fait de Pêchers : en sorte que pour bien placer
les racines comme il le faut absolument, on seroit reduit à
enterrer la greffe en les plantant, ou qu'ils soient greffez
trop haut, en sorte qu'ils ne sçauroient commencer un bel
Espalier ou un Buisson, l'un & l'autre devant commencer
à six ou sept pouces de terre.

Ce n'est pas tout, il faut particulierement prendre garde aux racines : car quand toutes les autres conditions s'y
trouveroient toutes parfaites, s'il y avoit de grands défauts
aux racines, il faudroit compter l'Arbre pour ne valoir rien.

Or pour pouvoir dire qu'un Arbre est bien conditionné
à l'égard de ses racines, il faut en premier lieu qu'elles
soient grosses à proportion de la grosseur de l'Arbre,
c'est à dire qu'il en ait au moins quelqu'une qui soit à peu

prés groſſe comme la tige, car quand elles ſont toutes petites, & en forme de chevelu, c'eſt un ſigne preſque infaillible de la foibleſſe de l'Arbre, & de ſa mort prochaine, ou au moins qu'il ne fera pas un bon effet ; la trop
grande quantité de chevelu n'eſt pas même un fort bon
ſigne.

Il faut en ſecond lieu que les principales ne ſoient ny
pourries, ny éclatées, ny fort écorchées, ou fort rongées,
ny ſéches, & dures ; car ſi elles ſont pourries, elles marquent une grande infirmité dans le principe de vie de tout
l'Arbre, les racines ne pouriſſant jamais quand l'Arbre ſe
porte bien ; ſi elles ſont éclatées dans l'endroit où elles
ſortent, c'eſt une playe, pour ainſi dire incurable, la pourriture & la cangraine s'y mettront, c'eſt un ouvrier ſans
mains & ſans outils.

C'eſt pourquoy ceux qui arrachent des Arbres doivent être grandement ſoigneux de le faire adroitement
& doucement, & pour cela faire de bons trous, afin de
ne rien tirer de force en arrachant, autrement ils ne manqueront point d'éclater, ou rompre quelque bonne racine.

Si pareillement elles ſont fort rongées ou écorchées aux
endroits qu'il faudroit conſerver, ce ſont encore des playes
tres dangereuſes, & particulierement pour les fruits à
noyau, la gomme ne manque gueres de s'y former.

Et ſi enfin les racines ſont ſeiches, ſoit pour avoir eſté
gelées, ſoit pour eſtre trop vieilles arrachées, & trop
long-temps enſuite expoſées à l'air, c'eſt-à-dire que l'Arbre doit abſolument être rejetté, eſtant certain qu'il ne
reprendra pas.

Et par deſſus tout cela il eſt à ſouhaiter que l'Arbre
qu'on doit choiſir, ait ſes racines ſi bien diſpoſées, qu'on
y en puiſſe trouver un étage de bonnes ; & ſur tout de nouvelles, & que cet étage ſoit en quelque façon parfait, de
ſorte qu'ôtant toutes les mauvaiſes ſoit hautes, ſoit baſſes,
il en reſte environ deux, ou trois, ou quatre qui faſſent à
peu prés le tour de la tige, ou qui ſoient au moins ſi-bien
ſituées, qu'en plantant l'Arbre, on les puiſſe heureuſement tourner du coſté de la bonne terre.

R r r ij

Je fais cas particulierement des racines jeunes, c'eſt à
dire nouvelles faites, elles viennent communement à la
partie la plus approchante de la ſuperficie de la terre, &
ne fais que peu de cas des vieilles, celles-cy ſont d'ordinaire rabouteuſes; & en fait de Poiriers, Pruniers, Sauvageons, &c. elles ſont noirâtres, au lieu que les jeunes ſont
rougeâtres & aſſez unies: en Amandiers elles ſont blanchâtres, en Muriers jaunâtres, & en Ceriſiers rougeâtres.

CHAPITRE XIX.

Des manieres de preparer un Arbre pour le planter.

CEtte preparation eſt d'une ſi grande conſequence
pour la repriſe des Arbres, que ſouvent ils ne re-
prennent, & ne font un bel effet que parce qu'ils ont eſté
bien preparez devant que d'être plantez, & que ſouvent
auſſi ils manquent de reprendre & de faire une belle téte,
pour avoir été mal preparez.

Il y a icy deux choſes à preparer, l'une moins principale, & c'eſt la teſte, l'autre principale au dernier point, &
c'eſt le pied, c'eſt à dire les racines.

A l'égard de la téte il y a peu de myſtere ſoit en Arbres
de tige, ſoit en Arbres nains, il n'eſt queſtion pour cela
que de ſe ſouvenir de deux points.

Le premier, que comme on fait ce ſemble, un grand préjudice à un Arbre qu'on arrache, en ce que conſtamment
l'on affoiblit, ou l'on diminuë ſa vigueur & ſon action tout
au moins pour quelque temps, il faut qu'on luy ôte de la
charge de ſa téte à proportion qu'on luy ôte de cette
action & de cette force, comme on luy en oſte ſans doute en le changeant de place, & luy retranchant des racines, c'eſt une maxime qui n'a pas beſoin de preuve.

Le ſecond point dont il faut ſe ſouvenir, eſt qu'il ne faut
luy laiſſer de tige que ſelon l'uſage auquel un Arbre eſt
deſtiné; car l'un eſt pour faire ſon effet fort bas, tels ſont
les Buiſſons & les Eſpaliers, & ainſi il les faut couper aſſez court, l'autre eſt pour faire ſon effet aſſez haut, tels ſont

les Arbres de tiges, à qui par conſequent il faut laiſſer
une hauteur conſiderable, mais je ne racourcis guéres ny
les uns ni les autres à la hauteur qu'ils doivent demeurer,
que premierement je n'aye fait toute l'operation qui eſt à
faire aux racines, & voicy comme je m'y prens.

Je fais premierement couper tout le chevelu le plus prés
qu'il ſe peut du lieu d'où il ſort, à moins que ce ne ſoit un
Arbre que je replante auſſi-toſt qu'il eſt arraché, c'eſt à
dire ſur le champ, ſans le quitter un moment qu'il ne
ſoit replanté, autrement pour peu qu'il ſoit à l'air, tout
ce qui ſeroit bon à conſerver, c'eſt à dire de certain chevelu blanc, vient à noircir, & par conſequent perir, il
ſemble qu'il ne puiſſe pas davantage ſouffrir l'air, que de
certains Poiſſons qui meurent du moment qu'ils ſont hors
de l'eau.

L'occaſion de conſerver ce chevelu blanc ne peut guéres arriver que quand d'un endroit du Jardin, on arrache
un Arbre pour le replanter à un autre endroit du même
Jardin ; on peut donc pour lors conſerver quelque chevelu qui n'a point eſté rompu, dont l'extremité paroit encore toute agiſſante, & qui ſort de bon lieu, autrement ſi
toutes ces conditions ne s'y trouvent, il n'en faut faire nul
cas, & même pour le conſerver plus utilement il faut, s'il
eſt poſſible, conſerver en même temps quelque peu de la
vieille terre qui tient auprés comme une eſpece de motte,
& prendre ſoin en plantant l'Arbre de bien placer & étendre ce chevelu.

Revenons à l'Arbre un peu plus vieux arraché, j'en
fais donc oſter tout ce chevelu, que beaucoup de Jardiniers conſervent avec tant de ſoin, & ſi peu de raiſon, &
même quand j'ay à faire quelque plan aſſez grand, je fais
tout d'un coup travailler à retrancher à tous les Arbres ce
qui leur doit eſtre retranché devant que de les planter, &
cela ſoit de jour en quelque endroit du Jardin à l'écart,
ſoit particulierement de nuit à la chandelle à quelque endroit de la maiſon, pour ne pas differer de faire quelque
autre ouvrage qui preſſe, & qui ne ſe peut faire que
dehors, & cependant je tire l'avantage de la nuit qui
vient ſi-tôt, & ſi importunement au temps des plans.

Le retranchement du chevelu eſtant fait , & par ce moyen les groſſes racines eſtant tout à plein découvertes, j'ay plus de facilité à voir les mauvaiſes pour les oſter entierement , & à voir les bonnes pour les conſerver , & enſuite regler à chacune la longueur juſte que je pretends leur laiſſer : aſſez ſouvent quand les racines de tels Arbres me paroiſſent un peu alterées de ſechereſſe , je prends ſoin de les faire tremper durant ſept ou huit heures , devant que de les replanter.

Quand je parle de bonnes & de méchantes racines , il ſemble que je ne veüille dire que des racines rompuës, ou écorchées , ou pourries , ou ſeches , mais cependant je veux dire quelque choſe de plus important, & c'eſt que tout Arbre planté , & particulierement un Arbre de Pepiniere fait quelquefois ou toutes racines bonnes , ou toutes racines mauvaiſes , ou en même temps il en fait quelques unes bonnes , ou quelques-unes mauvaiſes , & voicy comment.

Un Arbre planté avec les preparations que je recommande , s'il vient à prendre il doit faire de nouvelles racines , autrement il meurt , toutes les racines anciennes luy étant inutiles s'il n'en fait de nouvelles ; or de ces nouvelles les unes ſont belles & groſſes ; les autres ſont foibles & menuës ; ces belles viendront toutes , ou de l'extremité de celles qu'on a laiſſées , & voilà ce qui eſt à ſouhaiter , ou elles viendront d'ailleurs , c'eſt à dire ou du corps de l'Arbre , & par conſequent au deſſus des vieilles racines , car celles-cy faiſoient l'extremité de l'Arbre , ou elles viendront de la partie des vieilles , qui approche le plus prés du corps de l'Arbre , pendant que ces vieilles , ou n'auront rien fait dans toute leur étenduë , ou n'auront fait que de fort petites racines à leur extremité , & quelques-unes de groſſes un peu loin de cette extremité.

En ces deux cas les groſſes venuës du corps de l'Arbre , ou venuës des vieilles , mais non pas de l'extremité , font inſenſiblement perir toutes les autres , ſoit vieilles , ſoit nouvelles, & par conſequent il faut compter celles-cy pour mauvaiſes , comme eſtant celles qui font jaunir & languir l'Arbre en quelque endroit de ſa tête.

Il n'eſt pas difficile de connoître ces bonnes d'avec ces mauvaiſes, parce que ſuppoſant, comme il eſt vray, que le bas de la tige de l'Arbre qu'on plante, auquel bas tiennent les racines qu'on y a conſervées, ſuppoſant, dis-je, que ſelon l'ordre de la nature, ce bas eſt toûjours plus gros que tout le reſte de la tige, & doit auſſi toûjours ſe maintenir en cet eſtat; ſi cependant on s'apperçoit, que cet endroit, bien loin d'avoir conſervé depuis que l'Arbre a eſté planté, cet avantage de groſſeur qu'il avoit en ce temps-là, & que ſelon le même ordre de la nature il devoit avoir conſervé en groſſiſſant à proportion de tout le reſte; ſi cependant on s'apperçoit que cet endroit demeure au contraire plus menu que quelque endroit un peu plus haut, d'où ſortent en effet quelques belles racines, pour lors il faut regarder cet endroit malheureux, & demeuré comme une partie abandonnée par la nature, qui prend ce ſemble plaiſir d'en favoriſer un autre, & par conſequent il faut retrancher entierement cette partie plus menuë avec tout ce qu'elle avoit pû faire auparavant (bien des Jardiniers l'appellent Pivot, & ſe trompent, comme je feray voir cy-aprés.)

La premiere choſe qui eſt icy à faire, c'eſt donc d'ôter, entierement tout ce qui paroît ainſi abandonné, & pour ainſi dire diſgracié, l'ôter tout le plus prés qu'on peut de l'endroit bien nourry, & qui pour ainſi dire eſt en faveur pour ne conſerver uniquement que les racines qui viennent de cet endroit fortuné, quelles qu'elles ſoient, & en quelque petit nombre qu'elles ſoient, car en effet le nombre n'en doit jamais eitre grand; & ſur tout, comme j'ay deja dit, il faut entierement oſter la plûpart des vieilles, qui bien loin d'avoir un air de vigueur, & de jeuneſſe, & une couleur vive & fraiche, paroiſſent noires, ridées, rabouteuſes, uſées, & ainſi il ne faut faire eſtat que des nouvelles, qui ſe trouvent en même temps bien placées.

Et celles-cy il les faut tenir courtes à proportion de leur longueur, la plus longue en fait d'Arbres nains, quelque groſſeur qu'elle ait, qui d'ordinaire n'eſt pas grande, ne devant jamais avoir plus de huit à neuf pouces, & en Arbres de tige ne devant gueres avoir plus d'un pied; on peut

laiſſer un peu plus d'étenduë aux racines de Meurier &
d'Amandier, parce que les premieres, comme fort moles,
& les ſecondes comme fort ſeiches & fort dures, courent
riſque de perir, ſi on les taille trop courtes.

Aprés avoir fixé la longueur des plus groſſes racines de
nos Fruitiers, il faut ſçavoir, que les foibles ſe contenteront de deux, ou de trois, ou de quatre pouces de longueur,
& cela chacune à proportion de ſa groſſeur, c'eſt à dire les
plus petites devans toûjours eſtre les plus courtes; il en eſt
en cecy, comme j'ay dit ailleurs, tout à rebours de ce que
j'ay dit de la taille des branches.

Un ſeul étage de racines ſuffit, & même je fais plus de
cas de deux ou trois bonnes racines bien placées, que d'une
vingtaine de mediocres; j'appelle racines bien placées,
quand étans autour du pied, elles font à peu prés comme
autant de lignes, qui ſortans du centre, viennent à la circonference.

Je veux que tous mes Arbres, autant que faire ſe peut,
ſoient preparez, de maniere que ſans être plantez, ils ſe
puiſſent tenir droits comme autant de quilles, & ſur tout
ceux qui ſont pour faire Buiſſons ou Arbres de tige en
plein air; car pour ſervir en Eſpalier, comme il faut toûjours les tenir un peu couchez, & qu'il eſt à propos qu'aucune racine ne ſoit tournée du coſté de la muraille, il faut
entierement retrancher toutes celles qui pourroient ſe
trouver tournées de ce côté-là, & qui apparemment étoient
les moins bonnes; car ayant beſoin de conſerver les meilleures pour les tourner du coſté des terres, je ne fais ſans
doute retrancher que celles qui eſtoient les moins bonnes,
& les plus mal placées.

Ces maximes ſont ce me ſemble aiſées à entendre, &
le ſont tellement à pratiquer, que quiconque a veu preparer un Arbre ſelon leur doctrine, comme il paroît dans
les figures, eſt capable de preparer toutes ſortes d'Arbres,
& ſur tout en fait d'Arbres qui ne picotent gueres, comme
ſont par exemple les Coignaſſiers, Ceriſiers, Pruniers,
ſauvageons de bois, &c. Mais en fait d'Arbres qui picot-
tent, par exemple Sauvageons venus de pepin, Arbres venus de noyaux, &c. il y a un peu plus de difficulté.

Et

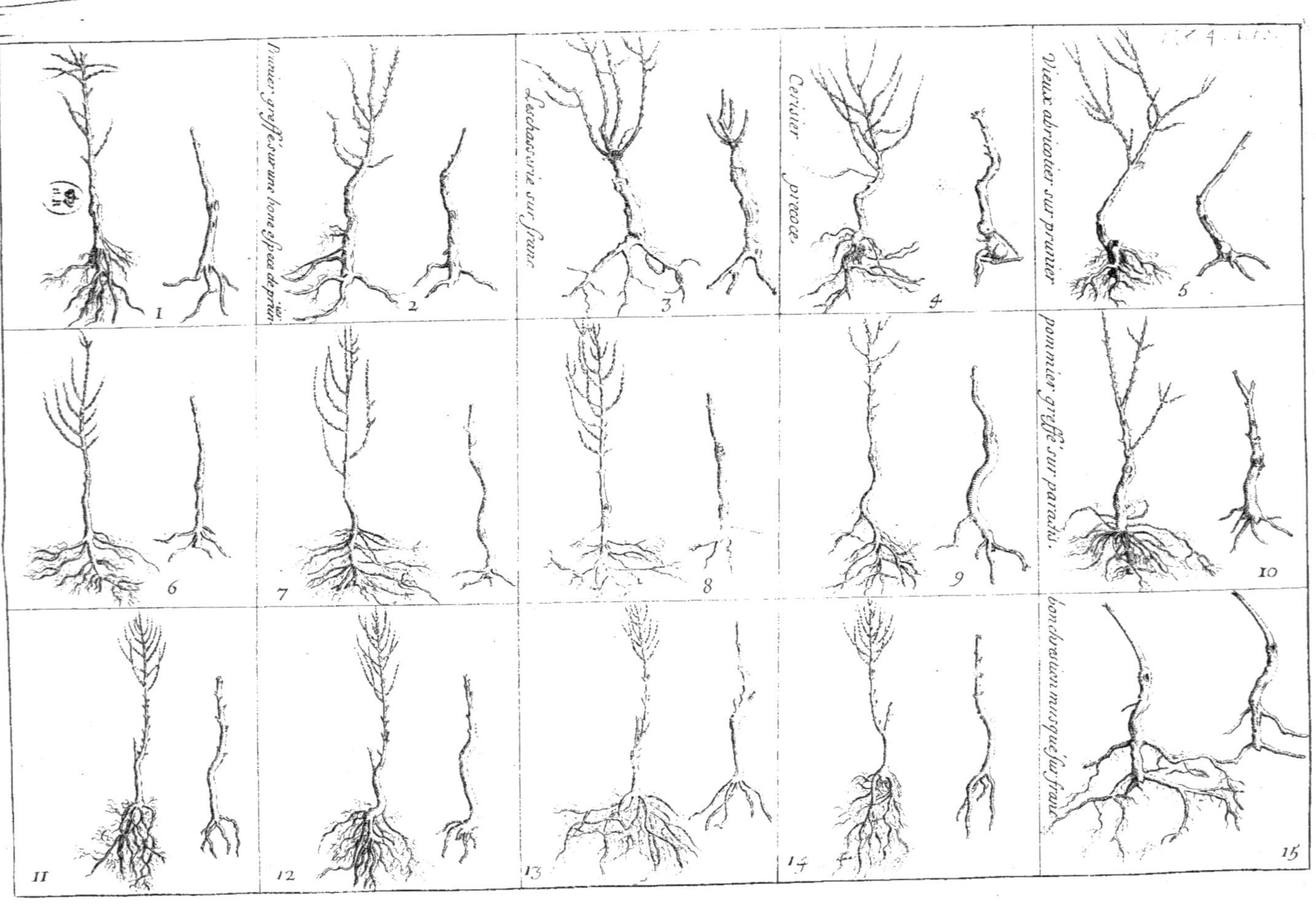

Prunier greffé sur une bone espece de prun
Leschasserie sur franc
Cerisier precoce.
Vieux abricotier sur prunier
pommier greffé sur paradis.
bon chrestien musqué sur franc

Et afin d'en venir à bout auffi-bien que des autres plus aifez, j'ay fait chois d'une quinzaine d'Arbres parmy le grand nombre de ceux que j'ay arrachez & plantez depuis vingt-cinq ou trente ans ; ce font ceux dans lefquels j'ay remarqué quelque difference de fcituation de racines, ayant trouvé que generalement tous les Arbres ont raport à quelqu'un de ces quinze, fi bien que les ayant deffinez exactement comme ils font au point qu'on les arrache, & puis les ayant taillez, & pareillement deffinez en cet eftat là, pour faire voir comme ils doivent eftre devant que de les planter, chacun fe pourra dorefnavant regler fur cela pour l'operation qui eft à faire aux racines de toutes fortes d'Arbres.

J'ay même trouvé à propos de les deffiner dans l'état de la production des nouvelles racines qu'ils font aprés eftre plantez, afin que chacun fçache ce qu'un Arbre bien preparé & bien planté doit faire pour réüffir, & par où il aura manqué s'il ne réüffit pas.

Quand j'ay fait à l'égard des racines tout ce que j'ay trouvé à propos, pour lors je tâche de juger fagement de la profondeur que les plus baffes racines doivent avoir dans le fond de la terre, auffi bien que de la quantité de terre que chacune des plus hautes racines doivent avoir au deffus d'elle, car il faut les mettre à couvert & hors de portée, tant des injures de l'air, que des outils qui fervent à labourer, &c. pour lors je determine la longueur de tige que l'Arbre doit avoir hors de terre, afin de n'avoir plus rien à y toucher aprés qu'il eft planté ; on l'ébranle neceffairement, fi on attend à le racourcir dans le temps qu'il commence à pouffer ; & cet ébranlement me paroît tres-dangereux.

On n'a que faire de craindre que la gelée gâte rien par l'endroit où l'Arbre a efté racourcy, il n'en arrive feurement jamais d'inconvenient ; c'eft une experience tres feure, & de laquelle on peut bien s'en rapporter à ma bonne foy ; cette longueur de tige à regler pour le dehors en toute fortes d'Arbres eft, s'ils font petits, & à planter en terre feiches, qu'il leur faut fix à fept pouces, afin qu'en Efté la tête couvre le pied contre l'ardeur du Soleil; & en terres humides, cela pourra être de neuf à dix, ou d'onze à douze au plus, afin que la tête n'empêche pas la chaleur de donner au pied qui en a besoin ; pour ce qui est des Arbres de tige elle est toujours de six à sept pieds en toutes sortes de terres : de plus grands seroient trop sujets à estre ébranlez ou arrachez par les vents ; de plus courts aussi seroient desagreables à voir, à moins que ce ne fust un plan tout entier d'Arbres à demy tige, comme on en fait assez souvent pour des Pruniers, des Cerisiers, &c.

Il faut grandement prendre garde en fait de Pêchers, qu'ils ayent deux ou trois bons yeux dans la longueur qu'on leur laisse, autrement ils couroient risque de ne pousser que du Sauvageon.

J'ay déja dit, que pour toute sorte d'Arbres, mais particulierement pour les Nains, je n'y voulois qu'un brin tout droit ; à l'égard des Arbres de tige, je ne trouve pas mauvais qu'ils ayent quelques branches, j'y conserve volontiers longues celles, qui s'y trouvans foibles, ne peuvent contribuër à la beauté de la figure, mais peuvent donner du fruit plutôt ; pour ce qui est des grosses j'en conserve deux ou trois, ou même quatre, qui se trouvans bien placées, peuvent commencer un beau rond, & je les racourcis chacune à sept ou huit pouces.

CHAPITRE XX.

Des manieres de planter les Arbres qu'on a déja preparez.

LA premiere observation qui est icy à faire, est que dans le temps de planter, que tout le monde sçait être depuis la fin d'Octobre jusqu'à la my-Mars, c'est à dire depuis que les Arbres quittent leurs feüilles, jusques à ce qu'ils soient sur le point de recommencer à en pousser de nouvelles ; la premiere observation, dis-je, est de choisir un temps sec & assez doux, sans se mettre aucunement en peine des égards qu'on avoit autrefois pour les Lunes ; les temps pluvieux sont icy non seulement incommodes pour le Jardinier qui travaille, mais aussi ils sont préjudiciables aux Arbres qu'on plante, attendu que les terres se mettent aisément en mortier, & ne sont pas propres à se glisser tout au tour des racines pour n'y laisser aucun vuide, comme il est tres-expedient de l'empêcher ; or quoy que tous ces mois-là soient également propres pour planter, si-bien même que le plûtôt fait est toûjours ce semble le meilleur, cependant comme j'affecte volontiers de planter dés la Saint-Martin dans les terres seiches & legeres, j'affecte aussi de ne planter qu'à la fin de Février dans les terres froides & humides. Les Arbres n'y sçauroient rien faire pendant l'Hyver, & ainsi ils pourroient plûtôt s'y gâter que s'y conserver, au lieu que dans les terres legeres ils peuvent dés l'Automne commencer à faire quelques petites racines, & c'est toûjours une grande avance pour eux, & pour les mettre en train de faire merveilles au Printemps.

La deuxiéme observation est de regler juste toutes les distances qui doivent estre entre chaque Arbre, soit en Espalier, soit en Buisson, soit en Arbres de tige, afin de sçavoir au vray, & le nombre en general qu'on a à planter, & le nombre particulier de chaque espece.

La troisiéme observation est de regler exactement les places qu'on destine, & à chaque espece d'Arbre, & à chaque Arbre en particulier ; j'aime mieux que les fruits d'une même saison soient tous dans un même canton.

La quatriéme observation est de faire faire au cordeau des trous de la grandeur de la forme d'un chapeau, car je suppose que les tranchées ont esté bien faites, si bien que pour petit que soit le trou, il est assez grand pour planter l'Arbre, & ce ne seroit que du temps, de la peine, & de la dépense perduë de le faire plus grand.

La cinquiéme observation est de faire porter chaque Arbre prés son trou, devant que commencer d'en planter aucun, & s'il est question de planter des Buissons autour de quelques quarrez, ou de faire un quinconce, je veux qu'on ait soin de mettre particulierement les plus beaux, & les mieux conditionnez aux encoigneures des quarrés, ou aux encoigneures des rangées.

Et pareillement s'il est question d'un Espalier, il est à propos de mettre toûjours les plus beaux Arbres, & ceux

qui font les plus beaux fruits aux endroits les plus appa-
rens & les plus vifitez, par exemple prés des portes, & le
long des Efpaliers, où font les plus belles allées.

Quoyque je faffe icy un chois des plus beaux, il ne s'enfuit pas qu'il n'en faille jamais planter aucun qui ne foit
beau, & accompagné de tres-belles apparences de repri-
fe ; mais cependant il eft vray, que quelque foin qu'on
prenne de n'en choifir que de beaux, il y en a toûjours
de plus beaux les uns que les autres.

Les Arbres étant donc ainfi tous portez chacun prés de
fa place qui luy eft deftinée, s'il eft queftion de planter
des Buiffons, je commence par planter ceux des encoigneures de chaque quarré, afin qu'ils fervent d'alligne-
mens pour tous les autres, & fi les terres font fraîchement remuées, & mélées d'affez grande quantité de fumier long, en forte qu'elles ne paroiffent pas autant af-
faiffées qu'elles le doivent être, je prens foin de n'enfoncer les Arbres qu'environ d'un demy pied ; c'eft à dire,
que l'extremité de la plus baffe racine n'eft pas plus avant
d'un demy pied dans la terre, parce que comme je fais
état que les terres s'affaifferont au moins d'un demy pied,
& qu'il y a beaucoup plus d'inconvenient de planter les
Arbres un peu haut, que de les planter bas, il fe trouvera au bout de quelques mois, que mes Arbres feront
environ d'un pied dans la terre, qui eft la mefure la plus
jufte qu'on puiffe regler à cet égard : des Arbres plantez
plus bas ne manquent gueres de perir en peu d'années.

Ayant donc planté les Arbres des encoigneures, je
mets un homme à celle de la rangée que je veux planter, afin qu'il aligne les Arbres, pour qu'ils fe trouvent
toûjours bien plantez en ligne droite ; je prens un autre homme avec une Bêche pour couvrir les racines des
Arbres, à mefure que je les prefente en place ; & que mon
Aligneur m'avertit qu'ils font bien dans la ligne, & en une
matinée je planteray facilement quatre ou cinq cens pieds
de Buiffons.

Il eft encore plus aifé d'en planter en peu de temps beaucoup en Efpalier, parce qu'il n'eft pas queftion d'aligner ; mais pour un Quinconce on ne peut pas aller fi vîte,

parce que, comme il faut que chaque Arbre réponde juste à deux rangs, il faut deux Aligneurs, sçavoir un pour chaque rang, & il se perd toûjours un peu de temps devant que l'Arbre soit justement placé pour répondre aux deux rangs également.

Or il ne faut pas seulement estre soigneux de planter un peu haut, & fort droit, mais il le faut estre particulierement de tourner les principales racines du côté de la bonne terre ; c'est icy le point le plus important, en sorte que, quoy qu'il soit fort à souhaiter que tous les Arbres destinez pour estre en Buisson, paroissent droits sur leur pied après avoir été plantez, si neantmoins la disposition de leurs racines, qui peut-être vont naturellement à pivoter, demande que l'Arbre soit un peu couché pour avoir la bonne assiette que je souhaite à ses racines, c'est à dire afin qu'il pousse plûtôt entre deux terres, que de pousser en fond, non seulement je ne fais nulle difficulté de tenir la teste de l'Arbre un peu couchée, & toûjours sur la ligne du cordeau tiré, mais même je le conseille comme une chose necessaire : autrement comme les racines qui sortent, suivent toûjours la pante de celles d'où elles sortent, il arrivera bien-tôt que ces racines ayans enfin penetré jusqu'aux méchantes terres du fond, ou même étant descenduës trop bas, & sur tout hors de la portée de l'eau des pluyes, l'Arbre en deviendra malade, & languira, fera une vilaine figure & de vilains fruits, & enfin mourra.

De ce que je viens de dire pour la bonne situation des racines, il s'ensuit que si on a à planter le long de quelques allées, on évitera de tourner les principales racines du côté de cette allée, à plus forte raison fera-t-on la même chose quand on plantera des Espaliers, pour ne laisser aucune bonne racine qui puisse pousser du côté des murailles.

Ce panchement de tête aux petits Arbres ne doit faire aucun scrupule ny aucune apprehension pour la beauté, tant de leur figure particuliere, que de leur plan en general, parce qu'il n'est pas des branches qui ont à sortir, comme des racines ; les branches ne suivent nullement la disposition de la tête couchée, au contraire elles naissent

regulierement toutes droites autour de la tige , & ainſi
comme leur origine eſt fort prés de terre , les Arbres font
une figure auſſi bien tournée , que s'ils avoient été plantez
droits ſur leur centre.

C'eſt aux Arbres de tige en plein air , qu'on eſt neceſſairement obligé de les planter ſur leur centre tout le plus
droit qu'il eſt poſſible, autrement cette tige demeureroit
toûjours courbée , & par conſequent feroit une vilaine
figure , joint qu'elle ſe trouveroit davantage en priſe à la
violence des vents, & par conſequent l'Arbre courroit riſque d'être renverſé , & par la même conſideration des
vents il les faut planter um peu plus avant que d'autres
Arbres, c'eſt à dire qu'en les plantant il les faut mettre
un bon pied avant dans la terre , & même quoy que je
recommande de ne point trepigner ſur nos petits Arbres
de peur de les enfoncer trop, & qu'auſſi-bien ils n'ont
rien à craindre du côté des vents, je recommande au contraire de preſſer la terre contre le pied de ceux-là , afin de
les raſſeurer , & les mettre en état de reſiſter à l'effort des
vents.

Chaque Arbre étant planté , ſi j'ay la commodité des
fumiers , j'en mets un liſt de deux ou trois pouces ſur chaque pied, & le recouvre en même temps d'un peu de terre pour en ôter la veuë qui n'eſt pas agreable : ce lit de fumier ne ſert pas tant pour abonnir la terre, car je ſuppoſe
qu'elle eſt bonne & bien preparée, comme il ſert particulierement pour empêcher que le hâle des mois d'Avril,
May, & Juin ne penetre juſqu'aux racines, & par conſequent ne les altere, & ne les empêche d agir , ce qui ne
cauſeroit rien moins que la mort.

Que ſi je manque de fumier , je me contente pendant
ces premiers mois dangereux, de couvrir de méchantes
herbes, ou de fougere les pieds des Arbres : j'empêche
qu'il n'y vienne rien qui offuſque les jeunes jets, & ſi la
ſechereſſe eſt fort grande , comme elle eſt aſſez ſouvent,
je fais pendant les trois ou quatre mois, & cela tous les
quinze jours donner une cruchée d'eau à chaque pied,
aprés avoir fait un cercle tout autour , afin que l'eau penetre entierement ; & auſſi-tôt qu'elle paroit imbibée, je

fais remplir & racommoder ce cercle, en forte qu'il n'y paroît plus rien.

Que fi la faifon eft un peu pluvieufe, les arrofemens ne font point neceffaires : avec de tels apprêts & de telles précautions, on eft d'ordinaire affez heureux à faire des plans, fi bien qu'il n'y meurt guéres d'Arbres.

CHAPITRE XXI.

Pour des Arbres en mannequin.

MAis cependant comme il peut mourir quelques Arbres, & qu'autant que faire fe peut il eft à fouhaiter qu'un Plan foit parfait dés la premiere année, je pratique de preparer un plus grand nombre d'Arbres, que je n'ay actuellement befoin d'en planter pour rendre mon Plan complet, afin d'en avoir toûjours quelques-uns comme en corps de referve ; & pour cet effet je pratique dés le même temps du Plan d'élever en mannequin quelques Arbres de chaque efpece, mais beaucoup plus de fruits à noyau que de fruits à Pepin, ceux-là d'ordinaire courans un peu plus de rifque de mourir, que les autres.

Je choifis donc quelque bon endroit du Jardin (ceux qui font le plus à l'ombre, y étans fort propres) & là je mets des Arbres en mannequin bien étiquetez, ou au moins bien marquez fur mon Livre par l'ordre, & des rangs, & de la place de chacun dans fon rang, afin d'y avoir recours fi quelque Arbre vient à mourir en place, ou même à languir, voulant, s'il eft poffible, que mon Plan demeure fait & parfait, tant pour la figure que pour les efpeces felon la premiere difpofition que j'en ay faite.

Et pour cela je tiens couchez dans les mannequins les Arbres qui font deftinez pour les Efpaliers, & je tiens droits au milieu des mannequins ceux qui font deftinez pour Buiffons, afin qu'en l'un & l'autre cas je puiffe plus commodement placer le mannequin tout entier, en forte que l'Arbre s'y trouve auffi-bien fitué, que s'il y avoit été planté d'abord, ce qui ne feroit pas, fi l'Arbre deftiné pour l'Efpalier étoit droit au milieu du mannequin, parce que

on ne pourroit pas aſſez facilement approcher l'Arbre de
la muraille : le même inconvenient à peu prés eſt d'a-
voir à planter en Buiſſon un Arbre couché dans un mannequin , quoy qu'on ait en cecy plus de facilité à le bien
placer , que l'Arbre deſtiné à l'Eſpalier.

Cette operation de tranſport de mannequins ſe peut faire juſqu'à la Saint Jean , & quand on la veut faire, il faut
commencer par bien arroſer les mannequins qu'on veut
enlever , qui apparemment ſeront les plus beaux : il faut
enſuite détourner proprement la terre d'autour du mannequin , afin de ne point rompre de racines , s'il s'en eſt
fait qui ayent déja pouſſé au delà des mannequins : il faut
choiſir un temps de pluye , ou au moins un temps doux &
bas, comme on dit , ou même le ſoir aprés Soleil couché ,
ou le matin devant qu'il ſe leve : il faut prendre grandement ſoin de n'ébranler l'Arbre en façon du monde , ſoit
en le retirant de terre , ſoit en le tranſportant , ſoit en le
replaçant à l'endroit deſtiné ; l'ébranlement en cecy eſt
tres-pernicieux , & ſouvent mortel.

Or quand en faiſant ce mouvement de mannequins on
s'apperçoit que les racines ont commencé à ſortir hors du
mannequin, il faut premierement en plaçant ce mannequin être ſoigneux de conſerver les pointes de ces racines
nouvelles, les bien ranger , & ſoûtenir de bonnes terres ,
les couvrir ſur le champ, preſſer même les terres contre le
mannequin , & enſuite arroſer aſſez amplement tout autour de ce mannequin , afin d'en approcher les terres voiſines , ſi bien qu'il n'y reſte aucun vuide , ce qu'on connoît
quand l'eau des arroſemens ne s'imbibe plus avec precipi-
tation, & cet arroſement eſt neceſſaire indiſpenſablement,
de quelque maniere qu'on faſſe ces changemens de mannequins ; & enfin les jours de grand Soleil il faut couvrir de
pailleſſons la tête de cet Arbre juſqu'à ce qu'on s'apperçoive qu'il commence de pouſſer, & pour lors on commence
de les ôter les nuits, cette derniere precaution de couverture n'eſt neceſſaire qu'en cas qu'on ait veu des racines nouvelles ſortir de ce manequin, ou que l'Arbre ait été ébranlé.

Les mêmes ſoins qu'on a pour remplacer en Eſpalier des
Arbres élevez en mannequins , les mêmes faut-il avoir

pour

pour remplacer en Buiſſon, ou en haute tige, des Arbres pareillement élevez en mannequins, & ſur tout prendre garde de laiſſer tout le moins qu'on peut ces nouvelles racines à l'air, autrement elles noirciront, & par conſequent mourront.

Il me reſte ſeulement de dire que les mannequins doivent eſtre faits exprés ; & eſtre à claire voye, tant afin que les racines ſortent plus aiſément, qu'afin qu'ayans moins de matiere ils coûtent moins, auſſi-bien le trop de matiere qui les rend plus épais eſt-il nuiſible : ils doivent être faits d'ozier le plus frais & le plus verd que faire ſe pourra, afin qu'étant mis tous verds en terre ils y durent plus long-temps ſans ſe pourrir, c'eſt à dire qu'au moins ils puiſſent ſe conſerver une année entiere (ceux qui ſont vieux faits ſe pourriſſent plûtôt) ils ne doivent être guéres profonds, autrement le tranſport en ſeroit-il trop difficile: huit à neuf pouces de profondeur ſont ſuffiſans, afin qu'étant enterrez juſqu'à ce que leurs bords ſoient cachez, on y puiſſe mettre quatre ou cinq pouces de terre dedans, & l'Arbre enſuite, dont on couvrira les racines d'une pareille quantité ; de terre ; & même en faiſant le tranſport de ces mannequins on pourra enlever une partie de ces terres de deſſus, ſi elles incommodent à porter : il faut être bien ſoigneux de preſſer, comme nous avons dit, la terre de dehors contre les mannequins, afin qu'il n'y reſte aucun vuide.

A l'égard de la grandeur du mannequin, elle doit être proportionnée à la longueur des racines des Arbres qu'on y veut planter : il faut au moins qu'entre l'extremité de chaque racine & le bord du mannequin, on y puiſſe mettre trois à quatre pouces de terre, ſi bien que pour les Arbres deſtinez à l'Eſpalier les mannequins n'ont que faire d'être ſi grands, attendu que ces Arbres y ſont couchés, & par conſequent fort prés d'un des côtez, de telle ſorte qu'il ne leur reſte de racines que de l'autre côté, ainſi les nouvelles racines y trouveront aſſés de place, pourvû que le mannequin ſoit aſſez grand ; à l'égard des Arbres deſtinez en Buiſſon, comme ils doivent être plantez dans le milieu, & que par conſequent ils doivent pouſſer des racines tout autour , il faut que le mannequin foit un peu plus grand.

A proportion auffi faut-il le mannequin plus grand pour les Arbres de tige, que pour les petits Arbres : il eft inutil de dire que les mannequins doivent être ronds, perfonne ne l'ignore, il s'en pourroit faire d'ovalle , ou de quarré, mais ils en coûteroient davantage, & ne vau-droient pas mieux.

La difference de groffeur des Arbres oblige donc à faire de trois differentes grandeurs de mannequins, fçavoir de petits qui font environ d'un pied de diametre , de moyens qui ont quinze à feize pouces , & de grands qui en ont dix-huit à vingt : le principal eft que le fond foit affez fort & affez folide pour pouvoir porter fans crever la pefanteur de la terre , & que les bords d'en haut & d'en bas foient auffi bien fabriquez pour n'être pas faciles à s'é-vafer : il faut auffi une entre-laffure tout autour du milieu par la même raifon.

Je ne me contente pas feulement d'avoir cette précau-tion de mannequins dans le temps que je fais de grands plans , mais je l'ay encore tous les ans pour quelque petit nombre d'Arbres, eu égard à la grandeur du Plan que j'ay à cultiver , afin qu'en cas qu'il arrive accident à quelqu'un de ceux qui font en place , comme *il leur* en peut arriver beaucoup, je puiffe remedier d'abord que j'en fuis mena-cé , ou d'abord que je m'apperçois que l'accident eft arri-vé : car enfin il faut toûjours être en état d'avoir fon Plan complet , fans y fouffrir aucun Arbre qui rechigne.

Peu de dépenfe fuffit pour fe mettre l'efprit en repos à cet égard , & faute de cela on perd bien du temps & du plaifir.

Il eft temps prefentement de paffer au chef-d'œuvres de Jardiniers, c'eft à dire à la taille.

Fin de la troifiéme Partie des Iardins Fruitiers
& Potagers.

TABLE DES CHAPITRES
& Matieres contenuës dans les trois Parties du premier Tome.

PREMIERE PARTIE.

Ttt ij

SECONDE PARTIE.

TROISIE'ME PARTIE.

Fin de la Table des Chapitres & Matieres contenuës dans la premiere, deuxiéme, & troisiéme Partie des Jardins Fruitiers & Potagers.

LISTE

DE DIFFERENTES SORTES DE

Fruits, fçavoir de Pêches, Pavies, Brugnons, Prunes, Figues, Abricots, Cerifes, Raifins, Azerolles, & Pommes, qui marque le temps que ces Fruits fe doivent manger, & le lieu de leurs defcriptions.

PECHES, PAVIES, BRUGNONS.

LA

Tome I.

V u u

CERISES.

RAISINS.

AZEROLLES.

POMMES.

FIN.